2019년도 대한민국학술원 선정 교육부 우수학술도서

파이썬과 함께 배우는 신호와 시스템

개정판

남승현 지음

LEARNING SIGNALS AND SYSTEMS WITH PYTHON

도서출판 홍릉

남승현

- 배재대학교 전자공학과 교수
- Texas A&M Univeristy 전기공학과 박사

파이썬과 함께 배우는 신호와 시스템 개정판

인 쇄 : 2020년 3월 2일 개정판 1쇄
발 행 : 2020년 3월 9일 개정판 1쇄

저자와의 협의하에 인지생략

저 자 : 남승현
발행인 : 송 준
발행처 : 도서출판 홍릉
주 소 : 01093 서울시 강북구 인수봉로 50길 10
등 록 : 1976년 10월 21일 제5-66호

전 화 : 02-999-2274~5
팩 스 : 02-905-6729
e-mail : hongpub@hongpub.co.kr
http://www.hongpub.co.kr
ISBN : 979-11-5600-743-2(93560)

정 가 : 29,000원

개정판의 서문

개정판에서는 파이썬의 새로운 GUI 기능인 파이썬 위젯을 활용한 데모를 추가하였다. 신호와시스템 학습에서 파이썬은 이론을 구현하는 멋진 도구이면서 동시에 Jupyter Notebook을 통해 대화형 실험이 가능한 즉각적 역동성을 제공한다.

교재에 수록된 파이썬 위젯은 ipywidgets을 활용한다. 위젯은 파이썬 예제와 마찬가지로 Jupyter Notebook을 열어서 사용할 수 있다. 새로 추가된 파이썬 위젯 데모를 이용하면 즉각적인 실험을 통해 본문의 설명을 다양하게 관찰하면서 이론을 더 깊이 이해하게 된다.

개정판에서 달라진 또 다른 점은 추가된 장별 연습문제이다. 여전히 연습문제의 양이 부족하지만 교재 내용의 핵심적인 사항들을 충실하게 반영하는 장별 연습문제들로 구성하려고 노력했다.

초판에 이어 개정판을 내기까지 많은 도움을 주신 도서출판 홍릉에 감사드린다.

2020년 2월

남승현

서 문

신호와시스템은 신호로 표현되는 정보와 시스템으로 불려지는 정보의 가공에 관한 기본 기술과 도구에 관한 분야이다. 신호와시스템의 주요 주제들은 인터넷에서 생산되는 수많은 오디오와 영상을 포함하는 데이터들의 가공에 유용한 기본 내용들이 되었다. 이제 신호와시스템 과목은 IT 학부의 필수 교과목을 넘어 컴퓨터공학은 물론 기계, 항공, 지질, 생명공학, 사회, 경제에 이르기까지 전 분야에 확산되었다.

국외는 물론 국내에서도 좋은 신호와시스템 교재들이 여럿 출간되었다. 아쉽게도 이들 신호와시스템 교재들은 모두 매트랩 기반이다. 파이썬은 C^{++} 나 자바와 같은 범용 객체지향적 언어이면서도 수치계산용 모듈과 함수들을 경계없이 혼용할 수 있는 잇점을 가진다. 파이썬은 이미 대학 연구소 기업에서 가장 많이 활용되는 컴퓨터 언어가 되었고, 신호와시스템 내용을 더 깊이 학습하는 데 매우 적절하며, 라이선스 비용 부담없이 무료로 개인이나 기관에서 활용할 수 있다. 파이썬을 프로그래밍 도구로 채택한 이 책이 첫 걸음을 떼면 앞으로 더 좋은 교재들이 뒤이어 출간되리라 기대한다.

이 교재는 신호와시스템의 주요 주제들을 혼자서 학습하기 원하는 현장의 엔지니어들은 물론 학부 2-3학년 수준에서 한 학기 혹은 두 학기 교재로 사용될 수 있다. 두 학기 강의에서는 교재 전체를 모두 깊이있게 다룰 수 있다. 만약 한 학기 교재로만 사용한다면 연속시간과 이산시간 중 한 부분만을 사용하거나 연속시간 신호, 푸리에급수, 이산시간 신호, 이산시간 LTI 시스템, z-변환, 이산시간 푸리에분석의 일부로 충분하다.

신호와시스템에서 컴퓨터를 이용한 학습이 중요하지만, 손으로 계산하며 개념을 직접 점검하고 확인하는 과정은 배움의 가장 기본적이고 필수적인 단계이다. 자칫 간과할 수 있는 신호와시스템의 주요 개념들을 독자들이 손으로 하나씩 점검하면서 터득해 나가도록 주의를 기울였다.

교재의 각 장에 수록된 파이썬 예제는 신호와시스템의 주요주제의 이론점검과 문제해결에 필요한 다양한 파이썬 기법과 예를 소개한다. 이 예제는 자주 사용되는 공학계산용 모듈인 `numpy/scipy`는 물론 심볼 연산 모듈인 `sympy`로 구현되어 있다. 각각의 파이썬 예제는 신호와시스템 주제에 대한 해법을 상세히 소개하므로 파이썬을 처음 대하는 독자라도 쉽게 시작할 수 있다. 또한 각 장의 파이썬 문제는 스스로 프로그램을 작성하면서 문제해결 능력을 배양하는 데 유용하다.

끝으로 교재 발간에 도움을 주신 도서출판 홍릉의 김기용 이사님과 꼼꼼히 교정해 주신 편집부 관계자분들께 감사드린다. 대구대학교 정보통신공학부 우홍체 교수는 교재집필에 관한 여러 조언과 함께 교재에 멋진 제목을 붙여주었다. 교재 집필이 당초 예상보다 훨씬 어려웠지만, 지난한 집필 과정을 마무리할 수 있었던 것은 모두 한결같이 곁을 지켜주고 응원해 준 아내 덕분이다.

2018년 겨울

배재대학교 남승현 교수

차 례

CHAPTER 1

연속시간 신호

신호와시스템 과목의 주요 목적은 정보를 담고 있는 신호와 그 신호를 처리하는 과정인 시스템을 체계적으로 설명하고 설계하고 활용하기 위함이다. 다양한 신호를 체계적으로 다루기 위해서는 신호를 구성하는 적절한 기본 신호 모델은 물론 신호를 설명하는 틀과 도구들이 필요하다. 이 장에서는 앞으로 이 교재에서 다루게 될 신호와 시스템의 유형과 활용 예를 간단히 소개하고, 연속시간 신호의 기본 수학 모델을 소개한다.

1.1 신호와 시스템

1.1.1 신호와 시스템의 예

신호가 정보를 담고 있는 물리적 질량의 변화라고 한다면, 시스템은 정보를 담고있는 신호를 생성, 변형, 저장, 전송, 추출하는 과정이다. 일상생활에서 마주치는 신호와 시스템 기술의 몇 가지 예를 들어보자.

그림 1.1은 시스템이 신호를 처리하는 대표적 예이다. 그림 1.1(a)에서 시스템은 잡음에 의하여 음질이 저하된 음성 신호에서 잡음을 제거하고 음질을 개선한다. 음질 개선은 시끄러운 환경에서 전화통화하거나 음성인식기를 사용할 때 필요하다. 말하는 사람과 마이크의 거리가 멀수록 잡음의 영향은 더 커진다. 그림 1.1(b)는 초점이 흐려져 인식이 어려운 숫자 영상을 또렷한 영상으로 다시 복원하는 시스템이다. 흐트러진 자동차 영상으로부터 차량 번호를 정확하게 인식해내는 작업에 활용될 수 있다. 그림 1.1(c)는 디지털 통신 시스템의 예이다. 디지털 부호를 나타내는 디지털 펄스 신호 파형은 유무선 통신 채널을 통과하면서 왜곡된다. 디지털 통신 시스템은 펄스 신호의 왜곡을 최소화하고 왜곡된 신호로부터 전송된 디지털 부호를 복원한다. 마지막으로 그림 1.1(d)는 오븐의 온도를 제어하는 시스템이다. 오븐 온도를 적절히 유지하기 위해 센서로 오븐 온도를 측정하고 원하는 온도와 비교하여 온도가 일정 범위 안에 머물도록 실시간 제어한다. 이처럼 출력이 다시 입력으로 되돌려져서

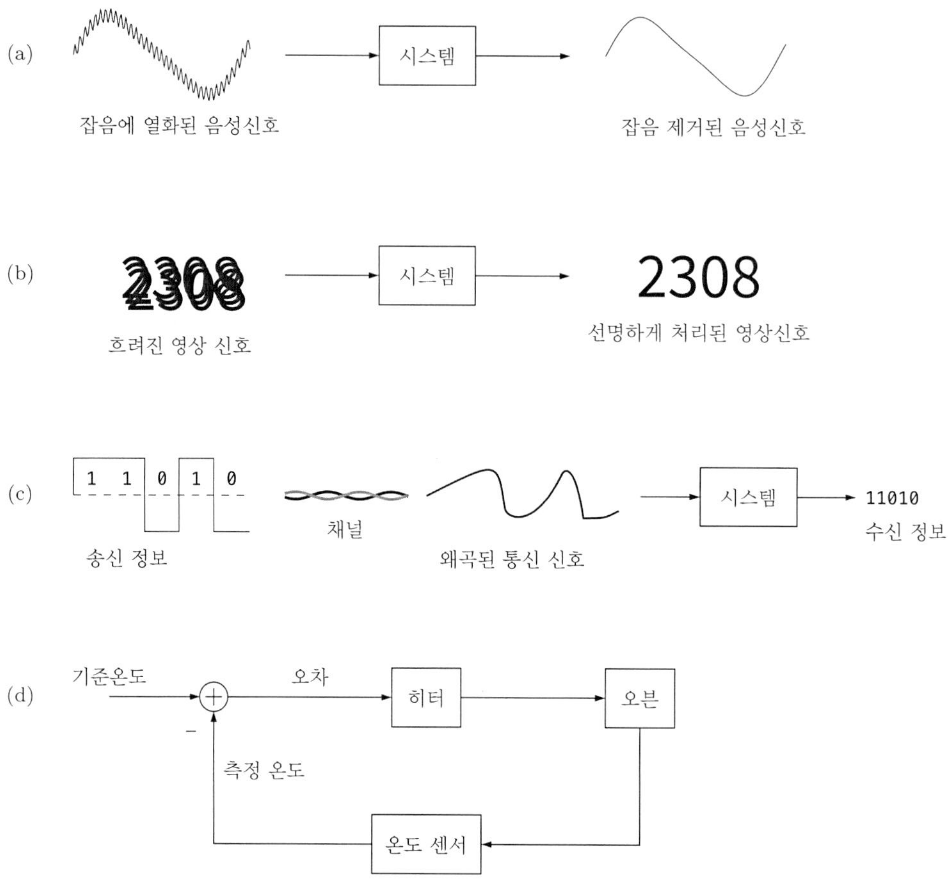

그림 1.1 시스템의 예 : (a) 음질개선 시스템 (b) 영상처리 시스템 (c) 디지털통신 시스템 (d) 오븐의 자동온도조절 시스템.

출력이 기준값을 지키도록 제어하는 시스템을 폐루프[closed loop] 시스템이라 한다. 대부분의 제어 시스템은 폐루프 시스템을 포함한다.

1.1.2 신호의 유형

우리가 일상에서 가장 자주 접하는 신호의 하나는 음성 신호이다. 그림 1.2는 시간 변수 t의 함수로 표현되는 일차원 음성 신호 $s(t)$이다. 음성 신호는 음소에 따라 파형이 크게 달라진다. 음성은 음소에 따라 주기 펄스파나 정현 신호처럼 혹은 잡음처럼 보인다. 음성 신호를 수학 모델로 표현하고 모델 파라미터를 추정하는 작업은 음성 신호처리에서 중요하다. 이 기술은 잡음에 오염된 음성 신호를 명료하게 하거나, 디지털로 변환하여 전송하고 음성을 인식하거나, 문자를 음성으로 합성하는 등의 응용에 공통적으로 활용된다.

음성과 더불어 우리 일상에서 중요한 정보원의 하나는 눈으로 보는 영상이다. 그림 1.3은 (x, y) 이차원 공간에서 밝기를 회색조로 표현한 영상 신호 $p(x, y)$이다. 영상 신호에서 정보는 밝기의 변화에 담겨있다. 밝기의 변화와 경계는 영상의 패턴을 형성하며, 사람은 패턴을 통해

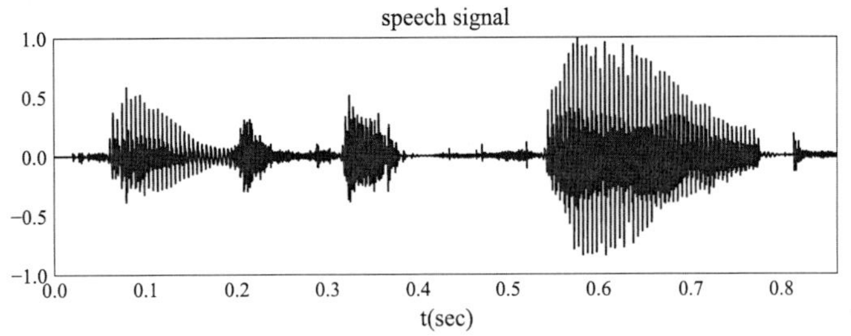

그림 1.2 음성 신호의 예.

그림 1.3 회색조 영상 신호의 예.

사물을 인식한다. 영상 신호에서 원점 (0,0)은 왼쪽 상단 모서리이며, 좌표축은 세로 x-축 가로 y-축으로 표기된다. 좌표는 원점에서 멀어질수록 증가한다.

음성과 영상은 각각 일차원과 이차원 신호의 대표적인 예이다. 음성 신호는 시간의 함수로 표현되지만, 시간 대신 거리나 다른 어떤 변수의 함수로 표현되는 일차원 신호도 있을 수 있다. 그럼에도 불구하고 이 교재에서는 일차원 신호를 독립 변수 t의 함수로 가정하여 기술한다. 이 교재는 주로 일차원 신호를 대상으로 기술되지만 내용은 언제든지 이차원으로 확장될 수 있다.

신호는 종종 디지털 컴퓨터로 처리된다. 아날로그 기계 장치나 회로를 이용한 신호처리는 실현가능한 신호처리에 제한이 따르고 정밀도도 낮은 단점이 있다. 반면 디지털 처리는 소프트웨어를 바탕으로 신속 간단하고 정밀한 결과를 낼 뿐 아니라, 아날로그에서는 구현할 수 없었던 다양한 정보처리 기법을 수용한다. 뿐만 아니라 아날로그 신호는 잡음에 민감하여 정보 전달에 오류가 많지만, 디지털 부호 0과 1은 잡음에 강인하다. 그림 1.1(c)의 디지털 통신 시스템은 통신 채널에 유입되는 잡음에 영향을 덜 받는다.

신호는 시간 독립변수가 연속이면 **연속시간**continuous-time 신호로, 이산이면 **이산시간**discrete-time 신호로 구분된다. 예를 들어, 기온은 연속시간 신호이지만 한 시간마다 측정된 기온은 이산시간 신호이다. 통상적으로 연속시간 신호를 **아날로그**analog 신호라고도 하는데, 아날로그 신호는 시간과 진폭 모두 연속인 신호를 일컫는다. 디지털 신호는 아날로그 신호와 대응되는 용어로 시간과 진폭이 모두 이산인 신호를 말한다. 디지털 신호는 디지털 매체에 저장이 가능하다. 연속시간 신호를 디지털로 변환하기 위해서는 그림 1.4의 과정이 필요하다.

1. 첫째 단계에서는 연속시간 신호 $x(t)$를 일정 시간 간격마다 **샘플링**sampling하여 이산시간 신호 $x[n]$으로 만든다. 이산시간 신호 $x[n]$은 시간 변수가 실수 t에서 정수 n으로 변경되었지만 신호의 샘플값은 여전히 연속 실수값이므로 컴퓨터로 다룰 수 없다.
2. 둘째 단계에서는 연속 진폭을 유한 개의 값으로 나누어 표현한다. 그림 1.4에서 신호는 0부터 15까지 16개의 정수로 표현된다. 이렇게 진폭을 유한개의 이산값으로 표현하는 과정을 **양자화**quantization라 한다.
3. 마지막 단계에서는 양자화된 이산 진폭 샘플값을 유한길이 2진수로 표현한다. 그림 1.4에서 신호는 4비트 2진수로 표현된다. 신호를 2진수로 표현하는 과정을 **부호화**encoding라 한다.

우리 일상에서 발견되는 디지털 신호의 예를 들어보자. 오디오 신호는 초당 44100 샘플로 샘플링(이산화)되고, 각 샘플은 부호가 있는 16비트 2진수로 부호화되어 CDcompact disc에 저장된다. 반면에 디지털 사진기로 촬영한 컬러 영상은 세로-가로 격자 샘플로 이산화된다. **화소**picture element 크기가 3024×4032인 영상은 세로 3024 가로 4032의 격자에서 이산화되었음을 의미한다. 회색조 영상의 진폭은 부호없는 8비트 2진수로 양자화되며, 컬러 영상은 RGB 각각 부호없는 8비트 2진수로 양자화된다.

아날로그 신호를 디지털 신호로 변환하는 과정을 **A-D 변환**analog-to-digital conversion이라 부르고, 연속시간 신호를 이산시간 신호로 변환하는 과정을 **C-D 변환**continuous-to-discrete conversion이라 부른다. 디지털 컴퓨터에서 신호를 처리하기 위해서는 A-D 변환이 필요하지만, 이 교재에서는 양자화와 부호화 과정이 생략된 이산시간 신호를 사용한다. 이 교재의 전반부에서는 연속시간 신호와 시스템을, 후반부에서는 이산시간 신호와 시스템을 다룬다. 이 교재에서 연속시간 신호는 $x(t)$와 같이 소괄호를 이용하여 표기되고, 이산시간 신호는 $x[n]$과 같이 대괄호를 이용하여 표기된다. 영상 신호의 경우 연속 신호는 $p(x, y)$로 이산 신호는 $p[m, n]$으로 표기된다.

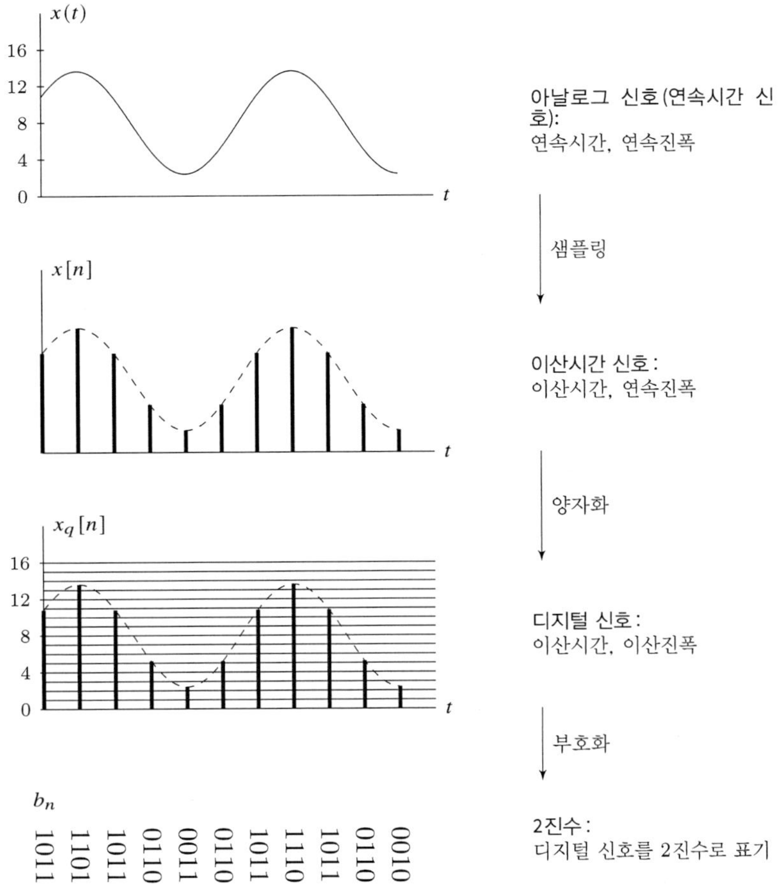

그림 1.4 아날로그 신호의 디지털 변환.

연습 1.1 (a) CD에 수록된 4분 길이 음악의 데이터 크기는 몇 MB^Mega-Byte^인가? (b) 디지털 사진기로 촬영한 3024×4032 화소의 컬러 사진의 용량은 몇 MB인가?
답: (a) 42.336 MB (b) ~ 36.578 MB

IPYWIDGET 데모 1.1

위젯 파일: `speech_demo.ipynb`

이 데모에서는 음성 신호의 소리와 파형을 비교 관찰할 수 있다. 음성 신호는 유성음, 무성음, 마찰음, 파열음, 콧소리 등 음소의 유형에 따라 서로 다른 파형과 특징을 가진다. 음성 신호 'one step forward' 각 부분의 파형을 확대하여 살펴보고 소리도 들어보라.

1.2 연속시간 신호의 변형

신호에 정보를 심거나 추출하는 모든 과정들은 필연적으로 신호의 변형을 필요로 한다. 넓은 의미에서 신호의 변형은 시스템으로 해석되지만, 여기서는 간단한 기본 변형과 변형 결과에 대하여 살펴보기로 한다. 변형의 유형은 시간 변수가 독립적인가 아닌가에 따라 구분된다. 크기를 변경하거나 상수값만큼 증감하거나 혹은 두 신호를 서로 더하거나 곱하는 연산들은 시간 독립적 변형이다. 반면에 시간 이동이나 시간 반전 혹은 시간 압축과 확장 등은 시간 의존적 변형이다. 신호 변형의 방법과 결과를 이해하면 신호와 시스템을 다루는 데 유익하다.

1.2.1 시간 독립적 신호 변형

시간과 무관하게 각 시점에서 독립적으로 적용되는 변형의 유형들은 다음과 같다.

- 상수 증감 : $x(t)+C$, C 상수
- 크기 변경 : $\alpha x(t)$, α 실수
- 수학 함수를 통한 변형 : $|x(t)|$, $[x(t)]^2$, $\log(|x(t)|+1)$, $\cdots$
- 두 신호의 합 : $x_1(t)+x_2(t)$
- 두 신호의 곱 : $x_1(t)x_2(t)$

예제 1.1

다음 두 신호의 시간 독립적 변형을 스케치하여라.

$$x_1(t)=\begin{cases}1, & 0<t<1\\ -1, & 1<t<2\\ 0, & \text{그외}\end{cases} \qquad x_2(t)=\begin{cases}t, & 0\le t<1\\ t-2, & 1<t<2\\ 0, & \text{그외}\end{cases}$$

(a) $x_1(t)$와 $x_2(t)$ (b) $g_1(t)=x_1(t)+1$

(c) $g_2(t)=[x_2(t)]^2$ (d) $g_3(t)=x_1(t)+x_2(t)$

(e) $g_4(t)=x_1(t)g_2(t)$

풀이 신호의 시간 독립적 변형은 순시적이므로 시각별로 변형하면 된다. 그림 1.5는 신호와 신호 변형의 결과이다.

1.2.2 신호의 시간 의존적 변형

신호의 시간 의존적 변형은 표 1.1에 정리되어 있다. 시간 이동과 시간 척도변경이 시간 의존적 변형의 핵심이다.

1. 시간 이동: 연속시간 신호 $x(t)$가 t_0만큼 이동된 신호는 $x(t-t_0)$로 표현된다. 여기서

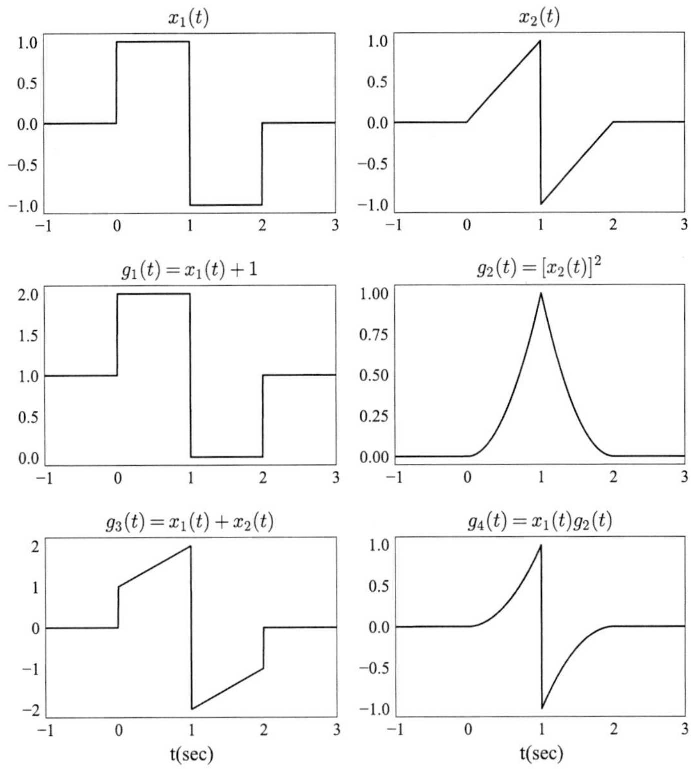

그림 1.5 연속시간 신호의 시간 독립적 변형(예제 1.1).

$t_0 > 0$이면 신호가 오른쪽으로 이동한 시간 지연이고, $t_0 < 0$이면 신호가 왼쪽으로 이동한 시간 선행이다. 그림 1.6은 신호의 시간 지연과 선행의 예이다.

2 **시간 척도변경**: 시간 척도변경 $x(at)$는 시간 변수 t 자체에 변형을 가한다. 이 변형의 결과는 다음으로 요약된다.

- $a = -1$이면 $x(-t)$이므로 **시간 반전**이다.
- $a > 1$이면 a배 **시간 압축**이다. 예를 들면, $x(2t)$는 시간이 2배 빨라진 신호이다.
- $a < 1$이면 a배 **시간 확장**이다. 예를 들면 $x(t/2)$는 시간이 반으로 느려진 신호이다.

표 1.1 신호의 시간 의존적 변형.

변형	신호	설명
시간 이동	$x(t - t_0)$	$t_0 > 0$ 만큼 오른쪽으로 이동
시간 척도변경	$x(at)$	$a > 1$이면 압축, $a < 1$이면 확장
시간 반전	$x(-t)$	$x = 0$ 축을 기준으로 신호 반전
복합 변형	$x(at - t_0)$	t_0 만큼 이동시키고 a 만큼 시간 척도변경

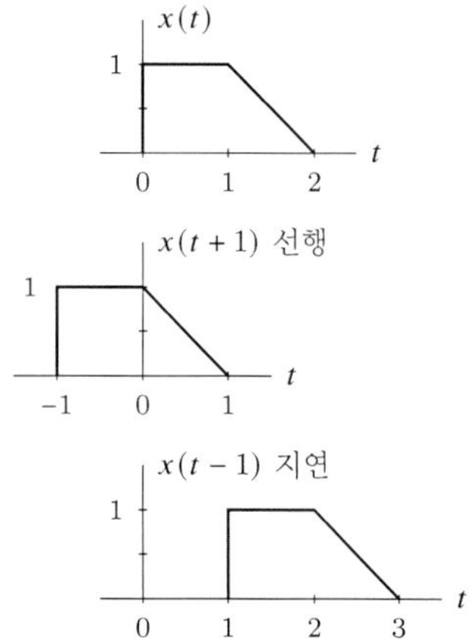

그림 1.6 연속시간 신호의 시간 이동.

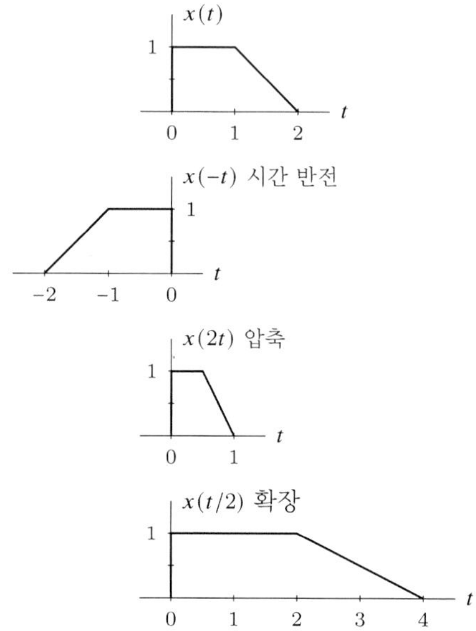

그림 1.7 연속시간 신호의 시간 변형 : 반전, 압축, 확장.

예를 통해 시간 변형이 실제로 어떻게 작동하는지 알아보자.

예제 1.2

다음 신호의 시간 변형 $x(2t-1)$을 스케치하여라.

$$x(t) = \begin{cases} 1, & 0 < t < 1 \\ 0.5, & 1 < t < 2 \\ 0, & \text{그외} \end{cases} \tag{1.1}$$

풀이 신호 $x(at-t_0)$는 시간 이동과 시간 척도변경으로 구성되어 있다. 이 신호는 시간 이동과 시간 척도변경의 적용 순서에 따라 다음 두 가지 방식으로 구분된다.

- 첫째 방법

$$x(t) \xrightarrow[t \to t-1]{\text{1 지연}} x_1(t) = x(t-1) \xrightarrow[t \to 2t]{\text{시간 2배 압축}} x_2(t) = x_1(2t) = x(2t-1)$$

- 둘째 방법

$$x(t) \xrightarrow[t \to 2t]{\text{시간 2배 압축}} x(2t) \xrightarrow[t \to t-\frac{1}{2}]{\frac{1}{2}\text{ 지연}} x\left(2(t-\tfrac{1}{2})\right)$$

그림 1.8은 각 방법의 단계별 신호 변형을 보여 준다.

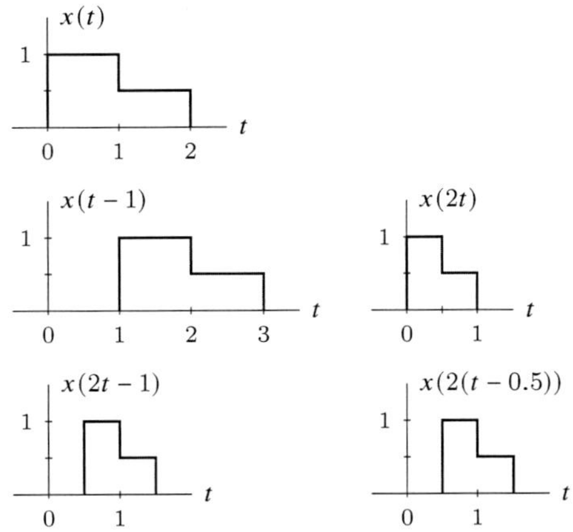

그림 1.8 시간 변형 $x(2t-1)$을 구하는 두 가지 방법(예제 1.2).

예제 1.3

신호 $x(t)$의 시간 변형 $x\left(-\frac{1}{2}t+1\right)$을 단계별로 스케치하여라. 예제 1.2의 신호 식 (1.1)을 이용하라.

풀이 앞의 예제 1.2와 같은 방법으로 단계적으로 변형을 구하자.

- 첫째 방법: 시간 이동을 먼저하고 반전-확장의 순서를 따른다. 여기서 반전과 확장은 동일하게 직접 t에 적용되는 변환이므로 우선 순위가 동일하다. 즉, 확장과 반전의 순서를 바꾸어도 결과는 동일하다.

$$x(t) \xrightarrow[t \to t+1]{\text{1 선행}} x(t+1) \xrightarrow[t \to -t]{\text{반전}} x(-t+1) \xrightarrow[t \to t/2]{\text{시간 2배 확장}} x\left(-\frac{t}{2}+1\right)$$

- 둘째 방법: 신호를 $x(-\frac{t+2}{2})$로 해석하여 확장, 반전, 시간 이동의 순서를 따른다.

$$x(t) \xrightarrow[t \to t/2]{\text{시간 2배 확장}} x\left(\tfrac{t}{2}\right) \xrightarrow[t \to -t]{\text{반전}} x\left(-\frac{t}{2}\right) \xrightarrow[t \to t+2]{\text{2 선행}} x\left(-\frac{t+2}{2}\right)$$

그림 1.9는 각 방법의 단계별 신호 변형을 보여 준다.

개념점검 1.1 신호 변형 $x((t-2)/3)$을 말로 표현해 보라.

연습 1.2 신호 $x(t)=2t$이고 $y(t)=(t+3)^2$일 때 $x(t)$와 $y(t)$의 관계는 어떻게 표현되는가?
답: $y(t)=[x(\frac{t+3}{2})]^2$

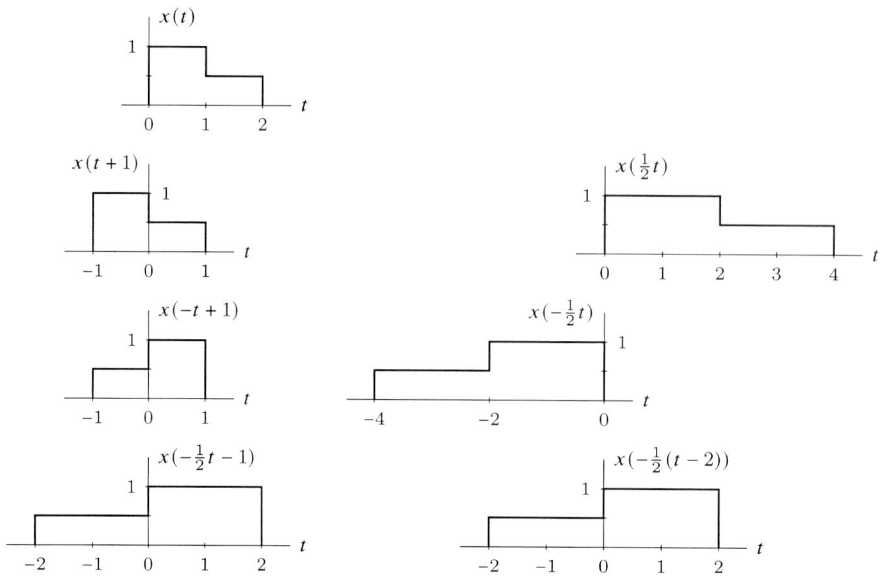

그림 1.9 시간 변형 $x(-\frac{1}{2}t+1)$을 구하는 두 가지 방법(예제 1.3).

IPYWIDGET 데모 1.2

위젯 파일: `ct_signal_transform_demo.ipynb`

이 데모에서는 신호의 시간 이동, 반전, 확장과 압축을 포함하는 시간 의존적 변형을 시험할 수 있다. 복합적 시간 의존적 신호 변형의 동일한 두 꼴 $x(at+b) = x(a(t-t_0))$에서 신호의 확장-압축과 시간 이동에 따른 (a, b, t_0)의 관계를 확인해 보라.

1.3 연속시간 기본 신호

1.3.1 계단 신호

연속시간 계단 신호$^{\text{step signal}}$는 다음과 같이 정의된다.[1]

$$u(t) = \begin{cases} 1, & t > 0 \\ 0, & t < 0 \end{cases} \tag{1.2}$$

그림 1.10은 계단 신호와 지연된 계단 신호이다. 이 신호는 유한 개의 불연속점을 가지고 있는 특이 신호$^{\text{singularity signal}}$에 속한다.[2] 계단 신호는 시스템에서 가장 기본인 ON/OFF 표현에

[1]크기가 1이므로 단위계단 신호라고 부르기도 하는데, 이 교재에서는 '단위'는 생략하고 단순히 계단 신호라고 부른다.

[2]특이 신호는 불연속점을 가지거나 신호의 미분이 불연속점을 갖는 신호이다. 계단 신호, 임펄스 신호, 경사 신호 등이 특이 신호에 속한다. 특이 신호는 수학적으로 까다롭지만 유용하여 많이 사용된다.

적용될 수 있으며 다른 신호의 표현에 자주 활용된다.

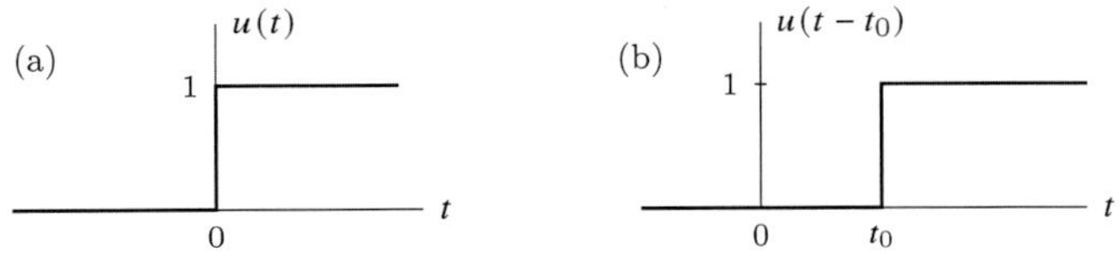

그림 1.10 (a) 계단 신호 $u(t)$와 (b) 시간 이동된 계단 신호 $u(t-t_0)$.

1.3.2 사각펄스 신호

연속시간 사각펄스 신호rectangular pulse signal는

$$\text{rect}(t) = \begin{cases} 1, & |t| < \frac{1}{2} \\ 0, & |t| > \frac{1}{2} \end{cases} \tag{1.3}$$

과 같이 정의된다. 그림 1.11(a)는 사각펄스 신호이며 (b)는 시간 압축(확장)되고 지연된 사각펄스이다. 사각펄스 신호는 두 시점에서 불연속적이며 정의되지 않는다. 사각펄스 신호는 디지털 시스템과 통신에서 디지털 부호 표현에 사용된다.

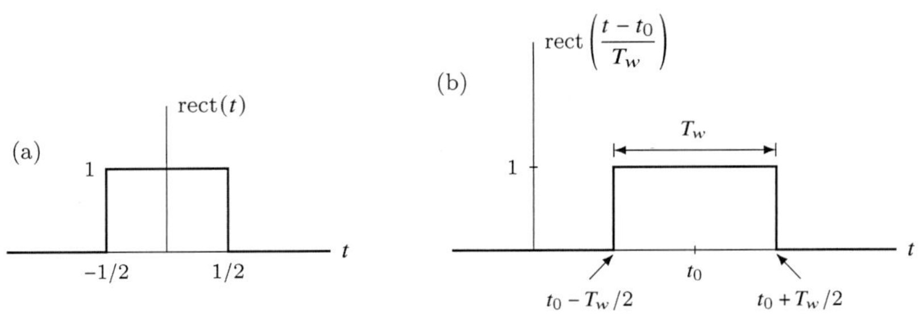

그림 1.11 (a) 사각펄스 신호 rect(t)와 (b) 시간 압축(확장)되고 이동된 사각펄스 신호 rect$\left(\frac{t-t_0}{T_w}\right)$.

연습 1.3 사각펄스 신호 rect$\left(\frac{t-1}{2}\right)$를 $u(t)$의 함수로 표현하라. 답: $u(t)-u(t-2)$

1.3.3 경사 신호

연속시간 경사 신호ramp signal는

$$r(t) = \begin{cases} t, & t \geq 0 \\ 0, & t < 0 \end{cases} \tag{1.4}$$

와 같이 정의된다. 경사 신호는 기울기가 일정한 신호이다. 그림 1.12(a)의 경사 신호는 $t=0$에서 연속이지만 미분 가능하지 않다. 경사 신호는 제어 분야에서 많이 이용된다.

개념점검 1.2 경사 신호 $r(t)$는 왜 특이 신호에 속하는가?

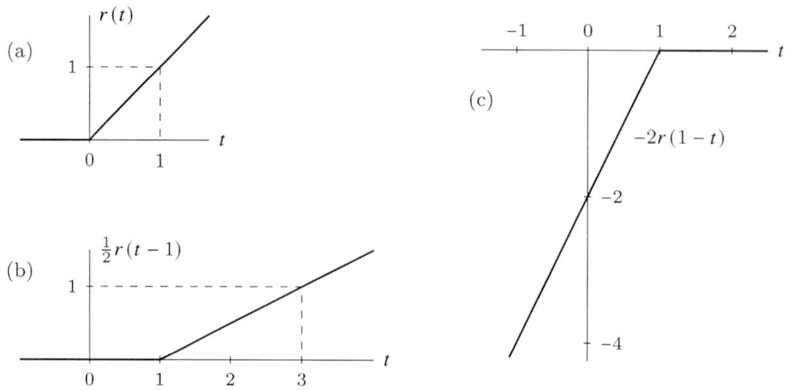

그림 1.12 (a) 경사 신호 (t) (b) $\frac{1}{2}r(t-1)$ (c) $-2r(1-t)$.

예제 1.4

그림 1.13(a)의 신호를 사각펄스 $\mathrm{rect}(t)$와 계단 신호 $u(t)$로 표현하고, 그림 1.13(b)의 신호를 경사 신호 $r(t)$로 표현하라.

풀이 그림 1.13(a)와 (b)의 신호는 각각 다음과 같이 표현된다.

$$x_1(t) = 2\mathrm{rect}\left(\frac{t-0.5}{3}\right) = 2u(t+1) - 2u(t-2)$$

$$x_2(t) = 2r(t) - 4r(t-1) + 2r(t-2)$$

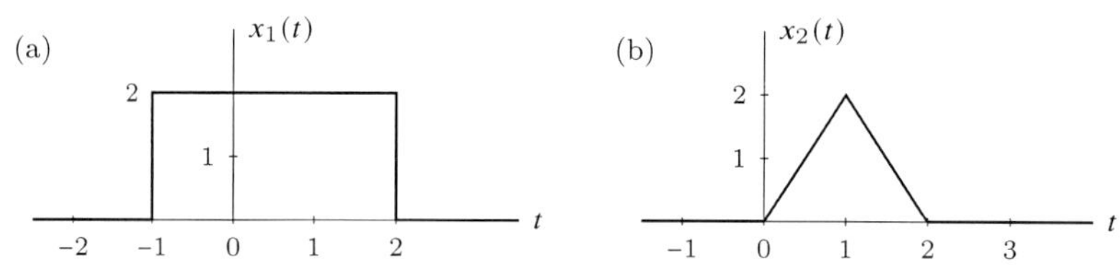

그림 1.13 예제 1.4.

1.3.4 임펄스 신호

연속시간 임펄스 신호$^{\text{impulse signal}}$ 신호는

$$\delta(t) = 0, \quad t \neq 0 \tag{1.5a}$$

$$\int_{-\infty}^{\infty} \delta(t)dt = 1 \tag{1.5b}$$

와 같이 정의된다. 연속시간 임펄스 신호는 디랙 델타$^{\text{Dirac delta}}$라고도 한다. 임펄스 신호는 식 (1.5b)와 같이 한 점에서만 값을 갖는 신호로 정의되고 이 값이 ∞이므로, 임펄스는 식 (1.5b)처럼 크기가 아닌 면적으로 정의된다. 임펄스를 그래프로 표시할 때는 무한 크기를 표시하기 어려우므로 화살표로 대신하고, 그림 1.14처럼 면적 만큼 길이를 조정하거나 임펄스 옆에

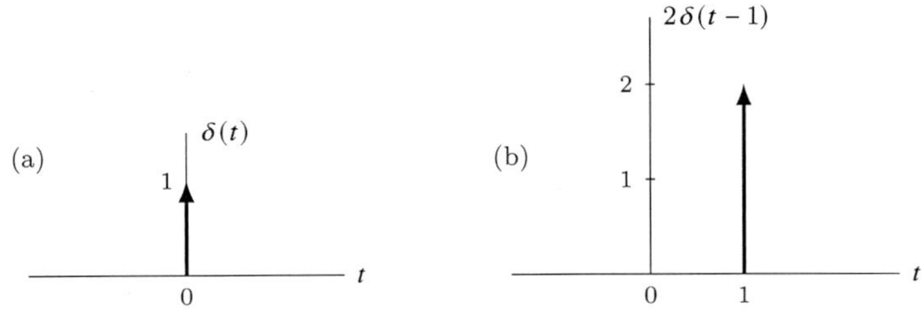

그림 1.14 (a) 임펄스 신호 $\delta(t)$와 (b) 척도 변경되고 시간 이동된 임펄스 신호 $2\delta(t-1)$.

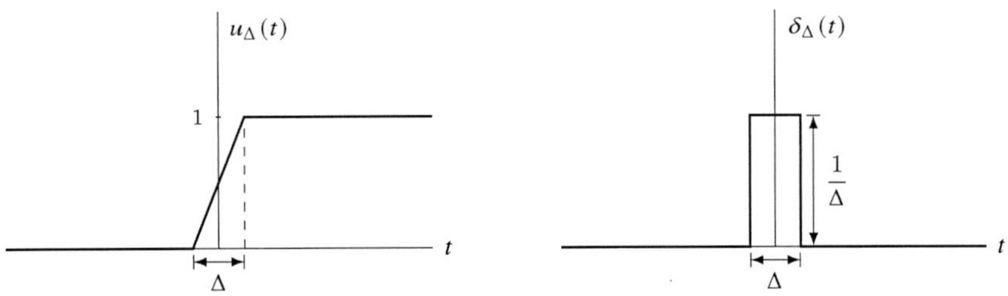

그림 1.15 계단 신호와 임펄스 신호의 근사적 모델.

면적을 표기한다.

그림 1.15는 계단 신호와 임펄스 신호의 근사 모델이다. 근사 모델은 계단 신호의 불연속성과 면적으로 정의되는 임펄스 신호의 관계를 보여 준다. 근사화된 계단 신호 $u_\Delta(t)$는 두 모서리 지점을 제외한 다른 곳에서는 미분이 가능하며 미분은 그림 1.15에 묘사된 바와 같이

$$\delta_\Delta(t) = \frac{du_\Delta(t)}{dt} \tag{1.6}$$

로 주어진다. 역으로 $\delta_\Delta(t)$의 면적은 1이므로

$$u_\Delta(t) = \int_{-\infty}^{t} \delta_\Delta(\tau)d\tau \tag{1.7}$$

와 같다. 여기서 $\Delta \to 0$이면 식 (1.6)과 (1.7)은 다음과 같이 각각 임펄스와 계단 신호로 접근한다.

$$\delta(t) = \lim_{\Delta \to 0} \frac{du_\Delta(t)}{dt} = \frac{du(t)}{dt} \tag{1.8a}$$

$$u(t) = \lim_{\Delta \to 0} \int_{-\infty}^{t} \delta_\Delta(\tau)d\tau = \int_{-\infty}^{t} \delta(\tau)d\tau \tag{1.8b}$$

식 (1.8b)에서 적분의 구간은 계단 신호 $u(t)$의 변수 t의 함수로 표현된다. 이러한 적분을 이동 적분running integral이라 한다.

연습 1.4 신호 $x(t) = \text{rect}\left(\frac{t-3}{2}\right)$의 미분 $dx(t)/dt$를 $\delta(t)$의 함수로 표현하라.
답: $dx(t)/dt = \delta(t-2) - \delta(t-4)$

1.3.5 임펄스를 이용한 신호의 표현

임의의 신호는 임펄스 신호를 이용하여 표현될 수 있다. 임펄스 신호의 근사 모델 $\delta_\Delta(t)$를 이용하여 이 사실을 확인하자.

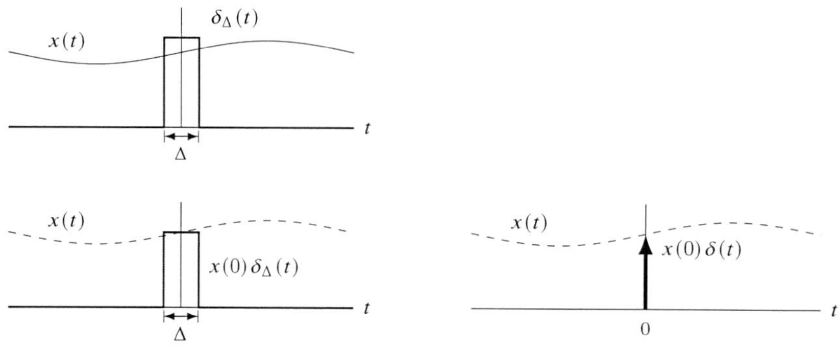

그림 1.16 임펄스 신호의 샘플링 특성.

그림 1.16에서 $\delta_\Delta(t)$는 임의의 신호 $x(t)$를 $t = 0$ 시점에서 샘플한다. 샘플된 신호는 $x(0)\delta_\Delta(t)$로 표현될 수 있으며 $\Delta \to 0$으로 접근함에 따라

$$\lim_{\Delta \to 0} x(0)\delta_\Delta(t) = x(0)\delta(t) = x(t)\delta(t) \tag{1.9}$$

로 표현된다. 이로부터 임의의 시점 t_0에서 신호 $x(t)$의 샘플링을

$$x(t)\delta(t - t_0) = x(t_0)\delta(t - t_0) \tag{1.10}$$

와 같이 표현할 수 있다.

식 (1.10)의 양변을 t에 대하여 적분하면

$$\begin{aligned}\int_{-\infty}^{\infty} x(t)\delta(t - t_0)dt &= \int_{-\infty}^{\infty} x(t_0)\delta(t - t_0)dt \\ &= x(t_0)\int_{-\infty}^{\infty} \delta(t - \tau)d\tau = x(t_0)\end{aligned} \tag{1.11}$$

를 얻는다. 식 (1.11)을 임펄스 신호의 **샘플링**sampling 특성이라 한다.[3] 식 (1.11)의 샘플링 결과는 시간의 함수가 아닌 신호값 $x(t_0)$이지만, 식 (1.9)는 시간의 함수 $x(t_0)\delta(t - t_0)$이다.

또한 신호 $x(t)$를 이동된 $\delta(t - \tau)$에 의해 샘플된 신호의 적분꼴로 표현할 수도 있다.

$$x(t) = \int_{-\infty}^{\infty} x(\tau)\delta(t - \tau)d\tau \tag{1.12}$$

이 결과는 2.3.3절에서 LTI 시스템의 입-출력 관계인 콘볼루션 적분을 설명하는 데 사용된다.

---

[3] 채치기sifting 특성으로 부르기도 한다.

예제 1.5

다음 적분을 계산하라.

$$\int_0^3 \cos(2t)\delta(t-2)dt$$

풀이 임펄스 신호의 샘플링 특성으로부터

$$\cos(2t)\delta(t-2) = \cos(2t)\Big|_{t=2}\delta(t-2) = \cos(4)\delta(t-2)$$

이므로 적분은 다음과 같이 계산된다.

$$\int_0^3 \cos(4)\delta(t-2)dt = \cos(4)\underbrace{\int_0^3 \delta(t-2)dt}_{1} = \cos(4)$$

마지막 적분은 적분 구간이 임펄스 $\delta(t-2)$를 포함하므로 1이다.

예제 1.6

다음을 계산하라.

$$\int_{-\infty}^{\infty} \delta(2t-3)dt$$

풀이 변수를 $\lambda = 2t$로 치환하면

$$\frac{1}{2}\int_{-\infty}^{\infty} \delta(\lambda-3)d\lambda = \frac{1}{2}$$

연습 1.5 다음을 간단히 표현하라.

(a) $[\delta(t-1)+\delta(t+1)]\cos(2\pi t)u(t)$ (b) $\int_{-\infty}^{t} e^{-(\tau+2)}\delta(\tau+2)d\tau$

답: (a) $\delta(t-1)$ (b) $u(t+2)$

1.3.6 지수 신호

연속시간 실수 **지수 신호**exponential signal는

$$x(t) = Ae^{-at} \tag{1.13}$$

과 같이 정의된다. 그림 1.17에 묘사된 바와 같이 지수 신호는 a에 따라 감소($a>0$) 혹은 증가($a<0$)한다. 시간에 따라 크기가 무한히 커지는 신호는 불안정하지만, 일시적으로 신호는 얼마든지 커지거나 작아질 수 있다. 대부분의 자연계 신호는 시간이 지남에 따라 소멸되는 특성을 가지며 실수 지수 신호는 이를 표현하기에 적합하다.

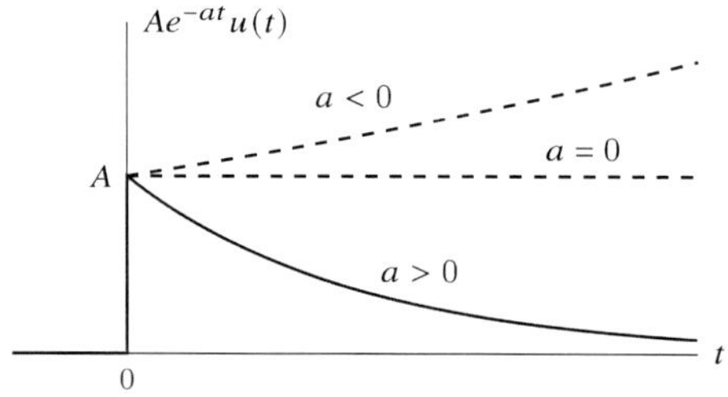

그림 1.17 연속시간 지수 신호.

연습 1.6 커패시터의 전압이 $v_c(t) = 10[1 - e^{-t/5}]u(t)$와 같이 표현된다고 가정하자. 이 전압이 $v_c(0)$으로부터 $v_c(\infty)$의 95% 수준으로 높아지는 데 소요되는 시간 t_0는 얼마인가?
답 : $t_0 \approx 14.979\,\text{sec}$

1.3.7 정현 신호

연속시간 정현 신호sinusoidal signal는

$$x(t) = A\cos(\omega_0 t + \phi) \tag{1.14}$$

의 꼴을 갖는다. 정현 신호는 세 개의 파라미터 A, ω_0, ϕ로 규정된다. 여기서 A는 진폭amplitude, ω_0는 각주파수radian frequency, ϕ는 위상변이phase shift이다. 각주파수 ω_0의 단위는 radian/sec이며

$$\omega_0 = 2\pi f_0 \tag{1.15}$$

와 같이 사이클 주파수cycle frequency f_0로 표현할 수 있다. 사이클 주파수의 단위는 cycle/sec이며 헤르츠Hertz(Hz)로 표기된다. 그림 1.18은 정현 신호의 예이다.

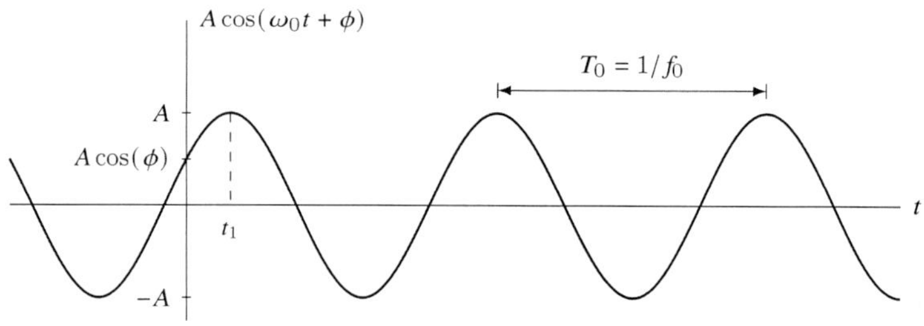

그림 1.18 연속시간 정현 신호.

정현 신호의 한 사이클은 신호의 피크와 피크 사이로 규정될 수 있다. 삼각함수 특성

$$\cos(\theta + 2\pi) = \cos\theta$$

으로부터 한 사이클의 주기 T_0는 다음과 같이 표현된다.

$$\omega_0 T_0 = 2\pi f_0 T_0 = 2\pi \quad \Longrightarrow \quad T_0 = \frac{2\pi}{\omega_0} = \frac{1}{f_0}$$

위상변이는 $t = 0$에서 신호의 값을 규정한다.

$$x(0) = A\cos(\phi)$$

또한 첫 번째 양의 피크점 t_1은 위상변이 ϕ로 다음과 같이 표현된다.

$$\cos(0) = 1 \quad \Longrightarrow \quad \omega_0 t_1 + \phi = 0 \quad \Longrightarrow \quad t_1 = -\frac{\phi}{\omega_0} \tag{1.16}$$

이처럼 정현 신호의 위상변이는 신호의 시간 이동과 관련된다.

IPYWIDGET 데모 1.3

위젯 파일: `ct_sinusoid_demo.ipynb`

이 데모에서는 정현 신호의 세 파라미터인 진폭, 주파수, 위상 변이의 역할을 확인할 수 있다. 슬라이더를 이용하여 각각의 파라미터를 변경하면서 피크값의 변화나 주기의 변화를 확인해 보라. 신호의 시간 이동과 관련된 파라미터는 무엇인가? 주어진 주파수와 위상 변이에 대하여 시간 이동(`t1`)을 직접 계산하고 위젯의 결과와 비교해 보라.

1.4 연속시간 주기 신호

연속시간 주기 신호periodic signal는 모든 t에 대하여 다음을 만족한다.

$$x(t+T) = x(t) \tag{1.17}$$

이 조건을 만족하는 가장 작은 양의 실수 $T = T_0$를 **기본 주기**fundamental period라고 하고, 기본 주기의 역수 $f_0 = 1/T_0$를 **기본 주파수**fundamental frequency라고 한다. 그림 1.19는 주기 신호의 예이다. 주기 신호는 신호의 한 주기로 완벽하게 규정된다.

복소지수 신호complex exponential signal는 대표적인 주기 신호의 하나이다.

$$z(t) = Ae^{j(\omega_0 t + \phi)} \tag{1.18}$$

오일러 관계식(A.3절)

$$e^{j\theta} = \cos\theta + j\sin\theta \tag{1.19}$$

를 적용하면 복소지수 신호 (1.18)은 다음과 같이 직교좌표계에서 표현된다.

$$z(t) = A\cos(\omega_0 t + \phi) + jA\sin(\omega_0 t + \phi) \tag{1.20}$$

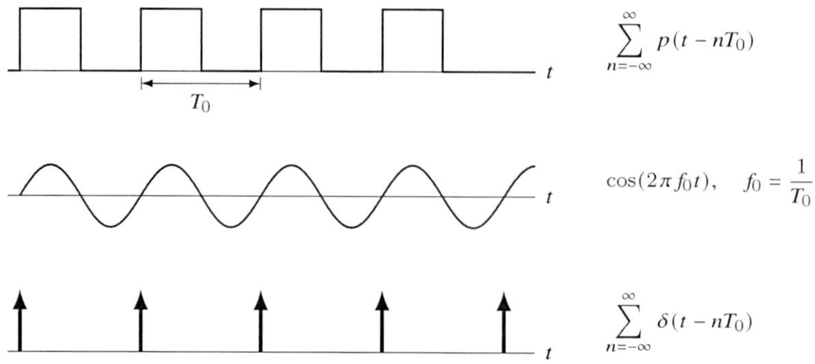

그림 1.19 대표적인 주기 신호의 예.

그림 1.20은 복소지수 신호와 정현 신호의 관계를 묘사한다. 복소지수 신호 $e^{j\omega_0 t}$가 단위원을 따라 반시계 방향으로 $\omega_0 = 2\pi f_0$의 속도로 움직이면 $e^{j\omega_0 t}$의 실수부와 허수부는 각각 코사인과 사인 정현 신호를 만들어낸다. 복소지수 신호 $e^{j\omega_0 t}$는 시간 t에 따라 단위원을 회전하기 때문에 주기성을 갖는다. 이로부터

$$e^{j\omega_0 t} = e^{j\omega_0 (t+T_0)} = e^{j\omega_0 t} e^{j\omega_0 T_0} \quad \Longrightarrow \quad e^{j\omega_0 T_0} = 1 = e^{j2\pi k} \tag{1.21}$$

이다. 기본 주기는 이 조건을 만족하는 가장 작은 주기이므로 $k = 1$을 선택하여 다음과 같이 주어진다.

$$T_0 = \frac{2\pi}{|\omega_0|} = \frac{1}{f_0} \tag{1.22}$$

연속시간의 정현 신호는 항상 주기적이지만, 여러 정현 신호의 합이 모두 주기적이지는 않다. 각각 T_1과 T_2를 주기로 하는 두 정현 신호 $x_1(t)$와 $x_2(t)$의 합이 주기적이려면

$$mT_1 = nT_2 = T_0 \tag{1.23}$$

를 만족하는 양의 정수 m과 n이 존재해야 한다. 이 조건을 만족하는 최소값 T_0는 T_1과 T_2의 최소공배수이며 $x(t) = x_1(t) + x_2(t)$의 기본 주기이다. 즉,

$$T_0 = \text{최소공배수}(T_1,\ T_2) \quad \Longleftrightarrow \quad f_0 = \text{최대공약수}(f_1,\ f_2) \tag{1.24}$$

예를 들어, 정현 신호의 합

$$x_a(t) = x_{a1}(t) + x_{a2}(t) = \cos(2\pi(200)t) + \cos(2\pi(300)t) \tag{1.25a}$$

$$x_b(t) = x_{b1}(t) + x_{b2}(t) = \cos(2\pi(200)t) + \cos(2\pi(200\sqrt{3})t) \tag{1.25b}$$

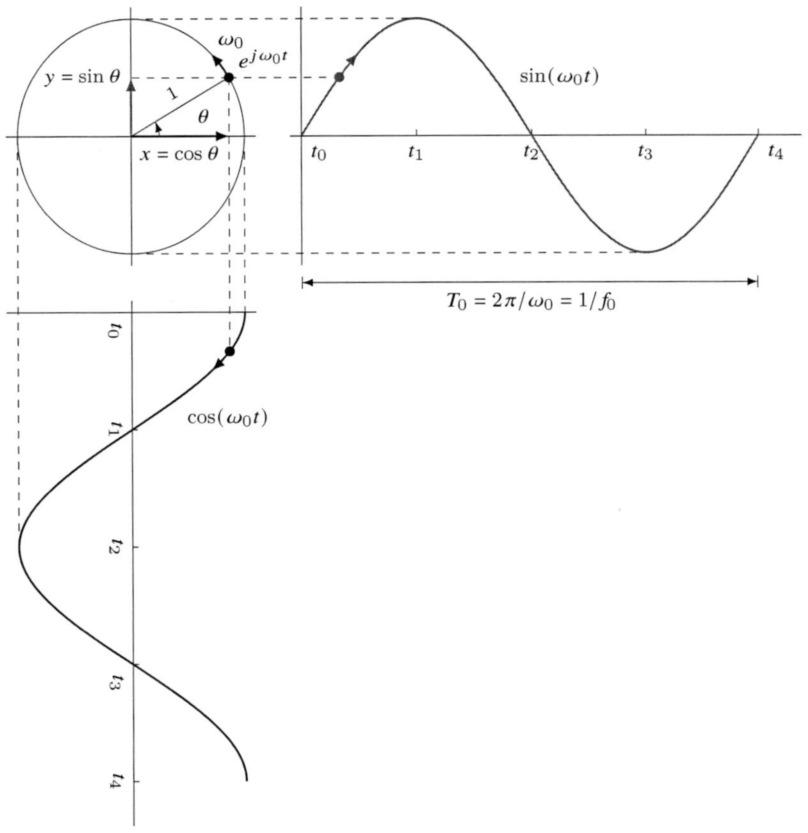

그림 1.20　복소지수 신호와 정현 신호.

을 고려하자(그림 1.21). 신호 $x_a(t)$와 $x_b(t)$를 구성하는 신호는 모두 주기적이다. 신호 $x_a(t)$의 기본 주파수는

$$f_0 = \text{최대공약수}(200,\ 300) = 100\,\text{Hz}$$

이므로 $x_a(t)$는 주기적이다. 반면 $x_b(t)$의 경우에는 신호를 구성하는 신호의 주파수 200과 $200\sqrt{3}$ 사이에 최대공약수가 존재하지 않으므로, $x_{b1}(t)$와 $x_{b2}(t)$ 각각은 주기적이지만 두 신호의 합 $x_b(t) = x_{b1}(t) + x_{b2}(t)$는 주기적이지 않다. 이 사실은 그림 1.21에서 확인된다.

연습 1.7　신호 $x(t) = 2\cos(2t) + 1.5\sin(3t)$는 주기 신호인가? 주기 신호라면 기본 주기와 기본 주파수는 얼마인가?
답: 주기 신호. 기본 주기 $T_0 = 2\pi\,\text{sec}$, 기본 주파수 $f_0 = 1/2\pi\,\text{Hz}$.

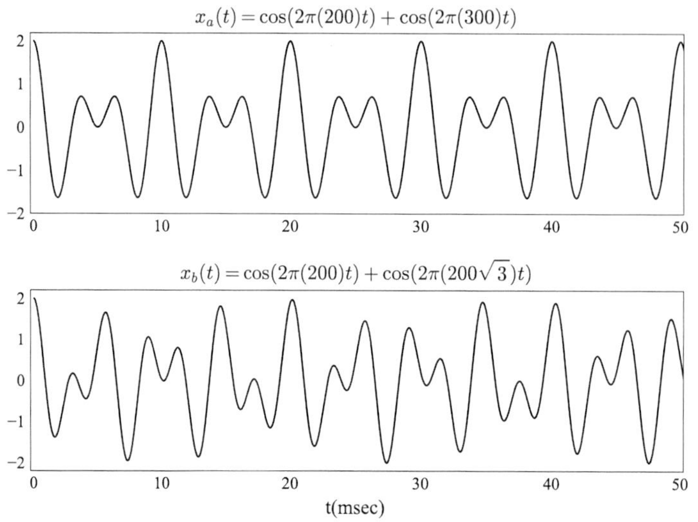

그림 1.21 정현 신호의 합: 주기 신호 $x_a(t) = \cos(2\pi(200)t) + \cos(2\pi(300)t)$와 비주기 신호 $x_b(t) = \cos(2\pi(200)t) + \cos(2\pi(200\sqrt{3})t)$.

1.5 페이저

복소지수 신호는 다음과 같이 표현된다.

$$z(t) = Ae^{j(\omega_0 t+\phi)} = Ae^{j\phi}e^{j\omega_0 t} = Xe^{j\omega_0 t} \tag{1.26}$$

여기서

$$X = Ae^{j\phi} \tag{1.27}$$

는 복소지수 신호 $z(t)$의 페이저phasor 혹은 복소진폭complex amplitude이라 부른다. 정현 신호

$$x(t) = A\cos(\omega_0 t + \phi) \tag{1.28}$$

는 복수지수 신호의 실수부이므로 다음과 같이 표현될 수 있다.

$$\begin{aligned} x(t) &= A\cos(\omega_0 t + \phi) = \text{Re}\{Ae^{j(\omega_0 t+\phi)}\} \\ &= \text{Re}\{Ae^{j\phi}e^{j\omega_0 t}\} = \text{Re}\{Xe^{j\omega_0 t}\} \end{aligned} \tag{1.29}$$

여기서 페이저 $X = Ae^{j\phi}$는 실수 신호 $x(t)$의 페이저 표현이다. 식 (1.26)의 복소지수 신호

$$z(t) = Xe^{j\omega_0 t} \tag{1.30}$$

는 그림 1.20에서 보는 바와 같이 반경 A인 원을 ω_0의 속도로 도는 페이저로 해석될 수 있다. 이런 이유로 복소지수 신호 $z(t)$를 회전하는 페이저라 부르기도 한다. 회전하는 페이저는

$\omega_0 > 0$이면 **반시계 방향**으로 돌고 $\omega_0 < 0$이면 시계 방향으로 돈다. 페이저를 사용하면 신호의 주파수를 명시적으로 사용하지 않으면서도 간명하게 신호와 시스템을 표기하고 해석할 수 있다.

예제 1.7

신호 $x(t) = 10\sin(5t - 35°)$를 페이저로 표현하라.

풀이 신호 $x(t)$는 복소지수 신호로 표시하면

$$x(t) = 10\sin(5t - 35°) = 10\cos(5t - 35° - 90°)$$
$$= \mathrm{Re}\{10e^{j(5t-\pi\cdot 125°/180°)}\} = \mathrm{Re}\{10e^{-j2.182}e^{j5t}\}$$

따라서 이 신호의 페이저는 $X = 10e^{-j2.182}$이다.

주파수는 같지만 진폭과 위상변이가 다른 정현 신호의 합은 다음과 같이 표현된다.

$$x(t) = \sum_{k=1}^{N} A_k\cos(\omega_0 t + \phi_k) = A\cos(\omega_0 t + \phi) \tag{1.31}$$

여기서 진폭 A와 위상변이 ϕ는 다음과 같이 $\{A_k, \phi_k\}$로부터 페이저 합을 통해 구해진다.

$$Ae^{j\phi} = \sum_{k=1}^{N} A_k e^{j\phi_k} \tag{1.32}$$

페이저 합을 계산하려면 페이저를 직교좌표계에서 표현해야 한다. 식 (1.32)는 식 (1.31)을 복소지수 형식으로 표현하면 쉽게 확인된다.

$$x(t) = \mathrm{Re}\left\{\sum_{k=1}^{N} A_k e^{j(\omega_0 t+\phi_k)}\right\} = \mathrm{Re}\left\{\left(\sum_{k=1}^{N} A_k e^{j\phi_k}\right)e^{j\omega_0 t}\right\}$$
$$= \mathrm{Re}\left\{Ae^{j\phi}e^{j\omega_0 t}\right\} = A\cos(\omega_0 t + \phi) \tag{1.33}$$

예제 1.8

페이저를 이용하여 다음 정현 신호의 합을 계산하라.

$$x(t) = 3\cos(7\pi t + \pi/3) + 4\cos(7\pi t + \pi/6) = A\cos(7\pi t + \phi) \tag{1.34}$$

풀이 식 (1.32)의 페이저 합을 이용하면

$$3e^{j\pi/3} + 4e^{j\pi/6} = 3\left(\frac{1}{2} + j\frac{\sqrt{3}}{2}\right) + 4\left(\frac{\sqrt{3}}{2} + j\frac{1}{2}\right)$$
$$= 6.766e^{j0.747}$$

따라서 $x(t) = \mathrm{Re}\left\{6.766e^{j0.747}e^{j7\pi t}\right\} = 6.766\cos(7\pi t + 0.747)$

연습 1.8 다음 관계식에서 A와 ϕ를 구하라.

$\cos(10\pi t + \pi/3) + 2\cos(10\pi t - \pi/4) = A\cos(10\pi t + \phi)$

답: $A = 1.991,\ \phi = -0.279$

IPYWIDGET 데모 1.4

위젯 파일: `ct_phasor_demo.ipynb`

이 데모에서는 복소지수 신호, 정현 신호, 회전하는 페이저의 관계를 확인할 수 있다. 회전하는 페이저에서 주파수는 페이저의 속도를 결정하고, 위상변이는 회전하는 페이저의 출발점을 결정하며, 출발점의 벡터는 복소지수 신호의 페이저에 해당한다. 회전하는 페이저의 실수부와 허수부는 항상 직각을 이룬다.

1.6 연속시간의 우대칭, 기대칭, 켤레 대칭

우대칭even symmetry과 기대칭odd symmetry은 시간 $t = 0$을 기준으로 정의되는 신호의 대칭성이다.

$$\text{우대칭:}\quad x(-t) = x(t) \tag{1.35a}$$

$$\text{기대칭:}\quad x(-t) = -x(t) \tag{1.35b}$$

그림 1.22는 우함수과 기함수의 예이다. 대표적인 우함수와 기함수는 각각 $\cos\theta$와 $\sin\theta$이다.

$$\cos(-\theta) = \cos\theta, \qquad \sin(-\theta) = -\sin\theta$$

함수의 대칭성은 $t > 0$과 $t < 0$ 영역에서 함수에 담긴 정보가 동일하다는 사실을 의미한다. 즉, 대칭 유형과 $t > 0$에 포함된 정보만으로 신호를 모두 설명할 수 있다.

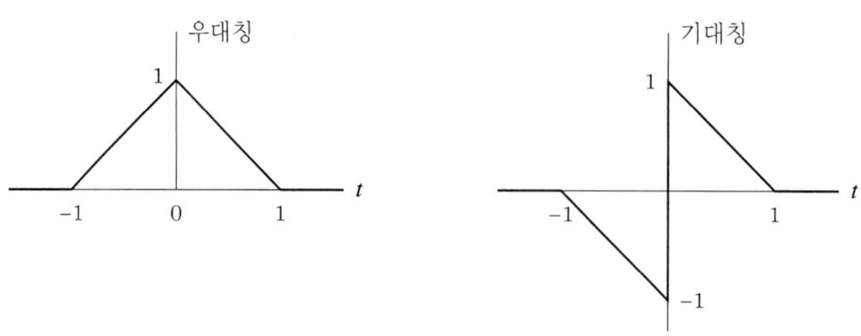

그림 1.22 연속시간 우대칭과 기대칭.

임의의 함수 $x(t)$는 다음과 같이 우대칭 성분과 $x_e(t)$와 기대칭 성분 $x_o(t)$로 분해될 수 있다.

$$x(t) = x_e(t) + x_o(t) \tag{1.36}$$

여기에 t 대신 $-t$를 대입하면

$$x(-t) = x_e(t) - x_o(t) \tag{1.37}$$

을 얻는다. 식 (1.36)과 (1.37)로부터 신호 $x(t)$의 우대칭 성분과 기대칭 성분을 각각 다음과 같이 표현할 수 있다.

$$x_e(t) = \frac{1}{2}[x(t) + x(-t)] \tag{1.38a}$$

$$x_o(t) = \frac{1}{2}[x(t) - x(-t)] \tag{1.38b}$$

그림 1.22에서 보는 바와 같이 우대칭 신호 $x_e(t)$는 $t = 0$에서 항상 연속이지만 기대칭 신호 $x_o(t)$는 $x_o(0) = 0$인 경우에만 $t = 0$에서 연속이다.

예제 1.9

계단 신호 $u(t)$를 우대칭과 기대칭 성분으로 분해하고 각 성분을 스케치하라.

풀이 식 (1.36)으로부터 우대칭 성분 $u_e(t)$와 기대칭 성분 $u_o(t)$는 각각 다음과 같이 구해진다.

$$u_e(t) = \frac{1}{2}[u(t) + u(-t)] = \frac{1}{2} \tag{1.39a}$$

$$u_o(t) = \frac{1}{2}[u(t) - u(-t)] = \frac{1}{2}\mathrm{sgn}(t) \tag{1.39b}$$

여기서 $\mathrm{sgn}(t)$는 다음과 같이 정의되는 시그넘signum 함수이다.

$$\mathrm{sgn}(t) = \begin{cases} -1, & t < 0 \\ 1, & t > 0 \end{cases}$$

그림 1.23은 계단 신호와 분해된 우대칭/기대칭 성분을 보여 준다.

예제 1.10

두 정현 신호의 합

$$x(t) = \cos(2\pi t + \pi/6) + \sin(\pi t - \pi/3)$$

을 우대칭과 기대칭 성분으로 분해하고 각 성분을 스케치하라.

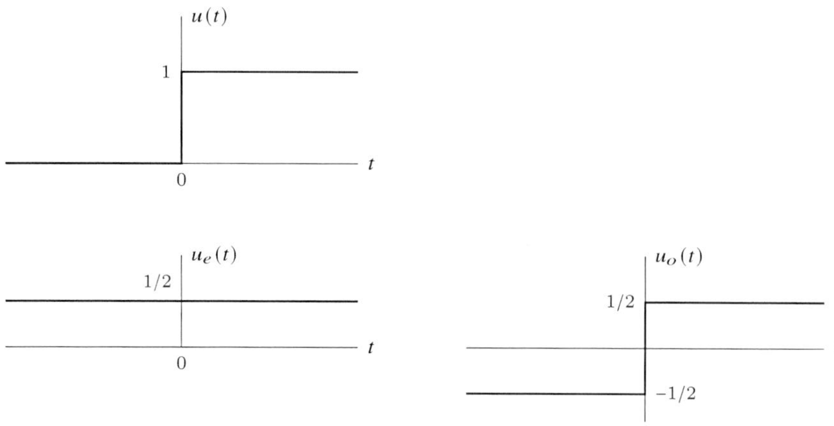

그림 1.23 연속시간 계단 신호의 우대칭과 기대칭 성분(예제 1.9).

풀이 삼각함수 공식

$$\cos(\alpha+\beta) = \cos(\alpha)\cos(\beta) - \sin(\alpha)\sin(\beta)$$

$$\sin(\alpha-\beta) = \sin(\alpha)\cos(\beta) - \cos(\alpha)\sin(\beta)$$

을 이용하여 $x(t)$를 정리하면

$$x(t) = \cos(2\pi t)\cos(\pi/6) - \sin(2\pi t)\sin(\pi/6) \\ +\sin(\pi t)\cos(\pi/3) - \cos(\pi t)\sin(\pi/3)$$

이다. 여기서 cos과 sin은 각각 우대칭과 기대칭이므로, 우대칭과 기대칭 성분은 각각 cos과 sin 항으로 구성할 수 있다.

$$x_e(t) = \cos(\pi/6)\cos(2\pi t) - \sin(\pi/3)\cos(\pi t)$$

$$x_o(t) = -\sin(\pi/6)\sin(2\pi t) + \cos(\pi/3)\sin(\pi t)$$

를 얻는다. 그림 1.24는 신호를 우대칭/기대칭 성분으로 분해한 결과이다.

복소 신호의 대칭성은 켤레 대칭[conjugate symmetry]으로 규정된다.

$$x(-t) = x^*(t) \tag{1.40}$$

복소 신호 $x(t)$의 직교좌표계 표현

$$x(t) = x_r(t) + jx_i(t) \tag{1.41}$$

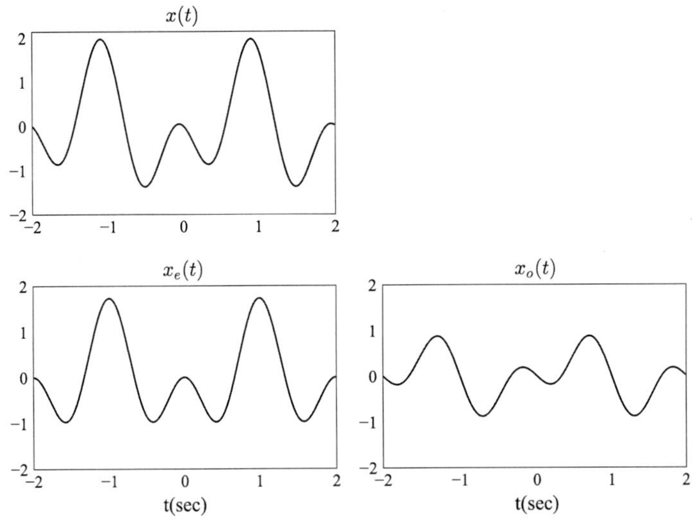

그림 1.24 신호 $x(t) = \cos(2\pi t + \pi/6) + \sin(\pi t - \pi/3)$의 우대칭과 기대칭 성분(예제 1.10).

를 식 (1.40)에 적용하면

$$x_r(-t) = x_r(t) \quad \text{이고} \quad x_i(-t) = -x_i(t) \tag{1.42}$$

이다. 따라서 켤레 대칭은 실수부의 우대칭과 허수부의 기대칭을 의미한다. 마찬가지로 극좌표계

$$x(t) = |x(t)|e^{j\measuredangle x(t)} \tag{1.43}$$

에서는

$$|x(-t)| = |x(t)| \quad \text{이고} \quad \measuredangle x(-t) = -\measuredangle x(t) \tag{1.44}$$

이므로 크기는 우대칭이고 위상은 기대칭이다. 두 좌표계 모두 켤레 대칭은 j의 부호 반전을 의미한다.

1.7 랜덤 신호

값이 변수에 의하여 정확하게 규정되는 신호를 **결정 신호**deterministic signal라고 한다. 예를 들어

$$u(t), \quad \delta(t), \quad e^{j2\pi f_0 t}, \quad A\cos(2\pi f_0 t + \phi), \quad x(t) = 2t + 1$$

와 같은 신호에서는 임의의 $t = t_0$ 시점에서 신호의 값을 정확하게 알 수 있다. 반면 **랜덤 신호**random signal는 임의의 시점에서 신호의 값을 정확하게 알 수 없다. 대신 랜덤

신호에서는 신호값이 확률 분포로 주어진다. 예를 들어, [0, 10) 범위에서 균일한 확률을 갖는 랜덤 신호는 확률 분포

$$p(x) = \frac{1}{10}, \qquad 0 \le x < 10$$

로 정의된다. 10분 간격으로 배차되는 노선 버스를 정류장에서 기다리는 시간을 결정 신호로는 표현할 수 없지만 확률 분포로는 설명이 가능하다. 랜덤 신호의 또 다른 활용 예는 통신 환경이다. 통신에서는 다양한 요인으로 인해 수신되는 전파 신호에 잡음이 유입된다. 잡음은 임의의 시점에서 신호값을 알 수 없는 랜덤 신호로 모델된다. 잡음의 영향을 최소화하고 원하는 신호를 원활하게 포착하도록 통신 방식과 통신 시스템을 설계하는 작업은 통신분야의 주요 과제의 하나이다.

1.8 에너지와 전력

전력과 에너지는 신호의 특성 규정에 유용한 기준이면서 동시에 시스템의 설계 기준이기도 하다. 전기회로에서 저항 R에 전류 $i(t)$가 흐른다고 가정하자.

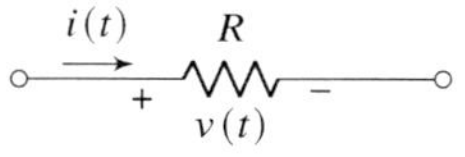

그림 1.25 저항의 전류와 전압.

이때 저항에서 소비되는 순간 전력은

$$p(t) = v(t)i(t) = Ri^2(t) = \frac{v^2(t)}{R} \tag{1.45}$$

이다. 전자회로에서는 저항값이 주어지지만, 저항이 명시되지 않는 신호와 시스템을 다루는 경우 저항은 정규화된 값 $1\,\Omega$으로 가정된다. 정규화된 저항을 가정하면 순간 전력은 단순히 $v^2(t)$나 $i^2(t)$와 같이 전압과 전류의 제곱으로 표현된다. 물리적 전압이나 전류는 신호로 가정되므로 순간 전력은 신호의 제곱 $x^2(t)$으로 표현될 수 있다. 여기서 전력이나 에너지는 실제 물리적인 전력이나 에너지와는 달리 수학적인 모델로 활용된다.

복소 신호 $x(t)$의 평균 전력 P_x와 전체 에너지 E_x는 각각 다음과 같이 정의된다.

$$P_x = \lim_{T\to\infty} \frac{1}{2T}\int_{-T}^{T} |x(t)|^2 dt \tag{1.46a}$$

$$E_x = \lim_{T\to\infty} \int_{-T}^{T} |x(t)|^2 dt = \int_{-\infty}^{\infty} |x(t)|^2 dt \tag{1.46b}$$

여기서 신호의 제곱 $x^2(t)$ 대신 $|x(t)|^2$를 사용한 이유는 복소 신호를 수용하기 위함이다. 만약 식 (1.46a)의 평균 전력이 유한하면($P_x < \infty$), 식 (1.46b)의 에너지는 $E_x = \infty$이다. 이 경우 에너지를 규정할 수 없으므로 평균 전력만 규정되며, 이런 유형의 신호는 **전력 신호**power signal로 분류된다. 반면 에너지가 유한하면($E_x < \infty$), 평균 전력은 $P_x = 0$이다. 이런 유형의 신호는

에너지로 규정되며 **에너지 신호**[energy signal]로 분류된다. 신호 구간이 유한하고 크기 제한된 신호는 에너지 신호이다. 반면에 주기 신호는 전력 신호이다. 주기 신호의 경우 평균 전력은 다음과 같이 한 주기 평균으로 표현된다.

$$P_x = \frac{1}{T}\int_0^T |x(t)|^2 dt \tag{1.47}$$

예제 1.11

정현 신호 $x(t) = A\cos(2\pi f_0 t + \phi_0)$의 평균 전력을 구하라.

풀이 정현 신호 $x(t)$는 주기 신호이며 기본 주기는 $T_0 = 1/f_0$이다. 평균 전력은 식 (1.47)을 적용하여 다음과 같이 계산된다.

$$\begin{aligned} P_x &= \frac{1}{T_0}\int_0^{T_0} [A\cos(2\pi f_0 t + \phi_0)]^2 dt \\ &= \frac{1}{T_0}\int_0^{T_0} \frac{A^2}{2}[1 + \cos(4\pi f_0 t + 2\phi_0)]dt \qquad \text{(삼각함수 공식 적용)} \\ &= \frac{A^2}{2T_0}\int_0^{T_0} 1 \cdot dt + \frac{A^2}{2T_0}\underbrace{\int_0^{T_0} \cos(4\pi f_0 t + 2\phi_0)dt}_{=0} \end{aligned} \tag{1.48}$$

식 (1.48)에서 둘째 항은 평균값이 0인 주기 신호를 정수배 주기 구간에서 적분한 결과이므로 0이다. 따라서 진폭 A인 정현 신호의 평균 전력은

$$P_x = \frac{A^2}{2} \tag{1.49}$$

예제 1.12

두 정현 신호의 합

$$x(t) = x_1(t) + x_2(t) = 10\cos(2\pi(10)t + 45°) + 5\cos(2\pi(5)t - 30°)$$

의 평균 전력을 구하라.

풀이 먼저 $x^2(t)$를 구하자.

$$\begin{aligned} x^2(t) &= [10\cos(2\pi(10)t + 45°) + 5\cos(2\pi(5)t - 30°)]^2 \\ &= 100\cos^2(2\pi(10)t + 45°) + 25\cos^2(2\pi(5)t - 30°) \\ &\quad + 100\cos(2\pi(10)t + 45°)\cos(2\pi(5)t - 30°) \\ &= [50 + 50\cos(4\pi(10)t + 90°)] + [12.5 + 12.5\cos(4\pi(5)t - 60°)] \end{aligned}$$

$$+50\cos(2\pi(5)t+75°)+50\cos(2\pi(15)t+15°) \qquad \text{(삼각함수 공식 적용)}$$

식 (1.47)에 $x^2(t)$를 대입하고 한 주기 적분하면 모든 cos 항의 적분 결과는, 앞의 예와 마찬가지로, 0이다(여기서 굳이 $x(t)$의 기본 주기 T_0를 명시할 필요도 없다). 따라서 평균 전력은

$$P_x = 50 + 12.5 = 62.5$$

신호 $x_1(t)$과 $x_2(t)$의 평균 전력이 각각 $P_{x_1} = 50$과 $P_{x_2} = 12.5$이며 $P_x = P_{x_1} + P_{x_2}$이다. 즉, 신호가 서로 다른 주파수를 가진 정현 신호 합으로 표현되면 신호의 평균 전력은 각 정현 신호의 평균 전력을 합한 것과 같다.

예제 1.13

에너지 신호 $x(t) = Ae^{-t}u(t)$의 에너지는 다음과 같이 계산된다.

$$E_x = \int_{-\infty}^{\infty} [Ae^{-t}u(t)]^2 dt = \int_0^{\infty} A^2 e^{-2t} dt = \frac{A^2}{2}, \quad u^2(t) = u(t)$$

개념점검 1.3 에너지 신호의 평균 전력과 전력 신호의 에너지는 각각 얼마인가? 또한 평균 전력이 무한하다면 신호는 전력 신호인가 에너지 신호인가?

연습 1.9 주기 신호 $x(t) = \cos(10\pi t + \pi/3) + 3\sin(10\pi t + \pi/6)$의 평균 전력 P_x와 에너지 E_x를 계산하라. 답: $P_x = 3.5$, $E_x = \infty$

파이썬 예제

파이썬 예제 1.1: 연속시간 신호의 생성과 파형 그리기

컴퓨터에서 연속시간 신호는 등간격 시간마다 샘플된 신호로 표현된다. 파이썬에서 신호의 시간 변수는 주로 `numpy` 모듈의 `arange`와 `linspace`로 표현된다(이 두 함수에 대한 설명은 부록 E.2.1절 참조). 이 예에서는 신호를 생성하고 파형을 그래프로 그리는 방법을 소개한다. 이 작업에 기본적으로 필요한 파이썬 모듈 `numpy`와 `matplotlib`은 통상 다음과 같이 호출된다.

```
import numpy as np
import matplotlib.pyplot as plt
```

(a) 연속시간 정현 신호

$$x_1(t) = 2\cos(10t)$$

를 $0 \le t < 5$의 범위에서 생성하고 결과를 그래프로 그려보자. 시간은 arange나 linspace 어느 것을 사용해도 되지만, 시간의 샘플 간격은 파형의 특성을 잘 표현할 수 있도록 선택하는게 필요하다. 다음은 파이썬 코드이며 그림 1.26은 코드 실행 결과이다.

```
# 정현 신호를 생성하고 그리기
t = np.linspace(0, 5, 1001) # 시간 변수 정의
x1 = 2 * np.cos(10*t)
fig, ax = plt.subplots(figsize=(6,2.5))
ax.plot(t, x1)
ax.set_xlim(0, 5)
ax.set_xlabel('t(sec)')
ax.set_title('$x_1(t) = 2\cos(10t)$')
```

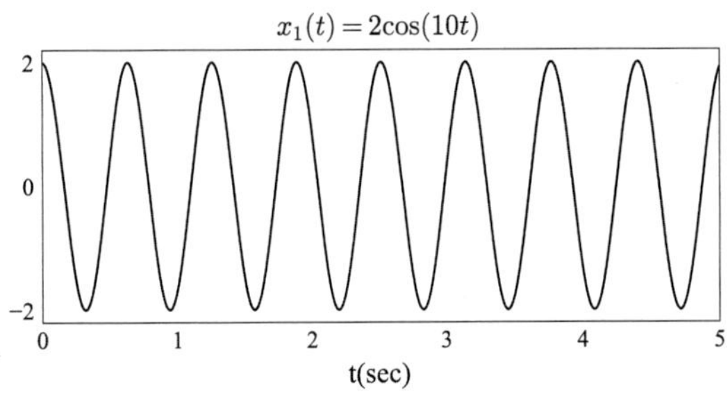

그림 1.26 연속시간 정현 신호(파이썬 예제 1.1(a)).

(b) 신호는 구간별로 정의되기도 한다. 구간별로 정의된 신호

$$x_2(t) = \begin{cases} e^{-t}, & t > 0 \\ 0, & t < 0 \end{cases}$$

를 $-1 \le t < 3$의 범위에서 생성하고 결과를 그려보자. 먼저 신호의 불연속 점프가 분명하게 드러나도록 하기 위해 시간 변수는 충분히 좁은 샘플 간격으로 정의한다. 신호의 구간은 조건 (t>0)으로 표현하고, 이 조건을 신호와 곱한다.

```
t = np.arange(-1, 3, 0.001)
x2 = np.exp(-t) * (t>0)
```

파이썬 numpy에서 배열 간 모든 연산은 원소별 연산이므로 (t>0)은 배열 t의 개별 원소에서 논리값 True/False 결과를 낳는다. 따라서 x2는 두 배열 np.exp(-t)와 (t>0)의 원소별 곱셈으로 계산된다. 이때 (t>0) 논리값은 다른 값과의 연산에서는 True=1과 False=0으로 간주된다. 다음은 신호 $x(t) = e^{-t}u(t)$를 생성하고 그리는 코드이며, 그림 1.27은 코드 실행 결과이다.

```
# 구간별 신호 정의
t = np.arange(-1, 3, 0.001)
x2 = np.exp(-t) * (t>0)
fig, ax = plt.subplots(figsize=(6,2.5))
ax.plot(t, x2)
ax.set_xlim(-1, 3)
ax.set_xlabel('t(sec)')
ax.set_title('$x_2(t)=e^{-t}u(t)$')
```

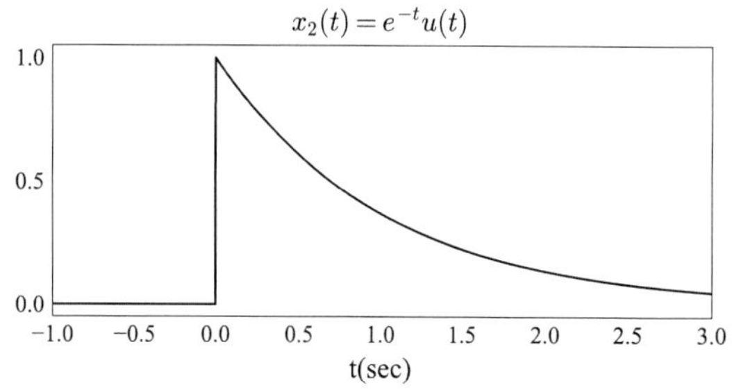

그림 1.27 구간별로 정의된 지수 신호(파이썬 예제 1.1(b)).

파이썬 예제 1.2: 연속시간 신호의 시간 독립적 변형

이 예제에서는 신호의 시간 독립적 변형을 구현한다. 다음 두 신호

$$x_1(t) = \begin{cases} \sin(2\pi t), & 0 \le t < 2 \\ 0 & \text{그외} \end{cases} \qquad x_2(t) = \begin{cases} 1, & 0 \le t < 1 \\ -1 & 1 \le t < 2 \\ 0, & \text{그외} \end{cases}$$

의 시간 독립적 변형

$$g_1(t) = |x_1(t)| \qquad g_2(t) = [x_2(t)]^2$$

$$g_3(t) = x_1(t) + x_2(t) \qquad g_4(t) = x_1(t) \cdot x_2(t)$$

를 코드로 작성하자.

시간 구간은 앞의 예와 동일하게 설정하면 되지만, 신호가 세 구간에서 정의되므로 시간 변수 t의 구간이 두 가지 조건을 동시에 만족해야 한다. 두 논리 결과는 원소별로 논리값을 반환하는 &와 |를 사용하여 묶는다(논리연산 and/or는 하나의 결과 값만을 반환한다.). 이때 논리값은 연산에서 정수로 표현되므로, 신호가 int가 아닌 float로 표현되도록 유의해야 한다.

```
t = np.arange(-1, 3, 0.001) # 시간 변수 정의
# 신호 x1과 x2 정의
x1 = np.sin(np.pi*t) * ((0<=t)&(t<2))
```

```
x2 = 1.0*((t>=0)&(t<1)) - 1.0*((t>=1)&(t<2))
```

다음은 신호 변형을 위한 파이썬 코드이며 그림 1.28은 코드 실행 결과이다.

```
# 시간 독립적 신호 변형
t = np.arange(-1, 3, 0.001) # 시간 변수 정의
# 신호 x1과 x2 정의
x1 = np.sin(np.pi*t) * ((0<=t)&(t<2))
x2 = 1.0*((t>=0)&(t<1)) - 1.0*((t>=1)&(t<2))
# 신호 변형
g1 = np.abs(x1)
g2 = x2**2
g3 = x1 + x2
g4 = x1 * x2
# 결과 플롯
fig, axes = plt.subplots(3,2, figsize=(6,6.5))
axes[0,0].plot(t, x1)# x1
axes[0,1].plot(t, x2)# x2
axes[1,0].plot(t, g1)# g1 = |x1|
axes[1,1].plot(t, g2)# g2 = x2**2
axes[2,0].plot(t, g3)# g3 = x1 + x2
axes[2,1].plot(t, g4)# g4 = x1 * x2
```

파이썬 예제 1.3: 연속시간 신호의 시간 의존적 변형

이 파이썬 예제에서는 신호의 시간 의존적 변형을 고려한다. 시간 의존적 변형은 시간에 변형이 가해지므로 신호를 시간의 함수로 표현해야 한다. 신호 $x(t)$의 시간 의존적 변형 $x(2t-1)$을 고려하자.

$$x(t) = \begin{cases} t, & 0 \le t < 1 \\ 2, & 1 \le t < 2 \\ 0, & \text{그외} \end{cases}$$

예제 1.2와 같이 두 가지 순서를 따라 구현하자.

파이썬에서 시간 함수 $x(t)$는 다음과 같이 def 구문을 이용하여 구현될 수 있다.

```
def x(t):
    return t*((0<=t)&(t<1)) + 2.0*((1<=t)&(t<2))
```

다른 방법으로 익명의 함수 lambda를 이용할 수 있다.

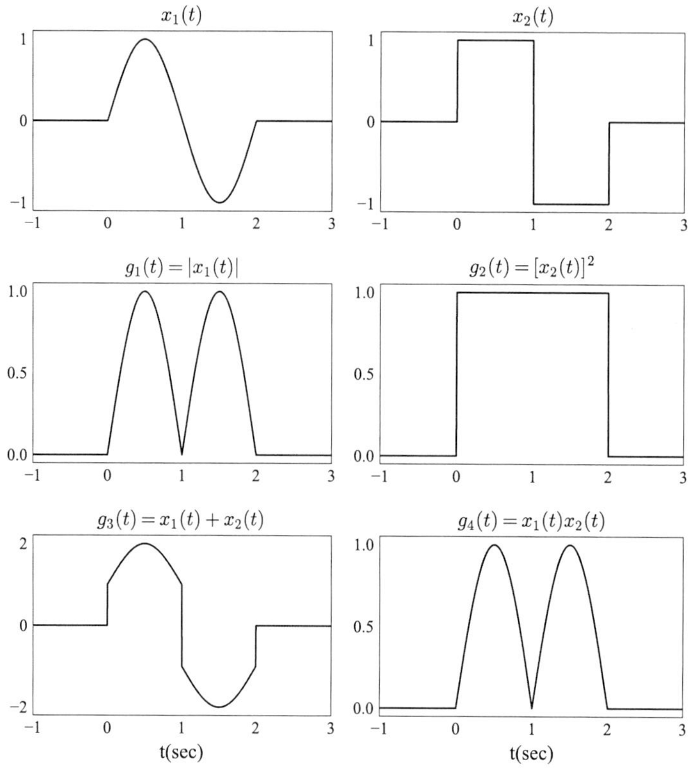

그림 1.28 연속시간 신호의 시간 독립적 변형(파이썬 예제 1.2).

```
x = lambda t: t*((0<=t)&(t<1)) + 2.0*((1<=t)&(t<2))
```

lambda는 지역적으로 사용하는 간단한 함수를 임시로 정의하는 데 적절하다. 이 예에서는 lambda를 사용하기로 한다. 일단 함수가 정의되면, 시간 변수 t를 정의하고 x(t)와 같이 호출하여 사용하면 된다. lambda를 이용하여 함수 $x(t)$가 정의되었다면, 시간 의존적 변형 $x(t-1)$과 $x(2t-1)$은 이미 정의된 신호 x를 이용하여 다음과 같이 정의될 수 있다.

```
x1 = lambda t: x(t-1)
x2 = lambda t: x1(2*t)
```

다음 코드에서 신호 변형은 예제 1.2에서 제시된 두 가지 순서에 따라 이루어진다. 그림 1.29는 코드의 수행 결과이다.

```
# 시간 의존적 변형
# lambda를 이용한 신호 정의
x = lambda t: t*((0<=t)&(t<1)) + 2.0*((1<=t)&(t<2))
t = np.arange(-1, 5, 0.001) # 시간 변수 정의
# 신호 변형
# 시간 이동 -> 압축
```

```
x1 = lambda t: x(t-1)
x2 = lambda t: x1(2*t)
# 압축 -> 시간 이동
x3 = lambda t: x(2*t)
x4 = lambda t: x3(t-0.5)
# 변형된 신호 플롯
fig, axes = plt.subplots(3,2, figsize=(6,6.5))
fig.delaxes(axes[0,1])
axes[0,0].plot(t, x(t))
axes[1,0].plot(t, x1(t))
axes[2,0].plot(t, x2(t))
axes[1,1].plot(t, x3(t))
axes[2,1].plot(t, x4(t))
```

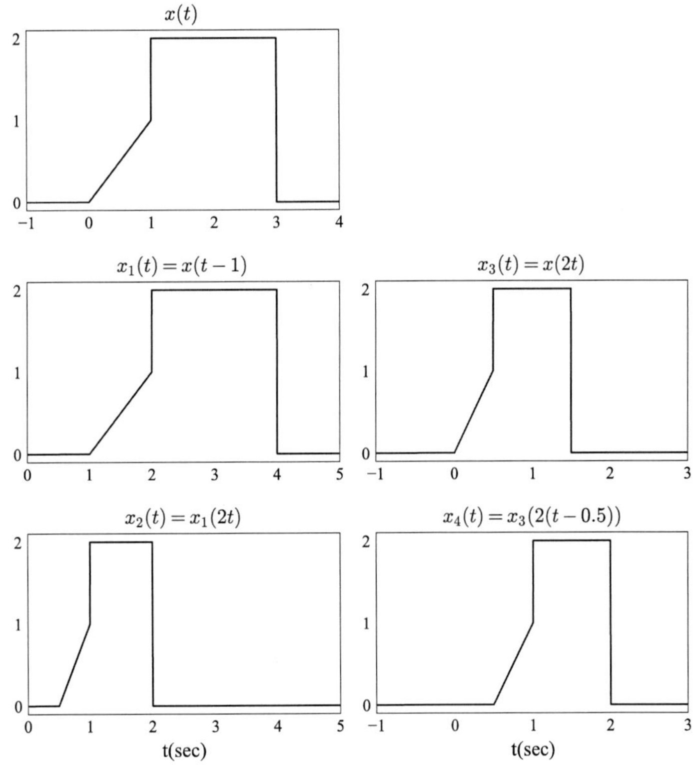

그림 1.29 연속시간 신호의 시간 의존적 변형(파이썬 예제 1.3).

파이썬 예제 1.4: 신호의 우함수/기함수 성분 추출

다음 신호의 우함수/기함수 성분을 추출하는 프로그램을 작성해 보자.

$$x(t) = \begin{cases} t, & 0 \le t < 1 \\ 2, & 1 \le t < 3 \\ 0, & \text{그외} \end{cases}$$

시간 범위는 $-4 \le t < 4$로 정하고 샘플 간격은 0.001로 정한다.

신호의 우함수와 기함수 성분은 원 신호의 시간 의존적 변형 $x(-t)$를 필요로 한다. 파이썬 예제 1.3처럼 신호를 lambda로 표현하자.

```
x = lambda t: 1.0*((t>=0)&(t<1)) - 0.5*((t>=1)&(t<3))
```

이제 우함수와 기함수 성분 추출은 다음과 같이 표현된다.

```
xeven = lambda t: (x(t)+x(-t))/2
xodd = lambda t: (x(t)-x(-t))/2
```

다음은 전체 코드이며 그림 1.30은 코드 실행 결과이다.

```
# 신호를 우대칭-기대칭 성분으로 분해하기
# 신호 정의
x = lambda t: 1.0*((t>=0)&(t<1)) - 0.5*((t>=1)&(t<3))
t = np.arange(-4, 4, 0.001)
# 우대칭-기대칭 성분 분해
xeven = lambda t: (x(t)+x(-t))/2
xodd = lambda t: (x(t)-x(-t))/2
# 신호 그리기
fig, axes = plt.subplots(2,2, figsize=(6,4.5))
fig.delaxes(axes[0,1])
axes[0,0].plot(t, x(t))
axes[1,0].plot(t, xeven(t))
axes[1,1].plot(t, xodd(t))
```

파이썬 예제 1.5: 연속시간 주기 신호의 생성

이 예제에서는 파이썬에서 주기 신호를 생성하는 방법을 살펴본다. 파이썬 모듈 scipy.signal은 몇 가지 주기 신호 함수를 제공하지만, numpy를 적절히 이용하면 자유롭게 주기 신호를 만들 수 있다. 주기 신호 생성에서 핵심은 주기를 표현하는 모듈로 연산자 %이다. 다음 코드는 그림 1.31의 주기 신호를 생성한다. 그림 1.31과 연관하여 코드가 어떻게 주기 신호를

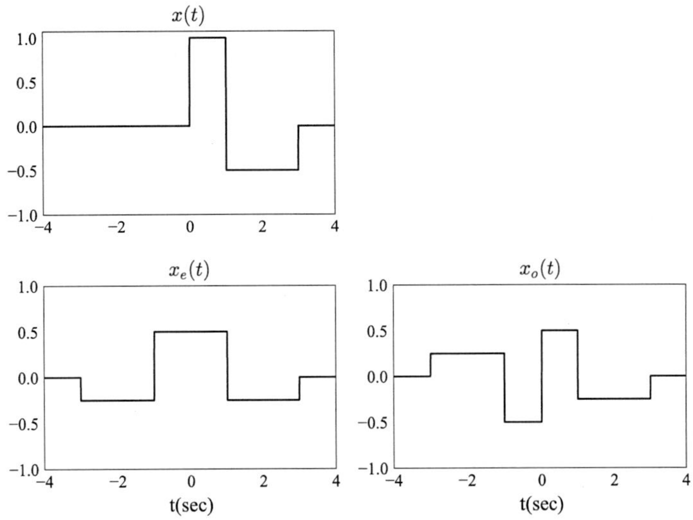

그림 1.30 신호의 우함수/기함수 추출(파이썬 예제 1.4).

표현하는지 각자 확인해 보라.

```
# 주기 신호 생성
square = lambda t: (abs(t%1)<0.5).astype(float)
sawtooth = lambda t: (t%1).astype(float)
triangular = lambda t: 1.25*(t%1)*(abs(t%1)<0.8) +
↪ 1.25*(4-4*abs(t%1))*(abs(t%1)>0.8)
fwr = lambda t: np.sin(np.pi*(t%1))
```

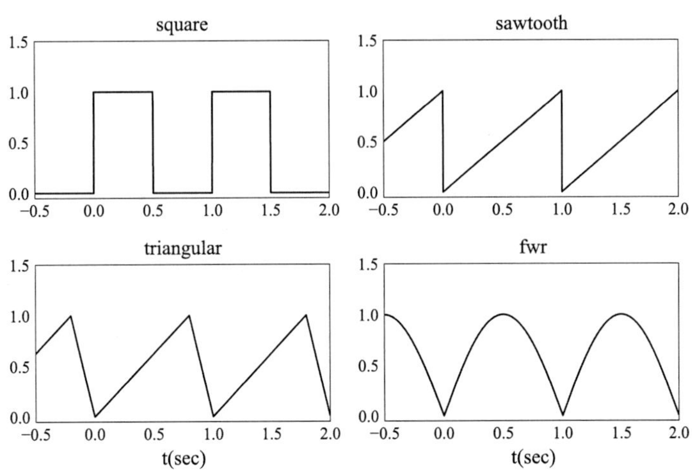

그림 1.31 연속시간 주기 신호 생성(파이썬 예제 1.5).

파이썬 예제 1.6: 랜덤 잡음에 오염된 정현 신호

랜덤 신호는 신호와시스템 과목을 비롯한 대부분의 과목에서 신호모델에 자주 활용된다. 파이썬에서 랜덤 신호는 numpy.random.rand 함수를 이용하여 생성할 수 있다. 이 함수는 [0, 1] 사이에서 균일하게 분포된 랜덤 숫자를 float형으로 명시된 개수만큼 생성한다. 개수가 명시되지 않으면 하나의 랜덤값을 생성한다. rand는 [0, 1] 사이의 랜덤값을 생성하므로 [−0.25, 0.25] 사이에서 랜덤값을 생성하려면 적절한 변형이 필요하다.

```
from numpy import random
0.5*(random.rand(5) - 0.5)
```

```
array([ 0.24652756, -0.22732225,  0.09124523, -0.22526301,
↪  0.10211664])
```

다음은 균일한 분포를 갖는 랜덤 잡음에 의하여 오염된 정현 신호를 생성하고 그리는 코드이며, 그림 1.32는 코드 실행 결과이다.

```
# 균일 랜덤 잡음에 오염된 정현 신호
from numpy import random
t = np.linspace(0, 1, 1001)
signal = np.sin(2*np.pi*2*t)
noise = 0.5*(random.rand(len(t)) - 0.5)
noisy_signal = signal + noise
fig, ax = plt.subplots(figsize=(6,2.5))
ax.plot(t, noisy_signal)
```

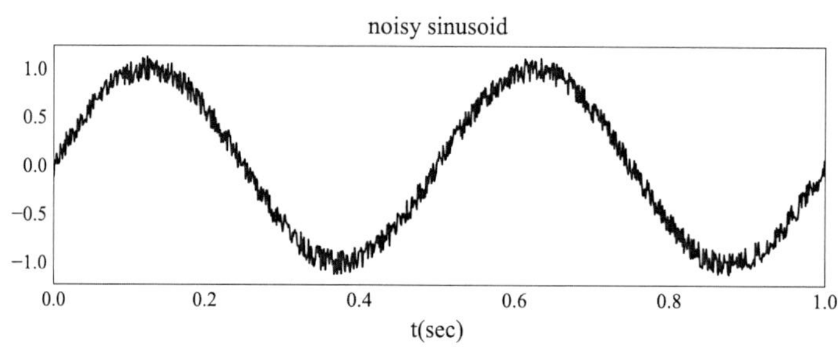

그림 1.32 랜덤 잡음에 오염된 정현 신호(파이썬 예제 1.6).

파이썬 예제 1.7: sympy를 이용한 신호의 평균 전력과 에너지 계산

이 파이썬 예제에서는 심볼 연산을 이용하여 신호의 평균 전력과 에너지를 계산해본다. 예제 1.11과 1.13에서 다루었던 주기 신호와 지수 신호를 고려하자.

파이썬에서 심볼 연산은 sympy 패키지를 이용하여 이루어진다. 심볼 연산을 사용하기 위해 필요한 모듈이나 함수를 개별적으로 불러들일 수 있지만, 여기서는 sympy 모듈 전체를 불러들이기로 한다.

```
from sympy import *
```

평균 전력과 에너지 계산은 적분 계산이 필요하므로 integrate 함수를 이용한다.

먼저 예제 1.11에서 다루었던 정현 신호 $x(t) = A\cos(2\pi t)$의 평균 전력을 계산해 보자. 신호 정의에 필요한 변수는 symbols을 이용하여 심볼로 정의한다. 상수 π는 sympy에서 pi로 정의되어 있다.

```
x, t, A = symbols('x t A')
```

적분 구간은 한주기 범위 [0, 1]이다.

```
# 심볼 연산을 이용한 정현 신호의 평균전력 계산
from sympy import *
x, t, A = symbols('x t A')
x = A * cos(2*pi*t)
integrate(x**2, (t,0,1))
```

```
A**2/2
```

마찬가지로 예제 1.13에서 다룬 지수 신호 $x(t) = Ae^{-t}u(t)$의 에너지는 다음과 같이 계산된다. 여기서 적분 구간은 $[0, \infty)$이다. 무한대(∞)는 sympy에서 기호 oo으로 표기된다.

```
# 심볼 연산을 이용한 지수 신호의 에너지 계산
x = A * exp(-t)
integrate(x**2, (t,0,oo))
```

```
A**2/2
```

파이썬 예제 1.8: numpy/scipy를 이용한 신호의 평균 전력과 에너지 계산

앞의 예제에서 파이썬 심볼 연산을 이용하여 평균 전력과 에너지를 계산하였지만, numpy/scipy 패키지를 이용하여 계산할 수도 있다. 파이썬 scipy.integrate 모듈 안에 제공되는 적분 함수 simps와 quad를 사용해 보자. 이 두 함수의 사용법은 약간 다르다. 다음 코드로부터 용법의 차이점을 각자 살펴보고 더 상세한 내용은 help(integrate.simps)와 help(integrate.quad)를 참고하기 바란다. 함수 quad는 세 개의 인자(피적분 함수, 적분구간 시작, 적분구간 끝)로 호출된다. 심볼 연산과는 달리 numpy에서는 적분 구간 $[0, \infty)$를 적용할 수 없으므로 ∞ 대신 충분히 큰 값 100으로 근사화했다.

```
# 수치 계산을 이용한 신호의 평균전력과 에너지 계산
from scipy import integrate
x1 = lambda t: A*np.cos(2*np.pi*t)
x2 = lambda t: A*np.exp(-t)
A = 10
t = np.linspace(0, 1, 1001); Px1 = integrate.simps(x1(t)**2, t)
t = np.linspace(0, 100, 1001); Ex2 = integrate.simps(x2(t)**2, t)
print('simps 적용:', Px1, Ex2)
Px1, error = integrate.quad(lambda t: x1(t)**2, 0, 1)
Ex2, eror = integrate.quad(lambda t: x2(t)**2, 0, 100)
print('quad 적용:', Px1, Ex2)
```

```
simps 적용: 50.0 50.00044233689502
quad 적용: 49.99999999999999 50.000000000000014
```

연습문제

P1.1 다음 각 신호를 스케치하여라.

$$x_1(t) = \begin{cases} t, & 0 \le t < 1 \\ 1, & 1 \le t < 2 \\ 2, & 2 < t < 3 \\ 5-t, & 3 \le t < 4 \\ 0, & \text{그외} \end{cases} \qquad x_2(t) = \begin{cases} 2, & 0 < t < 1 \\ 1+(2-t)^2, & 1 \le t < 3 \\ 2, & 3 \le t < 4 \\ 0, & \text{그외} \end{cases}$$

P1.2 그림 **P1.2**의 신호를 구간별로 나누어 수식으로 표현하라.

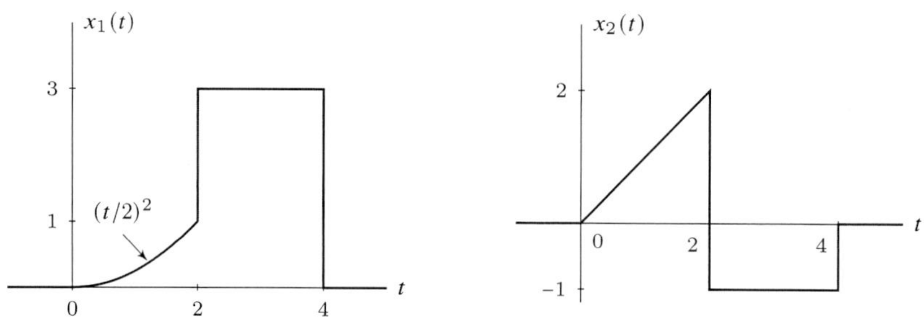

그림 P1.2

P1.3 연습문제 **P1.1**의 신호 $x_1(t)$와 $x_2(t)$에 대하여 다음 변형 결과를 스케치하라.

(a) $g_1(t) = x_i(2t-1)$　　(b) $g_2(t) = x_i(2(t-1))$

(c) $g_3(t) = x_i(t/2+1)$　　(d) $g_4(t) = x_i(t/2-1)$

P1.4 그림 **P1.4**의 신호를 계단 신호 $u(t)$로 표현하라.

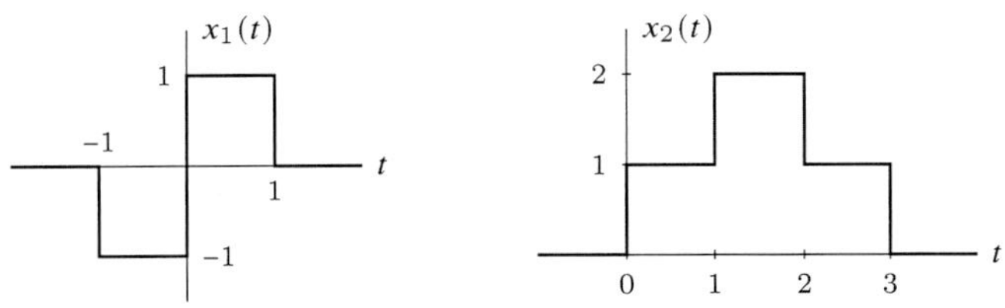

그림 P1.4

P1.5 다음 신호를 스케치하라.

(a) $x_1(t) = u(t) - u(t-2)$

(b) $x_2(t) = u(t-1) - 2u(t-3) + u(t-4)$

(c) $x_3(t) = \text{rect}(2t-5)$

(d) $x_4(t) = 2r(t) - 2r(t-1) - 2r(t-3) + 2r(t-4)$

(e) $x_5(t) = \cos(2\pi t)\text{rect}(t-0.5)$

P1.6 다음 신호가 주기적인가 판단하고 주기적이면 기본 주기와 기본 주파수를 구하라.

(a) $x_1(t) = \cos(2t)u(t)$　　(b) $x_2(t) = \cos(\sqrt{3t} + \pi/4)$

(c) $x_3(t) = \cos(6\pi t) + \sin(2t)$　　(d) $x_4(t) = e^{-(1+j3t)}$

(e) $x_5(t) = \cos^3(3t)$　　(f) $x_6(t) = 2\cos(2\pi t) + \sin(2\pi t + \pi/3)$

P1.7 다음 신호가 주기적인가 판단하고 주기적이면 기본 주기와 기본 주파수를 구하라.

(a) $x_1(t) = \dfrac{\sin(3t)}{2t}$　　(b) $x_2(t) = \cos(4t) + \sin(4t)$

(c) $x_3(t) = \cos(3t) + 1$　　(d) $x_4(t) = \sin(t)\cos(t)$

P1.8 그림 **P1.4**의 신호가 우대칭인지 기대칭인지 혹은 대칭성이 없는지 밝혀라.

P1.9 다음 신호에서 우대칭 성분 $x_e(t)$와 기대칭 성분 $x_o(t)$를 구하고 스케치하라.

(a) $x(t) = e^{-|t|}\sin(2t)$ (b) $x(t) = \cos(4t)u(t)$

(c) $x(t) = e^{-|t+1|}$ (d) $x(t) = u(t) - u(t-2)$

P1.10 신호 $x(t)$의 대칭성에 관한 다음 특성을 증명하라.

(a) 신호가 우대칭이면

$$\int_{-\alpha}^{\alpha} x(t)dt = 2\int_{0}^{\alpha} x(t)dt$$

(b) 신호가 기대칭이면

$$\int_{-\alpha}^{\alpha} x(t)dt = 0$$

P1.11 임펄스 신호의 샘플링 특성을 이용하여 다음을 계산하라.

(a) $y_1(t) = \int_{-\infty}^{\infty} \cos(t)\delta(t-\pi/4)dt$

(b) $y_2(t) = \int_{-2}^{3} t^2\delta(2t-1)dt$

P1.12 다음 수식을 계산하라.

(a) $\int_{-\infty}^{t} [\delta(\tau-1) - \delta(\tau+1)]\cos(\pi\tau)u(\tau)d\tau$

(b) $\int_{t-2}^{t+3} \delta(\tau-2)d\tau$

P1.13 신호 $x(t)$를 임펄스 열 $p(t)$로 곱했을 때 $y(t) = x(t)\cdot p(t)$를 스케치하고, 가능하다면 $y(t)$의 수식을 간단히 하라.

(a) $x(t) = \cos\left(\frac{\pi t}{4}\right)$, $p(t) = \sum_{k=-\infty}^{\infty} \delta(t-4k)$

(b) $x(t) = \sin\left(\frac{\pi t}{4}\right)$, $p(t) = \sum_{k=-\infty}^{\infty} \delta(t-4k)$

(c) $x(t) = \frac{\sin(\pi t)}{\pi t}$, $p(t) = \sum_{k=-\infty}^{\infty} \delta(t-k)$

(d) $x(t) = e^{-|t|}$, $p(t) = \sum_{k=-\infty}^{\infty} (-1)^k\delta(t-k/2)$

P1.14 다음 신호가 에너지 신호인지 전력 신호인지 판단하고, 에너지나 전력을 계산하라.

(a) $x_1(t) = u(t) - u(t-2)$ (b) $x_2(t) = e^t[u(t) - u(t-1)]$

(c) $x_3(t) = e^{-t}\cos(t)u(t)$ (d) $x_4(t) = \cos(2t)\cos(10t)$

(e) $x_5(t) = e^{-|t|}$ (f) $x_6(t) = e^{-(2+j3)t}$

P1.15 다음 복소 신호 $x(t)$의 평균 전력을 계산하라.

(a) $x(t) = \cos(t) + j\sin(t)$ (b) $x(t) = (1+j)e^{j2t}$

P1.16 그림 **P1.4**의 신호 각각의 에너지를 계산하라.

P1.17 다음 정현 신호의 평균 전력 P_{x1}, P_{x2}와 $y(t) = x_1(t)+x_2(t)$의 평균 전력 P_y를 계산하라.

- $x_1(t) = \cos(10\pi t)$
- $x_2(t) = 2\sin(10\pi t + \pi/3)$

또한 다음이 성립하는지 판단하고 그 판단 근거를 밝혀라.

$$P_y \stackrel{?}{=} P_{x1} + P_{x2}$$

P1.18 신호 변형은 평균 전력과 에너지에 영향을 미칠 수 있다. 실수 신호 $x(t)$를 가정하고 다음 질문에 답하라.

(a) 주기 신호 $x(t)$의 평균 전력이 P_x일 때 $y(t) = x(2t+1)$의 평균 전력 P_y를 구하라.

(b) 비주기 에너지 신호 $x(t)$의 에너지가 E_x일 때 $y(t) = x(2t+1)$의 에너지 E_y를 구하라.

P1.19 다음 각 경우에서 신호 $y(t)$의 대칭성을 판단하라.

(a) $x(t)$가 우대칭이라면 $y(t) = x(t)\cos(t)$는 우대칭인가 기대칭인가?

(b) $x(t)$가 기대칭이라면 $y(t) = x(t)\sin(t)$는 우대칭인가 기대칭인가?

(c) $x(t)$가 기대칭이라면 $y(t) = x(t)\cos(t)$는 우대칭인가 기대칭인가?

P1.20 에너지 신호 $x(t) = x_e(t) + x_o(t)$에 대하여 다음 에너지 특성을 증명하라.

$$E[x(t)] = E[x_e(t)] + E[x_o(t)]$$

파이썬 문제

P1.21 연습문제 **P1.2**의 각 신호를 파이썬으로 정의하고 $-1 \le t < 5$의 범위에서 그려라. 이때 불연속이 충분히 표현되도록 시간 간격을 정하라.

P1.22 예제 1.3의 신호 변형에 대하여 단계별로 답하라.

(a) 신호 $x(t)$를 $-1 \le t < 3$의 범위에서 생성하고 그려라. lambda를 이용하고 t의 간격을 0.005로 정하라.

(b) 예제 1.3처럼 두 가지 방식으로 $x(-\frac{1}{2}t+1)$를 구하고 그리는 코드를 구현해 보라.

P1.23 1.3.2절의 사각펄스를 생성하는 파이썬 함수를 작성하고 $\text{rect}(t)$와 $\text{rect}(\frac{t-1}{2})$를 $-2 < t < 5$의 범위에서 생성하고 subplot을 이용하여 그려라. 이때 사각펄스의 불연속이 잘 드러나도록 샘플 간격을 충분히 세밀하게 선택하라.

```
def rect(t, t0=0., Tw=1.0):
    """ create rect((t-t0)/Tw)
    inputs
        t = time variable
        t0 = shift in time(default t0=0)
        Tw = pulse width
    output
        x = rectangular signal
    """
```

P1.24 주기가 $T_0 = 0.1$ sec, 진폭이 $A = 2$, 위상변이가 $\phi = \pi/3$인 정현 신호

$$x(t) = A\cos(\omega t + \phi)$$

를 $-0.1 < t < 0.5$의 범위에서 생성하고 그리는 코드를 작성하라($\Delta t = 0.001$). x-축 라벨과 제목을 붙이고 x-축의 범위가 $[-0.1,\ 0.5]$가 되도록 설정하라.

P1.25 예제 1.10에서 다루었던 정현 신호의 합으로부터 우대칭/기대칭 성분을 추출하고 그리는 코드를 작성하라.

P1.26 예제 1.12의 평균 전력을

(a) 파이썬 심볼 연산 integrate 함수와

(b) 파이썬 함수 scipy.integrate.quad를 이용하여

각각 계산하고 예제 1.12의 결과와 비교해 보라.

P1.27 음성 신호 파일 'one_step_forward.wav'를 읽어서 그림 1.2와 동일하게 플롯하는 파이썬 코드를 작성해 보라. wav 형식의 오디오 파일은 scipy.io.wavfile.read 함수를 이용하여 다음과 같이 읽을 수 있다.

```
from scipy.io import wavfile
fs, s = wavfile.read('../data/one_step_forward.wav')
```

위 코드는 파일로부터 읽은 음성 신호를 numpy 배열 s에 부호가 있는 16비트 2진수로 저장한다. 샘플 간격은 1/fs 초이다.

CHAPTER 2

연속시간 LTI 시스템

시스템은 넓은 의미에서 신호의 변형을 포함한다. 이런 면에서 1장에서 소개된 신호의 변형은 시스템으로 간주될 수 있다. 물론 시스템은 이러한 변형보다 훨씬 광범위한 신호의 변형을 포함한다.

시스템은 특성에 따라 여러 유형으로 구분될 수 있다. 선형성과 시불변 특성을 가지는 선형시불변 시스템은 물리적 현상의 모형에 유용하며 수학적으로 다루기도 쉽다. 예를 들어, 저항 인덕터 커패시터로 구성된 회로는 선형시불변 시스템이며, 미분과 적분은 선형시불변성을 만족한다. 선형시불변 시스템은 임펄스 응답으로 완벽하게 규정되며, 출력은 입력과 임펄스 응답의 콘볼루션 적분으로 표현된다. 미분방정식은 선형시불변 시스템을 정의하는 또 다른 방법이다. 여기서 시스템의 출력은 주어진 입력 신호에 대한 미분방정식의 해로 주어진다. 미분방정식 표현은 콘볼루션 표현과는 달리 시스템 내부 구조에 대한 정보를 담을 수 있다.

이 장에서는 시스템의 선형성과 시불변성을 먼저 소개하고, 이 두 특성을 만족하는 선형시불변 시스템을 여러 측면에서 설명한다. 선형시불변 시스템을 규정하는 임펄스 응답과 콘볼루션 적분의 정의, 특성, 계산방법 등이 상세히 설명된다. 또한 미분방정식의 해를 구하는 과정과 해의 유형별 구분과 의미를 설명한다.

2.1 연속시간 시스템

그림 2.1에서 연속시간 시스템은 신호 $x(t)$를 변형하여 신호 $y(t)$를 출력한다. 연속시간 시스템은 입력 $x(t)$에서 출력 $y(t)$로의 변형transform

$$y(t) = S\{x(t)\} \tag{2.1}$$

혹은 간단히 매핑mapping

그림 2.1 연속시간 시스템.

$$x(t) \quad \longmapsto \quad y(t) \tag{2.2}$$

로 표기된다. 시스템을 수식으로 표현하면 분석과 설계가 용이해진다. 다음은 실제 시스템에서 자주 활용되는 수학 모델의 일부이다.

- 제곱시스템 : $y(t) = x^2(t)$
- 로그 압축 시스템 : $y(t) = \log[|x(t)| + 1]$
- 지연 시스템 : $y(t) = x(t - t_0)$
- 적분 시스템 : $y(t) = \int_{-\infty}^{t} x(\tau)d\tau$
- 미분 시스템 : $y(t) = \frac{dx(t)}{dt}$

시스템의 예로 RLC 회로와 자동차 서스펜션suspension 시스템을 살펴보자.

예제 2.1

그림 2.2의 RLC 회로에서 전압원 $v_s(t)$는 입력으로, RLC 회로는 시스템으로, 커패시터의 전압 $v_C(t)$는 출력으로 간주된다. 이 시스템의 입력-출력 관계는 회로 이론을 적용하여 구할 수 있다.

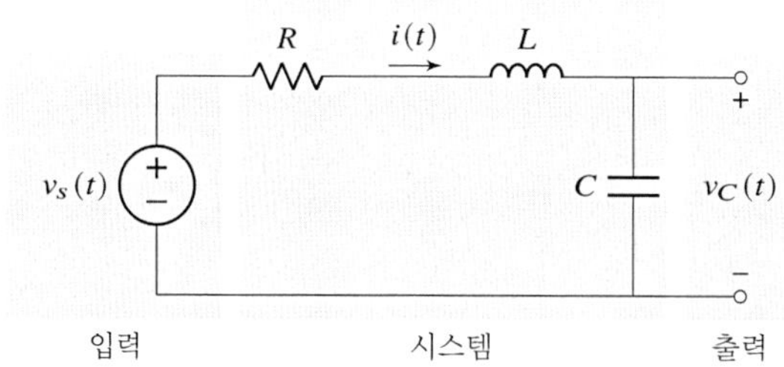

그림 2.2 RLC 회로.

풀이 회로에 키르히호프 전압 법칙(KVL)Kirchhoff's voltage law(KVL)을 적용하면

$$v_s(t) = v_R(t) + v_L(t) + v_C(t) \tag{2.3}$$

이며 저항 R, 인덕터 L, 커패시터 C의 전압-전류 관계는 다음과 같다.

$$\text{저항 } R\text{:}\quad v_R(t) = Ri_R(t) \tag{2.4a}$$

$$\text{인덕터 } L\text{:}\quad v_L(t) = L\frac{di_L(t)}{dt} \tag{2.4b}$$

$$\text{커패시터 } C\text{:}\quad i_C(t) = C\frac{dv_C(t)}{dt} \tag{2.4c}$$

그림 2.2의 회로에서 저항, 인덕터, 커패시터에 흐르는 전류는 모두 동일하다.

$$i_R(t) = i_L(t) = i_C(t) = i(t) \tag{2.5}$$

식 (2.4)와 (2.5)를 식 (2.3)에 대입하면

$$\begin{aligned} v_s(t) &= Ri(t) + L\frac{di(t)}{dt} + v_C(t) \\ &= RL\frac{dv_C(t)}{dt} + LC\frac{d^2v_C(t)}{dt^2} + v_C(t) \end{aligned} \tag{2.6}$$

를 얻는다. 전압원을 입력($x(t) = v_s(t)$)으로, 커패시터 전압을 출력($y(t) = v_C(t)$)으로 정하고, 식 (2.6)을 정리하면 RLC 시스템의 입력-출력 관계식은 다음과 같이 표현된다.

$$\frac{d^2y(t)}{dt^2} + \frac{R}{C}\frac{dy(t)}{dt} + \frac{1}{LC}y(t) = \frac{1}{LC}x(t) \tag{2.7}$$

이 식은 RLC 회로의 입력-출력 관계를 설명하는 **미분방정식**differential equation이다.

예제 2.2

그림 2.3은 자동차의 서스펜션 시스템이다. 서스펜션 시스템은 스프링spring과 댐퍼damper로 구성되어 있어서, 자동차가 도로 위를 달릴 때 차체의 움직임을 적절하게 통제한다. 서스펜션 시스템에서 도로의 높이는 입력 $x(t)$, 차체와 스프링 댐퍼는 시스템, 정지된 상태에서 차체의 높이는 y_0, 도로 주행 중 차체의 높이는 출력 $y(t)+y_0$로 정의될 수 있다. 서스펜션 시스템의 입력과 출력의 관계식을 구해 보자.

풀이 탄성계수 k의 스프링과 댐핑계수 b의 댐퍼는 각각 차체 위치 변화 $y(t)-x(t)$와 변화율 $d[y(t)-x(t)]/dt$의 함수로 다음과 같이 표현된다.

$$\text{스프링의 역학(훅(Hooke's)의 법칙)}:\quad F_s = -k\,[y(t) - x(t)] \tag{2.8a}$$

$$\text{댐퍼 점성의 역학}:\quad F_d = -b\frac{d\,[y(t) - x(t)]}{dt} \tag{2.8b}$$

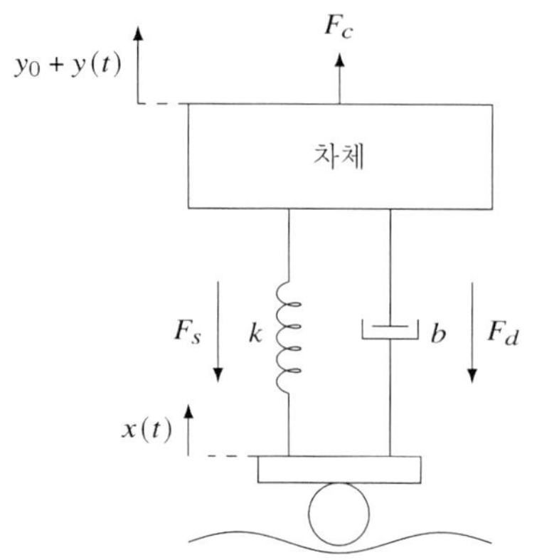

그림 2.3 자동차 서스펜션 시스템.

스프링과 댐퍼에 가해지는 힘은 질량 m의 차체 움직임에 의한 힘(뉴턴의 법칙)과 상쇄된다.

$$F_c = ma = m\frac{d^2y(t)}{dt^2}, \qquad a = \text{차체 수직 움직임의 가속도}$$

$$= F_s + F_d \tag{2.9}$$

식 (2.8)을 식 (2.9)에 대입하고 정리하면

$$\frac{d^2y(t)}{dt^2} + \frac{b}{m}\frac{dy(t)}{dt} + \frac{k}{m}y(t) = \frac{b}{m}\frac{dx(t)}{dt} + \frac{k}{m}x(t) \tag{2.10}$$

을 얻는다. 자동차 서스펜션 시스템의 입출력 관계도 미분방정식으로 표현된다.

RLC 전기회로와 기계적인 자동차 서스펜션 시스템의 입출력 관계를 구해 보았다. 이들 시스템의 입출력 관계는 미분방정식으로 표현된다. 이처럼 미분방정식은 물리 시스템의 설명에 유용한 수학적인 도구이며, 이 장의 중심 주제이기도 하다. 미분방정식을 이용한 시스템의 해석에 들어가기 전에 먼저 시스템을 구분짓는 주요 특성인 선형성과 시불변성에 대하여 알아보자.

2.2 선형성과 시불변성

2.2.1 선형성

선형성은 **비례성**scaling과 **가산성**additivity으로 이루어진 특성이다. 입력 $x_1(t)$와 $x_2(t)$에 대하여

$$x_1(t) \quad \longmapsto \quad y_1(t) \quad \text{이고} \quad x_2(t) \quad \longmapsto \quad y_2(t)$$

일 때 임의의 상수 α와 β에 대하여

$$\alpha x_1(t) + \beta x_2(t) \quad \longmapsto \quad \alpha y_1(t) + \beta y_2(t) \tag{2.11}$$

를 만족하는 시스템은 선형이다.

미분과 적분은 비례성을 만족하고

$$\frac{d\{\alpha x(t)\}}{dt} = \alpha \frac{dx(t)}{dt} \tag{2.12a}$$

$$\int \alpha x(t)dt = \alpha \int x(t)dt \tag{2.12b}$$

가산성도 만족한다.

$$\frac{d}{dt}[\alpha x_1(t) + \beta x_2(t)] = \alpha \frac{dx_1(t)}{dt} + \beta \frac{dx_2(t)}{dt} \tag{2.13a}$$

$$\int [\alpha x_1(t) + \beta x_2(t)]dt = \alpha \int x_1(t)dt \ + \ \beta \int x_2(t)dt \tag{2.13b}$$

따라서 상수 계수를 갖는 미분-적분 시스템은 선형 시스템이다. 앞에서 살펴 본 RLC 회로와 자동차 서스펜션 시스템은 상수 계수를 갖는 선형 미분방정식으로 표현된다.

예제 2.3

다음 시스템이 선형인가 확인하라.

$$y(t) = ax(t) + b, \quad a \neq 0 \tag{2.14}$$

풀이 입력-출력의 관계가 기울기 a의 직선으로 표시되므로 선형이라 오해하기 쉽지만 선형이 아니다. 비례성을 조사해 보면, $x_1(t) = \alpha x(t)$에 대하여 출력은

$$\begin{aligned} y_1(t) &= a[\alpha x(t)] + b = \alpha \{ax(t) + b\} + b - \alpha b \\ &\neq \alpha \{ax(t) + b\} = \alpha y(t) \end{aligned} \tag{2.15}$$

이다. 출력이 입력에 비례하지 않으므로 선형이 아니다. 식 (2.15)에서 비례성은 $b = 0$일 때만 만족된다.

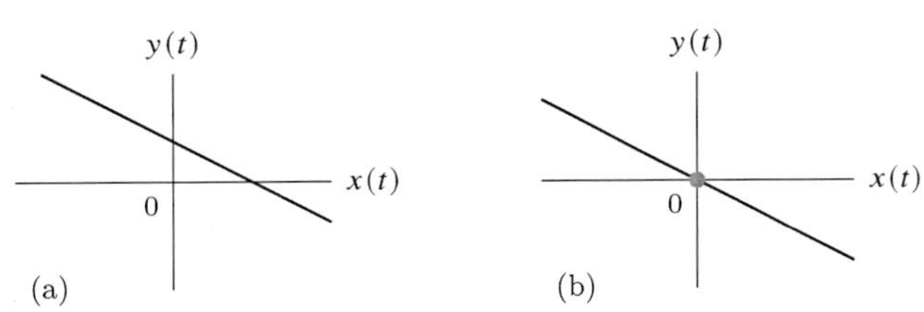

그림 2.4 시스템 $y(t) = ax(t) + b$의 두 가지 경우: (a) $b \neq 0$이면 비선형 (b) $b = 0$이면 선형.

그림 2.4는 기울기 a를 갖는 두 시스템의 입력-출력 관계를 보여 준다. $b \neq 0$이면, 입력 $x(t) = 0$일 때 출력은 $y(t) = b$이므로 선형이 아니다. 시스템이 선형이려면 입출력 관계식이 항상 원점을 통과해야 한다. 이런 이유로 선형성을 **동질성**homogeneity 이라 부르기도 한다.

예제 2.4

시스템 $y(t) = \max_t \{x(t)\}$의 선형성을 점검하라.

풀이 반례를 통해 비선형임을 증명해 보자. 두 입력 $x_1(t) = \cos(t)$와 $x_2(t) = -\cos(t)$에 대한 출력은 $y_1(t) = 1 = y_2(t)$이지만

$$x_1(t) + x_2(t) \quad \longmapsto \quad \max\{x_1(t) + x_2(t)\} = 0 \neq y_1(t) + y_2(t) = 2$$

이므로 비선형이다.

개념점검 2.1 비례성을 동질성이라 하는 이유는 무엇인가?

연습 2.1 다음 시스템은 선형인가 점검해 보라.

(a) $y(t) = |x(t)|$, (b) $y(t) = \sin(t)x(t)$, (c) $y(t) = x^2(t)$

(d) $y(t) = 2\dfrac{dx(t)}{dt} + x(t) + 3$

답: 시스템 (b)만 선형이고 나머지는 비선형이다.

2.2.2 시불변성

시불변성time-invariance 은 시스템의 특성이 시간에 따라 불변하는 특성이다. 시불변 시스템은 입력 시간이 지연되거나 선행되면 출력도 동일한 시간만큼 지연되거나 선행된다. 즉, 이 임의의 t_0에 대하여

$$x(t - t_0) \quad \longmapsto \quad y(t - t_0) \tag{2.16}$$

이면 시불변이다. 시스템의 시불변성을 점검하려면 시간 이동(D)과 시스템(S)의 순서를 바꾸어도 동일한 결과가 나오는지 확인하면 된다. 구체적으로

$$x(t) \overset{\text{D}}{\longmapsto} x(t - t_0) \overset{\text{S}}{\longmapsto} w(t)$$

$$x(t) \overset{\text{S}}{\longmapsto} y(t) \overset{\text{D}}{\longmapsto} y(t - t_0)$$

일 때 $w(t) = y(t - t_0)$이면 시스템은 시불변이다. 한 예로 우리가 일상에서 사용하는 오디오 시스템은 시불변 시스템이다. 그렇지만 재생 속도를 조절하는 오디오 시스템은 시불변이 아니다. 다음 예를 통해 확인해 보자.

예제 2.5

시스템 $y(t) = x(2t)$가 시불변인가 판단하라. 이 시스템은 입력 신호의 시간을 두 배 압축한다. 오디오 시스템이라면 두 배 빠른 재생에 해당한다.

풀이 시간 이동된 신호 $x(t-t_0)$에 대한 시스템의 출력 $w(t)$는

$$x(t) \overset{\text{D}}{\longmapsto} x(t-t_0) \overset{\text{S}}{\longmapsto} w(t) = x(t-t_0)\Big|_{t\to 2t} = x(2t-t_0)$$

이다. 반면 $x(t)$에 대한 시스템의 출력 $y(t)$를 t_0만큼 지연하면

$$x(t) \overset{\text{S}}{\longmapsto} y(t) = x(2t) \overset{\text{D}}{\longmapsto} y(t-t_0) = x(2t)\Big|_{t\to t-t_0} = x(2(t-t_0))$$

이다. $w(t) \neq y(t-t_0)$이므로 시스템은 시불변이 아니다. 일반적으로 시간 변수를 변경하는 시스템은 시불변이 아니다.

예제 2.6

시스템 $y(t) = 2x(t-1)$의 시불변성을 조사하라.

풀이 시간 이동된 신호 $x(t-t_0)$에 대한 시스템의 출력 $w(t)$는

$$x(t) \overset{\text{D}}{\longmapsto} x(t-t_0) \overset{\text{S}}{\longmapsto} w(t) = 2x((t-1)-t_0)$$

이다. 반면 $x(t)$에 대한 시스템의 출력 $y(t)$을 t_0만큼 지연하면

$$x(t) \overset{\text{S}}{\longmapsto} y(t) = 2x(t-1) \overset{\text{D}}{\longmapsto} y(t-t_0) = 2x(t-1)\Big|_{t\to t-t_0} = 2x((t-t_0)-1)$$

이다. $w(t) = y(t-t_0)$이므로 시스템은 시불변이다.

미분과 적분은 시불변 연산에 속하므로 예제 2.1이나 2.2와 같이 상수계수의 미분방정식으로 표현되는 시스템은 모두 선형시불변이다. 다음 예를 통해 확인해 보자.

예제 2.7

미분시스템 $y(t) = \dfrac{dx(t)}{dt}$의 시불변성을 조사하라.

풀이 시스템 미분방정식에 t 대신 $t-t_0$를 대입하면

$$y(t-t_0) = \frac{dx(t-t_0)}{dt}$$

이므로, 시간 이동된 입력 $x(t-t_0)$에 대하여 시간 이동된 출력 $y(t-t_0)$이 대응된다. 따라서 미분시스템은 시불변이다.

연습 2.2 다음 시스템의 시불변성을 점검하라.

(a) $y(t) = \cos[x(t)]$, (b) $y(t) = x(-t)$,

(c) $\dfrac{dy(t)}{dt} = 2\dfrac{dx(t)}{dt} + x(t) + 1$

답: (a),(c) 시불변, (b) 시변.

2.3 임펄스 응답과 콘볼루션 적분

2.3.1 임펄스 응답

연속시간 LTI 시스템의 임펄스 응답impulse response은 그림 2.5와 같이 임펄스 $\delta(t)$에 대한 시스템의 응답 $h(t)$로 정의된다.

$$\delta(t) \quad \longmapsto \quad h(t) \tag{2.17}$$

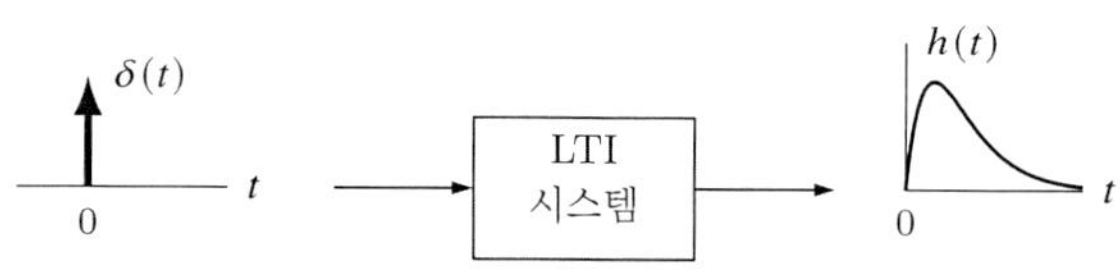

그림 2.5 연속시간 LTI 시스템의 임펄스 응답.

시스템의 임펄스 응답은 LTI 시스템을 완전히 규정한다. 따라서 시스템의 임펄스 응답을 알고 있으면 임의의 신호에 대한 시스템의 출력을 계산할 수 있다.

시스템의 임펄스 응답은 다양한 방법으로 구할 수 있다. 시스템의 수학적 모델이 가용하다면 모델로부터 임펄스 응답을 직접 계산할 수 있다. 만약 시스템의 내부를 전혀 알 수 없다면, 직접 임펄스를 시스템의 외부에서 입력하고 출력을 측정하여 임펄스 응답으로 활용할 수 있다. 임펄스 신호는 실제 구현이 불가능하므로 아주 폭이 좁은 펄스를 근사적으로 사용할 수 있다.

2.3.2 RC 회로의 임펄스 응답

그림 2.6에서 RC 회로의 임펄스 응답은 회로의 입력과 출력의 관계를 통해 구할 수 있다. 전압원을 입력 $x(t)$로, 커패시터 양단의 전압을 출력 $y(t)$로 정의하고, 회로에 KVL을 적용하면

$$Ri(t) + y(t) = x(t) \tag{2.18}$$

이고, 여기에 커패시터의 전류-전압 관계식

$$i(t) = C\frac{dy(t)}{dt} \tag{2.19}$$

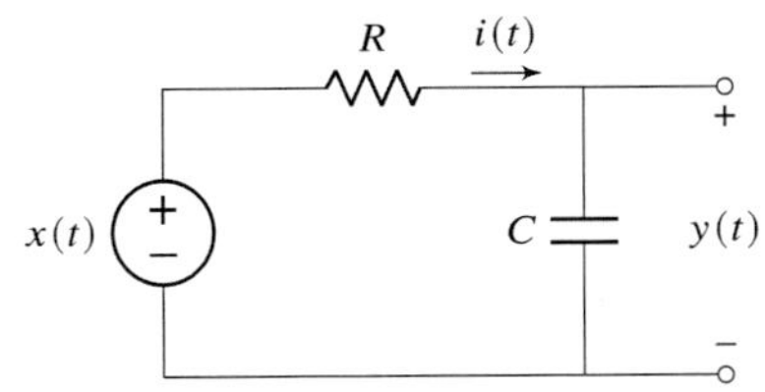

그림 2.6 RC 회로.

를 대입하고 정리하면

$$\frac{dy(t)}{dt} + \frac{1}{RC}y(t) = \frac{1}{RC}x(t) \tag{2.20}$$

를 얻는다. 이 식이 RC 회로의 입력-출력 관계를 설명하는 일차 미분방정식이다. 그러므로 RC 회로의 임펄스 응답은, $x(t) = \delta(t)$를 대입한 미분방정식

$$\frac{dh(t)}{dt} + ah(t) = b\delta(t), \qquad a = b = 1/RC \tag{2.21}$$

의 해[solution](이 미분방정식의 해를 구하는 과정은 2.10절에서 상세히 설명되므로 여기서는 단순히 결과만을 언급한다.)이며 다음과 같이 주어진다.

$$h(t) = \frac{1}{RC}e^{-t/RC}, \qquad t > 0 \tag{2.22}$$

2.3.3 LTI 시스템의 콘볼루션 적분

시스템의 임펄스 응답 $h(t)$는 연속시간 LTI 시스템을 완벽히 정의하며 임의의 입력 신호 $x(t)$에 대한 시스템의 출력 $y(t)$는 다음과 같이 계산된다.

$$y(t) = \int_{-\infty}^{\infty} x(\tau)h(t-\tau)d\tau \tag{2.23}$$

이 식을 **콘볼루션 적분**[convolution integral] 혹은 간단히 콘볼루션이라 부른다. 그림 2.7은 연속시간 시스템의 입력-출력 관계식을 묘사한다.

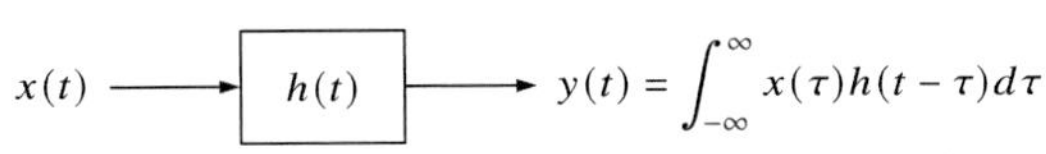

그림 2.7 연속 시간 LTI 시스템의 입출력 관계.

콘볼루션 적분식 (2.23)은 임펄스 응답의 정의와 시스템 선형 시불변성의 직접적인 결과이다. 콘볼루션 적분식은 다음과 같이 유도된다.

임펄스 응답의 정의

$$\delta(t) \quad \longmapsto \quad h(t) \tag{2.24}$$

에서 시작하자. 여기에 LTI 시스템의 시불변성을 적용하면

$$\delta(t-\tau) \quad \longmapsto \quad h(t-\tau) \tag{2.25}$$

를 얻고, 비례성을 적용하면

$$x(\tau)\delta(t-\tau) \quad \longmapsto \quad x(\tau)h(t-\tau) \tag{2.26}$$

를 얻는다. 마지막으로 LTI 시스템의 중첩성을 적용하면

$$x(t) = \int_{-\infty}^{\infty} x(\tau)\delta(t-\tau)d\tau \quad \longmapsto \quad y(t) = \int_{-\infty}^{\infty} x(\tau)h(t-\tau)d\tau \tag{2.27}$$

이다(여기서 적분은 그림 1.16과 같이 근사값 $x(t)\delta_\Delta(t-t_0)$의 합으로 간주되기 때문이다).

식 (2.23)에 변수 $\lambda = t-\tau$를 대입하면

$$y(t) = \int_{-\infty}^{\infty} x(t-\lambda)h(\lambda)d\lambda \tag{2.28}$$

를 얻는다. 식 (2.23)과 (2.28)로부터 콘볼루션은 다음 두 형태로 표현된다.

$$y(t) = \int_{-\infty}^{\infty} h(\tau)x(t-\tau)d\tau = \int_{-\infty}^{\infty} x(\tau)h(t-\tau)d\tau \tag{2.29}$$

이상 살펴본 바와 같이, 시스템의 출력은 입력과 시스템 임펄스 응답의 콘볼루션 결과이다. 콘볼루션은 시스템의 선형시불변성을 바탕으로 성립되었으므로 LTI 시스템에만 적용된다. 역으로 만약 어느 시스템이 콘볼루션 적분으로 표현된다면, 그 시스템은 선형시불변이다.

2.4 콘볼루션 적분의 계산

시스템의 임펄스 응답 $h(t)$를 알고 있다면, 콘볼루션 식 (2.29)를 활용하여 신호 $x(t)$에 대한 시스템의 출력을 계산할 수 있다. 뿐만 아니라, 임펄스 응답을 알면 시스템에 대한 다양한 분석이 가능하고 결과를 응용할 수 있다.

콘볼루션 계산 방법은 (i) 식 (2.29)의 적분을 직접 계산하는 방법과 (ii) 그래프를 이용하여 계산하는 방법이 있다. 그래프를 이용하여 콘볼루션 적분

$$y(t) = \int_{-\infty}^{\infty} x(\tau)h(t-\tau)d\tau$$

을 계산하는 과정은 다음과 같다.

1. 신호 $x(t)$와 $h(t)$의 변수를 $t \to \tau$로 변경한다.
2. $h(\tau)$를 시간 반전flip하여 $h(-\tau)$를 얻는다.

3 $h(\tau)$를 t만큼 **이동**slide 시켜 $h(t-\tau)$를 얻는다.

4 $h(t-\tau)$와 $x(\tau)$의 중첩 구간을 파악하고 두 신호의 곱을 해당 중첩 구간에서 적분하여 $y(t)$를 얻는다.

이 방식은 신호를 시간 반전하고 이동하면서 계산하므로 **반전-이동**flip-and-slide 방식이라 부른다. 반전-이동 방식에서는 신호 $x(\tau)$와 $h(t-\tau)$의 중첩 구간 파악이 중요하다.

예제 2.8

임펄스 응답이 $h(t) = e^{-t}u(t)$인 RC 회로(그림 2.8)에 계단 신호 $x(t) = u(t)$가 입력되었을 때 출력을 계산하라.

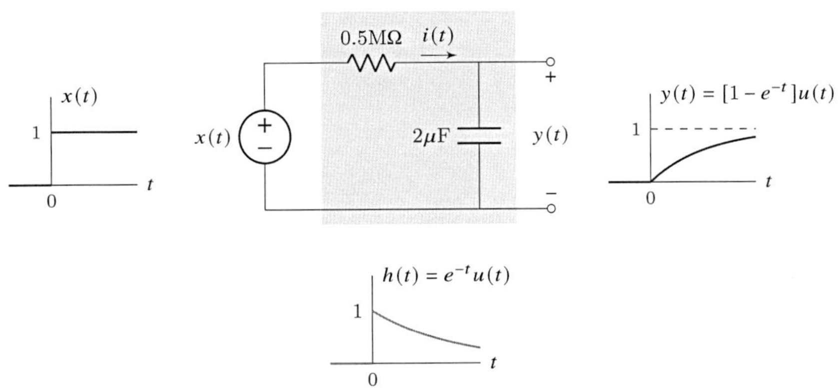

그림 2.8 콘볼루션 계산을 이용한 RC 회로의 출력 계산.

풀이 콘볼루션을 수식을 이용한 방법과 그래프를 활용한 방법으로 각각 계산해 보자.

수식을 이용한 방법 : 콘볼루션 식

$$y(t) = \int_{-\infty}^{\infty} h(\tau)x(t-\tau)d\tau = \int_{-\infty}^{\infty} e^{-\tau}u(\tau)u(t-\tau)d\tau \tag{2.30}$$

에서 고려해야 할 중요한 사항은 $u(\tau)u(t-\tau) > 0$로 정의되는 적분 구간이다. $u(\tau)u(t-\tau) > 0$인 범위는 $0 < \tau < t$이다. 또한 τ가 가장 작은 값$(\tau = 0)$일 때 $u(t-\tau) = u(t)$이므로 콘볼루션은 다음과 같이 계산된다.

$$\begin{aligned} y(t) &= \int_{-\infty}^{\infty} e^{-\tau}u(\tau)u(t-\tau)d\tau = u(t)\int_{0}^{t} e^{-\tau}d\tau \\ &= \left[1 - e^{-t}\right]u(t) \end{aligned} \tag{2.31}$$

그래프를 활용한 방법 : 그림 2.9는 $h(\tau)$와 $x(t-\tau)$를 이용하여 콘볼루션을 계산하는 과정을 보여 준다. 먼저 신호의 시간 변수를 t에서 τ로 변경한다. 여기서 τ는 적분 안에서만 사용될 시간 변수이다. 다음 $x(\tau)$와 $h(\tau)$ 가운데 어느 하나를 선택하여 시간 변수를 τ에서 $-\tau$로 반전시킨다. 여기서는 $x(\tau)$를 반전시키기로 선택한다. 마지막으로 반전된 신호 $x(-\tau)$를 시간 이동시키면서 $h(\tau)$와 $x(t-\tau)$가 중첩되는 구간을 적분한다. 여기서 중첩의 양상은 다음 두 경우로 구분된다.

- $t<0$이면 $h(\tau)$와 $x(t-\tau)$는 서로 겹치지 않으므로 콘볼루션 계산 결과는

$$y(t)=0, \qquad t<0 \tag{2.32}$$

- $t>0$이면 $h(\tau)$와 $x(t-\tau)$는 $0<\tau<t$의 범위에서 겹치므로

$$y(t)=\int_0^t e^{-\tau}d\tau=1-e^{-t}, \qquad t>0 \tag{2.33}$$

식 (2.32)와 (2.33)을 합치면 식 (2.31)을 얻는다.

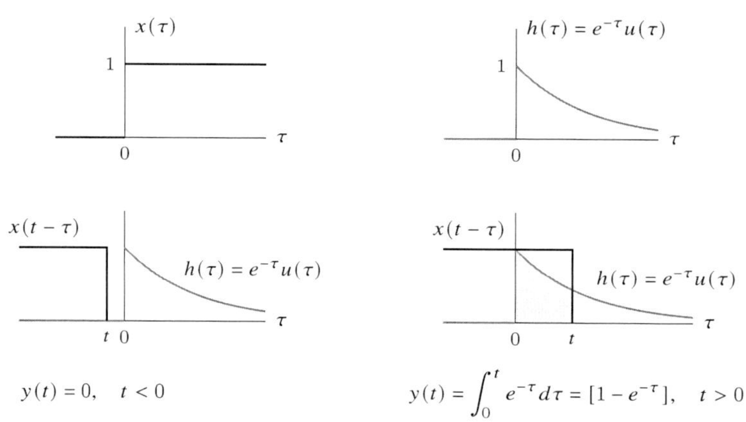

그림 2.9 그래프를 이용한 콘볼루션 계산(예제 2.8).

예제 2.9

그림 2.8의 RC 회로에 사각펄스 신호

$$x(t)=u(t)-u(t-2) \tag{2.34}$$

가 입력될 때 출력을 구하라.

풀이 수식을 이용한 계산: 두 신호의 콘볼루션은 다음과 같이 정리된다.

$$\begin{aligned} y(t)&=\int_{-\infty}^{\infty} h(\tau)x(t-\tau)d\tau \\ &=\int_{-\infty}^{\infty} e^{-\tau}u(\tau)[u(t-\tau)-u(t-2-\tau)]d\tau \\ &=\int_{-\infty}^{\infty} e^{-\tau}u(\tau)u(t-\tau)d\tau-\int_{-\infty}^{\infty} e^{-\tau}u(\tau)u(t-2-\tau)d\tau \end{aligned} \tag{2.35}$$

마지막 식의 첫째 적분항에서 $u(\tau)u(t-\tau)>0$인 구간은 $0<\tau<t$이며, 적분 구간에서 τ

가 가장 작은 값인 $\tau = 0$일 때 $u(t)$이므로

$$\int_{-\infty}^{\infty} e^{-\tau}u(\tau)u(t-\tau)d\tau = u(t)\int_{0}^{t} e^{-\tau}d\tau = [1-e^{-t}]u(t) \tag{2.36}$$

으로 계산된다. 둘째 적분항에서 $u(\tau)u(t-2-\tau) > 0$인 구간은 $0 < \tau < t-2$이며, 적분 구간에서 τ가 가장 작은 값인 $\tau = 0$일 때 $u(t-2)$이므로

$$\begin{aligned}\int_{-\infty}^{\infty} e^{-\tau}u(\tau)u(t-2-\tau)d\tau &= u(t-2)\int_{0}^{t-2} e^{-\tau}d\tau \\ &= [1-e^{-(t-2)}]u(t-2)\end{aligned} \tag{2.37}$$

으로 계산된다. 따라서 출력은 다음과 같이 정리된다.

$$y(t) = [1-e^{-t}]u(t) - [1-e^{-(t-2)}]u(t-2) \tag{2.38}$$

그래프를 이용한 계산: 그림 2.10은 콘볼루션 과정을 보여 준다. 신호 x와 h의 시간변수를 t에서 τ로 변경한 다음 신호 $x(\tau)$를 반전하고 이동하면서 $x(t-\tau)$가 $h(\tau)$와 겹치는 부분을 적분한다. 이때 $x(t-\tau)$와 $h(\tau)$가 겹치는 양상이 달라지므로 적분 구간도 t에 따라 달라진다. 그림 2.10으로부터 콘볼루션 결과는 다음과 같이 정리된다.

$$y(t) = \begin{cases} 0, & t < 0 \\ 1-e^{-t}, & 0 < t < 2 \\ e^{-(t-2)} - e^{-t}, & 2 < t \end{cases} \tag{2.39}$$

이 결과는 식 (2.38)과 동일하다.

연습 2.3 그림 2.11에 보인 $x(t)$와 $h(t)$의 콘볼루션을 그래프를 이용하여 계산하라.

IPYWIDGET 데모 2.1

위젯 파일: `ct_convolution_demo.ipynb`

이 데모에서는 반전-이동 콘볼루션 적분이 계산되는 과정을 관찰할 수 있다. 반전-이동 콘볼루션 적분의 각 단계에서 변수의 변화, 신호의 변화, 신호 이동에 따른 적분 구간의 변화를 확인해 보라. 신호의 중첩이 발생하는 시작점과 끝점이 어떻게 결정되는가? 또한 시점 t를 고정하고 콘볼루션 적분을 계산하여 위젯의 결과와 동일한지 확인할 수도 있다.

2.5 콘볼루션의 특성

2.5.1 LTI 시스템의 인과성

시스템은 미래 입력의 사용 여부에 따라 세 가지 유형으로 구분된다.

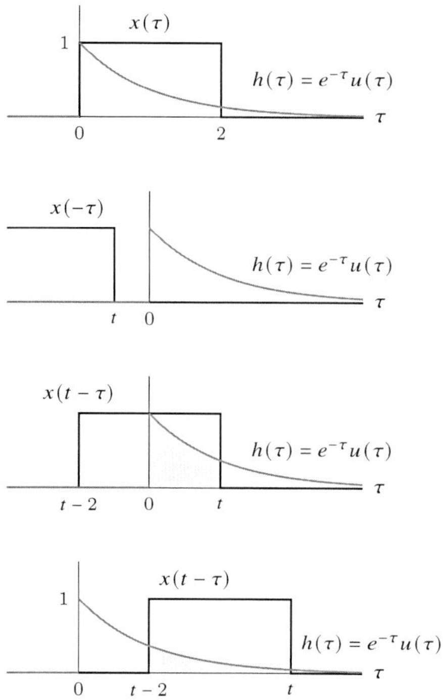

$$y(t) = 0, \quad t < 0$$

$$y(t) = \int_0^t e^{-\tau} d\tau = 1 - e^{-t}, \quad 0 < t < 2$$

$$y(t) = \int_{t-2}^t e^{-\tau} d\tau = e^{-(t-2)} - e^{-t}, \quad t > 2$$

그림 2.10　그래프를 이용한 콘볼루션 계산(예제 2.9).

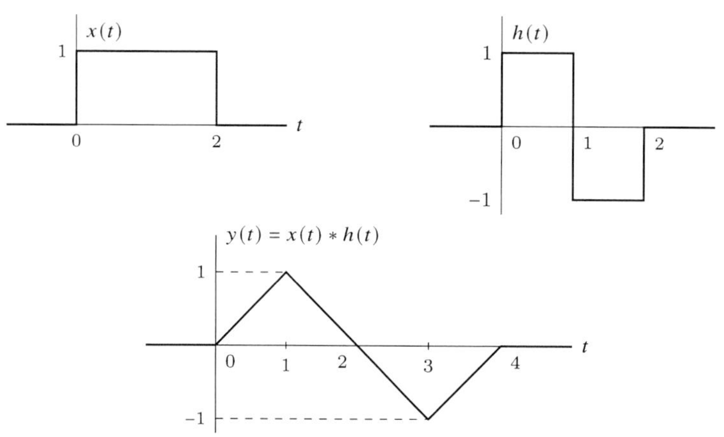

그림 2.11　연습 2.3

- 인과causal 시스템: 미래 입력을 사용하지 않는 시스템
- 반인과anticausal 시스템: 미래 입력만 사용하는 시스템
- 비인과noncausal 시스템: 과거와 미래 입력을 함께 사용하는 시스템

물리적으로 구현된 실제 시스템은 모두 인과 시스템이다. 미래 입력을 미리 사용하는 시스템은 앞을 미리 내다보는anticipatory 시스템이며, 특별한 경우가 아니면 구현이 불가능하다. 예를 들어 미리 녹음된 음성 파일로부터 잡음을 제거하고 음성을 명료하도록 처리하는 작업에서는 전

구간에 걸친 녹음 파일이 존재하므로 시간 제약없이 미래 입력을 사용할 수 있다. 일반적으로 미래 입력을 사용하면 과거와 현재 입력만을 사용한 경우보다 더 나은 결과를 얻을 수 있다. 신호에 대하여 더 많은 정보를 활용했기 때문이다. 그러나 실시간으로 데이터를 처리하는 시스템은 미래 입력을 사용하지 못하므로 인과적이다.

인과성이 시스템에 어떤 영향을 미치는지 알아보기 위해 콘볼루션 적분

$$y(t) = \int_{-\infty}^{\infty} h(\tau)x(t-\tau)d\tau \tag{2.40}$$

을 고려하자. 식 (2.40)의 입력 $x(t)$와 임펄스 응답 $h(t)$에는 아직 어떤 제한도 고려되지 않았다. 이제 인과 시스템을 가정하자. 시점 $t = 0$에서 콘볼루션은

$$y(0) = \int_{-\infty}^{\infty} h(\tau)x(-\tau)d\tau \tag{2.41}$$

이다. 이때 임펄스 응답 $h(\tau)$는 $\tau < 0$ 구간에서 미래 입력 $x(-\tau)$와 중첩된다. 따라서 시스템이 미래 입력을 사용하지 않는 인과 시스템이 되려면, 임펄스 응답은

$$h(t) = 0, \quad t < 0 \tag{2.42a}$$

$$= h(t)u(t) \tag{2.42b}$$

를 만족해야 한다. 식 (2.42)는 인과 시스템의 조건이다. 식 (2.42b)를 식 (2.40)에 대입하면

$$y(t) = \int_{-\infty}^{\infty} h(\tau)u(\tau)x(t-\tau)d\tau = \int_{0}^{\infty} h(\tau)x(t-\tau)d\tau \tag{2.43}$$

과 같이 적분 구간이 $[0, \infty)$로 제한된다. 이제 입력이 $t = 0$ 시점에 인가되었다고 가정하자. 인과 신호는 $x(t) = x(t)u(t)$와 같이 표현될 수 있으므로, 이를 식 (2.43)에 대입하면

$$\begin{aligned} y(t) &= \int_{0}^{\infty} h(\tau)x(t-\tau)u(t-\tau)d\tau \\ &= u(t)\int_{0}^{t} h(\tau)x(t-\tau)d\tau \end{aligned} \tag{2.44}$$

를 얻게 된다. 따라서 인과 시스템의 콘볼루션 적분은 다음과 같이 표현된다.

$$y(t) = u(t)\int_{0}^{t} h(\tau)x(t-\tau)d\tau = u(t)\int_{0}^{t} x(\tau)h(t-\tau)d\tau \tag{2.45}$$

예제 2.10

다음 시스템을 인과, 반인과, 비인과로 구분하라.

(a) $e^{-2t}u(t)$, (b) $e^{-5t}u(t+1)$, (c) $e^{3t}u(-t)$

풀이 (a) 인과, (b) 비인과, (c) 반인과 시스템.

2.5.2 LTI 시스템의 안정성

제한된 입력에 제한된 출력을 발생하는 시스템은 BIBO^bounded-input bounded-output^ 안정하다. 즉, 시스템의 BIBO 안정성은

$$|x(t)| < B_x < \infty \quad \Longrightarrow \quad |y(t)| < B_y < \infty \tag{2.46}$$

로 정의된다. LTI 시스템에 BIBO 안정성을 적용하면

$$\begin{aligned} |y(t)| &= \left| \int_{-\infty}^{\infty} x(\tau)h(t-\tau)d\tau \right| \\ &\le \int_{-\infty}^{\infty} |x(\tau)||h(t-\tau)|d\tau \qquad (\text{삼각부등식}) \\ &\le \int_{-\infty}^{\infty} B_x|h(t-\tau)|d\tau < B_y < \infty \end{aligned} \tag{2.47}$$

이다. 따라서 LTI 시스템의 BIBO 안정성을 위한 충분조건은

$$\int_{-\infty}^{\infty} |h(t)|dt < B_h < \infty \tag{2.48}$$

이다. LTI 시스템이 BIBO 안정하려면 임펄스 응답 $h(t)$는 절대적분 가능^absolutely integrable^ 해야 한다.

연습 2.4 다음 신호가 제한되었는지 아닌지를 조사하라.
(a) $e^{-2t}u(t)$, (b) $\sin(3t)$, (c) $\ln(t)$, (d) $e^{-3t}u(-t)$
답: (a)와 (b)는 제한된 신호, (c)와 (d)는 제한되지 않은 신호.

2.5.3 콘볼루션 연산 법칙

콘볼루션은 다른 사칙연산처럼 연산자를 이용하여 간단히 표기할 수 있다. 콘볼루션 연산자는 $*$이다.

$$y(t) = \int_{-\infty}^{\infty} x(\tau)h(t-\tau)d\tau = x(t) * h(t) \tag{2.49a}$$

$$= \int_{-\infty}^{\infty} h(\tau)x(t-\tau)d\tau = h(t) * x(t) \tag{2.49b}$$

콘볼루션 연산은 교환, 분배, 결합 법칙을 만족한다. 시스템에 교환, 분배, 결합 법칙을 적용하면 블록 단위로 시스템을 설계하고 분석하기 쉽다.

- 교환 법칙: $h_1(t) * h_2(t) = h_2(t) * h_1(t)$
- 분배 법칙: $x(t) * [h_1(t) + h_2(t)] = x(t) * h_1(t) + x(t) * h_2(t) = x(t) * h(t)$
- 결합 법칙: $x(t) * [h_1(t) * h_2(t)] = [x(t) * h_1(t)] * h_2(t)$

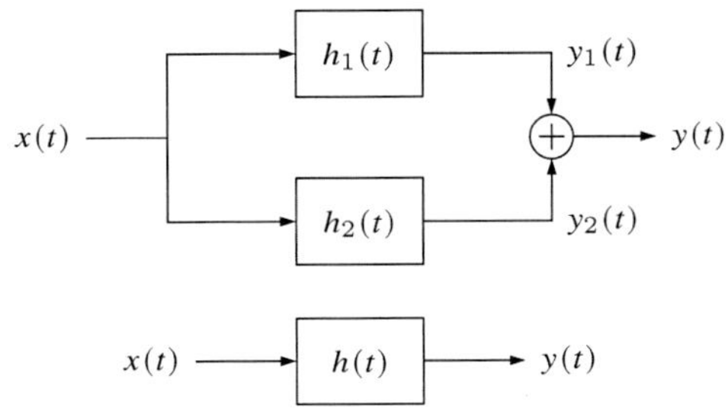

그림 2.12 연속시간 시스템의 병렬 연결 $h(t) = h_1(t) + h_2(t)$.

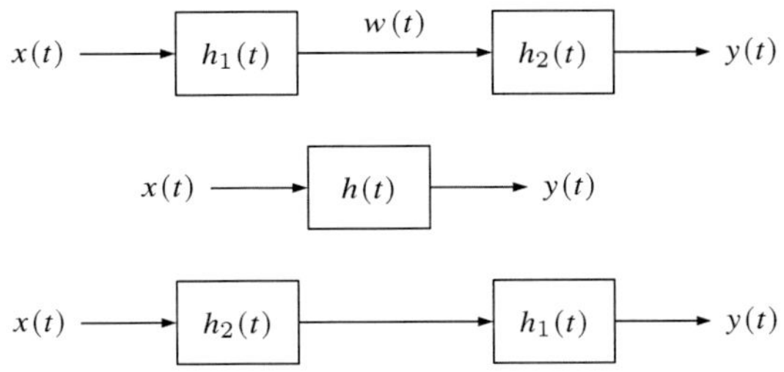

그림 2.13 연속시간 시스템의 직렬 연결 $h(t) = h_1(t) * h_2(t) = h_2(t) * h_1(t)$.

교환 법칙은 식 (2.49)에서 쉽게 확인된다. 그림 2.12에서 전체 시스템의 출력은 $y(t) = y_1(t) + y_2(t)$이며, 이로부터 분배 법칙을 확인할 수 있다. 병렬 연결된 두 시스템의 임펄스 응답은 두 임펄스 응답의 합이다.

$$h(t) = h_1(t) + h_2(t) \tag{2.50}$$

그림 2.13에서 $h_1(t)$와 $h_2(t)$의 직렬 연결 시스템에 연산 법칙을 적용하면 다음과 같다.

$$y(t) = w(t) * h_2(t) = [x(t) * h_1(t)] * h_2(t) \tag{2.51a}$$

$$= x(t)\,[h_1(t) * h_2(t)] \qquad \text{(결합 법칙)} \tag{2.51b}$$

$$= x(t)\,[h_2(t) * h_1(t)] \qquad \text{(교환 법칙)} \tag{2.51c}$$

$$= x(t) * h(t) \qquad \text{(결합 법칙)} \tag{2.51d}$$

여기서

$$h(t) = h_1(t) * h_2(t) = h_2(t) * h_1(t) \tag{2.52}$$

2.5.4 임펄스의 콘볼루션

1.3.5절에서 임펄스 신호의 샘플링 특성을 설명한 바 있다. 여기서는 임펄스의 콘볼루션 연산 특성을 소개한다.

$$\begin{aligned} x(t) * \delta(t) &= \int_{-\infty}^{\infty} x(\tau)\delta(t-\tau)d\tau = \int_{-\infty}^{\infty} x(t)\delta(t-\tau)d\tau \\ &= x(t)\int_{-\infty}^{\infty} \delta(t-\tau)d\tau = x(t) \end{aligned} \tag{2.53}$$

시간 이동된 임펄스 $\delta(t-t_0)$와의 콘볼루션을 고려하면 식 (2.53)의 의미가 분명해진다.

$$\begin{aligned} x(t) * \delta(t-t_0) &= \int_{-\infty}^{\infty} x(\tau)\delta(t-t_0-\tau)d\tau = \int_{-\infty}^{\infty} x(t-t_0)\delta(t-t_0-\tau)d\tau \\ &= x(t-t_0)\int_{-\infty}^{\infty} \delta(t-t_0-\tau)d\tau = x(t-t_0) \end{aligned} \tag{2.54}$$

이 결과를 연산자로 표기하면 다음과 같다.

$$x(t) * \delta(t-t_0) = x(t-t_0) \tag{2.55}$$

즉, 시간 이동된 임펄스와의 콘볼루션은 시간 이동된 신호이다.

2.5.5 계단 신호의 콘볼루션

임의의 신호 $x(t)$를 계단 신호 $u(t)$와 콘볼루션하면

$$\begin{aligned} y(t) = x(t) * u(t) &= \int_{-\infty}^{\infty} x(\tau)u(t-\tau)d\tau \\ &= \int_{-\infty}^{t} x(\tau)d\tau \end{aligned} \tag{2.56}$$

를 얻는다. 두 번째 적분은 $\tau < t$ 구간에서 $u(t-\tau) > 0$임을 적용한 결과이다.

2.5.6 콘볼루션의 미분-적분 특성

콘볼루션을 시간에 대하여 미분/적분하면 어떻게 되는지 알아보자. 편의상 콘볼루션 적분식을 여기에 옮겨 적고 시작하자.

$$y(t) = x(t) * h(t) = \int_{-\infty}^{\infty} x(\tau)h(t-\tau)d\tau \tag{2.57a}$$

$$= h(t) * x(t) = \int_{-\infty}^{\infty} h(\tau)x(t-\tau)d\tau \tag{2.57b}$$

식 (2.57a)를 시간 미분하면

$$\frac{dy(t)}{dt} = \frac{d}{dt}\int_{-\infty}^{\infty} x(\tau)h(t-\tau)d\tau$$

표 2.1 콘볼루션 적분 특성.

특성	설명
교환 법칙	$x(t) * h(t) = h(t) * x(t)$
분배 법칙	$x(t) * [h_1(t) + h_2(t)] = x(t) * h_1(t) + x(t) * h_2(t)$
결합 법칙	$x(t) * [h_1(t) * h_2(t)] = [x(t) * h_1(t)] * h_2(t)$
인과 신호/시스템	$y(t) = u(t) \int_0^t h(\tau)x(t-\tau)d\tau$
시간 이동	$x(t-t_1) * h(t-t_2) = y(t-t_1-t_2)$
임펄스와의 콘볼루션	$x(t) * \delta(t-t_0) = x(t-t_0)$
계단 신호와의 콘볼루션	$x(t) * u(t) = \int_{-\infty}^{t} x(\tau)d\tau$
미분	$\frac{dy(t)}{dt} = \frac{dx(t)}{dt} * h(t) = x(t) * \frac{dh(t)}{dt}$
적분	$\int_{-\infty}^{t} y(\tau)d\tau = x(t) * \left(\int_{-\infty}^{t} h(\tau)d\tau\right) = \left(\int_{-\infty}^{t} x(\tau)d\tau\right) * h(t)$
길이	$y(t)$의 길이 = $x(t)$의 길이 + $h(t)$의 길이
면적	$y(t)$의 면적 = $x(t)$의 면적 × $h(t)$의 변적

$$= \int_{-\infty}^{\infty} x(\tau)\frac{d}{dt}h(t-\tau)d\tau$$

$$= x(t) * \frac{dh(t)}{dt} \tag{2.58}$$

이고 식 (2.57b)를 시간 미분하면

$$\frac{dy(t)}{dt} = \frac{dx(t)}{dt} * h(t) \tag{2.59}$$

이다. 이로부터 다음의 미분 특성을 얻는다.

$$\frac{dy(t)}{dt} = x(t) * \frac{dh(t)}{dt} = \frac{dx(t)}{dt} * h(t) \tag{2.60}$$

적분 특성도 마찬가지로 다음과 같이 표현될 수 있다.

$$\int_{-\infty}^{t} y(\tau)d\tau = x(t) * \left(\int_{-\infty}^{t} h(\tau)d\tau\right) = \left(\int_{-\infty}^{t} x(\tau)d\tau\right) * h(\tau) \tag{2.61}$$

콘볼루션의 미분-적분 결과는 입력을 미분하거나 적분하면 출력도 동일하게 미분되거나 적분된다는 사실을 의미한다. 또한 입력의 미분과 적분은 각각 시스템의 미분과 적분으로도 해석될 수 있음을 보여 준다.

콘볼루션 특성은 표 2.1에 정리되어 있다.

2.6 연속시간 시스템의 예

2.3.2절의 RC회로와 같이 시스템을 미분방정식으로 표현할 수 있다면 미분방정식의 해를 구하여 임펄스 응답을 구할 수 있다. 미분방정식의 해를 직접 구하는 방법은 2.7절에서 소개된다. 미분방정식이 아니라도 선형 시불변성을 만족하는 시스템의 수식 표현이 있다면, $x(t) = \delta(t)$를 대입하고 $h(t) = y(t)$를 임펄스 응답으로 채택할 수 있다. 만약 시스템을 수식으로 표현하기 어렵거나 식을 알기 힘들다면, 임펄스 응답은 측정에 의존하여 구할 수밖에 없다. 이 절에서는 시스템의 입출력 관계식으로부터 임펄스 응답을 구하는 예를 살펴보기로 한다.

2.6.1 시간 이동 시스템

시간 이동 시스템의 입력-출력 관계식은 다음과 같다.

$$y(t) = x(t - t_0) \tag{2.62}$$

여기서 $t_0 > 0$이면 지연이고 $t_0 < 0$이면 선행이다. 임펄스 응답의 정의로부터 $x(t) = \delta(t)$를 대입하면

$$h(t) = y(t)\Big|_{x(t)=\delta(t)} = \delta(t - t_0) \tag{2.63}$$

이다. 이로부터 출력을 다시 계산해보면

$$x(t) * h(t) = x(t) * \delta(t - t_0) = x(t - t_0) \tag{2.64}$$

이다. 이 결과는 앞서 소개한 2.5.4절의 결과와 동일하다. 시간 지연 시스템의 임펄스 응답은 시간 지연된 임펄스이다.

2.6.2 적분 시스템

적분 시스템의 입력 출력 관계식은

$$y(t) = \int_{-\infty}^{t} x(\tau)d\tau \tag{2.65}$$

이다. 여기에 $x(t) = \delta(t)$를 대입하면

$$h(t) = y(t)\Big|_{x(t)=\delta(t)} = \int_{-\infty}^{t} \delta(\tau)d\tau = u(t) \tag{2.66}$$

이다. 적분기의 임펄스 응답은 계단 신호이며, 콘볼루션 연산자를 이용하여 다음과 같이 표기된다.

$$\int_{-\infty}^{t} x(\tau)d\tau = x(t) * u(t) \tag{2.67}$$

개념점검 2.2 적분 시스템이 하는 일을 말로 설명해 보라.

개념점검 2.3 임펄스 응답이 $h(t) = e^{-t}u(t)$ 인 시스템이 하는 일을 말로 설명해 보라.

연습 2.5 적분 시스템은 BIBO 안정한가? 답: 불안정.

2.6.3 미분 시스템

미분 시스템의 입력 출력 관계식은

$$y(t) = \frac{dx(t)}{dt} \tag{2.68}$$

이다. 여기에 $x(t) = \delta(t)$ 를 대입하면

$$h(t) = y(t)\Big|_{x(t)=\delta(t)} = \frac{d\delta(t)}{dt} = \delta^{(1)}(t) \tag{2.69}$$

으로 표현된다. 임펄스 신호의 미분은 더블릿doublet $\delta^{(1)}(t)$ 로 정의된다. 콘볼루션 연산자를 이용하여 표기하면

$$\frac{dx(t)}{dt} = x(t) * \delta^{(1)}(t) \tag{2.70}$$

개념점검 2.4 미분 시스템이 하는 일을 말로 설명해 보라.

연습 2.6 미분 시스템은 BIBO 안정한가? 답: 불안정.

2.6.4 계단 응답으로부터 임펄스 응답 계산

만약 시스템의 계단 응답 $y_{step}(t)$ 을 알고 있다면, 임펄스와 계단 신호의 관계

$$\delta(t) = \frac{du(t)}{dt} \tag{2.71}$$

와 콘볼루션의 미분 특성을 적용하여 임펄스 응답을 구할 수 있다. 계단 응답과 임펄스 응답 사이에는 다음의 관계가 성립한다.

$$\delta(t) \quad \longmapsto \quad h(t) = \frac{dy_{step}(t)}{dt} \tag{2.72a}$$

$$u(t) \quad \longmapsto \quad y_{step}(t) = \int_{-\infty}^{t} \delta(\tau)d\tau \tag{2.72b}$$

즉, 계단 응답을 미분하여 임펄스 응답을 얻을 수 있고, 역으로 임펄스 응답을 적분하여 계단 응답을 얻을 수 있다.

2.6.5 아주 좁은 폭의 펄스 입력에 대한 미분방정식의 출력

시스템의 입력-출력 관계식이 주어지지 않은 실제 시스템에서 임펄스 응답을 구하는 방법은 시스템에 단위 임펄스 신호를 입력하고 출력을 측정하는 방법이다. 이상적인 임펄스를 실제 만들 수는 없지만, 펄스폭이 아주 짧은 숏펄스^short pulse^를 만들어 사용할 수는 있다. 이 추론의 정당성을 확인하기 위해 다음의 실험을 수행해 보자.

단위 면적을 가진 숏펄스

$$x(t) = \frac{1}{\Delta}\left[u(t) - u(t-\Delta)\right] \tag{2.73}$$

를 시스템에 입력하고 시스템의 출력이 펄스폭 Δ에 따라 어떻게 변하는지 관찰하자. 대상 시스템으로는 예제 2.8에서 다루었던 미분방정식

$$\frac{dy(t)}{dt} + y(t) = x(t)$$

을 고려하기로 한다. 이 시스템의 계단 응답은

$$[(2.31)] \qquad y(t) = \left[1 - e^{-t}\right]u(t)$$

으로 구한 바 있다. 시스템의 선형성과 시불변성을 적용하면, 식 (2.31)로부터,

$$u(t) \quad \longmapsto \quad \left[1 - e^{-t}\right]u(t) \tag{2.74a}$$

$$\frac{1}{\Delta}u(t) \quad \longmapsto \quad \frac{1}{\Delta}\left[1 - e^{-t}\right]u(t) \tag{2.74b}$$

$$\frac{1}{\Delta}u(t-\Delta) \quad \longmapsto \quad \frac{1}{\Delta}\left[1 - e^{-(t-\Delta)}\right]u(t-\Delta) \tag{2.74c}$$

따라서 식 (2.73)에 대한 응답은 다음과 같이 정리된다.

$$\begin{aligned} y_{short}(t) &= \frac{1}{\Delta}\left[1 - e^{-t}\right]u(t) - \frac{1}{\Delta}\left[1 - e^{-(t-\Delta)}\right]u(t-\Delta) \\ &= \begin{cases} 0, & t < 0 \\ \frac{1}{\Delta}\left[1 - e^{-t}\right], & 0 \le t < \Delta \\ \frac{1}{\Delta}(e^{\Delta} - 1)e^{-t}, & \Delta \le t \end{cases} \end{aligned} \tag{2.75}$$

그림 2.14는 실제 임펄스 응답

$$h(t) = e^{-t}u(t)$$

과 펄스폭 $\Delta = 0.1,\ 0.05,\ 0.02$의 숏펄스 응답 $y_{short}(t)$을 비교한 것이다. 펄스폭 Δ가 작아질수록 $y_{short}(t)$는 $h(t)$에 더 가까워진다. $\Delta = 0.02$의 경우 $y_{short}(t)$는 $h(t)$에 아주 근사하다.

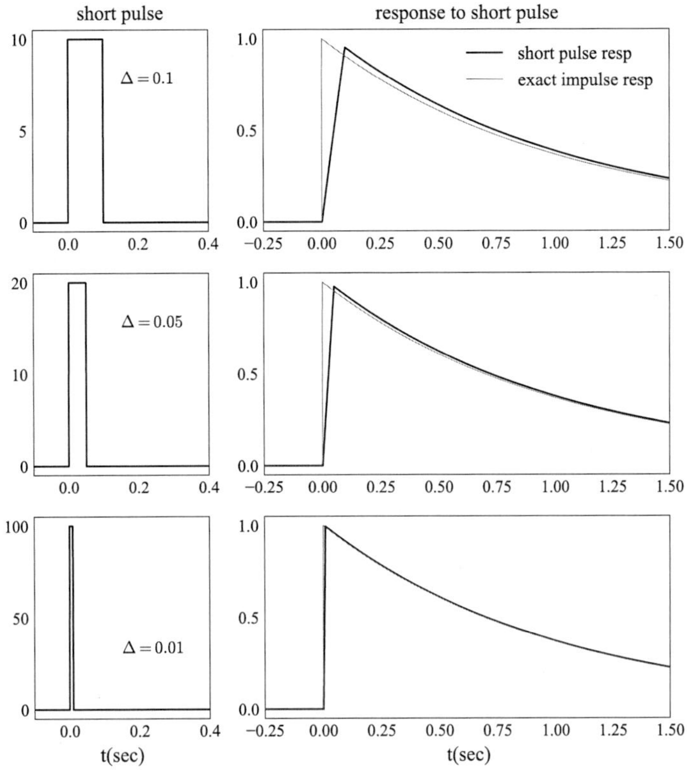

그림 2.14 숏펄스에 대한 시스템의 응답과 임펄스 응답의 비교.

숏펄스의 사용은 시스템 임펄스 응답을 실제 측정하는 한 가지 가능성을 제시한다.

숏펄스 응답의 결과는 실제 이론적으로 임펄스 응답을 구하기 힘든 음향 환경에서 근사적인 임펄스 응답을 구할 수 있는 방법이다. 예를 들어, 콘서트 홀의 한 지점에서 스피커로 숏펄스를 내보내고 홀 안의 다른 지점에서 반사되는 소리를 녹음했다고 가정하자. 녹음된 소리는 홀의 임펄스 응답에 대한 근사값으로 사용될 수 있다. 이렇게 측정된 임펄스 응답을 반향이 전혀 없는 스튜디오에서 녹음된 소리와 콘볼루션하면 마치 콘서트 홀 안에서 녹음한 듯한 효과를 얻을 수 있다.

2.7 연속시간 LTI 시스템의 미분방정식 표현

앞서 2.1절에서는 RC 회로가 미분방정식으로 표현되는 시스템이라는 사실을 확인했고, 2.2절에서는 미분과 적분이 시불변 연산임을 확인했다. 이처럼 미분방정식은 연속시간 LTI 시스템 규정에 매우 유용하다. RLC로 구성된 회로에서 미분방정식의 계수는 $\{R, L, C\}$값으로 결정되고 이 값은 시간에 따라 변하지 않는 상수로 가정된다. 이러한 미분방정식을 **상수 계수를 갖는 선형 미분방정식**linear constant-coefficients differential equation이라 한다. 이 절에서는 미분방정식의 해solution를 구하는 방법과 해의 특성에 대하여 살펴보기로 한다.

표 2.2 입력 신호 유형에 따른 특정해.

입력 신호	특정해
A	A_1
Ae^{at}	$A_1 e^{at}$
$A\cos(\omega t), A\sin(\omega t)$	$A_1\cos(\omega t) + A_2\sin(\omega t)$
$Ae^{at}\cos(\omega t), Ae^{at}\sin(\omega t)$	$A_1 e^{at}\cos(\omega t) + A_2 e^{at}\sin(\omega t)$
At^n	$A_0 + A_1 t + \cdots + A_{n-1}t^{n-1} + A_n t^n$

2.7.1 상수 계수를 갖는 선형 미분방정식의 해

상수 계수를 갖는 선형 미분방정식의 일반꼴은 다음과 같다.

$$\begin{aligned} a_N \frac{d^N y(t)}{dt^N} + a_{N-1}\frac{d^{N-1}y(t)}{dt^{N-1}} + \cdots + a_1\frac{dy(t)}{dt} + a_0 y(t) \\ = b_M \frac{d^M x(t)}{dt^M} + b_{M-1}\frac{d^{M-1}x(t)}{dt^{M-1}} + \cdots + b_1\frac{dx(t)}{dt} + b_0 x(t) \end{aligned} \tag{2.76}$$

혹은 간단히 표기하면

$$\sum_{k=0}^{N} a_k \frac{d^k y(t)}{dt^k} = \sum_{k=0}^{M} b_k \frac{d^k x(t)}{dt^k} \tag{2.77}$$

여기서 $x(t)$와 $y(t)$는 각각 시스템의 입력과 출력으로 독립변수 t의 함수이다. 보통 $a_N = 1$로 가정된다. 미분방정식의 해는 다음 두 가지 성분으로 구성된다.

$$y(t) = y_h(t) + y_p(t) \tag{2.78}$$

- $y_h(t)$는 입력이 없는 **동차 미분방정식**homogeneous differential equation

  $$\sum_{k=0}^{N} a_k \frac{d^k y_h(t)}{dt^k} = 0 \tag{2.79}$$

  의 해이다. $y_h(t)$는 **동차해**라고 부르며, 시스템 관점에서는 **자연 응답**natural response 이라 부른다. 입력이 없는 상태의 출력이므로 동차해는 시스템에 저장된 에너지와 시스템의 구조에 의해 결정된다. 저장된 에너지는 시스템에서 소비되므로, 시스템이 안정하다면 시간이 지남에 따라 동차해는 소멸된다.

- $y_p(t)$는 입력 $x(t)$에 의해서만 결정되는 **특정해**particular solution 이다. 시스템 관점에서 $y_p(t)$는 입력에 의해서만 결정되므로 **강제 응답**forced response 이라 부른다. 특정해는 입력과 동일한 꼴로 표현되며 크기는 시스템 구조에 의하여 결정된다. 표 2.2는 입력 신호 유형에 따른 특정해이다.

2.7.2 일차 미분방정식의 해

일차 미분방정식

$$\frac{dy(t)}{dt} + 2y(t) = 2x(t) \tag{2.80}$$

을 통해 미분방정식의 해를 구하는 과정을 살펴보자. 계단 입력 $x(t) = u(t)$와 초기 조건 $y(0) = 0$을 가정한다.

1. 먼저 동차해 $y_h(t)$를 구하자. $y_h(t)$는 입력이 없는 상태

$$\frac{dy(t)}{dt} + 2y(t) = 0 \tag{2.81}$$

의 해이며

$$y_h(t) = c_1 e^{st} \tag{2.82}$$

의 꼴로 가정된다. 이 꼴을 식 (2.81)에 대입하면

$$c_1 s e^{st} + 2c_1 e^{st} = 0 \implies s + 2 = 0 \implies s = -2 \tag{2.83}$$

이므로 $y_h(t) = c_1 e^{-2t}$이다. 미지수 c_1은 나중에 초기 조건을 이용하여 확정된다.

동차해의 일반꼴로 $y_h(t) = c_1 e^{st}$을 가정한 이유

미분방정식 (2.81)로부터 ($y(t)$를 y로 간단히 표기하면)

$$\frac{dy}{dt} + 2y = 0 \implies \frac{dy}{y} = -2dt$$

이다. 양변을 적분하면

$$\int \frac{1}{y} dy = -\int 2dt \implies \ln(y) = -2t + c$$

$$\therefore\ y = e^c e^{-2t} = c_1 e^{-2t}, \quad c_1 = e^c$$

이처럼 동차해는 지수 함수꼴로 표현된다.

2. 이제 특정해 $y_p(t)$를 구하자. 특정해 $y_p(t)$는 $t > 0$에서 입력과 동일한 꼴 $y_p(t) = A_1$로 가정된다(표 2.2). 식 (2.80)에 $x(t)$와 $y_p(t)$를 대입하면 $t \geq 0$에서

$$0 + 2A_1 = 2 \implies A_1 = 1 \tag{2.84}$$

이므로 특정해는

$$y_p(t) = 1, \qquad t > 0 \tag{2.85}$$

두 결과를 묶어서 미분방정식 (2.80)의 해는

$$y(t) = y_h(t) + y_p(t) = c_1 e^{-2t} + 1, \quad t > 0 \tag{2.86}$$

로 주어진다. 여기서 미지수 c_1는 초기 조건 $y(0) = 0$를 이용하여 결정된다.

$$y(0) = c_1 + 1 = 0 \quad \Longrightarrow \quad c_1 = -1 \tag{2.87}$$

따라서 일차 미분방정식의 해는 다음과 같다.

$$y(t) = [1 - e^{-2t}]u(t) \tag{2.88}$$

2.7.3 초기정지 조건과 시스템의 특성

앞의 일차 미분방정식의 해를 구하는 과정에서는 시스템이 초기에 정지상태에 있다고 가정하고 미지수를 결정하였다. 일차 미분방정식에서는 해결해야 할 미지수가 하나였으므로 조건 $y(t_0)$ 하나가 필요했지만, N차 미분방정식에서는 N개의 미지수가 있으므로 N개의 조건이 필요하다. N차 미분방정식에서는 다음의 초기 조건을 사용한다.

$$y(t_0), \quad \left.\frac{dy(t)}{dt}\right|_{t=t_0}, \quad \left.\frac{d^2y(t)}{dt^2}\right|_{t=t_0}, \quad \ldots, \quad \left.\frac{d^{N-1}y(t)}{dt^{N-1}}\right|_{t=t_0} \tag{2.89}$$

시스템이 초기에 정지되었다는 조건은 (i) 입력이 어느 시점부터 시스템에 인가되었다고 가정하며, (ii) 입력이 인가되기 전에는 시스템이 정지된 상태에 있다고 가정된다. 이 조건을 **초기정지 조건**initial rest condition이라 한다. 입력이 인가되는 시점은 보통 $t = 0$으로 가정되므로, 초기정지 조건은 다음과 같이 표현된다.

$$x(t) = 0, \ t < 0 \quad \Longrightarrow \quad y(t) = 0, \ t < 0 \tag{2.90}$$

즉, 초기정지 조건은 단순히 출력이 0인가 아닌가의 여부가 아니라, 입력이 인가되기 전까지는 시스템의 출력이 0인, 입력과 결부된 조건이다.

앞서 다루었던 일차 시스템이 초기정지 상태에 있지 않다고 가정하면 선형성과 시불변성은 어떻게 되는가? 만약 $y(0) = y_0 \neq 0$이라면, $t > 0$인 경우에 대하여 얻은 식 (2.87)은 다음과 같이 변경된다.

$$y(0) = y_0 = c_1 + 1 \quad \Longrightarrow \quad c_1 = y_0 - 1 \tag{2.91}$$

이로부터

$$y(t) = (y_0 - 1)e^{-2t} + 1, \quad t > 0 \tag{2.92}$$

또한 $t < 0$일 때에는 입력이 없으므로 동차해와 같이

$$y(t) = c_2 e^{-2t}, \quad t < 0$$

의 꼴로 표현된다. 여기에 초기조건 $y(0) = y_0 = c_2$를 적용하면

$$y(t) = y_0 e^{-2t}, \quad t < 0 \tag{2.93}$$

을 얻는다. 따라서 식 (2.88)과 (2.93)을 결합하면 미분방정식의 해는 다음과 같이 표현된다.

$$y(t) = y_0 e^{-2t} + [1 - e^{-2t}]u(t) \tag{2.94}$$

만약 $y_0 \neq 0$이면 시스템은 명백하게 선형성과 시불변성을 만족하지 못한다.

개념점검 2.5 콘볼루션 연산에서는 초기값을 어떻게 설정하는가?

연습 2.7 일차 미분방정식 (2.80)에 신호 $x(t) = \cos(3t)u(t)$가 입력되었다. 미분방정식의 해를 $t > 0$의 범위에서 구하라. 초기조건은 $y(0) = y_0 \neq 0$으로 가정한다.
답 : $y(t) = (y_0 + \frac{4}{5})e^{-2t} - \frac{4}{5}\cos(3t) - \frac{6}{5}\sin(3t), \quad t > 0$

2.8 이차 미분방정식 해

2.8.1 이차 방정식의 특성식

이차 미분방정식을 고려하자.

$$\frac{d^2y(t)}{dt^2} + a_1\frac{dy(t)}{dt} + a_0 y(t) = b_0 x(t) \tag{2.95}$$

이차 미분방정식은 일차 미분방정식과는 확연히 다른 특성을 가진다. 이 특성 차이는 동차해에서 비롯된다.

동차 미분방정식

$$\frac{d^2y_h(t)}{dt^2} + a_1\frac{dy_h(t)}{dt} + a_0 y_h(t) = 0 \tag{2.96}$$

에 지수함수 꼴 $y_h(t) = c_1 e^{st}$를 대입하면

$$(s^2 + a_1 s + a_0)c_1 e^{st} = 0 \tag{2.97}$$

이므로

$$s^2 + a_1 s + a_0 = (s - p_1)(s - p_2) = 0 \tag{2.98}$$

을 얻는다. 이 다항식은 시스템의 특성을 결정짓기 때문에 미분방정식의 **특성식**characteristic equation이라 부른다. 근의 공식으로부터 식 (2.98)의 근은

$$p_{1,2} = \frac{-a_1 \pm \sqrt{a_1^2 - 4a_0}}{2} \tag{2.99}$$

이며, 근의 유형은

- $a_1^2 > 4a_0$ 인 경우 두 실근
- $a_1^2 < 4a_0$ 인 경우 켤레 복소근
- $a_1^2 = 4a_0$ 인 경우 이중근

으로 분류된다. 각 유형에 대하여 동차해를 고려해 보자.

- 두 실근인 경우: 미분방정식의 동차해는

$$y_h(t) = c_1 e^{p_1 t} + c_2 e^{p_2 t} \tag{2.100}$$

  의 꼴을 갖는다. 시스템이 안정하려면 시간이 지남에 따라 동차해가 소멸해야 하므로 $p_1 < 0$과 $p_2 < 0$이 필요하다.

- 켤레 복소근인 경우: $p_1 = p_2^* = \sigma_1 + j\omega_1$이며 미분방정식의 동차해가 실수 함수이므로 $c_2 = c_1^*$이다. 따라서 동차해는

$$\begin{aligned} y_h(t) &= c_1 e^{p_1 t} + c_1^* e^{p_1^* t} \\ &= c_1 e^{\sigma_1 t} e^{j\omega_1 t} + c_1^* e^{\sigma_1 t} e^{-j\omega_1 t} \\ &= e^{\sigma_1 t} \left[|c_1| e^{j\theta_1} e^{j\omega_1 t} + |c_1| e^{-j\theta_1} e^{-j\omega_1 t} \right], \quad c_1 = |c_1| e^{j\theta_1} \\ &= 2e^{\sigma_1 t} |c_1| \cos(\omega_1 t + \theta) \end{aligned} \tag{2.101}$$

  와 같이 주어진다. 이 경우 시스템이 안정하려면 $\sigma_1 = \mathrm{Re}\{p_1\} < 0$이 필요하다. 안정한 시스템의 동차해는 주파수 ω_1으로 진동하면서 시간이 지남에 따라 소멸한다.

- 이중근인 경우: 미분방정식의 동차해는

$$y_h(t) = c_1 e^{p_1 t} + c_2 t e^{p_1 t} \tag{2.102}$$

  의 꼴로 주어진다. 시스템이 안정하려면 $p_1 < 0$이 필요하다.

이차 미분방정식의 응답을 물리적인 측면에서 이해하기 위해 통상적으로 다음의 파라미터를 정의한다.

$$\text{감쇄상수:} \quad \alpha = \frac{a_1}{2} \ \text{(Neper/sec)} \tag{2.103a}$$

$$\text{고유진동수:}\quad \omega_n = \sqrt{a_0}\ \text{(radian/sec)} \tag{2.103b}$$

$$\text{제동비:}\quad \zeta = \frac{\alpha}{\omega_n} = \frac{a_1}{2\sqrt{a_0}} \tag{2.103c}$$

이 파라미터를 이용하여 특성식을 표현하면

$$s^2 + 2\omega_n\zeta s + \omega_n^2 = 0 \tag{2.104}$$

이다. 특성식의 근 (2.98)을 파라미터로 표현하면 다음과 같다.

$$\begin{aligned} p_{1,2} &= -\frac{a_1}{2} \pm \sqrt{\left(\frac{a_1}{2}\right)^2 - a_0} \\ &= -\alpha \pm \sqrt{\alpha^2 - \omega_n^2} = -\zeta\omega_n \pm \omega_n\sqrt{\zeta^2 - 1} \end{aligned} \tag{2.105}$$

여기서 ζ는 근의 유형과 동차해의 특성을 결정짓는다.

- $\zeta > 1$이면 두 실근으로 **과제동**overdamped
- $\zeta = 1$이면 이중근으로 **임계제동**critically damped
- $\zeta < 1$이면 켤레복소근으로 **부족제동**underdamped

그림 2.15는 계단 응답의 세 가지 유형을 보여 준다. 여기서 계단 입력 $x(t) = u(t)$에 따른 특정해는 $y_p(t) = 1$이다. 과제동의 경우 계단 응답은 서서히 특정해에 접근하므로 응답이 안정적이지만 응답이 목표값에 도달하는 데 시간이 많이 소요된다. 반면 부족제동의 경우 과제동보다는 목표값에 빨리 도달하지만 초기에 목표값의 위아래로 진동하는 과정을 거친다. 임계제동의 경우 진동하지 않으면서도 가장 빠른 시간에 특정해에 접근한다. 각각의 경우 계단 응답을 구하는 과정은 다음 세 소절에 걸쳐 설명되며 결과는 그림 2.15와 동일하다.

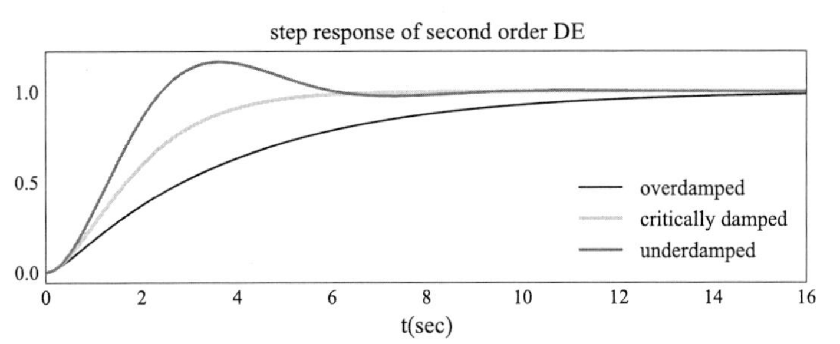

그림 2.15 이차 미분방정식의 계단 응답.

2.8.2 과제동의 경우

예제 2.1의 RLC 회로에서 $R = 4\,\Omega$, $L = 1\,\text{H}$, $C = 1\,\text{F}$를 가정하면 회로의 미분방정식 (2.7)은

$$\frac{d^2y(t)}{dt^2} + 4\frac{dy(t)}{dt} + y(t) = u(t) \tag{2.106}$$

이다. 파라미터는 $\alpha = 2$, $\omega_n = 1$, $\zeta = 2$으로 과제동에 해당한다. 이 미분방정식의 특정해는 $y_p(t) = \frac{b_0}{a_0} = 1$이다. 특성식의 근은

$$s^2 + 4s + 1 = 0 \quad \Longrightarrow \quad p_{1,2} = -2 \pm \sqrt{3}$$

이므로 동차해는

$$y_h(t) = c_1 e^{-(2+\sqrt{3})t} + c_2 e^{-(2-\sqrt{3})t} \tag{2.107}$$

의 꼴로 표현된다. 이로부터 해는

$$y(t) = y_h(t) + y_p(t) = c_1 e^{-(2+\sqrt{3})t} + c_2 e^{-(2-\sqrt{3})t} + 1$$

으로 표현된다. 초기정지 조건

$$\begin{aligned} y(0) &= c_1 + c_2 + 1 = 0 \\ \left.\frac{dy(t)}{dt}\right|_{t=0} &= -(2+\sqrt{3})c_1 e^{-(2+\sqrt{3})t} - (2-\sqrt{3})c_2 e^{-(2-\sqrt{3})t}\Bigg|_{t=0} = 0 \end{aligned}$$

으로부터 상수 c_1과 c_2는

$$c_1 = \frac{2-\sqrt{3}}{2\sqrt{3}}, \qquad c_2 = -\frac{2+\sqrt{3}}{2\sqrt{3}}$$

으로 결정된다. 따라서

$$y(t) = \left(\frac{2-\sqrt{3}}{2\sqrt{3}}\right) e^{-(2+\sqrt{3})t} - \left(\frac{2+\sqrt{3}}{2\sqrt{3}}\right) e^{-(2-\sqrt{3})t} + 1, \quad t \geq 0 \tag{2.108}$$

2.8.3 임계제동의 경우

예제 2.1의 RLC 회로에서 $R = 2\,\Omega$, $L = 1\,\text{H}$, $C = 1\,\text{F}$를 가정하면 회로의 미분방정식 (2.7)은

$$\frac{d^2y(t)}{dt^2} + 2\frac{dy(t)}{dt} + y(t) = u(t) \tag{2.109}$$

이다. 파라미터는 $\alpha = 1$, $\omega_n = 1$, $\zeta = 1/2$으로 임계제동에 해당한다. 특정해는 $y_p(t) = \frac{b_0}{a_0} = 1$이고 특성식은

$$s^2 + 2s + 1 = 0 \quad \Longrightarrow \quad p_{1,2} = -1$$

이므로 동차해는

$$y_h(t) = c_1 e^{-t} + c_2 t e^{-t}$$

의 꼴로 표현된다. 따라서 해는

$$y(t) = y_h(t) + y_p(t) = c_1 e^{-t} + c_2 t e^{-t} + 1$$

이다. 초기정지 조건

$$y(0) = c_1 + 1 = 0$$

$$\left.\frac{dy(t)}{dt}\right|_{t=0} = -c_1 e^{-t} + c_2 e^{-t} - c_2 t e^{-t}\Big|_{t=0} = -c_1 + c_2 = 0$$

으로부터

$$c_1 = c_2 = -1$$

이다. 따라서 미분방정식의 해는

$$y(t) = 1 - (1+t)e^{-t}, \quad t \geq 0 \tag{2.110}$$

2.8.4 부족제동의 경우

예제 2.1의 RLC 회로에서 $R = 1\,\Omega$, $L = 1\,\mathrm{H}$, $C = 1\,\mathrm{F}$를 가정하면 회로의 미분방정식 (2.7)은

$$\frac{d^2 y(t)}{dt^2} + \frac{dy(t)}{dt} + y(t) = u(t) \tag{2.111}$$

이다. 파라미터는 $\alpha = 1/2$, $\omega_n = 1$, $\zeta = 1/2$으로 부족제동에 해당한다. 특정해는 앞의 경우와 동일하게 $y_p(t) = 1$이다. 특성식으로부터

$$s^2 + s + 1 = 0 \quad \Longrightarrow \quad p_{1,2} = \frac{-1 \pm j\sqrt{3}}{2}$$

이므로 동차해는

$$y_h(t) = c_1 e^{-t/2} e^{j\sqrt{3}t/2} + c_2 e^{-t/2} e^{-j\sqrt{3}t/2}$$

의 꼴로 표현된다. 여기서 미지수 c_1과 c_2는 복소수이며, 동차해가 실수함수이므로 $c_2 = c_1^*$이다. 따라서

$$y_h(t) = 2e^{-t/2}|c_1|\cos\left(\frac{\sqrt{3}}{2}t + \phi\right), \quad c_1 = |c_1|e^{j\phi}$$

이로부터 전체 해는

$$y(t) = y_h(t) + y_p(t) = 2e^{-t/2}|c_1|\cos\left(\frac{\sqrt{3}}{2}t + \phi\right) + 1$$

의 꼴로 표현된다. 여기에 초기정지 조건

$$y(0) = 0, \qquad \left.\frac{dy(t)}{dt}\right|_{t=0} = 0$$

을 적용하여 미지수를 결정하면

$$c_1 = \frac{1}{\sqrt{3}}e^{j2\pi/3}$$

이다. 따라서

$$y(t) = \frac{2}{\sqrt{3}}e^{-t/2}\cos\left(\frac{\sqrt{3}}{2}t + \frac{2\pi}{3}\right) + 1, \quad t \geq 0 \tag{2.112}$$

연습 2.8 다음 시스템에서 파라미터 α, ω_n, ζ를 구하고 부족제동이 되기 위한 a_1을 구하라.

$$\frac{d^2y(t)}{dt} + a_1\frac{dy(t)}{dt} + 4y(t) = x(t)$$

답: $\alpha = a_1/2$, $\omega_n = 2$, $\zeta = a_1/4$, 부족제동은 $a_1 < 4$일때 발생.

IPYWIDGET 데모 2.2

위젯 파일: `suspension_system_demo.ipynb`

이 데모에서는 자동차 서스펜션 시스템을 통해 이차 시스템의 특성을 관찰할 수 있다. 시스템 파라미터는 중량, 댐퍼, 스프링의 값으로 통제된다. 이 값을 조절하여 시스템을 과제동, 임계제동, 부족제동 상태로 설정하면서 계단 응답, 주파수 응답(4.7.3절 참고), 자동차 높이의 변화를 확인해 보라. 도로 유형에 따른 자동차 움직임의 차이도 비교해 보라.

2.9 미분방정식 해의 유형별 분해

미분방정식의 해는 여러 유형으로 구분된다. 미분방정식 해의 각 유형은 시스템과 해에 대한 각각의 해석을 제공한다. 2.7.3절에서 다루었던 일차 미분방정식

$$[(2.80)] \qquad \frac{dy(t)}{dt} + 2y(t) = 2x(t), \quad x(t) = u(t),\ y(0) = y_0$$

의 해

$$[(2.94)] \qquad y(t) = y_0e^{2t} + [1 - e^{2t}]u(t)$$

를 이용하여 유형별 구분 방법을 알아보자.

1 **동차해와 특정해:** 2.7.3절에서 구한 대로 식 (2.94)는 다음과 같이 동차해와 특정해로

분해될 수 있다.

$$y(t) = \underbrace{y_0 e^{-2t} - e^{-2t}u(t)}_{\text{동차해}} + \underbrace{u(t)}_{\text{특정해}} \tag{2.113}$$

여기서 e^{-2t}는 시스템의 특성식 (2.83)에 기인하며 시스템의 구조에 따른다. 이처럼 시스템 특성식에 따른 항을 시스템의 **모드**mode라고 부른다. 동차해는 시스템 모드로만 구성된다.

2. **영입력 응답**zero-input response(ZIR)과 **영상태 응답**zero-state response(ZSR): ZIR은 입력 없이 오직 초기값에 의한 응답이다. 반면 ZSR은 시스템이 초기정지 상태에 있다고 가정하여 계산된 응답이다. ZIR은 시스템의 내부에 저장된 초기값에 따른 응답으로 $y(0) = y_0$의 함수로 표현된다. 나머지 항들은 ZSR에 해당한다. ZIR은 동차해와는 구분된다.

$$y(t) = \underbrace{y_0 e^{-2t}}_{ZIR} + \underbrace{[1 - e^{-2t}]u(t)}_{ZSR} \tag{2.114}$$

3. **과도 응답**transient response과 **정상상태 응답**steady-state response:

$$y(t) = \underbrace{y_0 e^{-2t} - e^{-2t}u(t)}_{\text{과도응답}} + \underbrace{u(t)}_{\text{정상상태응답}} \tag{2.115}$$

과도상태 응답 $y_{tr}(t)$은 시간이 지남에 따라 소멸되는 일시적인 응답이며, 정상상태 응답 $y_{ss}(t)$은 시간이 무한히 지난 후에 시스템이 도달하는 상태를 의미한다. 즉,

$$y_{tr}(t) \stackrel{\text{def}}{=} \lim_{t\to\infty} y(t) = 0 \quad \text{이고} \quad y_{ss}(t) \stackrel{\text{def}}{=} \lim_{t\to\infty} y(t)$$

일반적으로 시스템이 안정하다면, 과도 응답은 시간이 지남에 따라 소멸되고 정상상태 응답만 남는다. 이 구분법은 시스템의 동적 특성과 정적 특성을 이해하는 데 필요하다. 입력이 정상상태를 가지고 있는 신호라면, 식 (2.113)과 (2.115)에서 보는 바와 같이, 동차해는 과도 응답에 해당하며 특정해는 정상상태 응답에 해당한다. 그러나 입력이 $x(t) = e^{-3t}u(t)$와 같이 시간에 따라 소멸하는 신호라면 입력에 의한 특정해 역시 과도 응답에 포함되며 정상상태 응답은 0이다.

2.10 임펄스 입력에 대한 미분방정식의 해

미분방정식의 임펄스 응답은 계단 응답을 미분하여 얻을 수 있지만, 여기서는 미분방정식으로부터 직접 구하는 방법을 설명한다.

일차 미분방정식

$$\frac{dy(t)}{dt} + a_0 y(t) = b_0 x(t), \quad y(0^-) = 0$$

를 고려하자. 임펄스 입력 $x(t) = \delta(t)$를 가정하면, 임펄스 응답 $h(t)$는 다음 미분방정식을 만족한다.

$$\frac{dh(t)}{dt} + a_0 h(t) = b_0 \delta(t), \quad h(0^-) = 0 \tag{2.116}$$

여기서 입력 $\delta(t)$는 $t = 0$에서만 값을 가지므로 초기 조건에 통합될 수 있다. 그렇게 되면 식 (2.116)은 초기값이 0이 아닌 동차 미분방정식에 해당된다. 따라서 임펄스 응답은 미분방정식의 동차해로서

$$h(t) = c_1 e^{-a_0 t} u(t) \tag{2.117}$$

의 꼴로 주어진다.

입력 $\delta(t)$가 통합되면 초기 조건이 어떻게 달라지는지 확인해 보자. 식 (2.116)의 오른편에 $\delta(t)$항이 있으므로 $\frac{dh(t)}{dt}$는 $\delta(t)$를 포함하며, 그 결과 $h(t)$는 $t = 0$에 불연속 점프를 포함하게 된다. 식 (2.116)의 양변을 $[0^-, 0^+]$의 범위에서 적분하면

$$\int_{0^-}^{0^+} \frac{dh(t)}{dt} dt + \int_{0^-}^{0^+} a_0 h(t) dt = \int_{0^-}^{0^+} b_0 \delta(t) \tag{2.118}$$

이다. 여기서 좌변의 첫째 적분은, $h(0^-) = 0$이므로,

$$\int_{0^-}^{0^+} \frac{dh(t)}{dt} dt = h(0^+) - h(0^-) = h(0^+) \tag{2.119}$$

이고 둘째 적분은

$$\int_{0^-}^{0^+} a_0 h(t) dt = 0 \tag{2.120}$$

이다. 한편 식 (2.118)의 우변의 적분은

$$\int_{0^-}^{0^+} b_0 \delta(t) = b_0 \tag{2.121}$$

이다. 식 (2.119), (2.120), (2.121)을 식 (2.118)에 대입하면, 초기 조건

$$h(0^+) = b_0 \tag{2.122}$$

을 얻는다. 그러므로 초기정지 조건을 가정한 미분방정식 (2.116)은 초기값이 0이 아닌 동차 미분방정식

$$\frac{dh(t)}{dt} + a_0 h(t) = 0, \qquad h(0^+) = b_0 \tag{2.123}$$

과 동일하다. 초기 조건 (2.122)를 식 (2.117)에 적용하면 $c_1 = b_0$이므로, 임펄스 응답은 다음과 같이 표현된다.

$$h(t) = b_0 e^{-a_0 t} u(t) \tag{2.124}$$

파이썬 예제

파이썬 예제 2.1: 연속시간 시스템 구현

이 파이썬 예제에서는 연속시간 시스템을 어떻게 정의하고 구현할 수 있는지 알아본다. 예를 들어, 제곱 시스템 $y(t) = [x(t)]^2$은 익명의 함수 `lambda`를 이용하여 간단히 정의될 수 있다.

```
y = lambda t: x(t)**2
```

그런데 이 방법은 입력을 항상 `x`로 고정하고 다만 `t`를 변수로 사용할 뿐이다. 입력이 하나로 고정되지 않고 시스템의 입력으로 수용되도록 하려면 다음과 같이 `def`를 이용하여 `x`를 인자로 받게 하면 된다.

```
def Sys(x):
    return lambda t: x(t)**2
```

이 정의를 사용하면 시스템은 다음과 같이 다양한 입력 신호를 수용할 수 있다.

```
t = np.linspace(0, 1, 1001)
y1 = Sys(x1)(t)
y2 = Sys(x2)(t)
```

다음 코드는 시스템 `Sys`에 신호 $x_1(t) = e^{-2t}\sin(10\pi t)u(t)$과 $x_2(t) = 0.5\sin(10\pi t)u(t)$가 입력되었을 때 각각의 입력에 대응되는 출력 $y_1(t)$와 $y_2(t)$를 계산하며, 그림 2.16은 코드 실행 결과이다.

```
# 입력 신호 x1과 x2
x1 = lambda t: np.exp(-2*t)*np.sin(10*np.pi*t)*(t>0)
x2 = lambda t: 0.5*np.sin(2*np.pi*t)*(t>0)
# 시스템 출력
t = np.linspace(0, 1, 1001)
y1 = Sys(x1)(t)
y2 = Sys(x2)(t)
# 플롯
fig, (ax1,ax2) = plt.subplots(1,2, figsize=(6,2.55))
ax1.plot(t, x1(t), 'C0', lw=0.5, label='x1')
```

```
ax1.plot(t, x2(t), 'C2', lw=1.5, label='x2')
ax1.set_xlim(0, 1)
ax1.set_xlabel('t(sec)')
ax1.set_title('x1 and x2')
ax1.legend(loc=1, fontsize=10)
ax2.plot(t, y1, 'C0', lw=0.5, label='y1')
ax2.plot(t, y2, 'C2', lw=1.5, label='y2')
ax2.set_xlim(0, 1)
ax2.set_xlabel('t(sec)')
ax2.set_title('y1 and y2')
ax2.legend(loc=1, fontsize=10)
```

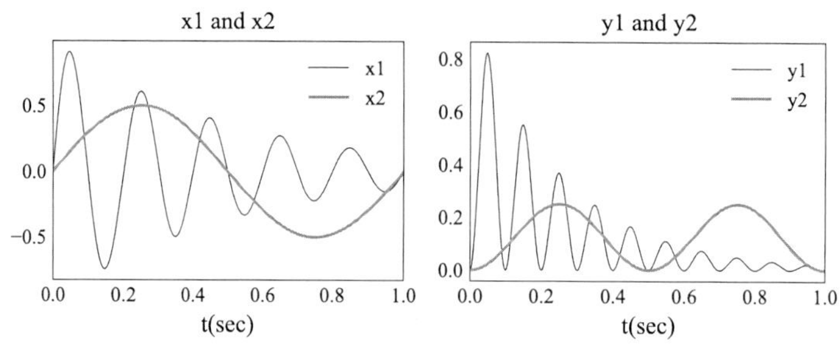

그림 2.16 파이썬으로 구현한 연속시간 시스템의 입력과 출력(파이썬 예제 2.1).

파이썬 예제 2.2: 연속시간 시스템의 선형성 점검

이번 예제에서는 앞에서 정의된 제곱 시스템 $y(t) = [x(t)]^2$의 선형성을 점검하는 코드를 작성해보자. 시스템의 선형성을 손으로 점검할 때에는 신호를 구체적으로 명시하지 않아도 되었지만, 파이썬 numpy로 점검하려면 구체적으로 신호를 명시해야 한다. 다음 두 신호를 사용하자.

$$x_1(t) = u(t) - 2u(t-1) + u(t-2)$$
$$x_2(t) = \cos(2\pi t)$$

선형성

$$w(t) = [x_1(t) + x_2(t)]^2 \stackrel{?}{=} y(t) = [x_1(t)]^2 + [x_2(t)]^2$$

을 점검하기 위해 $w(t)$와 $y(t)$는 다음과 같이 표현된다.

```
# x1 + x2 --> system --> w
x12 = lambda t: x1(t) + x2(t)
w = Sys(x12)(t)
```

```
# x1 --> system --> y1,  x2 --> system --> y2
# y = y1 + y2
y = Sys(x1)(t) + Sys(x2)(t)
```

다음은 점검 결과를 그래프로 보여주기 위한 전체 코드이며, 그림 2.17은 코드 실행 결과이다. 그림에서 보는 바와 같이 이 시스템은 선형이 아니다.

```
# 선형성 점검: y(t) = [x(t)]^2
def Sys(x):
    return lambda t: x(t)**2
# 신호 x1과 x2 정의
t = np.linspace(-1, 3, 1001)
x1 = lambda t: 1.0*((0<=t)&(t<1)) -1.0*((1<=t)&(t<2))
x2 = lambda t: np.cos(np.pi*t)*((0<=t)&(t<2))
# x1 + x2 --> system --> w
x12 = lambda t: x1(t) + x2(t)
w = Sys(x12)(t)
# x1 --> system --> y1, x2 --> system --> y2
# y = y1 + y2
y = Sys(x1)(t) + Sys(x2)(t)
# 결과를 플롯하고 비교
fig, axes = plt.subplots(2,2, figsize=(6,4.5))
axes[0,0].plot(t, x1(t))
axes[0,1].plot(t, x2(t))
axes[1,0].plot(t, w)
axes[1,1].plot(t, y)
```

파이썬 예제 2.3: 시스템의 시불변성 점검

이 예제에서는 시스템 $y(t) = \cos(\pi t)x(t)$ 의 시불변성을 점검하는 코드를 작성해 보자. 시스템은 다음과 같이 정의된다.

```
def Sys(x):
    return lambda t: np.cos(np.pi*t)*x(t)
```

점검에 사용될 신호로

$$x(t) = u(t) - 2u(t-2) + u(t-4)$$

를 선정한다. 이 신호는 시간의 함수로 다음과 같이 구현된다.

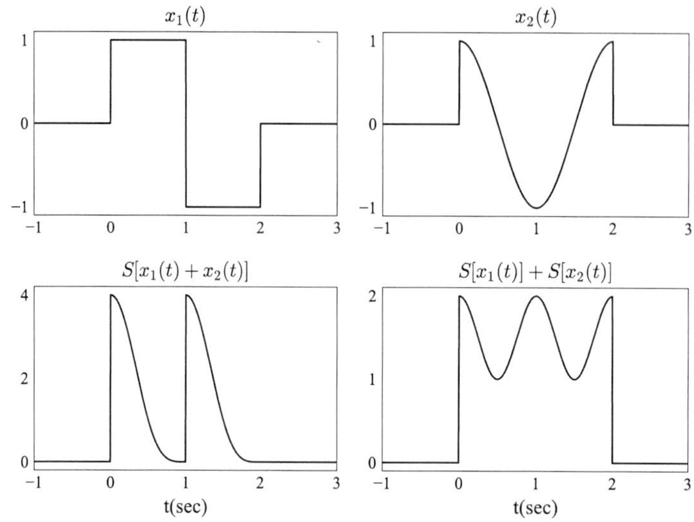

그림 2.17 시스템의 선형성 점검(파이썬 예제 2.2).

```
x = lambda t: 1.0*((0<=t)&(t<2)) - 1.0*((2<=t)&(t<4))
```

이로부터 지연된 신호 $x(t-t_0)$에 대한 시스템의 출력 $w(t)$와 지연된 시스템의 출력 $y(t-t_0)$는 각각 다음과 같이 코드로 구현될 수 있다($t_0 = 1$을 가정).

```
t0 = 1
# x(t) --> Delay --> x(t-t0) --> System --> w(t)
w = Sys(lambda t: x(t-t0))(t)
# x(t) --> System --> y(t) --> Delay --> y(t-t0)
y = Sys(x)(t-t0)
```

다음은 구현된 전체 코드이며, 그림 2.18은 코드 실행 결과이다. 두 결과가 서로 다르므로 시스템은 시변이다.

```
# 시불변성 점검: y(t) = cos(pi*t)*x(t)
# 시스템 정의
def Sys(x):
    return lambda t: np.cos(np.pi*t)*x(t)
# 신호 x 정의
x = lambda t: 1.0*((0<=t)&(t<2)) - 1.0*((2<=t)&(t<4))
t = np.arange(-2, 6, 0.001)
t0 = 1
# x(t) --> Delay --> x(t-t0) --> System --> w(t)
w = Sys(lambda t: x(t-t0))(t)
# x(t) --> System --> y(t) --> Delay --> y(t-t0)
y = Sys(x)(t-t0)
```

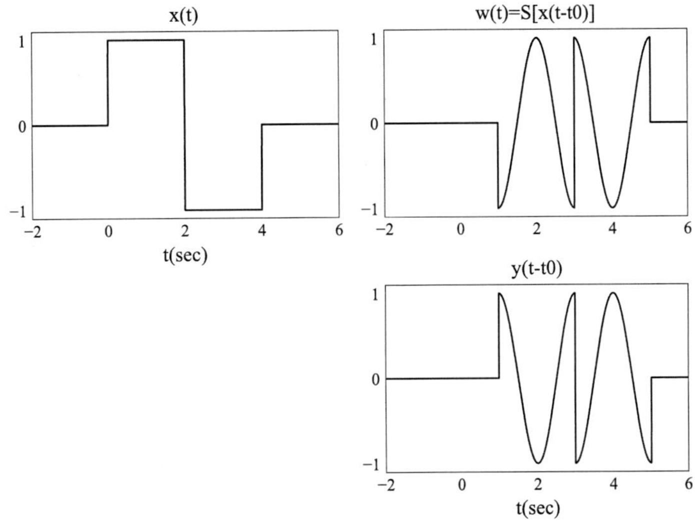

그림 2.18 시스템의 시불변성 점검(파이썬 예제 2.3).

```
# 결과를 플롯하고 비교
fig, axes = plt.subplots(2,2, figsize=(6,4.5))
fig.delaxes(axes[1,0])
axes[0,0].plot(t, x(t))
axes[0,1].plot(t, w)
axes[1,1].plot(t, y)
```

파이썬 예제 2.4: numpy/scipy를 이용한 연속시간 신호의 콘볼루션 적분

이 파이썬 예제에서는 다음 두 신호 $x(t)$와 $h(t)$의 콘볼루션을 계산하는 코드를 작성한다.

$$x(t) = \begin{cases} t, & 0 \le t < 1 \\ 2-t, & 1 \le t < 2 \\ 0, & \text{그외} \end{cases} \qquad h(t) = \begin{cases} 1, & 0 \le t < 1 \\ -1, & 1 \le t < 2 \\ 0, & \text{그외} \end{cases}$$

콘볼루션 적분

$$y(t) = \int_{-\infty}^{\infty} x(\tau)h(t-\tau)d\tau = \int_{-\infty}^{\infty} h(\tau)x(t-\tau)d\tau$$

의 계산은 파이썬 예제 1.8에서 사용한 `scipy.integrate.simps` 함수를 사용하면 된다. 신호 $x(t)$와 $h(t)$는 `lambda`를 이용하여 다음과 같이 정의될 수 있다.

```
x = lambda t: t*((t>=0)&(t<1)) + (2-t)*((t>=1)&(t<2))
h = lambda t: 1.0*((t>0)&(t<1)) - 1*((t>1)&(t<2))
```

콘볼루션 적분식의 피적분 함수 $h(\tau)x(t-\tau)$는 다음과 같이 표현된다.

```
prod = lambda t0 : x(tau) * h(t0-tau)
```

이제 시간 변수 t를 배열로 정의하고 배열 t의 각 원소 t0에 대하여 피적분 함수 prod(tau)를 tau에 대하여 적분하면 된다.

```
t = np.linspace(-1, 5, 1001)
tau = np.linspace(-1, 5, 1001)
y = np.zeros(len(t))
for n, t0 in enumerate(t):
    prod = lambda t0 : x(tau) * h(t0-tau)
    y[n] = integrate.simps(prod(tau), tau)
```

다음은 전체 파이썬 코드이며, 그림 2.19는 코드의 결과이다.

```
# 두 펄스 신호의 콘볼루션 적분 계산
from scipy import integrate
# 신호 x와 h 정의
x = lambda t: t*((t>=0)&(t<1)) + (2.0-t)*((t>=1)&(t<2))
h = lambda t: 1.0*((t>0)&(t<1)) - 1.0*((t>1)&(t<2))
# Simpson 방식을 적용한 적분 계산
t = np.linspace(-1, 5, 1001)
tau = np.linspace(-1, 5, 1001)
y = np.zeros(len(t))
for n, t0 in enumerate(t):
    prod = lambda tau : x(tau)*h(t0-tau)
    y[n] = integrate.simps(prod(tau), tau)
# 플롯
fig, axes = plt.subplots(2,2, figsize=(6,4.5))
fig.delaxes(axes[1,0])
axes[0,0].plot(t, x(t))
axes[0,1].plot(t, h(t))
axes[1,1].plot(t, y)
```

파이썬 예제 2.5: 연속시간 신호의 이산화를 이용한 콘볼루션 적분

앞의 파이썬 예제 2.4는 콘볼루션 적분을 직관적으로 계산하지만, 모든 시점 t0마다 적분을 계산하기 때문에 속도가 느리다. 계산속도를 저하시키는 적분을 합으로 변경하여 이산시간의 콘볼루션 합[1]으로 표현하면 속도를 개선할 수 있다. 신호를 $T_s = 1/f_s$ 간격으로 이산화하였다고

[1]이산시간의 콘볼루션 합은 7.3.1절에서 소개되지만, 이 파이썬 예제를 이해하기 위해 지금 이 시점에서 콘볼루션 합을 모두 이해할 필요는 없다.

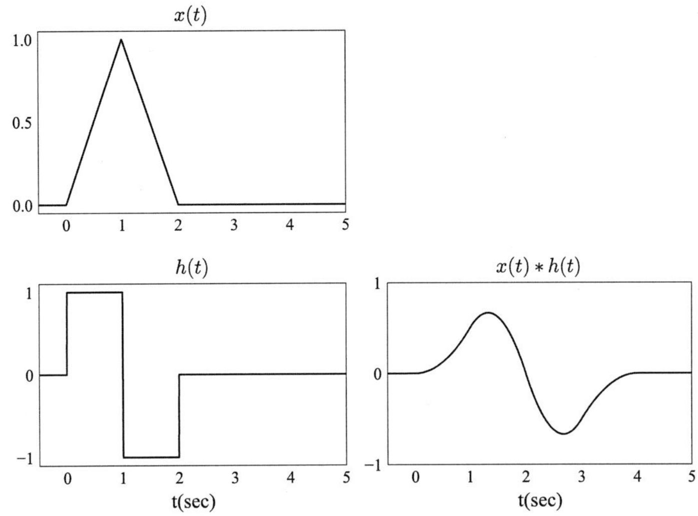

그림 2.19 콘볼루션 적분(파이썬 예제 2.4).

가정하면, 콘볼루션 적분은 다음과 같이 이산시간 신호의 콘볼루션 합으로 근사화될 수 있다.

$$\begin{aligned} y(t) &= \int_{-\infty}^{\infty} x(\tau)h(t-\tau)d\tau \approx \sum_{k=-\infty}^{\infty} x(kT_s)h((n-k)T_s \\ &= \left(\sum_{k=-\infty}^{\infty} x[k]h[n-k]\right) T_s = (x[n] * h[n]) * T_s \\ &= y[n] * T_s \end{aligned}$$

여기서 $x[n] \stackrel{\text{def}}{=} x(nT_s)$, $h[n] \stackrel{\text{def}}{=} h(nT_s)$이며

$$y[n] = x[n] * h[n] = \sum_{k=-\infty}^{\infty} x[k]h[n-k]$$

는 이산시간 신호의 콘볼루션 합이다. 이산시간 신호의 콘볼루션 합은 `numpy.convolve` 함수를 통해 계산된다. 다만 다음의 사항을 고려해야 한다.

- 콘볼루션 합 계산 결과 $y(t)$의 시작과 끝 시점은 $x(t)$와 $h(t)$의 시작과 끝 시점의 합이다 (표 2.1, 콘볼루션의 길이 특성).
- $y[n]$ 길이는 $x[n]$의 길이와 $h[n]$의 길이를 합한 것보다 하나 적다(식 (7.6.3) 참고).

이로부터 콘볼루션 적분은 이산화된 신호의 콘볼루션 합을 통해 다음과 같이 구현된다. 콘볼루션의 결과는 파이썬 예제 2.4와 동일하다.

```
# 신호를 이산화하고 적분 대신 콘볼루션 합을 적용(계산속도 개선)
# 펄스 신호 정의
x = lambda t: t*((t>=0)&(t<1)) + (2.0-t)*((t>=1)&(t<2))
```

```
h = lambda t: 1.0*((t>0)&(t<1)) - 1.0*((t>1)&(t<2))
# 콘볼루션 합 계산
Ts=0.001; t = np.arange(-1, 5, Ts)
y = np.convolve(x(t), h(t))*Ts
ty = np.arange(-2, 10, Ts)[:-1]#Ly = Lx + Lh - 1
```

파이썬 예제 2.6: 심볼 연산을 이용한 일차 미분방정식의 해 계산

파이썬에서 미분방정식의 해를 구하는 방법은 크게 세 가지로 구분된다.

- sympy를 이용한 심볼 연산 방법(파이썬 예제 2.6과 2.7)
- 수치계산 알고리즘 scipy.integrate.odeint를 이용하는 방법(파이썬 예제 2.8)
- 파이썬 함수 scipy.signal.lsim을 이용하는 방법(파이썬 예제 2.9)

이 세 가지 방법은 각각의 장점과 단점을 가지고 있다. 앞으로 네 파이썬 예제에 걸쳐 순서대로 각 방식을 적용하여 미분방정식의 해를 구하는 과정을 설명할 예정이다. 이번 파이썬 예제에서는 심볼 연산을 이용하는 방법을 소개한다.

2.7.2절에서 다루었던 일차 미분방정식

$$[(2.80)] \qquad \frac{dy(t)}{dt} + 2y(t) = 2x(t)$$

를 고려하자. 2.7.2절의 절차를 따라 계산하면, 시스템이 초기정지 상태에 있을 때, 지수 신호 $x(t) = e^{-3t}u(t)$에 대한 미분방정식의 해는

$$y(t) = 2[e^{-2t} - e^{-3t}]u(t)$$

와 같이 구해진다. 파이썬 sympy의 심볼 연산을 이용하는 방식은 손으로 계산하는 절차와 거의 동일하다. 다음은 파이썬 구현에 대한 단계별 설명이다.

1 먼저 sympy 모듈을 불러들이고 시간 변수 t와 함수 y를 선언한다. 여기서 함수 y는 선언되기만 했을 뿐 아직 정의되지는 않았다. 함수로 정의되었으므로 변수를 가질 수 있다. 즉, y(t)와 같이 사용이 가능하다.

```
from sympy import *
t, x = symbols("t, x", real=True, positive=True)
y = symbols("y", cls=Function)
print(y(t))
```

```
y(t)
```

2 우리가 풀려고 하는 미분방정식을 코드로 정의한다. sympy에서 미분 dy/dt는 diff(y, t)으로 표현된다. 이차 미분은 diff(y,t,t) 혹은 diff(y,t,2)와 같이 정의할 수 있다. 미분방정식 (2.80)과 입력 $x(t)$는 다음과 같이 표현된다.

```
x = exp(-3*t)
def ode(y, homogeneous=True):
    h = diff(y, t) + 2*y
    return h if homogeneous else h - 2*x
```

여기서 함수 ode는 선택적 인자 homogeneous를 가지도록 정의된다. 이처럼 정의하면 ode 함수는 호출할 때 homogeneous 값 설정에 따라 입력 x가 없는 동차 미분방정식이나 입력이 있는 미분방정식을 모두 구현할 수 있다.

3 이제 파이썬 함수 dsolve를 이용하여 동차 미분방정식의 동차해를 구한다. 동차해는 별도로 특성식을 고려할 필요없이 dsolve 안에서 해결되며 결과는 Eq의 꼴로 반환된다.

```
yh = dsolve(ode(y(t)))
print(yh)
```

```
Eq(y(t), C1*exp(-2*t))
```

sympy에서 등식은 Eq로 표현된다. 즉, 등식 y(t) = (C1 - 2*exp(-t))*exp(-2*t)는 등식의 좌변(lhs)과 우변(rhs)으로 구분하여 Eq(lhs,rhs)와 같이 표현된다. dsolve의 결과로 얻어진 동차해는 미지수를 포함하고 있다. 일반적으로 심볼 연산에서 미지수는 C1, C2,...와 같이 미지수의 개수에 따라 순서대로 표현된다.

4 입력 x=exp(-3*t)에 대한 특정해를 구한다. 특정해는 yp=C2*exp(-3t)로 가정된다. 이 표현을 미분방정식 ode에 대입하여 등식 eqs를 얻고, 등식 eqs를 파이썬 함수 solve로 풀어 미지수 C2를 구한다. 수식의 결과는 리스트로 반환되며 반환된 값을 yp의 C2에 대입하여 특정해를 얻는다.

```
C2 = symbols("C2")
yp = C2 * exp(-3*t)
eqs = ode(yp, homogeneous=False)
const = solve(eqs, C2)
yp = simpify(yp.subs(C2, const[0]))
print(yp)
```

```
-2*exp(-3*t)
```

5 미분방정식의 해는 동차해와 강제해의 합으로 표현된다. 여기서 yh가 등식이므로 동차해는 yh.rhs이다.

```
yc = yh.rhs + yp
print(yc)
```

```
C1*exp(-2*t) - 2*exp(-3*t)
```

6 미분방정식의 해에 포함된 미지수 C1은 초기조건 $y(0) = 0$을 이용하여 결정한다. solve 의 결과는 리스트로 주어진다.

```
C1 = symbols("C1")
const = solve(yc.subs(t,0))
print(const)
```

```
[2]
```

7 미지수를 미분방정식의 해에 대입함으로써 최종적으로 미분방정식의 해를 얻는다.

```
yc = yc.subs(C1, const[0])
print(yc)
```

```
2*exp(-2*t) - 2*exp(-3*t)
```

8 미분방정식의 해는 sympy에서 직접 그래프로 표현할 수 있지만, 가능하다면 matplotlib 의 기능을 사용하는 것이 좋다. matplotlib의 기능을 이용하려면 심볼 형태의 값인 yc를 이산화하여 numpy 배열로 변환하는 과정이 필요하다. 이 과정은 파이썬 함수 sympy.utilities.lambdify를 통해 이루어진다.

```
lam_yc = lambdify(t, yc)
lam_t = np.linspace(0, 5, 501)
```

다음은 이 모든 과정을 종합한 코드이며, 그림 2.20은 코드 실행 결과이다.

```
# sympy를 이용한 일차 미분방정식의 해
from sympy import *
# 심볼과 함수 정의
t, x = symbols("t, x", real=True, positive=True)
y = symbols("y", cls=Function)
# 일차 미분방정식과 입력 정의
x = exp(-3*t)
def ode(y, homogeneous=True):
    h = diff(y, t) + 2*y
    return h if homogeneous else h - 2*x
# 동차해 계산
yh = dsolve(ode(y(t)))
# 특정해 계산
C2 = symbols("C2")
```

```
yp = C2*exp(-3*t)
eqs = ode(yp, homogeneous=False)
const = solve(eqs, C2)
yp = simplify(yp.subs(C2, const[0]))
# 전체해
yc = yh.rhs + yp
# 초기조건 y(0)=0을 이용하여 미지수 C1 결정
C1 = symbols("C1")
const = solve(yc.subs(t,0))
# 전체해에 C1 대입
yc = yc.subs(C1, const[0])
print(yc)
# sympy로 구한 미분방정식의 해를 numpy 배열로 변환하여 플롯
lam_yc = lambdify(t, yc)
lam_t = np.linspace(0, 5, 1001)
# 결과 플롯
fig, ax = plt.subplots(figsize=(6,2.5))
ax.plot(tp, yc_np(tp))
```

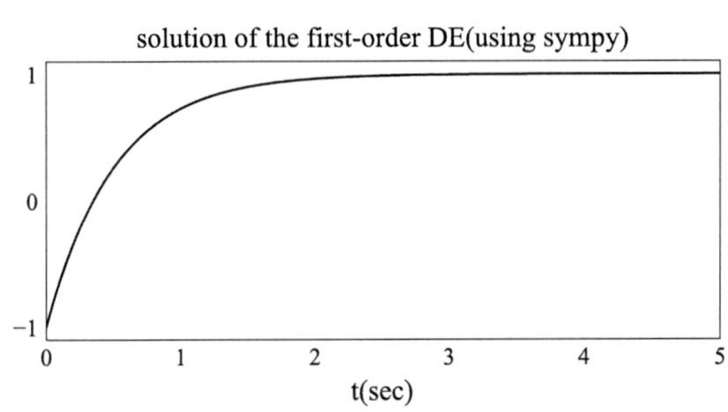

그림 2.20 심볼 연산을 이용한 일차 미분방정식의 해 (파이썬 예제 2.9).

파이썬 예제 2.7: 심볼 연산을 이용한 이차 미분방정식의 해 계산

이 파이썬 예제에서는 일차 미분방정식에 적용했던 심볼 연산 방법을 이차 미분방정식에 확장하여 적용한다. 앞에서 다루었던 이차 미분방정식

$$[(2.106)] \qquad \frac{d^2y(t)}{dt^2} + \frac{dy(t)}{dt} + y(t) = x(t)$$

을 고려하자. 이 미분방정식의 계단 응답은

$$[(2.112)] \qquad y_c(t) = 1 + \left(\frac{2}{\sqrt{3}}\right) e^{-t/2} \sin\left(\frac{\sqrt{3}}{2}t + \frac{5\pi}{6}\right)$$

이다. 다음은 계단 입력에 대한 이차 미분방정식의 해를 구하기 위한 코드이며, 그림 2.21은 코드 실행의 결과이다.

```
# sympy를 이용한 이차 미분방정식의 해 계산: 부족제동의 경우
from sympy import *
t = symbols("t",positive=True, real=True)
y = symbols("y",cls=Function)
a1, a0 = 1, 1 # 미분방정식 계수
x = 1 # 입력
def ode(y, homogeneous=True):
    h = diff(y, t, t) + a1*diff(y, t) + a0*y
    return h if homogeneous else h - x
# 동차해 계산
yh = dsolve(ode(y(t)))
# 특정해 계산
C3 = symbols("C3")
yp = C3
eqs = ode(yp, homogeneous=False)
const = solve(eqs, C3)
yp = simplify(yp.subs(C3, const[0]))
# 전체해
yc = yh.rhs + yp
# 전체해에 초기조건 y(0)=0을 적용하여 미지수 C1과 C2 결정
C1, C2 = symbols("C1, C2")
eqs = [yc.subs(t,0), yc.diff(t).subs(t,0)]
const = solve(eqs, [C1, C2])
print(const)
yc = yc.subs(C1,const[C1]).subs(C2,const[C2])
print(simplify(yc))
# sympy로 구한 미분방정식의 해를 numpy 배열로 변환하여 플롯
yc_np = lambdify(t, yc, "numpy")
tp = np.linspace(0, 16, 501)
# 결과 플롯
fig, ax = plt.subplots(figsize=(6,2.5))
ax.plot(tp, yc_np(tp))
```

```
{C1: -sqrt(3)/3, C2: -1}
1 - 2*sqrt(3)*exp(-t/2)*sin(sqrt(3)*t/2 + pi/3)/3
```

파이썬 예제 2.8: 수치계산 함수를 이용한 일차 미분방정식의 해 계산

파이썬에서 미분방정식의 해를 구하는 두 번째 방식은 미분방정식 수치계산 함수(ODE solver)

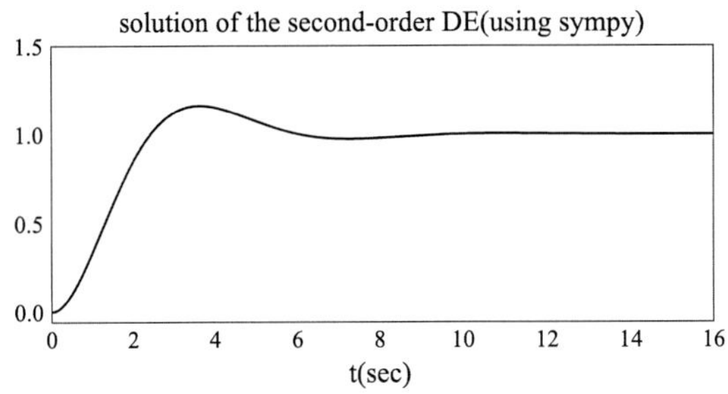

그림 2.21 심볼 연산을 이용한 이차 미분방정식의 해 (파이썬 예제 2.7).

인 scipy.integrate.odeint를 이용하는 방법이다. 함수 odeint는 해결하고자 하는 미분방정식의 유형에 따라 내부에서 자동적으로 적절한 알고리즘을 선택하여 적용한다.

파이썬 예제 2.6에서 다룬 미분방정식을 다시 고려하자. 이 미분방정식은 numpy로 다음과 같이 함수로 정의될 수 있다.

```
# 미분방정식: y' + 2y = 2*exp(-3t)
# 분석적 해: yanal = 2*exp(-2t) - 2*exp(-3t)
def firstDE(y, t):
    # y' = -2y + 2e^{-3t}
    return 2*np.exp(-3*t) - 2*y
```

일단 함수가 정의되면, 초기값과 시간 변수를 정의하고 odeint 함수를 호출하여 미분방정식의 출력을 얻을 수 있다.

```
yinit = 0
t = np.linspace(0, 5, 1001)
yc = odeint(firstDE, yinit, t)# (식, 초기조건, 시간변수)
```

전체 코드는 다음과 같다. 그림 2.22는 코드 실행 결과이며, 손으로 구한 분석적 결과와 odeint의 결과를 비교하여 보여 준다.

```
# 수치계산(odeint)을 이용한 일차 미분방정식의 해 계산
from scipy.integrate import odeint
# 미분방정식: y' + 2y = 2*exp(-3t)
# 분석적 해: yanal = 2*exp(-2t) - 2*exp(-3t)
def firstDE(y, t):
    # dydt = y'
    return 2*np.exp(-3*t) - 2*y
# 초기조건과 함께 주어진 미분방정식의 해 계산
yinit = 0
t = np.linspace(0, 5, 1001)
yc = odeint(firstDE, yinit, t)# (식, 초기조건, 시간변수)
```

```
# 분석적 해
t_anal = np.linspace(0, 5, 11)
y_anal = 2*np.exp(-2*t_anal) - 2*np.exp(-3*t_anal)
# 결과 플롯
fig, ax = plt.subplots(figsize=(6,2.5))
ax.plot(t, yc, label='using ODE solve')
ax.plot(t_anal, y_anal, 'o', label='analytic solution')
```

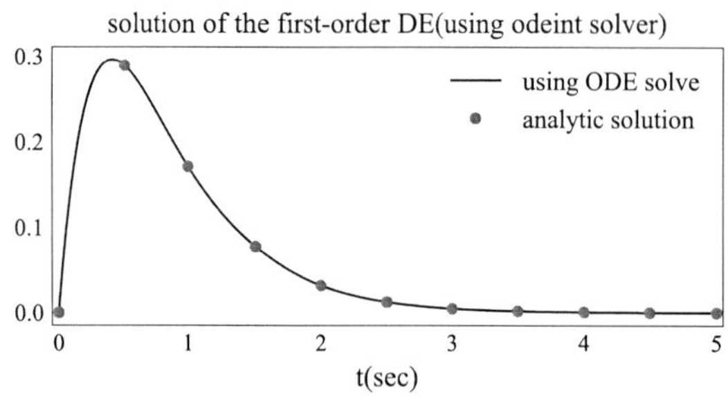

그림 2.22 수치계산 함수를 이용한 일차 미분방정식의 해 (파이썬 예제 2.8).

파이썬 예제 2.9: scipy.signal.lsim을 이용한 미분방정식의 해 계산

파이썬 함수 `scipy.signal.lsim` 혹은 `lsim2`는 파이썬의 선형시불변 시스템 모듈 안에 있는 함수이다. 함수 `lsim/lsim2`는 내부적으로 두 번째 방식에서 적용한 ODE solver인 `odeint`를 활용한다. 사실 ODE solver는 우리 교재에서는 다루지 않는 비선형 미분방정식을 포함한 시스템에 대한 해를 제공하지만, 우리의 관심은 상수 계수를 갖는 선형시불변 미분방정식

$$\sum_{k=0}^{N} a_k \frac{d^k y(t)}{dt^k} = \sum_{k=0}^{M} b_k \frac{d^k x(t)}{dt^k}$$

이다. 파이썬 함수 `lsim/lsim2`는 `odeint`를 선형시불변 시스템에 제한 적용하도록 고안되었다. 선형시불변 시스템은 계수 a_k와 b_k로 정의되므로 `lsim/lsim2`는 시스템을 계수로 규정한다. 예를 들어 2.8.4절에서 다룬 (부족제동) 이차 미분방정식

$$\frac{d^2 y(t)}{dt^2} + \frac{dy(t)}{dt} + y(t) = x(t) \qquad [(2.106)]$$

의 경우 계수는

```
b = 1
a = [1, 1, 1]
```

과 같이 정의된다. 입력 신호 `x`와 시간 배열 `t`가 주어지면, 함수 `lism`을

```
x0 = [0, 0]
t, y, x_state = signal.lsim((b,a), x, t, x0)
```

와 같이 호출하여 출력이 계산된다. 초기값 `xinit`가 생략되면 0으로 가정된다. 출력에 있는 `x_state`는 미분방정식의 내부 변수로 파이썬 예제 2.8에서 사용한 함수 `odeint`의 출력 `ysol`에 해당한다. 이처럼 `lsim/lsim2`는, 초기조건과 시스템의 계수만 알면, 주어진 입력에 대한 시스템의 출력을 간단히 계산해준다. 다음은 전체 코드이며, 그림 2.23은 결과를 분석적 이론 결과와 비교하여 보여 준다.

```
# 파이썬 함수(scipy.signal.lsim)를 이용한 이차 미분방정식의 해 계산
from scipy import signal
# 입력과 시스템 정의
t = np.linspace(0, 16, 501)
x = 1.0*(t>0)
b = 1
a = [1, 1, 1]
# 미분방정식의 해 계산
x0 = [0, 0]
t, y, x_state = signal.lsim((b,a), x, t, x0)
# 분석적 해
t_anal = np.linspace(0, 16, 16)
y_anal = 1 + (2/np.sqrt(3))*np.exp(-t_anal/2) *
↪   np.cos(np.sqrt(3)*t_anal/2+5*np.pi/6)
# 결과 플롯
fig, ax = plt.subplots(figsize=(6,2.5))
ax.plot(t, y, label='using lsim')
ax.plot(t_anal, y_anal, 'o', label='exact solution')
```

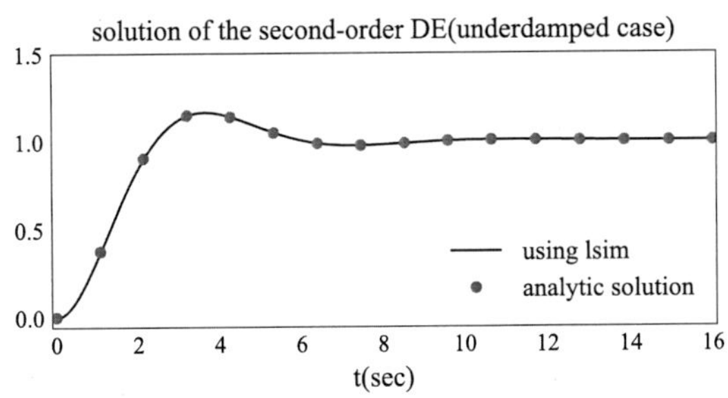

그림 2.23 `scipy.signal.lsim`을 이용한 이차 미분방정식의 해 (파이썬 예제 2.9).

파이썬 예제 2.10: 시스템의 임펄스 응답 계산: scipy.signal.step/impulse

앞서 2.6절에서는 시스템의 임펄스 응답을 구하는 다양한 방법들을 소개하였다. 이 파이썬 예제에서는 주어진 미분방정식의 계수 a_k와 b_k를 이용하여 임펄스 응답을 계산하기로 한다. 파이썬 `scipy.signal.impulse` 함수는 임펄스 응답을 직접 계산할 수 있다.

```
t, yimp = signal.impulse((b,a), T=t)
```

여기서 (b,a)는 시스템 계수이며, T=t는 시간 변수로서 음의 값은 허용되지 않으며 0보다 크거나 같도록 정의된다. 함수 impulse는 임펄스 응답 yimp와 사용된 시간 변수 t를 출력한다. 파이썬은 임펄스 응답뿐 아니라 계단 응답을 계산하는 함수 scipy.signal.step 함수도 제공한다. 다음은 일차 미분방정식 (2.80)의 계단 응답과 임펄스 응답을 구하고 그리는 코드이며, 그림 2.24는 코드의 결과이다.

```
# 일차 미분벙정식의 계단 응답과 임펄스 응답
# 파이썬 함수 signal.step과 signal.impulse 활용
from scipy import signal
b = 2
a = [1, 2]
t = np.linspace(0, 5, 101)
t, yimp = signal.impulse((b,a), T=t)
t, ystep = signal.step((b,a), T=t)
# 플롯
fig, ax = plt.subplots(figsize=(6,2.5))
ax.plot(t, yimp, label='impulse response')
ax.plot(t, ystep, lw=2, color='0.7', label='step response')
```

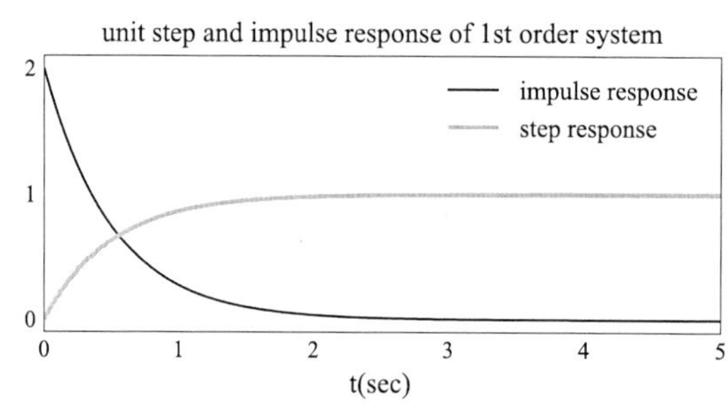

그림 2.24 시스템의 임펄스 응답(파이썬 예제 2.10).

연습문제

P2.1 다음 각 시스템의 (i) 선형성과 (ii) 시불변성을 점검하여라.

(a) $y(t) = \cos(t)x(t)$ (b) $y(t) = 2x(t-1) + x(t-2)$

(c) $y(t) = tx(t)$ (d) $y(t) = e^{-t}x(t)$

(e) $y(t) = \int_{-\infty}^{2t} x(\tau)d\tau$ (f) $\frac{dy(t)}{dt} + 2y(t) = 2\frac{dx(t)}{dt}$

P2.2 다음 시스템의 임펄스 응답을 구하라.

$$y(t) = x(t) - \int_{t-2}^{t} x(\tau)d\tau$$

P2.3 그림 **P2.3**에서 입력 $x_1(t)$에 대하여 출력 $y_1(t)$를 얻었다. 입력 $x_2(t)$에 대한 출력 $y_2(t)$는 무엇인가?

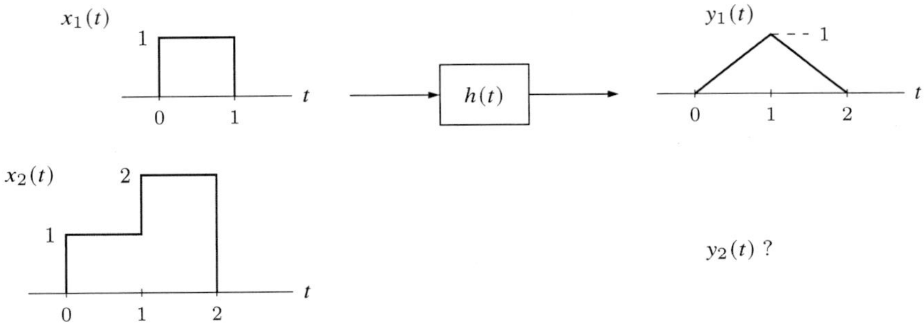

그림 P2.3

P2.4 그림 **P2.4**의 사각펄스 $x(t)$와 $h(t)$의 콘볼루션 $y(t) = x(t) * h(t)$를 그래프를 이용한 반전-이동 방식으로 구하라.

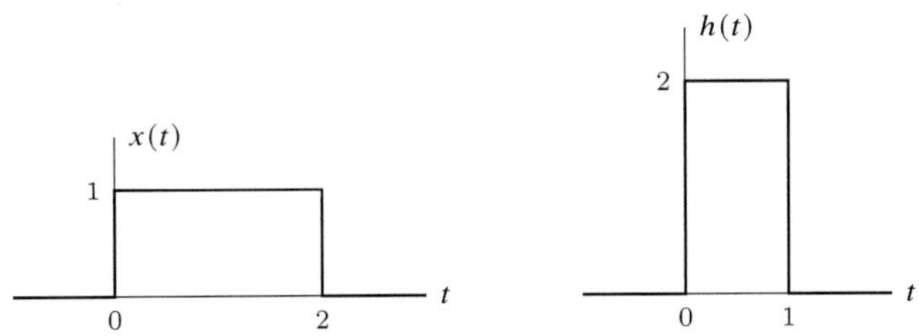

그림 P2.4

P2.5 그림 **P2.5**의 신호 $x(t)$와 LTI 시스템 $h(t)$의 콘볼루션 $y(t) = x(t) * h(t)$를 수식을 이용하여 계산하고 결과를 스케치하라. 결과 $y(t)$의 최대값이 나타나는 시점은 어디인가?

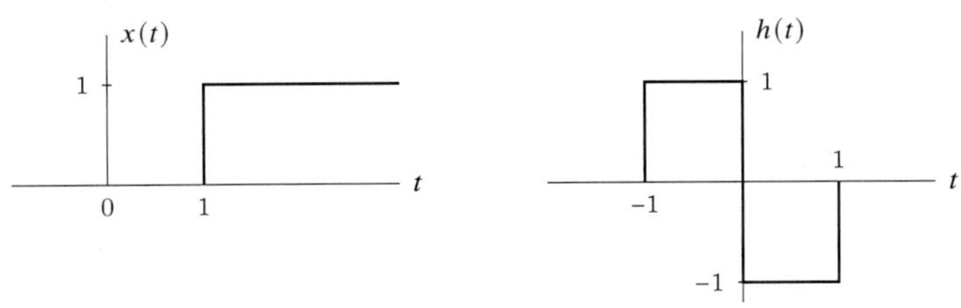

그림 P2.5

P2.6 그림 **P2.6**의 $x(t)$와 $h(t)$의 콘볼루션 $y(t) = x(t) * h(t)$를 (i) 수식을 이용한 방법과 (ii) 그래프를 이용한 반전-이동 방식으로 구하라.

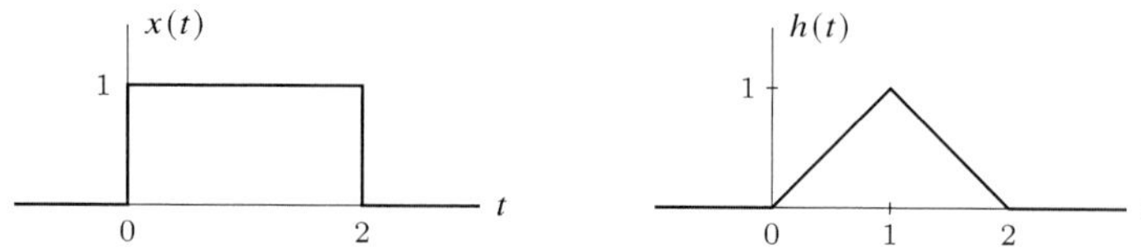

그림 P2.6

P2.7 임펄스 응답이 $h(t) = e^{-(t+1)}u(t+1)$인 LTI 시스템에 신호 $x(t) = u(t-2)$가 입력되었다.

(a) 수식을 이용한 방법으로 출력 $y(t)$를 구하라.

(b) 그래프를 이용한 방법으로 출력 $y(t)$를 구하라.

(c) 시스템은 인과적인가?

P2.8 어느 LTI 시스템이 입력 $x(t) = u(t) + \cos(3t)$에 대하여 출력 $y(t) = u(t) - e^{-2t}u(t) + \sqrt{2}\cos(3t - \pi/6)$을 발생시켰다. 입력 $x_1(t) = 3u(t-2) + 2\cos(3t - \pi/4)$에 대한 이 시스템의 출력 $y_1(t)$를 구하라.

P2.9 다음 각 시스템의 (i) 인과성과 (ii) 안정성을 점검하여라.

(a) $y(t) = \cos(t)x(t)$ (b) $y(t) = x(t+1)$

(c) $y(t) = \dfrac{dx(t)}{dt}$ (d) $y(t) = e^{-t}x(-t)$

(e) $y(t) = \dfrac{2x(t)}{t+1}$ (f) $y(t) = \displaystyle\int_{-\infty}^{t} x(\tau)d\tau$

P2.10 두 시스템이 그림 **P2.10**과 같이 직렬로 연결되어 있다.

$$w(t) = \frac{dx(t)}{dt}$$

$$h_2(t) = u(t-1) - u(t-3)$$

(a) 전체 시스템의 임펄스 응답 $h(t) = h_1(t) * h_2(t)$를 구하라.

(b) 입력 $x(t)$와 출력 $y(t)$의 관계를 구하라.

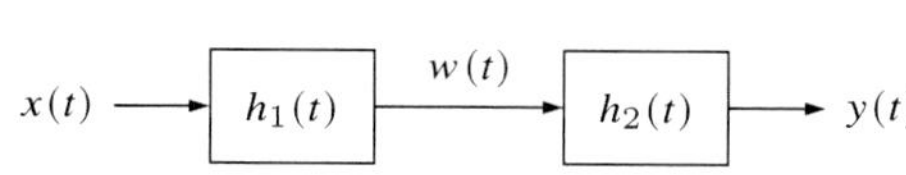

그림 P2.10

P2.11 두 시스템이 그림 **P2.10**과 같이 직렬로 연결되어 있다.

$$h_1(t) = e^{-t}[u(t) - u(t-2)]$$
$$y(t) = \frac{dw(t)}{dt}$$

전체 시스템의 임펄스 응답 $h(t) = h_1(t) * h_2(t)$를 구하라.

P2.12 그림 **P2.12**-(A)와 같이 연결된 시스템을 고려하자. 입력되는 신호와 임펄스 응답이 그림 **P2.12**-(B)와 같을 때 다음에 답하라.

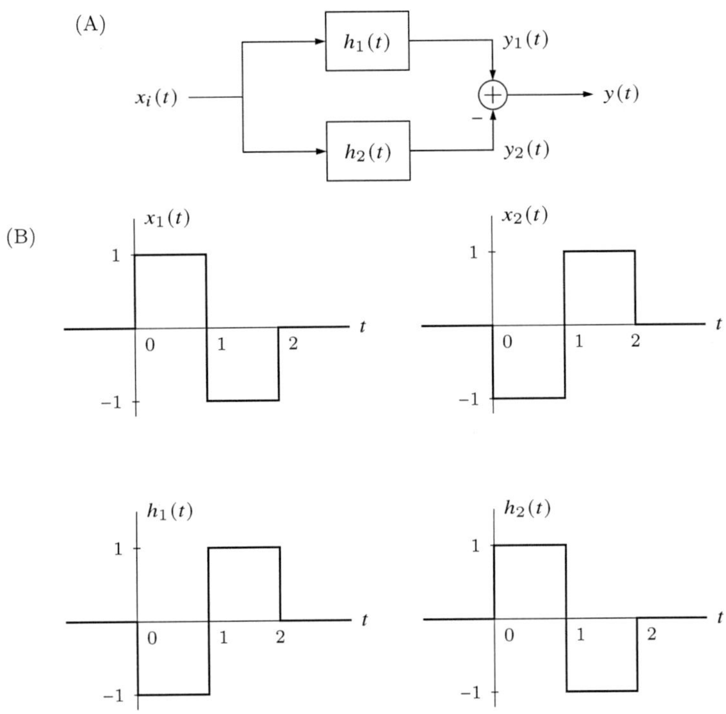

그림 P2.12

(a) $x_1(t)$ 입력에 대하여 $y_1(t)$, $y_2(t)$, $y(t)$를 그래프를 이용한 방식으로 구하라. 출력 $y(t)$가 최대값을 갖는 시점은 언제인가?

(b) $x_2(t)$ 입력에 대하여 $y_1(t)$, $y_2(t)$, $y(t)$를 그래프를 이용한 방식으로 구하라. 출력 $y(t)$가 최소값을 갖는 시점은 언제인가?

(c) 출력 $y(t)$를 통해 $x_1(t)$와 $x_2(t)$ 중 어느 신호가 입력되었는지 확인하는 방법은 무엇인가? 간단히 설명하라.

P2.13 다음 콘볼루션을 계산하라.

(a) $y(t) = e^{-t}u(t) * e^{-2t}u(t)$

(b) $y(t) = e^{-2t}u(t) * e^{-2t}u(t)$

(c) $y(t) = e^{-p_1 t}u(t) * e^{-p_2 t}u(t)$, p_1, p_2는 양의 실수이고 $p_1 \neq p_2$

P2.14 임펄스의 특성을 이용하여 다음 콘볼루션을 계산하라.

(a) $e^{-t}u(t) * [\delta(t) + \delta(t-1) + \delta(t-2) + \delta(t-3)]$

(b) $\dfrac{d}{dt}[e^{-2t}u(t-1) * u(t)]$

(c) $[\delta(t) + 2e^{-2t}\cos(2\pi t)u(t)] * \delta(t-2)$

(d) $[\delta(t) + 2\delta(t-1)] * [\delta(t) + 3\delta(t-2)]$

P2.15 그림 **P2.15**는 어떤 시스템의 계단 응답이다. 각 시스템의 임펄스 응답을 구하라.

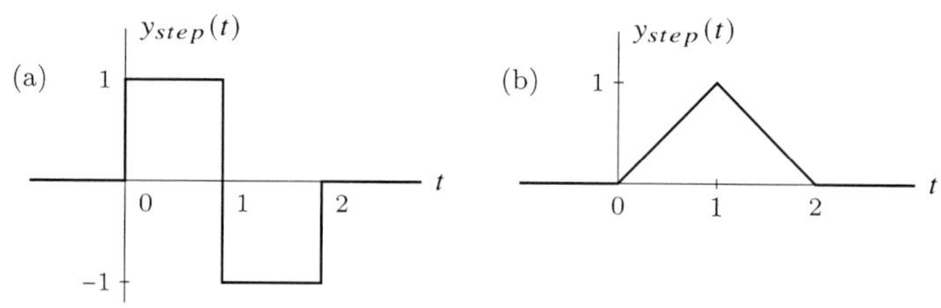

그림 P2.15

P2.16 어떤 LTI 시스템이 입력 $x(t) = u(t) - u(t-1)$에 대하여 출력 $y(t) = r(t) - 2r(t-1) + r(t-2)$를 발생시켰다.

(a) 이 시스템의 계단 응답 $y_{step}(t)$를 구하라.

(b) 이 시스템의 임펄스 응답 $h(t)$를 구하라.

(c) 이 시스템은 BIBO 안정한가?

P2.17 입력 $x(t) = e^{-4t}u(t)$일 때

(a) 미분방정식

$$\frac{d^2y(t)}{dt^2} + 3\frac{dy(t)}{dt} + 2y(t) = x(t)$$

의 해를 구하라. 초기정지 조건을 가정한다.

(b) (a)의 결과를 이용하여

$$\frac{d^2y(t)}{dt^2} + 3\frac{dy(t)}{dt} + 2y(t) = \frac{dx(t)}{dt} + 5x(t)$$

의 해를 구하라. 초기정지 조건을 가정한다.

P2.18 그림 **P2.10**의 두 시스템이 다음과 같다.

$$S_1: \quad \frac{dw(t)}{dt} + w(t) = x(t)$$

$$S_2: \quad \frac{dy(t)}{dt} + 2y(t) = w(t)$$

(a) 전체 시스템의 임펄스 응답을 구하라.

(b) $x(t)$와 $y(t)$의 관계를 미분방정식으로 표현하라.

P2.19 그림 **P2.10**의 두 시스템이 다음과 같다.

$$S_1: \quad w(t) = \frac{dx(t)}{dt} + x(t)$$

$$S_2: \quad \frac{d^2y(t)}{dt^2} + 3\frac{dy(t)}{dt} + 2y(t) = w(t)$$

(a) 시스템 S_1과 S_2의 임펄스 응답을 구하라. 힌트: 시스템 S_2를 두 개의 일차 미분방정식으로 분해하라.

(b) 전체 시스템의 임펄스 응답을 구하라.

(c) $x(t)$와 $y(t)$의 관계를 미분방정식으로 표현하라.

P2.20 어느 시스템이 다음 미분방정식으로 표현된다.

$$\frac{d^2y(t)}{dt^2} + a_1\frac{dy(t)}{dt} + 9y(t) = x(t)$$

(a) 시스템이 과제동, 임계제동, 부족제동되는 a_1의 범위를 각각 구하라.

(b) $a_1 = 6$인 경우 시스템의 계단 응답 $y_{step}(t)$을 구하라.

(c) $a_1 = 6$인 경우 시스템의 임펄스 응답 $h(t)$를 구하라.

P2.21 어느 시스템이 다음 미분방정식으로 표현된다.

$$\frac{d^2y(t)}{dt^2} + 2\frac{dy(t)}{dt} + (1 + 4\pi^2)y(t) = 2\pi x(t)$$

(a) 시스템의 제동 상태(부족제동, 임계제동, 과제동)를 판단하라.

(b) 직접 계산없이 계단 응답 $y_{step}(t)$의 꼴을 스켓치하라.

P2.22 어느 시스템이 다음 미분방정식으로 표현된다.

$$\frac{d^2y(t)}{dt^2} + 2\frac{dy(t)}{dt} + 2y(t) = x(t)$$

(a) 입력 $x(t) = 2e^{-t}u(t)$에 대한 출력 $y(t)$를 구하라(초기정지 상태를 가정).

(b) 시스템의 계단 응답 $y_{step}(t)$를 구하라.

(c) 시스템은 BIBO 안정한가?

P2.23 어느 시스템이 다음 미분방정식으로 표현된다.

$$\frac{d^2y(t)}{dt^2} + 3\frac{dy(t)}{dt} + 2y(t) = \frac{dx(t)}{dt} + 2x(t)$$

(a) 입력 $x(t) = e^{-3t}u(t)$에 대한 시스템의 출력을 구하라(초기정지 상태를 가정).

(b) 입력 $x(t) = u(t)$에 대한 시스템의 과도 응답과 정상상태 응답을 구하라.

파이썬 문제

P2.24 시스템 $y(t) = tx(t)$의 선형성과 시불변성을 점검하는 코드를 작성하라.

P2.25 예제 2.9의 콘볼루션을 다음 두 가지 방법으로 각각 구현하라.

(a) Simpson 방법(`scipy.integrate.simps`)

(b) 이산화하여 콘볼루션 합을 통해 계산하는 방법

P2.26 삼각펄스

$$x(t) = \frac{At}{T}[u(t) - u(t-T)] + \frac{A(2T-t)}{T}[u(t-T) - u(t-2T)]$$

와 임펄스 응답 $h(t) = e^{-t}u(t)$의 콘볼루션 $y(t) = x(t) * h(t)$를 계산하는 코드를 작성하라. 파라미터 $T = 1, 0.5, 0.1$의 각 경우에 대한 콘볼루션 결과를 하나의 플롯에 함께 그려서 비교하여라. $A = 1/T$를 가정한다.

P2.27 `sympy`를 이용하여 미분방정식 (2.106)의 해를 구하는 코드를 작성하라. 초기 조건은 0을 가정한다.

P2.28 `scipy.signal.lsim` 함수를 이용하여 다음 각 이차 미분방정식해를 구하고 하나의 그래프에 그려서 비교하는 코드를 작성하라. 모든 초기조건은 0을 가정하고 입력은 $x(t) = u(t)$을 가정한다.

과제동 : $$\frac{d^2y(t)}{dt^2} + 4\frac{dy(t)}{dt} + y(t) = x(t)$$

임계제동 : $$\frac{d^2y(t)}{dt^2} + 2\frac{dy(t)}{dt} + y(t) = x(t)$$

부족제동 : $$\frac{d^2y(t)}{dt^2} + \frac{dy(t)}{dt} + y(t) = x(t)$$

CHAPTER 3

연속시간 주기 신호의 푸리에급수

앞의 두 장에서 우리는 신호와 시스템을 시간 영역에서 해석하는 방법과 특성에 대하여 알아보았다. 신호와 시스템의 또 다른 영역은 주파수 영역이다. 주파수 영역은 시간 영역에서 알 수 없었던 중요한 특성을 보여주며, 시간 영역에서 복잡하게 표현되는 신호를 간명하게 표현하기도 한다. 역으로 주파수 영역에서 복잡하게 표현될 수밖에 없는 신호를 시간 영역에서는 간명하게 표현할 수도 있다. 이처럼 시간 영역과 주파수 영역은 서로 보완적으로 신호와 시스템의 특성 분석과 설계에 필요한 중요 지식을 제공한다.

신호의 주파수 영역은 우리가 일상적으로 듣는 음악에서 분명하게 드러낸다. 음악은 많은 정현 신호로 가득 차 있다. 서로 다른 음정의 높낮음, 음의 강약, 스테레오 혹은 다채널 음악에서 느껴지는 공간감 등은 신호와 시스템의 주파수 영역 표현과 밀접히 연관되어 있다. 주파수 영역의 표현은 비단 음악이나 소리에만 국한되지 않으며 모든 신호에 적용된다.

이 장에서는 연속시간 주기 신호의 주파수 영역 표현에 대하여 알아본다. 주기 신호에 포함된 주파수 성분을 어떻게 파악해낼 수 있는지 또 역으로 주어진 주파수 성분으로부터 주기 신호를 어떻게 합성하는지 알아본다. 이 일을 수행하는 도구로서 연속시간 푸리에급수를 소개한다. 푸리에급수 표현은 주기 신호를 해석하는 완벽한 도구이다. 푸리에급수는 중요한 특성을 가지고 있다. 이 특성을 활용하면 복잡한 수식 전개를 통하지 않고도 원하는 신호의 주파수 표현을 쉽게 얻을 수 있으며 신호의 주파수 영역 특성을 잘 이해할 수 있다.

3.1 정현 신호의 스펙트럼 표현

우리의 일상은 소리로 가득 차 있다. 소리의 기본 단위는 정현 신호이다.

$$x(t) = A\cos(2\pi f_0 t + \phi) \tag{3.1}$$

하나의 정현 신호로 구성된 소리를 순음pure tone이라 한다. 소리에서 진폭 A는 세기, 주파수 f는 높낮이, 위상변이 ϕ는 시간 지연에 해당한다. 식 (3.1)에 오일러 관계식을 적용하면 정현 신호는 두 복소지수 신호의 합으로 표현된다.

$$\begin{aligned} x(t) &= \frac{A}{2}e^{j\phi}e^{j2\pi f_0 t} + \frac{A}{2}e^{-j\phi}e^{-j2\pi f_0 t} \\ &= ae^{j2\pi f_0 t} + a^* e^{-j2\pi f_0 t}, \qquad a = \frac{A}{2}e^{j\phi} \end{aligned} \tag{3.2}$$

여기서 a는 페이저로서 복소지수 신호의 복소진폭에 해당한다. 복소지수 신호는 주파수 영역에서 가장 작은 단위의 신호이다.

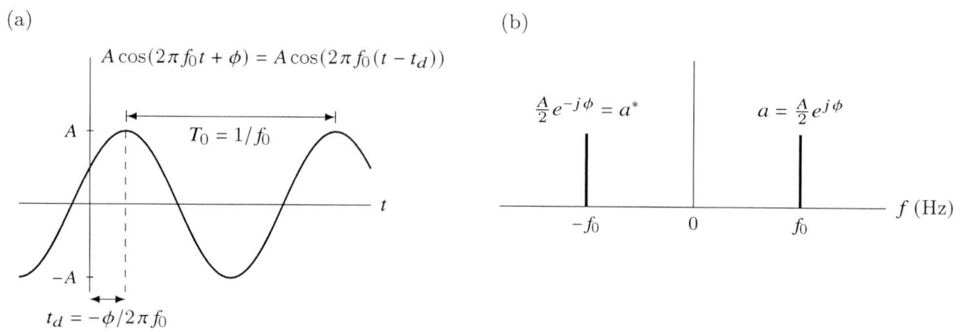

그림 3.1 정현 신호의 (a) 시간 영역 파형과 (b) 주파수 영역 스펙트럼.

그림 3.1은 정현 신호를 시간 영역과 주파수 영역에서 그래프로 표현한 것이다. 시간 영역에서 정현 신호는 시간을 가득 메운 연속 신호이지만, 이 신호는 단 세 개의 파라미터 $\{A, f_0, \phi\}$로 규정된다. 이 사실은 주파수 영역 표현에서 명백하다. 주파수 영역에서 정현 신호는 주파수 $\pm f_0$의 위치에 $\frac{A}{2}e^{\pm j\phi}$의 복소진폭을 갖는 선으로 표시된다. 이 선을 **선 스펙트럼**line spectrum 혹은 스펙트럼이라 한다. 선 스펙트럼을 표시할 때는 복소진폭 크기의 길이로 표시한다. 소리는 실수 신호이므로 하나의 양의 주파수 성분과 음의 주파수 성분이 서로 켤레 대칭으로 짝을 이룬다.

신호의 스펙트럼은 신호를 구성하는 정현 신호의 주파수와 밀접하게 관계된다. 정현 신호들이 동일한 주파수를 가진다면, 이 정현 신호들의 합은 결국 하나의 정현 신호로 대표된다.

$$A_1\cos(2\pi f_0 t + \phi_1) + A_2\cos(2\pi f_0 t + \phi_2) = A\cos(2\pi f_0 t + \phi) \tag{3.3}$$

동일한 주파수 위치의 선 스펙트럼들은 자연히 하나로 합쳐지고 크기와 위상변이는 달라진다. 이때 크기 A와 위상변이 ϕ는 복소수(페이저) 덧셈을 이용하여 계산된다.

$$[(1.33)] \qquad \begin{aligned} x(t) &= \mathrm{Re}\left\{\sum_{k=1}^{N} A_k e^{j(\omega_0 t + \phi_k)}\right\} = \mathrm{Re}\left\{\left(\sum_{k=1}^{N} A_k e^{j\phi_k}\right) e^{j\omega_0 t}\right\} \\ &= \mathrm{Re}\left\{Ae^{j\phi}e^{j\omega_0 t}\right\} \end{aligned}$$

주파수가 다른 여러 정현 신호의 합으로 구성된 신호라면, 신호는 다음과 같이 f_k에 위치한 복소크기 a_k 의 스펙트럼으로 표현된다.

$$x(t) = A_0 + \sum_{k=1}^{N} A_k \cos(2\pi f_k t + \phi_k)$$
$$= \sum_{k=-N}^{N} a_k e^{j2\pi f_k t} \quad (3.4)$$

여기서 $a_0 = A_0$, $f_0 = 0$이고, $1 \le k \le N$이면 $a_k = \frac{A_k}{2} e^{j\phi_k} = a^*_{-k}$, $f_{-k} = f_k$이다.

예제 3.1

다음 신호의 스펙트럼 성분을 찾고 그래프로 표현하라.

$$x(t) = [\cos(2\pi(200)t + \pi/3)]^3 \quad (3.5)$$

풀이 신호를 오일러 관계식을 이용하여 복소지수 꼴로 표현하면

$$x(t) = \left(\frac{1}{2}[e^{j(2\pi(200)t+\pi/3)} + e^{-j(2\pi(200)t+\pi/3)}]\right)^3$$
$$= \frac{1}{8}e^{j\pi}e^{j2\pi(600)t} + \frac{3}{8}e^{j\pi/3}e^{j2\pi(200)t} + \frac{3}{8}e^{-j\pi/3}e^{-j2\pi(200)t}$$
$$+\frac{1}{8}e^{-j\pi}e^{-j2\pi(600)t}$$

이 신호의 스펙트럼을 그래프로 그리면 그림 3.2와 같다.

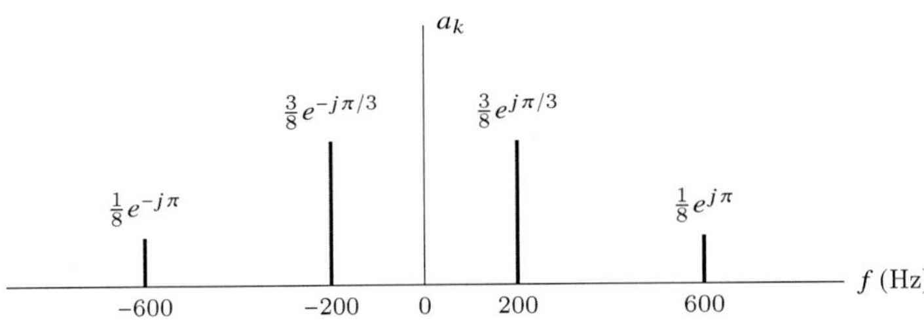

그림 3.2 신호의 스펙트럼(예제 3.1).

신호의 스펙트럼 표현 설명에 소리만큼 좋은 소재는 없다. 신호의 시간 파형과 주파수 스펙트럼을 그래프로 볼 수 있으며, 귀를 통해 이를 확인할 수 있기 때문이다. 비트음과 악기음의 예를 통해 그래프로 보는 스펙트럼과 귀로 듣는 스펙트럼을 연결시켜 보자.

3.1.1 비트음

하나의 순음에 동일한 주파수의 순음을 더하면 식 (3.3)과 같이 음의 세기와 시간 지연만 차이날 뿐 일정 세기와 동일한 음높이의 소리를 듣는다. 그런데 더해지는 순음의 주파수가 기존의 순음 주파수와 다르다면 신호는 어떻게 들릴까? 두 주파수 성분을 모두 들을 수 있을까?

두 정현 신호의 합

$$x_{beat}(t) = A\cos(2\pi f_1 t) + B\cos(2\pi f_2 t) \tag{3.6}$$

을 고려하자. 일반적으로 이 신호를 소리로 들으면 두 정현 신호를 다 듣게 되지만, 주파수 f_1과 f_2가 아주 조금만 다르다면, 우리가 듣는 소리는 주파수 f_1과 f_2의 소리는 아니다. 대신 평균 주파수

$$f_c = \frac{f_1 + f_2}{2}$$

의 정현 신호가 주기적으로 떨리는 소리로 들린다. 이때 떨림은 차이 주파수

$$f_\Delta = \frac{f_2 - f_1}{2}$$

의 정현 신호에 의하여 만들어진다. 차이 주파수 f_Δ의 소리를 **비트음**beat note 혹은 단순히 비트라 한다.[1] 그림 3.3은 비트음의 예이다. 비트음은 $A + B$와 $A - B$ 사이의 진폭 변화를 갖는다.

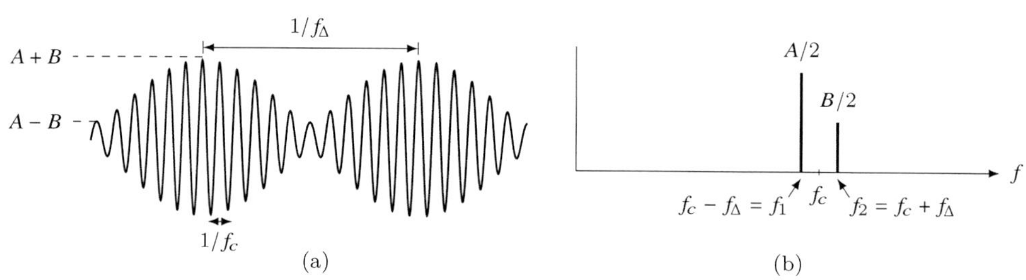

그림 3.3 비트음의 (a) 시간 파형과 (b) 스펙트럼.

비트음은 $2f_\Delta$가 15 Hz 이상이면 나타나지 않지만, 그 이하로 좁혀지면 나타나기 시작하며 10 Hz일 때 가장 잘 인지된다. 주파수 차이가 약 15 Hz 이하이면 사람의 귀가 두 주파수의 차이를 구분해내지 못하기 때문이다. 대신 시간 파형에서 보는 바와 같이 f_Δ의 주파수로 변하는 진폭의 떨림을 인지한다. 즉, 우리 귀는 주파수 차이가 10 Hz 정도이면 신호를 두 정현 신호의 곱

$$x_{beat}(t) = (A + B)\cos(2\pi f_\Delta t)\cos(2\pi f_c t) + (A - B)\sin(2\pi f_\Delta t)\sin(2\pi f_c t) \tag{3.7}$$

으로 인지하여 진폭이 변화하는 소리로 듣고, 주파수가 15 Hz 이상 차이나면 각각의 개별 정현 신호로 듣는다. 정현 신호의 곱과 합의 관계는 다음 예에서 명백해진다.

[1] 엄격하게 말하면, 차이 주파수의 신호가 비트음이지만, 통상적으로 신호 $x_{beat}(t)$ 자체를 비트음이라고 부르기도 한다.

식 (3.6)에서 $A = B = 1$이면 비트음은 다음과 같이 표현된다.

$$x_{beat}(t) = \cos(2\pi f_1 t) + \cos(2\pi f_2 t) \tag{3.8}$$

그림 3.4는 식 (3.8)의 파형과 스펙트럼이다. 비트음의 포락선은 $A - B = 0$과 $A + B = 2$ 사이에서 주기적으로 변한다. 식 (3.8)을 복소지수로 표현하여 정리하면 다음과 같이 두 정현 신호의 곱으로 표현할 수 있다.

$$\begin{aligned} x_{beat}(t) &= \mathrm{Re}\left\{e^{j2\pi f_1 t} + e^{j2\pi f_2 t}\right\} = \mathrm{Re}\left\{e^{j2\pi(f_c - f_\Delta)t} + e^{j2\pi(f_c + f_\Delta)t}\right\} \\ &= \mathrm{Re}\left\{\left(e^{-j2\pi f_\Delta t} + e^{j2\pi f_\Delta}\right)e^{j2\pi f_c t}\right\} = \mathrm{Re}\left\{2\cos(2\pi f_\Delta t)e^{j2\pi f_c t}\right\} \\ &= 2\cos(2\pi f_\Delta t)\mathrm{Re}\left\{e^{j2\pi f_c t}\right\} = 2\cos(2\pi f_\Delta t)\cos(2\pi f_c t) \end{aligned} \tag{3.9}$$

두 정현 신호의 합은 주파수 영역 스펙트럼에 대한 정보를 알려주고 정현 신호의 곱은 시간 영역의 정보를 알려준다.

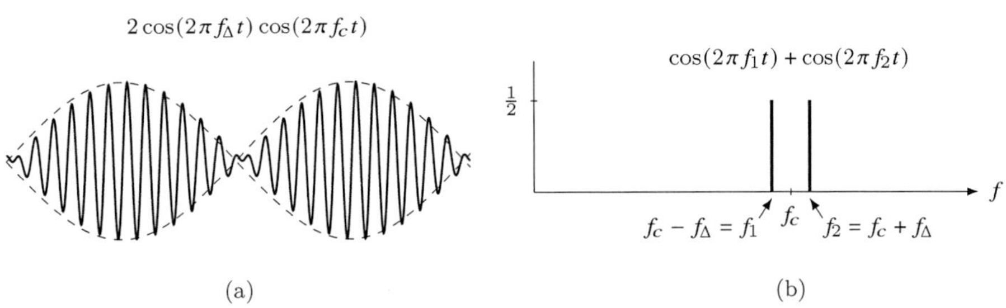

그림 3.4 정현신호의 곱과 합으로 표현되는 비트음 식 (3.8)의 (a) 시간 파형과 (b) 스펙트럼.

3.1.2 AM 신호

진폭변조amplitude modulation(AM) 신호는 음성이나 오디오 신호를 라디오 주파수를 통해 전송하고 수신할 때 사용하는 통신 방식의 하나이다. AM 방송은 이 변조방식에서 유래된 이름이다. 주파수 f_c의 반송파 신호

$$c(t) = A_c \cos(2\pi f_c t) \tag{3.10}$$

에 주파수 f_m의 정현 신호로 구성된 메시지 신호

$$m(t) = A_m \cos(2\pi f_m t) \tag{3.11}$$

를 실어 전송한다고 가정하면 AM 신호는 다음과 같이 정의된다.

$$\begin{aligned} x_{AM}(t) &= [1 + km(t)]\, c(t) \\ &= A_c\left[1 + kA_m \cos(2\pi f_m t)\right]\cos(2\pi f_c t) \end{aligned} \tag{3.12}$$

AM 방송에서 메시지 신호 $m(t)$는 음성이나 오디오 신호이며 대역폭은 7.5 kHz로 제한된다. 우리나라에서 AM 방송의 반송파 주파수 f_c는 530 ~ 1600 kHz의 범위로 규정되어 있다.

AM 신호는 비트음과 매우 유사하지만 $m(t)$를 직접 곱하지 않고 $1 + km(t)$를 곱했다는 점이 다르다. 여기서 상수 k는

$$1 + km(t) > 0 \tag{3.13}$$

조건을 만족하도록 선택된다. AM 신호의 시간 파형을 그려보면 그림 3.5와 같다. 조건 (3.13)으로 인해 시간 파형에서 양과 음의 포락선이 서로 만나지 않는다. 따라서 양의 포락선으로부터 메시지 신호 $m(t)$를 확인할 수 있다. AM 수신기는 수신된 신호로부터 양의 포락선을 추출하여 메시지 신호 $m(t)$를 복원한다.

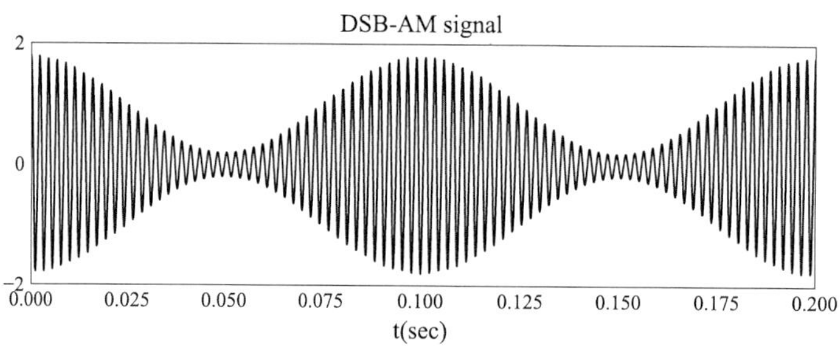

그림 3.5 AM 신호의 시간 파형.

AM 신호의 스펙트럼을 확인해 보자. 앞의 비트음과 마찬가지로 오일러 관계식을 이용하면 AM 신호 (3.12)를 복소지수 신호의 합으로 표현할 수 있다.

$$\begin{aligned} x_{AM}(t) &= A_c\cos(2\pi f_c t) + kA_cA_m\cos(2\pi f_m t)\cos(2\pi f_c t) \\ &= \frac{A_c}{2}\left[e^{j2\pi f_c t} + e^{-j2\pi f_c t}\right] \\ &\quad + \frac{kA_cA_m}{4}\left[e^{j2\pi(f_c+f_m)t} + e^{-j2\pi(f_c+f_m)t} + e^{j2\pi(f_c-f_m)t} + e^{-j2\pi(f_c-f_m)t}\right] \\ &= A_c\cos(2\pi f_c t) + \frac{kA_cA_m}{2}\cos(2\pi(f_c+f_m)t) + \frac{kA_cA_m}{2}\cos(2\pi(f_c-f_m)t) \end{aligned} \tag{3.14}$$

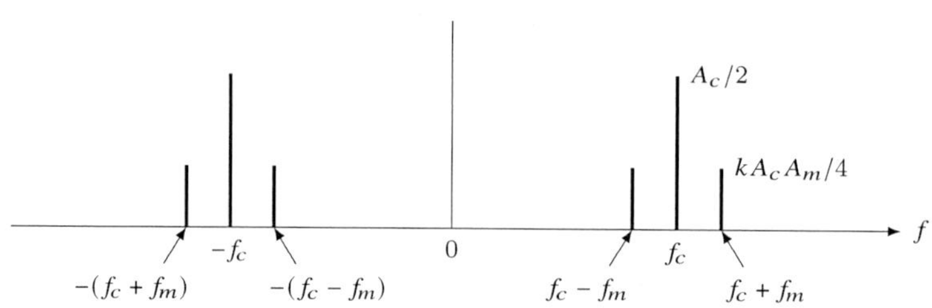

그림 3.6 AM 신호의 크기 스펙트럼.

그림 3.6은 AM 신호의 스펙트럼이다. AM 신호 $x_{AM}(t)$는 식 (3.6)의 $x_{beat}(t)$에 나타나

지 않은 주파수 $\pm f_c$의 스펙트럼 성분을 포함한다. 메시지 신호 $m(t)$의 선 스펙트럼은 반송파 신호 $c(t)$의 선 스펙트럼 좌우에 대칭적으로 나타난다. 이러한 이유로 식 (3.14)를 **양측대파 AM**double-sideband AM(DSB-AM)이라 부른다.

IPYWIDGET 데모 3.1

위젯 파일: `beatnote_dsbam_demo.ipynb`

이 데모에서는 비트음과 DSB-AM 신호의 파형과 스펙트럼을 관찰할 수 있다. 비트음의 경우에는 신호를 구성하는 두 정현 신호의 진폭과 주파수를 변경할 수 있다. 주파수와 진폭을 변경하면서 시간 파형의 포락선과 스펙트럼의 변화를 비교하며 관찰해 보라. 또한 비트음의 특징이 언제 나타나는가 음을 들어보며 확인할 수도 있다. DSB-AM의 경우에는 반송파와 메세지의 파라미터 (f_c, f_m, μ)를 변경할 수 있다. DSB-AM의 시간 파형에서 양의 포락선과 음의 포락선이 서로 분리되는 조건은 무엇인가? 시간 영역과 주파수 영역에서 DSB-AM과 비트음을 서로 구별할 수 있는가?

3.1.3 악기음

음계의 주파수

음계의 한 **옥타브**octave는 주파수가 2배 되는 구간에 해당하며, 12개의 반음으로 구성되어 있다. 음계는 등비로 나누어져 있어서 반음의 비율은 $r = 2^{1/12}$이다. 다장조의 음계는 낮은 '도'(C4)에서 시작한다.

음정	C4	D4	E4	F4	G4	A4	B4
주파수(Hz)	261.6	293.7	329.6	349.2	392.0	440	493.6

악기를 조율하는 기준음으로 많이 사용되는 A4 음의 주파수는 정수값 440 Hz이다. C4의 주파수는 A4보다 반음으로 9단계 낮으므로 다음과 같이 계산된다.

$$440 \times 2^{-9/12} \approx 261.6\,\text{Hz}$$

음악에서 '도'(C4)음은 261.6 Hz의 주파수를 갖는다. 그러나 악기로 연주된 C4음은 하나의 정현 신호

$$\cos(2\pi(261.6)t)$$

로 구성된 순음이 아니다. 우리가 일상에서 듣는 악기음은 한두 개의 주파수 성분이 아닌 많은 주파수 성분으로 구성되어 있다.

그림 3.7은 '도'(C4)음을 연주한 실제 악기음의 예이다. 악기음은 상당히 복잡해 보이지만 일정한 주기마다 파형이 반복되는 특징이 있다. 이 주기는 C4 음의 주파수 261.6 Hz의 역수인 $1/261.6 \approx 3.82$ msec이다. 물론 실제 악기음은 여러 이유로 완벽하게 주기적이지는 않다.

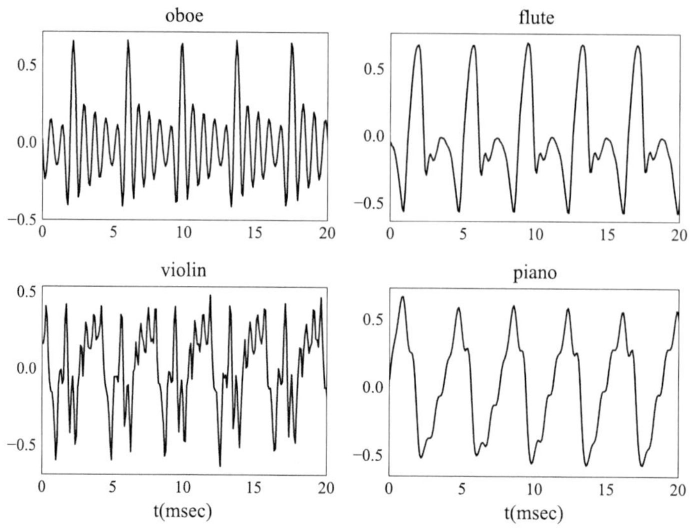

그림 3.7 악기음 예.

악기음의 파형이 복잡한 이유는 그만큼 여러 개의 정현 성분으로 구성되어 있기 때문이다. 그림 3.8은 그림 3.7의 악기음을 구성하는 스펙트럼이다. 스펙트럼의 크기는 악기마다 다르지만 주파수는 일정한 간격을 가진다. DC 성분 이후 첫 번째 선 스펙트럼은 C4 음의 기본 주파수 $f_0 = 261.6\,\text{Hz}$에 해당하며, 이후 선 스펙트럼은 이 값의 정수배 kf_0에 위치한다. 이 성분을 **하모닉**harmonic 혹은 배음이라 한다. 하모닉 성분이 많으면 많을수록 소리는 풍성해지고, 하모닉 성분이 적을수록 소리는 빈약하다. 그림에 보여진 악기 가운데 바이올린이 가장 복잡한 스펙트럼을 갖고 있다. 또한 악기마다 하모닉 성분들의 크기가 제각기 다르다. 따라서 악기들이 동일한 높이의 C4 음을 내더라도, 하모닉 성분의 크기가 다르므로 서로 다른 음색의 소리를 낸다.

악기의 하모닉 구조가 서로 다른 이유는 악기마다 소리를 내는 방식과 소리가 전달되는 통로가 다르기 때문이다. 예를 들어, 바이올린은 활로 현을 켜서 소리를 내는데, 활이 현에 밀려 움직일 때 현은 톱니파sawtooth에 가까운 모양으로 진동한다. 반면에 클라리넷의 소리는 사각펄스에 가까운 모양으로 진동한다. 동일한 기본 주기를 갖는 음이라도 음의 파형에 따라 포함된 하모닉의 크기들이 다르고 음색도 다르다.

그림 3.9는 하모닉 성분을 더해가면서 그림 3.7의 오보에 소리를 합성하는 과정이다. 주파수 kf_0의 하모닉 성분은 복소진폭 a_k의 크기를 가진다. 주파수 Nf_0까지의 하모닉 성분으로 합성된 신호는, 3.5절에서 다루어지는 내용이지만,

$$x(t) = \sum_{k=-N}^{N} a_k e^{j2\pi k(f_0)t} \tag{3.15a}$$

$$= a_0 + 2\sum_{k=1}^{N} |a_k| \cos(2\pi(kf_0)t + \phi_k), \quad a_k = |a_k|e^{j\phi_k} \tag{3.15b}$$

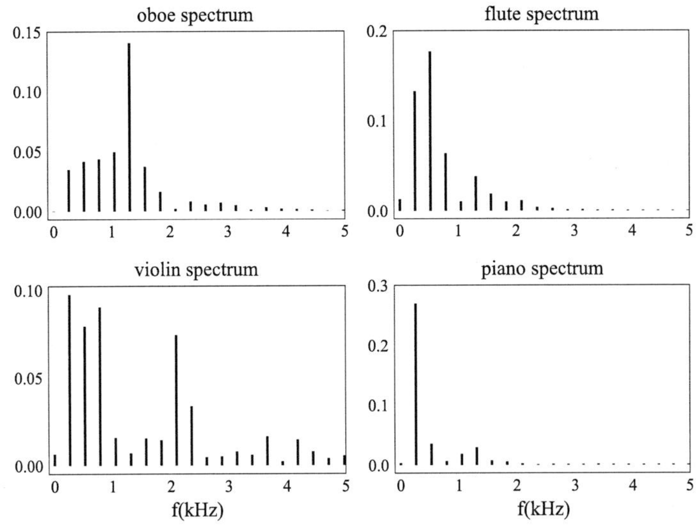

그림 3.8 악기음의 스펙트럼.

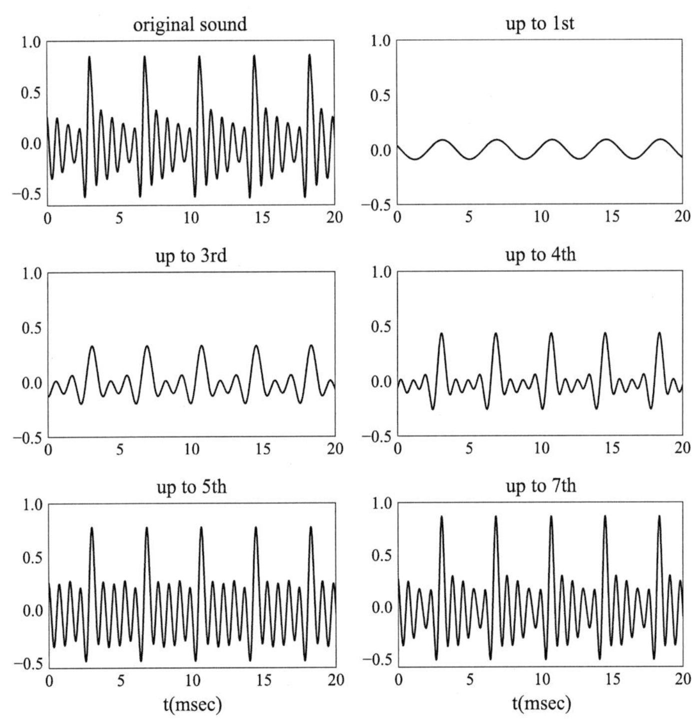

그림 3.9 하모닉 성분을 이용한 오보에 소리 합성.

과 같이 표현된다. 하모닉 성분이 추가될 때마다 합성된 신호에서 추가된 하모닉 성분을 확인할 수 있다. 더 많은 하모닉 성분이 사용될수록 합성된 신호의 파형은 원 신호의 파형에 근접해가지만, 다섯 번째 하모닉 성분의 영향력이 가장 크다. 오보에 소리에서 가장 큰 다섯 번째 스펙트럼은 시간 파형에서도 확인된다. 오보에 소리의 처음 7개가 상대적으로 크기 때문에 DC 성분과 처음 7개의 하모닉 성분을 더하면 원음에 거의 가까운 소리를 합성할 수 있다. IPYWIDGET 데모 3.3(129쪽)을 이용하면 여러 악기음의 합성을 관찰할 수 있다. 오보에 소리 합성은 파이썬 예제 3.6에서 소개된다.

개념점검 3.1 악기의 C4 음정이 여러 개의 스펙트럼으로 구성되었음에도 불구하고 261.6 Hz의 소리로 들리는 이유는 무엇인가?

개념점검 3.2 동일한 C4 음정이라도 악기에 따라 음색이 다른 이유는 무엇인가?

3.2 연속시간 주기 신호의 푸리에급수 표현

3.1.3절에서 악기음은 상당히 주기적이며 여러 하모닉 성분들의 합으로 구성되어 있음을 확인했다. 모든 주기 신호가 여러 하모닉 성분의 합으로 표현될 수 있다는 주장은 19세기 초 프랑스 과학자 푸리에[Jean Baptiste Joseph Fourier]에 의하여 제기되었다. 푸리에의 주장은 당시 명성있는 과학자로부터 반박을 받기도 했지만 오늘날 과학과 공학 분야에 없어서는 안될 주요한 이론이 되었다.

3.2.1 푸리에급수

주기가 T인 연속시간 주기 신호는

$$x(t+T) = x(t), \qquad \text{모든 시간 } t\text{에 대하여} \tag{3.16}$$

를 만족한다(1.4절). 주기 신호 $x(t)$의 기본 주기 T_0는 조건 (3.16)을 만족하는 가장 작은 양의 실수 T이며 기본 주파수는 $\omega_0 = 2\pi/T_0$이다. 기본 주파수의 정수배 $k\omega_0$인 신호는 $x(t)$의 하모닉 신호이다. 비록 그림 3.8에서는 유한개의 하모닉 성분을 표시하였지만 이론적으로 연속시간 하모닉 신호의 수는 무한히 많다. 하모닉 주파수는 ω_0, $2\omega_0$, $3\omega_0$, $\ldots$과 같이 제한되지 않는다.

기본 주기가 $T_0 = 2\pi/\omega_0$인 연속시간 주기 신호 $x(t)$는 무한히 많은 ω_0의 하모닉 신호의 선형 결합

$$x(t) = \sum_{k=-\infty}^{\infty} a_k e^{jk\omega_0 t} \tag{3.17}$$

로 표현될 수 있다. 이를 **연속시간 푸리에급수**[continuous-time Fourier series](CTFS)라 한다. 여기서 a_k는 주기 신호 $x(t)$에 포함된 k번째 하모닉 성분 $e^{jk\omega_0 t}$의 가중치이며 푸리에급수 계수라 한다. 신호 $x(t)$가 실수이면 푸리에급수는 정현 신호의 합으로 표현될 수 있다.

$$x(t) = A_0 + \sum_{k=1}^{\infty} A_k \cos(k\omega_0 t + \phi_k) \tag{3.18}$$

이 식을 푸리에급수 **합성식**synthesis equation이라 한다. 푸리에급수 계수 a_k는 푸리에급수 **분석식**analysis equation

$$a_k = \frac{1}{T_0}\int_{T_0} x(t)e^{-jk\omega_0 t}dt \tag{3.19}$$

를 이용하여 계산된다. 여기서 $\int_{T_0}$는 주기 신호의 한 주기 적분을 의미하며, 적분 구간은 계산에 편리한대로 설정하면 된다. 푸리에급수 계수를 계산하는 데 한 주기의 신호면 충분하다. 한 주기 안에 주기 신호의 모든 정보가 담겨있기 때문이다. 푸리에급수 합성식 (3.17)에서는 $e^{jk\omega_0 t}$를 사용하고 분석식 (3.19)에서는 $e^{-jk\omega_0 t}$를 사용한 차이가 중요하다. 이 차이는 푸리에급수에서 기본 함수로 사용되는 $e^{jk\omega_0 t}$의 **직교성**orthogonality에 기인한다.

3.2.2 $e^{jk\omega_0 t}$의 직교성

푸리에급수 분석식 (3.19)와 합성식 (3.17)은 서로 일대일 대응된다. 이 사실을 확인하려면 식 (3.19)의 $x(t)$에 푸리에급수 표현 식 (3.17)을 대입하여 결과가 동일한지 확인하면 된다. 인덱스의 중복을 피하기 위해 합성식 (3.17)의 인덱스 k를 l로 변경하여 분석식 (3.19)에 대입하면 다음과 같다.

$$\begin{aligned} b_k &= \frac{1}{T_0}\int_{T_0}\left(\sum_{l=-\infty}^{\infty} a_l e^{jl\omega_0 t}dt\right)e^{-j2\pi k f_0 t}dt \\ &= \frac{1}{T_0}\sum_{l=-\infty}^{\infty} a_l \int_{T_0} e^{j(l-k)\omega_0 t}dt \end{aligned} \tag{3.20}$$

여기서 합과 적분의 순서 교환은 디리클레 조건에서만 가능하다. 디리클레 조건은 CTFS가 존재하는 조건으로 3.5.2절에서 설명된다. 이 조건이 만족하여 순서 교환이 가능하다고 전제하자. 식의 마지막 적분항은 복소지수 신호 $\phi_l(t) = e^{jl\omega_0 t}$와 $\phi_k(t) = e^{jk\omega_0 t}$의 **내적**inner product이다(부록 C절 참고).

$$\int_{T_0} \phi_l(t)[\phi_k(t)]^* dt = \int_{T_0} e^{j(l-k)\omega_0 t}dt = \begin{cases} T_0, & l = k \\ 0, & l \neq k \end{cases} \tag{3.21}$$

이처럼 서로 다른 $k \neq l$의 두 신호 $\phi_k(t)$과 $\phi_l(t)$의 내적이 0이고, $k = l$일 때 내적이 0이면 두 신호는 서로 직교한다고 정의된다. 식 (3.21)을 식 (3.20)에 대입하면 분석식 (3.19)의 증명이 완료된다. 두 경우로 나누어 식 (3.21)의 직교성을 입증하자.

- $l = k$인 경우: 식 (3.21)의 적분은

$$\int_0^{T_0} e^{j(l-k)\omega_0 t}dt = \int_0^{T_0} 1 \cdot dt = T_0 \tag{3.22}$$

- $l \neq k$인 경우: 식 (3.21)의 적분은

$$\begin{aligned}\int_0^{T_0} e^{j(l-k)\omega_0 t} dt &= \int_0^{T_0} e^{jr\omega_0 t} dt, \quad r = l - k \neq 0 \\ &= \frac{1}{jr\omega_0} e^{jr\omega_0 t}\Big|_0^{T_0} \\ &= \frac{1}{jr\omega_0}\left[e^{jr\omega_0 T_0} - 1\right], \quad \omega_0 T_0 = 2\pi \\ &= 0 \end{aligned} \tag{3.23}$$

이로써 주기가 T_0인 주기 신호의 푸리에급수의 합성식과 분석식이 서로 일대일 대응함이 증명되었다.

$$x(t) = \sum_{k=-\infty}^{\infty} a_k e^{jk\omega_0 t} \tag{3.24a}$$

$$a_k = \frac{1}{T_0}\int_{T_0} x(t) e^{-jk\omega_0 t} dt \tag{3.24b}$$

일대일 대응하는 푸리에급수(CTFS)쌍은 다음과 같이 간단히 표기된다.

$$x(t) \quad \xleftrightarrow{CTFS} \quad a_k \tag{3.25}$$

3.3 푸리에급수 계수의 계산

주기 신호의 푸리에급수 표현에 대한 예를 살펴보자.

예제 3.2

주기 신호

$$x(t) = 6 + 10\cos(4\pi t + \pi/3) + 6\cos(6\pi t - \pi/4) + 4\cos(10\pi t) \tag{3.26}$$

의 기본 주파수를 구하고 푸리에급수 계수를 계산하라.

풀이 이 신호의 기본 주파수는

$$f_0 = \text{최대공약수}(2,\ 3,\ 5) = 1\,\text{Hz}$$

이다. 이 신호는 이미 정현 신호의 합으로 표현되어 있으므로 분석식 (3.24)의 적분 계산없이 오일러 관계식을 적용만으로 a_k를 확인할 수 있다. 예제 3.1의 결과를 활용하면

$$x(t) = 6 + 5e^{j\pi/3}e^{j2\pi(2)t} + 5e^{-j\pi/3}e^{-j2\pi(2)t} + 3e^{-j\pi/4}e^{j2\pi(3)t}$$

$$+ 3e^{j\pi/4}e^{-j2\pi(3)t} + 2e^{j2\pi(5)t} + 2e^{-j2\pi(5)t} \quad (3.27)$$

신호의 기본 주파수는 1 Hz이므로 식 (3.27)을 합성식 (3.24a)와 비교하면 계수 a_k는 다음과 같이 확인된다.

$$a_0 = 6, \quad a_2 = 5e^{j\pi/3} = a_{-2}^*$$

$$a_3 = 3e^{-j\pi/4} = a_{-3}^*, \quad a_5 = 2 = a_{-5}^*$$

이번에는 직교성을 이해하기 위해 분석식 (3.24b)를 이용하여 계수를 구해보자. 예를 들어 계수 a_2는 분석식으로부터

$$a_2 = \frac{1}{T_0}\int_{T_0} x(t)e^{-j2\pi(2)t}dt$$

이다. 직교성에 의하여 식 (3.27)의 $x(t)$ 중 $e^{j2\pi(2)t}$ 성분을 제외한 다른 성분과의 곱에 대한 적분은 모두 0이 되며, $e^{j2\pi(2)t}$와의 곱에 대한 적분은

$$a_2 = \frac{1}{T_0}\int_{T_0} 5e^{j\pi/3}e^{j2\pi(2)t}e^{-j2\pi(2)t}dt = 5e^{j\pi/3}$$

과 같이 계산된다.

푸리에급수 계수 $a_1 = a_{-1} = 0$이므로 이 신호는 기본 주파수 1 Hz 성분을 포함하고 있지 않지만 기본 주기는 $T_0 = 1$ sec이다. 신호의 파형을 그래프로 그려보면 주기 $T_0 = 1$ sec를 확인할 수 있다. 그림 3.10은 푸리에급수 계수 a_k의 크기와 위상이다.

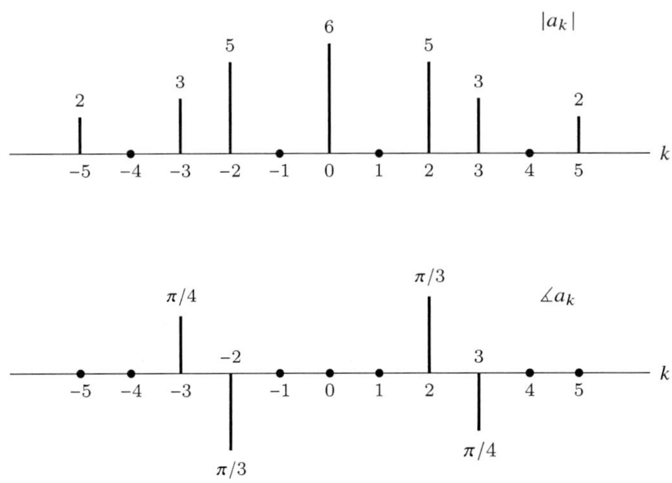

그림 3.10 신호의 스펙트럼(예제 3.2).

개념점검 3.3 주기 신호의 푸리에급수 계수 계산에서 기본 주기 정보는 왜 중요한가?

개념점검 3.4 푸리에급수 계수 a_0, $a_1 = a^*_{-1}$, $a_2 = a^*_{-2}$, $a_4 = a^*_{-4}$로 구성된 어떤 악기음에서 $a_1 = a^*_{-1}$ 성분이 제거된다면 악기음은 어떻게 들리겠는가?

연습 3.1 주기 신호 $x(t) = [\sin(2\pi t)]^2$의 푸리에급수 계수를 구하라.
답 : $a_0 = 1/2$, $a_1 = -1/4 = a_{-1}$

주기 신호가 정현 신호의 합으로 표현되지 않은 경우, 푸리에급수 계수를 구하기 위해서는 분석식 (3.24b)의 적분 계산이 필요하다. 다음 예를 보자.

예제 3.3

그림 3.11의 주기 사각펄스 신호는 한 주기가

$$x(t) = \begin{cases} 1, & |t| < T_w/2 \\ 0, & T_w/2 < |t| < T_0/2 \end{cases} \tag{3.28}$$

와 같이 정의된다. 이 신호의 푸리에급수 표현을 구하라.

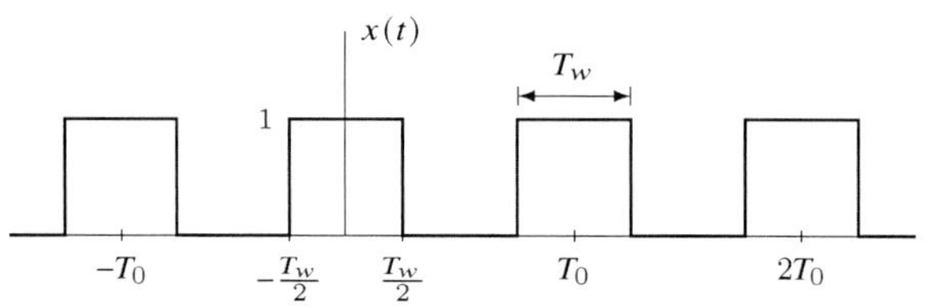

그림 3.11 주기 사각펄스 신호.

풀이 이 사각펄스 신호의 주기는 T_0이며 기본 주파수는 $\omega_0 = 2\pi/T_0$이다. 먼저 a_0를 구하자. 계산을 편하게 하기 위해 적분 구간을 $[-\frac{T_0}{2}, \frac{T_0}{2}]$으로 설정하고 계산하면

$$a_0 = \frac{1}{T_0}\int_{-T_0/2}^{T_0/2} x(t)dt = \frac{1}{T_0}\int_{-T_w/2}^{T_w/2} 1 \cdot dt = \frac{T_w}{T_0} \tag{3.29}$$

다음 $k \neq 0$일때 a_k를 구하면

$$\begin{aligned} a_k &= \frac{1}{T_0}\int_{-T_w/2}^{T_w/2} 1 \cdot e^{-jk\omega_0 t}dt \\ &= \frac{1}{T_0}\frac{1}{-jk\omega_0}e^{-jk\omega_0 t}\Big|_{-T_w/2}^{T_w/2} \\ &= \frac{1}{-jk\omega_0 T_0}\underbrace{\left[e^{-jk\omega_0 T_w/2} - e^{jk\omega_0 T_w/2}\right]}_{-j2\sin(k\omega_0 T_w/2)} \\ &= \frac{2\sin(k\omega_0 T_w/2)}{k\omega_0 T_0} \end{aligned} \tag{3.30}$$

일반적으로 a_k 는 복소수이지만 이 사각펄스의 경우 a_k 는 실수이다. 그 이유는 $x(t)$ 가 실수 신호이면서 좌우대칭이기 때문이다(이러한 푸리에급수의 대칭성은 3.4.5절에서 다루어질 예정이다). 푸리에급수 계수 a_k 의 위상은 a_k 의 부호에 따라 0 혹은 π 값을 갖는다.
펄스폭이 $T_0/T_w = 2$ 인 경우 a_k 는 다음과 같이 주어진다.

$$a_0 = \frac{1}{2} \tag{3.31a}$$

$$a_k = \frac{\sin(\pi k/2)}{\pi k} \tag{3.31b}$$

$$= \begin{cases} \dfrac{(-1)^r}{\pi k}, & \text{홀수 } k = 2r+1 \\ 0, & \text{짝수 } k = 2r \end{cases} \tag{3.31c}$$

짝수 계수는 모두 0이고 홀수 계수만 남아있으며 a_k 의 크기는 $1/k$ 의 속도로 감소한다. 그림 3.12는 푸리에급수의 계수와 크기 위상 스펙트럼이다. 위상은 a_k 가 양수이면 0이고 음수이면 π 이다. 특별히 $a_k = 0$ 이면 위상을 계산할 수 없지만, 여기선 편의상 0으로 간주하였다.
그림 3.13은 T_0/T_w 가 2, 4, 8인 경우 스펙트럼 a_k 이다. 모든 경우에서 스펙트럼은 a_0 에서 최대가 되며 k 가 증가함에 따라 좌우 대칭적으로 사인파 형태로 진동하면서 점차 감소한다. 스펙트럼의 사인파 진동에서 첫째 영점($a_k = 0$)이 나타나는 k 는 T_0/T_w 이다. 펄스폭 T_w 가 작아질수록 첫째 영점이 나타나는 k 는 커지면서 스펙트럼은 전반적으로 평편해진다.

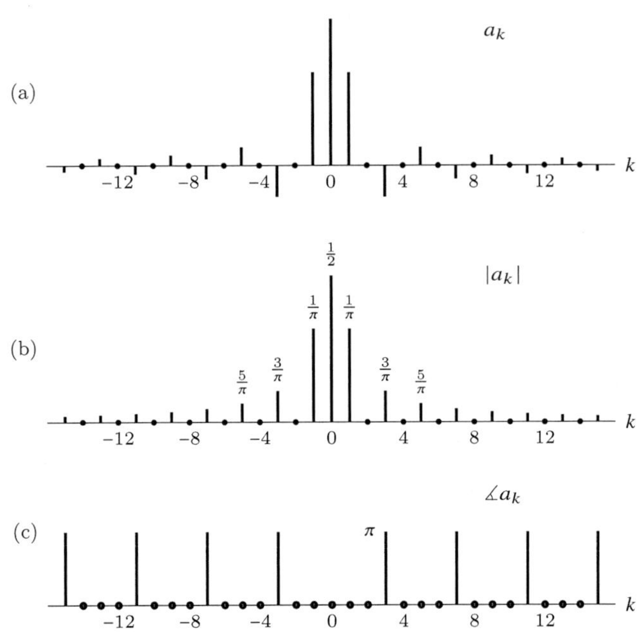

그림 3.12 사각펄스 주기 신호의 (a) 푸리에급수 계수 (b) 크기 스펙트럼 (c) 위상 스펙트럼(예제 3.3, $T_0 = 2T_w$).

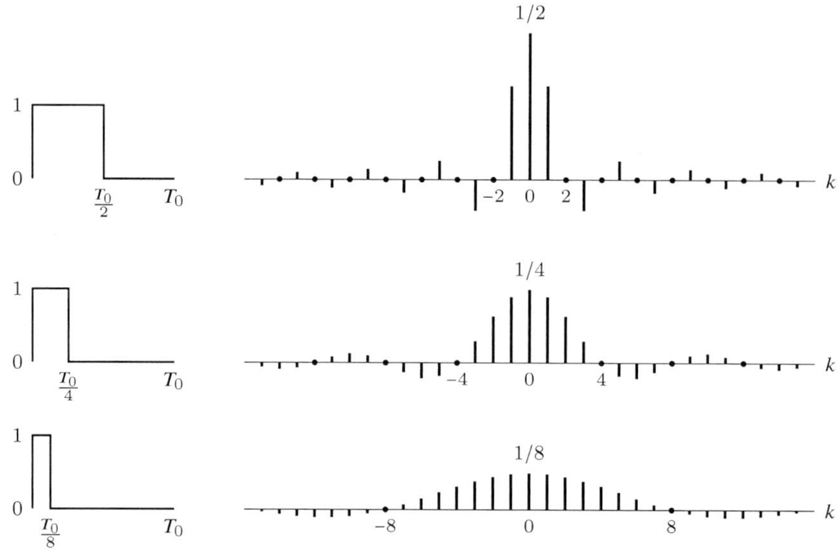

그림 3.13 사각펄스 주기 신호의 펄스폭에 따른 스펙트럼 변화(예제 3.3).

예제 3.4

반파정류 신호의 한 주기는

$$x_{hwr}(t) = \begin{cases} \sin(\omega_0 t), & 0 \le t < T_0/2 \\ 0, & T_0/2 \le t < T_0 \end{cases} \tag{3.32}$$

으로 정의된다(그림 3.14). 이 신호의 푸리에급수 표현을 구하라.

풀이 (1) a_0를 구하면

$$\begin{aligned} a_0 &= \frac{1}{T_0}\int_0^{T_0/2} \sin(\omega_0 t)dt = \frac{1}{T_0}\frac{-1}{\omega_0}\cos(\omega_0 t)\Big|_0^{T_0/2} \\ &= \frac{-1}{2\pi}\left[\cos(\omega_0 T_0/2) - \cos(0)\right] = \frac{1}{\pi}, \quad \omega_0 T_0 = 2\pi \end{aligned} \tag{3.33}$$

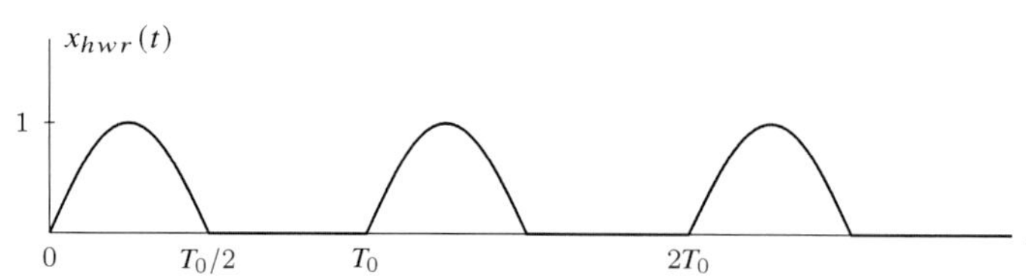

그림 3.14 반파정류 신호.

(2) $k \neq 0$일 때 a_k는 다음과 같이 계산된다.

$$\begin{aligned} a_k &= \frac{1}{T_0}\int_0^{T_0/2} \sin(\omega_0 t) e^{-jk\omega_0 t}\,dt \\ &= \frac{1}{T_0}\int_0^{T_0/2} \frac{1}{2j}\left[e^{j\omega_0 t} - e^{-j\omega_0 t}\right] e^{-jk\omega_0 t}\,dt \\ &= \frac{1}{j2T_0}\int_0^{T_0/2} e^{-j(k-1)\omega_0 t}\,dt - \frac{1}{j2T_0}\int_0^{T_0/2} e^{-j(k+1)\omega_0 t}\,dt \end{aligned} \tag{3.34}$$

여기서 $k = \pm 1$인 경우는 따로 계산한다. 먼저 $k = 1$인 경우를 고려하자.

$$a_1 = \frac{1}{j2T_0}\int_0^{T_0/2} 1 \cdot dt - \underbrace{\frac{1}{j2T_0}\int_0^{T_0/2} e^{-j2\omega_0 t}\,dt}_{\text{한주기 적분이므로 } 0} = \frac{1}{j4} \tag{3.35}$$

같은 방법으로 $k = -1$인 경우 계산하면 $a_{-1} = \frac{-1}{j4}$을 얻는다.
이제 $k \neq 0, 1$인 경우에 대하여 식 (3.34)를 계산하자.

$$\begin{aligned} a_k &= \frac{1}{j2T_0} \cdot \left.\frac{e^{-j(k-1)\omega_0 t}}{-j(k-1)\omega_0}\right|_0^{T_0/2} - \frac{1}{j2T_0} \cdot \left.\frac{e^{-j(k+1)\omega_0 t}}{-j(k+1)\omega_0}\right|_0^{T_0/2} \\ &= \frac{1}{4\pi(k-1)}\left[e^{-j\pi(k-1)} - 1\right] - \frac{1}{4\pi(k+1)}\left[e^{-j\pi(k+1)} - 1\right], \quad \omega_0 T_0 = 2\pi \\ &= \begin{cases} 0, & k = \text{홀수},\ k \neq \pm 1 \\ \dfrac{1}{\pi(1-k^2)}, & k = \text{짝수} \end{cases} \end{aligned} \tag{3.36}$$

이상의 결과를 정리하면

$$a_k = \begin{cases} \pm\dfrac{1}{j4}, & k = \pm 1 \\ \dfrac{1}{\pi(1-k^2)}, & k = \text{짝수 } k \\ 0, & k = \text{홀수},\ k \neq \pm 1 \end{cases} \tag{3.37}$$

그림 3.15에 자주 활용되는 주기 신호와 푸리에급수 계수를 정리하였다. 신호의 크기는 1로 정규화되었고 기본 주기는 T_0이다. 전파정류 신호의 기본 주기는 정류되기 전 정현 신호 주기의 반이다. 사각펄스와 삼각펄스는 짝수 하모닉없이 홀수 하모닉만 있고, 톱니파 신호와 전파정류 신호의 경우 짝수와 홀수 하모닉이 모두 존재한다. 사각펄스와 톱니파의 경우 스펙트럼 크기가 $1/k$의 비율로 감소하는 반면, 삼각파와 전파정류 신호의 경우에는 $1/k^2$의 비율로 감소한다. 이 주기 신호들을 소리로 들어보면 동일한 음정으로 들리지만 음색은 상당히 다르다. 3.1.3절에서 악기음의 파형과 스펙트럼을 통해 살펴 본 바와 같이 음색은 스펙트럼의 모양에 따라 달라지기 때문이다.

사각펄스

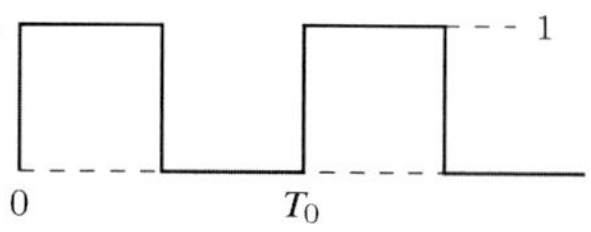

$$a_0 = \frac{1}{2} \tag{3.38a}$$

$$a_k = \begin{cases} \dfrac{-j}{\pi k}, & k = \text{홀수} \\ 0, & k = \text{짝수} \end{cases} \tag{3.38b}$$

삼각펄스

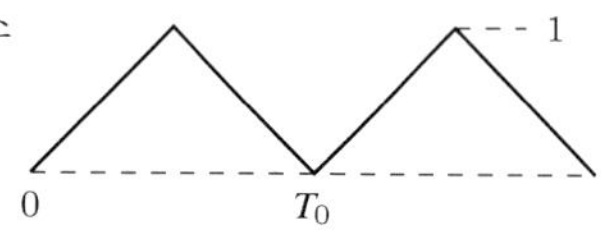

$$a_0 = \frac{1}{2} \tag{3.39a}$$

$$a_k = \begin{cases} \dfrac{-2}{(\pi k)^2}, & k = \text{홀수} \\ 0, & k = \text{짝수} \end{cases} \tag{3.39b}$$

톱니파

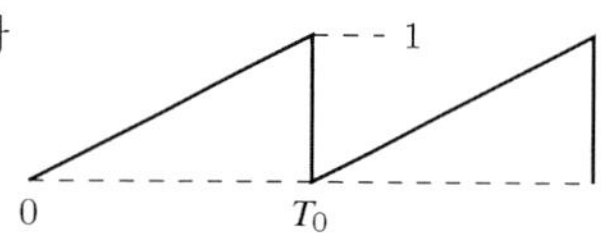

$$a_0 = \frac{1}{2} \tag{3.40a}$$

$$a_k = \frac{j}{2\pi k} \tag{3.40b}$$

반파정류

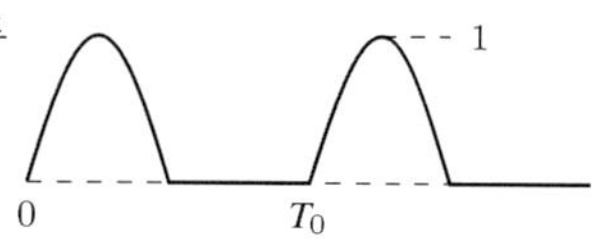

$$a_1 = \frac{-j}{4} = a_{-1}^* \tag{3.41a}$$

$$a_k = \begin{cases} \dfrac{1}{\pi(1-k^2)}, & k = \text{짝수} \\ 0, & k = \text{홀수},\ k \neq \pm 1 \end{cases} \tag{3.41b}$$

전파정류

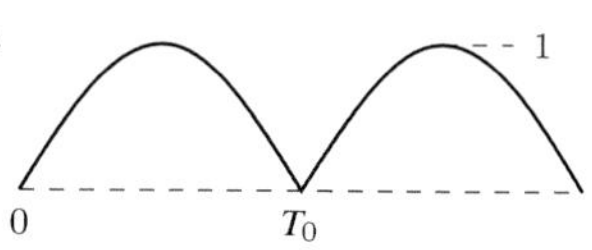

$$a_k = \frac{2}{\pi(1-4k^2)} \tag{3.42}$$

임펄스

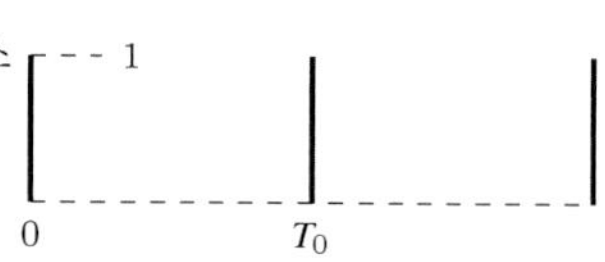

$$a_k = \frac{1}{T_0} \tag{3.43}$$

그림 3.15 대표적인 주기 신호의 푸리에급수 예.

연습 3.2 예제 3.3에서 $f_0 = 10\,\text{Hz}$이고 $T_w = 0.01\,\text{sec}$일 때 CTFS 스펙트럼이 처음으로 0이 되는 양의 정수 k는 얼마인가? 답: 10

표 3.1 연속시간 푸리에급수의 주요 특성.

특성	시간 영역	주파수 영역
	기본 주기 $T_0 = 2\pi/\omega_0$	
	$x(t),\ y(t)$	$a_k,\ b_k$
선형성	$\alpha x(t) + \beta y(t)$	$\alpha a_k + \beta b_k$
시간 이동	$x(t - t_0)$	$e^{-jk\omega_0 t_0} a_k$
주파수 이동	$e^{jm\omega_0 t} x(t)$	a_{k-m}
복소 켤레	$x^*(t)$	a^*_{-k}
시간 반전	$x(-t)$	a_{-k}
시간 콘볼루션	$\int_{T_0} x(\tau)y(t-\tau)d\tau$	$T_0 a_k b_k$
시간 곱셈	$x(t)y(t)$	$\sum_{l=-\infty}^{\infty} a_l b_{k-l}$
미분	$\frac{dx(t)}{dt}$	$jk\omega_0 a_k$
적분	$\int_{-\infty}^{t} x(\tau)d\tau$	$\frac{1}{jk\omega_0} a_k$
켤레 대칭성	$x(t)$ 실수	$a_{-k} = a_k^*$
파시벌 정리	$\frac{1}{T_0}\int_{T_0} \lvert x(t)\rvert^2 dt = \sum_{k=-\infty}^{\infty} \lvert a_k\rvert^2$	

3.4 푸리에급수의 특성

푸리에급수의 여러 특성은 표 3.1에 정리되었다. 이러한 특성들은 앞으로 다루어지는 다른 변환에서도 유사하게 나타나며, 신호와 시스템의 분석과 설계에 유용하게 활용된다.

3.4.1 선형성과 DC 성분 변경

푸리에급수는 선형이므로 다음 푸리에급수쌍이 일대일 대응한다.

$$\alpha x(t) + \beta y(t) \overset{CTFS}{\longleftrightarrow} \alpha a_k + \beta b_k \tag{3.44}$$

선형성을 이용하면 신호의 크기를 비례적으로 변형하거나, DC 성분을 추가 또는 제거하거나, 신호를 여러 개로 분할할 때 푸리에급수를 쉽게 계산할 수 있다. 특별히 DC 성분의 추가나 제거는 a_0의 추가나 제거에 해당한다.

3.4.2 시간 이동

시간 이동된 신호 $x(t-t_0)$의 푸리에급수 계수는

$$y(t) = x(t-t_0) \quad \overset{CTFS}{\longleftrightarrow} \quad b_k = e^{-jk\omega_0 t_0} a_k \tag{3.45}$$

시간 이동은 신호의 평균값을 변경시키지 않으므로 $b_0 = a_0$이다. 여기서 $e^{-jk\omega_0 t_0}$는 위상 변이에 해당한다. 식 (3.45)의 증명은 다음과 같다.

$$\begin{aligned} b_k &= \frac{1}{T_0}\int_{T_0} x(t-t_0)e^{-jk\omega_0 t}dt \\ &= \frac{1}{T_0}\int_{T_0} x(\lambda)e^{-jk\omega_0(\lambda+t_0)}d\lambda, \quad \lambda = t-t_0 \\ &= e^{-jk\omega_0 t_0}\frac{1}{T_0}\int_{T_0} x(\lambda)e^{-jk\omega_0 \lambda}d\lambda \\ &= e^{-jk\omega_0 t_0}a_k \end{aligned} \tag{3.46}$$

예제 3.5

그림 3.16은 반파정류 신호 $x_{hwr}(t)$와 전파정류 신호 $x_{fwr}(t)$이다. 반파정류 신호의 푸리에급수는 예제 3.4에서 구한 바 있다. 시간 이동 특성을 활용하여 반파정류 신호의 푸리에급수 계수로부터 전파정류 신호의 푸리에급수를 구하라.

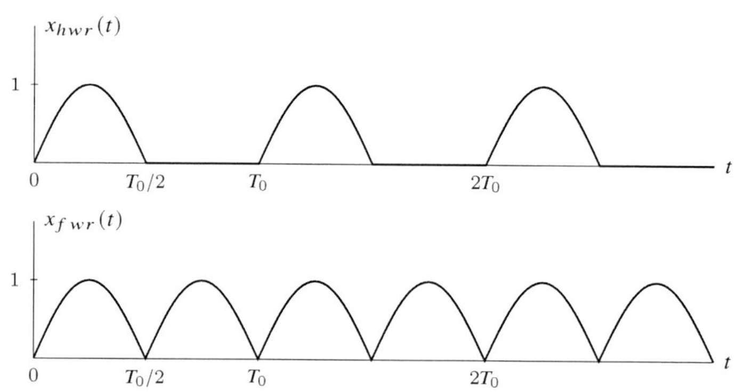

그림 3.16 반파정류 신호와 전파정류 신호.

풀이 그림 3.16에서 전파정류 신호 $x_{fwr}(t)$를 반파정류 신호 $x_{hwr}(t)$로 표현하면

$$x_{fwr}(t) = x_{hwr}(t) + x_{hwr}(t-T_0/2) \tag{3.47}$$

이다. 신호 각 항의 푸리에급수 계수를 다음과 같이 표기하자.

$$x_{hwr}(t) \quad \overset{CTFS}{\longleftrightarrow} \quad a_k$$

$$x_{hwr}(t - T_0/2) \xleftrightarrow{CTFS} b_k$$

$$x_{fwr}(t) \xleftrightarrow{CTFS} c_k$$

시간 이동된 반파정류 신호 $x_{hwr}(t-T_0/2)$의 푸리에급수 계수 b_k는 시간 이동 특성에 의하여

$$b_k = e^{-jk\omega_0(T_0/2)}a_k = e^{-jk\pi}a_k = \begin{cases} -a_k, & k \text{ 홀수} \\ a_k, & k \text{ 짝수} \end{cases} \tag{3.48}$$

이므로

$$c_k = a_k + b_k = \begin{cases} 0, & k \text{ 홀수} \\ 2a_k, & k \text{ 짝수} \end{cases} \tag{3.49}$$

으로 표현된다. 그런데 전파정류 신호의 주기는 반파정류 신호 주기의 반이므로(그림 3.16) $k = 2r$을 적용하면

$$c_r = \frac{2}{\pi(1 - 4r^2)} \tag{3.50}$$

3.4.3 주파수 이동

주파수 이동된 신호 $x(t)$의 푸리에급수쌍은 다음과 같이 정의된다.

$$e^{jr\omega_0 t}x(t) \xleftrightarrow{CTFS} a_{k-r} \tag{3.51}$$

여기서 주파수 이동은 시간 영역에서 복소지수 신호의 곱으로 표현되며, 이동된 주파수는 기본 주파수의 정수배 $r\omega_0$로 가정되고 계수 인덱스는 $k \to k - r$로 이동된다. 주파수 이동 특성의 증명은 다음과 같다.

$$\begin{aligned} y(t) &= \sum_k a_{k-r}e^{jk\omega_0 t} \\ &= \sum_l a_l e^{j(l+r)\omega_0 t}, \quad l = k - r \\ &= e^{jr\omega_0 t}\sum_l a_l e^{jl\omega_0 t} = e^{jr\omega_0 t}x(t) \end{aligned} \tag{3.52}$$

3.4.4 푸리에급수의 미분 적분 특성

미분 적분된 신호의 푸리에급수는 각각 다음과 같이 정의된다.

$$y(t) = \frac{dx(t)}{dt} \xleftrightarrow{CTFS} (jk\omega_0)a_k \tag{3.53a}$$

$$y(t) = \int_{-\infty}^{t} x(\tau)d\tau \xleftrightarrow{CTFS} \left(\frac{1}{jk\omega_0}\right)a_k \tag{3.53b}$$

이 특성은 신호 $x(t)$의 푸리에급수 표현식을 직접 미분하거나 적분하면 쉽게 확인된다(연습문제 **P3.16**).

3.4.5 대칭성

켤레 신호 $x^*(t)$의 푸리에급수 표현은

$$x^*(t) = \left(\sum_{k=-\infty}^{\infty} a_k e^{jk\omega_0 t}\right)^* = \sum_{k=-\infty}^{\infty} a_k^* e^{j(-k)\omega_0 t}$$
$$= \sum_{r=-\infty}^{\infty} a_{-r}^* e^{jr\omega_0 t}, \quad r = -k \tag{3.54}$$

이므로

$$x^*(t) \overset{CTFS}{\longleftrightarrow} a_{-k}^* \tag{3.55}$$

이다. 만약 $x(t)$가 실수 신호라면 $x(t) = x^*(t)$이므로

$$a_{-k} = a_k^* \tag{3.56}$$

즉, 실수 신호의 푸리에급수 계수는 켤레 대칭이다. 켤레 대칭이면 크기와 위상이 각각 우함수와 기함수이며, 실수부와 허수부도 각각 우함수와 기함수이다.

특별히 신호가 실수 우대칭이면 $x(t) = x^*(t) = x(-t)$이므로

$$a_k = a_{-k}^* = a_{-k} \quad \Longrightarrow \quad a_k \text{는 실수 우대칭} \tag{3.57}$$

이고, 실수 기대칭이면 $x(t) = x^*(t) = -x(-t)$이므로

$$a_k = a_{-k}^* = -a_{-k} \quad \Longrightarrow \quad a_k \text{는 허수 기대칭} \tag{3.58}$$

이다(연습문제 **P3.15**). 대부분의 신호가 실수 신호이므로 대칭 특성은 자주 활용된다.

3.4.6 파시벌 정리

파시벌 정리Parseval's theorem는 주기 신호의 평균 전력을 주파수 영역에서 푸리에급수 계수 a_k의 함수로 다음과 같이 표현한다.

$$P_x = \frac{1}{T_0}\int_{T_0} |x(t)|^2 dt = \sum_{k=-\infty}^{\infty} |a_k|^2 \tag{3.59}$$

여기서 $|a_k|^2$는 개별 하모닉 성분 $a_k e^{jk\omega_o t}$의 평균 전력이다. 파시벌 정리는 다음과 같이 증명된다.

$$P_x = \frac{1}{T_0}\int_{T_0} |x(t)|^2\, dt = \frac{1}{T_0}\int_{T_0} \left|\sum_k a_k e^{jk\omega_0 t}\right|^2 dt$$

$$= \frac{1}{T_0}\int_{T_0} \left(\sum_k a_k e^{jk\omega_0 t}\right)\left(\sum_r a_r e^{jr\omega_0 t}\right)^* dt$$

$$= \frac{1}{T_0}\int_{T_0} \sum_k \sum_r a_k a_r^* e^{j(k-r)\omega_0 t} dt$$

$$= \frac{1}{T_0} \sum_k \sum_r a_k a_r^* \int_{T_0} e^{j(k-r)\omega_0 t} dt$$

$$= \sum_{k=-\infty}^{\infty} |a_k|^2, \quad e^{jk\omega_0 t}\text{의 직교성 (3.21) 적용} \tag{3.60}$$

실수 신호의 경우 계수는 켤레 대칭 $a_{-k} = a_k^*$이므로 파시벌 정리는

$$P_x = \frac{1}{T_0}\int_{T_0} [x(t)]^2 dt = a_0^2 + 2\sum_{k=1}^{\infty} |a_k|^2 \tag{3.61}$$

과 같이 표현된다. 파시벌 정리를 이용하면 신호의 전체 평균 전력 중에서 해당 주파수 성분이 어느 정도 기여하는지 파악할 수 있다.

예제 3.6

예제 3.3에서 다룬 사각펄스 신호의 푸리에급수를 고려하자. 계수가 0이 되는 첫째 양의 정수 $k = 2$까지 분포된 평균 전력은 전체 전력의 몇 퍼센트인가? 펄스폭은 주기의 반을 가정한다($T_w = T_0/2$).

풀이 사각펄스 신호의 평균 전력은

$$P_x = \frac{1}{T_0}\int_{-T_w/2}^{T_w/2} 1 \cdot dt = \frac{1}{2}$$

이다. 실수 신호에 대한 파시벌 정리 (3.61)을 이용하면, a_k에 포함된 평균 전력은 다음과 같다.

$$P_k = |a_0|^2 + 2|a_1|^2 = \left(\frac{1}{2}\right)^2 + 2\left(\frac{1}{\pi}\right)^2$$

이로부터

$$\frac{P_k}{P_x} \times 100\% = \frac{\pi^2 + 8}{2\pi^2} \times 100\% = 90.528\%$$

연습 3.3 파시벌 정리를 이용하여 신호 $x(t) = \sin(10\pi t) + 4\cos(30\pi t)$의 평균 전력을 계산하라. 답 : $P_x = \frac{17}{2}$

다음 예에서는 신호의 푸리에급수를 직접 계산하는 대신 지금까지 설명된 푸리에급수의 특성을 활용하여 계산한다.

예제 3.7

앞서 예제 3.3에서 다루었던 사각펄스 신호는 ($T_w = T_0/2$일 때) 한 주기가

$$x_1(t) = \begin{cases} 1, & |t| < T_0/4 \\ 0, & T_0/4 < |t| < T_0/2 \end{cases} \tag{3.62}$$

와 같이 정의되며 푸리에급수 계수는

$$a_0 = 1/2 \tag{3.63a}$$

$$a_k = \frac{\sin(\pi k/2)}{\pi k} \tag{3.63b}$$

$$= \begin{cases} \frac{1}{\pi k}, & k = \text{홀수} \\ 0, & k = \text{짝수} \end{cases} \tag{3.63c}$$

이다. 이 결과와 표 3.1의 푸리에급수의 특성을 이용하여 삼각펄스 신호 $x_5(t)$

$$x_5(t) = \begin{cases} \frac{2}{T_0}t, & 0 < t < T_0/2 \\ 2 - t, & T_0/2 < t < T_0 \end{cases} \tag{3.64}$$

의 푸리에급수 계수 e_k를 구하라.

풀이 각 단계별 신호에 대한 계수는 그림 3.17에 순서대로 그림과 함께 설명되어 있다. 신호 변형에 따라 특성표 3.1을 이용하여 다음과 같이 계수를 구할 수 있다.

- $x_2(t)$는 $x_1(t)$로부터 $T_0/4$ 만큼 시간 지연되었다.
- $x_3(t)$는 $x_2(t)$로부터 상수를 차감하였으므로 c_0만 영향을 받고 다른 계수는 동일하다.
- $x_4(t)$는 $x_3(t)$의 적분이며, 평균값인 DC 성분 d_0는 신호에서 직접 계산된다.
- $x_5(t)$는 $x_4(t)$의 크기 비례에 해당한다.

IPYWIDGET 데모 3.2

위젯 파일 : `ctfs_time_freq_demo.ipynb`

이 데모에서는 주기 사각펄스 신호의 펄스폭 T_w와 주기 T_0가 시간 파형과 스펙트럼에 어떤 영향을 미치는지 실험할 수 있다. 먼저 주기를 고정하고 펄스폭 T_w를 변경하면서 스펙트럼 포락선의 변화를 관찰해 보라. 스펙트럼 $a_k = 0$인 위치(k)와 펄스폭의 관계는 어떠한가?

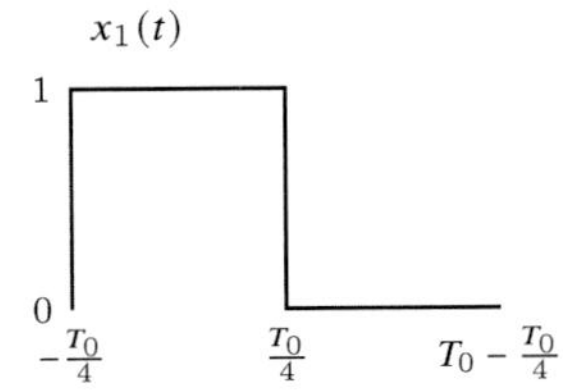

$$a_0 = \frac{1}{2} \tag{3.65a}$$

$$a_k = \frac{\sin(\pi k/2)}{\pi k}$$

$$= \begin{cases} \dfrac{(-1)^l}{\pi(2l+1)}, & k = 2l+1,\ \text{홀수} \\ 0, & k = 2l,\ \text{짝수} \end{cases} \tag{3.65b}$$

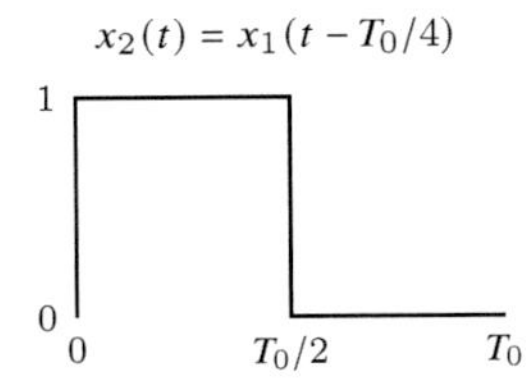

$$b_0 = a_0 = \frac{1}{2} \tag{3.66a}$$

$$b_k = e^{-j\pi k/2} a_k = e^{-j\pi k/2} \frac{\sin(\pi k/2)}{\pi k}$$

$$= \begin{cases} \dfrac{1}{j\pi k}, & k = \text{홀수} \\ 0, & k = \text{짝수} \end{cases} \tag{3.66b}$$

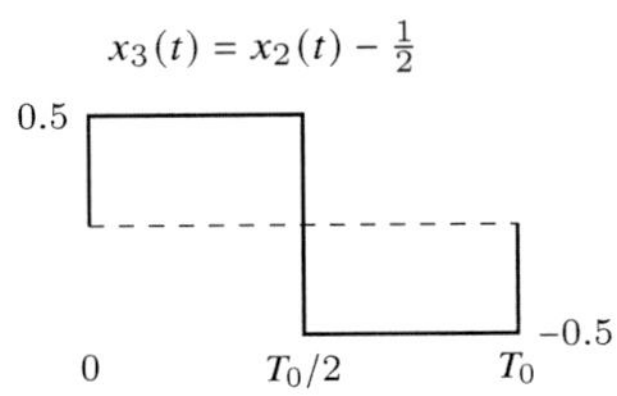

$$c_0 = b_0 - \frac{1}{2} = 0 \tag{3.67a}$$

$$c_k = b_k$$

$$= \begin{cases} \dfrac{1}{j\pi k}, & k = \text{홀수} \\ 0, & k = \text{짝수} \end{cases} \tag{3.67b}$$

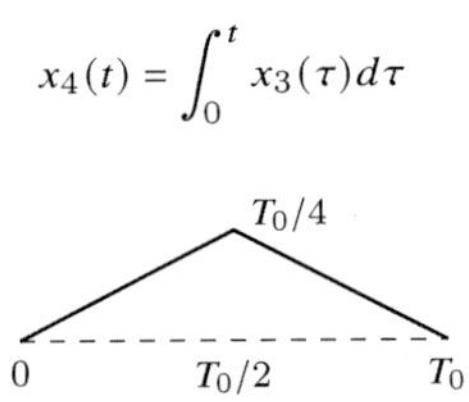

$$d_0 = \frac{T_0}{8} \tag{3.68a}$$

$$d_k = \frac{1}{j2\pi k f_0} c_k$$

$$= \begin{cases} \dfrac{-1}{2(\pi k)^2 f_0}, & k = \text{홀수} \\ 0, & k = \text{짝수} \end{cases} \tag{3.68b}$$

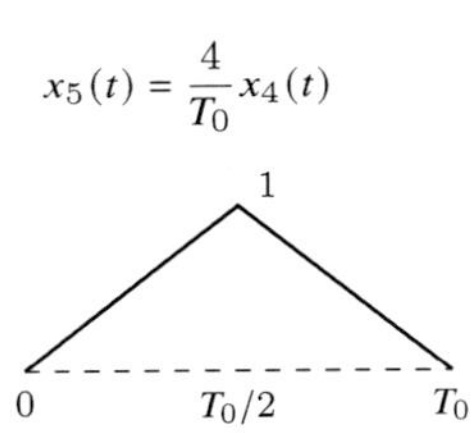

$$e_0 = \frac{4}{T_0} d_0 = \frac{1}{2} \tag{3.69a}$$

$$e_k = \frac{4}{T_0} d_k$$

$$= \begin{cases} \dfrac{-2}{(\pi k)^2}, & k = \text{홀수} \\ 0, & k = \text{짝수} \end{cases} \tag{3.69b}$$

그림 3.17 푸리에급수의 특성을 이용한 계수 계산(예제 3.7).

다음에는 펄스폭을 고정하고 주기를 변경하면서 스펙트럼의 변화를 주목하라. 또한 주기와 펄스폭의 비 $R = T_0/T_w$ 가 정수일 때와 정수가 아닐 때 스펙트럼의 차이도 확인할 수 있다. 이 차이의 이유는 무엇인가?

3.5 푸리에급수 계수를 이용한 신호의 합성

3.5.1 유한개의 푸리에급수 계수를 이용한 주기 신호의 합성

푸리에급수 분석식 (3.24b)를 이용하여 얻은 계수들은 역으로 신호를 합성 복원에 사용될 수 있다. 신호의 합성 복원에는 푸리에급수 합성식

$$x(t) = \sum_{k=-\infty}^{\infty} a_k e^{jk\omega_0 t}$$

을 사용한다. 컴퓨터 음악 분야의 악기음 합성은 푸리에급수 합성의 한 예이다. 악기음 합성에 사용되는 가산합성additive synthesis 은 푸리에급수 계수를 이용하여 악기음을 만들어내는 기법이다. 이때 무한히 많은 계수를 사용할 수 없으므로 유한개의 계수만을 사용한다. 유한개의 계수를 이용하여 실수 신호를 합성하기 위한 표현식을 구해보자.

유한개의 계수를 이용하여 합성된 신호를

$$x_N(t) = \sum_{k=-N}^{N} a_k e^{jk\omega_0 t} \tag{3.70}$$

과 같이 정의하자. 실수 신호 푸리에급수의 대칭성(3.4.5절)에 의하여

$$a_{-k} = a_k^* \tag{3.71}$$

의 관계를 갖는다. 이 사실을 적용하면 식 (3.70)을 다음과 같이 정현 신호의 합으로 표현할 수 있다.

$$\begin{aligned} x_N(t) &= a_0 + \sum_{k=1}^{N} \left[a_k e^{jk\omega_0 t} + a_k^* e^{-jk\omega_0 t}\right] \\ &= a_0 + \sum_{k=1}^{N} \left[|a_k| e^{j(k\omega_0 t + \measuredangle a_k)} + |a_k| e^{-j(k\omega_0 t + \measuredangle a_k)}\right], \quad a_k = |a_k| e^{j\measuredangle a_k} \\ &= a_0 + 2\sum_{k=1}^{N} |a_k| \cos(k\omega_0 t + \measuredangle a_k) \end{aligned} \tag{3.72}$$

우리는 직관적으로 합성에 사용되는 계수의 수를 늘리면 합성된 신호가 원 신호에 점점 더 근접한다고 추정한다. 이 추정을 바르게 서술하려면 원 신호와 합성된 신호의 근접도를 정의하는 지표가 필요하다. 이 주제는 다음 절에서 다루어진다.

3.5.2 합성 신호의 수렴과 깁스 현상

푸리에가 푸리에급수를 처음 발표할 당시 쟁점 사항은 불연속적인 신호를 어떻게 무한히 미분가능하며 연속이고 매끈한 정현 신호의 합으로 합성할 수 있는가였다. 이후 디리클레P.L. Dirichlet는 주기 신호가 일정한 조건을 만족한다면 푸리에급수로 표현될 수 있음을 밝혀냈다. 이 조건을 **디리클레 조건**Dirichlet condition이라 하며 다음과 같이 정리된다.

- 신호는 한 주기 안에서 절대적분 가능하다.

$$\int_0^{T_0} |x(t)|dt < \infty \tag{3.73}$$

- 신호는 한 주기 안에서 유한개의 최대 최소값을 갖는다.
- 신호는 한 주기 안에서 유한개의 불연속점을 갖는다.

이 조건을 만족하면 푸리에급수가 존재하며 다음이 성립한다.

$$\lim_{N\to\infty} |x(t) - x_N(t)| = 0, \quad \text{불연속점을 제외한 모든 } t\text{에서} \tag{3.74}$$

불연속점 t_i에서 $x_N(t_i)$는 $[x(t_i^-) + x(t_i^+)]/2$로 수렴한다. 디리클레 조건을 만족하는 신호는 불연속점을 제외한 모든 점에서 원 신호에 수렴한다. 그러나 디리클레 조건은 충분조건이지 필요조건은 아니다.

합성 신호가 원 신호에 얼마나 근사한가를 측정하기 위해 다음과 같이 합성 오차

$$e_N(t) = x(t) - x_N(t) \tag{3.75}$$

를 정의하고 사각펄스의 수렴을 살펴보자. 사각펄스는 디리클레 조건을 만족한다. 그림 3.18은 푸리에급수 계수와 식 (3.72)를 이용하여 $N = 1, 3, 9, 31$의 경우 사각펄스를 합성한 결과이다. $N = 1$일 때 사각펄스는 하나의 정현 신호로 표현된다. 이 경우 합성 신호는 사각펄스의 모양을 전혀 갖추고 있지 않지만 신호의 고저는 파악할 수 있다. N이 증가함에 따라 $x_N(t)$는 사각펄스 신호 $x(t)$에 더 가깝게 접근한다. 그런데 합성 신호 $x_N(t)$는 불연속점에서 항상 평균값 0.5를 유지하며 불연속점 좌우에 대칭으로 토끼귀 모양의 진동이 발생한다. 이는 불연속이 있는 신호를 무한히 미분가능한 부드러운 신호로 합성하기 때문에 발생한다. N을 아무리 큰 값으로 정하더라도 이 진동은 사라지지 않고 항상 신호 진폭의 9% 진폭을 유지한다. 즉, 푸리에급수가 N이 증가함에 따라 원 신호에 근접하지만 여전히 불연속점에서는 큰 오차를 보인다. 이런 현상을 **깁스 현상**Gibbs Phenomenon이라 한다.

합성 오차의 의미를 해석하기 위해 또 다른 오차를 정의하자. 신호 최적화에서 많이 사용되는 **제곱평균 오차**mean square error(MSE)는 다음과 같이 정의된다.

$$E_N = \frac{1}{T_0}\int_0^{T_0} |x(t) - x_N(t)|^2 dt \tag{3.76}$$

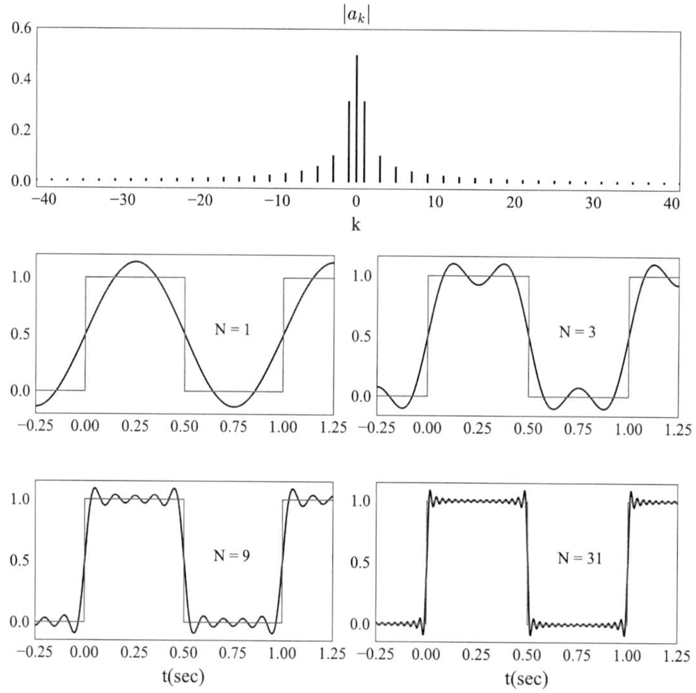

그림 3.18 사각펄스 신호의 푸리에급수 계수와 유한개의 푸리에급수 계수를 이용한 사각펄스 신호의 합성(N = 1, 3, 9, 31).

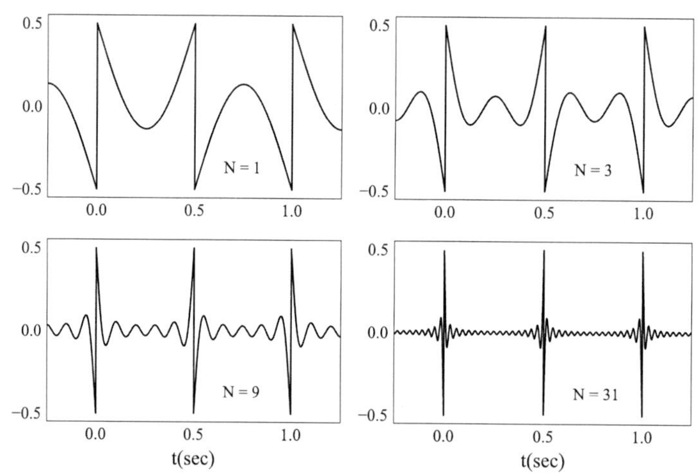

그림 3.19 사각펄스 신호의 합성 오차(N = 1, 3, 9, 31).

그림 3.19는 사각펄스의 경우 N = 1, 3, 9, 31일 때 합성 오차이다. 합성 오차의 최대/최소값은 불연속점 $t = 0.5$에서 항상 ±0.5이다. 이는 디리클레 조건에서 밝힌 바와 같이 불연속점에서 푸리에급수의 합성 신호가 평균값 0.5의 값을 갖기 때문이다. 여기서 N이 증가함에 따라 오차의 최대값은 일정하지만 합성 오차의 면적 $|e_N(t)|$는 줄어들고 $N \to \infty$함에 따라 $E_N \to 0$이다. 즉, $N \to \infty$에 따라 합성된 신호는 불연속점을 제외한 모든 점에서 수렴하며, 합성 오차의 평균 전력은 0에 수렴한다. 유한개의 불연속적인 점에서 전력의 차이는 0이다.

삼각펄스 신호는 미분 불가능한 시점은 있지만 불연속점은 없으므로(그림 3.15) 삼각펄스의 푸리에급수 합성은 깁스 현상을 일으키지 않는다. 뿐만 아니라, 삼각펄스의 푸리에급수 계수는 $1/k^2$의 비율로 감소한다. 사각펄스 신호와 비교하여 삼각펄스 신호는 저주파 영역에 더 많은 전력이 몰려 있음을 의미한다. 그림 3.20은 $N = 1, 3, 9$일 때 합성된 삼각펄스 신호이다. $N = 9$일때 합성된 신호는 원 신호에 매우 가깝다. 예상한대로 합성 신호는 N에 따라 빠르게 원 신호에 수렴한다.

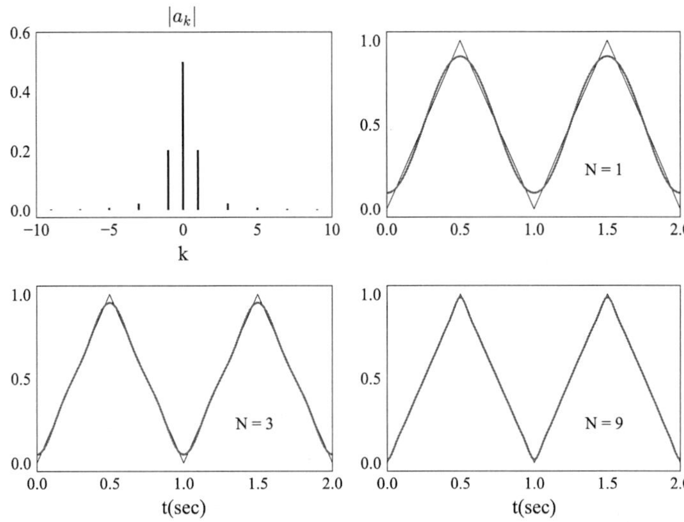

그림 3.20 푸리에급수 계수를 이용한 삼각파 신호의 합성($N = 1, 3, 9$).

사각펄스와 삼각펄스의 합성 신호 $x_N(t)$가 원 신호 $x(t)$에 얼마나 빠르게 수렴하는가를 살펴보자. 식 (3.76)은 신호의 평균 전력에 따라 값이 달라질 수 있으므로 다음과 같이 정규화된 MSE를 사용하기로 한다.

$$\overline{E}_N = \frac{\dfrac{1}{T_0}\displaystyle\int_{T_0} |x(t) - x_N(t)|^2 dt}{\dfrac{1}{T_0}\displaystyle\int_{T_0} |x(t)|^2 dt} \times 100(\%) \tag{3.77}$$

그림 3.21은 사각펄스와 삼각펄스 신호를 N개의 계수로 합성할 때 N에 따른 $\overline{E}_N$의 변화이다. 사각펄스 신호의 경우 N에 따라 $\overline{E}_N$이 완만히 감소하지만 삼각펄스 신호의 경우 $\overline{E}_N$은 빠르게 감소한다. 예를 들면 $N = 10$일 때 사각펄스 신호의 $\overline{E}_N$은 2%이지만 삼각펄스 신호의 경우 0.004% 정도이다. 어느 경우이건 $N \to \infty$에 따라 합성 신호는 원 신호에 근접해간다.

IPYWIDGET 데모 3.3

위젯 파일: `musical_inst_demo.ipynb`

이 데모에서는 악기음으로부터 푸리에급수 계수를 구하고 계산된 계수로부터 다시 악기음을 합성한다. 동일한 음정이지만 악기에 따라 파형과 스펙트럼은 사뭇 다르다. 유사점과

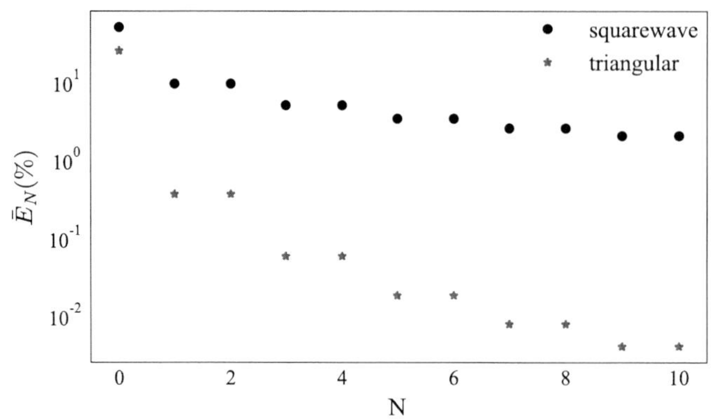

그림 3.21 N에 따른 MSE의 변화: 사각펄스 신호와 삼각펄스 신호의 비교.

차이점을 확인해 보고 소리도 비교하여 들어볼 수 있다. 푸리에급수 계수는 악기음 중 한 주기 프레임을 선택하여 계산된다. 계산된 푸리에급수 계수 중 N개를 이용하여 악기음을 합성할 수 있다. 계수의 수에 따라 합성음이 원음에 수렴하는 속도는 스펙트럼의 크기 분포에 따라 다르다. 어느 악기의 합성 속도가 빠르고 어느 악기의 합성 속도가 느린가? 합성음이 파형의 전반부에서는 원음이 거의 동일하지만 후반부로 갈수록 차이가 발생하는 이유는 무엇인가? 악기음의 푸리에급수 계수 분석과 합성은 파이썬 예제 3.6에서 상세히 다루어진다.

3.5.3 푸리에급수 계수의 최적성

유한개의 푸리에급수 계수를 이용하여 신호를 합성할 때 계수들은 항상 제곱평균 오차 E_N을 최소화한다. 이 점은 기본함수 $e^{jk\omega_0 t}$의 직교성에 기인한다. 합성된 신호를

$$x_N(t) = \sum_{k=-N}^{N} \alpha_k e^{jk\omega t} \tag{3.78}$$

로 정의하면 제곱평균 오차 E_N은

$$\begin{aligned} E_N &= \frac{1}{T_0}\int_0^{T_0} |x(t) - x_N(t)|^2 dt \\ &= \frac{1}{T_0}\int_0^{T_0} \left| \sum_{k=-\infty}^{\infty} a_k e^{jk\omega_0 t} - \frac{1}{T_0}\sum_{k=-N}^{N} \alpha_k e^{jk\omega_0 t} \right|^2 dt \end{aligned} \tag{3.79}$$

이다. 파시벌 정리를 적용하면 식 (3.79)는

$$E_N = \sum_{k=-N}^{N} |a_k - \alpha_k|^2 + \sum_{|k|>N} |a_k|^2 \tag{3.80}$$

로 표현된다. 식 (3.80)의 둘째 항은 α_k에 무관한 양의 상수이며, 첫째 항은

$$\alpha_k = a_k, \quad k = 0, \pm 1, \pm 2, \cdots \pm N \tag{3.81}$$

일 때 0이다. 즉, 푸리에급수 계수 a_k는 모든 N에서 E_N을 최소화하는 최적의 계수이다.

파이썬 예제

파이썬 예제 3.1: 비트음

비트음은 주기 신호와 스펙트럼의 관계를 잘 설명하는 예이다. 이 파이썬 예제에서는 비트음을 생성하고, 파형을 그려보고, 소리를 직접 들어보며, 스펙트럼을 그래프로 확인한다.

1 비트음을

$$x_{beat}(t) = A\cos(2\pi(f_c + f_\Delta)t) + B\cos(2\pi(f_c - f_\Delta)t)$$

과 같이 표현하고, 이 신호를 만드는 함수 beat를 파이썬으로 정의하자. 연속시간 신호이지만, 샘플된 형태로 다음과 같이 신호를 만들 수 있다. 여기서 fs=11025는 fs 인자가 주어지지 않았을 때 기본값으로 사용된다.

```
def beat(A, B, fc, df, dur, fs=11025):
    """compute samples from sum of two cosines
    inputs:
        A = amplitude of upper cosine
        B = amplitude of lower cosine
        fc = center frequency(Hz)
        df = frequency deviation from fc(Hz)
        fs = sampling frequency(default=11025)
        dur = signal duration(sec)
    outputs:
        x = sample vector of beat signal
        t = time index
    """
    t = np.arange(0, dur, 1/fs)
    x1 = A * np.cos(2*np.pi*(fc-df)*t)
    x2 = B * np.cos(2*np.pi*(fc+df)*t)
    x = x1 + x2
    return x, t
```

2 함수 beat를 이용하여 비트 신호를 만들고, 만들어진 비트 신호를 그린다. 함수를 호출할 때 A=2B=1, fc=440, delf=5, fs=11025, dur=3을 사용한다. 이 값은 C4 라음에 해당하며, $f_\Delta = 5\,\text{Hz}$이므로 비트음이 잘 드러나도록 선택되었다.

```
from scipy import signal
fc, delf, fs, dur = 440, 5, 11025, 3
x, t = beat(1, 0.5, fc, delf, dur)
fig, ax = plt.subplots(figsize=(6,2.5))
ax.plot(t*1000, x)
```

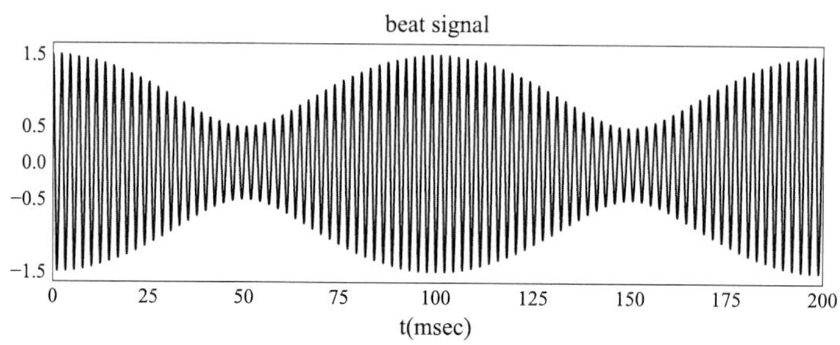

그림 3.22 비트 신호 파형(파이썬 예제 3.1(2)).

3 비트음의 소리를 들어보자. 파이썬에서 소리는 IPython.display.Audio 함수를 이용하여 들을 수 있다(다음 코드를 실행하면 떨리는 440 Hz 음정을 들을 수 있다.).

```
from IPython.display import Audio
Audio(data=x, rate=fs)
```

4 비트 신호의 스펙트럼을 그려보자. 연속시간 신호의 스펙트럼은 원칙적으로 컴퓨터로 직접 계산이 불가능하지만, 여기서는 파이썬 numpy.fft.fft 함수를 이용하여 근사적으로 계산한다.

```
# 비트음 스펙트럼
from numpy.fft import fft, fftshift
Nfft = 2048
X = fftshift(fft(x))/fs
f = np.linspace(-fs/2, fs/2, len(X), endpoint=False)
fig, ax = plt.subplots(figsize=(6,2.5))
ax.plot(ff, np.abs(X))
```

FFT를 이용한 스펙트럼 계산은 파이썬 예제 4.2에서 설명되지만, 여기서는 약간의 설명을 추가하기로 한다. 스펙트럼은 연속시간 신호의 이산화된 샘플 Nfft개를 이용하여 계산된다. 함수 fft는 주파수 범위 $[0,\ f_s]$를 Nfft=2048개의 단위로 쪼개어 계산한다. fft 함수는 계산된 스펙트럼 X를 반환한다. 이때 전반 1024개의 스펙트럼 샘플은 양의

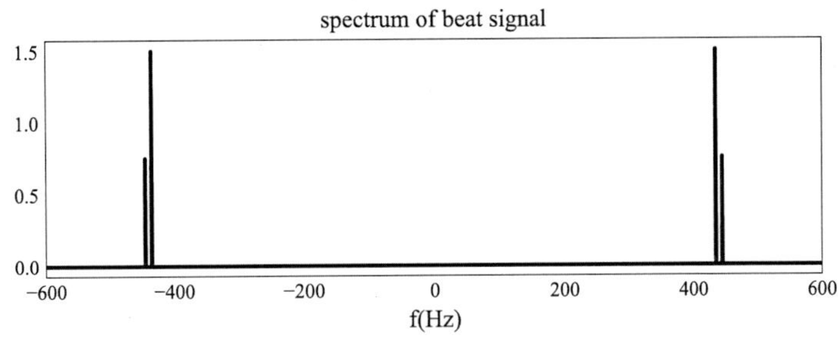

그림 3.23 비트 신호의 스펙트럼(파이썬 예제 3.1(3)).

주파수 범위에 해당하며 후반 1024개의 스펙트럼 샘플은 음의 주파수 범위에 해당한다. 주파수 0을 기준으로 좌우에 음과 음의 주파수 성분들이 오도록 하려면 `fftshift` 함수를 이용하여 스펙트럼의 순서를 재정렬한다. 이 값은 복소수이므로 크기 스펙트럼을 그리기 위해서는 `np.abs(X)`와 같이 크기를 계산한다. 그림 3.23은 코드 실행 결과이다.

파이썬 예제 3.2: sympy를 이용한 푸리에급수 계산

연속시간 주기 신호의 푸리에급수 계수는 여러 방법으로 계산할 수 있다. 이 예제와 다음 예제에서 그 방법을 알아보기로 한다. 여기서는 실수 신호를 가정한다. 푸리에급수를 복소지수 신호 $e^{j\omega_0 t}$ 대신 정현 신호 $\cos(k\omega_0 t)$와 $\sin(k\omega_0 t)$로 표현하면 다음과 같다.

$$\begin{aligned}
x(t) &= \sum_{k=-\infty}^{\infty} a_k e^{jk\omega_0 t} = a_0 + \sum_{k=1}^{\infty}\left[a_k e^{jk\omega_0 t} + a_{-k}e^{-jk\omega_0 t}\right] \\
&= a_0 + \sum_{k=1}^{\infty}\left[a_k e^{jk\omega_0 t} + a_k^* e^{-jk\omega_0 t}\right], \quad a_{-k} = a_k^* \\
&= a_0 + \sum_{k=1}^{\infty}\left[a_k \cos(k\omega_0 t) + j a_k \sin(k\omega_0 t) + a_k^* \cos(k\omega_0 t) - j a_k^* \sin(k\omega_0 t)\right] \\
&= A_0 + \sum_{k=1}^{\infty}\left[A_k \cos(k\omega_0 t) + B_k \sin(k\omega_0 t)\right] \qquad (3.82)
\end{aligned}$$

식 (3.82)에서 A_k와 B_k는 각각 코사인 항과 사인 항의 계수로서 다음과 같이 주어진다.

$$A_0 = a_0, \quad A_k = 2\mathrm{Re}\{a_k\}, \quad B_k = -2\mathrm{Im}\{a_k\} \qquad (3.83a)$$

$$\text{혹은} \quad a_k = \frac{1}{2}A_k - j\frac{1}{2}B_k \qquad (3.83b)$$

이다. 그런데

$$\begin{aligned}
a_k &= \frac{1}{T_0}\int_0^{T_0} x(t)e^{jk\omega_0 t}\,dt \\
&= \frac{1}{T_0}\int_0^{T_0} x(t)[\cos(k\omega_0 t) + j\sin(k\omega_0 t)]dt
\end{aligned}$$

$$= \underbrace{\frac{1}{T_0}\int_0^{T_0} x(t)\cos(k\omega_0 t)dt}_{\frac{1}{2}A_k} + j\underbrace{\frac{1}{T_0}\int_0^{T_0} x(t)\sin(k\omega_0 t)dt}_{-\frac{1}{2}B_k} \tag{3.84}$$

이므로, 계수 A_k와 B_k는

$$A_0 = \frac{1}{T_0}\int_0^{T_0} x(t)dt \tag{3.85a}$$

$$A_k = \frac{2}{T_0}\int_0^{T_0} x(t)\cos(k\omega_0 t)dt \tag{3.85b}$$

$$B_k = \frac{2}{T_0}\int_0^{T_0} x(t)\sin(k\omega_0 t)dt \tag{3.85c}$$

로 표현된다.

적분식 (3.85)는 파이썬 함수 sympy.integrate를 이용하여 계산할 수 있다. 다음 함수 ctfs_sym은 주기 T_0인 신호 x의 푸리에급수 계수를 a_N까지 계산한다.

```
from sympy import *
def ctfs_sym(x, t, T0, N):
    ak = []
    for k in range(N+1):
        Ak = (2/T0)*integrate(x*cos(2*pi*k*t/T0), (t,0,T0))
        Bk = (2/T0)*integrate(x*sin(2*pi*k*t/T0), (t,0,T0))
        ak.append(Ak/2 - 1j*Bk/2)
    return ak
```

작성된 함수 ctfs_sym을 이용하여 주기 $T_0 = 1$인 사각펄스의 푸리에급수 계수를 $N = 5$까지 계산해 보자. 사각펄스 신호는 Piecewise를 이용하여 정의한다.

```
# 함수 ctfs_sym을 이용하여 주기 사각펄스의 푸리에급수 계수 계산
t = symbols('t')
x1 = Piecewise(
    (1, t<0.5),
    (0, t<1)
)
ak = ctfs_sym(x, t, 1, 5)
print(ak)
```

```
[0.500000000000000, -1.0*I/pi, 0, -0.333333333333333*I/pi, 0,
↪ -0.2*I/pi]
```

파이썬 예제 3.3: numpy를 이용한 푸리에급수 계산

sympy를 이용하면 푸리에급수 계수를 정확하게 계산할 수 있지만 계산 속도가 느린 단점이 있다. numpy를 이용하면 비록 근사적으로 계산하지만 빠른 계산이 가능하다. 푸리에급수 계수의 계산은 여전히 식 (3.85)를 적용한다. 다음 함수 ctfs는 N번째 하모닉 계수까지 계산한다. 여기서 적분식 (3.85)는 합을 이용하여 근사적으로 계산된다. 물론 시간 샘플링을 잘게 할수록 계산 정확도는 높아진다. 함수 ctfs에서 T0는 신호의 주기가 아니라 샘플 개수이다.

```
def ctfs(x, N):
    """compute Fourier series coefficients up to Nth harmonic
    x = signal of one period
    N = number of coefficients
    """
    ak = np.zeros(N+1, dtype=complex)
    T0 = len(x)
    t = np.arange(T0)
    for k in range(N+1):
        Ak = (2/T0)*np.sum(x * np.cos(2*np.pi*k*t/T0))
        Bk = (2/T0)*np.sum(x * np.sin(2*np.pi*k*t/T0))
        ak[k] = Ak/2 - 1j*Bk/2
    return ak
```

앞서 다룬 사각펄스의 예를 다시 고려하자. 파이썬 예제 1.5에서 소개한 주기 신호 생성방법을 이용하면 주기 사각펄스 신호를 다음같이 정의할 수 있다. 다음은 푸리에급수 계수를 $N = 5$까지 계산하는 코드이다. 여기서 tp는 한 주기 신호를 정의하기 위한 시간 변수이고, t는 주기 신호를 그래프로 그리기 위한 시간 변수이다. 계수의 실수부 반올림오차는 10^{-4} 정도이다. 이 오차는 불연속점을 포함하는 신호에서 크며 Ts 값에 의해 결정된다(파이썬 문제 **P3.21** 참고).

```
x1 = lambda t: (abs(t%1)<0.5).astype(float)
Ts = 1/10000; t = np.arange(-0.25, 2.25, Ts)
tp = np.arange(0, 1, Ts)# time for one-period
ak = ctfs(x1(tp), 5)
```

```
[ 5.00000000e-01+0.00000000e+00j  1.00000000e-04-3.18309876e-01j
 -2.27373675e-17-5.68434189e-18j  1.00000000e-04-1.06103264e-01j
 -2.27373675e-17-1.13686838e-17j
 ↪  1.00000000e-04-6.36619249e-02j]
```

그림 3.24는 주기 사각펄스 신호와 $N = 20$까지 계산한 푸리에급수 계수의 크기이다.

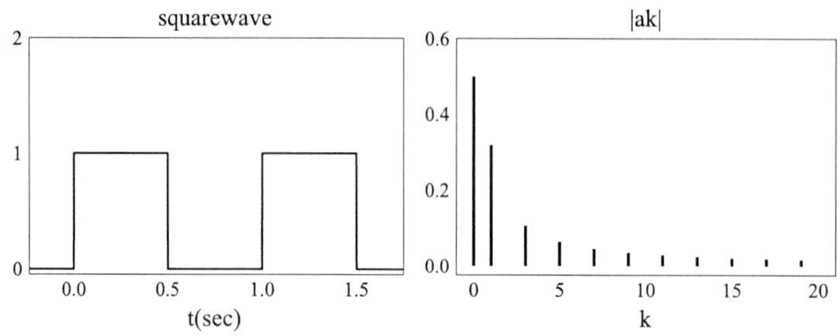

그림 3.24 주기 사각펄스 신호와 푸리에급수 계수(파이썬 예제 3.3).

파이썬 예제 3.4: 푸리에급수 계수를 이용한 신호 합성

이 예제에서는 유한개의 푸리에급수 계수를 이용하여 신호를 합성하는 과정을 고려한다. 실수 신호를 가정하면 신호 합성은 시간 영역에서 식 (3.72)와 같이 코사인 함수를 이용하여 표현된다.

$$[(3.72)] \qquad x_N(t) = a_0 + 2\sum_{k=1}^{N} |a_k| \cos(2\pi k f_0 t + \measuredangle a_k)$$

이 식을 이용하면 실수 주기 신호를 합성하는 함수 `ctfs_syn_loop`를 다음과 같이 `for-loop` 형태로 구현할 수 있다. 배열 ak는 푸리에급수 계수 a_k를 complex형으로 정의한다. 함수에서 N1은 합성에 사용된 계수의 수이며, 식 (3.72)의 $N+1$에 해당한다.

```
# 푸리에급수 계수로부터 주기 신호를 합성하기 위한 함수
# for-loop 활용
def ctfs_syn_loop(f0, ak, t):
    """
    f0 = fundamental frequency
    ak = fourier series coefficients
    t = time variable
    """
    N = len(ak)#number of harmonics used
    xsyn = np.real(ak[0]) * np.ones_like(t)
    for k in range(1,N):
        xsyn += 2 * np.abs(ak[k]) *
        ↪ np.cos(2*np.pi*(k*f0)*t+np.angle(ak[k]))
    return xsyn
```

파이썬 numpy의 벡터 연산을 이용하면 `for-loop`없이 벡터를 계산속도를 높일 수 있다. 벡터 계산은 파이썬 numpy의 중요한 장점의 하나이다. 벡터 계산을 하기 위해 식

$$\sum_{k=1}^{N} |a_k| \cos(2\pi k f_0 t + \measuredangle a_k)$$

을 다음과 같은 행렬-벡터로 표현하자.

$$\cos\left\{2\pi f_0 \begin{pmatrix} t_0 \cdot 1 & t_0 \cdot 2 & \cdots & t_0 \cdot N \\ t_1 \cdot 1 & t_1 \cdot 2 & \cdots & t_1 \cdot N \\ \vdots & \vdots & & \vdots \\ t_n \cdot 1 & t_n \cdot 2 & \cdots & t_n \cdot N \end{pmatrix} + \begin{pmatrix} \measuredangle a_1 \\ \measuredangle a_2 \\ \vdots \\ \measuredangle a_N \end{pmatrix}\right\} \cdot \begin{pmatrix} |a_1| \\ |a_2| \\ \vdots \\ |a_N| \end{pmatrix}$$

파이썬에서 모든 계산은 원소별 계산이 기본이므로 벡터와 행렬 계산을 위해서는 벡터 외적과 내적을 구분하여 계산해야 한다. 파이썬에서 외적은 `numpy.outer`으로 계산되고, 내적은 `numpy.dot`로 계산된다. 위 식이 다음 함수 `ctfs_syn`에서 어떻게 구현되는지 각자 확인해 보라. 특별히 파이썬의 `np.outer`와 `np.dot` 함수가 어떻게 적용되는지 확인해 보라. 또한 벡터 `np.angle(ak[1:])`이 `broadcast`되어 행렬과 원소별 연산으로 계산되는 과정도 확인하면 좋다.

```
# 푸리에급수 계수로부터 주기 신호를 합성하기 위한 함수
# 벡터합 활용
def ctfs_syn(f0, ak, t):
    """ synthesize signal using ctfs ak
    f0 = fundamental frequency
    ak = fourier series coefficients
    t = time variable
    """
    k = np.arange(1,len(ak))
    xsyn =
    ↪ 2*np.dot(np.cos(2*np.pi*f0*np.outer(t,k)+np.angle(ak[1:])),
    ↪ np.abs(ak[1:]))
    xsyn += np.real(ak[0])
    return xsyn
```

파이썬 예제 3.5: 푸리에급수 계수를 이용한 삼각펄스 신호 합성

파이썬 예제 3.4에서 구현한 함수 `ctfs_syn`를 이용하여 삼각펄스를 합성해 보자. 우리가 원하는 결과는 그림 3.20이다. 이 결과는 그림 3.15에 있는 삼각펄스 신호와 계수 정의를 이용하여 $N = 1,\ 3,\ 9$일 때 신호 $x_N(t)$를 합성하여 얻었다. 다음 절차를 따라 해보자.

1. 먼저 주기 $T_0 = 1$인 삼각펄스 신호는, 앞서 1.5에서 설명한 방식대로, 모듈로 연산자(`%`)를 이용하여 정의된다.

```
x = lambda t: 2*(t%1)*(abs(t%1)<0.5).astype(float) +
↪  (2-2*abs(t%1))*(abs(t%1)>0.5).astype(float)
```

2 삼각펄스 신호의 푸리에급수 계수는 켤레 대칭성을 이용하여 다음과 같이 정의되었다. 굳이 켤레 대칭성을 고집하여 이용할 필요는 없다.

```
N = 9; k = np.arange(-N, N+1)
ak = np.zeros(N+1).astype(complex)
ak[0] = 0.5; ak[1:N+1:2] = -2/(np.pi*np.arange(1,N+1,2))**2
mag_ak = np.concatenate((np.abs(ak[:0:-1]), np.abs(ak)))
```

3 신호는 함수 ctfs_syn를 이용하여 합성되고 원 신호와 비교된다. 합성은 $N = 1, 3, 9$의 경우에 대하여 반복된다.

```
for n, N in enumerate([1,3,9]):
    xsyn = ctfs_syn(1,ak[:N+1],t)
```

다음은 전체 코드이며 그림 3.20은 코드 실행 결과이다.

```
# 푸리에급수 계수를 이용한 삼각펄스 신호 합성
from scipy import signal
t = np.linspace(0, 2, 500)
# 삼각펄스 신호 정의
x = lambda t: 2*(t%1)*(abs(t%1)<0.5).astype(float) +
↪  (2-2*abs(t%1))*(abs(t%1)>0.5).astype(float)
# CTFS 계수
N = 9; k = np.arange(-N, N+1)
ak = np.zeros(N+1).astype(complex)
ak[0] = 0.5; ak[1:N+1:2] = -2/(np.pi*np.arange(1,N+1,2))**2
mag_ak = np.concatenate((np.abs(ak[:0:-1]), np.abs(ak)))# 대칭성 활용
# 플롯
fig, axes = plt.subplots(2,2, figsize=(6,4.5))
markerline,stemlines,baseline = axes[0,0].stem(k, mag_ak)
plt.setp(stemlines, lw=1.25)
plt.setp(markerline, markersize=0)
plt.setp(baseline, color='k', lw=0)
axes[0,0].set_xlim(-N, N)
axes[0,0].set_xlabel('k')
axes[0,0].set_title(r'$|a_k|$')
for n, N in enumerate([1,3,9]):
    # 신호 합성과 플롯
    xsyn = ctfs_syn(1,ak[:N+1],t)
```

```
ax = axes[(n+1)//2, (n+1)%2]
ax.plot(t, x, lw=0.5)
ax.plot(t, xsyn, lw=1.25)
```

파이썬 예제 3.6: 오보에 악기음의 푸리에급수 분석과 합성

3.1.3절에서 악기음이 상당히 주기적이라는 사실과 악기음의 스펙트럼이 기본 주파수의 정수배에 위치한다는 사실을 확인하였다. 또한 그림 3.9에서는 하모닉 성분이 추가될 때 합성된 소리가 어떻게 오보에 소리에 근접하는지를 보았다. 이 예제에서는 파이썬을 이용하여 오보에 소리의 푸리에급수 계수를 계산하고, 오보에 소리를 합성하는 과정을 실험해보기로 한다. 다음 절차를 따라 진행해 보자.

1. 그림 3.25는 파일 'oboe-C4.wav'로부터 읽어들인 오보에 C4 음정 소리이다. Audio 함수를 이용하면 소리를 재생하여 들어볼 수 있다. 소리 파형을 자세히 보기 위해 10,000번째 샘플로부터 1024 샘플의 파형을 그려보자. 그림 3.26은 오보에 소리의 주기성을 잘 보여 준다.

```
# 오보에 악기음을 파일로부터 읽어서 들어보기
import scipy.signal as signal
import scipy.io.wavfile as wavfile
from IPython.display import Audio

fs, x = wavfile.read('data/oboe-C4-44100.wav')
x = x/np.amax(np.abs(x))
Audio(data=x, rate=fs) # playback the sound
fig, ax = plt.subplots(figsize=(6,2.5))
ax.plot(x)
ax.set_xlabel('samples')
ax.set_title('oboe-C4')
fig.tight_layout()
```

2. 오보에 소리의 한 주기로부터 푸리에급수 계수를 계산하자. 오디오 파일의 샘플링 주파수는 $f_s = 44\,100\,\text{Hz}$이며 C-4 음정은 $f_0 = 261.6\,\text{Hz}$이므로 한 주기의 샘플 수는

$$\frac{f_s}{f_0} = \frac{44100}{261.6} \approx 169$$

이다. 한 주기 샘플로부터 푸리에급수 계수를 계산하자. 이때 파이썬 예제 3.4에서 작성한 함수 ctfs를 이용하면 된다.

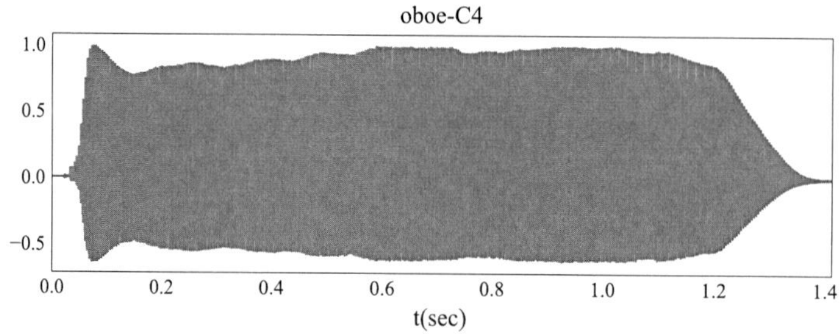

그림 3.25 오보에 악기음(파이썬 예제 3.6).

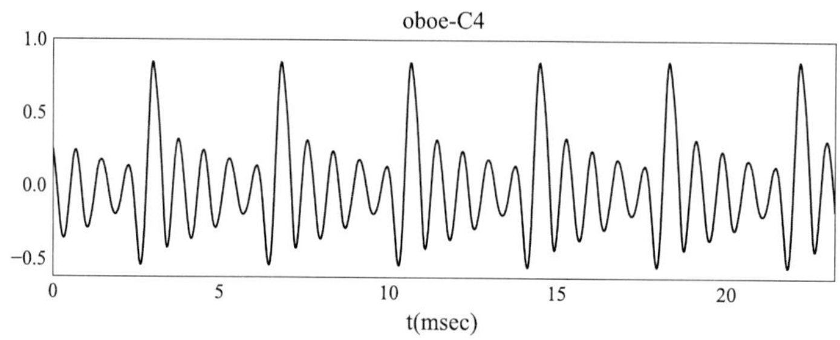

그림 3.26 오보에 악기음 그림 3.25의 샘플 시간 10,000부터 1024 샘플(파이썬 예제 3.6).

```
# ak 계산
f0 = 261.6
Lp = int(fs/f0+0.5)#오보에 악기음의 한 주기
oboe_one_period = xseg[:Lp+1]
ak = ctfs(oboe_one_period, 20)
# ak 플롯
fig, ax = plt.subplots(figsize=(4,3))
markerline,stemlines,baseline = ax.stem(np.abs(ak), basefmt='
↪  ')
plt.setp(markerline, ms=0)
plt.setp(stemlines, lw=2, color='C1')
ax.set_xlabel('k')
ax.set_title('$|a_k|$')
fig.tight_layout()
```

그림 3.27은 계산된 푸리에급수 계수 a_k의 크기이다. 오보에 소리의 주요 성분은 푸리에급수 계수 $N < 12$까지 분포되어 있음이 확인된다.

3 계산된 계수 a_k로부터 오보에 소리를 합성해 보자. 앞에서 작성한 함수 ctfs_syn을 활용한다. 그림 3.28은 $N = 1, 3, 5, 7$일때 합성된 신호와 원 신호를 비교한 것이다. $N = 7$이면 합성된 신호가 원 신호와 아주 근사하다. $N = 7$일 때 앞부분에서는 합성 신호가 원신호와 정확하게 일치하지만 뒷부분에서는 약간의 차이를 보인다. 이는

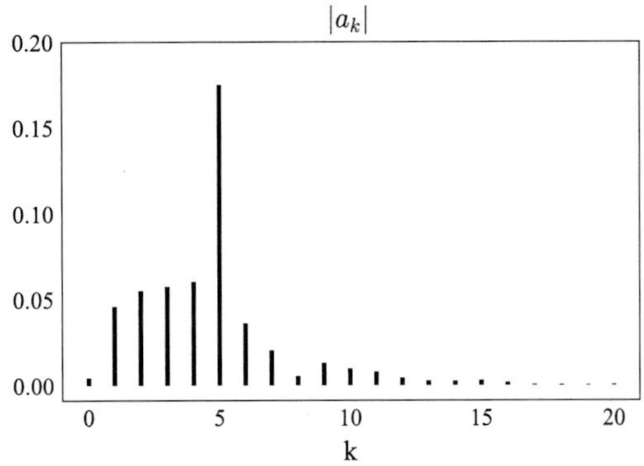

그림 3.27 계산된 오보에 악기음의 푸리에급수 계수(파이썬 예제 3.6).

악기음이 완벽하게 주기적이 아니라 시간에 따라 완벽한 주기성에서 조금씩 이탈하는 유사-주기성(quasi-periodicity)을 갖기 때문이다. 음악의 아름다움이 완벽한 주기성을 의미하지는 않는다.

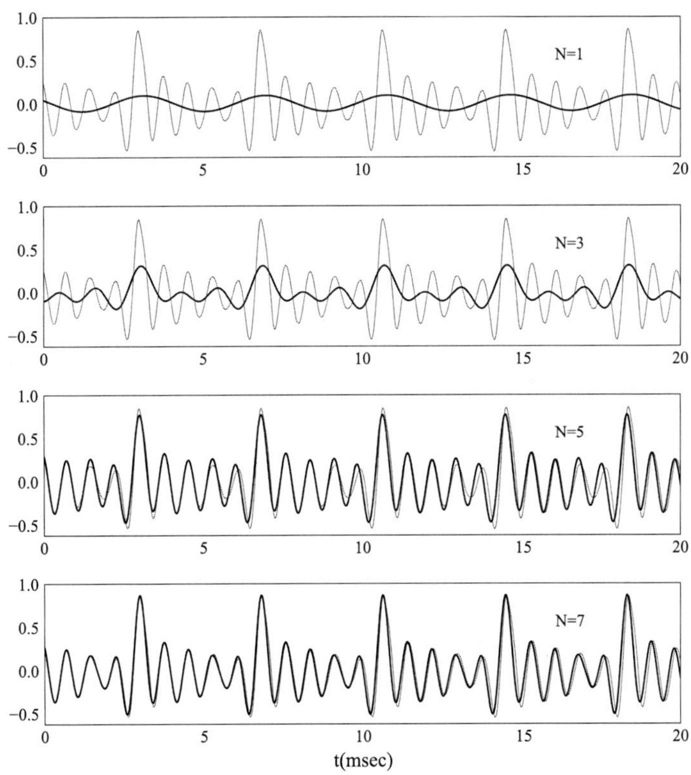

그림 3.28 유한개의 푸리에급수 계수를 이용하여 합성된 오보에 악기음(파이썬 예제 3.6).

```
# 유한개의 푸리에급수 계수를 이용하여 오보에 소리를 합성
t = np.arange(L)/fs
```

```
fig, axes = plt.subplots(4,1, figsize=(6,6.5))
for k, N in enumerate([1,3,5,7]):
    xsyn = ctfs_syn(f0, ak[:N+1], t)
    ax = axes[k]
    ax.plot(1000*t, xseg, 1000*t, xsyn, 'r')
    ax.set_xlim(0, 20)
    ax.text(x=16, y=0.5, s=('N=%d'%N))
ax.set_xlabel('t(msec)')
fig.tight_layout()
```

연습문제

P3.1 순음 메시지 $x_m(t) = \cos(2\pi(100)t - \pi/3)$에 대한 AM 신호

$$x_{AM}(t) = 10[1 + 0.8\cos(2\pi(100)t - \pi/3)]\cos(2\pi(1000)t)$$

에 대하여 다음에 답하라.

(a) 신호를 다음의 꼴로 표현하라.

$$x_{AM}(t) = A_1\cos(\omega_1 t + \phi_1) + A_2\cos(\omega_2 t + \phi_2) + A_3\cos(\omega_3 t + \phi_3)$$

(b) 이 신호의 스펙트럼을 (양의 주파수와 음의 주파수를 포함하여) 그래프로 그려라.

P3.2 비선형 시스템 $y = a_0 x + a_1 x^2$에 대하여 다음 질문에 답하라.

(a) 신호 $x(t) = \cos(2\pi f_m t) + \cos(2\pi f_c t)$에 대한 시스템의 출력 $y(t)$를 cos 함수 꼴로 표현하고 AM 신호 부분을 확인하라.

(b) 양의 주파수 범위에서 스펙트럼을 스케치하고 AM 신호 스펙트럼 부분을 확인하라.

P3.3 식 (3.6)에 주어진 비트음의 일반식

$$[(3.6)] \qquad x_{beat}(t) = A\cos(2\pi f_1 t) + B\cos(2\pi f_2 t)$$

이 다음과 같이 표현될 수 있음을 보여라.

$$x_{beat}(t) = (A+B)\cos(2\pi f_\Delta t)\cos(2\pi f_c t) + (A-B)\sin(2\pi f_\Delta t)\sin(2\pi f_c t)$$

여기서 $f_1 = f_c - f_\Delta$와 $f_2 = f_c + f_\Delta$로 표현하라.

P3.4 주기 신호 $x(t)$의 푸리에급수 계수 중 0이 아닌 계수가 다음과 같다.

$$a_1 = 2e^{-j\pi/4} = a_{-1}^*, \quad a_3 = e^{-j\pi/2} = a_{-3}^*$$

신호 $x(t)$를 정현 신호의 합으로 표현하라. 주기는 $T_0 = 2$로 가정한다.

P3.5 다음 주기 신호에 대하여

$$x(t) = 1 + 3\cos(40\pi t + \pi/4) + 5\cos(80\pi t) + 8\cos(100\pi t + \pi/3)$$

(a) 기본 주기 T_0는 얼마인가?

(b) 적분 계산을 하지 않고 신호 $x(t)$의 푸리에급수 계수 a_k를 계산하라.

(c) 신호 $y(t) = x(t) + \cos(50\pi t)$의 기본 주기는 얼마인가? 또한 (b)의 결과를 이용하여 신호 $y(t)$의 푸리에급수 계수 b_k를 계산하라.

P3.6 다음 주기 신호에 대하여 질문에 답하라.

$$x(t) = 2\cos(100\pi t - \pi/2) + 10\cos(400\pi t - \pi/3) + 4\cos(600\pi t + \pi/4)$$

(a) 기본 주기 T_0는 얼마인가?

(b) 적분 계산을 하지 않고 신호 $x(t)$의 푸리에급수 계수 a_k를 계산하라.

(c) 적분 계산을 이용하여 신호 $x(t)$의 푸리에급수 계수 a_1을 계산하라.

(d) 신호 $y(t) = x(t) - 2\cos(100\pi t - \pi/2)$의 기본 주기는 얼마인가? 또한 신호 $y(t)$의 푸리에급수 계수 b_k를 a_k의 함수로 표현하라.

P3.7 그림 3.15의 주기 신호 중 삼각펄스 신호의 푸리에급수 계수를 계산하라.

P3.8 그림 **P3.8**의 (a)와 (b)는 각각 클라리넷과 바이올린 소리의 단순화된 모델이다. 각 파형의 푸리에급수 계수를 계산하라.

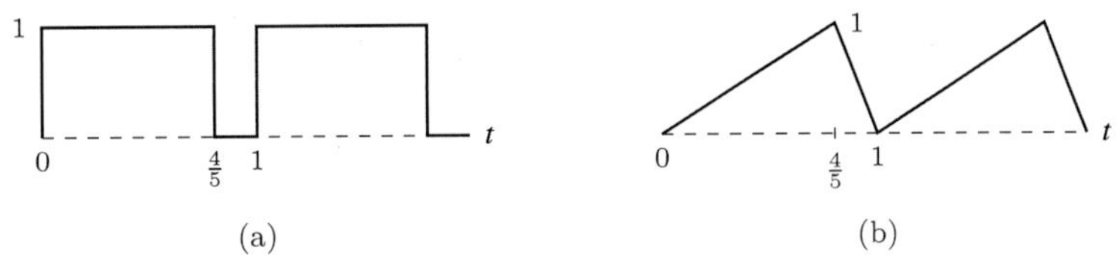

그림 P3.8

P3.9 한 주기가 다음과 같이 정의되는 신호의 푸리에급수 계수를 구하라.

$$x(t) = e^{-t}, \quad 0 < t < 1$$

P3.10 푸리에급수 계수가 다음과 같이 표현되는 신호 $x(t)$를 구하고 두 주기를 스케치하라.

$$a_k = \frac{1}{8}\int_0^2 te^{-jk\pi t/2}dt$$

P3.11 다음 주기 신호에 대하여 질문에 답하라.

$$x(t) = \sum_{k=-2}^{2}\left(\frac{1}{1+jk}\right)e^{j40\pi kt}$$

(a) 신호 $x(t)$의 푸리에급수 계수 a_k를 구하라.

(b) 신호 $x(t)$의 스펙트럼을 스케치하라.

(c) 신호 $y(t) = \cos(30\pi t)x(t)$의 스펙트럼을 스케치하라.

(d) 신호 $y(t)$의 푸리에급수 계수 b_k를 구하라.

P3.12 그림 **P3.12**는 어떤 실수 주기 신호 $x(t)$의 스펙트럼 중 양의 주파수 부분에 해당한다.

(a) 이 신호의 주기를 구하라.

(b) 신호의 푸리에급수 계수 a_k를 구하라.

(c) 신호 $x(t)$를 정현 신호의 합으로 표현하라.

(d) 푸리에급수의 특성을 이용하여 $y_1(t) = \dfrac{dx(t)}{dt}$의 푸리에급수 계수 b_k를 구하라.

(e) 푸리에급수의 특성을 이용하여 $x(t)$가 5 msec 지연된 신호 $y_2(t)$의 푸리에급수 계수 c_k를 구하라.

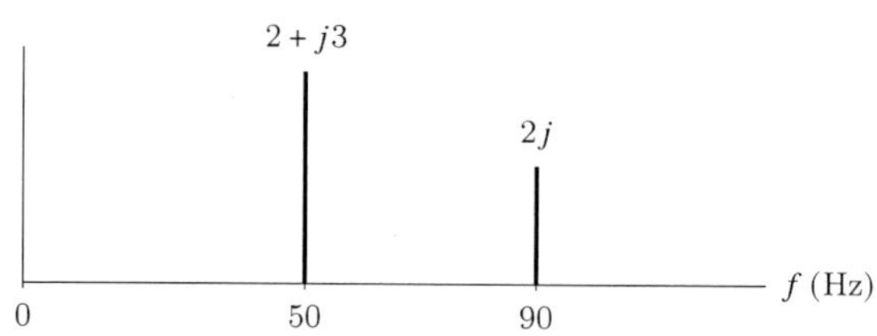

그림 P3.12

P3.13 한 주기가 다음과 같이 정의되는 주기 신호에 대하여

$$x(t) = \begin{cases} 4+t, & -4 < t < 0 \\ 0, & 0 < t < 4 \end{cases}$$

(a) 이 신호의 푸리에급수 계수 a_k를 구하라.

(b) $x(t)$의 결과에 푸리에급수의 특성을 이용하여

$$y(t) = \begin{cases} 0, & -4 < t < 0 \\ -4, & 0 < t < 4 \end{cases}$$

의 푸리에급수 계수 b_k를 a_k로 표현하라.

P3.14 그림 **P3.14** 각 신호의 푸리에급수 계수를 구하라. 푸리에급수의 특성을 활용하라.

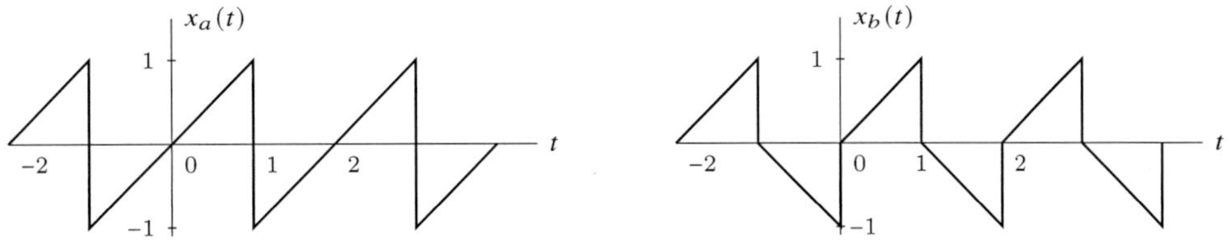

그림 P3.14

P3.15 실수 주기 신호가 우대칭과 기대칭일 때 푸리에급수 계수의 대칭성 식 (3.57)과 식 (3.58)을 증명하라. 신호가 실수이라는 사실과 대칭성을 이용하여 직접 증명하라.

P3.16 푸리에급수의 미분특성 (3.53a)과 적분특성 (3.53b)를 증명하라.

P3.17 정현 신호 $x(t) = \sin(\pi t/T_0)$와 전파정류된 신호 $y(t) = |\sin(\pi t/T_0)|$에 대하여 다음 질문에 답하라.

(a) 신호 $x(t)$와 $y(t)$의 평균전력을 구하라.

(b) 신호 $x(t)$와 $y(t)$의 푸리에급수 계수를 직접 구하라.

(c) 신호 $x(t)$와 $y(t)$의 크기 스펙트럼의 양의 주파수 부분을 스케치하라. $y(t)$ 스펙트럼은 세 번째 하모닉까지만 표시하라.

(d) $y(t)$ 스펙트럼의 누적 평균전력을 세 번째 하모닉까지 구하고 $y(t)$의 평균전력과 비교하라.

P3.18 다음 수식의 값을 계산하라. 힌트: 주기 삼각펄스에 파시벌 정리를 적용해 보라.

$$\sum_{k=0}^{\infty}\left(\frac{1}{2k+1}\right)^4$$

P3.19 그림 **P3.7**의 신호 중 유한개의 푸리에급수를 이용하여 합성할 때 깁스 현상이 나타나는 신호를 확인하고, 그 이유를 간단히 설명하라.

파이썬 문제

P3.20 예제 3.2에서 다룬 정현 신호

$$x(t) = 6 + 10\cos(400\pi t + \pi/3) + 6\cos(600\pi t - \pi/4) + 4\cos(1000\pi t)$$

의 푸리에급수 계수를 다음 두 가지 방법으로 계산하라.

(a) 파이썬 예제 3.2에서 소개한 심볼 연산

(b) 파이썬 예제 3.3에서 소개한 근사 계산

P3.21 전파정류 신호(그림 3.15)의 푸리에급수 계수를 파이썬 예제 3.3과 같은 방식으로 계산하라.

(a) 처음 11개의 계수값을 계산하여 이론값과 비교해 보라. 파이썬 예제 3.3의 사각펄스 신호의 경우와 어떻게 다른가? 함수 `ctft_sympy`와 `ctft`의 계산속도와 정확도에 대하여 간단히 설명하라.

(b) 주기 신호의 파형을 2주기 구간 그리고, 계수의 크기를 $N = 10$까지 그림 3.24와 같은 방식으로 그려라.

(c) 푸리에급수 계수의 크기가 감소하는 비율과 신호의 파형을 간단히 비교 설명해 보라.

P3.22 그림 3.15의 주기 톱니파에 대하여 다음을 수행하라.

(a) 신호의 계수 a_k를 $N = 10$까지 계산하라.

(b) 계산된 계수를 이용하여 2주기 구간의 신호를 합성하고 원 신호와 그래프로 비교하라.

(c) 푸리에급수 계수의 특성을 이용하여 신호를 $t_0 = T_0/2 = 0.5$ sec만큼 지연시킨 신호를 합성해 보라.

P3.23 푸리에급수 계수를 이용하여 그림 3.15의 전파정류 신호를 합성하고 파형을 그리는 파이썬 코드를 작성하라. 파이썬 예제 3.4에서 소개한 `ctfs_syn` 함수를 활용한다.

(a) $N = 20$을 이용하여 합성한 결과를 원 신호 파형과 함께 그려라(2주기 구간).

(b) MSE E_N을 계산하는 함수 `compute_mse(x0, ak, t)`를 작성하라.

```
def compute_mse(x0, ak, t):
    """
```

```
compute_mse: calculate MSE bewteen original and
↪  synthesized signals
x0: array of original signal
ak: array of Fourier series coefficients
t: array of time variable
mse: computed mse
"""
```

(c) 식 (3.80)의 정규화된 MSE가 $\overline{E}_N < 0.001$이 되는 가장 작은 N은 얼마인가 결정하라.

CHAPTER 4

연속시간 푸리에변환

앞서 3장에서는 스펙트럼의 개념을 소개하고 연속시간 주기 신호의 푸리에급수 표현을 소개했다. 푸리에급수는 주기 신호에 포함된 주파수 성분을 선 스펙트럼으로 간명하게 보여 준다. 이 장에서는 주기 신호에 대한 주파수 영역 해석을 비주기 신호로 확장한다. 비주기 신호의 주파수 영역 표현은 푸리에변환을 통해 가능하다. 푸리에변환이 제공하는 주파수 영역 표현은 연속 스펙트럼이다.

푸리에변환은 푸리에급수에서는 불가능했던 시스템에 대한 주파수 영역 해석을 제공한다. 임펄스 응답이 시간 영역에서 시스템을 정의한 것처럼 주파수 영역에서 시스템은 주파수 응답으로 정의된다. 임펄스 응답과 주파수 응답은 서로 푸리에변환 관계에 있다. 주파수 응답은 시스템이 신호에 대하여 어떻게 반응하는지 연속 주파수의 함수로 나타낸다. 푸리에변환을 이용하면 시스템을 주파수 영역에서 해석하고 설계한 다음 그 결과를 시간 영역으로 가져와 사용할 수 있다. 이처럼 푸리에변환은 신호와 시스템을 시간 영역과 주파수 영역에서 통합적으로 이해하고 분석하는 데 유용한 도구이다.

4.1 연속시간 신호의 푸리에변환

4.1.1 푸리에변환

연속시간 신호 $x(t)$의 연속시간 푸리에변환continuous-time Fourier transform(CTFT) 쌍은 다음과 같이 정의된다.

$$X(\omega) = \int_{-\infty}^{\infty} x(t)e^{-j\omega t}dt \tag{4.1a}$$

$$x(t) = \frac{1}{2\pi}\int_{-\infty}^{\infty} X(\omega)e^{j\omega t}d\omega \tag{4.1b}$$

식 (4.1a)는 푸리에변환 분석식analysis equation으로 신호 $x(t)$에 포함된 주파수 성분 $X(\omega)$를 구하는 과정이다. 주파수 성분 $X(\omega)$는 연속 변수 ω의 복소 함수이다. 주기 신호의 푸리에급수는 기본 주파수의 정수배만을 스펙트럼으로 포함하지만, 푸리에변환의 $X(\omega)$는 모든 주파수 성분을 포함한다. 식 (4.1b)는 $X(\omega)$로부터 신호 $x(t)$로 변환하는 **역 푸리에변환**inverse CTFT(ICTFT)이며, 스펙트럼으로부터 시간 영역 신호를 합성하므로 합성식synthesis equation이라고도 한다. 푸리에변환은 일대일 대응하므로 간단하게 다음과 같이 표기된다.

$$x(t) \xleftrightarrow{CTFT} X(\omega) \tag{4.2}$$

푸리에변환이 모든 비주기 신호에 대하여 가능하지는 않다. 푸리에변환 분석식 (4.1a)의 적분 구간은 $-\infty < t < \infty$이므로 신호에 따라서는 적분값이 발산할 소지도 있다. 푸리에변환은 신호가 다음과 같이 **절대적분 가능**absolutely integrable할 때만 존재한다.

$$|X(\omega)| = \left|\int_{-\infty}^{\infty} x(t)e^{-j\omega t}dt\right| < \infty \quad \Longrightarrow \int_{-\infty}^{\infty} |x(t)|\, dt < \infty \tag{4.3}$$

엄밀하게 말하면, 푸리에변환은 푸리에급수와 마찬가지로 3.5.2절에서 소개한 디리클레 조건을 만족할 때 가능하다. 다만 푸리에급수의 경우 한 주기 적분이지만 식 (4.3)은 전 구간의 적분이다. 푸리에변환의 존재 조건은 충분조건이므로, 이 조건을 만족하지는 않지만 여전히 푸리에변환이 가능한 신호도 있다. 주기 신호가 이런 부류에 속한다. 주기 신호의 푸리에급수와 주기 신호의 푸리에변환의 관계는 4.3절에서 다루어진다. 푸리에변환에 대하여 더 설명하기 전에 먼저 스펙트럼을 구하는 예를 들어보자.

예제 4.1

다음 지수 신호의 푸리에변환을 구하라.

$$x(t) = e^{-3t}u(t) \tag{4.4}$$

풀이 먼저 신호의 푸리에변환이 가능한가 점검해 보자.

$$\int_{-\infty}^{\infty} |x(t)|dt = \int_{0}^{\infty} e^{-3t}dt = \frac{1}{3}$$

신호가 절대적분 가능하므로, 푸리에변환은 분석식 (4.1a)를 적용하면

$$\begin{aligned} X(\omega) &= \int_{-\infty}^{\infty} e^{-3t}u(t)e^{-j\omega t}dt \\ &= \int_{0}^{\infty} e^{-3t}e^{-j\omega t}dt = \int_{0}^{\infty} e^{-(3+j\omega)t}dt \\ &= \frac{1}{-(3+j\omega)}e^{-(3+j\omega)t}\Big|_{0}^{\infty} = \frac{1}{3+j\omega} \end{aligned} \tag{4.5}$$

이로부터 다음의 푸리에변환쌍이 성립한다.

$$e^{-at}u(t) \quad \overset{CTFT}{\longleftrightarrow} \quad \frac{1}{a+j\omega} \tag{4.6}$$

주파수 영역 스펙트럼 $X(\omega) = 1/(3 + j\omega)$에서 시간 영역 신호 $x(t) = e^{-3t}u(t)$로 변환하는 역과정을 고려해 보자. 시간 영역 신호 $x(t)$를 얻으려면 푸리에변환 합성식

$$x(t) = \frac{1}{2\pi}\int_{-\infty}^{\infty} \frac{1}{3+j\omega} e^{j\omega t} d\omega \tag{4.7}$$

을 계산해야 하지만, 이 적분 계산은 복잡하거나 아주 어려울 수 있다. 대신 푸리에변환이 일대일 대응된다는 사실에 기초하여 식 (4.6)과 같이 이미 알려진 푸리에변환쌍을 활용하면 쉽게 역변환된다.

4.1.2 푸리에변환의 근사적 유도

비주기 신호의 푸리에변환은 주기 신호의 푸리에급수로부터 근사적으로 유도할 수 있다. 예제 3.3에서 다루었던 $T_0 = 2\pi/\omega_0$ 주기를 갖는 사각펄스 신호를 다시 고려하자. 이 절에서는 비주기 신호와 주기 신호를 구분하기 위해 잠시 주기 신호에는 ˜를 붙이기로 한다.

$$\tilde{x}(t) = \begin{cases} 1, & |t| < T_w/2 \\ 0, & T_w/2 < |t| < T_0/2 \end{cases} \tag{4.8}$$

이 신호의 푸리에급수 계수는 다음과 같다.

$$T_0 a_k = \frac{\sin(k\omega_0 T_w/2)}{k\omega_0/2} \tag{4.9}$$

이 푸리에급수 계수는 다음과 같이 연속함수의 주기적인 샘플로 해석될 수 있다.

$$T_0 a_k = \left. \frac{\sin(\omega T_w/2)}{\omega/2} \right|_{\omega = k\omega_0} \tag{4.10}$$

그림 4.1은 사각펄스 신호의 주기가 $T_0/T_w = 2, 4, 8, \infty$일때 신호의 파형과 그에 대응하는 $T_0 a_k$이다. 푸리에급수 선 스펙트럼의 간격은 기본 주파수 $\omega_0 = 2\pi f_0 = 2\pi/T_0$이다. 선 스펙트럼을 이은 점선은 선 스펙트럼의 윤곽선(포락선)이며 이 윤곽선의 영점은 펄스폭 T_w에 반비례한다. 펄스폭 T_w가 고정된 상태에서 주기 T_0가 점점 증가하면 선 스펙트럼의 포락선은 동일하지만 선 스펙트럼 간격은 좁아진다. 주기 $T_0 \to \infty$이면 사각펄스 신호는 더 이상 주기 신호가 아니고, 선 스펙트럼의 간격은 $\omega_0 \to 0$이므로 선 스펙트럼은 포락선 자체로 수렴한다. 이 포락선이 사각펄스 신호의 푸리에변환이다.

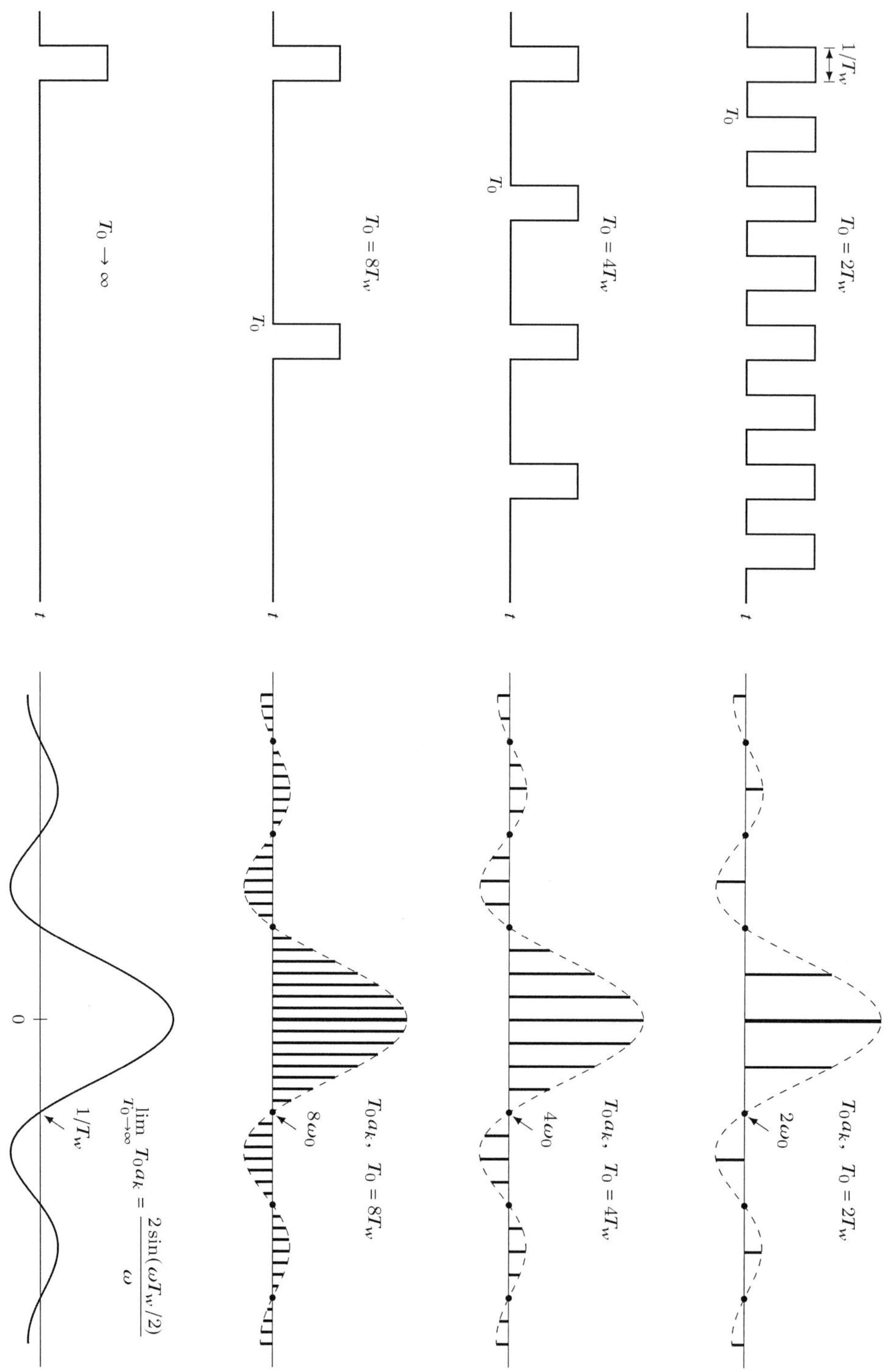

그림 4.1 펄스 신호의 주기가 증가함에 따른 척도변경된 스펙트럼 $T_0 a_k$ 의 변화.

이상의 과정을 수식으로 살펴보자. 비주기 신호 $x(t)$를 주기 신호 $\tilde{x}(t)$의 한 주기라고 가정하면

$$x(t) = \begin{cases} \tilde{x}(t), & |t| < T_0/2 \\ 0, & |t| > T_0/2 \end{cases} \tag{4.11}$$

와 같이 표현할 수 있다. 식 (4.11)을 이용하면 푸리에급수 계수는

$$T_0 a_k = \int_{-T_0/2}^{T_0/2} \tilde{x}(t) e^{-jk\omega_0 t} dt = \int_{-\infty}^{\infty} x(t) e^{-jk\omega_0 t} dt \tag{4.12}$$

이다. 이 결과를 비주기 신호 $x(t)$의 푸리에변환

$$X(\omega) = \int_{-\infty}^{\infty} x(t) e^{-j\omega t} dt \tag{4.13}$$

와 비교하면

$$T_0 a_k = X(\omega)\Big|_{\omega = k\omega_0} \tag{4.14}$$

임을 알 수 있다. 즉, 푸리에급수 계수 a_k는 푸리에변환 $X(\omega)$를 ω_0 간격으로 샘플한 것이다.

한편 식 (4.11)에서 주기가 $T_0 \to \infty (\omega_0 \to 0)$이면 주기 신호 $\tilde{x}(t) \to x(t)$이므로, 푸리에급수는 다음과 같이 적분 표현으로 수렴된다.

$$\begin{aligned} \tilde{x}(t) &= \sum_{k=-\infty}^{\infty} a_k e^{jk\omega_0 t} \\ &= \sum_{k=-\infty}^{\infty} \frac{1}{T_0} X(k\omega_0) e^{jk\omega_0 t}, \quad T_0 a_k = X(k\omega_0) \\ &= \frac{1}{2\pi} \sum_{k=-\infty}^{\infty} X(k\omega_0) e^{jk\omega_0 t} \omega_0, \quad T_0 = \frac{2\pi}{\omega_0} \\ &\xrightarrow{\omega_0 \to 0} \frac{1}{2\pi} \int_{-\infty}^{\infty} X(\omega) e^{jk\omega t} d\omega = x(t) \end{aligned} \tag{4.15}$$

이처럼 신호 $x(t)$의 푸리에변환 $X(\omega)$는 주기 신호 $\tilde{x}(t)$의 선 스펙트럼이 극한으로 수렴한 연속 스펙트럼이다.

푸리에변환 $X(\omega)$는 복소함수이므로 직교좌표계와 극좌표계 표현이 가능하다.

$$X(\omega) = X_r(\omega) + jX_i(\omega) = |X(\omega)| e^{j\angle X(\omega)} \tag{4.16}$$

여기서 $X_r(\omega)$와 $X_i(\omega)$는 각각 $X(\omega)$의 실수부와 허수부이다. 푸리에변환의 극좌표계 표현에서 $|X(\omega)|$는 크기 스펙트럼 $\angle X(\omega)$는 위상 스펙트럼이다.

4.2 푸리에변환의 예

4.2.1 사각펄스 신호의 푸리에변환

사각펄스 신호

$$x(t) = \text{rect}\left(\frac{t}{T_w}\right) = \begin{cases} 1, & |t| < T_w/2 \\ 0, & |t| > T_w/2 \end{cases} \tag{4.17}$$

의 푸리에변환을 구하자. 푸리에변환 분석식 (4.1a)로부터

$$X(\omega) = \int_{-T_w/2}^{T_w/2} 1 \cdot e^{j\omega t} dt = \left. \frac{e^{j\omega t}}{j\omega} \right|_{-T_w/2}^{T_w/2} = \frac{\sin(\omega T_w/2)}{\omega/2} \tag{4.18}$$

이로부터 사각펄스 신호의 푸리에변환쌍을 얻는다.

$$x(t) = \text{rect}\left(\frac{t}{T_w}\right) = \begin{cases} 1, & |t| < T_w/2 \\ 0, & |t| > T_w/2 \end{cases} \quad \overset{CTFT}{\longleftrightarrow} \quad X(\omega) = \frac{\sin(\omega T_w/2)}{\omega/2} \tag{4.19}$$

종종 $X(\omega)$는 $\text{sinc}(\theta)$ 함수

$$\text{sinc}(\theta) = \frac{\sin(\pi\theta)}{\pi\theta} \tag{4.20}$$

를 이용하여 표현되기도 한다.

$$X(\omega) = \frac{\sin(\omega T_w/2)}{\omega/2} = T_w \text{sinc}(\omega T_w/2\pi) \tag{4.21}$$

그림 4.2는 사각펄스의 푸리에변환쌍이다. 몇 가지 특징을 살펴보자.

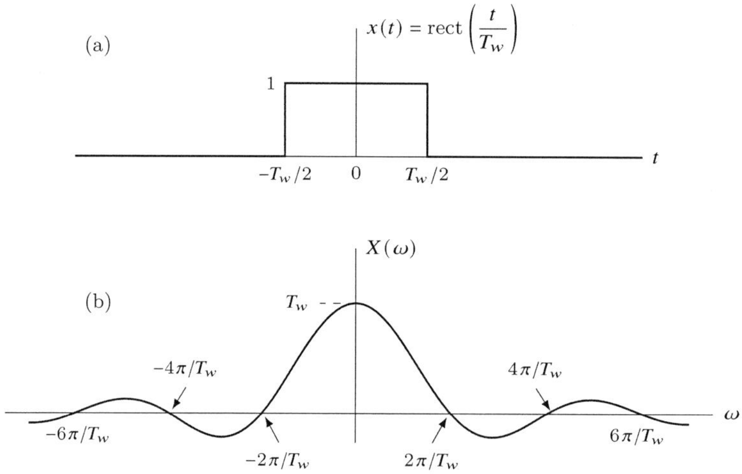

그림 4.2 사각펄스 신호의 푸리에변환쌍 : (a) 사각펄스 신호 (b) 사각펄스 신호의 푸리에변환.

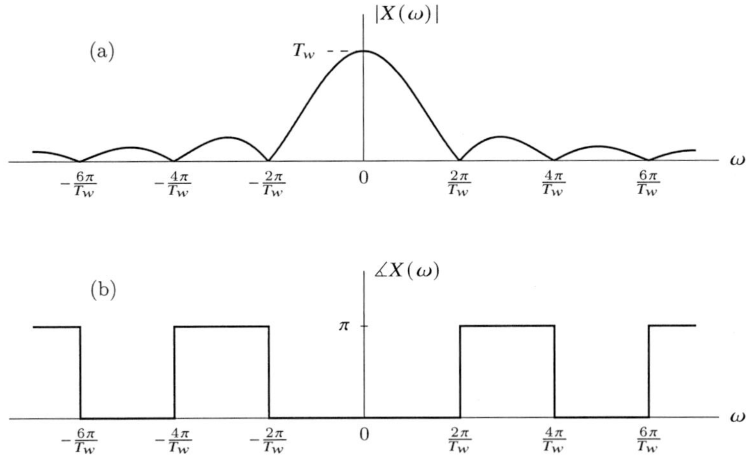

그림 4.3　사각펄스 신호의 푸리에변환 : (a) 크기 스펙트럼 (b) 위상 스펙트럼.

- 시간 영역 신호 $x(t)$의 펄스는 $-T_w/2 < t < T_w/2$의 범위로 제한되지만 주파수 영역에서 푸리에변환 $X(\omega)$은 양방향으로 무한하다.
- 푸리에변환 $X(\omega) = 2\sin(\omega T_w/2)/\omega$는 일정 간격으로 영점을 가진다.

$$X(\omega_k) = 0, \qquad \omega_k = 2\pi k/T_w, \quad k = \pm 1,\ \pm 2,\ \cdots \tag{4.22}$$

  영점의 위치는 펄스폭 T_w에 반비례한다.
- 스펙트럼은 $\omega = 0$에서 가장 크다. 로피탈 정리(L'Hopital's rule)에 의하여

$$X(0) = \lim_{\omega\to 0} \frac{2\sin(\omega T_w/2)}{\omega} = \lim_{\omega\to 0} T_w \cos(\omega T_w/2) = T_w \tag{4.23}$$

- 크기 스펙트럼 $|X\omega|$는 $|\omega| \to \infty$함에 따라 $1/\omega$의 속도로 감소하며 0으로 접근한다.
- 우대칭 사각펄스 신호의 푸리에변환 $X(\omega)$는 실수함수이며 우대칭이다. 푸리에변환의 대칭성은 4.4.6절에서 다루어진다.

우대칭 사각펄스 신호의 푸리에변환인 식 (4.19)는 실수함수이지만 부호반전을 포함하고 있다. 푸리에변환의 크기와 위상은 그림 4.3과 같다. 위상 스펙트럼은 항상 주요값의 범위 $[-\pi, \pi]$로 표현된다.

연습 4.1 높이 $A = 3$ 펄스폭 $T_w = 2$이며 중앙에 위치한 사각펄스 $x(t)$의 푸리에변환 $X(\omega)$를 sin 함수와 sinc 함수로 각각 표현하라. 답 : $X(\omega) = \dfrac{6\sin(\omega)}{\omega} = 6\text{sinc}(\omega/\pi)$

연습 4.2 신호 $\text{rect}(t/2)$의 푸리에변환 $X(\omega)$이 처음으로 0이 되는 양의 주파수 ω는 얼마인가? 답 : π rad/sec

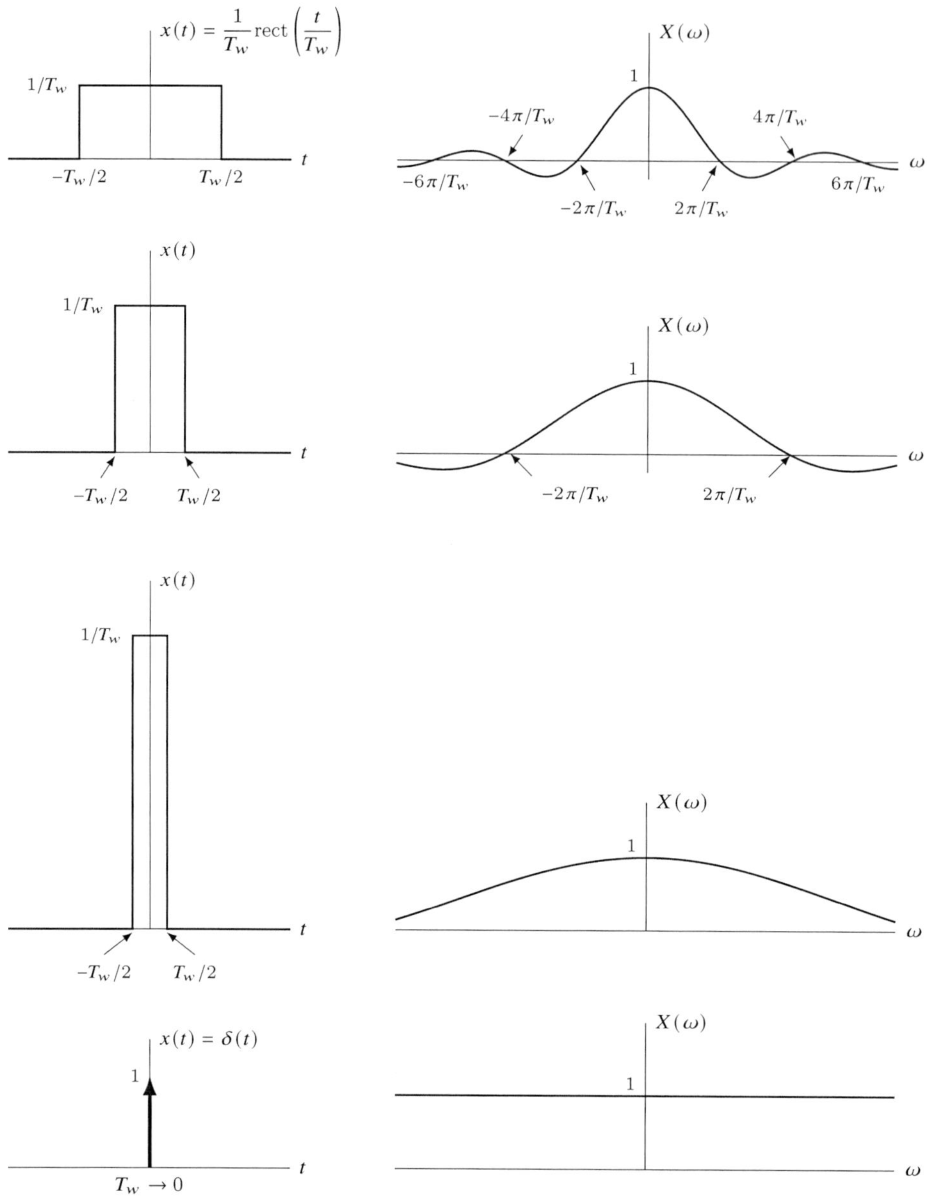

그림 4.4　펄스폭에 따른 푸리에변환의 변화.

4.2.2 임펄스 신호의 푸리에변환

그림 4.4는 사각펄스 신호의 펄스폭에 따른 푸리에변환의 변화를 보여 준다. 면적을 1로 유지한 채 펄스폭 T_w를 반으로 줄여가면, 푸리에변환의 첫째 영점의 위치 $2\pi/T_w$는 펄스폭과 역관계에 있으므로 원점으로부터 점점 멀어져간다. 이때 항상 $X(0) = T_w$이므로 점점 작아진다. 극한으로 펄스폭이 $T_w \to 0$이면 $x(t) \to \delta(t)$이며, 푸리에변환은 완전히 평편해져서 $X(\omega) \to 1$로 수렴한다.

임펄스 신호 $x(t) = \delta(t)$의 푸리에변환을 직접 구하면

$$X(\omega) = \int_{-\infty}^{\infty} \delta(t) e^{-j\omega t} dt = \int_{-\infty}^{\infty} \delta(t) e^{-j\omega 0} dt$$
$$= \int_{-\infty}^{\infty} \delta(t) dt = 1 \tag{4.24}$$

따라서 다음의 푸리에변환쌍을 얻는다.

$$\delta(t) \xleftrightarrow{CTFT} 1 \tag{4.25}$$

역으로 주파수 영역에서 임펄스일 때 시간 영역 신호를 구해 보자. 임펄스 스펙트럼의 푸리에 역변환은

$$ICTFT\{\delta(\omega)\} = \frac{1}{2\pi} \int_{-\infty}^{\infty} \delta(\omega) e^{j\omega t} d\omega = \frac{1}{2\pi} \int_{-\infty}^{\infty} \delta(\omega) d\omega = \frac{1}{2\pi} \tag{4.26}$$

이므로

$$1 \xleftrightarrow{CTFT} 2\pi\delta(\omega) \tag{4.27}$$

개념점검 4.1 디지털 통신시스템에서 데이터 전송 속도를 높이려면 더 넓은 대역폭이 필요하다. 그림 4.4를 이용하여 그 이유를 설명해 보라.

4.3 주기 신호의 푸리에변환

주기 신호는 절대적분 가능하지는 않지만 여전히 푸리에변환이 가능하다. 주기 신호는 주파수 영역에서 선 스펙트럼으로 표현된다는 사실을 상기하자. 연속 스펙트럼에서 선 스펙트럼은 임펄스에 상응한다. 주파수 이동된 임펄스 $\delta(\omega - \omega_0)$의 역 푸리에변환을 구해보면

$$ICTFT\{\delta(\omega - \omega_0)\} = \frac{1}{2\pi} \int_{-\infty}^{\infty} \delta(\omega - \omega_0) e^{j\omega t} d\omega$$
$$= \frac{e^{j\omega_0 t}}{2\pi} \int_{-\infty}^{\infty} \delta(\omega - \omega_0) d\omega = \frac{e^{j\omega_0 t}}{2\pi} \tag{4.28}$$

이다. 즉,

$$e^{j\omega_0 t} \xleftrightarrow{CTFT} 2\pi\delta(\omega - \omega_0) \tag{4.29}$$

이 결과를 $\delta(\omega - k\omega_0)$에 적용하면

$$e^{jk\omega_0 t} \xleftrightarrow{CTFT} 2\pi\delta(\omega - k\omega_0) \tag{4.30}$$

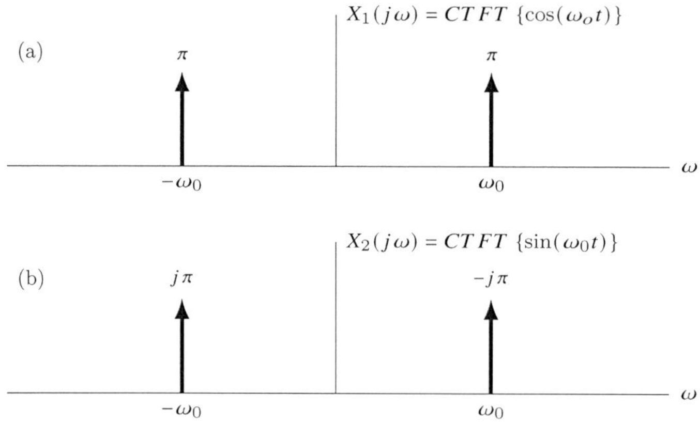

그림 4.5 정현 신호 (a) $\cos(\omega_0 t)$와 (b) $\sin(\omega_0 t)$의 푸리에 스펙트럼(예제 4.2).

이고, 푸리에변환의 선형성 (4.4.1절)을 이용하여 확장하면

$$x(t) = \sum_{k=-\infty}^{\infty} a_k e^{jk\omega_0 t} \xleftrightarrow{CTFT} 2\pi \sum_{k=-\infty}^{\infty} a_k \delta(\omega - k\omega_0) = X(\omega) \tag{4.31}$$

을 얻게 된다. 그러므로 주기 신호에 대한 푸리에변환 $X(\omega)$는 푸리에급수 계수 a_k를 주파수 $k\omega_0$에서 선 스펙트럼 $a_k\delta(\omega - k\omega_0)$로 표현하고 2π를 곱하여 구할 수 있다.

예제 4.2

정현 신호 $x_1(t) = \cos(\omega_0 t)$와 $x_2(t) = \sin(\omega_0 t)$의 푸리에변환을 구하라.

풀이 오일러 관계식을 이용하여 두 신호의 푸리에급수를 구하면

$$x_1(t) = \frac{1}{2}\left(e^{j\omega_0 t} + e^{-j\omega_0 t}\right) \tag{4.32a}$$

$$x_2(t) = \frac{1}{2j}\left(e^{j\omega_0 t} - e^{-j\omega_0 t}\right) \tag{4.32b}$$

와 같다. 이 신호의 계수는 a_1과 a_{-1}만 있고 나머지는 0이다. 식 (4.31)에 계수를 대입하면

$$X_1(\omega) = \pi\left[\delta(\omega - \omega_0) + \delta(\omega + \omega_0)\right] \tag{4.33a}$$

$$X_2(\omega) = -j\pi\left[\delta(\omega - \omega_0) - \delta(\omega + \omega_0)\right] \tag{4.33b}$$

그림 4.5는 푸리에변환의 스펙트럼이다. 스펙트럼이 간단하므로 편의상 크기와 위상을 분리하지 않고 표시하였다.

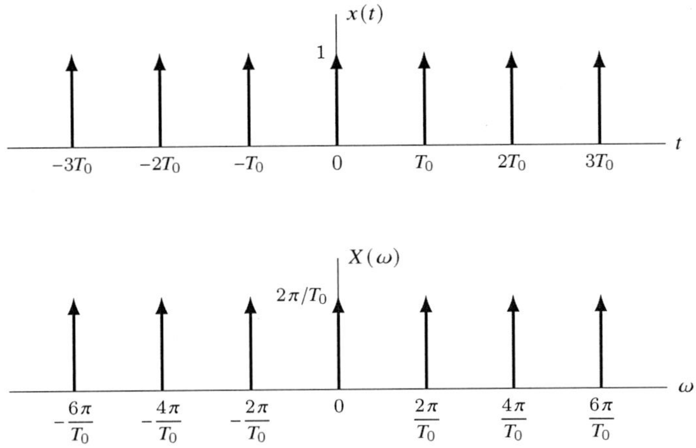

그림 4.6 주기적인 임펄스 신호의 푸리에변환쌍: (a) 주기적인 임펄스 신호 (b) 주기적인 임펄스 신호의 푸리에변환(예제 4.3).

예제 4.3

주기적인 임펄스 신호

$$x(t) = \sum_{k=-\infty}^{\infty} \delta(t - kT_0) \tag{4.34}$$

의 푸리에변환을 구하라.

풀이 먼저 이 신호의 푸리에급수를 구하면

$$a_k = \frac{1}{T_0}\int_{-T_0/2}^{T_0/2} \delta(t)e^{-jk\omega_0 t}dt = \frac{1}{T_0}\int_{-T_0/2}^{T_0/2} \delta(t)dt = \frac{1}{T_0} \tag{4.35}$$

이다. 식 (4.31)에 계수 a_k를 대입하면 푸리에변환은 다음과 같이 구해진다.

$$X(\omega) = 2\pi \sum_{k=-\infty}^{\infty} \frac{1}{T_0}\delta(\omega - k\omega_0), \quad \omega_0 = \frac{2\pi}{T_0} \tag{4.36}$$

그림 4.6는 주기 임펄스 신호의 푸리에변환쌍이다. 시간 영역과 주파수 영역에서 모두 주기 임펄스로 표현되는 점이 특이하다. 임펄스 신호열의 길이가 제한되면 푸리에변환은 더 이상 임펄스가 아니다(연습문제 **P4.8**).

개념점검 4.2 복소지수 신호 $e^{j\omega_0 t}$가 주파수 영역에서 임펄스 $\delta(\omega - \omega_0)$로 표현되는 이유를 직관적으로 설명해 보라.

연습 4.3 신호 $x(t) = \cos(0.2\pi t)\sin(0.3\pi t)$의 푸리에변환을 구하라.
답: $X(\omega) = \frac{\pi}{2j}[\delta(\omega - 0.5\pi) + \delta(\omega - 0.1\pi) - \delta(\omega + 0.1\pi) - \delta(\omega + 0.5\pi)]$

표 4.1 푸리에변환의 주요 특성.

특성	시간 영역	주파수 영역
	$x(t),\ x_1(t),\ x_2(t)$	$X(\omega),\ X_1(\omega),\ X_2(\omega)$
선형성	$\alpha x_1(t)+\beta x_2(t)$	$\alpha X_1(\omega)+\beta X_2(\omega)$
시간 이동	$x(t-t_0)$	$e^{-j\omega t_0}X(\omega)$
주파수 이동	$e^{j\omega_0 t}x(t)$	$X(\omega-\omega_0)$
변조	$\cos(\omega_0 t)x(t)$	$\frac{1}{2}[X(\omega+\omega_0)+X(\omega-\omega_0)]$
복소 켤레	$x^*(t)$	$X^*(-\omega)$
시간 반전	$x(-t)$	$X(-\omega)$
시간 척도변경	$x(at)$	$\frac{1}{\lvert a\rvert}X\left(\frac{\omega}{a}\right)$
시간 콘볼루션	$x_1(t)*x_2(t)$	$X_1(\omega)X_2(\omega)$
시간 곱셈	$x_1(t)x_2(t)$	$\frac{1}{2\pi}X_1(\omega)*X_2(\omega)$
쌍대성	$X(t)$	$2\pi x(-\omega)$
시간 미분	$\frac{d^k x(t)}{dt^k}$	$(j\omega)^k X(\omega)$
적분	$\int_{-\infty}^{t} x(\tau)d\tau$	$\frac{1}{j\omega}X(\omega)+\pi X(0)\delta(\omega)$
주파수 미분	$(-jt)^k x(t)$	$\frac{d^k X(\omega)}{d\omega^k}$
켤레 대칭성	$x(t)$ 실수	$X(-\omega)=X^*(\omega)$ 켤레 대칭
우대칭	$x(t)$ 실수 우대칭	$X(\omega)$ 실수 우대칭
기대칭	$x(t)$ 실수 기대칭	$X(\omega)$ 허수 기대칭
파시벌 정리	$\int_{-\infty}^{\infty}\lvert x(t)\rvert^2 dt=\frac{1}{2\pi}\int_{-\infty}^{\infty}\lvert X(\omega)\rvert^2 d\omega$	

4.4 푸리에변환의 특성

푸리에변환 특성과 주요 푸리에변환쌍을 각각 표 4.1과 표 4.2에 정리하였다.

표 4.2 주요 푸리에변환쌍.

신호	푸리에변환
$e^{-at}u(t)$	$\dfrac{1}{a+j\omega}$
$e^{at}u(-t)$	$\dfrac{1}{a-j\omega}$
$e^{-a\|t\|}$	$\dfrac{2a}{a^2+\omega^2}$
$\dfrac{e^{-t^2/(2\sigma^2)}}{\sqrt{2\pi\sigma^2}}$	$e^{-\omega^2\sigma^2/2}$
$\mathrm{rect}\left(\dfrac{t}{T_w}\right)$	$\dfrac{\sin(\omega T_w/2)}{\omega/2}$
$\dfrac{\sin(Bt)}{\pi t}$	$\begin{cases} 1, & \|\omega\| < B \\ 0, & \|\omega\| > B \end{cases}$
$\delta(t)$	1
$\delta(t-t_0)$	$e^{-j\omega t_0}$
1	$2\pi\delta(\omega)$
$e^{j\omega_0 t}$	$2\pi\delta(\omega-\omega_0)$
$\mathrm{sgn}(t)$	$\dfrac{2}{j\omega}$
$u(t)$	$\dfrac{1}{j\omega}+\pi\delta(\omega)$
$\cos(\omega_0 t)$	$\pi[\delta(\omega-\omega_0)+\delta(\omega+\omega_0)]$
$\sin(\omega_0 t)$	$j\pi[\delta(\omega+\omega_0)-\delta(\omega-\omega_0)]$
$te^{-at}u(t)$	$\dfrac{1}{(a+j\omega)^2}$
$e^{-at}\sin(\omega_0 t)u(t)$	$\dfrac{\omega_0}{(a+j\omega)^2+\omega_0^2}$
$\sin(\omega_0 t)u(t)$	$\dfrac{\pi}{2j}[\delta(\omega-\omega_0)-\delta(\omega+\omega_0)]+\dfrac{\omega_0^2}{\omega_0^2-\omega^2}$
$e^{-at}\cos(\omega_0 t)u(t)$	$\dfrac{a+j\omega}{(a+j\omega)^2+\omega_0^2}$
$\cos(\omega_0 t)u(t)$	$\dfrac{\pi}{2}[\delta(\omega-\omega_0)+\delta(\omega+\omega_0)]+\dfrac{j\omega}{\omega_0^2-\omega^2}$

4.4.1 선형성

중첩된 신호의 푸리에변환은 동일한 가중치에 의한 중첩으로 표현된다.

$$\alpha x_1(t) + \beta x_2(t) \quad \overset{CTFT}{\longleftrightarrow} \quad \alpha X_1(\omega) + \beta X_2(\omega) \tag{4.37}$$

4.4.2 시간 이동 특성

신호가 t_0 만큼 시간 지연되면 푸리에변환에 선형 위상 $e^{-j\omega t_0}$ 이 추가된다.

$$x(t - t_0) \quad \overset{CTFT}{\longleftrightarrow} \quad e^{-j\omega t_0} X(\omega) \tag{4.38}$$

시간 이동 특성은 다음과 같이 증명된다.

$$\begin{aligned} CTFT\,\{x(t-t_0)\} &= \int_{-\infty}^{\infty} x(t-t_0) e^{-j\omega t} dt \\ &= \int_{-\infty}^{\infty} x(\lambda) e^{-j\omega(\lambda + t_0)} d\lambda, \quad \lambda = t - t_0 \\ &= e^{-j\omega t_0} \int_{-\infty}^{\infty} x(\lambda) e^{-j\omega\lambda} d\lambda = e^{-j\omega t_0} X(\omega) \end{aligned} \tag{4.39}$$

예제 4.4

이동 특성을 이용하여 4.2.1절에서 다루어진 사각펄스 신호 $x(t)$를 $T_w/2$ 만큼 지연한 신호

$$x_d(t) = x(t - T_w/2) = \begin{cases} 1, & 0 < t < T_w \\ 0, & \text{그외} \end{cases} \tag{4.40}$$

의 푸리에변환을 구하라.

풀이 4.2.1절에서 다루어진 사각펄스 신호 $x(t)$의 푸리에변환은

$$X(\omega) = \frac{2\sin(\omega T_w/2)}{\omega} \tag{4.41}$$

이다. 여기에 시간 이동 특성을 이용하면, 지연된 사각펄스 $x_d(t)$의 푸리에변환은 다음과 같이 표현된다.

$$X_d(\omega) = X(\omega) e^{-j\omega T_w/2} = \frac{2\sin(\omega T_w/2)}{\omega} e^{-j\omega T_w/2} \tag{4.42}$$

시간 지연된 사각펄스 신호는 더 이상 좌우대칭이 아니고, 푸리에변환에 선형 위상 $e^{-j\omega T_w/2}$ 이 추가되면서 푸리에변환은 복소 함수가 된다. 그림 4.7은 지연된 사각펄스 신호의 푸리에변환쌍이다. 신호의 시간 이동은 위상에만 영향을 미치므로 크기 스펙트럼은 시간 이동 전과 동일하다. 시간 이동에 따라 추가된 선형위상 항 $e^{-j\omega T_w/2}$ 을 주요값의 범위에서 그려보면 그림 4.7(c)와 같다. 위상은 $\omega_k = k/T_w$ 마다 발생하는 $X_d(\omega)$의 부호반전에 따른 $\pm\pi$의

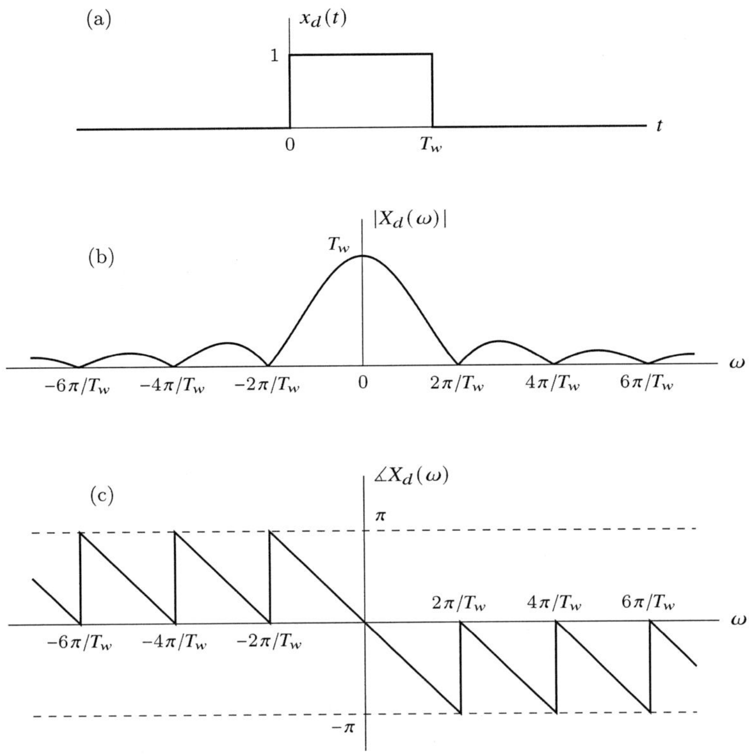

그림 4.7　지연된 사각펄스 신호의 푸리에변환쌍 : (a) 지연된 사각펄스 신호 (b) 지연된 사각펄스 신호의 푸리에변환(예제 4.4).

위상 변화를 포함한다.

개념점검 4.3 시간 이동 특성은 양방향 신호에도 적용되는가? 양방향 신호 $x(t) = e^{|t|}$를 이용하여 확인해 보라.

연습 4.4 신호 $x_1(t)$의 푸리에변환을 직접 계산하여 다음 시간 이동 특성을 확인해 보라.

$$x_1(t) = x(t+1) = e^{-2(t+1)}u(t+1) \xleftrightarrow{CTFT} X_1(\omega) = e^{j\omega}X(\omega) = \frac{e^{j\omega}}{2+j\omega}$$

4.4.3 주파수 이동 특성

주파수 영역의 이동은 시간 영역에서 복소지수 신호의 곱에 해당한다.

$$x(t)e^{j\omega_0 t} \xleftrightarrow{CTFT} X(\omega - \omega_0) \tag{4.43}$$

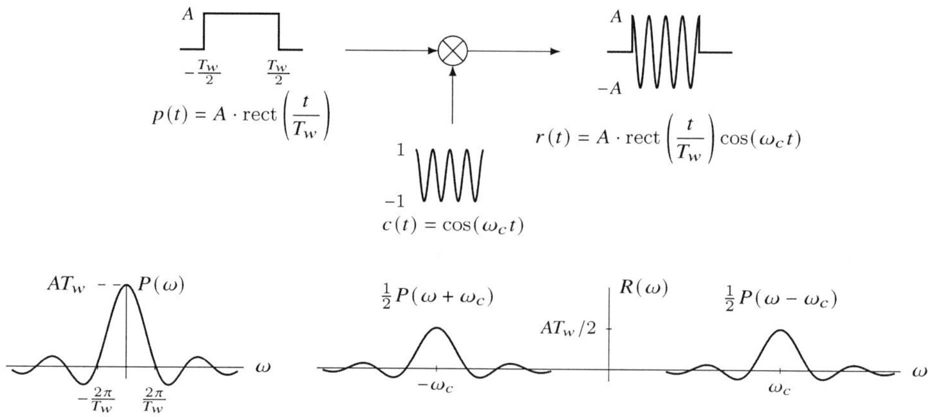

그림 4.8 푸리에변환의 변조 특성을 이용한 펄스 신호 변조.

이 특성은 다음과 같이 증명된다.

$$
\begin{aligned}
ICTFT\{X(\omega - \omega_0)\} &= \frac{1}{2\pi}\int_{-\infty}^{\infty} X(\omega - \omega_0)e^{j\omega t}d\omega \\
&= \frac{1}{2\pi}\int_{-\infty}^{\infty} X(\alpha)e^{j(\alpha+\omega_0)t}d\alpha, \quad \alpha = \omega - \omega_0 \\
&= \frac{e^{j\omega_0 t}}{2\pi}\int_{-\infty}^{\infty} X(\alpha)e^{j\alpha t}d\alpha = e^{j\omega_0 t}x(t)
\end{aligned}
\tag{4.44}
$$

4.4.4 변조 특성

신호 $\cos(\omega t)x(t)$의 푸리에변환을 고려하자.

$$
\begin{aligned}
CTFT\{\cos(\omega_0 t)x(t)\} &= CTFT\left\{\frac{1}{2}[e^{j\omega_0 t} + e^{-j\omega_0 t}]x(t)\right\} \\
&= \frac{1}{2}CTFT\left\{e^{j\omega_0 t}x(t)\right\} + \frac{1}{2}CTFT\left\{e^{-j\omega_0 t}x(t)\right\} \\
&= \frac{1}{2}X(\omega - \omega_0) + \frac{1}{2}X(\omega + \omega_0)
\end{aligned}
\tag{4.45}
$$

신호에 $\cos(\omega_0 t)$를 곱하면 신호의 주파수 스펙트럼은 ω_0과 $-\omega_0$로 이동하게 되며 크기는 반으로 줄어든다. 푸리에변환의 변조 특성은 통신 시스템에서 많이 사용된다.

그림 4.8에 묘사된 바와 같이 펄스 신호

$$
p(t) = \begin{cases} A, & 0 < t < T_w \\ 0, & \text{그외} \end{cases}
\tag{4.46}
$$

에 높은 주파수의 정현 신호 $c(t) = \cos(\omega_c t)$를 곱하면 사각펄스 신호는 정현 신호에 의하여 변조되어 $r(t) = p(t)\cos(\omega_c t)$가 된다. 여기서 변조된 신호 $r(t)$를 무선주파수[radio frequency](RF)

펄스라 한다.[1]

RF 펄스의 푸리에변환을 구해 보자. 사각펄스 $p(t)$는 크기가 A 만큼 척도변경된 사각펄스 $\mathrm{rect}(t/T_w)$이다. 이 신호의 푸리에변환은 4.2.1절의 결과로부터

$$P(\omega) = \frac{2A\sin(\omega T_w/2)}{\omega} \tag{4.47}$$

여기에 변조 특성을 적용하면 다음과 같이 $r(t) = p(t)\cos(\omega_c t)$의 푸리에변환을 얻는다.

$$\begin{aligned} R(\omega) &= \frac{1}{2}P(\omega-\omega_c) + \frac{1}{2}P(\omega+\omega_c) \\ &= \frac{A\sin((\omega-\omega_c)T_w/2)}{\omega-\omega_c} + \frac{A\sin((\omega+\omega_c)T_w/2)}{\omega+\omega_c} \end{aligned} \tag{4.48}$$

그림 4.8은 사각펄스 $p(t)$와 RF 펄스 $r(t)$의 크기 스펙트럼이다.

4.4.5 켤레 대칭성

켤레 신호 $x^*(t)$의 푸리에변환은

$$\begin{aligned} CTFT\{x^*(t)\} &= \int_{-\infty}^{\infty} x^*(t)e^{-j\omega t}dt \\ &= \left[\int_{-\infty}^{\infty} x(t)e^{-j(-\omega)t}dt\right]^* = X^*(-\omega) \end{aligned} \tag{4.49}$$

이다. 이를 변환쌍으로 표기하면

$$x^*(t) \quad \overset{CTFT}{\longleftrightarrow} \quad X^*(-\omega) \tag{4.50}$$

만약 $x(t)$가 실수 신호라면 $x^*(t) = x(t)$이므로

$$x(t) = x^*(t) \quad \overset{CTFT}{\longleftrightarrow} \quad X(\omega) = X^*(-\omega) \tag{4.51}$$

의 켤레 대칭 관계가 성립한다. 켤레 대칭은 실수부 $X_r(\omega)$와 크기 $|X(\omega)|$는 우함수이며 허수부 $X_i(\omega)$와 위상 $\measuredangle X(\omega)$는 기함수이다.

$$X_r(-\omega) = X_r(\omega) \qquad X_i(-\omega) = -X_i(\omega) \tag{4.52a}$$

$$|X(-\omega)| = |X(\omega)| \qquad \measuredangle X(-\omega) = -\measuredangle X(\omega) \tag{4.52b}$$

[1]무선주파수 펄스는 안테나를 통해 무선 전송이 가능한 주파수의 신호를 의미한다.

4.4.6 시간 주파수 척도변경

시간 척도변경된 신호 $x(at)$의 푸리에변환을 고려하자.

$$CTFT\{x(at)\} = \int_{-\infty}^{\infty} x(at)e^{-j\omega t}dt \tag{4.53}$$

식 (4.53)에 변수 $\tau = at$를 대입하여 정리할 때 a의 부호에 따라 적분 구간의 부호가 바뀌므로, $a > 0$과 $a < 0$의 경우를 구분하여 다루어야 한다.

- $a > 0$이면

$$\int_{-\infty}^{\infty} x(at)e^{-j\omega t}dt = \frac{1}{a}\int_{-\infty}^{\infty} x(\tau)e^{-j(\frac{\omega}{a})\tau}d\tau = \frac{1}{a}X\left(\frac{\omega}{a}\right) \tag{4.54}$$

- $a < 0$이면 적분 구간의 부호가 뒤바뀌게 된다.

$$\int_{-\infty}^{\infty} x(at)e^{-j\omega t}dt = \frac{1}{a}\int_{\infty}^{-\infty} x(\tau)e^{-j(\frac{\omega}{a})\tau}d\tau = \frac{1}{-a}X\left(\frac{\omega}{a}\right) \tag{4.55}$$

따라서 다음의 푸리에변환쌍으로 정리된다.

$$x(at) \xleftrightarrow{CTFT} \frac{1}{|a|}X\left(\frac{\omega}{a}\right) \tag{4.56}$$

특수한 경우를 살펴보자.

- $a = -1$이면

$$CTFT\{x(-t)\} = X(-\omega) \tag{4.57}$$

- 신호가 실수 우대칭이면 $x(-t) = x(t) = x^*(t)$이므로

$$CTFT\{x(t)\} = CTFT\{x(-t)\} = CTFT\{x^*(t)\}$$
$$\iff X(\omega) = X(-\omega) = X^*(-\omega) \tag{4.58}$$

  즉, 실수 우대칭 신호의 푸리에변환은 실수 우대칭이다.

- 신호가 실수 기대칭이면 $x(-t) = -x(t) = -x^*(t)$이므로

$$CTFT\{x(t)\} = -CTFT\{x(-t)\} = CTFT\{x^*(t)\}$$
$$\iff X(\omega) = -X(-\omega) = X^*(-\omega) \tag{4.59}$$

  즉, 실수 기대칭 신호의 푸리에변환은 허수 기대칭이다.

예제 4.5

양방향 지수 신호

$$x(t) = e^{-a|t|}, \quad a > 0 \tag{4.60}$$

의 푸리에변환을 구하라.

풀이 양방향 지수 신호를 왼쪽 방향과 오른쪽 방향 신호의 합으로 표현하자.

$$x(t) = \underbrace{e^{at}u(-t)}_{x_{left}(t)} + \underbrace{e^{-at}u(t)}_{x_{right}(t)} \tag{4.61}$$

오른쪽 방향 신호 $x_r(t)$의 푸리에변환은 예제 4.1 식 (4.6)으로부터

$$X_{right}(\omega) = CTFT\left\{x_{right}(t)\right\} = \frac{1}{a+j\omega} = \frac{1}{\sqrt{a^2+\omega^2}} \measuredangle \tan^{-1}\left(\frac{\omega}{a}\right) \tag{4.62}$$

왼쪽 방향 신호는 $x_{left}(t) = x_{right}(-t)$이므로 시간 반전 특성 (4.57)을 적용하면

$$\begin{aligned} X_{left}(\omega) &= CTFT\{x_{right}(-t)\} = X_{right}(-\omega) = \frac{1}{a-j\omega} \\ &= \frac{1}{\sqrt{a^2+\omega^2}} \measuredangle \tan^{-1}\left(-\frac{\omega}{a}\right) \end{aligned} \tag{4.63}$$

이로부터 양방향 지수 신호의 푸리에변환은

$$X(\omega) = X_{left}(\omega) + X_{right}(\omega) = \frac{2a}{a^2+\omega^2} \tag{4.64}$$

그림 4.9는 지수 신호 푸리에변환의 크기와 위상 스펙트럼이다. 단방향 신호 $x_{right}(t)$와 $x_{left}(t)$는 실수 신호이므로 크기 스펙트럼은 우대칭이고 위상은 기대칭이다. 그런데 $X_{left}(\omega) = X_{right}(-\omega)$이므로 크기 스펙트럼은 동일하고 위상 스펙트럼의 부호는 반대이다. 양방향 지수 신호 $x(t) = x_{left}(t) + x_{right}(t)$는 실수 우대칭이므로 푸리에변환은 실수 우대칭이다.

예제 4.6

시그넘signum 함수 $\text{sgn}(t)$

$$\text{sgn}(t) = \begin{cases} 1, & t > 0 \\ -1, & t < 0 \end{cases} \tag{4.65}$$

의 푸리에변환을 구하라.

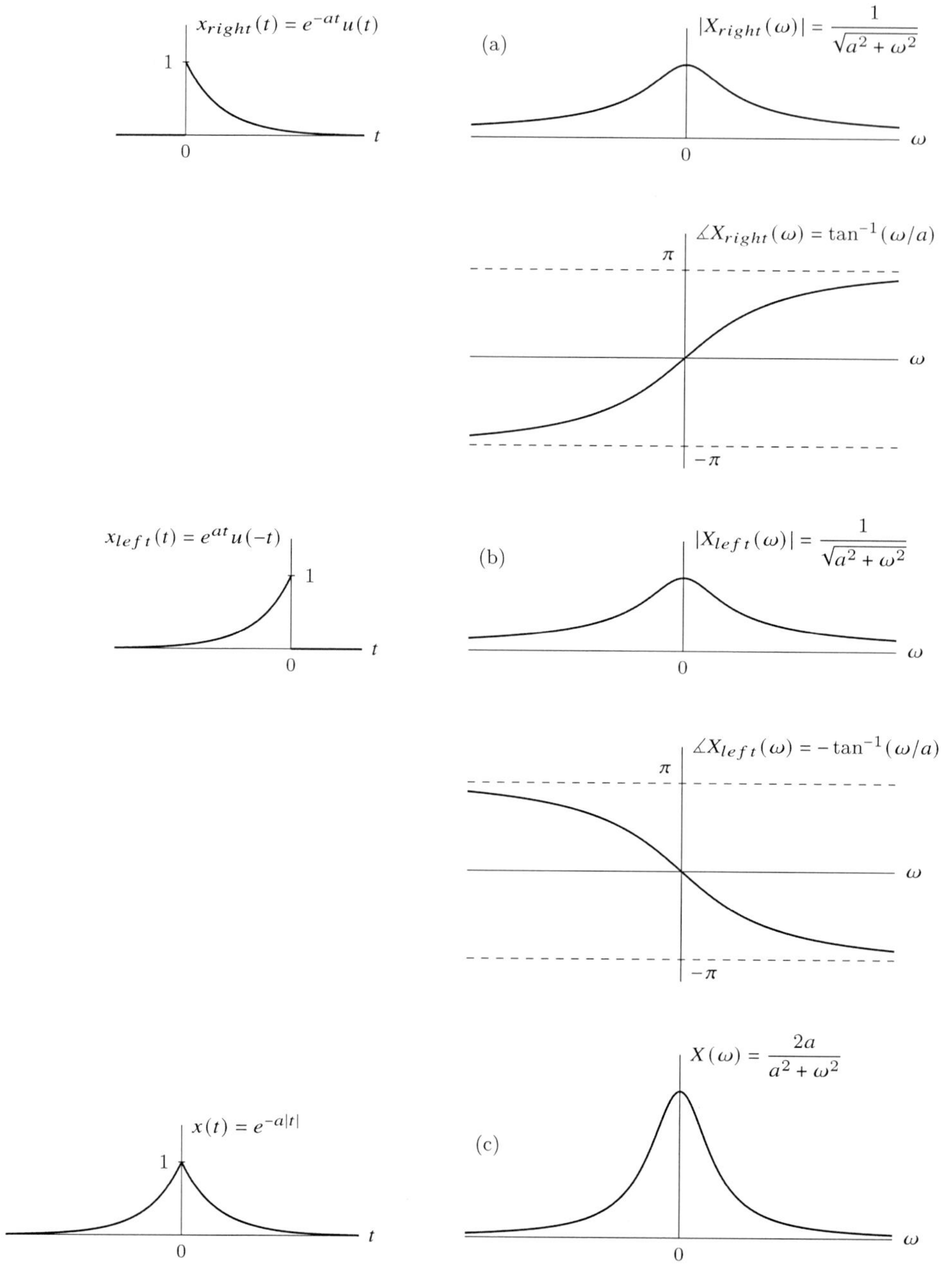

그림 4.9 지수 신호의 푸리에변환 스펙트럼 : (a) 왼쪽 방향 지수 신호의 크기와 위상 스펙트럼 (b) 오른쪽 방향 지수 신호의 크기와 위상 스펙트럼 (c) 양방향 지수 신호의 스펙트럼(예제 4.5).

풀이 시그넘 함수는 그림 4.10에서 보는 바와 같이

$$f(t) = \mathrm{sgn}(t) = u(t) - u(-t) = \lim_{a\to 0}[e^{-at}u(t) - e^{at}u(-t)] \tag{4.66}$$

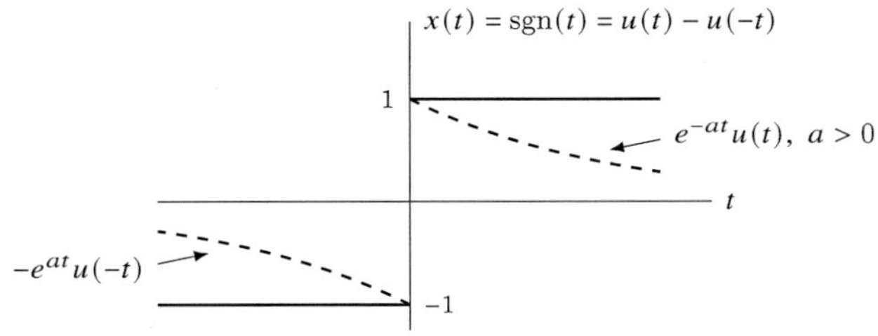

그림 4.10 지수 신호를 이용한 시그넘 함수의 근사화(예제 4.6).

으로 표현될 수 있다. 예제 4.5로부터 $f(t)$의 푸리에변환은 다음과 같이 구해진다.

$$\begin{aligned} F(\omega) &= \lim_{a\to 0} \left[X_{right}(\omega) - X_{left}(\omega)\right] \\ &= \lim_{a\to 0} \left(\frac{1}{a+j\omega} - \frac{1}{a-j\omega}\right) = \frac{2}{j\omega} \end{aligned} \tag{4.67}$$

4.4.7 미분 특성

미분 특성

$$\frac{dx(t)}{dt} \xleftrightarrow{CTFT} j\omega X(\omega) \tag{4.68}$$

은 다음과 같이 증명된다.

$$\begin{aligned} \frac{dx(t)}{dt} &= \frac{d}{dt}\left(\frac{1}{2\pi}\int_{-\infty}^{\infty} X(\omega)e^{j\omega t}d\omega\right) \\ &= \frac{1}{2\pi}\int_{-\infty}^{\infty} \left[j\omega X(\omega)\right] e^{j\omega t}d\omega \end{aligned} \tag{4.69}$$

예제 4.7

미분 특성을 이용하여 계단 신호

$$u(t) = \begin{cases} 1, & t > 0 \\ 0, & t < 0 \end{cases} \tag{4.70}$$

의 푸리에변환을 구하라.

풀이 식 (4.65)에 정의된 시그넘 함수 $f(t) = \mathrm{sgn}(t)$를 이용하면 계단 신호 $u(t)$를 다음과 같이 표현할 수 있다.

$$u(t) = \frac{1}{2}f(t) + \frac{1}{2} \tag{4.71}$$

푸리에변환의 미분 특성을 $f(t)$에 적용하면

$$\frac{df(t)}{dt} = 2\delta(t) \quad \xleftrightarrow{CTFT} \quad j\omega F(\omega) = 2 \tag{4.72}$$

이며

$$1 \quad \xleftrightarrow{CTFT} \quad 2\pi\delta(\omega) \tag{4.73}$$

이므로, 선형성에 의하여

$$u(t) = \frac{1}{2}f(t) + \frac{1}{2} \quad \xleftrightarrow{CTFT} \quad U(\omega) = \frac{1}{j\omega} + \pi\delta(\omega) \tag{4.74}$$

4.4.8 적분 특성

적분의 푸리에변환은 다음과 같이 주어진다.

$$\int_{-\infty}^{t} x(\tau)d\tau \quad \xleftrightarrow{CTFT} \quad \frac{1}{j\omega}X(\omega) + \pi X(0)\delta(\omega) \tag{4.75}$$

여기서 $X(0)$는 DC 성분에 해당한다. 신호의 DC 성분이 0이면 푸리에변환의 미분과 적분은 정확하게 서로 역관계에 있지만, 신호의 DC값이 0이 아니면 이 역관계는 성립하지 않는다. 이 DC값은 식 (4.75) 좌변의 적분 상수에 기인한다. 적분 특성의 증명은 콘볼루션 특성을 활용하므로 4.4.10절에서 설명된다(예제 4.9).

4.4.9 쌍대성

쌍대성을 증명하기 위해 신호 $x(t)$의 푸리에변환쌍을 고려하자.

$$X(\omega) = \int_{-\infty}^{\infty} x(t)e^{-j\omega t}dt \tag{4.76a}$$

$$x(t) = \frac{1}{2\pi}\int_{-\infty}^{\infty} X(\omega)e^{j\omega t}d\omega \tag{4.76b}$$

푸리에변환 분석식 (4.76a)에서 변수를 $t \to -\omega$와 $\omega \to t$로 변경하면(j는 주파수 영역에만 붙인다)

$$\begin{aligned} X(t) &= \int_{-\infty}^{\infty} x(\omega)e^{-j\omega t}d\omega \\ &= \frac{1}{2\pi}\int_{-\infty}^{\infty} 2\pi x(\omega)e^{j(-\omega)t}d\omega \end{aligned} \tag{4.77}$$

를 얻는다. 이 결과는 다음의 쌍대 관계로 정리된다.

$$x(\boldsymbol{t}) \xleftrightarrow{CTFT} X(\boldsymbol{\omega})$$
$$X(\boldsymbol{t}) \xleftrightarrow[CTFT]{} 2\pi x(-\boldsymbol{\omega})$$

임펄스 신호 $x(t) = \delta(t)$의 푸리에변환은 $X(\omega) = 1$이며 다음의 쌍대 관계가 성립한다. 여기서는 모든 신호가 좌우대칭인 우함수이므로 부호 반전은 대칭성에 흡수된다.

$$\delta(t) \xleftrightarrow{CTFT} 1$$
$$1 \xleftrightarrow[CTFT]{} 2\pi\delta(-\omega)$$

예제 4.8

쌍대성을 이용하여 대역제한된 신호

$$X_b(\omega) = \begin{cases} 1, & |\omega| < B \\ 0, & |\omega| > B \end{cases} \tag{4.78}$$

의 역 푸리에변환을 구하라.

풀이 4.2.1절에서 다루어진 사각펄스 신호 $x_{rect}(t)$의 푸리에변환쌍은

$$x_{rect}(t) = \begin{cases} 1, & |t| < T_w/2 \\ 0, & |t| > T_w/2 \end{cases} \xleftrightarrow{CTFT} \frac{\sin(\omega T_w/2)}{\omega/2} = X_{rect}(\omega) \tag{4.79}$$

이므로 쌍대성을 적용하면$(t \leftrightarrow -\omega)$

$$\frac{\sin(tT_w/2)}{t/2} \xleftrightarrow{CTFT} \begin{cases} 2\pi, & |\omega| < T_w/2 \\ 0, & |\omega| > T_w/2 \end{cases} \tag{4.80}$$

여기에 $T_w = 2B$를 대입하여 정리하면

$$x_b(t) = \frac{\sin(tB)}{\pi t} \xleftrightarrow{CTFT} X_b(\omega) = \begin{cases} 1, & |\omega| < B \\ 0, & |\omega| > B \end{cases} \tag{4.81}$$

신호 $x_b(t)$의 최대값은 $x_b(0) = \frac{B}{\pi}$이다. 그림 4.11은 대역제한한 신호의 푸리에변환쌍이다.

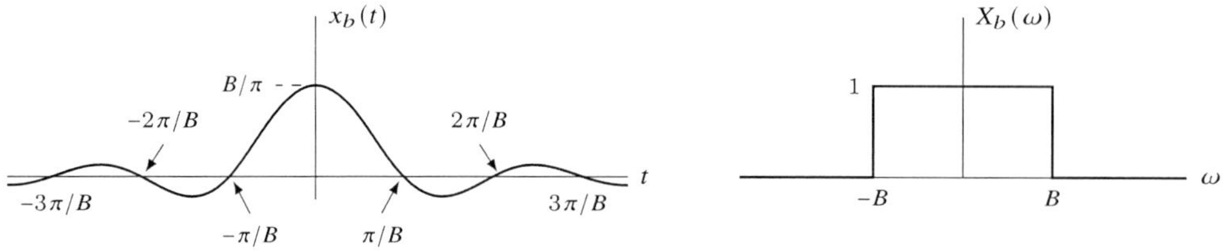

그림 4.11 대역제한된 신호의 푸리에변환쌍(예제 4.8).

4.4.10 콘볼루션 특성

콘볼루션의 푸리에변환쌍은 다음과 같다.

$$y(t) = \int_{-\infty}^{\infty} x(\tau)h(t-\tau)d\tau \xleftrightarrow{CTFT} Y(\omega) = X(\omega)H(\omega) \tag{4.82}$$

주파수 영역에서 콘볼루션은 스펙트럼의 곱으로 간단히 표현된다. 증명은 다음과 같다.

$$\begin{aligned} CTFT\{x(t)*h(t)\} &= \int_{-\infty}^{\infty}\left(\int_{-\infty}^{\infty} x(\tau)h(t-\tau)d\tau\right)e^{-j\omega t}dt \\ &= \int_{-\infty}^{\infty}\left(\int_{-\infty}^{\infty} x(\tau)h(\alpha)d\tau\right)e^{-j\omega(\alpha+\tau)}dt, \quad \alpha = t-\tau \\ &= \int_{-\infty}^{\infty}\left(\int_{-\infty}^{\infty} x(\tau)e^{-j\omega\tau}d\tau\right)h(\alpha)e^{-j\omega\alpha}d\alpha \\ &= X(\omega)H(\omega) \end{aligned} \tag{4.83}$$

푸리에변환의 콘볼루션 특성은 시스템의 입력과 출력의 관계를 주파수 영역에서 표현한다.

예제 4.9

적분 시스템의 임펄스 응답은 계단 함수이다. 즉, $h(t) = u(t)$.

$$\int_{-\infty}^{t} x(\tau)d\tau = \int_{-\infty}^{\infty} x(\tau)u(t-\tau)d\tau = x(t)*u(t) \tag{4.84}$$

여기에 푸리에변환의 콘볼루션 특성을 적용하면

$$\begin{aligned} CTFT\{x(t)*u(t)\} &= X(\omega)U(\omega) = X(\omega)\left(\frac{1}{j\omega} + \pi\delta(\omega)\right) \\ &= \frac{X(\omega)}{j\omega} + \pi X(0)\delta(\omega) \end{aligned} \tag{4.85}$$

이 결과는 바로 푸리에변환의 적분 특성식 (4.75)이다.

IPYWIDGET 데모 4.1

위젯 파일: `ctft_property_demo.ipynb`

이 데모에서는 연속시간 푸리에변환의 시간 이동 특성과 변조 특성을 관찰할 수 있다. 신호 유형을 변경하면서 신호의 시간 파형과 푸리에변환 스펙트럼의 특징을 확인해 보라. 신호의 시간 영역 길이나 부드러움같은 특징이 주파수 영역에서는 어떻게 반영되는가? 시간 이동 특성을 선택하고 `t0`를 변경하면 스펙트럼의 변화를 확인할 수 있다. 시간 이동은 스펙트럼의 위상에만 영향을 주므로 스펙트럼은 실수부와 허수부로 구분하여 표현된다. 변조 특성을 선택하고 주파수 `f0`를 변경하면 원 신호와 변조된 신호의 파형과 크기 스펙트럼이 표시된다. 변조된 신호의 스펙트럼은 `f0`만큼 좌우로 주파수 이동되며 대역폭은 원 신호 대역폭의 2배이다. 변조 주파수와 대역폭은 통신 시스템의 주요한 관심 사항이다.

4.4.11 파시벌 정리

푸리에변환의 파시벌 정리는 시간 영역 신호 $x(t)$의 에너지를 주파수 영역으로 연결해준다. 푸리에변환의 파시벌 정리는 다음과 같다.

$$E_x = \int_{-\infty}^{\infty} |x(t)|^2 dt = \frac{1}{2\pi} \int_{-\infty}^{\infty} |X(\omega)|^2 d\omega \tag{4.86}$$

여기서

$$G_x(\omega) = \frac{1}{2\pi} |X(\omega)|^2 \tag{4.87}$$

는 **에너지 스펙트럼 밀도**energy spectral density 이다. 에너지 스펙트럼 밀도는 단위 주파수의 에너지 크기로서 주파수 영역에서 에너지가 어떻게 분포되어 있는가를 정량적으로 표현한다. 주파수 범위 $\omega_1 < \omega < \omega_2$에 분포된 에너지는

$$\int_{\omega_1}^{\omega_2} G_x(\omega) d\omega$$

와 같이 계산할 수 있다. 파시벌 정리의 증명은 다음과 같다.

$$\begin{aligned}
\int_{-\infty}^{\infty} |x(t)|^2 dt &= \int_{-\infty}^{\infty} x^*(t) x(t) dt \\
&= \int_{-\infty}^{\infty} x^*(t) \left(\frac{1}{2\pi} \int_{-\infty}^{\infty} X(\omega) e^{j\omega t} d\omega \right) dt \\
&= \frac{1}{2\pi} \int_{-\infty}^{\infty} X(\omega) \underbrace{\left(\int_{-\infty}^{\infty} x^*(t) e^{j\omega t} dt \right)}_{X^*(\omega)} d\omega, \quad \text{적분 순서를 바꾸어} \\
&= \frac{1}{2\pi} \int_{-\infty}^{\infty} |X(\omega)|^2 d\omega
\end{aligned} \tag{4.88}$$

푸리에변환의 파시벌 정리는 주기 신호에도 확장될 수 있다. 에너지 스펙트럼 밀도와 유사하게

주기 신호의 전력 스펙트럼 밀도power spectral density $S(\omega)$를 다음과 같이 정의된다.

$$P_x = \frac{1}{2\pi}\int_{-\infty}^{\infty}|X(\omega)|^2 d\omega = \int_{-\infty}^{\infty} S(\omega)d\omega \tag{4.89}$$

그런데 주기 신호의 푸리에변환 $X(\omega)$는 푸리에급수 계수 a_k를 이용하여 다음과 같이 표현된다.

$$X(\omega) = 2\pi\sum_{k=-\infty}^{\infty} a_k\delta(\omega - k\omega_0) \tag{4.90}$$

식 (4.90)을 식 (4.89)에 대입하면 주기 신호의 전력 스펙트럼 밀도는 다음과 같이 표현된다.

$$S_x(\omega) = \frac{1}{2\pi}|X(\omega)|^2 = 2\pi\sum_{k=-\infty}^{\infty}|a_k|^2\delta(\omega - k\omega_0) \tag{4.91}$$

예제 4.10

지수 신호 $x(t) = e^{-at}u(t)$의 에너지를 시간 영역과 주파수 영역에서 각각 구하라($a > 0$).

풀이 시간 영역에서 신호의 에너지는

$$E_x = \int_0^{\infty}|e^{-at}|^2 dt = \int_0^{\infty} e^{-2at}dt = \frac{1}{2a}$$

이다. 이 신호의 푸리에변환은 $X(\omega) = 1/(a + j\omega)$이므로 에너지 스펙트럼 밀도는

$$G_x(\omega) = |X(\omega)|^2 = \left|\frac{1}{a + j\omega}\right|^2 = \frac{1}{a^2 + \omega^2}$$

이다. 그림 4.12에 보인 바와 같이 이 신호의 에너지 스펙트럼 밀도는 $\omega = 0$에서 가장 크고 주파수가 증가함에 따라 급격히 감소하여 $\omega = \pm a$에서 최고점의 반으로 줄어든다. 주파수 영역에서 에너지를 계산하면

$$\frac{1}{2\pi}\int_{-\infty}^{\infty}\left|\frac{1}{a + j\omega}\right|^2 d\omega = \frac{1}{2\pi}\int_{-\infty}^{\infty}\frac{1}{a^2 + \omega^2}d\omega \tag{4.92}$$

여기에 적분식

$$\int \frac{1}{a^2 + \omega^2}d\omega = \frac{1}{a}\tan^{-1}\frac{\omega}{a}$$

을 이용하면 식 (4.92)는 다음으로 정리된다.

$$\frac{1}{2\pi}\frac{1}{a}\tan^{-1}\left(\frac{\omega}{a}\right)\Bigg|_{-\infty}^{\infty} = \frac{1}{2\pi}\frac{1}{a}\left[\tan^{-1}(\infty) - \tan^{-1}(-\infty)\right] = \frac{1}{2a}$$

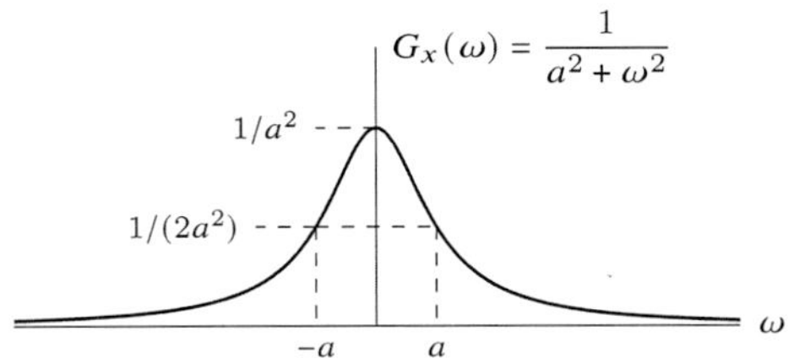

그림 4.12 지수 신호의 에너지 스펙트럼 밀도(예제 4.10).

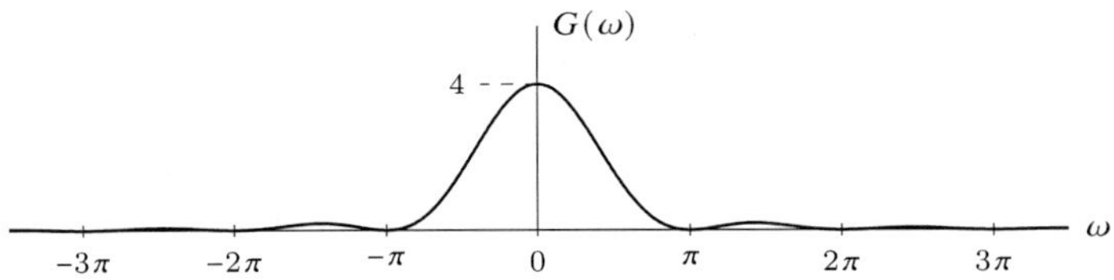

그림 4.13 사각펄스 신호의 에너지 스펙트럼 밀도(예제 4.11).

예제 4.11

사각펄스 신호

$$x(t) = \text{rect}\left(\frac{t-1}{2}\right)$$

의 에너지 스펙트럼 밀도를 구하라.

풀이 이 신호의 푸리에변환은

$$X(\omega) = \frac{\sin(\omega)}{\omega/2}e^{-j\omega} = 2\text{sinc}\left(\frac{\omega}{\pi}\right)e^{-j\omega}$$

이므로 에너지 스펙트럼 밀도는

$$G_x(\omega) = \left[\frac{\sin(\omega)}{\omega/2}\right]^2 = 4\text{sinc}^2\left(\frac{\omega}{\pi}\right)$$

이다. 그림 4.13에 보인 바와 같이 이 신호의 에너지 스펙트럼 밀도는 $\omega = 0$에서 가장 크고 주파수가 증가함에 따라 급격히 감소한다. 대부분의 에너지는 첫째 영점 사이의 주파수 영역 $|\omega| < \pi$인 주엽에 집중되어 있다.

예제 4.12

한 주기가 다음과 같이 정의되는 주기 신호의 전력 스펙트럼 밀도를 구하고, $|\omega| < \pi$ 구간에 포함된 평균 전력을 계산하라

$$\tilde{x}(t) = \begin{cases} 1, & |t| < 1 \\ 0, & 1 < |t| < 2 \end{cases}$$

풀이 이 신호의 푸리에급수 계수는 예제 3.3으로부터

$$a_k = \frac{\sin(k\pi/2)}{k\pi}$$

따라서 전력 스펙트럼 밀도는

$$S_x(\omega) = 2\pi \sum_{k=-\infty}^{\infty} \left[\frac{\sin(k\pi/2)}{k\pi}\right]^2 \delta(\omega - k\pi/2)$$

이다. 이 신호의 평균 전력을 시간 영역에서 계산하면

$$P_x = \frac{1}{4}\int_{-1}^{1} 1\, dt = \frac{1}{2}$$

이며, 주파수 영역에서

$$P_x = \frac{1}{2\pi}\int_{-\infty}^{\infty} 2\pi \sum_{k=-\infty}^{\infty} |a_k|^2 \delta(\omega - k\pi/2)d\omega = \sum_{k=-\infty}^{\infty} |a_k|^2$$

로 표현된다. 전력 스펙트럼의 첫째 영점은 $k = \pm 2$에서 일어난다. 영점 사이의 주파수 범위 $|\omega| < \pi$에서 평균 전력은

$$P_x(|\omega| < \pi) = |a_0|^2 + 2|a_1|^2 = \left(\frac{1}{2}\right)^2 + 2\left(\frac{1}{\pi}\right)^2 = \frac{1}{4} + \frac{2}{\pi^2} \approx 0.4526$$

그러므로 $|\omega| < \pi$ 범위에 전체 평균 전력의 90.52%가 분포되어 있다.

4.4.12 에너지와 자기상관

두 신호 $x_1(t)$와 $x_2(t)$의 **상호상관**cross-correlation 혹은 상관은 신호 간 유사성을 측정하는 지표로 다음과 같이 정의된다(그림 4.14).

$$r_{x_1x_2}(t) = \int_{-\infty}^{\infty} x_1(\tau)x_2(\tau - t)d\tau \tag{4.93}$$

여기서 t는 두 신호 간 시간차time-lag이다.

두 신호가 동일하다면($x_1(t) = x_2(t) = x(t)$), 신호의 유사도는 신호 $x(t)$의 **자기상관**autocorrelation으로 정의된다.

$$r_{xx}(t) = \int_{-\infty}^{\infty} x(\tau)x(\tau - t)d\tau \tag{4.94}$$

그림 4.14에서 볼 수 있듯, 상호상관은 콘볼루션과 매우 닮았다. 콘볼루션은 한 신호를 시간 반전하고 이동시키는데 반해 상호상관에서는 시간 반전없이 이동시킨다. 따라서 자기상관 식 (4.94)는 다음과 같이 콘볼루션으로 표현될 수 있다.

$$r_{xx}(t) = \int_{-\infty}^{\infty} x(\tau)x(-(t - \tau))d\tau = x(t) * x(-t) \tag{4.95}$$

이 관계식을 이용하면 자기상관의 푸리에변환을 쉽게 표현할 수 있다. 실수 신호 $x(t)$를 가정하고 자기상관의 푸리에변환을 구해보자.

$$\begin{aligned} R_{xx} &= CTFT\{x(t) * x(-t)\} \\ &= X(\omega)X(-\omega) \qquad \text{(콘볼루션과 시간 반전 특성)} \\ &= X(\omega)X^*(\omega) \qquad \text{(실수 신호의 켤레 대칭성)} \\ &= |X(\omega)|^2 = G_x(\omega) \end{aligned} \tag{4.96}$$

즉, 자기상관은 신호의 에너지 스펙트럼 밀도 $|X(\omega)|^2$와 푸리에변환쌍이다. 자기상관을 스펙트럼 밀도의 IDTFT로 표현하면

$$r_{xx}(t) = \int_{-\infty}^{\infty} x(\tau)x(\tau-t)d\tau = \frac{1}{2\pi}\int_{-\infty}^{\infty} |X(\omega)|^2 e^{-j\omega t} d\omega \tag{4.97}$$

이고, 여기에 $t=0$를 대입하면 다음과 같이 파시벌 정리를 얻는다.

$$r_{xx}(0) = \int_{-\infty}^{\infty} [x(\tau)]^2 d\tau = \frac{1}{2\pi}\int_{-\infty}^{\infty} |X(\omega)|^2 d\omega \tag{4.98}$$

자기상관은 $x(\tau)$와 $x(\tau-t)$가 완전히 겹치는 $t=0$에서 최대이다. 즉,

$$|r_{xx}(t)| \le r_{xx}(0) \tag{4.99}$$

개념점검 4.4 신호 $x(t)$의 자기상관을 계산하는 LTI 시스템을 설계하려고 한다. 이 시스템의 임펄스 응답을 결정하라.

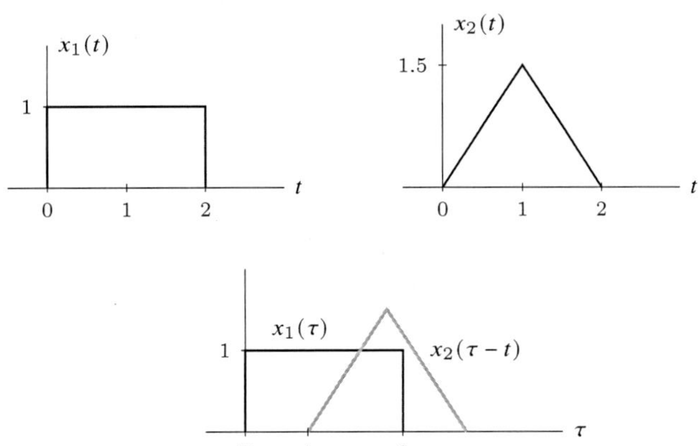

그림 4.14 신호 $x_1(t)$과 $x_2(t)$의 상호상관.

4.5 푸리에변환과 LTI 시스템

지금까지 우리는 신호가 푸리에 영역에서 어떻게 표현되며 어떤 특성을 가지는지 살펴보았다. 이 절에서는 LTI 시스템을 푸리에 영역에서 살펴본다

4.5.1 콘볼루션과 고유함수

연속시간 LTI 시스템이 주파수 영역에서 어떻게 반응하는지 알아보기 위해 신호를 시스템에 입력하고 출력을 관찰하자. 이 실험에 적합한 신호는 단일 주파수 성분의

$$x(t) = e^{j\omega_0 t}, \quad -\infty < t < \infty \tag{4.100}$$

로 선택된다.

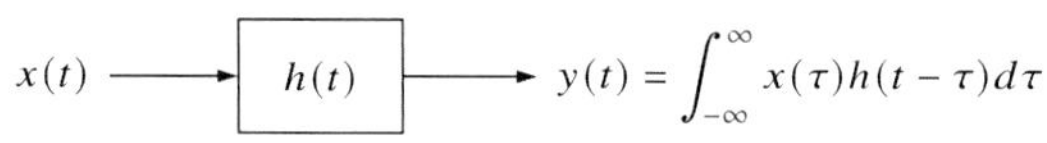

그림 4.15 연속시간 LTI 시스템의 입력 출력 관계.

시스템의 출력 $y(t)$는 콘볼루션 적분

$$y(t) = x(t) * h(t) = \int_{-\infty}^{\infty} x(\tau)h(t-\tau)d\tau \tag{4.101}$$

으로 표현되므로(그림 4.15), 복소지수 신호 입력에 대한 출력은 다음과 같이 정리된다.

$$\begin{aligned} y(t) &= \int_{-\infty}^{\infty} e^{j\omega_0 \tau} h(t-\tau)d\tau \\ &= \int_{-\infty}^{\infty} e^{j\omega_0 (t-\alpha)} h(\alpha)d\alpha, \quad \alpha = t-\tau \\ &= e^{j\omega_0 t} \underbrace{\int_{-\infty}^{\infty} h(\alpha)e^{-j\omega_0 \alpha}d\alpha}_{H(\omega_0)} = H(\omega_0)e^{j\omega_0 t} \end{aligned} \tag{4.102}$$

이를 간단히 표기하면

$$e^{j\omega_0 t} \quad \longmapsto \quad H(\omega_0)e^{j\omega_0 t} \tag{4.103}$$

이처럼 LTI 시스템에 복소지수 신호 $e^{j\omega_0 t}$를 입력하면 출력은 입력 신호와 동일한 주파수를 갖는 복소지수 함수 꼴로 표현된다. 이런 이유로 복소지수 신호 $e^{j\omega_0 t}$를 LTI 시스템의 **고유함수**eigenfunction이다. 또한 출력에 붙여진 $H(\omega_0)$는 고유함수 $e^{j\omega_0 t}$에 대응하는 LTI 시스템의 **고유값**eigenvalue이라 부른다. 여기서 임펄스 응답 $h(t)$의 푸리에 변환인

$$H(\omega) = \int_{-\infty}^{\infty} h(t)e^{-j\omega t}dt \tag{4.104}$$

$H(\omega)$는 시스템의 **주파수 응답**frequency response이라 한다(그림 4.16).

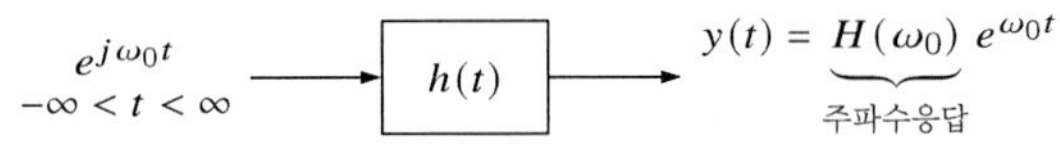

그림 4.16 연속시간 LTI 시스템의 주파수 응답.

주파수 응답은 시스템이 푸리에 영역에서 어떤 특성을 가지며 입력 신호에 어떻게 반응하는지 알려준다. 식 (4.103)을 조금 더 일반화하여, 위상 변이를 가지는 복소지수 신호 입력 $x(t) = Ae^{j(\omega_0 t+\phi)}$을 가정하면 입력-출력 관계는 다음과 같이 표현된다.

$$Ae^{j(\omega_0 t+\phi)} \quad \longmapsto \quad H(\omega_0)Ae^{j(\omega_0 t+\phi)} = A|H(\omega_0)|e^{j(\omega_0 t+\phi+\measuredangle H(\omega_0))} \tag{4.105}$$

즉, LTI 시스템에 복소지수 신호 $Ae^{j(\omega_0 t+\phi)}$를 입력하면 시스템은 주파수 응답에 의해 신호의 크기를 $|H(\omega_0)|$만큼 증폭하고 위상에 $\measuredangle H(\omega_0)$만큼 더한다.

복소지수 신호의 결과는 정현 신호에 직접 연결된다. 정현 신호

$$x(t) = A\cos(\omega_0 t+\phi) = \frac{A}{2}e^{j(\omega_0 t+\phi)} + \frac{A}{2}e^{-j(\omega_0 t+\phi)} \tag{4.106}$$

에 식 (4.105)의 결과를 적용하자. $H(\omega)$의 켤레 대칭성을 활용하면 출력은

$$\begin{aligned} y(t) &= \frac{A}{2}|H(\omega_0)|e^{j(\omega t+\phi+\measuredangle H(\omega_0))} + \frac{A}{2}|H(-\omega_0)|e^{-j(\omega_0 t+\phi-\measuredangle H(-\omega_0))} \\ &= A|H(\omega_0)|\cos(\omega_0 t+\phi+\measuredangle H(\omega_0)) \end{aligned} \tag{4.107}$$

로 표현된다. 이를 **정현 응답**sinusoidal response이라 한다. 연속시간 LTI 시스템의 정현 응답은 주파수는 동일하게 유지되지만, 크기와 위상은 입력 주파수에서 각각 주파수 응답의 크기와 위상만큼 달라진다.

$$A\cos(\omega_0 t+\phi) \quad \longmapsto \quad A|H(\omega_0)|\cos(\omega_0 t+\phi+\measuredangle H(\omega_0)) \tag{4.108}$$

따라서 주어진 주파수 ω_0에서 정현 응답을 계산하려면 해당 주파수에서 주파수 응답(고유값)

$$H(\omega_0) = |H(\omega_0)|\measuredangle H(\omega_0) \tag{4.109}$$

의 크기와 위상을 구하고 이를 식 (4.108)에 대입하면 된다.

또한 식 (4.103)을 모든 주파수 범위에서 적분하고 $1/2\pi$로 나누면

$$\underbrace{\frac{1}{2\pi}\int_{-\infty}^{\infty} e^{j\omega t}d\omega}_{\delta(t)} \quad \longmapsto \quad \underbrace{\frac{1}{2\pi}\int_{-\infty}^{\infty} H(\omega)e^{j\omega t}d\omega}_{h(t)} \tag{4.110}$$

을 얻는다. 식 (4.110)의 좌변은 단위 임펄스 $\delta(t)$이고 우변은 $h(t)$이므로, 이 식은 LTI 시스템의 임펄스 응답에 대한 정의에 해당한다. 이 식은 주파수 응답과 임펄스 응답이 푸리에변환과

어떻게 연결되어 있는지를 잘 보여 준다.

예제 4.13

주파수 응답이

$$H(\omega) = \frac{j\omega}{4 + j\omega} \tag{4.111}$$

인 시스템에 대하여 다음에 답하라.

(a) 이 시스템의 임펄스 응답 $h(t)$를 구하라.

(b) 입력 $x(t) = 10\cos(\pi t + \pi/3)$이 입력되었을때 정현 응답 $y(t)$를 구하라.

풀이 (a) 주파수 응답을

$$H(\omega) = 1 - \frac{4}{4 + j\omega}$$

으로 표현하고, 각 항을 표 4.2를 이용하여 역 푸리에변환하면

$$h(t) = \delta(t) - 4e^{-4t}u(t)$$

(b) 그림 4.17은 주파수 응답이다. 이 시스템의 크기 응답은 주파수 $\omega_0 = 0$에서 0이며, ω_0가 증가함에 따라 증가한다. 그림 4.17에서 점으로 표시된 값은 입력 신호의 주파수 $\omega_0 = \pi$에서 주파수 응답의 크기와 위상이다.

$$|H(\pi)| = \frac{\pi}{\sqrt{4^2 + \pi^2}} \approx 0.618$$

$$\measuredangle H(\pi) = \frac{\pi}{2} - \tan^{-1}\left(\frac{\pi}{4}\right) \approx 0.905 \text{ (rad)}$$

계산된 크기와 위상을 식 (4.107)에 대입하면 출력은

$$y(t) = 10(\mathbf{0.618})\cos\left(\pi t + \frac{\pi}{3} + \mathbf{0.905}\right) = 6.18\cos(\pi t + 1.952)$$

크기는 0.618배 작아졌고 위상변이는 0.905라디안 추가되었다. 위상변이의 추가는 시간 이동

$$t_d = -\frac{\measuredangle H(\pi)}{\pi} = -\frac{0.905}{\pi} \approx -0.288 \text{ sec}$$

에 해당된다. 시스템의 입력과 출력을 비교한 그림 4.18로부터 입력에 대한 출력의 상대적인 크기 변화와 시간 이동을 확인할 수 있다.

개념점검 4.5 LTI 시스템의 주파수 응답은 시스템의 초기 조건을 0으로 가정한다. 그 이유는 무엇인가?

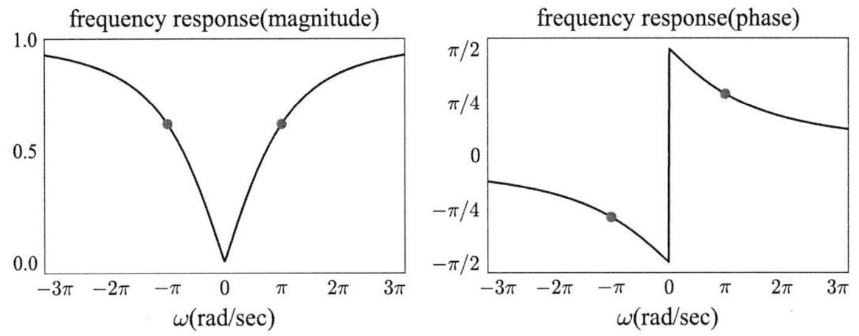

그림 4.17 주파수 응답이 $H(\omega) = \dfrac{j\omega}{4 + j\omega}$ 인 시스템에 정현 신호 $x(t) = 10\cos(\pi t + \pi/3)$가 입력되었을 때 크기와 위상 응답(예제 4.13).

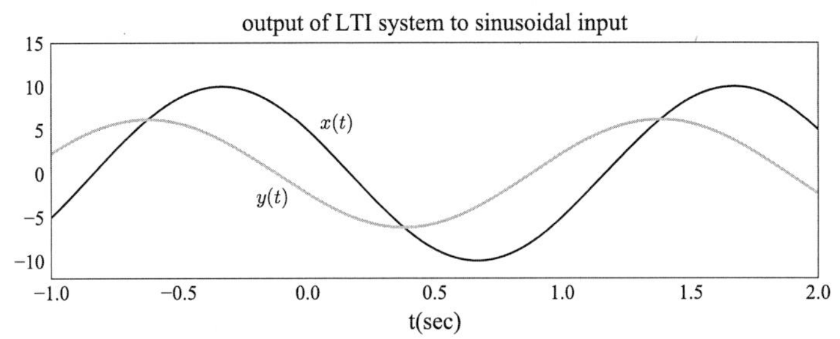

그림 4.18 LTI 시스템의 입력과 출력(예제 4.13).

4.5.2 미분방정식으로 표현되는 LTI 시스템

연속시간 LTI 시스템은 상수 계수를 갖는 선형 미분방정식으로 표현되기도 한다.

$$\sum_{k=0}^{N} a_k \frac{d^k y(t)}{dt^k} = \sum_{k=0}^{M} b_k \frac{d^k x(t)}{dt^k} \tag{4.112}$$

시스템이 안정적이며 입력 $x(t)$와 출력 $y(t)$의 푸리에변환이 존재한다고 가정하자. 푸리에변환의 선형성과 미분 특성을 적용하여 식 (4.112)의 좌변과 우변을 각각 푸리에변환하고

$$\sum_{k=0}^{N} a_k (j\omega)^k Y(\omega) = \sum_{k=0}^{M} b_k (j\omega)^k X(\omega) \tag{4.113}$$

이를 정리하여 다음을 얻는다.

$$H(\omega) = \frac{Y(\omega)}{X(\omega)} = \frac{\sum_{k=0}^{M} b_k (j\omega)^k}{\sum_{k=0}^{N} a_k (j\omega)^k} \tag{4.114}$$

함수 $H(\omega)$는 식 (4.104)에서 정의된 주파수 응답의 또 다른 표현이다. 여기서 주파수 응답은 선형 미분방정식의 계수 $\{a_k, b_k\}$로 표현된다. 식 (4.104)는 시스템이 임펄스 응답으로 주어졌을 때 적용하고, 식 (4.114)는 시스템이 미분방정식으로 표현될 때 적용하면 된다.

예제 4.14

일차 미분방정식

$$\frac{dy(t)}{dt} + 0.8y(t) = x(t) \tag{4.115}$$

으로 표현되는 LTI 시스템의 임펄스 응답을 푸리에변환을 이용하여 구하라.

풀이 식 (4.114)의 양변을 푸리에변환하면 주파수 응답

$$j\omega Y(\omega) + 0.8Y(\omega) = X(\omega) \quad \Longrightarrow \quad H(\omega) = \frac{Y(\omega)}{X(\omega)} = \frac{1}{0.8 + j\omega} \tag{4.116}$$

을 얻는다. 임펄스 응답은 주파수 응답의 푸리에 역변환이므로 표 4.2의 변환쌍을 이용하면 다음으로 표현된다.

$$h(t) = e^{-0.8t}u(t) \quad \xleftrightarrow{CTFT} \quad H(\omega) = \frac{1}{0.8 + j\omega}$$

예제 4.15

예제 4.14에 신호 $x(t) = e^{-0.6t}u(t)$가 입력되었을때 푸리에변환을 이용하여 출력을 구하라.

풀이 신호 $x(t)$의 푸리에변환은

$$X(\omega) = \frac{1}{0.6 + j\omega} \tag{4.117}$$

이므로 푸리에변환 영역에서 출력은, 식 (4.114)으로부터,

$$Y(\omega) = H(\omega)X(\omega) = \frac{1}{0.8 + j\omega} \cdot \frac{1}{0.6 + j\omega} \tag{4.118}$$

식 (4.118)의 역 푸리에변환은 부록 D에 기술된 부분분수전개를 적용하여 구한다. 부분분수

$$Y(\omega) = \frac{A}{0.8 + j\omega} + \frac{B}{0.6 + j\omega} \tag{4.119}$$

에서

$$A = \left.\frac{1}{0.6 + j\omega}\right|_{j\omega=-0.8} = -5$$

$$B = \left.\frac{1}{0.8 + j\omega}\right|_{j\omega=-0.6} = 5$$

따라서 역 푸리에변환하면

$$y(t) = 5\left[e^{-0.6t} - e^{-0.8t}\right]u(t)$$

연습 4.5 푸리에변환을 이용하여 다음 미분방정식의 해를 구하라.

$$\frac{dy(t)}{dt} = -2y(t) + \sin(2t) \qquad \text{답}: y(t) = \frac{1}{2\sqrt{2}}\sin(2t - \pi/4)$$

4.6 푸리에변환의 크기 위상 스펙트럼 특성

연속시간 신호 $x(t)$의 푸리에변환 $X(\omega)$는 복소함수이므로 직교좌표계에서 실수부와 허수부로 표현되거나 극좌표계에서 크기와 위상으로 표현된다. 푸리에변환 $X(\omega)$의 극좌표계 표현은 다음과 같다.

$$X(\omega) = |X(\omega)|e^{j\angle X(\omega)} \tag{4.120}$$

푸리에변환의 크기 $|X(\omega)|d\omega/2\pi$는 주파수 대역 $[\omega, \omega + d\omega]$에 분포된 신호의 에너지이므로 해당 주파수 대역의 에너지 크기를 의미한다. 극단적인 예로 $|X(\omega)| = 0$이면 해당 주파수 대역에는 신호가 존재하지 않는다. 푸리에변환의 크기는 신호가 어느 주파수 대역에 얼마나 많이 분포되어 있는가를 알려준다. 반면에 위상 $\measuredangle H(\omega)$는 해당 주파수 성분의 상대적인 위상이며 $x(t)$의 모양에 영향을 미친다.

4.6.1 음성 신호에서 크기와 위상 스펙트럼

음성 신호에서 푸리에변환의 크기와 위상이 어떤 역할을 하는지 알아보기 위해, 음성 신호를 푸리에변환하고 크기와 위상 스펙트럼을 분리하여 간단한 실험을 해보자. 그림 4.19는 음성 신호와 푸리에변환된 음성 신호의 크기와 위상 스펙트럼이다. 음성 신호는 정확하게 주기적이지는 않지만 약 5 m sec의 유사 주기성을 갖는다. 이 주기성은 크기 스펙트럼이 대략 200 Hz 정도의 기본 주파수를 갖는 하모닉 성분으로 구성되어 있다는 사실로도 확인된다. 음성 신호에서 크기 스펙트럼은 신호에 대한 유용한 정보를 담고 있다. 반면 위상 스펙트럼은 마치 잡음처럼 심한 변동성을 보인다. 음성이나 오디오 신호에서 중요한 성분은 하모닉 성분 혹은 개별적인 정현 성분이므로, 하모닉 성분이 없고 크기 스펙트럼이 아주 작은 주파수 영역에서의 위상은 사실상 의미가 없다.

음성 신호의 위상에 랜덤 잡음을 추가하고 이 위상을 이용하여 신호를 역 푸리에변환하여 시간 영역으로 복원하면 어떻게 될까? 그림 4.20은 원 신호의 크기 스페트럼을 그대로 사용하고, 위상은 잡음에 오염된 신호의 것을 이용하여 역 푸리에변환으로 복원한 신호이다. 여기서 잡음은 시간 영역에서 $|v(t)| < \frac{1}{6}$ 범위의 랜덤 잡음으로 생성되었다. 상당한 크기의 잡음 유입으로 신호가 원 신호와 약간 달라졌지만, 복원된 신호는 여전히 원래 음성 신호와 유사하다. 이처럼 음성 신호는 위상보다 크기 정보에 더 민감하게 반응한다. 물론 소리에서 위상 정보가 완전히 배제되지는 않는다. 만약 위상 잡음이 더 커진다면, 신호 자체도 크게 영향을 받을

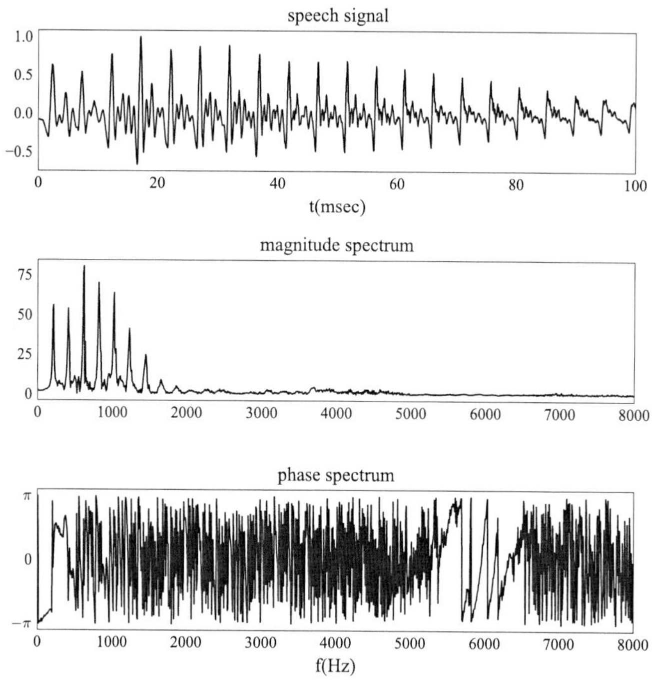

그림 4.19 음성 신호의 푸리에변환 : (a) 음성 신호 (b) 크기 스펙트럼 (c) 위상 스펙트럼.

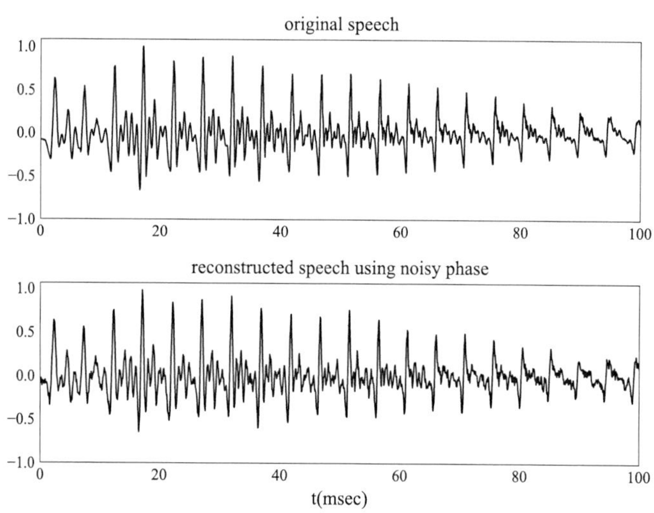

그림 4.20 음성 신호에서 위상 스펙트럼의 의미 : (a) 원 음성 신호 (b) 원 신호의 크기 스펙트럼과 오염된 신호의 위상 스펙트럼으로부터 복원된 음성 신호.

수밖에 없다. 또한 사람의 귀는 소리의 개별적인 위상 정보에 매우 둔감하지만, 양쪽 귀에 들어오는 신호의 상대적 위상 차이에 대하여는 민감하다. 양쪽 귀의 상대적 위상 차이를 통해 소리의 방향을 인지하고 스테레오 음향 효과를 느낀다.

4.6.2 영상 신호에서 크기와 위상 스펙트럼

이번에는 영상 신호에서 푸리에변환의 크기와 위상이 각각 어떤 역할을 하는지 알아보자. 먼저 이차원 영상에 대한 푸리에변환을 정의하자. 이차원 영상 $x(\lambda_1, \lambda_2)$의 푸리에변환 $X(\omega_1, \omega_2)$는 일차원 푸리에변환을 이차원 공간으로 확장하여 다음과 같이 표현된다.

$$X(\omega_1, \omega_2) = \int_{-\infty}^{\infty}\int_{-\infty}^{\infty} x(\lambda_1, \lambda_2)e^{-j\omega_1\lambda_1}e^{-j\omega_2\lambda_2}d\lambda_1 d\lambda_2 \tag{4.121a}$$

$$x(\lambda_1, \lambda_2) = \frac{1}{(2\pi)^2}\int_{-\infty}^{\infty}\int_{-\infty}^{\infty} X(\omega_1, \omega_2)e^{j\omega_1\lambda_1}e^{j\omega_2\lambda_2}d\omega_1 d\omega_2 \tag{4.121b}$$

먼저 간단한 사각 블록 영상의 푸리에변환을 구하자.

예제 4.16

이차원 신호

$$x(t) = \begin{cases} 1, & 0 \le \lambda_1, \lambda_2 < T_w \\ 0, & \text{그외} \end{cases} \tag{4.122}$$

의 푸리에변환을 구하고 크기와 위상 스펙트럼을 구하라.

풀이 푸리에변환 식 (4.121)을 적용하면 다음과 같다.

$$\begin{aligned} X(\omega_1, \omega_2) &= \int_0^{T_w}\int_0^{T_w} 1 \cdot e^{-j\omega_1\lambda_1}e^{-j\omega_2\lambda_2}d\lambda_1 d\lambda_2 \\ &= \int_0^{T_w} e^{-j\omega_1\lambda_1}d\lambda_1 \int_0^{T_w} e^{-j\omega_2\lambda_2}d\lambda_2 \\ &= e^{-j\omega_1 T_w/2}\frac{\sin(\omega_1 T_w/2)}{\omega_1/2} \cdot e^{-j\omega_2 T_w/2}\frac{\sin(\omega_2 T_w/2)}{\omega_2/2} \end{aligned} \tag{4.123}$$

일반적으로 영상 신호의 푸리에변환의 수평 수직 성분이 독립적이지는 않지만, 이 신호의 푸리에변환은 수평 수직의 푸리에변환을 독립적으로 계산한 결과와 동일하다. 그림 4.21은 푸리에변환 식 (4.123)에서 크기 위상 스펙트럼을 플롯한 것이다. 신호, 크기, 위상 스펙트럼은 모두 값이 클수록 백색으로 표시된다. 스펙트럼의 중앙은 수직 수평 주파수의 원점 $(\omega_1, \omega_2) = (0, 0)$에 해당한다. 크기 스펙트럼은 sinc 함수꼴이며 위상 스펙트럼은 수평 수직에서 선형이다.

예제 4.16에서는 간단한 사각 블록 영상의 푸리에변환을 통해 푸리에변환이 어떻게 이차원 신호에 확장 적용되는가를 살펴보았다. 이제 실제 영상 신호를 고려하자. 그림 4.22는 Mona Lisa 영상과 이를 푸리에변환하여 얻은 크기와 위상 스펙트럼이다. 그림 4.22(b)와 (c)에서 보는 바와 같이 크기와 위상 스펙트럼은 영상과 연관지어 직관적으로 의미있는 정보를 추정하기 쉽지 않다. 다만 원점과 수직축의 흰색은 수평축으로 저주파 성분이 많음을 알려주는 정도이다. 반면에 위상 스펙트럼은 각각의 주파수에서 심한 변화를 보여 준다. 영상 신호의 복잡성으로

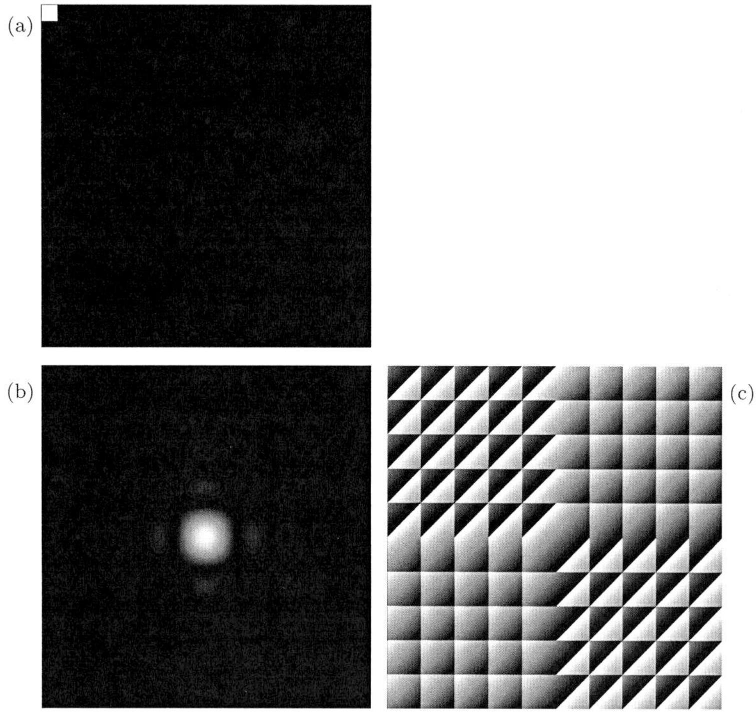

그림 4.21 이차원 사각 블록의 푸리에변환: (a) 이차원 사각블록 신호 (b) 크기 스펙트럼 (c) 위상 스펙트럼.

인해 아주 특별한 패턴을 가지지 않는 한 푸리에변환의 크기와 위상 스펙트럼으로부터 영상 신호의 정보를 어림 추측하기도 쉽지 않다. 이러한 점은 푸리에변환으로부터 의미있는 주파수 성분을 확인할 수 있는 음성이나 오디오 신호와 구별된다.

영상 신호의 푸리에변환 크기와 위상의 특징을 알아보기 위해 한 가지 실험을 해보자. 그림 4.23에서는 Mona Lisa 영상과 Lena 영상을 이차원 푸리에변환하고 각각의 크기와 위상 성분을 서로 교차하여 다시 공간 영역으로 복원해 보았다. 그림 4.23(a)와 (b)는 각각 Mona Lisa 영상과 Lena 영상이다. 그림 4.23(c)는 Mona Lisa 영상의 크기 스펙트럼과 Lena 영상의 위상 스펙트럼을 이용하여 복원된 결과이다. 복원된 영상은 크기 스펙트럼을 제공한 Mona Lisa 영상보다 위상 스펙트럼을 제공한 Lena 영상에 더 가깝다. 마찬가지로 그림 4.23(d)도 크기 스펙트럼을 제공한 Lena 영상보다 위상 스펙트럼을 제공한 Mona Lisa 영상에 더 가깝게 복원되었다. 이처럼 영상은 크기보다는 위상 스펙트럼의 영향을 더 많이 받는다. 그 이유는 영상의 중요한 요소인 윤곽선과 밝기의 변화가 주로 위상 스펙트럼에 의하여 결정되기 때문이다.

그림 4.22 영상신호의 푸리에변환 : (a) Mona Lisa 영상 (b) Mona Lisa의 크기 스펙트럼 (c) Mona Lisa의 위상 스펙트럼.

4.7 필터

필터는 주파수 영역에서 신호를 선택적으로 걸러내거나 축소 혹은 증폭하며, 시스템과 동의어로 통용된다. 푸리에변환이 제공하는 주파수 영역의 해석은 자연히 필터의 설계와 분석에 유용하다. 이 절에서는 이상 필터의 유형을 정의하고 실제 필터의 예를 살펴본다.

앞서 4.5.2에서 소개된 연속시간 LTI 시스템의 주파수 응답

$$H(\omega) = \frac{Y(\omega)}{X(\omega)} \tag{4.124}$$

는 각각의 주파수에서 입력과 출력의 비를 정의한다. 이상 필터는 특정 주파수 범위를 ON/OFF 형태로 통과/차단한다. 통과되는 주파수 범위를 **통과대역**passband이라고 하고 차단되는 주파수 대역을 **차단대역**stopband이라고 한다. 이상 필터에서 주파수 성분의 통과와 차단은 그림 4.24와 같이 **차단 주파수**cut-off frequency ω_c를 기준으로 엄밀하게 구분된다. 이상 필터는 크게 4가지 유형으로 구분된다.

그림 4.23 푸리에변환으로부터 복원된 영상신호 : (a) Mona Lisa 영상 (b) Lena 영상 (c) Mona Lisa의 크기와 Lena의 위상을 이용하여 복원된 영상 (d) Lena의 크기와 Mona Lisa의 위상을 이용하여 복원된 영상.

- **저대역통과 필터**low-pass filter(LPF): 저주파 범위 $|\omega| < \omega_c$를 통과시키고 $|\omega| > \omega_c$ 대역은 차단한다.
- **고대역통과 필터**high-pass filter(HPF): 고주파 범위 $|\omega| < \omega_c$를 통과시키고 $|\omega| > \omega_c$ 대역은 차단한다.
- **대역통과 필터**band-pass filter(BPF): 주파수 범위 $\omega_{c1} < |\omega| < \omega_{c2}$를 통과시키고 그외 주파수 대역을 차단한다.
- **대역차단 필터**band-stop filter(BSF): 주파수 범위 $\omega_{c1} < |\omega| < \omega_{c2}$를 차단하고 그외 주파수 대역을 통과시킨다.

이러한 이상 필터는 통과대역과 차단대역이 완만하게 구분되는 실제 필터와는 사뭇 다르지만, 필터에 대한 개념을 이용하여 문제를 전개하고 해결책을 찾아가는 과정에서 매우 유용하다.

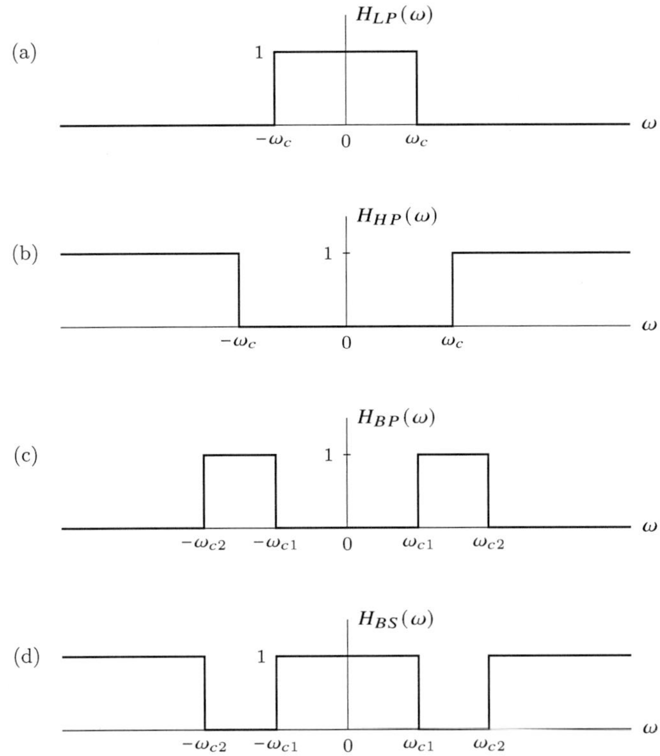

그림 4.24 이상 필터 : (a) 저대역통과 필터 (b) 고대역통과 필터 (c) 대역통과 필터 (d) 대역차단 필터.

4.7.1 이상 저대역통과 필터

저대역통과 필터의 주파수 응답은

$$H_{LP}(\omega) = \begin{cases} 1, & |\omega| < \omega_c \\ 0, & |\omega| > \omega_c \end{cases} \tag{4.125}$$

이다. $H_{LP}(\omega)$는 좌우대칭의 실수 함수로서 위상은 항상 0이다. 푸리에 역변환을 통해 저대역통과 필터의 임펄스 응답을 구하면 다음과 같다.

$$\begin{aligned} h_{LP}(t) &= \frac{1}{2\pi}\int_{-\infty}^{\infty} H_{LP}(\omega)e^{j\omega t}d\omega \\ &= \frac{1}{2\pi}\int_{-\omega_c}^{\omega_c} e^{j\omega t}d\omega = \frac{\sin(\omega_c t)}{\pi t} \end{aligned} \tag{4.126}$$

그림 4.25는 저대역통과 필터 $h_{LP}(t)$의 시간 파형이다. 이 필터는 시간 영역에서 sinc 함수꼴이며 좌우 대칭으로 길이가 무한하다. 임펄스 응답은 $2\pi/\omega_c$의 정수배에서 0이다. 이상 저대역통과 필터의 임펄스 응답 $h(t)$가 무한히 긴 이유는 주파수 응답의 통과대역이 유한하기 때문이다. 시간의 펄스폭과 주파수 대역폭은 서로 역관계를 갖는다(그림 4.4 참고). 즉, 펄스폭이 늘어나면 주파수 대역폭이 줄어들며 반대로 주파수 대역폭이 늘어나면 펄스폭이 줄어든다.

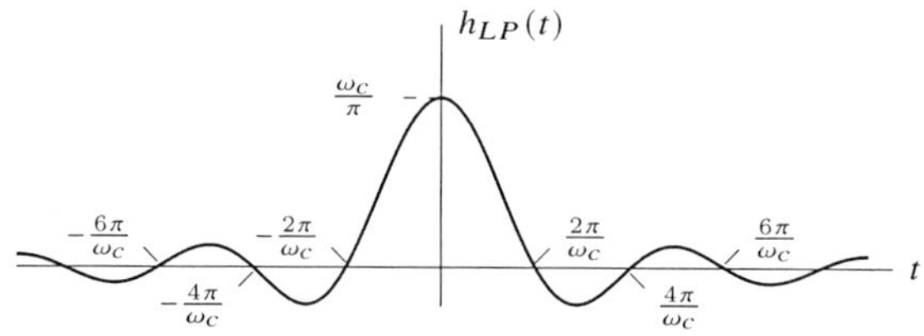

그림 4.25 이상 저대역통과 필터의 임펄스 응답.

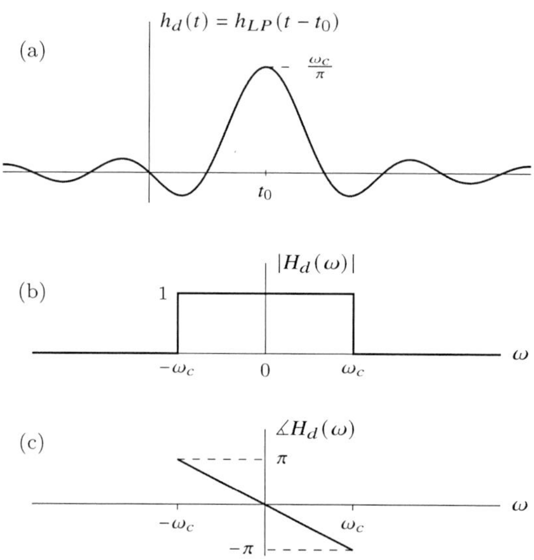

그림 4.26 지연된 이상 저대역통과 필터 : (a) 시간 영역 임펄스 응답 (b) 크기 스펙트럼 (c) 위상 스펙스펙트럼.

이상 저대역통과 필터의 임펄스 응답이 무한히 길므로 신호를 아무리 지연하여도 인과 필터로 만들 수 없다. 그림 4.26은 지연된 필터와 지연된 필터의 크기와 위상 스펙트럼이다. 시간 지연 t_0에 의하여 필터는 선형 위상 $e^{-j\omega t_0}$를 포함한다.

고대역통과 필터는 ω_c을 기준으로 저대역통과 필터의 통과대역과 차단대역이 반대되므로

$$H_{HP}(\omega) = 1 - H_{LP}(\omega) \tag{4.127}$$

이를 푸리에 역변환하면

$$h_{HP}(t) = \delta(t) - \frac{\sin(\omega_c t)}{\pi\omega_c} \tag{4.128}$$

고대역통과 필터도 저대역통과 필터처럼 비인과성과 좌우대칭성을 가지며 길이가 무한하다.

개념점검 4.6 이상적인 필터 $H_{LP}(\omega)$가 비인과적이라는 사실을 어떻게 직관적으로 알 수 있는가? 푸리에변환의 특성을 이용하여 설명해 보라.

표 4.3 RLC 회로의 푸리에영역 표현.

회로	시간 영역	푸리에영역
저항	$v_R(t) = Ri_R(t)$	$V_R(\omega)/I_R(\omega) = R$
커패시터	$v_C(t) = \frac{1}{C}\int_0^t i_C(\tau)d\tau$	$V_C(\omega)/I_C(\omega) = \frac{1}{j\omega C}$
인덕터	$v_L(t) = L\frac{di_L(t)}{dt}$	$V_L(\omega)/I_L(\omega) = j\omega L$

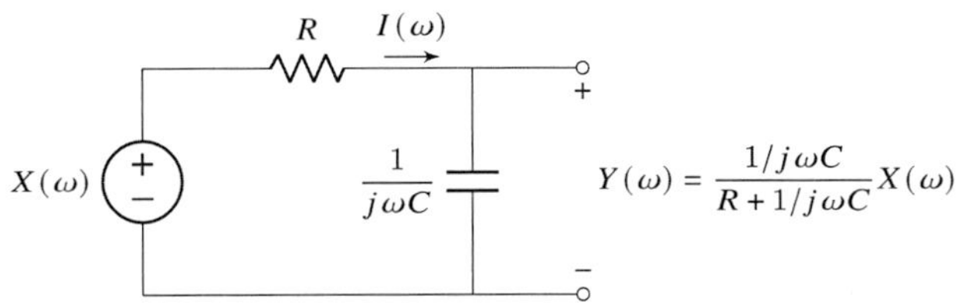

그림 4.27 RC 회로의 푸리에 영역 표현.

4.7.2 실제 일차 필터

실제 아날로그 필터는 RLC로 구성된 수동 필터passive filter 나 연산증폭기가 포함된 능동 필터active filter 의 형태로 구현된다. 필터를 주파수 영역에서 해석하려면 필터의 미분방정식을 푸리에변환하면 된다. 이때 커패시터와 인덕터의 초기 상태는 0으로 가정되고, 푸리에변환의 미분 특성과 적분 특성이 이용된다. 표 4.3은 RLC 소자에 대한 푸리에 영역의 임피던스 표현이다. 여기서는 RLC로 구성된 일차와 이차 필터의 주파수 특성을 알아본다. 이 두 필터는 해석이 용이하며, 고차 필터를 구성하는 기본 요소이기도 하다.

일차 필터의 예로 그림 4.27의 RC 회로를 고려하자. 이 회로에 표 4.3을 이용하여 소자를 푸리에 영역에서 표현하고 전압분배법칙을 적용하면 주파수 응답은 다음과 같이 주어진다.

$$
\begin{aligned}
H_1(\omega) &= \frac{Y(\omega)}{X(\omega)} = \frac{1/j\omega C}{R + 1/j\omega C} \\
&= \frac{1}{1 + j\omega/\omega_c}, \quad \omega_c = 1/RC
\end{aligned}
\tag{4.129}
$$

그림 4.28은 이 필터의 크기와 위상 스펙트럼이다. 그림에서 굵은 회색선은 이상 필터의 크기 스펙트럼에 해당한다. 실제 구현가능한 필터의 크기 스펙트럼은 이상 필터와 달리 연속이며 차단주파수 ω_c는 크기가 $|H(0)|$의 $1/\sqrt{2} \approx 0.707$인 주파수로 결정된다. 위상 스펙트럼은 차단 주파수에서 $-\pi/4$이며 비선형적으로 단조감소한다. 필터 위상의 비선형성이 영상 신호에는 바람직하지 않지만 음성 신호에는 허용된다. 여기서 잠시 전달함수를 주파수 영역에서 그래

프로 표현하는 유용한 방법을 소개하기로 한다.

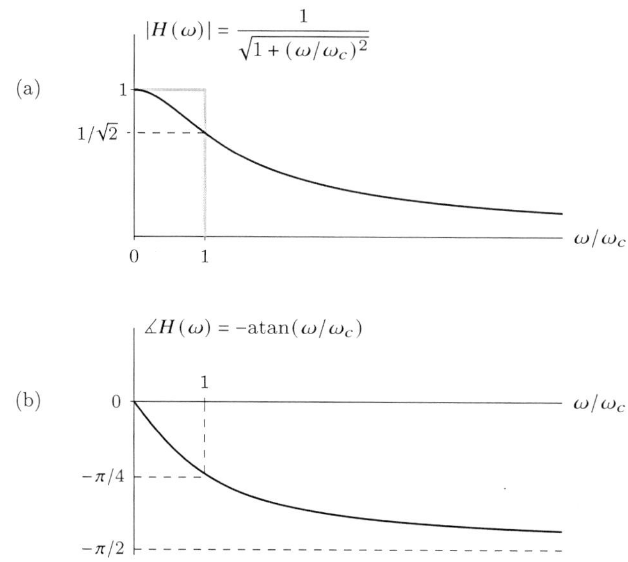

그림 4.28 RC 필터의 주파수 응답 : (a) 크기 스펙트럼 (b) 위상 스펙트럼.

푸리에 영역에서 필터의 입력과 출력의 관계

$$Y(\omega) = H(\omega)X(\omega) \tag{4.130}$$

를 극좌표계에서 표현하면

$$|Y(\omega)|e^{j\measuredangle Y(\omega)} = |H(\omega)|e^{j\measuredangle H(\omega)}|X(\omega)|e^{j\measuredangle X(\omega)} \tag{4.131}$$

이므로 크기와 위상은 각각

$$|Y(\omega)| = |H(\omega)||X(\omega)| \tag{4.132a}$$

$$\measuredangle Y(\omega) = \measuredangle H(\omega) + \measuredangle X(\omega) \tag{4.132b}$$

의 관계를 갖는다. 푸리에 영역에서 출력의 크기는 곱의 형태로 위상은 합의 형태로 표현되지만, 덧셈은 곱셈에 비해 계산이 용이하며 주파수 응답의 영향을 판단하는 데도 편리하다. 크기 스펙트럼도 곱셈 대신 덧셈으로 표현하기 위해, 크기에 로그를 취한다.

$$20\log_{10}|Y(\omega)| = 20\log_{10}|H(\omega)| + 20\log_{10}|X(\omega)| \tag{4.133}$$

로그 척도로 표현된 값의 단위는 **데시벨**decibel(dB)이다. 데시벨 단위로 표현하면 크기 스펙트럼이 10분의 1로 작아질때 20 dB 줄어든다.

보드 플롯 Bode plot은 $20\log_{10}|H(\omega)|$를 $\log_{10}\omega$에 대하여 표시한 로그-로그 플롯이다. 사람의

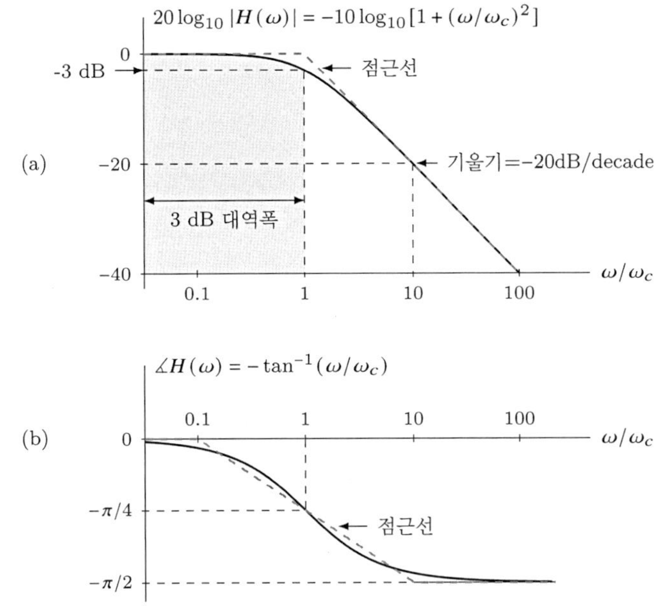

그림 4.29 RC 필터의 주파수 응답(보드 플롯): (a) 크기 (b) 위상.

청각이 소리의 크기와 주파수를 로그 척도로 처리한다는 사실을 감안하면 보드 플롯은 실제 체감되는 주관적 크기를 어느 정도 반영한다. 그림 4.29는 주파수 응답 식 (4.129)의 보드 플롯이다. 저대역통과 필터의 통과대역은 0부터 차단주파수 ω_c까지이며, $|H(\omega_c)|$는 $|H(0)|$에 비하여 3 dB 작게 결정된다. 이런 이유로 저대역통과 필터의 대역폭을 3 dB **대역폭**이라 부른다. 보드 플롯을 이용하면 주파수에 따른 크기와 위상의 변화를 근사적으로 빠르게 계산할 수 있다. 뿐만 아니라 보드 플롯에서 크기와 위상은 다음과 같이 구간별 직선으로 근사화될 수 있다. 예를 들어, 식 (4.129)의 크기와 위상은 각각 다음과 같이 근사화된다.

$$20\log_{10}|H(\omega)| = -10\log_{10}[1+(\omega/\omega_c)^2] \approx \begin{cases} -10\log_{10}(1) = 0, & \omega \ll \omega_c \\ -10\log_{10}(\omega/\omega_c)^2 = -20\log_{10}(\omega/\omega_c), & \omega \gg \omega_c \end{cases} \tag{4.134}$$

$$\measuredangle H(\omega) = -\tan^{-1}(\omega/\omega_c) \approx \begin{cases} 0, & \omega < 0.1\omega_c \\ -(\pi/4)[\log_{10}[1+(\omega/\omega_c)], & 0.1\omega_c \le \omega \le 10\omega_c \\ -\pi/2, & \omega \ge 10\omega_c \end{cases} \tag{4.135}$$

4.7.3 실제 이차 필터

필터 전달함수의 푸리에 영역의 해석방법은 그림 4.30과 같이 이차 필터인 RLC 회로에도 동일하게 적용될 수 있다. RLC 필터의 전달함수는 다음과 같이 표현된다.

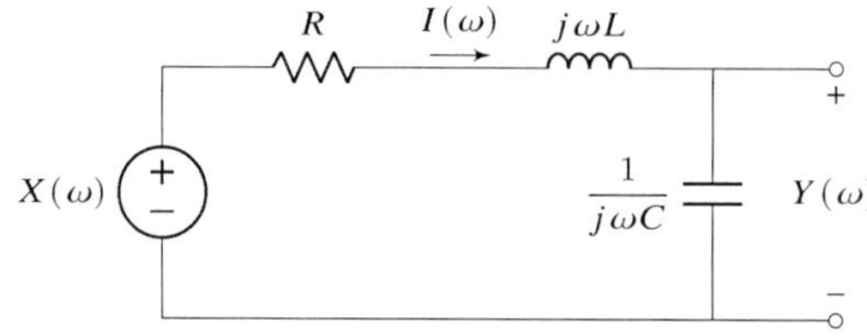

그림 4.30 RLC 회로의 푸리에 영역 표현.

$$\begin{aligned} H_2(\omega) &= \frac{1/j\omega C}{R + j\omega L + 1/j\omega C} \\ &= \frac{1}{LC(j\omega)^2 + RC(j\omega) + 1} \end{aligned} \tag{4.136}$$

2.8.1절 식 (2.105)에서 소개한 파라미터 ω_n와 ζ를 이용하여 전달함수를 표현하면

$$H_2(\omega) = \frac{(\omega_n)^2}{(j\omega)^2 + 2\zeta\omega_n(j\omega) + (\omega_n)^2}, \quad \omega_n = \frac{1}{LC}, \ \zeta = \frac{R}{2}\sqrt{\frac{C}{L}} \tag{4.137}$$

과 같다. 여기서 고유진동 주파수 ω_n은 필터의 차단주파수 ω_c에 해당한다. 앞서 2.8.1절에서 살펴본 바와 같이 제동비 ζ는 시간 영역에서 계단 신호에 대한 시스템의 응답 형태를 결정하는 주요 파라미터이다. 이 파라미터는 주파수 영역의 해석에서도 유익하다.

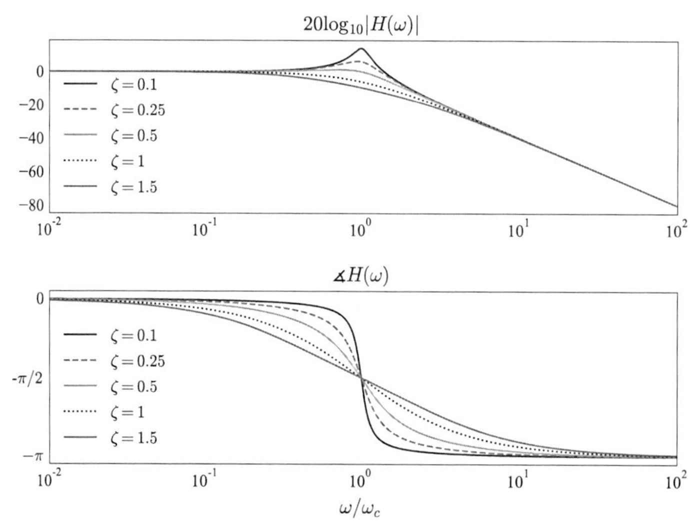

그림 4.31 제동비 ζ에 따른 실제 이차 필터의 주파수 특성.

그림 4.31은 이차 필터에 대한 보드 플롯으로 제동비 ζ에 따라 전달함수의 주파수 영역 응답에 어떻게 달라지는가를 보여 준다. 제동비가 1보다 작은 부족제동의 경우 $\omega = \omega_n = \omega_c$에서 크기 스펙트럼의 오버슈트overshoot가 발생한다. 오버슈트는 ζ가 작을수록 심해진다. 제동비가 $\zeta = 1$인 임계제동의 경우 주파수 $\omega = \omega_c$일 때 크기 스펙트럼은 −6 dB이다. 보드 플롯에서 크기

스펙트럼은 $\omega < \omega_c$ 의 범위에서는 0 dB로 근사화되고, $\omega > \omega_c$ 의 범위에서는 −40 dB/decade 의 기울기를 갖는 직선으로 근사화된다. 위상 스펙트럼은 $\omega = \omega_c$ 일때 항상 $-\pi/2$를 지나며, 위상은 ω_c를 기준으로 기대칭의 형태를 가진다. 위상 스펙트럼은 $\omega < 0.1\omega_c$ 의 범위에서는 0 으로, $\omega_c < \omega < 10\omega_c$ 의 범위에서는 기울기 $-\frac{\pi}{2}$/decade의 직선으로, $\omega > 10\omega_c$ 의 범위에서는 $-\pi$로 근사화된다.

IPYWIDGET 데모 4.2

위젯 파일: `ctft_second_order_system_demo.ipynb`

이 데모에서는 이차 LTI 시스템의 시간-주파수 특성을 관찰할 수 있다. 슬라이더를 이용하여 시스템이 과제동, 임계제동, 부족제동이 되도록 파라미터를 변화시키면서 주파수 응답과 시간 영역의 응답을 관찰해 보라. 시간 영역의 반응 속도와 주파수 영역의 대역폭의 관계도 확인할 수 있다. 자동차 서스펜션 시스템에 관한 IPYWIDGET 데모 ??도 참고하면 좋다.

4.7.4 프리엠퍼시스와 디엠퍼시스

필터는 원하는 성분은 통과시키고 원치않는 성분을 제거하기 위한 목적으로 사용되지만, 어떤 경우에는 특정 주파수 성분을 강조하는 용도로 사용되기도 한다. **프리엠퍼시스**pre-emphasis와 **디엠퍼시스**de-emphasis가 이러한 필터의 유형에 속한다. 프리엠퍼시스는 신호를 분석하기 전 특정 부분을 강조할 때 사용된다. 이렇게 프리엠퍼시스로 특정 부분을 강조하는 이유는 신호 처리 과정이 용이해지거나 환경 잡음에 강인해지는 등의 잇점이 있기 때문이다. 신호 처리된 후 신호는 디엠퍼시스를 통해 다시 원 상태로 복구된다. 이때 프리엠퍼시스와 디엠퍼시스는 서로 역관계에 있다.

프리엠퍼시스와 디엠퍼시스가 함께 활용되는 예로 FM 통신 시스템을 들 수 있다. FM 변조된 신호는 AM 변조 신호에 비하여 비교적 잡음에 강인하지만, 메시지 신호의 주파수에 따라 잡음 취약도가 다르다고 알려져 있다. 특별히 주파수가 높을수록 잡음에 취약하다. 이 점을 보완하기 위해 FM 통신 시스템에서는 그림 4.32와 같이 프리엠퍼시스와 디엠퍼시스 필터를 채택한다. 송신기에서는 프리엠퍼시스 필터를 이용하여 오디오 메시지의 고주파 성분을 강화한 다음 FM 변조하여 송신한다. 수신기에서는 수신된 FM 변조 신호로부터 오디오 신호를 복원하고 디엠퍼시스 필터를 이용하여 신호의 고주파 성분을 원래대로 복원한다. 이때 신호 복원은 주파수에 무관한 상수 척도 한도 안에서 이루어진다.

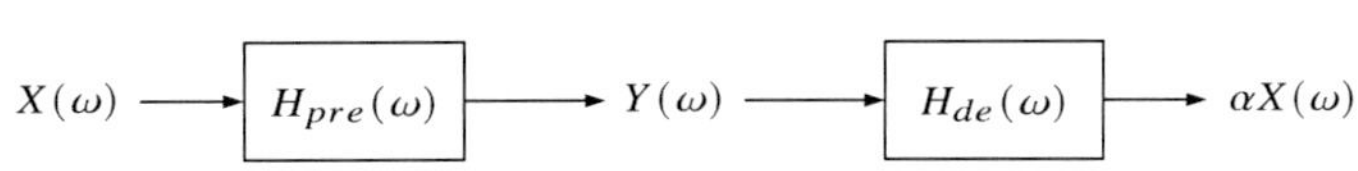

$$H(\omega) = H_{pre}(\omega)H_{de}(\omega) = \alpha$$

그림 4.32 FM 통신 시스템의 (a) 프리엠퍼시스 필터와 (b) 디엠퍼시스 필터.

그림 4.33은 FM 통신 시스템에서 사용되는 프리엠퍼시스와 디엠퍼시스 필터이며, 그림 4.34

는 프리엠퍼시스와 디엠퍼시스의 전달함수의 크기 스펙트럼이다.

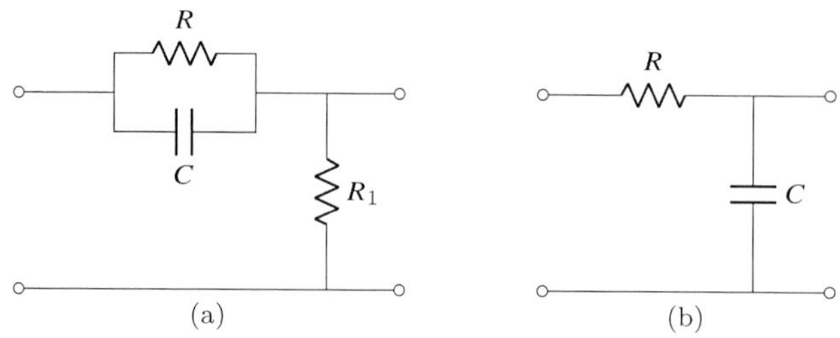

그림 4.33 FM 통신 시스템의 (a) 프리엠퍼시스 필터 회로와 (b) 디엠퍼시스 필터 회로.

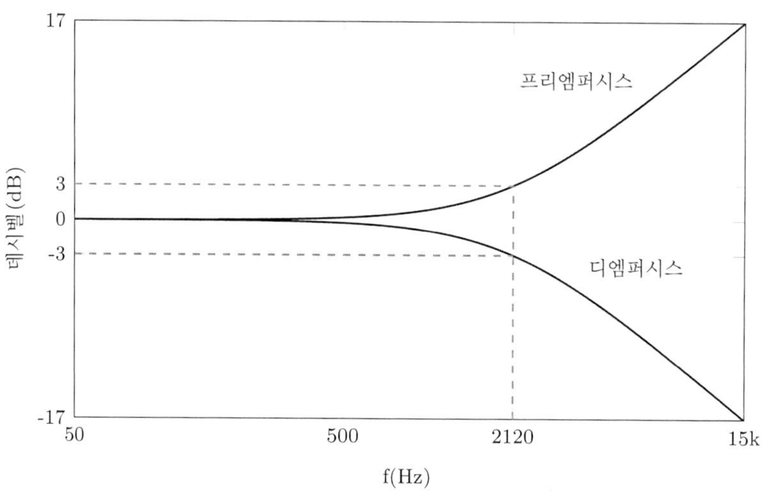

그림 4.34 FM 통신 시스템의 프리엠퍼시스와 디엠퍼시스 주파수 특성.

그림 4.33(a)에 전압분배법칙을 적용하면

$$H_{pre}(\omega) = \frac{V_{out}(\omega)}{V_{in}(\omega)} = \frac{R_1}{Z + R_1} \tag{4.138}$$

$$Z = \frac{R \cdot \dfrac{1}{j\omega C}}{R + \dfrac{1}{j\omega C}} = \frac{R}{1 + j\omega RC} \tag{4.139}$$

이므로, 프리엠퍼시스의 전달함수는 다음과 같이 정리된다.

$$H_{pre}(\omega) = \frac{R_1(1 + j\omega RC)}{R + R_1(1 + j\omega RC)} \tag{4.140}$$

여기서 조건

$$R \ll R_1(1 + j\omega RC) \tag{4.141}$$

를 만족하면 프리엠퍼시스 전달함수는

$$H_{pre}(\omega) \approx \frac{R_1}{R}(1 + j\omega RC) \tag{4.142}$$

와 같이 근사화된다. 크기 상수 R_1/R은 주파수에 무관하며, 주파수 ω가 증가함에 따라 $|H_{pre}(\omega)|$가 증가하므로 고주파 성분이 강조된다. 실제 FM 방송 통신 시스템에서 RC 시정수는

$$RC = 75\,\mu\,\mathrm{sec}$$

로 결정되는데, 이 값은 3 dB 주파수 $f_c = 2120\,\mathrm{Hz}$에 해당된다. 프리엠퍼시스 전달함수는 500 Hz까지 거의 평탄하다. 프리엠퍼시스에서 강조된 고주파 성분을 다시 원래대로 복원하기 위한 디엠퍼시스의 전달함수는 다음과 같다.

$$H_{de}(\omega) = \frac{1}{1 + j\omega RC} \tag{4.143}$$

프리엠퍼시스와 디엠퍼시스를 직렬로 연결한 전체 시스템의 전달함수의 크기 스펙트럼은 주파수에 거의 무관한 상수이다.

$$H(\omega) \approx H_{pre}(\omega)H_{de}(\omega) = \frac{R_1}{R}. \tag{4.144}$$

그래프로 보이진 않았지만, 전체 전달함수의 위상 스펙트럼 역시 주파수에 거의 무관한 상수이다.

파이썬 예제

파이썬 예제 4.1: sympy를 이용한 연속시간 신호의 푸리에변환

파이썬 `sympy` 패키지는 푸리에변환을 위해 `fourier_transform` 함수를 제공한다. 함수 `fourier_transform`을 이용하면 푸리에변환을 수식으로 얻을 수 있다. 사각펄스의 푸리에 변환쌍을 구해보자.

$$[(4.19)] \qquad x(t) = \mathrm{rect}\left(\frac{t}{T_w}\right) = \begin{cases} 1, & |t| < T_w/2 \\ 0, & |t| > T_w/2 \end{cases} \quad \xleftrightarrow{CTFT} \quad \frac{\sin(\omega T_w/2)}{\omega/2}$$

`fourier_transform` 함수는 푸리에변환을 ω가 아닌 f의 함수로 표현한다. 심볼 연산이 빠르고 바르게 실행되게 하려면 심볼의 유형을 가능한 구체적으로 명시하면 좋다. 여기서 t, f, T_w는 모두 실수값이며 $T_w > 0$이다. `sympy`에서 계단 신호 $u(t)$는 `Heaviside(t)`로 표현된다.

```
# sympy-CTFT: 중앙에 위치한 사각펄스 신호
from sympy import *
t, f = symbols('t f', real=True)
Tw = symbols('Tw', real=True, positive=True)
x = Heaviside(t+Tw/2) - Heaviside(t-Tw/2)
X = fourier_transform(x, t, f)
X
```

```
sin(pi*Tw*f)/(pi*f)
```

다음은 지수 신호 $e^{-at}u(t)$의 푸리에변환이다.

```
# sympy-CTFT: 지수 신호
t, f = symbols('t f', real=True)
a = symbols('a', real=True, positive=True)
x = exp(-a*t)*Heaviside(t)
X = fourier_transform(x, t, f)
X
```

```
1/(a + 2*I*pi*f)
```

계산된 푸리에변환의 크기와 위상 스펙트럼을 그리려면 파이썬 예제 2.6에서 사용한 바와 같이 lambdify를 통해 numpy 함수로 변환하면 좋다.

```
lam_Xf = lambdify(f, X.subs(a,3))
```

이 코드는 sympy 함수 X를 f의 함수로 가정하며 a에 3을 대입한 익명의 함수로 변환하고 그 함수를 lam_Xf에 배정한다. 다음은 지수 신호 $e^{-3t}u(t)$의 크기와 위상 스펙트럼을 그리기 위한 코드이며, 그림 4.35는 코드의 결과이다.

```
# sympy 신호를 numpy 배열로 변환하고 플롯
lam_Xf = lambdify(f, X.subs(a,3))
f_vals = np.linspace(-10, 10, 1001)
Xf_vals = lam_Xf(f_vals)
fig, (ax1, ax2) = plt.subplots(2,1, figsize=(6,2.5))
ax1.plot(f_vals, np.abs(Xf_vals))
ax1.set_xlim(-10, 10)
ax1.set_title('mag spectrum')
ax2.plot(f_vals, np.angle(Xf_vals))
ax2.set_xlim(-10, 10)
ax2.set_title('phase spectrum')
ax2.set_xlabel('f(Hz)')
fig.tight_layout()
```

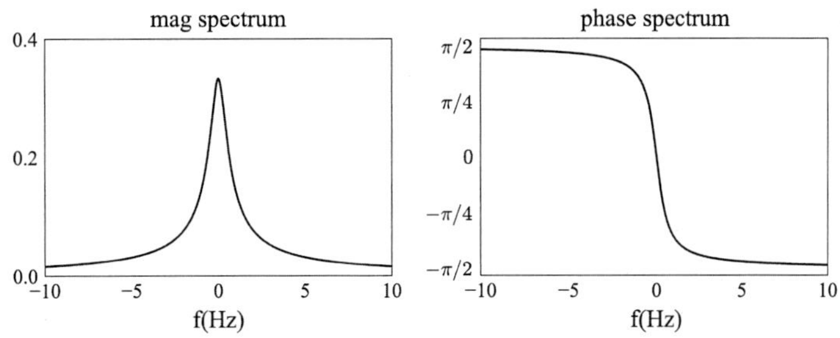

그림 4.35 sympy.fourier_transform으로 계산된 지수 신호의 크기와 위상 스펙트럼(파이썬 예제 4.1).

파이썬 예제 4.2: 푸리에변환의 수치계산과 근사계산

scipy.integrate 모듈을 이용하면 푸리에변환을 수치적으로 계산할 수 있다. 뿐만 아니라, numpy.fft를 이용하면 고속으로 푸리에변환의 근사값을 계산할 수 있다. 여기서는 이 두가지 방법을 모두 소개하기로 한다.

scipy.integrate를 이용한 푸리에변환의 수치계산

수치계산을 이용하여 푸리에변환 적분을 구하기 위해서 시간 영역 신호 $x(t)$와 주파수 영역 푸리에변환 $X(f)$ 모두 유한길이로 가정하고 t, f는 이산화된다. 푸리에 적분은 주파수를 $f = f_0$로 고정하고 시간 t에 대하여 적분하여 계산한다.

$$X(f_0) = \int_{t_1}^{t_2} x(t)e^{-j2\pi f_0 t}\,dt \tag{4.145}$$

그리고 이 적분은 모든 f_0에 대하여 반복된다.

다음 함수 ctft_fixed_f는 이 과정을 구현한 것이다. 푸리에변환의 피적분 함수는 lambda를 이용하여 표현되고, 적분 계산은 파이썬 모듈 scipy.integrate에서 제공하는 Simpson 방식이 사용되었다.

```
# 수치계산을 이용하여 CTFT 계산
# x와 X는 각각 t와 f의 함수
from scipy import integrate
def ctft_fixed_f(x, t, f):
    Xf = np.zeros(len(f), dtype=complex)
    # 각각의 주파수 샘플 f0에서 CTFT-적분 계산
    for k, f0 in enumerate(f):
        g = lambda t: x(t)*np.exp(-2j*np.pi*f0*t)
        Xf[k] = integrate.simps(y=g(t), x=t)
    return Xf
```

다음은 함수 ctft_fixed_f를 이용하여 중앙에 위치한 사각펄스 신호의 푸리에변환을 계산하는 파이썬 코드이다. 변수 t, f는 신호의 특성을 충분히 반영하도록 설정되었다. 그림 4.36은 수치계산 결과와 분석적 결과를 비교해 보여 준다.

```
def rect(t):
    return (abs(t)<0.5).astype(float)
# t와 f를 이산화
t = np.linspace(-3, 3, 1001)
f = np.linspace(-4, 4, 1001)
# 신호 x(t)를 (-3, 3)의 범위에서 정의하고 CTFT 계산
X = ctft_fixed_f(rect, t, f)
# x(t)와 X(f) 플롯
fig, (ax1, ax2) = plt.subplots(1,2, figsize=(6,2.5))
ax1.plot(t, rect(t))
ax1.set_xlim(-3, 3)
ax1.set_ylim(-0.1, 2)
ax1.set_xlabel('t(sec)')
ax1.set_title('rect(t)')
ax2.plot(f, X.real, label='Simpson method')
fs = np.linspace(-4, 4, 41) + 10**(-14)
ax2.plot(fs, np.sin(np.pi*fs)/(np.pi*fs), 'go', lw=1.5,
↪  label='Analytic')
ax2.set_xlim(-4, 4)
ax2.set_xlabel('f(Hz)')
ax2.set_title('Fourier transform of rect(t)');
ax2.legend(fontsize=10)
```

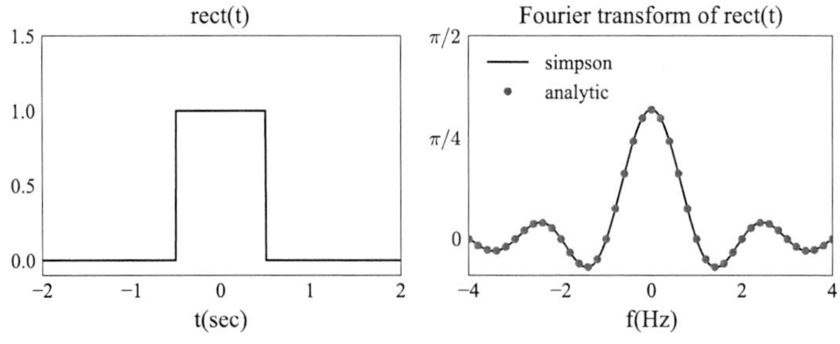

그림 4.36 scipy.integrate로 계산된 사각펄스 신호의 푸리에변환(파이썬 예제 4.2).

numpy.fft.fft를 이용한 푸리에변환의 근사계산

이산 푸리에변환(DFT)은 9.9.1절에 상세히 소개되지만, 여기서는 간단히 정의를 활용하여

연속시간 푸리에변환과의 관계를 설명하기로 한다.

$$[(9.118)] \qquad X[k] = \sum_{n=0}^{N-1} x[n]e^{-jk(2\pi/N)n}, \quad k = 0, 1, \ldots, N-1$$

길이가 제한되지 않은 연속시간 신호 $x(t)$의 CTFT를 DFT로 근사계산을 하려면 시간을 $(t_1,\ t_2)$로 제한하고 푸리에변환 적분을 합의 꼴로 근사화하여 계산한다. DFT는 신호의 시작 시점을 $t = 0$으로 가정하므로, 시간 제한된 신호는 $t = 0$에서 시작되도록 이동된다.

$$\begin{aligned} X(f) &\approx \int_{t_1}^{t_2} x(t)e^{-j2\pi f t} dt \\ &= \int_{0}^{t_1+t_2} x(t+t_1)e^{-j2\pi f(t+t_1)} dt \end{aligned} \tag{4.146}$$

이제 신호를 시간 영역에서 $T_s = 1/f_s$ 간격으로 이산화한다고 가정하자. 샘플링 정리(6.5.3절 참고)에 의하면, 신호의 주파수를 왜곡없이 표현하려면 신호의 주파수 범위는 샘플링 주파수 f_s의 반보다 작도록 제한되어야 한다. 즉, $-f_s/2 < f < f_s/2$. 한편 주파수 영역에서 f는 N개의 샘플로 이산화되며, 주파수 샘플 간격은 f_0라고 가정하자. 그러면 식 (4.146)은 다음과 같이 근사표현될 수 있다.

$$\begin{aligned} X(f) &\approx \sum_{n=0}^{N-1} x(nT_s + t_1)e^{-j2\pi k f_0(nT_s+t_1)} T_s, \quad 0 \le k < N \\ &= T_s \sum_{n=0}^{N-1} x(nT_s + t_1)e^{-j2\pi k f_0 t_1} e^{-j2\pi k \frac{f_0}{f_s} n} \quad 0 \le k < N \\ &= T_s \sum_{n=0}^{N-1} x[n]e^{-j2\pi k f_0 t_1} e^{-j2\pi k \frac{f_0}{f_s} n}, \qquad x[n] \stackrel{\text{def}}{=} x(nT_s + t_1), \quad 0 \le k < N \\ &= T_s e^{-j2\pi k f_0 t_1} X[k] \end{aligned} \tag{4.147}$$

여기서

$$X[k] = \sum_{n=0}^{N-1} x[n]e^{-j2\pi k \frac{f_0}{f_s} n}$$

는 $x[n]$의 DFT 샘플이다. 이로부터 CTFT는 다음과 같이 DFT로 근사화된다.

$$X(f) \approx T_s e^{-j2\pi k f_0 t_1} X[k] \tag{4.148}$$

DFT는 FFT를 이용하여 고속계산되며, 파이썬에서는 `numpy.fft.fft`로 계산된다. 다음에 정의된 파이썬 함수 `ctft`는 식 (4.147)을 이용하여 CTFT를 DFT로부터 근사계산한다. 파이썬 예제 3.1에서 설명한 바와 같이 주파수를 $-f_s/2 < f < f_s/2$와 같이 정렬하기 위해 `fftshift` 함수를 사용하였다. 푸리에변환이 실수부(혹은 허수부)만을 가질 때 허수부(혹은 실수부)는 반올림오차로 인해 아주 작은($< 10^{-10}$)값을 가지게 되므로, 이를 처리하는 과정이 추가되었다.

```
# DFT를 이용한 CTFT의 근사 계산
# 무한길이 신호 x(t)를 (t1, t2) 범위로 제한
# CTFT 적분을 DFT의 합으로 근사화
from scipy import signal
from numpy.fft import fft, fftshift
eps = 10e-10
def ctft(xn, ts, t1):
    """
    xn = signal sampled at n*ts+t1
    ts = sampling time
    t1 = starting time of time-limited signal
    """
    f = np.linspace(0, 1/ts, len(xn), endpoint=False)
    X = fftshift(np.exp(-2j*np.pi*f*t1)*fft(xn)*ts)
    if (np.allclose(X.imag,eps)):
        X = X.real
    if (np.allclose(X.real,eps)):
        X = X.imag
    return X
```

함수 ctft를 이용하여 지수 신호 $x(t) = e^{-|t|}$의 푸리에변환을 근사계산해보자. DFT 계산을 위해 지수 신호의 시간은 $(-10, 10)$로 제한하고 신호는 초당 $f_s = 100$ 샘플로 이산화된다. 주파수 변수 f_dft도 시간 변수 t_dft와 동일한 길이를 갖도록 선언된다. 결과를 자세히 구별하여 보기 위해 semilogy 플롯함수를 이용하여 Y-축을 로그 척도로 표시하였다. 그림 4.37은 다음 파이썬 코드의 실행 결과이다. 주파수가 높아질수록 근사계산 결과는 이론값으로부터 이탈하지만, 계산오차는 미미하다. 물론 f_s를 높이면 정확도는 높아지지만 계산량 증가를 댓가로 지불해야 한다.

```
# DFT/FFT를 이용하여 사각펄스 신호의 CTFT 계산
x = lambda t: np.exp(-abs(t))
t1, t2 = -10, 10
fs = 100
# 이론적 결과
t_analytic = np.arange(t1, t2, 1/fs)
f_analytic = np.arange(-fs/2, fs/2, 0.001)
X_analytic = 2/(1+(2*np.pi*f_analytic)**2)
# DFT를 이용한 CTFT의 근사 계산
t_dft = np.arange(t1, t2, 1/fs)
f_dft = np.linspace(-fs/2, fs/2, len(t_dft), endpoint=False)
X_dft = ctft(x(t_dft), 1/fs, t1)
```

```
# 플롯
fig, ax = plt.subplots(figsize=(6,2.5))
ax.plot(f_theory, np.abs(X_theory), label='Exact')
ax.plot(f_dft, np.abs(X_dft), 'o', color='C1', ms=2, label='DFT')
```

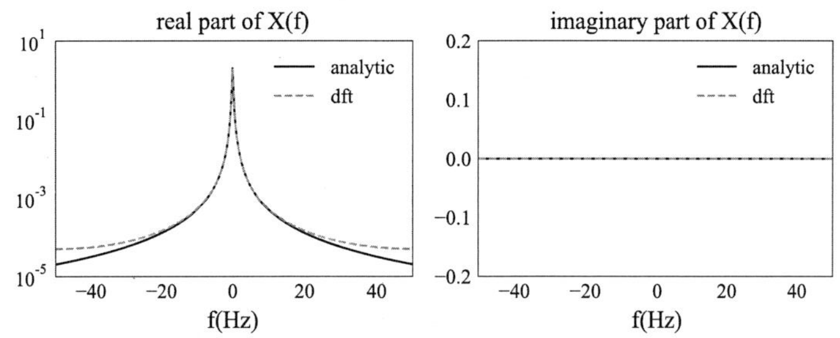

그림 4.37 `numpy.fft.fft`로 계산된 사각펄스 신호의 푸리에변환(파이썬 예제 4.2).

파이썬 예제 4.3: LTI 시스템의 주파수 응답 계산

파이썬 함수 `scipy.signal.freqs`는 시스템 미분방정식

$$\sum_{k=0}^{N} a_k \frac{d^k y(t)}{dt^k} = \sum_{k=0}^{M} b_k \frac{d^k x(t)}{dt^k}$$

의 계수 $\{a_k, b_k\}$로부터 주파수 응답 $H(\omega)$를 계산한다. 함수 `freqs`의 용법은 다음과 같다.

```
w, H = freqs(b, a, worN=None)
```

여기서 b와 a는 미분방정식의 계수를 담고 있는 배열로

```
a = [aN, ..., a1, a0]
b = [bM, ..., b1, b0]
```

처럼 내림차순으로 정의된다. 인자 `worN`은 주파수 응답이 계산될 주파수 값을 담고 있는 배열이며 $\omega \geq 0$의 범위만 포함한다. 만약 이 인자가 제공되지 않으면 자동적으로 200개의 주파수를 선택하여 사용한다. 함수의 출력 `w, H`는 각각 사용된 주파수값과 주파수 응답이다. 다음 파이썬 코드는 시스템

$$\frac{d^2 y(t)}{dt^2} + \frac{3}{2}\frac{dy(t)}{dt} + \frac{1}{2}y(t) = \frac{dx(t)}{dt} - 2x(t)$$

의 주파수 응답을 계산하고 크기와 위상을 그린다.

```
# 미분방정식으로부터 시스템의 주파수 응답 계산
from scipy import signal
a = [1, 3/2, 1/2]
b = [1, -2]
```

```
wn = np.linspace(0, 10, 100)
w, H = signal.freqs(b, a, worN=wn)
# 크기와 위상 스펙트럼 플롯
fig, (ax1,ax2) = plt.subplots(1,2, figsize=(6,2.5))
ax1.plot(w, np.abs(H))
ax2.plot(w, np.angle(H))
```

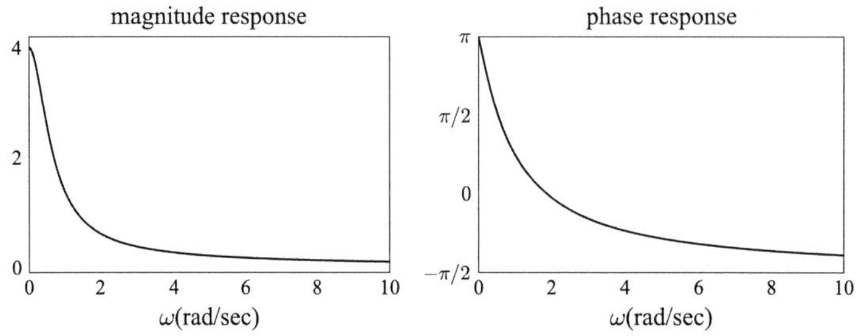

그림 4.38 LTI 시스템의 주파수 응답(파이썬 예제 4.3).

주파수 응답은 종종 로그 척도로 그려지는데, 파이썬에서 로그 척도의 배열은 `logspace`을 이용하여 다음과 같이 정의된다.

```
logspace(start, stop, num)
```

여기서 `start`, `stop` 값은 10 거듭제곱의 지수로 정의된다. 예를 들어 $[10^{-2}, 10]$의 범위에서 100개의 값을 선택하려면 `logspace(-2, 1, 100)`과 같이 선언하면 된다.

```
# 주파수 응답 플롯: 로그-로그 척도 적용
wn = np.logspace(-2, 1, 100)
w, H = signal.freqs(b, a, worN=wn)
# 크기와 위상 스펙트럼 플롯
fig, (ax1,ax2) = plt.subplots(2,1, figsize=(6,2.5))
ax1.loglog(w, np.abs(H))
ax2.semilogx(w, np.angle(H))
```

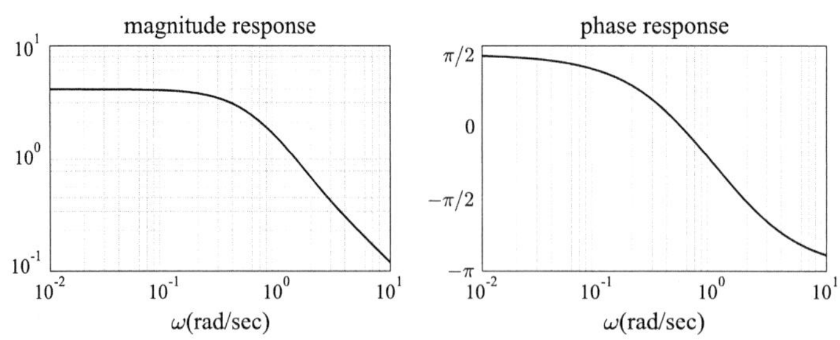

그림 4.39 LTI 시스템의 주파수 응답 - 보드 플롯(파이썬 예제 4.3).

파이썬 예제 4.4: 부분분수전개

부분분수전개는 $j\omega$의 유리함수를 다음과 같이 단순근 항의 합으로 표현한다.

$$\begin{aligned} H(\omega) &= \frac{b_M(j\omega)^M + b_{M-1}(j\omega)^{M-1} + \cdots + b_1(j\omega) + b_0}{a_N(j\omega)^N + a_{N-1}(j\omega)^{N-1} + \cdots + a_1(j\omega) + a_0} \\ &= \frac{b_M(j\omega)^M + b_{M-1}(j\omega)^{M-1} + \cdots + b_1(j\omega) + b_0}{(j\omega - p_1)(j\omega - p_2)\cdots(j\omega - p_N)} \\ &= \frac{r_1}{j\omega - p_1} + \frac{r_2}{j\omega - p_2} + \cdots + \frac{r_N}{j\omega - p_N} \\ &\quad + k_0 + k_1 s + \cdots + k_L s^L \end{aligned} \tag{4.149}$$

파이썬 함수 `scipy.signal.residue`는 시스템 계수 `(b,a)`로 정의된 시스템의 주파수 응답 $H(\omega)$을 부분분수전개한다.

```
r, p, k = residue(b, a)
```

여기서 반환된 배열 `r, p, k`는 식 (4.149)에 정의된 값으로 각각 다음과 같다.

$$r = [r_1,\ r_2,\ \cdots,\ r_{N-1},\ r_N]$$

$$p = [p_1,\ p_2,\ \cdots,\ p_{N-1},\ p_N]$$

$$k = [k_0,\ k_1,\ \cdots,\ k_{L-1},\ k_L]$$

예를 들어

$$\begin{aligned} H(\omega) &= \frac{j\omega + 2}{(j\omega)^2 + 4(j\omega) + 3} = \frac{j\omega + 2}{(j\omega + 1)(j\omega + 3)} \\ &= \frac{1/2}{j\omega + 1} + \frac{1/2}{j\omega + 3} \end{aligned}$$

는 다음과 같이 계산된다.

```
# 부분분수전개
from scipy import signal
b = [1, 2]
a = [1, 4, 3]
r, p, k = signal.residue(b, a)
print('r:', r)
print('p:', p)
print('k:', k)
```

```
r: [ 0.5  0.5]
p: [-3. -1.]
```

```
k: [ 0.]
```

여기서 r과 p 배열은 순서대로 서로 짝을 이루도록 나열된다. 만약 중복근이 존재하면 단순근이 중복된 횟수만큼 반복된다. 예를 들어

$$H(\omega) = \frac{(j\omega)+2}{(j\omega)^3 + 5(j\omega)^2 + 7(j\omega) + 3} = \frac{j\omega + 2}{(j\omega+1)^2(j\omega+3)}$$
$$= \frac{1/4}{j\omega+1} + \frac{1/2}{(j\omega+1)^2} - \frac{1/4}{j\omega+3}$$

은 파이썬에서 다음같이 계산된다. 중복근은 낮은 차수부터 오름차순으로 표기된다.

```
# 부분분수전개: 이중근의 경우
b = [1, 2]
a = [1, 5, 7, 3]
r, p, k = signal.residue(b, a)
print('r:', r)
print('p:', p)
print('k:', k)
```

```
r: [ 0.25+0.j  0.50+0.j -0.25+0.j]
p: [-1.+0.j -1.+0.j -3.+0.j]
k: [ 0.]
```

파이썬 예제 4.5: 부분분수전개를 이용한 임펄스 응답 계산

파이썬 예제 4.4에서 구한 부분분수를 역변환하면 곧바로 임펄스 응답을 얻을 수 있다.

$$H(\omega) = \frac{j\omega + 2}{(j\omega)^2 + 4(j\omega) + 3} = \frac{j\omega + 2}{(j\omega+1)(j\omega+3)}$$
$$= \frac{1/2}{j\omega+1} + \frac{1/2}{j\omega+3} \xleftrightarrow{CTFT} \frac{1}{2}e^{-t}u(t) = \frac{1}{2}e^{-3t}u(t) = h(t)$$

다음 코드는 주파수 응답을 역변환하여 임펄스 응답을 구하고, 계산된 계수를 이용하여 임펄스 응답을 그래프로 나타낸다(그림 4.40).

```
# 부분분수전개를 이용한 임펄스 응답 계산
from scipy import signal
b = [1, 2]
a = [1, 4, 3]
r, p, k = signal.residue(b, a)
t = np.linspace(0, 20, 500)
# 임펄스 응답과 플롯
h = r[0]*np.exp(p[0]*t) + r[1]*np.exp(p[1]*t)
```

```
fig, ax = plt.subplots(figsize=(6,2.5))
ax.plot(t, h)
```

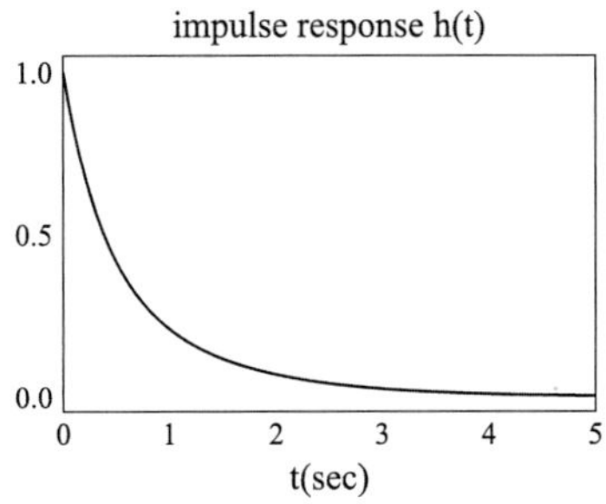

그림 4.40 부분분수전개를 이용한 임펄스 응답 계산 (파이썬 예제 4.5).

연습문제

P4.1 푸리에변환의 정의를 이용하여 다음 신호의 푸리에변환을 구하라.

(a) $x(t) = e^{-(t-1)}u(t)$ (b) $x(t) = \delta(t-3)$

P4.2 그림 **P4.2**에 있는 신호의 푸리에변환을 구하라.

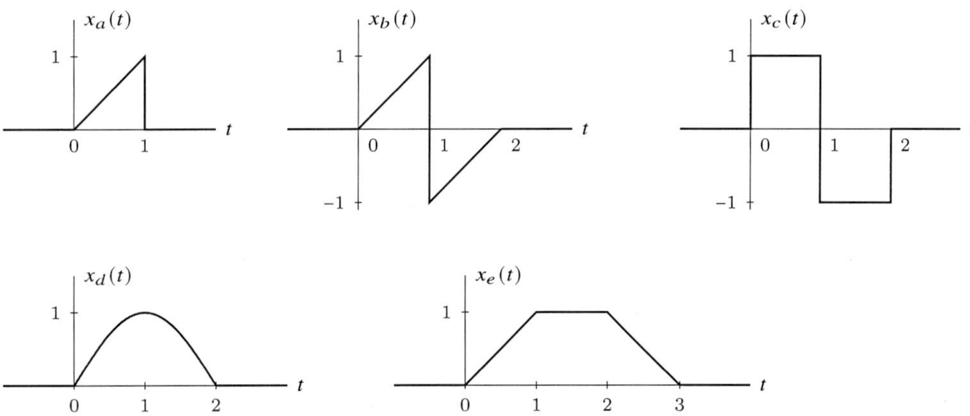

그림 P4.2

P4.3 다음 가우시안Gaussian 신호의 푸리에변환을 구하라.

$$x(t) = e^{-at^2}$$

참고로 평균이 μ 이고 분산이 σ^2 인 가우시안 확률 분포는

$$f(x) = \frac{1}{\sqrt{2\pi}\sigma}e^{-\frac{(x-\mu)^2}{2\sigma^2}}$$

이며 전체 확률은 1이다.

$$\int_{-\infty}^{\infty} f(x)dx = 1$$

P4.4 다음의 역 푸리에변환을 구하라.

(a) $X(\omega) = j\pi[\delta(\omega+2) - \delta(\omega-2)]$　(b) $X(\omega) = \delta(\omega+3) + 1$

(c) $X(\omega) = \dfrac{2j\omega}{3+4j\omega}$　(d) $X(\omega) = \cos^2(2\omega)$

P4.5 푸리에변환의 특성을 이용하여 다음 신호의 푸리에변환을 구하라.

(a) $x(t) = \cos(20\pi t)\mathrm{rect}(t)$　(b) $x(t) = \cos(20\pi t)\mathrm{rect}\left(\dfrac{t}{2}\right)$

(c) $x(t) = \cos(20\pi t)\mathrm{rect}\left(\dfrac{t-1}{2}\right)$　(d) $x(t) = \cos(20\pi t)\mathrm{rect}(2t-1)$

P4.6 푸리에변환의 특성을 이용하여 다음 푸리에변환 혹은 역변환을 구하라.

(a) $x(t) = u(t+2)u(2-t)$　(b) $x(t) = \cos(2\pi t)\cos(20\pi t)$

(c) $X(\omega) = \left(\dfrac{1}{2+j\omega}\right)^2$　(d) $X(\omega) = \cos(2\omega)\cos(\omega)$

P4.7 신호 $x(t)$의 푸리에변환이

$$X(\omega) = \frac{1}{2+j\omega}$$

일 때 푸리에변환의 특성을 이용하여 다음 신호의 푸리에변환을 구하라.

(a) $x(t-1)$　(b) $x(2t)$　(c) $\dfrac{dx(t)}{dt}$　(d) $\displaystyle\int_0^t x(\tau)d\tau$

P4.8 $2N+1$개의 임펄스로 구성된 신호 $x_N(t)$에 대하여

$$x_N(t) = \sum_{k=-N}^{N} \delta(t-k)$$

(a) 신호 $x_N(t)$의 푸리에변환이

$$X_N(\omega) = \frac{\sin((N+\frac{1}{2})\omega)}{\sin(\omega/2)}$$

임을 증명하라.

(b) $N = 2$인 경우 $-3\pi < \omega < 3\pi$의 범위에서 $X_N(\omega)$를 스켓치하라. 스펙트럼의 최대 피크값과 영점 주파수를 표시하라.

(c) 다음을 증명하라.

$$\int_{-\pi}^{\pi} X_N(\omega) d\omega = 2\pi$$

P4.9 표 4.2의 푸리에변환 쌍 중 $x(t) = e^{-at}\sin(\omega_0 t)u(t)$에 대하여

(a) 푸리에변환 $X(\omega)$를 직접 구하라.

(b) 크기 스펙트럼 $|X(\omega)|$이 최대가 되는 주파수 ω_p를 구하라.

(c) $a = 1$, $\omega_0 = 4$일 때 크기 스펙트럼을 $-10 < \omega < 10$의 범위에서 스켓치하라.

P4.10 LTI 시스템의 주파수 응답이

$$H(\omega) = \begin{cases} j\omega, & |\omega| < 4\pi \\ 0, & |\omega| > 4\pi \end{cases}$$

일 때 시스템의 임펄스 응답 $h(t)$를 구하라.

P4.11 다음 적분을 증명하라.

$$\int_0^{\infty} \frac{1}{1+\omega^2} d\omega = \frac{\pi}{2}$$

P4.12 사각펄스 $x(t) = \text{rect}\left(\frac{t-2}{2}\right)$의 푸리에변환을 고려하자.

(a) 푸리에변환 $X(\omega)$를 구하라.

(b) 푸리에변환 $X(\omega)$의 크기 스펙트럼과 위상 스펙트럼을 $-3\pi < \omega < 3\pi$의 범위에서 스케치하라. 이때 크기 스펙트럼의 주엽의 중앙 위치와 높이, 크기 스펙트럼이 0이 되는 위치 등을 상세히 표시하라.

P4.13 어느 인과 LTI 시스템이 입력 $x(t) = 1 + 3\cos(t) + 2\cos(2t)$에 대하여 $y(t) = 6\cos(t) + \sin(2t)$를 출력한다. 입력 $x(t) = 3 + 2\cos(t) + \cos(2t)$에 대한 이 시스템의 출력은 무엇인가?

P4.14 임펄스 응답이 $h(t) = 2\text{sinc}(2t)$인 LTI 시스템에 대하여

(a) 시스템의 주파수 응답 $H(\omega)$를 구하라.

(b) 입력 $x(t) = 5\cos(4\pi t) + 3\cos(\pi t) + 1$에 대한 출력 $y(t)$를 구하라.

(c) 지연된 시스템 $h(t-1)$에 동일한 입력 $x(t) = 5\cos(4\pi t) + 3\cos(\pi t) + 1$이 인가되었을때 출력 $y(t)$를 구하라.

P4.15 어느 시스템이 다음의 미분방정식으로 표현된다.

$$\frac{dy(t)}{dt} + 3y(t) = x(t)$$

(a) 이 시스템의 주파수 응답 $H(\omega)$을 구하라.

(b) 입력 $x(t) = e^{-2t}u(t)$일 때 출력의 푸리에변환 $Y(\omega)$을 구하라.

(c) 부분분수전개를 이용하여 $y(t)$를 구하라.

P4.16 연습문제 **P4.15**의 시스템에 신호 $x(t) = \cos(2\pi t)$가 입력되었을 때 출력 $y(t)$을 구하라.

P4.17 그림 **P4.17**의 시스템에 대하여 다음에 답하라.

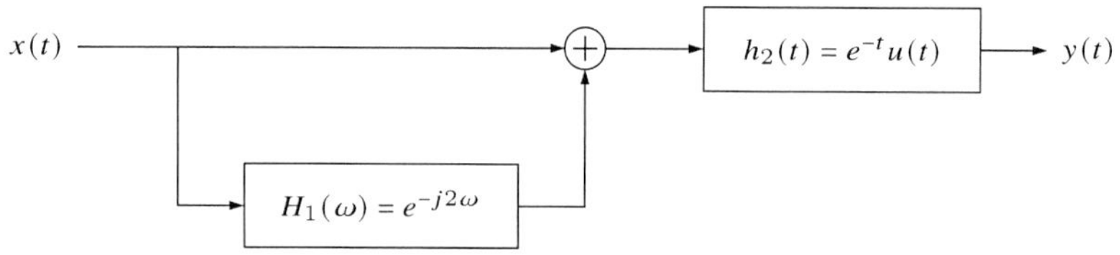

그림 P4.17

(a) 시스템의 주파수 응답 $H(\omega)$를 구하라.

(b) 시스템의 임펄스 응답 $h(t)$를 구하라.

(c) 입력 $x(t) = e^{-3t}u(t)$에 대한 출력 $y(t)$를 구하라.

P4.18 그림 **P4.18**은 피드백 경로를 포함하고 있다. 다음에 답하라. (피드백 경로는 5.7절에 소개되지만, 이를 참고하지 않아도 푸리에 영역에서 주파수 응답 계산은 가능하다.)

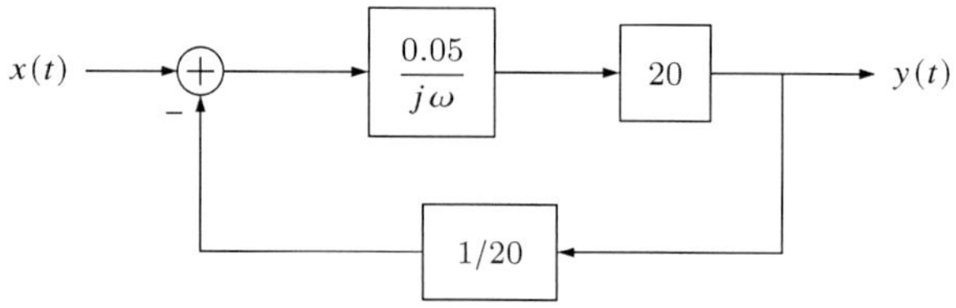

그림 P4.18

(a) 시스템의 주파수 응답 $H(\omega)$를 구하라.

(b) 시스템의 임펄스 응답 $h(t)$를 구하라.

(c) 입력 $x(t) = \cos(0.5t)$에 대한 출력 $y(t)$를 구하라.

(d) 입력과 출력의 시간 차는 얼마인가?

P4.19 그림 **P4.19**의 시스템에 대하여 다음에 답하라.

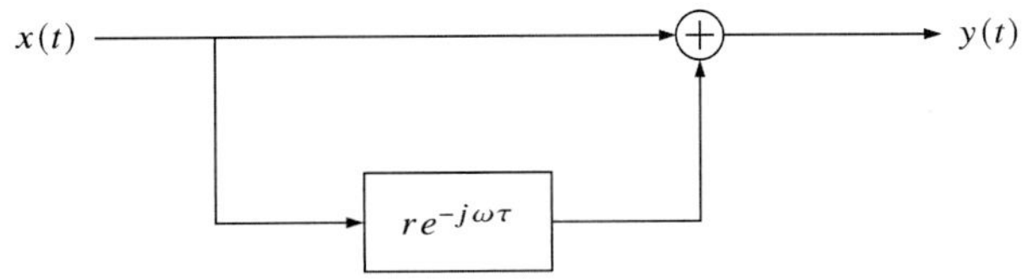

그림 P4.19

(a) 전체 시스템의 주파수 응답 $H(\omega)$를 구하라.

(b) 시스템이 1 kHz의 홀수 스펙트럼을 완전히 제거하도록 r과 τ를 결정하라.

(c) 시스템이 2 kHz의 모든 배수 스펙트럼을 완전히 제거하도록 r과 τ를 결정하라.

(d) (b)와 (c)에서 $0 < r < 1$이면 스펙트럼 제거에 어떤 결과가 초래되는가?

P4.20 그림 **P4.18**의 시스템에 대하여 다음에 답하라.

$$h_1(t) = \text{sinc}(t), \qquad h_2(t) = \text{sinc}(4t)$$

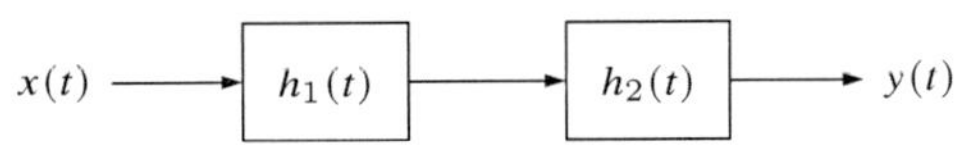

그림 P4.20

(a) 전체 시스템의 주파수 응답 $H(\omega)$를 구하라.

(b) 전체 시스템의 임펄스 응답 $h(t)$를 구하라.

P4.21 어떤 인과 LTI 시스템의 임펄스 응답이

$$h(t) = \text{sinc}(t) \cdot \text{sinc}(4t)$$

일 때 다음 질문에 답하라.

(a) 전체 시스템의 주파수 응답 $H(\omega)$를 구하라.

(b) 전체 시스템이 저대역통과, 고대역통과, 대역통과 필터인가? 아니면 아무것도 아닌가 설명하라.

P4.22 그림 **P4.20**에서 $h_1(t) = \delta(t-1)$이고 $h_2(t) = e^{-t}u(t)$일 때

(a) 전체 시스템의 임펄스 응답 $h(t) = h_1(t) * h_2(t)$를 구하라.

(b) 전체 시스템의 주파수 응답 $H(\omega)$를 구하라.

(c) 입력 $x(t) = \cos(\pi t)u(t)$에 대한 정상상태 응답 $y_{ss}(t)$를 구하라(전체 응답을 구할 필요는 없다).

P4.23 다음 LTI 시스템과 입력 출력을 고려하자.

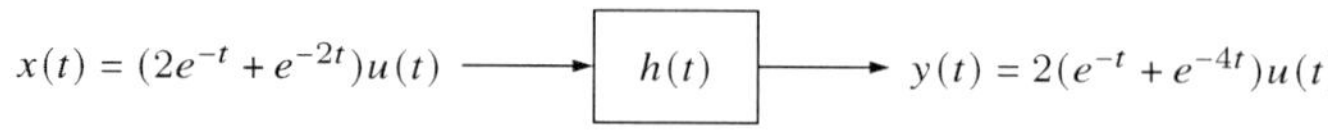

그림 P4.23

(a) 이 시스템의 주파수 응답 $H(\omega)$을 구하라.

(b) 이 시스템의 임펄스 응답을 구하라.

(c) 이 시스템의 입력-출력 관계식을 미분방정식으로 표현하라.

P4.24 어느 인과 LTI 시스템의 임펄스 응답이 다음과 같다.

$$h(t) = \delta(t) - 3\text{sinc}(3t)$$

(a) 이 시스템의 주파수 응답 $H(\omega)$을 구하고 스켓치하라.

(b) 입력 $x(t) = 3 + 2\cos(2\pi t) + \sin(4\pi t)$에 대한 출력을 구하라.

P4.25 어떤 인과 시스템의 주파수 응답이 다음과 같다.

$$H(\omega) = \frac{j\omega + 3}{2 - \omega^2 + 3j\omega}$$

(a) 이 시스템의 입력 $x(t)$와 출력 $y(t)$의 관계식을 미분방정식으로 표현하라.

(b) 이 시스템의 임펄스 응답 $h(t)$를 구하라.

(c) 입력이 $x(t) = [e^{-2t} - 2e^{-3t}]u(t)$일 때 시스템 출력 $y(t)$를 구하라.

P4.26 차단 주파수가 $f_c = 5\,\text{Hz}$인 이상 저대역 필터에 주기 $T_0 = 0.25$이고 푸리에급수 계수가

$$a_k = \frac{1}{1 + k^2}$$

인 주기 신호가 입력될 때 출력 $y(t)$를 구하라.

P4.27 그림 **P4.27**의 시스템에서 $h_{LP}(t)$가 $|\omega| < \pi$ 성분을 모두 통과시키는 이상 저대역 필터라고 가정하자. 즉, 주파수 응답이

$$H_{LP}(\omega) = \begin{cases} 1, & |\omega| < \pi \\ 0, & |\omega| > \pi \end{cases}$$

신호 $m(t) = \cos(0.5\pi t)$, $x(t) = m(t)\cos(3\pi t)$, $c(t) = \cos(3\pi t)$, $x_d(t)$, $y(t)$의 스펙트럼을 스켓치하라. 수식을 이용하는 대신 변조 특성을 이용하여 스펙트럼을 스켓치하면 간편하게 결과를 얻을 수 있다.

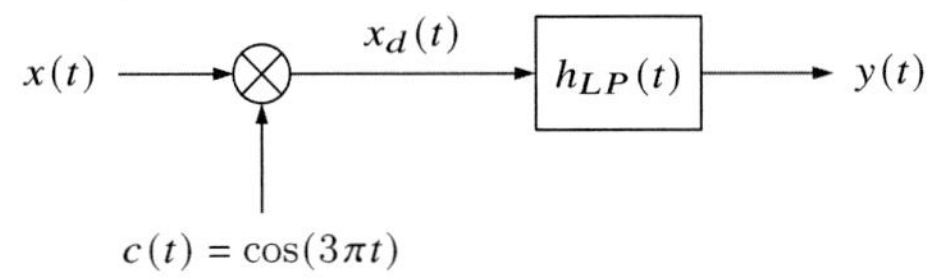

그림 P4.27

파이썬 문제

P4.28 파이썬 예제 4.1에서 소개된 심볼 연산을 이용하여 연습문제 **P4.2**의 (a,c,d) 신호를 푸리에변환하고, 이론적인 결과와 비교하라.

P4.29 파이썬 예제 4.2에서 소개된 수치계산과 근사계산을 이용하여 연습문제 **P4.2**의 (c) 신호를 푸리에변환하고, 크기와 위상 스펙트럼을 각각 그려라. 수치계산의 경우 $-1 \le t < 3$과 $-4 \le f < 4$의 범위를 적용하고, 근사계산의 경우 $-10 \le t < 10$의 범위와 $f_s = 10000$을 사용하라. 근사계산에서 시간의 범위를 좁히면 어떤 결과가 발생하는지 관찰해 보라.

P4.30 파이썬으로 푸리에변환의 특성을 확인하는 코드를 작성하라.

(a) 음성 신호 `one_step_forward.wav` 파일을 읽어서 [1000, 2023] 범위의 1024 샘플을 배열 x에 저장하고 크기를 −1 ~ +1의 범위로 정규화하고 신호 파형을 msec 단위로 그려라.

```
import scipy.io.wavfile as wavfile
fs, s = wavfile.read('../data/one_step_forward.wav')
x = s[1000:2024]
x = x/np.amax(np.abs(x))
```

(b) 저장된 음성 신호 샘플 x의 푸리에변환을 근사계산하고 크기 스펙트럼을 그려라.

```
from numpy.fft import fft, ifft, fftshift
X = fftshift(fft(x))/fs
```

(c) CTFT 특성을 이용하여 $y(t) = x(-t)$를 구하고 이를 그려라.

P4.31 앞서 2장 예제 2.1에서 RLC 시스템을 규정하는 이차 미분방정식 (2.7)을 유도한 바 있다.

$$[(2.7)] \qquad \frac{d^2y(t)}{dt^2} + \frac{R}{C}\frac{dy(t)}{dt} + \frac{1}{LC}y(t) = \frac{1}{LC}x(t)$$

미분방정식 (2.7)을 파라미터 ζ와 ω_n(식 (2.103) 참고)으로 표현하면 다음과 같다.

$$\frac{d^2y(t)}{dt^2} + 2\zeta\omega_n \frac{dy(t)}{dt} + \omega_n^2 y(t) = \omega_n^2 x(t) \tag{4.150}$$

(a) 제동비를 $\zeta = 1/\sqrt{2}$로 고정하고 고유진동수 $\omega_n = 0.5,\ 1,\ 2$일때 시스템의 주파수 응답을 계산하고(`signal.freqs` 사용), 계단 응답을 계산한 다음(`signal.step` 사용) 결과를 그려라.

(b) ω_n에 따른 주파수 응답과 시간 응답 결과로부터 ω_n에 따른 시스템 특성 변화를 비교 설명하여라.

P4.32 4.6.1절에서 음성 신호는 위상 정보보다 크기 정보에 민감하게 반응한다는 사실을 설명하였다. 파이썬을 이용하여 실험해보자.

(a) 음성 신호 파일 `one_step_forward.wav`을 읽어서 앞의 2048 샘플을 배열 `x`에 저장하라. 음성 신호를 크기 −1 ~ +1 범위로 정규화하고 파형을 msec 단위로 그려라.

(b) 음성 신호의 푸리에변환을 계산하라. 이때 `fft` 함수를 이용하여 2048점 FFT를 계산한다. 푸리에변환의 크기와 위상을 사이클 주파수 단위로 그려라.

(c) 파이썬 함수 `numpy.random.rand`를 이용하여 −1/6 ~ +1/6 범위의 잡음 `v`를 2048 샘플 발생하여 원 신호 `s`에 더하여, 잡음에 오염된 신호 `sv`를 생성하라. 이 신호를 푸리에변환하여 `SV`를 계산하라.

(d) 원 신호의 크기 스펙트럼과 잡음에 오염된 위상 스펙트럼으로부터 오염된 음성 신호 $\tilde{s}(t)$를 구하고 파형을 그려라. 복원된 음성 신호 $\tilde{s}(t)$와 원래의 음성 신호 $s(t)$를 비교해 보라.

(e) (c) 단계로 돌아가서 위성 잡음의 크기를 조정하면서 $\tilde{s}(t)$와 $s(t)$를 비교해 보라.

CHAPTER 5

라플라스 변환

지금까지 우리는 연속시간 신호와 시스템의 시간 영역 해석과 주파수 영역 해석에 대하여 살펴보았다. 시간 영역과 주파수 영역 해석은 서로 보완하며 신호와 시스템에 대한 유용한 관점을 제공해준다. 이러한 도구의 유용성은 선형성과 시불변성의 결과이다.

라플라스 변환은 주파수 영역 해석을 확장한다. 라플라스 변환은 푸리에변환의 일반화이며, 푸리에변환이 불가능했던 신호와 시스템까지 수용한다. 뿐만 아니라 라플라스 변환은 미분방정식의 해를 구하는 완벽한 도구이다. 라플라스 영역에서 미분방정식의 해는 초기값이 0이 아닌 경우에도 기계적으로 해결된다. 푸리에변환은 미분방정식의 내부 상태를 수용하지 못하지만 라플라스 변환은 이를 수용한다. 푸리에변환이 신호와 시스템의 정적 주파수 영역 해석에 효과적이라면 라플라스 변환은 동적 시간 영역 해석에 적합하다. 이 장에서는 라플라스 변환의 정의와 라플라스 변환이 존재하는 수렴 영역, 라플라스 변환의 특성, 라플라스 변환을 이용한 LTI 시스템 해석 방법을 소개한다.

5.1 라플라스 변환

신호 $x(t)$의 라플라스 변환Laplace transform은 다음과 같이 정의된다.

$$X(s) = \int_{-\infty}^{\infty} x(t)e^{-st}dt \tag{5.1}$$

여기서 $X(s)$는 독립 변수 s의 함수이며 s는 복소수이다. 독립 변수 s는 그림 5.1과 같이 직교좌표계에서

$$s = \sigma + j\omega \tag{5.2}$$

와 같이 표현된다. 통상적으로 s의 실수부와 허수부를 각각 σ와 ω로 표기하는데, 이는 라플라스 변환과 연속시간 푸리에변환이 서로 밀접하게 연관되어 있기 때문이다. 이런 이유로 s를 복소주파수complex frequency라 부르기도 한다.

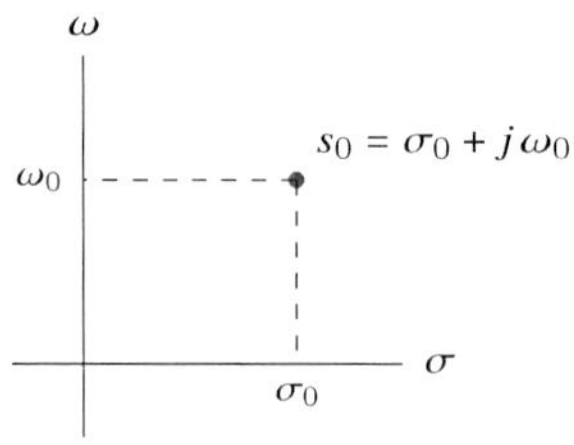

그림 5.1 라플라스 변환이 정의되는 s-평면.

식 (5.1)에 $s = j\omega$를 대입하면 $x(t)$의 푸리에변환을 얻는다.

$$X(s)\Big|_{s=j\omega} = X(\omega) = \int_{-\infty}^{\infty} x(t)e^{-j\omega t}dt = CTFT\{x(t)\} \tag{5.3}$$

다시 말해 푸리에변환은 라플라스 변환을 복소평면의 $j\omega$-축에서 계산한 값이다. 또한 $s = \sigma + j\omega$를 식 (5.1)에 대입하면

$$\begin{aligned} X(s)\Big|_{s=\sigma+j\omega} &= X(\sigma + j\omega) = \int_{-\infty}^{\infty} x(t)e^{-(\sigma+j\omega)t}dt \\ &= \int_{-\infty}^{\infty} [x(t)e^{-\sigma t}]e^{-j\omega t}dt = CTFT\{x(t)e^{-\sigma t}\} \end{aligned} \tag{5.4}$$

이므로 신호 $x(t)$의 라플라스 변환 $X(s)$를 신호 $x(t)e^{-\sigma t}$의 푸리에변환으로 해석할 수 있다. 푸리에변환이 모든 신호에 대하여 가능하지 않은 것처럼 라플라스 변환도 특정 조건에서만 가능하다. 라플라스 변환이 가능하려면 다음 적분이 가능해야 한다.

$$\begin{aligned} |X(s)| &= \left| \int_{-\infty}^{\infty} x(t)e^{-st}dt \right| \le \int_{-\infty}^{\infty} \left| x(t)e^{-(\sigma+j\omega)t} \right| dt \\ &= \int_{-\infty}^{\infty} \left| x(t)e^{-\sigma t} \right| dt < \infty \end{aligned} \tag{5.5}$$

이 조건에 따르면, 신호 $x(t)$의 절대적분이 불가능하더라도 σ를 적절히 선택하면 $x(t)e^{-\sigma t}$은 절대적분 가능하다. 즉, 푸리에변환이 불가능한 신호라 하더라도 라플라스 변환은 가능하다. 라플라스 변환에서 σ는 신호와 시스템의 동적 해석을 가능하게 만들어주는 요소이다.

5.1.1 라플라스 변환의 고유성과 수렴영역

앞에서 살펴 본 바와 같이 적절히 σ를 설정하면 라플라스 변환은 모든 신호에 대하여 적용 가능하다. 다음 두 가지 예를 살펴보자.

예제 5.1

인과 지수 신호

$$x(t) = e^{-at}u(t) \tag{5.6}$$

의 라플라스 변환이 가능한가 조사하고, 가능하면 라플라스 변환을 구하라(a는 실수로 가정한다).

풀이 변수 $s = \sigma + j\omega$를 대입하여 라플라스 변환을 표현하면

$$\begin{aligned} X(\sigma + j\omega) &= \int_{-\infty}^{\infty} e^{-at}u(t)e^{-(\sigma+j\omega)t}dt = \int_{0}^{\infty} e^{-at}e^{-(\sigma+j\omega)t}dt \\ &= \int_{0}^{\infty} e^{-(a+\sigma)t}e^{-j\omega t}dt \end{aligned} \tag{5.7}$$

이다. 이 적분이 가능하려면 식 (5.5)의 조건

$$|X(\sigma + j\omega)| \le \int_{0}^{\infty} e^{-(a+\sigma)t}dt = \left.\frac{e^{-(a+\sigma)t}}{-(a+\sigma)}\right|_{0}^{\infty} < \infty \tag{5.8}$$

으로부터

$$a + \sigma > 0 \quad \Longrightarrow \quad \sigma = \mathrm{Re}\{s\} > -a \tag{5.9}$$

이 필요하다. 이 조건이 충족되면 라플라스 변환은, 식 (5.7)로부터,

$$\begin{aligned} X(s) = X(\sigma + j\omega) &= \left.\frac{e^{-(a+\sigma)t}e^{-j\omega t}}{-(a+\sigma+j\omega)}\right|_{0}^{\infty} = \frac{1}{a+\sigma+j\omega} \\ &= \frac{1}{s+a}, \quad \mathrm{Re}\{s\} > -a \end{aligned} \tag{5.10}$$

이다. 이를 변환쌍으로 표기하면

$$e^{-at}u(t) \quad \overset{\mathcal{L}}{\longleftrightarrow} \quad \frac{1}{s+a}, \quad \mathrm{Re}\{s\} > -a \tag{5.11}$$

와 같다. 이처럼 라플라스 변환은 a가 양의 값이든 음의 값이든 혹은 0이든 무관하게 정의될 수 있다. 다만 a에 따라 라플라스 변환이 가능한 복소평면의 영역이 달라진다. 예를 들어, $a = 0$이면 다음의 변환쌍이 성립한다.

$$u(t) \quad \overset{CTFT}{\longleftrightarrow} \quad \frac{1}{s}, \quad \mathrm{Re}\{s\} > 0 \tag{5.12}$$

신호 (5.6)의 푸리에변환은 식 (5.11)에 $s = j\omega$를 대입하여 얻는다.

$$x(t) = e^{-at}u(t) \quad \overset{CTFT}{\longleftrightarrow} \quad X(\omega) = X(s)\Big|_{s=j\omega} = \frac{1}{j\omega + a}, \quad \mathrm{Re}\{s\} = 0 > -a \tag{5.13}$$

라플라스 변환의 가능 여부는 푸리에변환처럼 '예/아니오'로 판단되지 않고 변환 가능한 영역으로 주어진다. 이 영역은 s-평면의 실수 σ의 범위로 규정된다. 다음 예를 보자.

예제 5.2

반인과 지수 신호

$$x(t) = -e^{-at}u(-t) \tag{5.14}$$

의 라플라스 변환이 가능한가 조사하고, 가능하면 라플라스 변환을 구하라(a는 실수로 가정한다).

풀이 라플라스 변환의 존재 조건 식 (5.5)를 적용하면

$$|X(\sigma + j\omega)| \leq \int_{-\infty}^{0} e^{-(a+\sigma)t}dt = \left.\frac{e^{-(a+\sigma)t}}{-(a+\sigma)}\right|_{-\infty}^{0} < \infty \tag{5.15}$$

이므로

$$a + \sigma < 0 \quad \Longrightarrow \quad \sigma = \mathrm{Re}\{s\} < -a \tag{5.16}$$

의 조건이 요구된다. 이 조건이 충족되면 라플라스 변환은 다음과 같이 구해진다.

$$\begin{aligned} X(s) &= \int_{-\infty}^{\infty} -e^{-at}u(-t)e^{-(\sigma+j\omega)t}dt = \int_{-\infty}^{0} -e^{-(a+\sigma)t}e^{-j\omega t}dt \\ &= \left.\frac{e^{-j(a+\sigma+j\omega)t}}{a+\sigma+j\omega}\right|_{-\infty}^{0} = \frac{1}{a+\sigma+j\omega} = \frac{1}{s+a}, \quad \mathrm{Re}\{s\} < -a \end{aligned} \tag{5.17}$$

예제 5.1과 5.2에서 확인된 바와 같이 서로 다른 두 신호가 동일한 라플라스 변환식으로 표현될 수 있다. 그러나 라플라스 변환이 가능한 s 영역은 서로 다르다. 라플라스 변환에서 변환 가능 영역은 이 두 신호를 구분하는 결정적인 요소이며, 라플라스 변환과 통합적으로 고려되는 요소이다. 이 영역을 라플라스 변환의 **수렴 영역**region of convergence(ROC)이라 한다. 그러므로 라플라스 변환 (5.1)에서 $x(t)$와 $X(s)$는 수렴영역이 명시된 전제에서만 고유하게 일대일 대응된다. 일대일 대응되는 라플라스 변환쌍은 간단히 다음과 같이 표기된다.

$$x(t) \overset{\mathcal{L}}{\longleftrightarrow} X(s) \tag{5.18}$$

5.1.2 단방향 라플라스 변환

예제 5.1과 5.2에서 살펴본 바와 같이 안정한 신호의 라플라스 변환이 수렴하는 영역은 푸리에 변환이 정의되는 $j\omega$-축을 포함한다. 그런데 우리가 다루는 대부분의 신호는 예제 5.1과 같이 $t = 0$ 시점부터 시작되는 안정한 오른편 신호이다. 이 점을 고려하여 라플라스 변환을 $(0^-, \infty)$ 범위에서 정의할 수 있다.

$$X(s) = \int_{0^-}^{\infty} x(t)e^{-st}dt \tag{5.19}$$

이를 **단방향**unilateral 라플라스 변환이라 부른다. 여기서 적분의 하단을 0 대신 0^- 으로 표기한 이유는 초기상태가 0이 아닌 LTI 시스템을 수용하기 위함이다. 이 내용은 5.5.4절에서 다루어진다. 단방향 라플라스 변환의 수렴영역은 항상 $j\omega$-축을 포함하는 s-평면의 오른편이므로 더 이상 수렴영역을 명시하지 않아도 된다. 이 교재에서는 특별히 명시하지 않는 한 단방향 라플라스 변환을 가정한다. 라플라스 변환을 더 상세히 다루기 전에 라플라스 변환의 예를 살펴보자.

예제 5.3

다음 신호의 라플라스 변환을 구하라.

$$x(t) = u(t - t_0), \quad t_0 \geq 0 \tag{5.20}$$

풀이 라플라스 변환 식 (5.19)로부터

$$\begin{aligned} X(s) &= \int_{0^-}^{\infty} u(t - t_0)e^{-st}\,dt = \int_{t_0}^{\infty} 1 \cdot e^{-st}\,dt \\ &= \frac{1}{-s}e^{-st}\bigg|_{t_0}^{\infty} = \frac{e^{-st_0}}{s} \end{aligned} \tag{5.21}$$

이다. 이로부터 다음의 라플라스 변환쌍을 얻는다.

$$u(t - t_0) \quad \overset{\mathcal{L}}{\longleftrightarrow} \quad \frac{e^{-st_0}}{s} \tag{5.22}$$

예제 5.4

사각펄스 신호의 라플라스 변환을 구하라.

$$x(t) = \cos(\omega_0 t)u(t) \tag{5.23}$$

풀이 라플라스 변환 식 (5.19)로부터

$$\begin{aligned} X(s) &= \int_{0^-}^{\infty} \cos(\omega_0 t)u(t)e^{-st}\,dt = \int_{0}^{\infty} \frac{1}{2}\left[e^{j\omega_0 t} + e^{-j\omega_0 t}\right]e^{-st}\,dt \\ &= \frac{1}{2}\int_{0}^{\infty}\left[e^{-(s-j\omega_0)t} + e^{-(s+j\omega_0)t}\right]dt \\ &= \frac{1}{-2(s-j\omega_0)}e^{-(s-j\omega_0)t}\bigg|_0^{\infty} + \frac{1}{-2(s+j\omega_0)}e^{-(s+j\omega_0)t}\bigg|_0^{\infty} \\ &= \frac{1}{2(s-j\omega_0)} + \frac{1}{2(s+j\omega_0)} = \frac{s}{s^2+\omega_0^2} \end{aligned} \tag{5.24}$$

이다. 이로부터 다음 라플라스 변환쌍을 얻는다.

$$\cos(\omega_0 t)u(t) \quad \overset{\mathcal{L}}{\longleftrightarrow} \quad \frac{s}{s^2+\omega_0^2} \tag{5.25}$$

예제 5.5

다음 신호의 라플라스 변환을 구하라.

$$x(t) = \begin{cases} 1, & 0 < t < T_w \\ 0, & \text{그외} \end{cases} \tag{5.26}$$

풀이 라플라스 변환 식 (5.19)로부터

$$X(s) = \int_0^{T_w} 1 \cdot e^{-st} dt = \left. \frac{e^{-st}}{-s} \right|_0^{T_w} = \frac{1}{s}(1 - e^{-sT_w}) \tag{5.27}$$

개념점검 5.1 서로 다른 신호가 동일한 라플라스 변환을 갖는 이유는 무엇인가?

개념점검 5.2 단방향 라플라스 변환에서 수렴영역을 더 이상 고려하지 않아도 되는 이유는 무엇인가?

5.2 극점과 영점

일반적으로 라플라스 변환은 유리함수의 꼴로 가정된다.

$$X(s) = \frac{N(s)}{D(s)} \tag{5.28}$$

여기서 함수 $X(s)$의 **극점**pole은 $X(s) = \infty$인 s값이고, **영점**zero은 $X(s) = 0$인 s값으로 정의된다. 나중에 5.5.3절에서 설명되지만, 극점과 영점의 위치는 신호와 시스템의 특성과 안정성에 결정적인 영향을 미치며 시스템의 임펄스 응답과 주파수 응답의 모양을 결정짓는다.

예를 들어

$$X(s) = \frac{N(s)}{D(s)} = \frac{s+4}{s^2+3s+2} \tag{5.29}$$

에서 극점은 분모 $D(s)$의 근

$$s^2 + 3s + 2 = (s+1)(s+2) = 0 \quad \Longrightarrow \quad s = -1, -2$$

이며 영점은 분자 $N(s)$의 근

$$s + 4 = 0 \quad \Longrightarrow \quad s = -4$$

이다. 사실 식 (5.29)에는 숨어있는 영점이 $s = \infty$에 있다. 숨어있는 영점을 제외하면 영점은 분자 $N(s) = 0$의 근이며 극점은 분모 $D(s) = 0$의 근으로 정의될 수 있다. 극점과 영점을 s-평면에서 표시하면 여러모로 유용하다. 극점은 ×로 영점은 ○로 표시된다. 그림 5.2는 식 (5.29)의 극점-영점 플롯이다. 식 (5.28)의 함수 $X(s)$를 극점과 영점으로 표현하면 다음과 같다.

$$X(s) = \frac{N(s)}{D(s)} = \frac{(s - z_1)(s - z_2)\cdots(s - z_M)}{(s - p_1)(s - p_2)\ldots(s - p_N)} \tag{5.30}$$

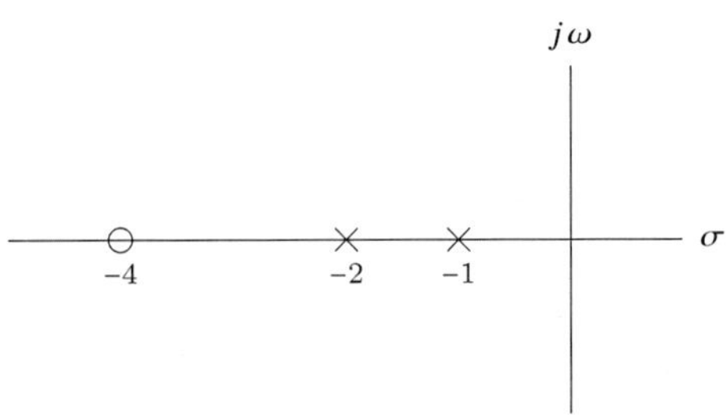

그림 5.2 $X(s) = \dfrac{s+4}{s^2 + 3s + 2}$의 극점과 영점.

연습 5.1 라플라스 변환의 극점이 $p_1 = j2 = p_2^*$이고 영점 0을 갖는 함수 $X(s)$를 구하라.
답 : $X(s) = \dfrac{s}{s^2 + 4}$

5.3 라플라스 변환의 특성

라플라스 변환 특성과 주요 라플라스 변환쌍을 각각 표 5.1과 표 5.2에 정리하였다.

5.3.1 선형성

라플라스 변환은 두 신호의 라플라스 변환

$$x_1(t) \overset{\mathcal{L}}{\longleftrightarrow} X_1(s)$$

$$x_2(t) \overset{\mathcal{L}}{\longleftrightarrow} X_2(s)$$

이 주어졌을 때 임의의 상수 α, β에 대하여

$$\alpha x_1(t) + \beta x_2(t) \overset{\mathcal{L}}{\longleftrightarrow} \alpha X_1(s) + \beta X_2(s) \tag{5.31}$$

를 만족하는 선형 특성을 가진다.

표 5.1 라플라스 변환의 주요 특성.

특성	시간 영역	s 영역
	$x(t),\ x_1(t),\ x_2(t)$	$X(s),\ X_1(s),\ X_2(s)$
선형성	$\alpha x_1(t) + \beta x_2(t)$	$\alpha X_1(s) + \beta X_2(s)$
시간 이동	$x(t-t_0)u(t-t_0)$	$e^{-st_0}X(s)$
s-영역 이동	$e^{s_0 t}x(t)$	$X(s-s_0)$
시간 척도변경	$x(at),\ a > 0$	$\frac{1}{a}X\left(\frac{s}{a}\right)$
시간 콘볼루션	$x_1(t) * x_2(t)$	$X_1(s)X_2(s)$
시간 미분	$\frac{dx(t)}{dt}$	$sX(s) - x(0^-)$
적분	$\int_{0^-}^{t} x(\tau)d\tau$	$\frac{1}{s}X(s)$
s-영역 미분	$-tx(t)$	$\frac{dX(s)}{ds}$
초기값	$x(0^+)$	$\lim_{s\to\infty} sX(s)$
최종값	$x(\infty)$	$\lim_{s\to 0} sX(s)$

5.3.2 시간 이동 특성

단방향 라플라스 변환은 인과 신호를 가정한다. 인과 신호는

$$x(t) = x(t)u(t) \tag{5.32}$$

하므로, 신호 $x(t)$의 라플라스 변환이 $X(s)$라면 t_0 만큼 시간 이동된 신호 $x(t-t_0)$의 라플라스 변환은

$$x(t-t_0) \overset{\mathcal{L}}{\longleftrightarrow} e^{-st_0}X(s), \quad t_0 \ge 0 \tag{5.33}$$

와 같이 표현된다. 이 특성은 다음과 같이 증명된다.

$$\begin{aligned}
\mathcal{L}\{x(t-t_0)\} &= \int_{0^-}^{\infty} x(t-t_0)u(t-t_0)e^{-st}dt = \int_{t_0^-}^{\infty} x(t-t_0)e^{-st}dt \\
&= \int_{0^-}^{\infty} x(\lambda)e^{-s(\lambda+t_0)}d\lambda, \quad \lambda = t - t_0 \\
&= e^{-st_0}\int_{0^-}^{\infty} x(\lambda)e^{-s\lambda}d\lambda \\
&= e^{-st_0}X(s)
\end{aligned} \tag{5.34}$$

표 5.2 인과 신호의 주요 라플라스 변환쌍.

신호	라플라스 변환
$\delta(t)$	1
$u(t)$	$\frac{1}{s}$
$\frac{t^{n-1}}{(n-1)!}u(t)$	$\frac{1}{s^n}$
$e^{-at}u(t)$	$\frac{1}{s+a}$
$\frac{t^{n-1}}{(n-1)!}e^{-at}u(t)$	$\frac{1}{(s+a)^n}$
$\cos(\omega_0 t)u(t)$	$\frac{s}{s^2+\omega_0^2}$
$\sin(\omega_0 t)u(t)$	$\frac{\omega_0}{s^2+\omega_0^2}$
$e^{-at}\cos(\omega_0 t)u(t)$	$\frac{s+a}{(s+a)^2+\omega_0^2}$
$e^{-at}\sin(\omega_0 t)u(t)$	$\frac{\omega_0}{(s+a)^2+\omega_0^2}$

예제 5.6

예제 5.5에서 사각펄스 신호의 라플라스 변환쌍

$$x_{rect}(t) = u(t) - u(t - T_w) \quad \overset{\mathcal{L}}{\longleftrightarrow} \quad X_{rect}(s) = \frac{1 - e^{-sT_w}}{s} \tag{5.35}$$

를 입증하였다. 이 결과를 이용하여 그림 5.3의 라플라스 변환을 구하라.

풀이 그림 5.3의 신호는 다음과 같이 표현될 수 있다.

$$x(t) = \sum_{k=0}^{\infty} x_{rect}(t - kT_0) \tag{5.36}$$

라플라스 변환의 선형성과 시간 이동 특성을 활용하면

$$\begin{aligned}
\mathcal{L}\{x(t)\} &= \sum_{k=0}^{\infty} \mathcal{L}\{x_{rect}(t - kT_0)\}, \quad \text{선형성에 의하여} \\
&= \sum_{k=0}^{\infty} e^{-skT_0}\, \frac{1 - e^{-sT_w}}{s}, \quad \text{시간 이동 특성에 의하여} \\
&= \frac{1}{1 - e^{-sT_0}}\, \frac{1 - e^{-sT_w}}{s}
\end{aligned} \tag{5.37}$$

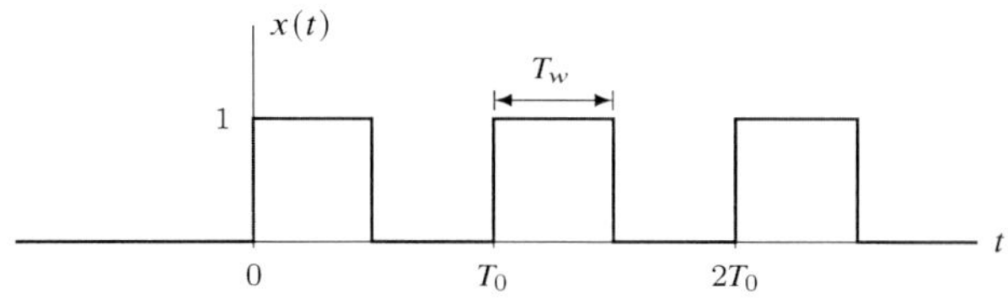

그림 5.3 인과 사각펄스 열(예제 5.6).

5.3.3 s-영역 이동 특성

라플라스 변환의 s-영역 이동 특성은 다음과 같다.

$$e^{s_0 t}x(t) \overset{\mathcal{L}}{\longleftrightarrow} X(s-s_0) \tag{5.38}$$

예제 5.7

지수적으로 감소하는 정현 신호의 라플라스 변환쌍이

$$e^{-at}\cos(\omega_0 t)u(t) \overset{\mathcal{L}}{\longleftrightarrow} \frac{s+a}{(s+a)^2+\omega^2} \tag{5.39}$$

임을 증명하라.

풀이 예제 (5.4)로부터

$$[(5.25)] \qquad \cos(\omega_0 t)u(t) \overset{\mathcal{L}}{\longleftrightarrow} \frac{s}{s^2+\omega_0^2}$$

이다. s-영역 이동 특성에 의하여 식 (5.25)에 $s \to s+a$를 대입하면 식 (5.39)를 얻는다.

5.3.4 콘볼루션 특성

라플라스 변환쌍

$$x_1(t) \overset{\mathcal{L}}{\longleftrightarrow} X_1(s)$$

$$x_2(t) \overset{\mathcal{L}}{\longleftrightarrow} X_2(s)$$

을 가정하면, 콘볼루션 $x_1(t) * x_2(t)$의 라플라스 변환은 $X_1(s)X_2(s)$으로 주어진다.

$$x_1(t) * x_2(t) \overset{\mathcal{L}}{\longleftrightarrow} X_1(s)X_2(s) \tag{5.40}$$

5.3.5 시간 미분 특성

미분 신호 $dx(t)/dt$의 라플라스 변환쌍은 다음과 같다.

$$\frac{dx(t)}{dt} \overset{\mathcal{L}}{\longleftrightarrow} sX(s) - x(0^-) \tag{5.41}$$

여기서 둘째 항 $x(0^-)$는 신호의 초기값에 해당한다. 이 특성은 초기값이 0이 아닌 시스템을 다룰 때 유용하다. 식 (5.41)은 다음과 같이 증명된다.

$$\mathcal{L}\left\{\frac{dx(t)}{dt}\right\} = \int_{0^-}^{\infty} \underbrace{\frac{dx(t)}{dt}}_{u'} \underbrace{e^{-st}}_{v} dt$$

$$= x(t)e^{-st}\Big|_{0^-}^{\infty} - \int_{0^-}^{\infty} x(t)\left(-se^{-st}\right)dt, \quad \text{부분 적분 결과}$$

$$= -x(0^-) + s\int_{0^-}^{\infty} x(t)e^{-st}dt = sX(s) - x(0^-) \tag{5.42}$$

동일한 방식을 반복 적용하면 이차 미분 신호의 라플라스 변환을 다음과 같이 얻을 수 있다.

$$\frac{d^2x(t)}{dt^2} \quad \overset{\mathcal{L}}{\longleftrightarrow} \quad s^2X(s) - sx(0^-) - \frac{dx(t)}{dt}\Big|_{t=0} \tag{5.43}$$

5.3.6 시간 적분 특성

신호 $x(t)$의 적분은 계단 신호와의 콘볼루션으로 해석된다.

$$\int_{0^-}^{t} x(\tau)d\tau = \int_{0^-}^{\infty} x(\tau)u(t-\tau)d\tau = x(t) * u(t) \tag{5.44}$$

계단 신호의 라플라스 변환은 $1/s$이므로 콘볼루션 특성에 의하여

$$\int_{0^-}^{t} x(\tau)d\tau = x(t) * u(t) \quad \overset{\mathcal{L}}{\longleftrightarrow} \quad \frac{1}{s}X(s) \tag{5.45}$$

5.3.7 s-영역 미분 특성

라플라스 변환을 s-영역에서 미분하면

$$\frac{dX(s)}{ds} = \frac{d}{ds}\left(\int_{0^-}^{\infty} x(t)e^{-st}dt\right)$$

$$= \frac{d}{ds}\left(\int_{0^-}^{\infty} (-t)x(t)e^{-st}dt\right) = \mathcal{L}\{-tx(t)\} \tag{5.46}$$

이다. 이로부터

$$-tx(t) \quad \overset{\mathcal{L}}{\longleftrightarrow} \quad \frac{dX(s)}{ds} \tag{5.47}$$

5.3.8 초기값 정리와 최종값 정리

먼저 초기값 정리를 고려하자. 미분특성 식 (5.41)로부터

$$\int_{0^-}^{\infty} \frac{dx(t)}{dt}e^{-st}dt = sX(s) - x(0^-) \tag{5.48}$$

이다. 이 식 좌편의 적분 구간을 $(0^-,\ 0^+)$와 $(0^+,\ \infty)$로 나누고 $s \to \infty$의 극한을 취하면

$$\lim_{s\to\infty}\left(\int_{0^-}^{\infty}\frac{dx(t)}{dt}e^{-st}dt\right)=\lim_{s\to\infty}\left(\int_{0^-}^{0^+}\frac{dx(t)}{dt}e^{-st}dt\right)+\lim_{s\to\infty}\left(\int_{0^+}^{\infty}\frac{dx(t)}{dt}e^{-st}dt\right)$$
$$=\lim_{s\to\infty}[sX(s)-x(0^-)] \tag{5.49}$$

이다. 첫째항은 $(0^-,\ 0^+)$ 구간에서 $e^{-st}=1$이므로

$$\lim_{s\to\infty}\left(\int_{0^-}^{0^+}\frac{dx(t)}{dt}\cdot 1dt\right)=x(0^+)-x(0^-)$$

으로 계산되고, 둘째 항은 $\lim_{s\to\infty}e^{-st}=0$이므로 0으로 계산된다. 이로부터 초기값 정리는 다음과 같이 표현된다.

$$x(0^+)=\lim_{s\to\infty}sX(s) \tag{5.50}$$

최종값 정리도 동일한 방식으로 구할 수 있다.

$$\lim_{s\to 0}\left(\int_{0^-}^{\infty}\frac{dx(t)}{dt}e^{-st}dt\right)=\int_{0^-}^{\infty}\frac{dx(t)}{dt}\cdot 1dt$$
$$=x(\infty)-x(0^-)$$
$$=\lim_{s\to 0}[sX(s)-x(0^-)] \tag{5.51}$$

따라서 최종값 정리는 다음과 같이 표현된다.

$$x(\infty)=\lim_{s\to 0}sX(s) \tag{5.52}$$

5.4 역 라플라스 변환

라플라스 변환의 역은 다음과 같이 주어진다.

$$x(t)=\frac{1}{2\pi j}\int_{\sigma-j\infty}^{\sigma+j\infty}X(s)e^{st}ds \tag{5.53}$$

이 적분은 s-평면의 ROC 영역에서 σ를 고정하고, $\omega=\infty$부터 $-\infty$까지 수직 경로를 따라 계산하는 경로적분contour integration이다. 이 교재에서는 경로적분은 다루지 않는다. 대안으로 라플라스 변환이 고유하게 일대일 대응한다는 사실에 기초하여 이미 알려진 라플라스 변환쌍을 이용한다. 다행히도 우리가 다루는 거의 대부분의 신호들은 경로적분없이 이미 알려진 변환쌍을 이용하여 충분히 해결된다.

라플라스 변환이 다음과 같이 유리함수로 표현된다고 가정하자.

$$X(s) = \frac{N(s)}{D(s)} = Q(s) + \frac{R(s)}{D(s)} \tag{5.54}$$

여기서 분모 $D(s)$의 차수는 분자 $R(s)$의 차수보다 항상 크다고 가정된다. 경로적분 없이 라플라스 역변환을 계산하기 위해서는 함수 $X(s)$를 이미 알고 있는 꼴의 합으로 분해하고 각 항을 역변환한다. 부분분수전개는 $X(s)$의 극점 유형에 따라 달라질 수 있으므로 유형별로 나누어 고려한다.

5.4.1 근이 서로 다른 경우

라플라스 변환 $X(s)$의 분모 차수가 분자 차수보다 작다고 가정하자($Q(s) = 0$). 분모 $D(s)$가 서로 다른 근을 갖는다고 가정하면 라플라스 변환은 다음과 같이 부분분수전개된다.

$$\begin{aligned} X(s) &= \frac{N(s)}{D(s)} = \frac{N(s)}{(s-p_1)(s-p_2)\dots(s-p_N)} \\ &= \frac{A_1}{s-p_1} + \frac{A_2}{s-p_2} + \cdots + \frac{A_N}{s-p_N} \end{aligned} \tag{5.55}$$

여기서 p_i는 $X(s)$의 극점으로 복소수이거나 실수이다. 각 항의 미정 계수 A_i는 다음과 같이 계산된다(부록 D 참고).

$$A_i = X(s)(s-p_i)\Big|_{s=p_i} \tag{5.56}$$

각 항은 다음과 같이 역 라플라스 변환된다.

$$\frac{A_i}{s-p_i} \quad \overset{\mathcal{L}}{\longleftrightarrow} \quad A_i e^{p_i t} u(t) \tag{5.57}$$

예제 5.8

다음을 라플라스 역변환하여 $x(t)$를 구하라.

$$X(s) = \frac{s-1}{(s+1)(s+2)} \tag{5.58}$$

풀이 라플라스 변환 $X(s)$의 부분분수전개는

$$X(s) = \frac{A_1}{s+2} + \frac{A_2}{s+1} \tag{5.59}$$

와 같으며 미정 계수는

$$A_1 = X(s)(s+2)\Big|_{s=-2} = \frac{s-1}{s+1}\Big|_{s=-2} = 3 \tag{5.60a}$$

$$A_2 = X(s)(s+1)\Big|_{s=-1} = \frac{s-1}{s+2}\Big|_{s=-1} = -2 \tag{5.60b}$$

이다. 각 항은 다음과 같이 역변환된다.

$$3e^{-2t}u(t) \quad \overset{\mathcal{L}}{\longleftrightarrow} \quad \frac{3}{s+2} \tag{5.61a}$$

$$-2e^{-t}u(t) \quad \overset{\mathcal{L}}{\longleftrightarrow} \quad \frac{-2}{s+1} \tag{5.61b}$$

이로부터 역변환된 신호 $x(t)$는

$$x(t) = [3e^{-2t} - 2e^{-t}]u(t) \tag{5.62}$$

예제 5.9

다음 함수의 라플라스 역변환을 구하라.

$$X(s) = \frac{s-1}{(s+1)(s^2+4s+5)} \tag{5.63}$$

풀이 라플라스 변환 $X(s)$의 부분분수전개는

$$X(s) = \frac{A_1}{s+1} + \frac{A_2}{s+2-j} + \frac{A_3}{s+2+j} \tag{5.64}$$

여기서 미정 계수를 구하면

$$A_1 = X(s)(s+1)\Big|_{s=-1} = \frac{s-1}{s^2+4s+5}\Big|_{s=-1} = -1 \tag{5.65a}$$

$$A_2 = X(s)(s+2-j)\Big|_{s=-2+j} = \frac{s-1}{(s+1)(s+2+j)}\Big|_{s=-2+j} = 0.5-j \tag{5.65b}$$

$$A_3 = X(s)(s+2+j)\Big|_{s=-2-j} = \frac{s-1}{(s+1)(s+2-j)}\Big|_{s=-2-j} = 0.5+j \tag{5.65c}$$

분모 분자 다항식의 계수가 모두 실수인 경우 복소근의 미정 계수는 서로 켤레이다. 여기서는 $A_3 = A_2^*$이므로 A_3는 계산하지 않고 A_2로부터 얻을 수 있다.

그런데 분모의 차수가 이차 이상이면 부분분수전개의 미정 계수를 계산하는 과정이 복잡해진다. 특히 복소근이면 손으로 계산하는 과정에서 오류를 범하기도 쉽다. 계산 과정을 단순화하기 위해 부분분수전개를 단계별로 수행하는 방편을 택할 수 있다. 일단 $s+1$항의 분자 $A_1 = -1$이 계산되면 나머지 유리함수 $X_1(s)$를 다음과 같이 정리하고

$$X(s) = \frac{-1}{s+1} + \underbrace{\frac{s+4}{s^2+4s+5}}_{X_1(s)} \tag{5.66}$$

남은 부분 $X_1(s)$에 대한 부분분수전개를 수행한다.

$$X_1(s) = \frac{s+4}{s^2+4s+5} = \frac{A_2}{s+2-j} + \frac{A_3}{s+2+j} \tag{5.67}$$

여기서 A_2를 계산하면

$$A_2 = X_1(s)(s+2-j)\Big|_{s=-2+j} = \frac{s+4}{s+2+j}\Big|_{s=-2+j} = 0.5 - j = A_3^* \tag{5.68}$$

을 얻는다. 각 항을 역변환하면

$$-e^{-t}u(t) \quad \overset{\mathcal{L}}{\longleftrightarrow} \quad \frac{-1}{s+1} \tag{5.69a}$$

$$(0.5-j)e^{-(2-j)t}u(t) \quad \overset{\mathcal{L}}{\longleftrightarrow} \quad \frac{0.5-j}{s+2-j} \tag{5.69b}$$

$$(0.5+j)e^{-(2+j)t}u(t) \quad \overset{\mathcal{L}}{\longleftrightarrow} \quad \frac{0.5+j}{s+2+j} \tag{5.69c}$$

이므로 역변환된 신호는

$$\begin{aligned} x(t) &= (-0.5+j)e^{-(2-j)t}u(t) + (0.5-j)e^{-(2+j)t}u(t) - e^{-t}u(t) \\ &= [\cos(t) + 2\sin(t)]e^{-2t}u(t) - e^{-t}u(t) \end{aligned} \tag{5.70}$$

5.4.2 중복근이 있는 경우

함수 $X(s)$에 r번 중복되는 근이 있으면 부분분수 전개에는

$$\frac{A_{i1}}{s-p_i}, \quad \frac{A_{i2}}{(s-p_i)^2}, \quad \ldots, \quad \frac{A_{ir}}{(s-p_i)^r} \tag{5.71}$$

의 항들이 나타난다. 여기서 계수 A_{ij}는 다음과 같이 계산된다(식 (D.10)).

$$A_{ij} = \frac{1}{(r-j)!}\frac{d^{r-j}}{ds^{r-j}}X(s)(s-p_i)^r\Big|_{s=p_i} \tag{5.72}$$

라플라스 변환의 미분특성에 의하여 각 항의 변환쌍은 다음과 같다.

$$\frac{A_{ij}t^{j-1}}{(j-1)!}e^{p_i t} \quad \overset{\mathcal{L}}{\longleftrightarrow} \quad \frac{A_{ij}}{(s-p_i)^j} \tag{5.73}$$

예제 5.10

다음 함수를 라플라스 역변환하여 $x(t)$를 구하라.

$$X(s) = \frac{2s+1}{(s+1)(s+2)^2} \tag{5.74}$$

풀이 먼저 단순근의 항 $s+1$에 대한 부분분수 전개를 계산하자.

$$X(s) = \frac{A_1}{s+1} + X_1(s) \tag{5.75}$$

미정 계수 A_1은

$$A_1 = X(s)(s+1)\Big|_{s=-1} = \frac{2s+1}{(s+2)^2}\Big|_{s=-1} = -1$$

이다. 이로부터

$$X(s) = \frac{2s+1}{(s+1)(s+2)^2} = \frac{-1}{s+1} + \underbrace{\frac{s+5}{(s+2)^2}}_{X_1(s)} \tag{5.76}$$

남은 $X_1(s)$를 부분분수 전개하면

$$X_1(s) = \frac{s+5}{(s+2)^2} = \frac{A_{21}}{s+2} + \frac{A_{22}}{(s+2)^2}$$

여기서

$$A_{22} = X_1(s)(s+2)^2\Big|_{s=-2} = (s+5)\Big|_{s=-2} = 3$$

$$A_{21} = \frac{d}{ds}\left(X_1(s)(s+2)^2\right)\Big|_{s=-2} = \frac{d}{ds}(s+5)\Big|_{s=-2} = 1$$

따라서 각 항의 변환쌍은 다음과 같다.

$$-e^{-t}u(t) \overset{\mathcal{L}}{\longleftrightarrow} \frac{-1}{s+1} \tag{5.77a}$$

$$e^{-2t}u(t) \overset{\mathcal{L}}{\longleftrightarrow} \frac{1}{s+2} \tag{5.77b}$$

$$3te^{-2t}u(t) \overset{\mathcal{L}}{\longleftrightarrow} \frac{3}{(s+2)^2} \tag{5.77c}$$

이로부터 역변환된 신호는

$$x(t) = (1+3t)e^{-2t} - e^{-t}, \qquad t > 0 \tag{5.78}$$

5.5 라플라스 변환과 LTI 시스템

5.5.1 시스템 함수와 전달함수

그림 5.4와 같이 신호

$$x(t) = e^{st}, \quad -\infty < t < \infty \tag{5.79}$$

가 LTI 시스템에 입력되었다고 가정하자. 신호 $x(t) = e^{st}$가 $-\infty < t < \infty$에서 정의되므로 양방향 라플라스 변환이 적용된다. 출력 $y(t)$는 다음과 같이 표현된다.

$$\begin{aligned} y(t) &= \int_{-\infty}^{\infty} h(\tau)e^{s(t-\tau)}d\tau = \int_{-\infty}^{\infty} h(\tau)e^{-s\tau}e^{s_0 t}d\tau \\ &= \underbrace{\int_{-\infty}^{\infty} h(\tau)e^{-s\tau}d\tau}_{H(s)}\, e^{st} = H(s)e^{st} \end{aligned} \tag{5.80}$$

LTI 시스템의 입력과 출력이 동일하게 e^{st}의 꼴로 표현된다. 이러한 특성을 갖는 함수 e^{st}는 LTI 시스템의 고유함수이며 $H(s)$는 고유함수에 따른 고유값이다. 고유함수 $H(s)$를 특별히 **시스템 함수**system function라 한다. 라플라스 변환의 시스템 함수는 푸리에변환에서 유도한 주파수 응답을 ω-영역에서 s-영역으로 확장한다. 역으로 시스템의 주파수 응답은 시스템 함수를 s-영역의 허수축 $s = j\omega$에서 계산한 값이다. 즉

$$H(\omega) = H(s)\Big|_{s=j\omega} \tag{5.81}$$

5.5.3절에서 소개되지만 안정한 시스템의 수렴영역은 항상 $j\omega$-축을 포함하므로 안정한 시스템에서는 항상 주파수 응답을 계산할 수 있다.

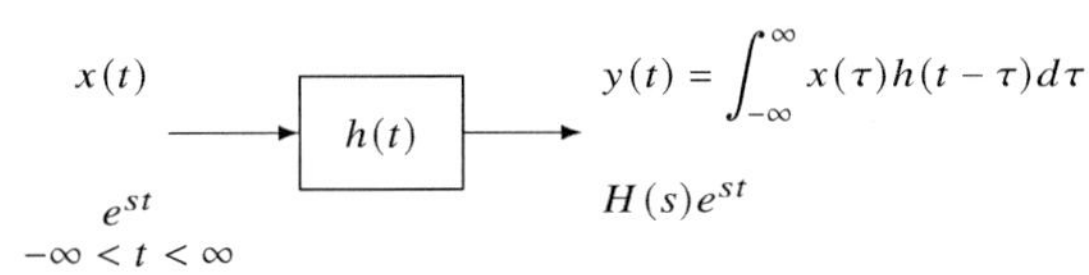

그림 5.4 LTI 시스템의 고유함수와 시스템 함수.

시스템 함수가 양방향 라플라스 변환을 통해 정의되었지만, 인과 시스템에서는 $t < 0$일 때 $h(t) = 0$이므로 양방향 라플라스 변환은 결국 단방향 라플라스 변환과 동일하다.

$$\int_{-\infty}^{\infty} h(t)e^{-st}dt = \int_{0^-}^{\infty} h(t)e^{-st}dt$$

예제 5.11

시스템 함수가

$$H(s) = \frac{s+4}{s^2+2s+3}$$

인 시스템에 신호 $x(t) = e^{(-0.5+j3)t}$가 입력될 때 출력을 구하라.

풀이 입력은 $x(t) = e^{s_0 t} = e^{(-0.5+j3)t}$이므로 $s_0 = -0.5 + j3$이다. s_0에서 시스템 함수는

$$H(-0.5+j3) = \frac{(-0.5+j3)+4}{(-0.5+j3)^2+2(-0.5+j3)+3} = \frac{3.5+j3}{-6.75+j3} \approx 0.624e^{-j2.015}$$

이다. 따라서 출력은

$$y(t) = H(s_0)e^{s_0 t} = 0.624e^{-j2.015}e^{(-0.5+j3)t}$$
$$= 0.624e^{-0.5t}e^{j(3t-2.015)}$$

이다. 직교좌표계로 표현하면

$$y(t) = 0.624e^{-0.5t}\cos(3t - 2.015) + j0.624e^{-0.5t}\sin(3t - 2.015)$$

예제 5.12

예제 5.11에서 신호 $x(t) = 2e^{-0.5t}\cos(3t)$가 입력될 때 출력을 구하라.

풀이 오일러 관계식을 적용하면 입력은

$$x(t) = 2e^{-0.5t}\cos(3t) = e^{-0.5t}e^{j3t} + e^{-0.5t}e^{-j3t}$$
$$= e^{-(0.5-j3)t} + e^{-(0.5+j3)t}$$

이다. 예제 5.11에서 $s_0 = -0.5 + j3$일때 시스템 함수는

$$H(-0.5 + j3) \approx 0.624e^{-j2.015}$$

으로 구한 바 있다. 또한 시스템의 임펄스 응답이 실수함수이므로 $H(s_0^*) = H^*(s_0)$이다. 따라서

$$H(-0.5 - j3) \approx 0.624e^{j2.015}$$

이로부터 출력은 다음과 같이 구해진다.

$$y(t) = H(s_0)e^{s_0 t} + H(s_0^*)e^{s_0^* t}$$
$$= 0.624e^{-j2.015}e^{(-0.5+j3)t} + 0.624e^{j2.015}e^{(-0.5-j3)t}$$
$$= 0.624e^{-0.5t}[e^{j(3t-2.015)} + e^{-j(3t-2.015)}]$$
$$= 1.248e^{-0.5t}\cos(3t - 2.015)$$

5.5.2 미분방정식과 시스템 함수

시스템의 입출력 관계는 콘볼루션 특성에 의하여 s-영역에서

$$Y(s) = H(s)X(s) \tag{5.82}$$

와 같이 표현된다. 여기서 $X(s)$, $H(s)$, $Y(s)$는 각각 $x(t)$, $h(t)$, $y(t)$의 라플라스 변환이다. 식 (5.82)로부터

$$H(s) = \frac{Y(s)}{X(s)} \tag{5.83}$$

는 입력과 출력의 비이므로 **전달함수**transfer function 라 한다. 전달함수와 시스템 함수는 약간 의미가 다르지만 동일한 함수이므로 많은 교재에서 혼용하여 사용된다. 전달함수는 주어진 입력 $X(s)$와 그에 대한 출력 $Y(s)$의 비이므로 시스템 내부 상태와 무관하다. 즉, 전달함수는 초기조건 0을 전제로 한다. 시스템의 초기조건이 0이 아니면 2.7.3절에서 확인한 바와 같이 시스템의 선형성과 시불변성이 훼손된다. 콘볼루션은 선형시불변 시스템에만 적용되므로 초기조건은 당연히 0이어야 한다.

앞서 2.7절에서 언급한 바와 같이 LTI 시스템은 상수계수를 갖는 선형 미분방정식

$$\sum_{k=0}^{N} a_k \frac{d^k y(t)}{dt^k} = \sum_{k=0}^{M} b_k \frac{d^k x(t)}{dt^k} \tag{5.84}$$

으로 표현 가능하다. 미분방정식을 라플라스 변환을 통해 s-영역에서 표현해 보자. 식 (5.84)의 양변을 라플라스 변환하면, 라플라스 변환의 선형성과 미분 특성을 적용하여,

$$\left(\sum_{k=0}^{N} a_k s^k\right) Y(s) = \left(\sum_{k=0}^{M} b_k s^k\right) X(s) \tag{5.85}$$

을 얻는다. 이로부터 전달함수는 s의 유리함수 꼴로 표현된다.

$$H(s) = \frac{Y(s)}{X(s)} = \frac{\sum_{k=0}^{M} b_k s^k}{\sum_{k=0}^{N} a_k s^k} \tag{5.86}$$

예제 5.13

미분방정식

$$\frac{d^2 y(t)}{dt^2} + 5\frac{dy(t)}{dt} + 6y(t) = 2\frac{dx(t)}{dt} + x(t) \tag{5.87}$$

으로 표현되는 LTI 시스템의 시스템 함수 $H(s)$를 구하라.

풀이 초기조건을 모두 0으로 가정하고 미분방정식의 양변을 라플라스 변환하면

$$s^2 Y(s) + 5sY(s) + 6Y(s) = 2sX(s) + X(s)$$

이다. 이를 정리하면

$$H(s) = \frac{Y(s)}{X(s)} = \frac{2s+1}{s^2+5s+6}$$

예제 5.14

예제 5.13에서 인과 시스템의 임펄스 응답 $h(t)$를 구하라.

풀이 시스템 함수 (5.87)을 부분분수전개하면

$$H(s) = \frac{2s+1}{s^2+5s+6} = \frac{5}{s+3} + \frac{-3}{s+2}$$

이다. 역 라플라스 변환하여 임펄스 응답을 구하면

$$h(t) = [5e^{-3t} - 3e^{-2t}]u(t)$$

예제 5.15

다음 전달함수로 표현되는 LTI 시스템의 미분방정식을 구하라.

$$H(s) = \frac{2s+1}{s^2+6s+8}$$

풀이 시스템 함수 $H(s)$는 입력-출력의 비이므로

$$H(s) = \frac{Y(s)}{X(s)} = \frac{2s+1}{s^2+6s+8}$$

이고, 이를 정리하면

$$(s^2+6s+8)Y(s) = (2s+1)X(s)$$

을 얻는다. 이를 역변환하면 입력과 출력의 미분방정식은 다음과 같이 구해진다.

$$\frac{d^2y(t)}{dt^2} + 6\frac{dy(t)}{dt} + 8y(t) = 2\frac{dx(t)}{dt} + x(t)$$

연습 5.2 전달함수가 $H(s) = \dfrac{a}{s+a}$인 시스템에 계단 신호 $x(t) = u(t)$가 입력되었을 때 출력 $y(t)$를 구하라.

답: $y(t) = [1 - e^{-at}]u(t)$

5.5.3 라플라스 변환과 시스템의 안정성

시스템 함수 $H(s)$는 일반적으로 다음과 같이 유리함수의 꼴로 표현된다.

$$H(s) = K\frac{N(s)}{D(s)} = K\frac{(s-z_1)(s-z_2)\cdots(s-z_M)}{(s-p_1)(s-p_2)\cdots(s-p_N)} \tag{5.88}$$

시스템 함수의 분모와 분자 차수가 $M < N$, $M = N$, $M > N$인 경우에 따라 각각 안정성을 고려하자. 모든 극점은 단순근이라고 가정한다.

$M < N$인 경우

시스템 함수 $H(s)$는 다음과 같이 부분분수로 표현된다.

$$H(s) = \sum_{k=1}^{N}\frac{A_k}{s-p_k} \quad \overset{\mathcal{L}}{\longleftrightarrow} \quad h(t) = \sum_{k=1}^{N} A_k e^{p_k t}u(t) \tag{5.89}$$

인과 LTI 시스템의 BIBO 안정성 조건

$$\int_0^\infty |h(t)|dt < \infty \tag{5.90}$$

에 식 (5.89)의 우변 $h(t)$를 대입하면

$$\int_0^N \left|\sum_{k=1}^{N} A_k e^{p_k t}u(t)\right|dt < \sum_{k=1}^{\infty}\int_0^\infty \left|A_k e^{p_k t}\right|dt < \infty \tag{5.91}$$

이 된다. 따라서 시스템이 BIBO 안정하려면

$$\text{Re}\{p_k\} < 0 \quad \text{모든 } k\text{에 대하여} \tag{5.92}$$

이 필요하다. 즉, 인과 시스템의 BIBO 안정성은 시스템 함수의 모든 극점이 $j\omega$-축을 포함하지 않는 s-평면의 열려진 왼편open left-hand half-plane(OLHP)에 위치할 때 보장된다.

예제 5.16

예제 5.13에서 고려한 시스템의 BIBO 안정성을 조사하라.

풀이 시스템 함수 식 (5.87)은

$$H(s) = \frac{2s+1}{s^2+5s+6} = \frac{5}{s+3} + \frac{-3}{s+2}$$

과 같이 표현된다. 시스템의 극점 −3, −2는 모두 OLHP에 위치하므로 시스템은 안정하다. 안정성을 임펄스 응답을 통해 확인해 보자. 시스템 함수를 역 라플라스 변환하면 임펄스 응답은

$$h(t) = [5e^{-3t} - 3e^{-2t}]u(t)$$

이다. BIBO 안정조건을 적용하면

$$\int_0^\infty |h(t)|dt = \int_0^\infty (5e^{-3t} - 3e^{-2t})u(t)dt$$
$$< \int_0^\infty 5e^{-3t}dt + \int_0^\infty 3e^{-2t}dt = \frac{5}{3} + \frac{3}{2} < \infty$$

이므로 안정하다.

$M = N$인 경우

시스템 함수 $H(s)$는

$$H(s) = q_0 + \sum_{k=1}^{N} \frac{A_k}{s - p_k} \tag{5.93}$$

와 같이 상수항 q_0를 포함한다. 식 (5.93)을 역 라플라스 변환하면

$$h(t) = q_0\delta(t) + \sum_{k=1}^{N} \frac{A_k}{s - p_k} \tag{5.94}$$

을 얻는다. 이로부터 BIBO 안정조건은

$$\int_0^\infty \left|q_0\delta(t) + \sum_{k=1}^{N} A_k e^{p_k t}u(t)\right|dt < \int_0^\infty |q_0|\delta(t)dt + \sum_{k=1}^{N}\int_0^\infty \left|A_k e^{p_k t}\right|dt$$
$$= |q_0| + \sum_{k=1}^{N}\int_0^\infty \left|A_k e^{p_k t}\right|dt < \infty \tag{5.95}$$

으로 정리된다. 따라서 $M < N$의 경우와 마찬가지로 시스템 함수의 극점이 OLHP에 위치하면 시스템은 BIBO 안정하다.

$M > N$인 경우

시스템 함수는

$$H(s) = Q(s) + \sum_{k=1}^{N} \frac{A_k}{s - p_k}, \quad Q(s) \neq 0 \tag{5.96}$$

의 꼴로 표현된다. 시스템 함수 (5.96)을 역 라플라스 변환하면

$$h(t) = \sum_{k=0}^{M-N} q_k \frac{d^k\delta(t)}{dt^k} + \sum_{k=1}^{N} \frac{A_k}{s - p_k} \tag{5.97}$$

을 얻는다. 여기서 식 (5.97)의 우변 둘째 항은, 앞에서 확인한 바와 같이, $\mathrm{Re}\{p_k\} < 0$일 때 안정하다. 새로 고려해야 하는 첫째 항은 절대적분 가능하지 않다. 예를 들어, $Q(s) = q_0 + q_1 s$

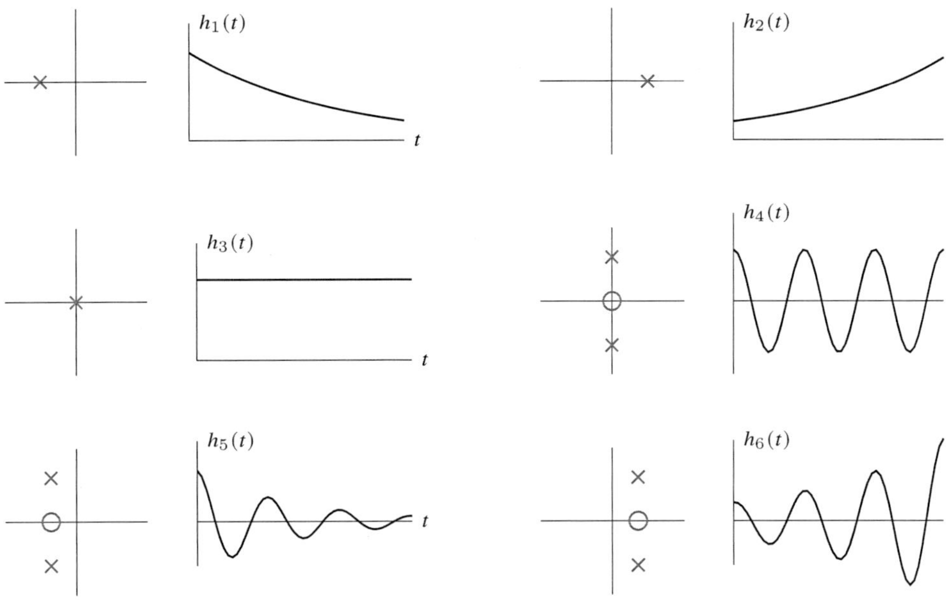

그림 5.5 시스템 함수의 극점 위치와 임펄스 응답.

이라면

$$\int_0^{\infty} \left| q_0 \delta(t) + q_1 \frac{d\delta(t)}{dt} \right| dt < |q_0| + |q_1| \delta(t) \tag{5.98}$$

이며 임펄스를 포함하므로 절대적분 가능하지 않다. 따라서 BIBO 불안정하다.

이상을 정리하면 시스템의 BIBO 안정 조건은 다음으로 정리된다.

- 시스템 함수 $H(s)$의 모든 극점이 OLHP에 위치해 있어야 하며
- 분자의 차수가 분모의 차수보다 크지 않아야 한다.
- 시스템의 안정성은 극점의 유형(단순 실근, 켤레복소근, 중복근)과는 무관하다.

그림 5.5는 시스템 함수의 극점 위치에 따른 임펄스 응답이다. 극점이 $j\omega$-축 왼편 OLHP에 위치하면 시스템은 안정하다. 극점은 수렴 영역에서 제외되어야 하므로, 단방향 라플라스 변환의 수렴 영역은 제일 우측에 위치한 극점의 우측에 해당한다. 안정한 LTI 시스템은 푸리에변환이 가능하며, 푸리에변환은 $j\omega$-축에서 계산한 라플라스 변환이므로

$$H(\omega) = H(s)\Big|_{s \to j\omega}$$

안정한 시스템에서 라플라스 변환의 수렴 영역은 항상 $j\omega$-축을 포함한다.

예제 5.17

다음 시스템의 안정성을 점검하라.

$$H_1(s) = \frac{2s^2 + s + 1}{s^2 + 4}, \qquad H_2(s) = \frac{s^3 + 2s + 1}{s^2 + 3s + 2}$$

풀이 $H_1(s)$의 극점은

$$s^2 + 4 = 0 \quad \Longrightarrow \quad p_{1,2} = \pm j2 \tag{5.99}$$

이다. 극점이 $j\omega$-축에 위치하므로 안정하지 않다. 반면에 $H_2(s)$는 분자의 차수가 분모의 차수보다 크므로 극점의 위치에 무관하게 안정하지 않다.

개념점검 5.3 신호 $x(t) = [1 - e^{-at}]u(t)$의 라플라스 변환 $X(s) = \mathcal{L}\{x(t)\}$의 극점 중 하나가 신호의 시정수 $1/a$와 서로 역관계에 있음을 보여라. 이 역관계로부터 극점의 위치와 신호 $x(t)$의 반응 속도를 설명하라.

연습 5.3 어떤 LTI 시스템이 입력 $x(t) = \delta(t) - 3e^{-2t}u(t)$에 대하여 출력 $y(t) = e^{-t}u(t)$를 발생한다. 이 시스템은 BIBO 안정한가? 임펄스 응답을 구하라.
답: 불안정. $h(t) = \frac{3}{2}e^{t}u(t) - \frac{1}{2}e^{-t}u(t)$

IPYWIDGET 데모 5.1

위젯 파일: `ct_polezero_demo.ipynb`

이 데모에서는 이차 시스템의 극점-영점의 위치에 따른 계단 응답과 주파수 응답을 관찰할 수 있다. 극점은 켤레 복소수이거나 실수값을 가질 수 있으며 영점을 추가할 수도 있다. 극점은 계단 응답의 반응속도와 댐핑과 주파수 응답을 결정한다. 복소 극점의 반경을 고정하고 각도를 움직이거나 반대로 각도를 고정하고 반경을 움직이면서 계단 응답과 주파수 응답의 변화를 관찰해 보라. 또한 영점이 추가되면 계단 응답의 반응속도가 어떻게 달라지는지 관찰하고, 영점과 실수 극점의 상대적인 위치가 시스템에 어떤 영향을 미치는지도 관찰해 보라.

5.5.4 라플라스 변환을 이용한 미분방정식의 해 계산

단방향 라플라스 변환의 중요한 용도의 하나는 상수계수를 갖는 선형 미분방정식의 해석이다. 여기서 초기조건은 0이 아닌 경우도 허용된다. 선형 미분방정식은 전기회로를 표현하는 중요한 수학적 표현이므로 단방향 라플라스 변환은 전기회로 해석에 매우 중요하다. 이 절에서는 단방향 라플라스 변환을 이용하여 0이 아닌 초기조건을 갖는 미분방정식의 해를 구하는 방법을 예를 통해 알아본다.

예제 5.18

라플라스 변환을 이용하여 일차 미분방정식

$$\frac{dy(t)}{dt} + 5y(t) = 5x(t), \quad y(0^-) = -1 \tag{5.100}$$

의 해 $y(t)$를 구하라. 입력은 $x(t) = u(t) - u(t-1)$을 가정한다.

풀이 라플라스 변환의 미분 특성을 이용하여 미분방정식을 s-영역에서 표현하면 다음과 같다.

$$sY(s) - y(0^-) + 5Y(s) = 5X(s) \tag{5.101}$$

이로부터

$$Y(s) = \underbrace{\frac{y(0^-)}{s+5}}_{ZIR} + \underbrace{\frac{5X(s)}{s+5}}_{ZSR} \tag{5.102}$$

를 얻는다. 여기서 출력의 라플라스 변환은 영입력 응답(ZIR)과 영상태 응답(ZSR)으로 구성된다. 입력 신호의 라플라스 변환

$$X(s) = \frac{1-e^{-s}}{s}$$

와 초기 조건을 식 (5.102)에 대입하고 부분분수전개하면 다음과 같다.

$$\begin{aligned} Y(s) &= \frac{-1}{s+5} + \left(\frac{5}{s+5}\right)\left(\frac{1-e^{-s}}{s}\right) \\ &= \underbrace{\frac{-1}{s+5}}_{ZIR} + \underbrace{\left(\frac{1}{s} - \frac{1}{s+5}\right)(1-e^{-s})}_{ZSR} \end{aligned} \tag{5.103}$$

이를 역 라플라스 변환하면

$$y(t) = \underbrace{-e^{-5t}u(t)}_{ZIR} + \underbrace{(1-e^{-5t})[u(t) - u(t-1)]}_{ZSR} \tag{5.104}$$

미분방정식의 해는 시간이 지남에 따라 소멸하는 과도 응답 $y_{tr}(t)$와 항상 일정한 수준으로 유지되는 정상상태 응답 $y_{ss}(t)$로 다음과 같이 구분될 수 있다.

$$y(t) = \underbrace{e^{-5t}[2u(t) - u(t-1)]}_{y_{tr}(t)} + \underbrace{[u(t) - u(t-1)]}_{y_{ss}(t)} \tag{5.105}$$

예제 5.19

다음 미분방정식으로 표현되는 시스템을 고려하자.

$$\frac{d^2y(t)}{dt^2}+\frac{3}{2}\frac{dy(t)}{dt}+\frac{1}{2}y(t)=\frac{dx(t)}{dt}+2x(t) \tag{5.106}$$

라플라스 변환을 이용하여 입력 신호 $x(t)=\cos(3t)u(t)$에 대한 출력 $y(t)$를 구하라. 초기 조건은

$$y(0^-)=-\frac{1}{2},\quad \frac{dy(0^-)}{dt}=-1$$

을 가정한다.

풀이 단방향 라플라스 변환의 시간 이동 특성을 적용하여 미분방정식을 라플라스 변환하면

$$\begin{aligned}s^2Y(s)-sy(0^-)-\frac{dy(0^-)}{dt}+\frac{3}{2}sY(s)-\frac{3}{2}y(0^-)+\frac{1}{2}Y(s)\\ =sX(s)-x(0^-)+2X(s)\end{aligned} \tag{5.107}$$

이다. 입력과 초기값을 대입하여 정리하면($x(0^-)=0$ 적용)

$$\begin{aligned}Y(s)&=\underbrace{\frac{sy(0^-)+\frac{dy(0^-)}{dt}+\frac{3}{2}y(0^-)}{s^2+\frac{3}{2}s+\frac{1}{2}}}_{ZIR}+\underbrace{\frac{s+2}{s^2+\frac{3}{2}s+\frac{1}{2}}X(s)}_{ZSR}\\ &=\frac{-\frac{1}{2}s-\frac{7}{4}}{s^2+\frac{3}{2}s+\frac{1}{2}}+\left(\frac{s+2}{s^2+\frac{3}{2}s+\frac{1}{2}}\right)\left(\frac{s}{s^2+9}\right)\end{aligned} \tag{5.108}$$

을 얻는다. 부분분수전개하면

$$Y(s)=\underbrace{\frac{-3}{s+\frac{1}{2}}+\frac{\frac{5}{2}}{s+1}}_{ZIR}+\underbrace{\frac{-0.162}{s+\frac{1}{2}}+\frac{0.2}{s+1}+\frac{0.187e^{-j1.672}}{s-j3}+\frac{0.187e^{j1.672}}{s+j3}}_{ZSR} \tag{5.109}$$

이를 역변환하면 출력은

$$y(t)=\underbrace{-3e^{-\frac{1}{2}t}+\frac{5}{2}e^{-t}}_{ZIR}\ \underbrace{-0.162e^{-\frac{1}{2}t}+0.2e^{-t}+0.374\cos(3t-1.672)}_{ZSR},\quad t>0 \tag{5.110}$$

이다. 미분방정식의 해를 과도 응답 $y_{tr}(t)$와 정상상태 응답 $y_{ss}(t)$로 분해하면 다음과 같다.

$$y(t)=\underbrace{-3.162e^{-\frac{1}{2}t}+2.7e^{-t}}_{y_{tr}(t)}+\underbrace{0.374\cos(3t-1.672)}_{y_{ss}(t)},\quad t>0 \tag{5.111}$$

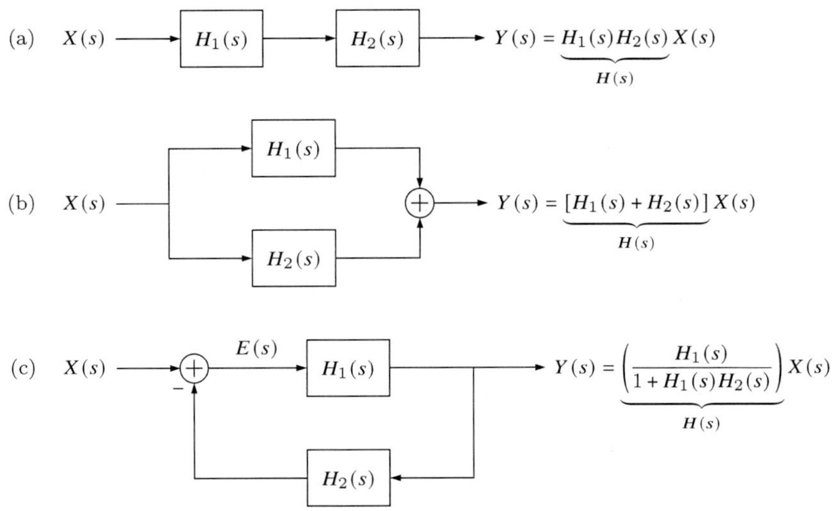

그림 5.6 시스템의 상호 연결 : (a) 직렬 연결 (b) 병렬 연결 (c) 부궤환 연결.

5.6 시스템의 블록 다이어그램 표현

2장에서 확인한 바와 같이 콘볼루션을 연산자로 취급하면 시스템의 상호연결을 다루기 쉽다. 라플라스 변환의 s-영역 함수를 사용하면 콘볼루션 연산자보다 더 편리하게 시스템을 다룰 수 있다.

5.6.1 시스템의 상호 연결

그림 5.6은 시스템을 작은 시스템 블록의 상호 연결로 표현하는 세 가지 방식인 직렬 연결, 병렬 연결, 부궤환 연결을 보여 준다. 특별히 콘볼루션 연산으로는 표현하지 못했던 부궤환 연결이라도 s-영역에서는 간단히 표현된다. 그림 5.6(c)에서 전체 시스템의 전달함수는

$$Y(s) = H_1(s)E(s) \tag{5.112a}$$

$$E(s) = X(s) - H_2(s)Y(s) \tag{5.112b}$$

를 정리하여 다음과 같이 표현된다.

$$\frac{Y(s)}{X(s)} = H(s) = \frac{H_1(s)}{1 + H_1(s)H_2(s)} \tag{5.113}$$

그림 5.6(c)에서 피드백된 출력을 입력으로부터 차감하므로 **부궤환**negative feedback이라 부른다. 부궤환 연결은 주어진 입력 $x(t)$에 따라 시스템 출력 $y(t)$를 적절하게 조절하는 제어 시스템의 중요한 요소이다.

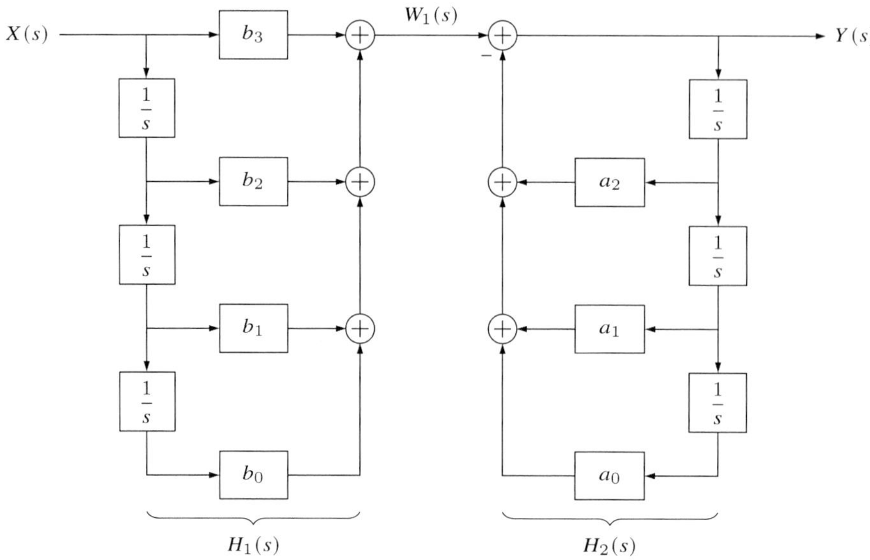

그림 5.7 3차 미분방정식의 블록 다이어그램 표현(직접 형태).

5.6.2 미분방정식의 블록 다이어그램 표현

미분방정식의 블록 다이어그램 표현은 실제 시스템의 구현과 해석에 유용하다. 미분방정식을 표현하는 가장 기본적인 블록은 적분기, 증폭기, 가산기이다. 미분방정식을 블록 다이어그램으로 표현하는 방법은 고유하지 않으며 다양하지만, 주로 기본적인 몇 가지 표준 방식이 사용된다.

다음 미분방정식을 예로 들어보자.

$$\begin{aligned}\frac{d^3y(t)}{dt^3} + a_2\frac{d^2y(t)}{dt^2} + a_1\frac{dy(t)}{dt} + a_0y(t) \\ = b_3\frac{d^3x(t)}{dt^3} + b_2\frac{d^2x(t)}{dt^2} + b_1\frac{dx(t)}{dt} + b_0x(t)\end{aligned} \tag{5.114}$$

초기정지 조건을 가정하고 라플라스 변환하면

$$\frac{Y(s)}{X(s)} = \frac{b_3s^3 + b_2s^2 + b_1s + b_0}{s^3 + a_2s^2 + a_1s + a_0} \tag{5.115}$$

이며, 분모 분자를 s^3 으로 나누면

$$\frac{Y(s)}{X(s)} = \underbrace{\left(b_3 + \frac{b_2}{s} + \frac{b_1}{s^2} + \frac{b_0}{s^3}\right)}_{H_1(s)}\underbrace{\left(\frac{1}{1 + \frac{a_2}{s} + \frac{a_1}{s^2} + \frac{a_0}{s^3}}\right)}_{H_2(s)} = H_1(s)H_2(s) \tag{5.116}$$

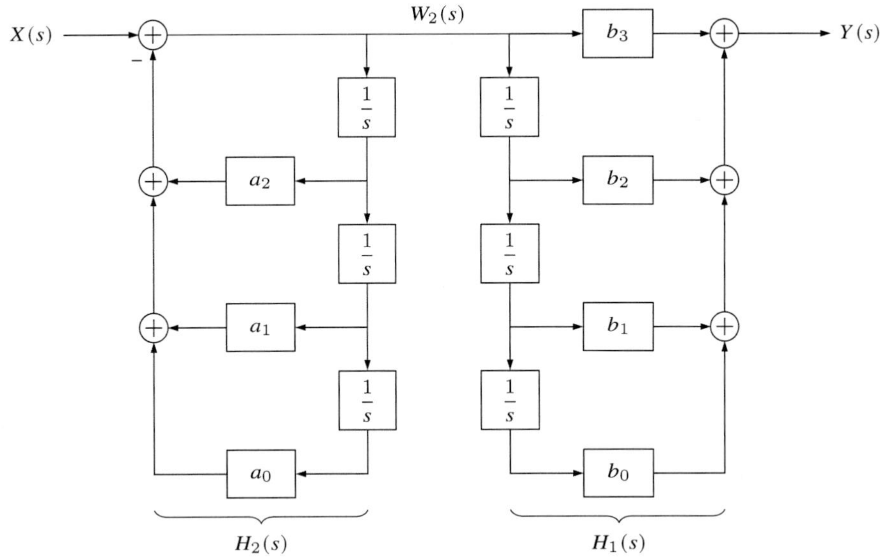

그림 5.8 3차 미분방정식의 블록 다이어그램 표현(도치된 형태).

를 얻는다. 여기서

$$W_1(s) = H_1(s)X(s), \quad Y(s) = H_2(s)W_1(s) \tag{5.117}$$

를 정의하면 출력은 다음과 같이 표현된다.

$$Y(s) = W_1(s) - \left(\frac{a_2}{s} + \frac{a_1}{s^2} + \frac{a_0}{s^3}\right)Y(s) \tag{5.118}$$

식 (5.117)과 (5.118)을 블록 다이어그램으로 표현하면 그림 5.7과 같다. 이 표현 방식을 직접 형태라 한다. 이 방식은 직관적이지만 하드웨어로 구현할 때 복잡도가 높다.

LTI 시스템의 교환법칙을 이용하여 식 (5.116)의 $H_1(s)$와 $H_2(s)$의 순서를 바꾸면

$$\frac{Y(s)}{X(s)} = H_2(s)H_1(s) = \underbrace{\frac{W_2(s)}{X(s)}}_{H_2(s)} \cdot \underbrace{\frac{Y(s)}{W_2(s)}}_{H_1(s)} \tag{5.119}$$

등가적인 다른 방식의 블록 다이어그램 표현(그림 5.8)을 얻을 수 있다. 여기서 $W_2(s)$의 중복되는 적분기들을 공통으로 묶으면 그림 5.9를 얻는다. 그림 5.9는 수식 계산에서는 그림 5.9와 아무런 차이를 보이지 않지만, 실제 하드웨어로 구현할 때 적은 수의 적분기를 사용하는 잇점을 가진다.

지금까지 고려한 직렬연결 방식 이외에 병렬연결도 가능하다. 병렬연결 방식은 전달함수를 일차항으로 부분분수전개하여 일차항의 합으로 표현하고 구현하는 방법이다. 전달함수의 블록 다이어그램 표현은 하드웨어 구현과 밀접한 연관이 있다.

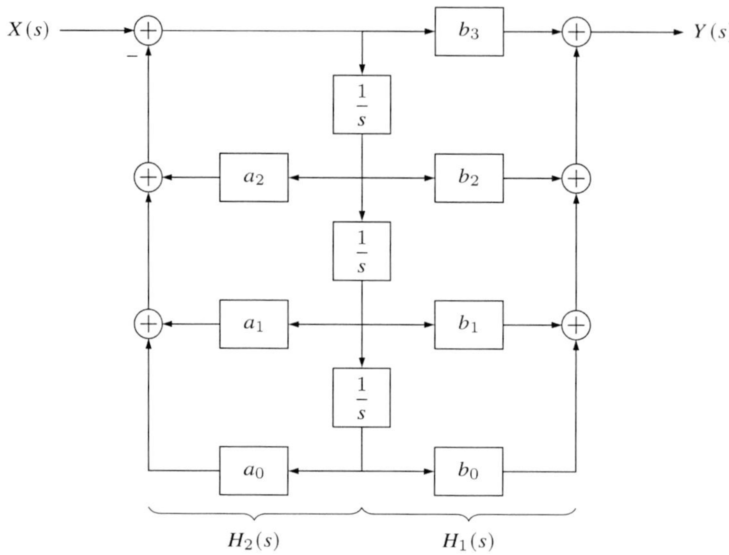

그림 5.9 3차 미분방정식의 블록 다이어그램 표현(적분기를 공유하는 도치된 형태).

5.7 부궤환 시스템

오븐 내부의 온도를 일정하게 유지시켜주는 장치나 자동차가 일정한 속도로 주행하도록 도와주는 장치 등은 자동제어 시스템의 예이다. 자동제어 시스템의 핵심은 그림 5.6(c)의 부궤환 구조이다. 부궤환 구조는 출력을 다시 입력 부분으로 되돌리고, 원하는 (기준 입력) 상태와 현재의 상태를 비교하여, 그 차이가 줄어드는 방향으로 제어된다.

부궤환 구조로 인해 출력이 입력을 추종한다는 사실은 RC 회로에서 간단히 확인할 수 있다. 예를 들어 그림 2.6의 RC 회로의 미분방정식은

$$[(2.20)] \qquad \frac{dy(t)}{dt} + \frac{1}{RC}y(t) = \frac{1}{RC}x(t)$$

이므로, 라플라스 변환하면

$$\frac{Y(s)}{X(s)} = \frac{1}{RCs+1}$$

이다. 전달함수의 분모가 s의 다항식으로 표현된다는 사실은 5.6.2절에서 확인한 바와 같이 RC 회로가 부궤환 구조를 가짐을 의미한다. 실제로 계단 입력 $x(t) = u(t)$에 대한 RC 회로의 응답은

$$y(t) = [1 - e^{-t/RC}]u(t)$$

이므로 시간이 지남에 따라 출력 $y(t)$는 입력 $x(t)$를 추종한다. 물론 RC 회로의 경우 극점은 s-평면의 OLHP에 위치하므로 항상 안정하다.

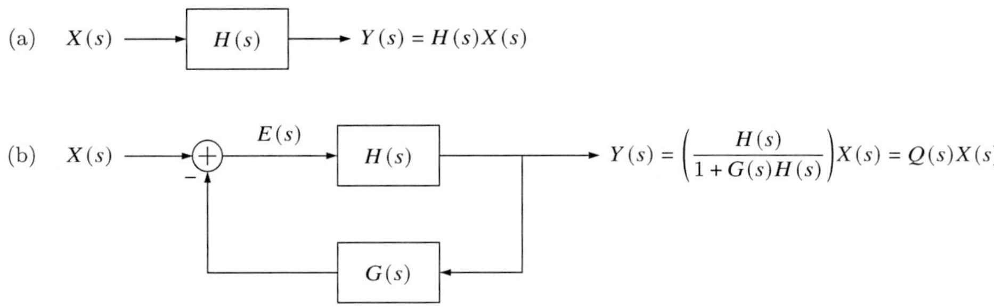

그림 5.10 개방루프 시스템과 폐쇄루프 시스템.

그림 5.10에서 (a)는 부궤환을 가지지 않은 시스템으로 **개방루프**open loop 시스템이라 부른다. 반면 (b)는 궤환 시스템 $G(s)$를 추가하여 폐회로를 형성하므로 **폐루프**closed-loop 시스템이라 부른다. 부궤환 구조를 갖는 시스템의 입력과 출력의 전달함수는

$$Q(s) = \frac{Y(s)}{X(s)} = \frac{H(s)}{1+G(s)H(s)} \tag{5.120}$$

이다. 만약 $H(s)$를 유리함수

$$H(s) = \frac{N(s)}{D(s)}$$

로 표현하면, $Q(s)$는

$$Q(s) = \frac{N(s)}{D(s)+G(s)N(s)} \tag{5.121}$$

로 표현된다. 그러므로 시스템의 극점은 개방루프 시스템의 극점 $N(s) = 0$에서 폐루프 시스템의 극점 $D(s)+G(s)N(s) = 0$으로 변경된다. 이 변형은 시스템의 안정성과 수렴속도 등 시스템 특성 전반에 영향을 미친다.

만약 $H(s)$가 RHP에 극점을 가지고 있는 불안정한 시스템이라면 적절한 $G(s)$를 도입하여 $D(s) + G(s)N(s) = 0$의 근이 OLHP 영역에 위치하도록 만들 수 있다. 뿐만 아니라 $D(s)+G(s)N(s) = 0$의 근이 $j\omega$-축으로부터 더 멀리 떨어뜨려 시스템의 수렴 속도를 개선할 수도 있다.

예제 5.20

그림 5.11에서 전체 시스템의 전달함수를 구하라.

풀이 시스템은 그림에서 보는 바와 같이 세 개 블록의 직렬 연결로 간주될 수 있다. 즉,

$$H(s) = H_1(s)T_1(s)T_2(s)$$

여기서 $T_1(s)$과 $T_2(s)$는 다음과 같이 구해진다.

$$T_1(s) = \frac{1}{1 - H_2(s)}, \qquad T_2(s) = \frac{H_3(s)}{1 - H_3(s)}$$

따라서 전체 시스템의 전달함수는 다음과 같이 구해진다.

$$H(s) = H_1(s) \cdot \frac{1}{1 - H_2(s)} \cdot \frac{H_3(s)}{1 - H_3(s)}$$

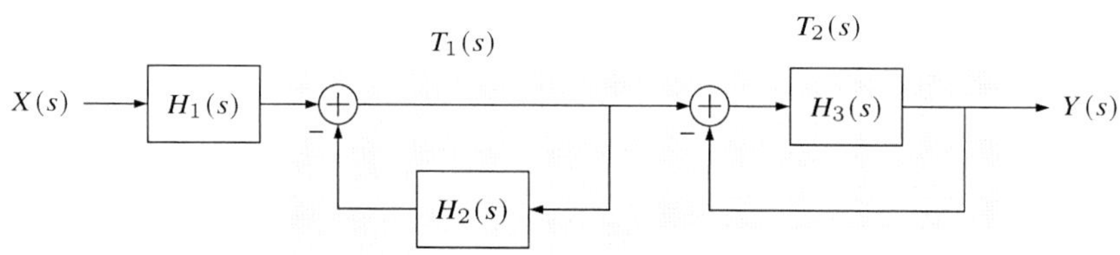

그림 5.11 부궤환 시스템(예제 5.20).

파이썬 예제

파이썬 예제 5.1: sympy를 이용한 라플라스 변환

푸리에변환처럼 라플라스 변환 역시 파이썬 심볼 연산 laplace_transform을 통해 구할 수 있다. 파이썬에서 라플라스 변환은 인과 신호를 가정한 단방향 라플라스 변환으로 정의된다. 먼저 심볼 연산을 위해 기본 모듈과 변수 t와 s가 필요하다.

```
from sympy import *
from sympy.abc import t, s
```

인과 신호

$$x(t) = e^{-at}u(t), \quad a > 0$$

의 라플라스 변환을 구해보자. 신호 $x(t)$와 $X(s)$는 t와 s에 의하여 정의되므로 별도로 symbols를 이용하여 정의하지 않아도 된다. 또한 laplace_transform은 항상 인과 신호를 가정하므로 Heaviside(t)를 명시하지 않아도 된다.

```
# sympy를 이용한 라플라스 변환
a = symbols('a', real=True, positive=True)
x = exp(-a*t)*cos(2*t)
X = laplace_transform(x, t, s)
print(X)
```

```
((a + s)/((a + s)**2 + 4), -a, True)
```

라플라스 변환의 결과는 세 개의 필드로 구성된 리스트로 반환된다. 첫째 필드는 변환된 함수이고, 둘째 필드는 ROC 경계이며, 세 번째 필드는 보조 수렴조건이다. 변환된 함수만 필요하다면 noconds=True를 선언하면 된다.

```
X = laplace_transform(x, t, s, noconds=True)
print(X)
```

```
(a + s)/((a + s)**2 + 4)
```

역 라플라스 변환도 유사한 방식으로 구할 수 있다.

```
# sympy를 이용한 역 라플라스 변환
xt = inverse_laplace_transform(X, s, t)
print(xt)
```

```
exp(-a*t)*cos(2*t)*Heaviside(t)
```

푸리에변환에서 심볼 연산의 결과를 그래프로 그릴 때 lambdify를 이용하여 matplotlib를 활용하였는데, 불행히도 항상 이 방식이 가능하지는 않다. 여기서는 Heaviside(t) 함수로 인해 lambdify를 적용할 수 없으므로 대신 sympy의 plot을 이용한다. 파리미터 $a = 1$을 대입한 결과는 다음과 같다.

```
graph = plot(xt.subs(a,1), (t,-1, 5), ylabel='x(t)', show=False)
backend = graph.backend(graph)
backend.process_series()
backend.show()
```

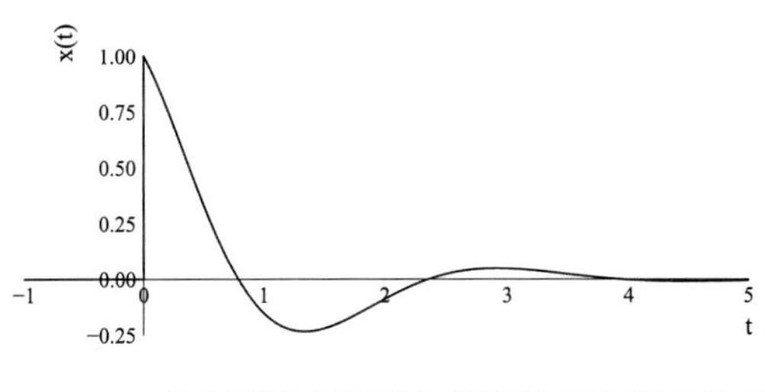

그림 5.12 sympy를 이용한 라플라스 역변환 결과(파이썬 예제 5.1).

파이썬 예제 5.2: 시스템 함수의 극점-영점 계산

파이썬에서 시스템 함수의 극점-영점은 numpy.roots 함수를 이용하여 분모와 분자의 근으로 계산된다. 이때 분모와 분자 다항식의 계수는 각각 내림차순의 배열 b와 a로 표현된다. 예를

들어, 전달함수

$$H(s) = \frac{s-2}{s^2+2s+4} \tag{5.122}$$

의 극점과 영점은 분자와 분모 다항식의 계수를 내림차순으로 정의하고 파이썬 함수 numpy.roots를 이용하여 계산된다.

```
# 시스템 함수 H(s)로부터 극점-영점 계산
b = np.array([1, -2]) # 분자 다항식의 계수
a = np.array([1, 2, 4]) # 분모 다항식의 계수
z = np.roots(b) # zeros
print('zeros:', z)
p = np.roots(a) # poles
print('poles:', p)
```

```
zeros: [ 2.]
poles: [-1.+1.73205081j -1.-1.73205081j]
```

한편 파이썬 함수 signal.tf2zpk를 이용하면 시스템 함수를 영점 z, 극점 p, 이득 k로 표현한다.

$$H(s) = \frac{s-2}{s^2+2s+4} = k\frac{(s-z_1)}{(s-p_1)(s-p_2)}$$

파이썬 용법은 다음과 같다.

```
from scipy import signal
z, p, k = signal.tf2zpk(b, a)
print(z, p, k)
```

```
[2.] [-1.+1.73205081j -1.-1.73205081j] 1.0
```

파이썬 예제 5.3: 시스템 함수의 극점-영점 플롯

라플라스 변환에서 극점-영점 플롯은 시스템에 대한 직관적 이해를 제공하는 측면에서 중요하다. 파이썬 예제 5.2에서 계산된 극점과 영점은 s-평면 위에 각각 ×와 ○로 표시할 수 있다. 다음 코드는 식 (5.122)의 극점과 영점을 그리기 위한 것이며, 그림 5.13은 코드의 결과이다.

```
# 극점-영점 플롯(간단한 방법)
fig, ax = plt.subplots(figsize=(2.5,2.5))
ax.plot(z.real, z.imag, 'ko', markersize=6, markerfacecolor='none')
ax.plot(p.real, p.imag, 'kx', markersize=6)
```

그런데 이 코드는 단순근만 취급한다. 다중근을 처리하기 위해서는 보다 정교한 함수가 필요

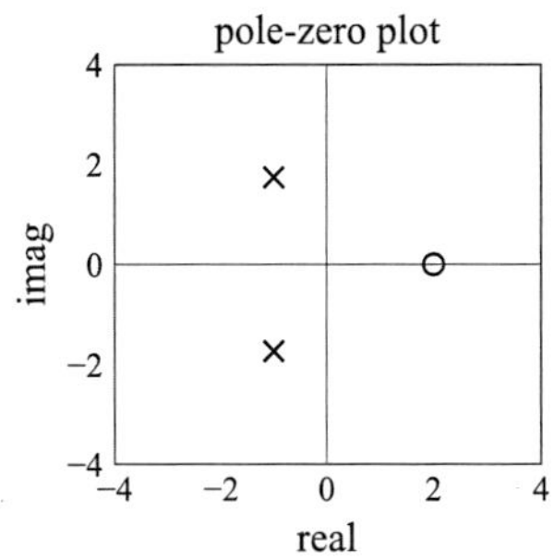

그림 5.13 식 (5.122)의 극점-영점 플롯(파이썬 예제 5.3).

하다. 파이썬 예제 파일에 포함된 함수 splane은 다중근을 처리한다. 이 함수는 전달함수를 분자와 분모의 계수 (b,a)로 규정한다. 극점과 영점은 scipy.signal.tf2zpk 함수에 의하여 한 번에 계산된다. 작성된 함수 splane을 이용하여 시스템 함수

$$H(s) = \frac{s^2 - 2s + 1}{s^3 + 4s^2 + 6s + 4} \tag{5.123}$$

의 극점-영점을 계산하고 그려보자. 이 작업을 수행하기 위한 코드는 다음과 같다. 그림 5.14는 코드 실행 결과이다.

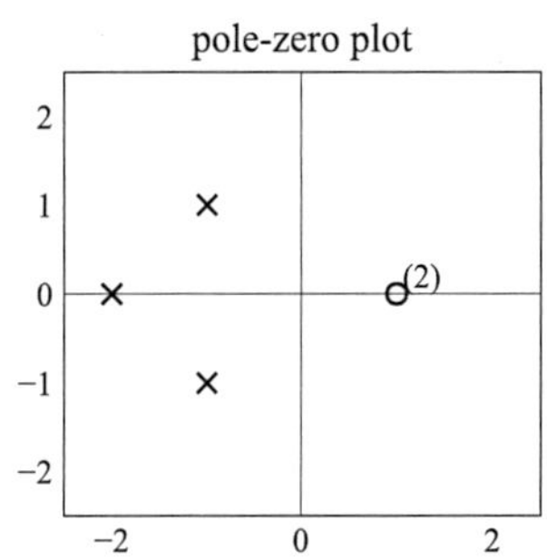

그림 5.14 시스템 함수 식 (5.123)의 극점-영점 플롯(파이썬 예제 5.3).

```
# 함수 splane을 이용하여 시스템 함수의 극점-영점을 계산하고 플롯
b = np.array([1, -2, 1])
a = np.array([1, 4, 6, 4])
fig, ax = plt.subplots(figsize=(2.5,2.5))
z, p, k = splane(b, a, ax, ROC=False, pztitle="pole-zero plot")
print(z, p, k)
```

```
[1. 1.] [-2.+0.j -1.+1.j -1.-1.j] 0
```

파이썬 예제 5.4: 전달함수의 부분분수전개

라플라스 역변환을 하기 위해서는 먼저 전달함수의 단순근의 항의 합으로 표현되는 부분분수

꼴로 표현한다.

$$H(s) = \frac{\sum_{k=0}^{M} b_k s^{M-k}}{\sum_{k=0}^{N} a_k s^{N-k}} = \frac{r_1}{s-p_1} + \cdots + \frac{r_N}{s-p_N} + k(s)$$

이 과정은 푸리에변환의 부분분수전개(파이썬 예제 4.4)에서 적용한 바 있는 파이썬 함수 scipy.signal.residue를 이용한다.

예를 들어, 전달함수

$$H(s) = \frac{s^2+5s+8}{s^3+8s^2+22s+20}$$

의 부분분수전개를 위한 코드는 다음과 같다.

```
# 부분분수전개 계산
from scipy import signal
b = np.array([1, 5, 8])
a = np.array([1, 8, 22, 20])
r, p, k = signal.residue(b, a)
print(r, p, k)
```

```
[  1.00000000e+00+0.j   -2.16493490e-15+0.5j   -2.16493490e-15-0.5j]
↪  [-2.+0.j -3.+1.j -3.-1.j] [ 0.]
```

이 경우에는 분자의 차수가 분모의 차수보다 작기 때문에 몫 k는 0이다. 앞의 결과에서 아주 작은 값들은 사실상 0으로 처리될 수 있다. 반환된 배열들을 순서대로 사용하면

$$H(s) = \frac{s^2+5s+8}{s^3+8s^2+22s+20} = \frac{1}{s+2} + \frac{j0.5}{s+3-j} + \frac{-j0.5}{s+3+j}$$

을 얻는다. 다음은 분자의 차수가 분모와 동일한 경우이다.

```
# 부분분수전개: 분자 차수 = 분모 차수
b = np.array([1, 9, 27, 28])
a = np.array([1, 8, 22, 20])
r, p, k = signal.residue(b, a)
print(r, p, k)
```

```
[  1.00000000e+00+0.j   -2.16493490e-15+0.5j   -2.16493490e-15-0.5j]
↪  [-2.+0.j -3.+1.j -3.-1.j] [ 1.]
```

파이썬 예제 5.5: 라플라스 변환을 이용한 미분방정식의 해 계산

라플라스 변환의 중요한 용도의 하나는 초기값이 0이 아닌 미분방정식의 해의 계산이다. 앞서 예제 5.18에서 다룬 미분방정식

$$[(5.100)] \qquad \frac{dy(t)}{dt} + 5y(t) = 5x(t), \quad y(0^-) = -1$$

의 해를 파이썬 심볼 연산을 이용하여 구해 보자. 입력은 $x(t) = u(t) - u(t-1)$이다.

1. 먼저 $x(t)$, $X(s)$, $Y(s)$를 함수로 정의하고, 입력 $x(t)$를 라플라스 변환한다.

```
x, X, Y = symbols('x, X, Y', cls = Function)
x = Heaviside(t) - Heaviside(t-1)
X = laplace_transform(x, t, s)
```

2. 식 (5.100)을 초기값을 적용하여 라플라스 영역으로 변환하면 다음과 같다.

$$sY(s) - y(0^-) + 5Y(s) = 5X(s) \tag{5.124}$$

라플라스 변환 결과는 항상 리스트로 반환되고, 입력 $x(t)$의 라플라스 변환 결과는 반환된 X의 첫째 원소 X[0]이다. 따라서 식 (5.124)는 파이썬에서 Eq를 이용하여 다음과 같이 표현된다.

```
eqn = Eq(s*Y(s)+1+5*Y(s), 5*X[0])
```

3. 수식 eqn의 해 Y(s)는 다음과 같이 구해진다. 여기서도 Ys는 리스트로 주어지므로 우리가 원하는 $Y(s)$ 함수는 Ys[0]이다.

```
Ys = solve(eqn, Y(s))
print('Y(s) =', Ys[0])
```

```
Y(s) = (-s*exp(s) + 5*exp(s) - 5)*exp(-s)/(s*(s + 5))
```

4. 마지막으로 Y(s)를 역변환하여 $y(t)$를 얻는다.

```
y = inverse_laplace_transform(Ys[0], s, t)
print('y(t) =', y)
```

```
y(t) = Heaviside(t) - Heaviside(t - 1) -
↪ 2*exp(-5*t)*Heaviside(t) + exp(5)*exp(-5*t)*Heaviside(t -
↪ 1)
```

결과를 그래프로 보고 싶다면 다음과 같이 처리한다.

```
graph = plot(y, (t,-0.5, 3), ylabel='y(t)', show=False)
backend = graph.backend(graph)
backend.process_series()
backend.show()
```

그림 5.15는 미분방정식의 해이다.

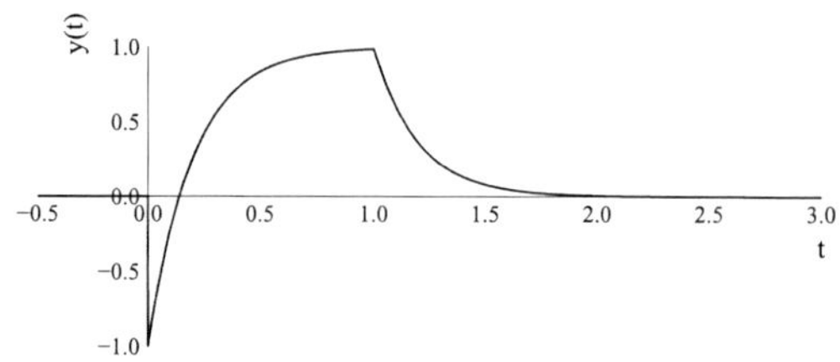

그림 5.15 sympy를 이용한 미분방정식의 해(파이썬 예제 5.5).

연습문제

P5.1 라플라스변환의 정의를 이용하여 다음 신호의 라플라스변환을 구하고 ROC를 명시하라.

(a) $x_1(t) = e^{-(t-1)}u(t)$ (b) $x_2(t) = 2e^{3(t-2)}u(2-t)$

(c) $x_3(t) = e^{-|t-2|}$ (d) $x_4(t) = 2e^{-3(t-2)}u(t-2)$

P5.2 다음을 안정적 시간 영역 신호로 역 라플라스변환하고 극점과 영점을 명시하라.

(a) $\dfrac{s+2}{s^2-1}$ (b) $\dfrac{s^3-1}{s^2+s+1}$

(c) $\dfrac{1}{s+1}+\dfrac{1}{s+3}$ (d) $\dfrac{s+3}{s^2+6s+12}$

P5.3 그림 **P5.3**에 주어진 신호의 라플라스 변환을 구하라.

P5.4 그림 **P5.4**의 극점-영점 플롯에서 푸리에변환이 가능한 라플라스 변환의 ROC를 구하고 역 라플라스변환을 결정하라.

P5.5 그림 **P5.5**의 신호를 라플라스 변환하라.

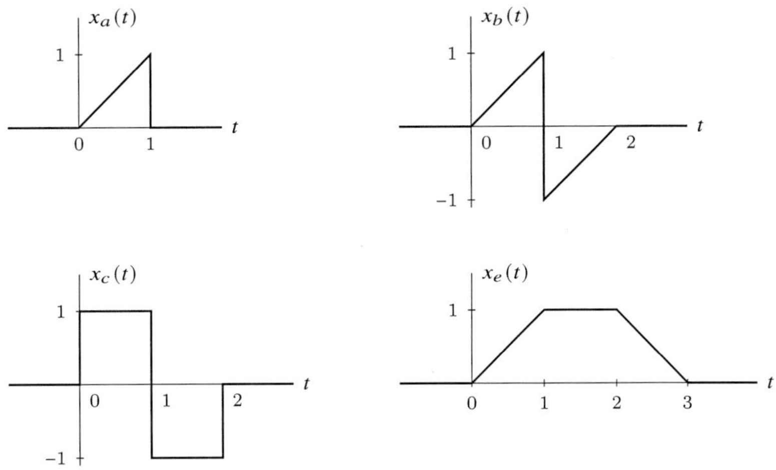

그림 P5.3

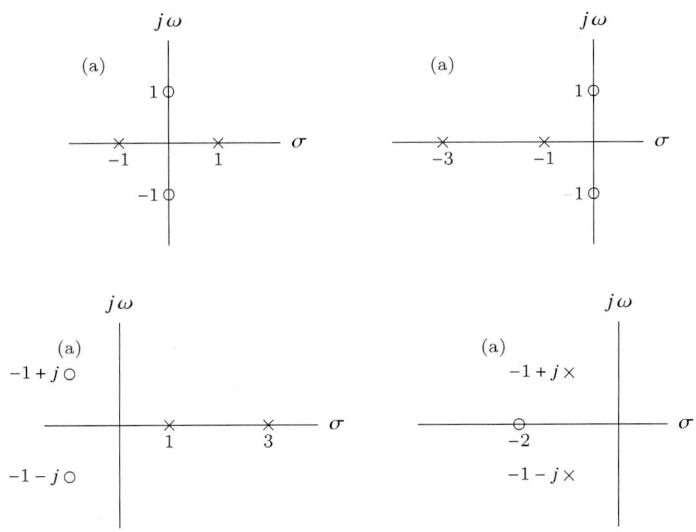

그림 P5.4

P5.6 단방향 라플라스 변환의 미분특성 식 (5.43)을 증명하라.

$$[(5.43)] \qquad \frac{d^2x(t)}{dt^2} \xleftrightarrow{\mathcal{L}} s^2X(s) - sx(0^-) - \left.\frac{dx(t)}{dt}\right|_{t=0^-}$$

P5.7 다음 수식을 라플라스 변환하라.

(a) $y(t) = e^{-2t}u(t-1) + \dfrac{dx(t)}{dt}$

(b) $y(t) = e^{-t}x(t) + \displaystyle\int_{0^-}^{t} e^{-\lambda}d\lambda$

P5.8 임펄스 응답이 $h(t) = e^{-t}u(t)$ 인 LTI 시스템에 신호 $x(t) = u(t) - u(t-2)$ 가 입력되었다.

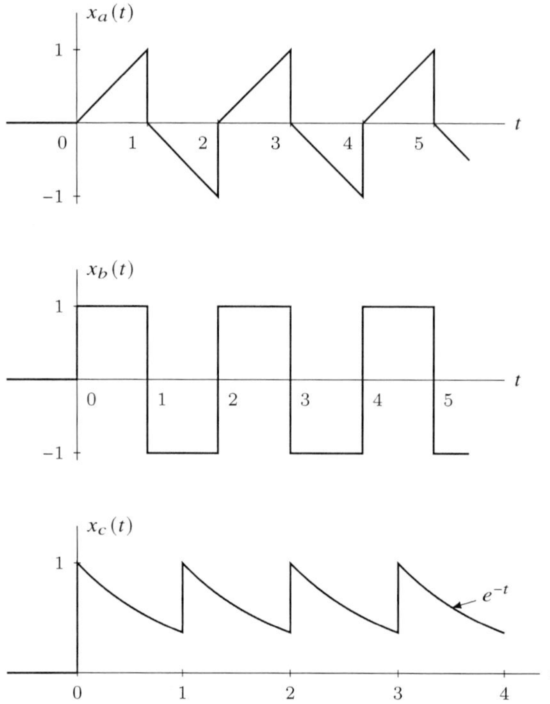

그림 P5.5

다음 질문에 답하라.

(a) $x(t)$와 $h(t)$의 라플라스 변환을 구하라.

(b) 라플라스 변환의 특성을 이용하여 LTI 시스템의 출력 $y(t)$의 라플라스 변환 $Y(s)$를 구하라.

(c) $Y(s)$를 역변환하여 $y(t)$를 구하라.

(d) (c)의 결과를 $x(t)$와 $h(t)$를 직접 콘볼루션한 결과와 비교하라.

P5.9 다음 미분방정식으로 표현되는 LTI 시스템이 BIBO 안정한가 점검하라.

$$\frac{d^2y(t)}{dt^2} - 6\frac{dy(t)}{dt} + 8y(t) = \frac{dx(t)}{dt} + 3x(t)$$

P5.10 다음 전달함수로 표현되는 LTI 시스템이 BIBO 안정한가 점검하라.

$$H(s) = \frac{(s+1)(s+3)}{s(s+2)}$$

P5.11 임펄스 응답이 $h(t) = 3e^{-t}u(t) - e^{-2t}u(t)$인 인과 LTI 시스템에 대하여 질문에 답하라.

(a) 전달함수 $H(s)$를 구하라.

(b) 시스템을 입력 $x(t)$와 출력 $y(t)$의 미분방정식으로 표현하라.

P5.12 어떤 LTI 시스템이 입력 $x(t) = \delta(t) + 4e^{-t}u(t)$에 대하여 출력 $y(t) = e^{-t}u(t)$를 출력하였다. 이 시스템의 BIBO 안정성을 점검하여라.

P5.13 어떤 LTI 시스템이 입력 $x(t) = 3u(t)$에 대하여 출력 $y(t) = 2u(t) + 2e^{-5t}\sin(2\pi t)u(t)$를 출력하였다. 이 시스템의 BIBO 안정성을 점검하여라.

(a) 이 시스템의 극점과 영점을 구하고 안정성을 확인하라.

(b) 시스템의 DC 이득은 얼마인가?

(c) 시스템의 임펄스 응답 $h(t)$를 구하라.

P5.14 어떤 LTI 시스템이 입력 $x(t) = 2e^{-2t}u(t)$에 대하여 $y(t) = e^{-2t}u(t) + 2e^{-t}\cos(\pi t)u(t)$를 출력한다. 전달함수를 직접 계산하지 않고 이 시스템의 극점을 구하라.

P5.15 다음 미분방정식의 해를 라플라스 변환으로 구하라($t \geq 0$).

(a) $\dfrac{d^2y(t)}{dt^2} + 4\dfrac{dy(t)}{dt} + 3y(t) = 0, \qquad y(0^-) = 4, \quad \dfrac{dy(0^-)}{dt} = 0$

(b) $\dfrac{d^2y(t)}{dt^2} + 4\dfrac{dy(t)}{dt} + 3y(t) = \delta(t), \qquad y(0^-) = 0, \quad \dfrac{dy(0^-)}{dt} = 0$

(c) $\dfrac{d^2y(t)}{dt^2} + 4\dfrac{dy(t)}{dt} + 3y(t) = 2t + t^2, \qquad y(0^-) = 1, \quad \dfrac{dy(0^-)}{dt} = -2$

P5.16 미분방정식

$$\frac{d^2y(y)}{dt^2} + 4\frac{dy(t)}{dt} + 3y(t) = \frac{dx(t)}{dt} + 2x(t)$$

로 표현되는 LTI 시스템을 고려하자. 입력 $x(t) = 2\sin(t)u(t)$과 초기 조건

$$y(0^-) = 2, \quad \frac{dy(0^-)}{dt} = 0$$

을 가정하자.

(a) 시스템 함수를 구하고, 극점과 영점을 계산하라.

(b) 영입력 응답(ZIR)과 영상태 응답(ZSR)을 구하라.

(c) 동차해와 특정해를 구하라.

(d) 과도응답과 정상상태 응답을 구하라.

P5.17 그림 **P5.17** 시스템의 전달함수를 구하라.

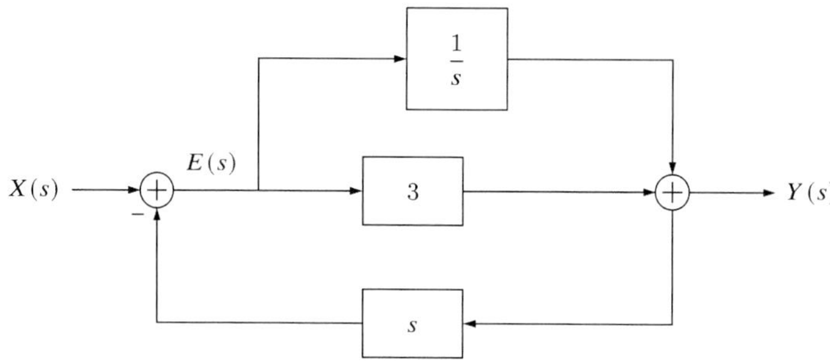

그림 P5.17

P5.18 피드백은 불안정한 시스템을 안정하게 만드는 방법의 하나이다. 그림 **P5.18**에서 $a<0$ 이며 시스템 $H(s)$는 불안정하다고 가정하자. 전체 시스템 $Y(s)/X(s)$을 안정하게 만드는 K의 범위를 구하라.

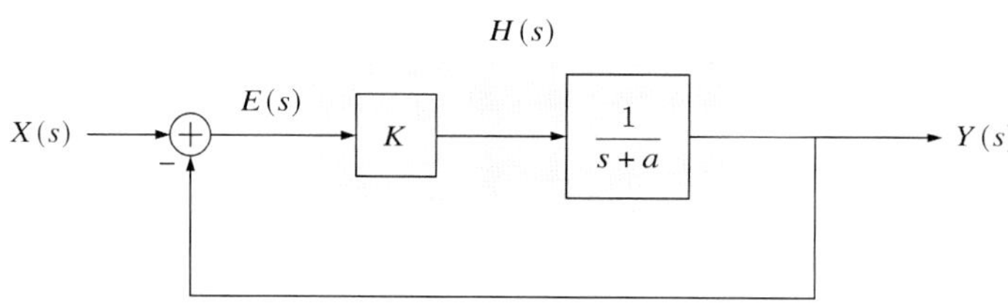

그림 P5.18

P5.19 시스템의 안정성, 반응속도, 대역폭은 서로 밀접한 관계가 있다. 그림 **P5.18**에서 $a=2$를 가정하고 다음 질문에 답하라.

(a) 개방 시스템 $H(s)$과 폐회로 시스템 $Y(s)/X(s)$의 극점을 구하고 피드백의 영향을 설명하라.

(b) 개방 시스템과 폐회로 시스템의 임펄스 응답을 구하고 피드백의 영향을 설명하라.

(c) 개방 시스템과 폐회로 시스템의 3-dB 대역폭을 구하고 피드백의 영향을 설명하라.

파이썬 문제

P5.20 신호

$$x(t)=e^{-t}[u(t)-u(t-2)]$$

의 라플라스 변환 $X(s)$를 `sympy`로 계산해 보라. 결과 $X(s)$를 다시 `sympy`를 이용하여 역변환하여 시간 영역 신호 $y(t)$를 얻고 결과가 $x(t)$와 동일한지 확인하여라.

P5.21 연습문제 **P5.2**의 각각의 신호에 대하여 파이썬으로 극점과 영점을 계산하고, s-평면에 표시하라. 이때 `splane` 함수를 사용하지 않고 직접 간단한 코드를 작성하라.

P5.22 연습문제 **P5.16**의 시스템에서 영입력 응답 $y_{zir}(t)$와 영상태 응답 $y_{zsr}(t)$를 파이썬 심볼 연산으로 구하라.

CHAPTER 6

이산시간 신호

이산시간 신호는 정수 시간 변수로 정의되는 신호이다. 이산시간 신호가 중요한 이유는 신호의 컴퓨터 처리가 가능하기 때문이다. 이산시간 신호에는 연속시간 신호에서 중요시되었던 연속의 개념이 없으며, 연속시간의 적분과 미분은 각각 이산시간의 합과 차로 대치된다. 이 차이는 신호의 변형, 주기성, 대칭성 등에서의 차이로 연결된다. 이 장에서는 이산시간 신호의 기본 모델과 유형에 따른 주요 특성을 알아보고, 연속시간 신호를 이산시간 신호로 변환하는 샘플링의 조건과 결과에 대하여 상세히 소개한다.

6.1 이산시간 신호

그림 6.1은 2015년 6월의 일정 시간 동안 서울의 기온을 시간별로 측정한 데이터이다. 기온은 연속으로 변하는 연속시간 신호이지만, 샘플 측정된 기온 데이터는 정수 인덱스 n에 따라 순서대로 배열된 수열이다.

$$\begin{aligned} x[n] &= \{x[0],\ x[1],\ x[2],\ x[3],\ x[4],\ \cdots\} \\ &= \{23.0\ , 22.4,\ 21.9,\ 21.5,\ 21.0,\ \cdots\} \end{aligned} \tag{6.1}$$

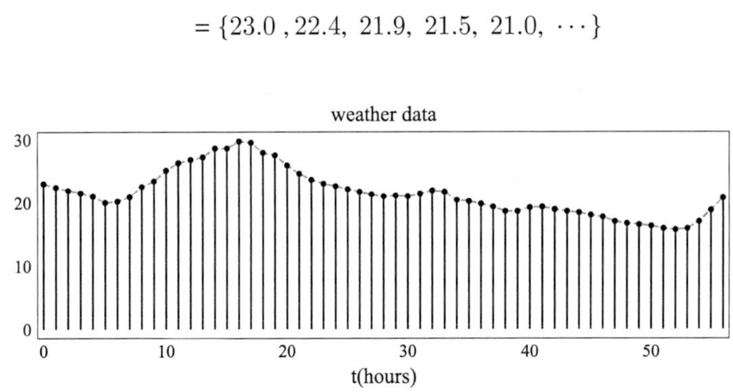

그림 6.1 시간별로 수집된 기온 데이터.

이산시간 신호는 그림 6.1과 같이 스템[stem] 플롯으로 표시된다. 스템 플롯은 샘플값 $x[n]$을 시간 인덱스 n에서 막대선으로 표시하며 맨 위에 작은 원을 붙이기도 한다.

내용을 더 설명하기 전에 한 가지 약속을 하자. 앞의 이산시간 신호 식 (6.1)에서 볼 수 있듯, 수열만으로는 $n = 0$의 시점을 알 수 없으므로 적절한 표기 방법이 필요하다. 이 교재에서는 다음의 표기법을 채택하기로 한다.

- 인덱스가 $n < 0$에서 시작하면 수열 중 $n = 0$인 시점에 화살표를 붙인다.

$$x[n] = \{-1.5,\ 0.6,\ 2.1,\ \underset{\uparrow}{1.8},\ 3.2,\ -1.1,\ 2.2\ \}$$

- 인덱스가 $n = 0$부터 시작하면 화살표를 생략한다.

$$x[n] = \{-1.5,\ 0.2,\ 2.4,\ 1.9,\ 3.1,\ -1.8,\ 2.2\}$$

- 인덱스가 $n > 0$부터 시작하면 화살표로 시점을 표시한다.

$$x[n] = \{\underset{\substack{\uparrow \\ n=2}}{1.5},\ 0.2,\ 2.4,\ 1.9,\ 3.1,\ -1.8,\ 2.2\}$$

6.2 이산시간 신호의 변형

신호는 다양한 변형을 거치기 마련이다. 이산시간 신호의 변형은 1.2절에서 다루었던 연속시간 신호의 변형과 마찬가지로 시간 독립적 변형과 시간 의존적 변형으로 구분된다. 상수의 증감, 크기 변형, 함수를 통한 변형, 둘 이상 신호의 중첩, 두 신호의 곱 등과 같은 시간 독립적 변형은 연속시간의 경우와 동일한 방식으로 이루어진다. 그러나 시간 이동, 반전, 압축과 확장같은 시간 의존적 변형의 경우 이산시간에서의 방식은 연속시간의 방식과 사뭇 다르다. 이 차이는 연속시간 신호의 실수 변수 t와 이산시간 신호의 정수 변수 n의 차이에서 비롯된다. 이산시간 신호의 시간 의존적 변형은 다음과 같다.

- **시간 이동** $x[n - n_0]$: $n_0 < 0$이면 선행이고 $n_0 > 0$이면 지연이다. 그림 6.2는 $x[n]$과 $n_0 = 2$ 만큼 시간 지연된 신호 $x[n - 2]$이다.
- **시간 반전** $x[-n]$: 그림 6.3(b)와 같이 연속시간의 경우와 유사하다.
- N배 **시간 확장** $x[n/N]$: 원 신호 샘플 사이에 $N - 1$개의 영점을 추가하여 샘플 개수가 N배 된다. 샘플 개수가 늘어나므로 **업샘플링**[upsampling]이라 부른다. 그림 6.3(c)는 2배 시간 확장의 예이다. 추가된 영점으로 인해 원 신호의 모양과 다르다. 원 신호의 모양과 유사하게 만들기 위해서는 보간[interpolation]이라는 추가 과정이 필요하다(예제 7.9 참고).
- N배 **시간 압축** $x[Nn]$: 원 신호 샘플 N개 마다 하나만 **솎아내어**[decimate] 샘플 개수가 $1/N$로 줄어든다. 샘플 개수가 줄어듦으로 **다운샘플링**[downsampling]이라 부른다. 시간

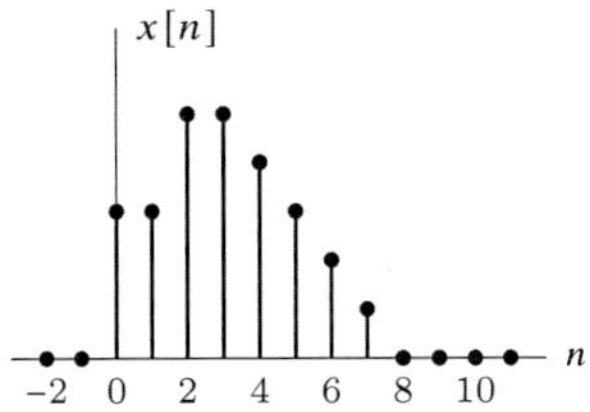

그림 6.2 이산시간 신호의 시간 이동.

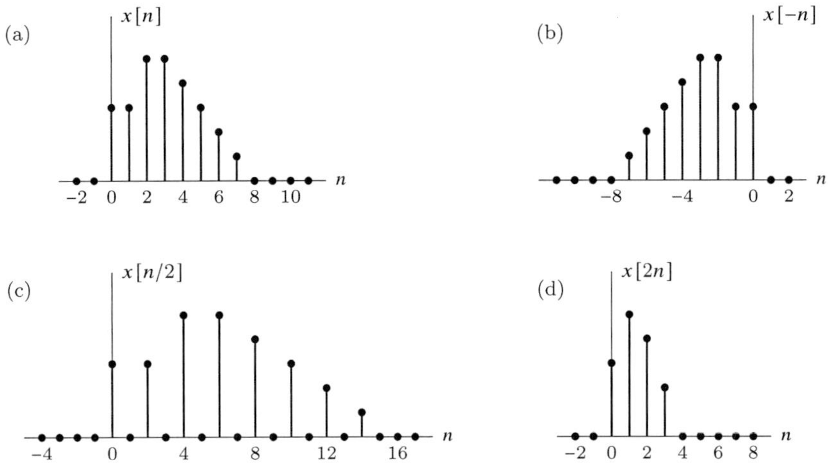

그림 6.3 이산시간 신호의 시간 의존적 변형: (a) 원신호 $x[n]$ (b) 시간 반전 $x[-n]$ (c) 2배 시간 확장 $x[n/2]$ (d) 2배 시간 압축 $x[2n]$.

압축의 결과로 신호 모양이 달라질 수 있다. 그림 6.3(d)는 2배 시간 압축의 예이다. 신호의 변형이 복합적인 경우 지연, 반전, 압축/확장 등을 단계별로 적용할 수 있다.

예제 6.1

신호 $x[n] = \{3,\ 3,\ 5,\ 5,\ 4,\ 3,\ 2,\ 1\}$의 시간 변형된 신호 $x[2n-1]$을 지연과 압축의 단계별로 스케치하라.

풀이 연속시간 신호의 경우(예제 1.2)와 마찬가지로 단계별 신호 변형이 가능하다. 다만 정수값이 아닌 시간 이동은 불가하므로 $x[2(n-1/2)]$로 해석할 수는 없다. 가능한 단계별 변형은 다음과 같은 지연-압축이다.

$$x[n] \xrightarrow[n \to n-1]{1\ 지연} x_1[n] = x[n-1] \xrightarrow[n \to 2n]{시간\ 2배\ 압축} x_2[n] = x_1[2n] = x[2n-1]$$

그림 6.4는 단계별 신호 변형이다. 신호의 압축으로 인해 $x[2n-1]$에서는 원 신호의 주요 특징을 찾아볼 수 없다.

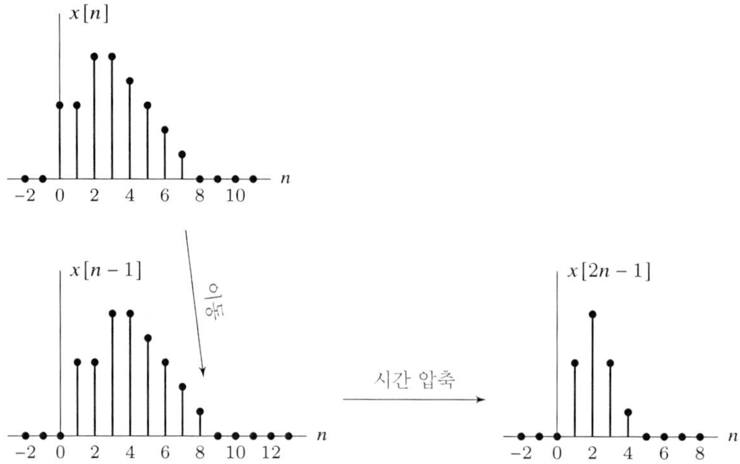

그림 6.4 이산시간 신호의 시간 의존적 변형 $x[2n-1]$(예제 6.1).

6.3 기본 이산시간 신호

6.3.1 임펄스 신호

이산시간 임펄스 신호impulse signal는 다음과 같이 정의된다.

$$\delta[n] = \begin{cases} 1, & n = 0 \\ 0, & n \neq 0 \end{cases} \tag{6.2}$$

임펄스 신호 $\delta[n]$은 시간 인덱스 n이 0일 때만 1이고 그 이외의 시점에서는 0이다. 시간 이동된 임펄스 신호 $\delta[n-n_0]$는

$$\delta[n-n_0] = \begin{cases} 1, & n = n_0 \\ 0, & n \neq n_0 \end{cases} \tag{6.3}$$

과 같이 정의된다. 그림 6.5는 임펄스 신호 $\delta[n]$과 2배로 척도변경되고 4만큼 지연된 임펄스 신호 $2\delta[n-4]$이다. 그림 6.5로부터 임펄스 신호가 모든 이산 신호를 표현하는 가장 기본적인 단위라는 사실을 알 수 있다.

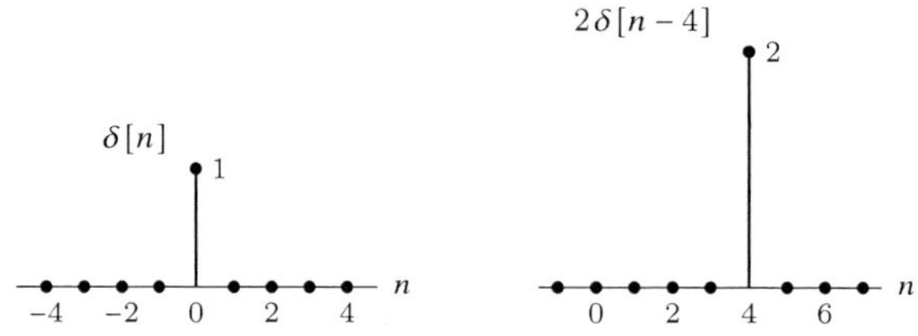

그림 6.5 임펄스 신호 $\delta[n]$과 척도변경되고 시간 지연된 임펄스 신호 $2\delta[n-4]$.

6.3.2 계단 신호

이산시간 **계단 신호**step signal는 다음과 같이 정의된다.

$$u[n] = \begin{cases} 1, & n \geq 0 \\ 0, & n < 0 \end{cases} \tag{6.4}$$

계단 신호 $u[n]$는 시간 인덱스 $n \geq 0$일 때 1이고 $n < 0$에서는 0이다. 계단 신호는 시스템의 ON/OFF를 표현하기에 적합하다. n_0 만큼 시간 이동된 계단 신호는 $u[n-n_0]$으로 표현된다.

계단 신호와 임펄스 신호는 밀접히 연관되어 있다. 계단 신호는 임펄스 신호의 합으로 표현될 수 있다.

$$u[n] = \sum_{k=-\infty}^{n} \delta[k] \tag{6.5}$$

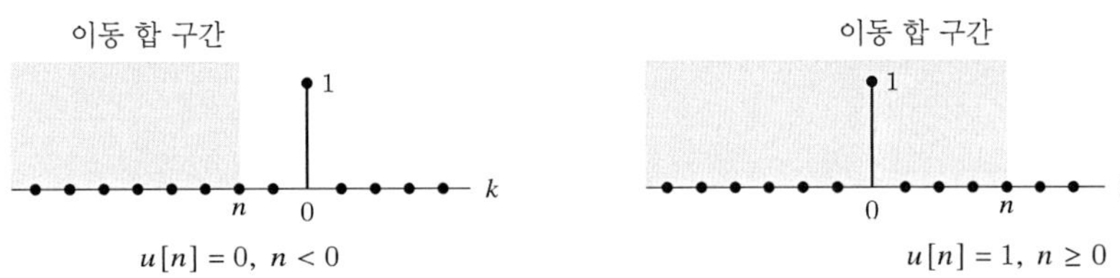

그림 6.6 임펄스 신호의 이동 합으로 표현되는 계단 신호.

여기서 $\delta[k]$와 $u[n]$은 각각 시간 변수 k와 n의 함수로 정의된다. 합의 범위는 과거로부터 현재 시점 n까지이며, 합은 그림 6.6과 같이 도시될 수 있다. 합의 구간이 시점 n에 따라 변하므로 이런 합을 **이동 합**moving sum이라 부른다. 이산시간의 이동 합은 연속시간의 이동 적분running integral 식 (1.8b)와 유사하다. 그림 6.6에서 회색 음영으로 표시된 이동 합의 구간은 $(-\infty, n]$이다. 구간이 임펄스 신호 $\delta[k]$를 포함하지 않으면($n < 0$) 이동 합의 결과는 $u[n] = 0$이고, 포함하면($n \geq 0$) $u[n] = 1$이다. 또한 계단 신호와 임펄스 신호의 관계를

$$u[n] = \delta[n] + \delta[n-1] + \delta[n-2] + \cdots = \sum_{k=0}^{\infty} \delta[n-k] \tag{6.6}$$

와 같이 $\delta[n-k]$의 중첩으로 표현할 수도 있다.

역으로 임펄스 신호는 계단 신호와 지연된 계단 신호의 차로 표현될 수 있다(그림 6.7).

$$\delta[n] = u[n] - u[n-1] \tag{6.7}$$

이산시간 계단 신호와 임펄스 신호의 관계는 자주 활용된다.

연습 6.1 신호 $x[n] = u[n] - 2u[n-3] + u[n-5]$을 수열로 표현하라.

답 : $x[n] = \{1,\ 1,\ 1,\ -1,\ -1\}$

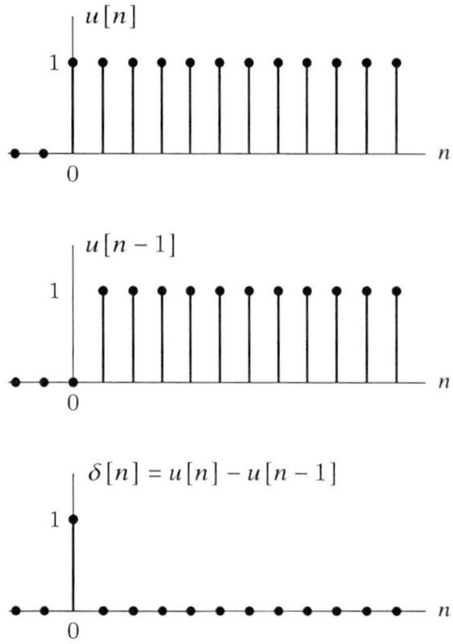

그림 6.7 계단 신호와 단위 지연된 계단 신호의 차로 표현되는 임펄스 신호.

연습 6.2 신호 $x[n] = -3\delta[n-5]$를 계단 신호 $u[n]$으로 표현하라.

답 : $x[n] = 3u[n-6] - 3u[n-5]$

6.3.3 지수 신호

이산시간 지수 신호exponential signal는 다음의 꼴을 갖는다.

$$x[n] = a^n \tag{6.8}$$

여기서 a는 감소 속도를 결정하는 상수이다. 지수 신호는 시간에 따라 질량이나 크기가 감소하는 자연 현상을 표현하는데 적합하다. 그림 6.8은 $n = 0$부터 시작되는 지수 신호 $x[n] = (0.8)^n u[n]$의 예이다.

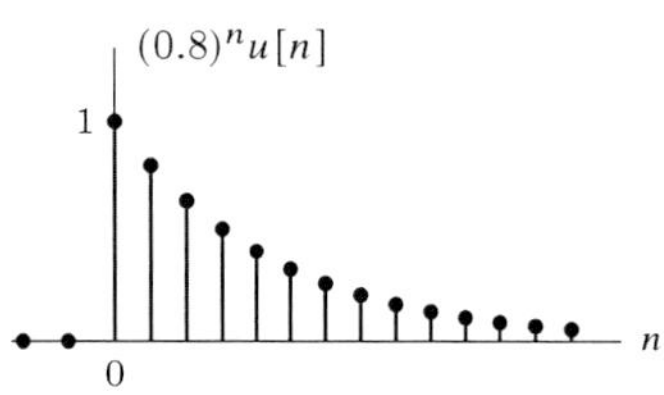

그림 6.8 이산시간 지수 신호의 예.

6.3.4 정현 신호

이산시간 정현 신호sinusoidal signal는

$$x[n] = A\cos(\hat{\omega}_0 n + \phi) \tag{6.9}$$

의 꼴로 표현된다. 여기서 A, $\hat{\omega}_0$, ϕ는 각각 진폭, 이산시간 주파수, 위상변이이다. 이산시간 주파수 $\hat{\omega}$과 위상변이 ϕ는 라디안radian의 단위를 갖는다. 이 교재에서는 이산시간 주파수와 연속시간 주파수를 구분하기 위해, 이산시간 주파수에는 ^을 붙여 표기하기로 한다. 연속시간 주파수 ω_0와 이산시간 주파수 $\hat{\omega}_0$의 차이는 6.5.1절에서 상세히 설명된다. 이산시간 주파수는

$$\hat{\omega}_0 = 2\pi \hat{f}_0 \quad (\text{라디안}) \tag{6.10}$$

이며 $\hat{f}_0$는 사이클cycle 주파수로 단위가 없다. 그림 6.9는 이산시간 정현 신호 $x[n] = \cos(\pi n/8 + \pi/3)$의 그래프이다. 시간 $n = 0$에서의 값은 위상변이 ϕ에 의해 결정되며 $x[0] = \cos(\phi) = \cos(\pi/3)$이다.

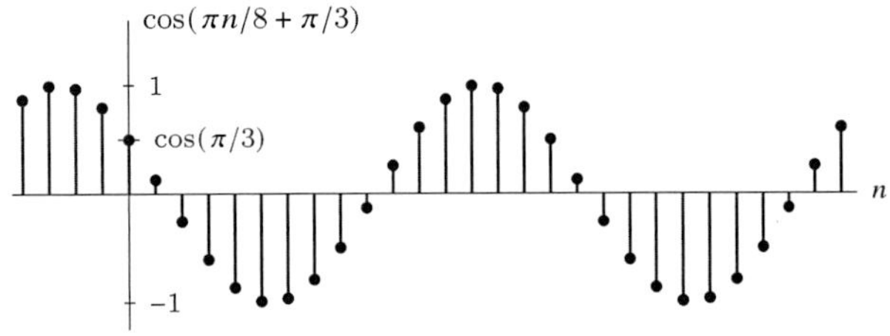

그림 6.9 이산시간 정현 신호.

6.3.5 복소지수 신호

이산시간 **복소지수 신호**complex exponential signal는 다음과 같이 정의된다.

$$x[n] = Ae^{j(\hat{\omega}_0 n+\phi)} = Ae^{j\phi}e^{j\hat{\omega}_0 n} = Xe^{j\hat{\omega}_0 n} \tag{6.11}$$

여기서

$$X = Ae^{j\phi} \tag{6.12}$$

는 $x[n]$의 **페이저**phasor 혹은 **복소진폭**complex amplitude이다. 식 (6.11)의 복소지수 신호를 직교좌표계에서 표현하려면 단순히 오일러 관계식 $e^{j\theta} = \cos\theta + j\sin\theta$를 적용하면 된다.

$$x[n] = A\cos(\hat{\omega}_0 n + \phi) + jA\sin(\hat{\omega}_0 n + \phi) \tag{6.13}$$

예제 6.2

정현 신호 $x_1[n] = 3\cos(0.8\pi n + 1.5)$와 $x_2[n] = 5\sin(0.5\pi n)$의 페이저를 구하라.

풀이 신호 $x_1[n]$을 복소지수로 표현하면

$$x_1[n] = \text{Re}\{3e^{j(0.8\pi n+1.5)}\} = \text{Re}\{3e^{j1.5}e^{j0.8\pi n}\}$$

이므로 페이저는 $X_1 = 3e^{j1.5}$이다. 신호 $x_2[n]$은 복소지수로

$$x_2[n] = 5\sin(0.5\pi n) = 5\cos(0.5\pi n - \pi/2) = \text{Re}\{5e^{j(0.5\pi n-\pi/2)}\} = \text{Re}\{5e^{-j\pi/2}e^{j0.5\pi n}\}$$

과 같이 표현되므로 $x_2[n]$의 페이저는 $X_2 = 5e^{-j\pi/2}$이다.

6.3.6 임펄스를 이용한 신호열의 표현

임의의 이산시간 신호는 지연된 임펄스 신호의 중첩으로 표현될 수 있다. 시간 이동된 임펄스 신호 $\delta[n-k]$는 $n = k$에서만 1이며 다른 곳에서는 모두 0이다. 따라서 임의의 신호열 $x[n]$에 시간 이동된 임펄스 $\delta[n-k]$를 곱하면

$$x[n]\delta[n-k] = \{\cdots, 0, 0, x[k], 0, 0, \cdots\} = x[k]\delta[n-k] \tag{6.14}$$

이다. 식 (6.14)를 이산시간 임펄스 신호의 **샘플링 특성**이라 부른다. 샘플링 특성을 이용하면 임의의 신호 $x[n]$을 시간 이동된 임펄스의 중첩으로 표현할 수 있다.

$$\begin{aligned} x[n] &= \{\cdots, x[-2], x[-1], x[0], x[1], x[2], \cdots\} \\ &= \cdots + x[-2]\delta[n+2] + x[-1]\delta[n+1] + x[0]\delta[n] \\ &\qquad + x[1]\delta[n-1] + x[2]\delta[n-2] + \cdots \\ &= \sum_{k=-\infty}^{\infty} x[k]\delta[n-k] \end{aligned} \tag{6.15}$$

예제 6.3

신호 $x[n] = \{1, -2, 3, -1\}$을 임펄스로 표현하라.

풀이 식 (6.15)를 적용하면 $x[k]$는 $\delta[n-k]$의 계수로 간주되어 다음과 같이 표현된다.

$$\begin{aligned} x[n] &= \sum_{k=0}^{3} x[k]\delta[n-k] \\ &= x[0]\delta[n] + x[1]\delta[n-1] + x[2]\delta[n-2] + x[3]\delta[n-3] \\ &= \delta[n] - 2\delta[n-1] + 3\delta[n-2] - \delta[n-3] \end{aligned} \tag{6.16}$$

표 6.1로부터 식 (6.16)의 각 항이 하나의 값 $x[k]$가 아닌 **수열** $x[k]\delta[n-k]$이라는 사실을 확인할 수 있다.

연습 6.3 $x[n] = \cos(2n)\delta[n-3] = ?$

답 : $x[n] = \cos(6)\delta[n-3]$

표 6.1 지연된 임펄스를 이용한 신호열 표현(예제 6.3).

n	-2	-1	0	1	2	3	4	5
$x[n]$	0	0	1	-2	3	-1	0	0
$x[0]\delta[n]$	0	0	1	0	0	0	0	0
$x[1]\delta[n-1]$	0	0	0	-2	0	0	0	0
$x[2]\delta[n-2]$	0	0	0	0	3	0	0	0
$x[3]\delta[n-3]$	0	0	0	0	0	-1	0	0

6.4 이산시간 신호의 유형

6.4.1 주기 신호

이산시간 주기 신호는 모든 n에 대하여 다음 조건을 만족한다.

$$x[n+N] = x[n], \quad N\text{은 양의 정수} \tag{6.17}$$

이 조건을 만족하는 가장 작은 양의 정수 N은 **기본 주기**$^{\text{fundamental period}}$이며, 그 역수 $\hat{\omega}_0 = 2\pi/N$는 **기본 주파수**$^{\text{fundamental frequency}}$이다. 주기 신호는 그림 6.10에서 보는 바와 같이 한 주기 N샘플로 완전히 정의된다.

이산시간 복소지수 신호의 주기성을 연속시간 신호와 비교하여 살펴보자. 복소지수 신호를 주파수의 함수와 시간의 함수로 구분하여 고려해보자.

(A) **주파수 영역의 관점**: 연속시간 복소지수 신호의 시간을 고정하고 주파수의 함수로 가정하면 $x(\omega) = e^{j\omega t_0}$의 꼴로 표현할 수 있다. 주파수의 함수 $x(\omega)$의 주기성을 점검하면,

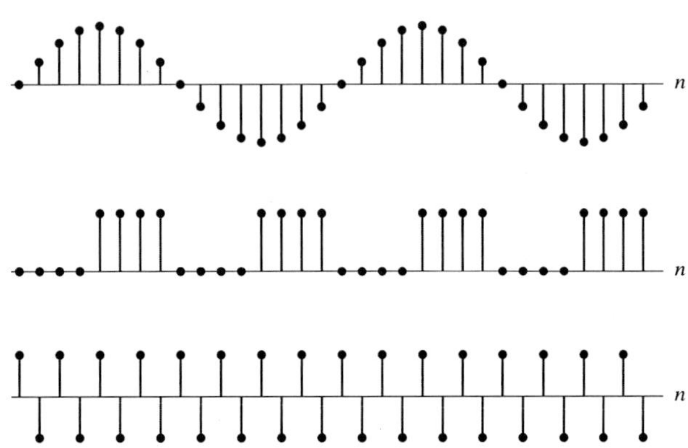

그림 6.10 대표적인 이산시간 주기 신호의 예.

임의의 t_0에 대하여

$$x(\omega+2\pi) = e^{j(\omega+2\pi)t_0} = e^{j\omega t_0}e^{j2\pi t_0} \neq e^{j\omega t_0} = x(\omega) \tag{6.18}$$

즉, 연속시간 복소지수 신호 $x(\omega) = e^{j\omega t_0}$는 ω 변수에서 주기 신호가 아니며, 모든 주파수 구간 $-\infty < \omega < \infty$에서 고유하게 정의된다. 반면 이산시간의 경우 시간 n이 정수이므로 $e^{j2\pi n} = 1$이다. 따라서 모든 $\hat{\omega}$와 임의의 n_0에 대하여

$$x(\hat{\omega}+2\pi) = e^{j(\hat{\omega}+2\pi)n_0} = e^{j\hat{\omega}n_0}e^{j2\pi n_0} = e^{j\hat{\omega}n_0} = x(\hat{\omega}) \tag{6.19}$$

이 성립한다. 여기서 복소지수 신호 $x(\hat{\omega}) = e^{j\hat{\omega}n_0}$의 2π 주기성은 주파수 자체의 주기성이다(그림 6.11). 이로 인해 $e^{j\hat{\omega}_0 n}$은 2π 한 주기 안에서만 고유하게 정의된다. 일반적으로 이산시간 주파수의 한 주기는 $[0,\ 2\pi)$ 혹은 $[-\pi,\ \pi)$ 구간으로 정한다. 특별히 $[-\pi,\ \pi)$ 구간은 주요값principal value 범위라 부른다. 그림 6.11에서 $e^{j\hat{\omega}_0 n}$은 $\hat{\omega}_0 > 0$이면 n이 증가함에 따라 단위원을 반시계 방향으로 이동하고 $\hat{\omega}_0 < 0$이면 시계 방향으로 이동한다. 이때 $|\hat{\omega}_0|$의 최소값은 0이고 최대값은 π이다.

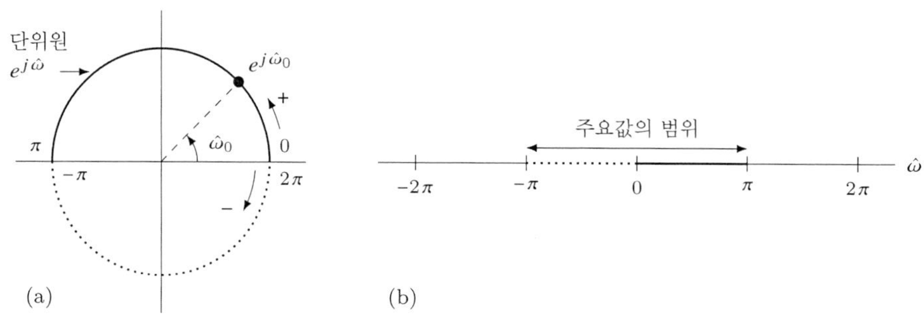

그림 6.11 이산시간 디지털 주파수의 주기성: (a) 단위원 상에서의 주파수 표현 (b) 일직선 상에서의 주파수 표현.

(B) 시간 영역의 관점: 이제 복소지수 신호의 주기성을 시간 영역에서 살펴보자. 연속시간 복소지수 신호의 경우 주기 조건은

$$x(t+T_0) = e^{j\omega_0(t+T_0)} = e^{j\omega_0 t}e^{j\omega_0 T_0} \stackrel{?}{=} e^{j\omega_0 t} = x(t) \tag{6.20}$$

인데, 모든 주파수 ω_0에 대하여 $T_0 = 2\pi/\omega_0$가 존재하므로 $x(t) = e^{j\omega_0 t}$는 항상 주기적이다. 그런데 이산시간의 경우는 어떠한가? 시간 영역에서 신호의 주기성

$$x[n+N] = e^{j\hat{\omega}_0(n+N)} = e^{j\hat{\omega}_0 n}e^{j\hat{\omega}_0 N} \stackrel{?}{=} e^{j\hat{\omega}_0 n} \tag{6.21}$$

을 만족하려면

$$e^{j\hat{\omega}_0 N} = 1 = e^{j2\pi k} \tag{6.22}$$

이 필요하다. 이로부터 이산시간 주기 신호의 주파수 $\hat{\omega}_0$는

$$\hat{\omega}_0 = \frac{2\pi k}{N}, \qquad \text{정수 } k,\ N \tag{6.23}$$

의 꼴로 표현된다. 즉, 조건 (6.23)을 만족하는 정수 (k, N)쌍이 존재할 때만 신호가 주기적이다. 예를 들어, 연속시간 신호 e^{j3t}는 주기적이지만 이산시간 신호 e^{j3n}은 주기적이지 않다.

여러 주기 신호로 구성된 경우, 연속시간 신호의 경우와 마찬가지로, 신호의 기본 주기는 개별적인 기본 주기의 최소공배수이다.

$$N = \text{최소공배수}(N_1,\ N_2,\ \cdots,\ N_r)$$

역으로 기본 주파수는 개별 기본 주파수의 최대공약수로 결정된다.

$$\hat{\omega}_0 = \text{최대공약수}(\hat{\omega}_1,\ \hat{\omega}_2,\ \cdots,\ \hat{\omega}_r)\text{이다.}$$

예제 6.4

다음 이산시간 주기 신호의 주기성을 확인해 보라.

$$x_1[n] = \sin(8\pi n/7) \qquad x_2[n] = \cos(2.5\pi n)$$

신호 $x_1[n]$, $x_2[n]$, $x_1[n] + x_2[n]$의 기본 주기와 기본 주파수는 각각 얼마인가?

풀이 신호 $x_1[n]$은

$$x_1[n] = \sin(8\pi n/7) = \sin\left(\frac{2\pi(4)n}{7}\right)$$

이므로 기본 주기는 $N_1 = 7$이고 기본 주파수는 $\hat{\omega}_1 = 2\pi/N_1 = 2\pi/7$이다. 신호 $x_2[n]$은

$$x_2[n] = \cos(2.5\pi n) = \cos\left(\frac{2\pi(5)n}{4}\right)$$

이므로 기본 주기는 $N_2 = 4$이고 기본 주파수는 $\hat{\omega}_2 = 2\pi/N_2 = 0.5\pi$이다. 이로부터 $x_1[n] + x_2[n]$의 기본 주기는

$$N = \text{최소공배수}(7,\ 4) = 28$$

이며 기본 주파수는

$$\hat{\omega}_0 = \frac{2\pi}{N} = \frac{2\pi}{28} = \frac{\pi}{14}$$

흥미롭게도 이산시간 정현 신호에서 기본 주파수와 신호의 주파수는 서로 다를 수 있다. 이

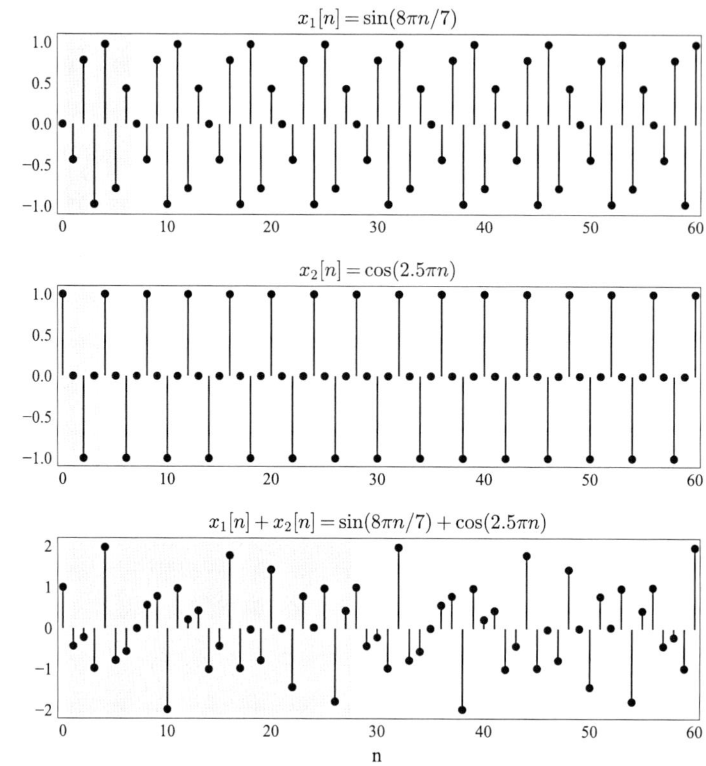

그림 6.12 서로 다른 주기를 갖는 정현 신호의 합(예제 6.4).

점은 연속시간의 경우와 다르다. 예를 들어, 연속시간 정현 신호 $x(t) = \cos(12\pi t)$의 경우 주파수는 $\omega_0 = 2\pi f_0 = 12\pi$이고, 기본 주파수 역시 ω_0이며, 기본 주기는 $T_0 = 2\pi/\omega_0 = 1/6$이다. 반면 예제 6.4에서 신호 $x_1[n]$의 주파수는 $8\pi/7$이며 기본 주파수는 $2\pi/7$이다.

개념점검 6.1 이산시간 주파수 $\hat{\omega}$의 주기성과 복소지수 신호 $e^{j\hat{\omega}_0 n}$의 주기성이 어떻게 다른가?

개념점검 6.2 정현 신호 $x[n] = \cos(\hat{\omega}_0 n)$은 항상 주기적인가?

연습 6.4 신호 $x[n] = \sin(0.7\pi n + 0.6)$의 기본 주기를 결정하라. 답: $N = 20$.

IPYWIDGET 데모 6.1

위젯 파일: `dt_sinusoid_demo.ipynb`

이 데모는 이산시간 정현 신호의 기본 주기와 주파수의 관계를 설명하고 보여준다. 위젯에서는 단일 정현 신호와 주파수가 다른 두 정현 신호의 합을 선택할 수 있다. 단일 정현 신호에서는 주기 `N`과 하모닉 `k0`를 조정하면서 신호의 주기와 주파수를 관찰할 수 있다. 또한 두 정현 신호의 합의 경우에는 각 정현 신호의 주기를 변화시키면서 전체 신호의 주기가 어떻게 결정되는지 관찰할 수 있다.

6.4.2 우대칭과 기대칭 함수

이산시간 우대칭[even symmetric] 신호 $x_e[n]$과 기대칭[odd symmetric] 신호 $x_o[n]$은 각각 다음과 같은 대칭 특성으로 정의된다(그림 6.13).

$$x_e[n] = x_e[-n] \tag{6.24a}$$

$$x_o[n] = -x_o[-n] \tag{6.24b}$$

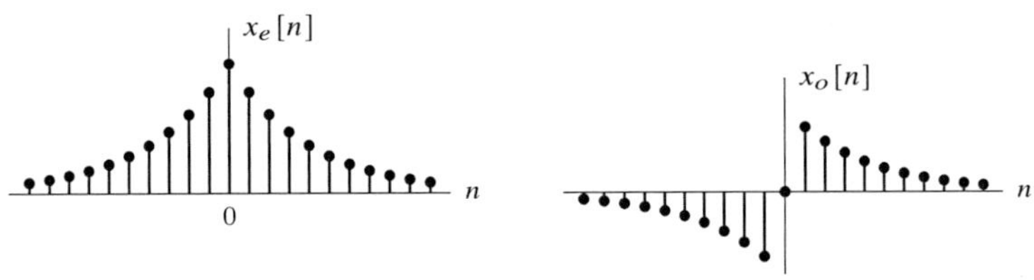

그림 6.13 이산시간 우대칭 함수와 기대칭 함수.

임의의 이산시간 신호 $x[n]$은 다음과 같이 우대칭 성분 $x_e[n]$과 기대칭 성분 $x_o[n]$의 합으로 표현될 수 있다.

$$x[n] = x_e[n] + x_o[n] \tag{6.25}$$

식 (6.25)에 n 대신 $-n$을 대입하면 $x[-n] = x_e[n] - x_o[n]$이므로, 신호의 우대칭 성분과 기대칭 성분을 각각 다음과 같이 표현된다.

$$x_e[n] = \frac{x[n] + x[-n]}{2} \tag{6.26a}$$

$$x_o[n] = \frac{x[n] - x[-n]}{2} \tag{6.26b}$$

이산시간에서는 연속시간의 경우와는 달리 연속의 개념이 없으므로, 연속시간 신호의 경우와 다르다. 식 (6.26)에 $n = 0$을 대입하면 다음 사실이 확인된다.

$$x_e[0] = \frac{x[0] + x[0]}{2} = x[0] \tag{6.27a}$$

$$x_o[0] = \frac{x[0] - x[0]}{2} = 0 \tag{6.27b}$$

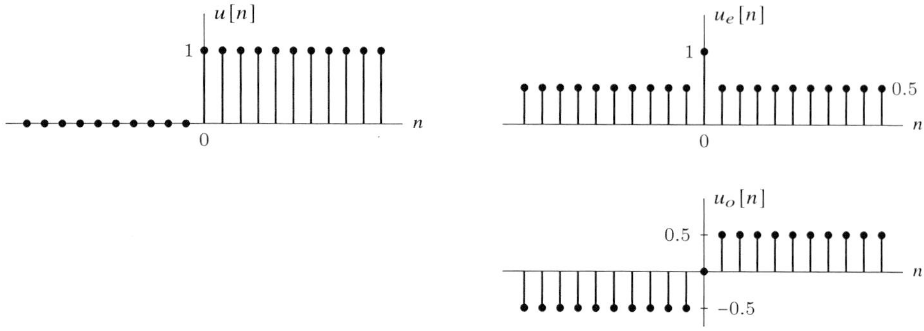

그림 6.14 이산시간 계단 신호의 우대칭과 기대칭 성분(예제 6.5).

예제 6.5

이산시간 계단 신호 $u[n]$을 우대칭 기대칭 성분으로 분해하라.

풀이 우대칭 기대칭 성분의 정의 (6.26)으로부터

$$u_e[n] = \frac{u[n] + u[-n]}{2} = \begin{cases} 1, & n = 0 \\ 0.5, & n \neq 0 \end{cases}$$

$$u_o[n] = \frac{u[n] - u[-n]}{2} = \begin{cases} -0.5, & n < 0 \\ 0, & n = 0 \\ 0.5, & n > 0 \end{cases}$$

이 결과를 연속시간 예제 1.9와 비교하면 $n = 0$에서 이산시간과 연속시간의 차이를 확인할 수 있다(그림 1.23과 6.14 비교).

복소 신호의 대칭성은 연속시간의 경우와 마찬가지로 켤레 대칭으로 규정된다. 복소 신호

$$x[n] = x_r[n] + jx_i[n] = |x[n]|e^{j\measuredangle x[n]} \tag{6.28}$$

에서 켤레 대칭은

$$x[-n] = x^*[n] \tag{6.29}$$

으로 정의된다. 켤레 대칭conjugate symmetry은 실수부/크기의 우대칭과 허수부/위상의 기대칭을 의미한다. 즉, 복소 신호 $x[n]$이 켤레 대칭이면

$$\begin{cases} x_r[-n] = x_r[n] \\ x_i[-n] = -x_i[n] \end{cases} \text{ 이고 } \begin{cases} |x[-n]| = |x[n]| \\ \measuredangle x[-n] = -\measuredangle x[n] \end{cases} \text{ 이다.} \tag{6.30}$$

연습 6.5 신호 $x[n] = \{3,\ 2,\ 1\}$의 기대칭 성분 $x_o[n]$과 우대칭 성분 $x_e[n]$을 구하라.

답 : $x_o[n] = \{-0.5,\ -1,\ \underset{\uparrow}{0},\ 1,\ 0.5\}$, $x_e[n] = \{0.5,\ 1,\ \underset{\uparrow}{3},\ 1,\ 0.5\}$

연습 6.6 신호 $x[n] = \{1,\ 2e^{j\pi/4},\ 3+j2\}$의 켤레 대칭 $y[n] = x^*[-n]$을 구하라.

답 : $y[n] = \{3-j2,\ 2^{-j\pi/4},\ \underset{\uparrow}{1}\}$

6.4.3 전력 신호와 에너지 신호

이산시간 신호 $x[n]$의 에너지가 유한하다면 **에너지**는 다음과 같이 정의된다.

$$E_x = \sum_{n=-\infty}^{\infty} x[n]x^*[n] = \sum_{n=-\infty}^{\infty} |x[n]|^2 < \infty \tag{6.31}$$

에너지가 유한한 신호는 **에너지 신호**로 분류된다. 길이가 유한하고 크기 제한된 신호는 모두 에너지 신호이다. 만약 길이가 무한하고 에너지가 유한하지 않다면 신호의 에너지를 정의할 수 없으므로 대신 다음과 같이 **평균 전력**으로 정의한다.

$$P_x = \lim_{N\to\infty} \frac{1}{2N+1} \sum_{n=-N}^{N} |x[n]|^2 \tag{6.32}$$

만약 $x[n]$이 주기 N인 주기 신호라면 평균전력은 한 주기 평균 전력으로 정의된다.

$$P_x = \frac{1}{N} \sum_{n=0}^{N-1} |x[n]|^2 \tag{6.33}$$

평균 전력이 유한한 신호는 **전력 신호**로 분류된다. 연속 시간의 경우와 마찬가지로, 에너지 신호의 경우 $E_x < \infty$이므로 식 (6.32)의 평균 전력은 $P_x \to 0$이다. 반면에 전력 신호의 경우 평균 전력이 유한하므로($P_x < \infty$) 에너지는 $E_x \to \infty$이다.

예제 6.6

지수 신호 $x[n] = a^n u[n]$의 에너지를 계산하라($|a| < 1$는 실수).

풀이 에너지의 정의로부터

$$E_x = \sum_{n=-\infty}^{\infty} |a^n u[n]|^2 = \sum_{n=0}^{\infty} a^{2n}$$
$$= \frac{1}{1-a^2}, \quad |a| < 1$$

예제 6.7

정현 신호 $x[n] = A\cos(2\pi n/N)$의 평균 전력을 계산하라.

풀이 기본 주기는 N이므로

$$P_x = \frac{1}{N}\sum_{n=0}^{N-1}(A\cos(2\pi n/N))^2 = \frac{1}{N}\sum_{n=0}^{N-1}\frac{A^2}{2}[1+\cos(4\pi n/N)]$$

$$= \frac{A^2}{2} + \frac{A^2}{2N}\underbrace{\sum_{n=0}^{N-1}\cos(4\pi n/N)}_{=0} = \frac{A^2}{2}$$

여기서 마지막 식의 둘째 항은 주기가 $N/2$인 $\cos(4\pi n/N)$의 두 주기 합에 해당하므로 0이다.

연습 6.7 신호 $x[n] = 10\cos(2n)$는 전력 신호인가 에너지 신호인가? 전력 신호라면 평균 전력, 에너지 신호라면 에너지를 구하라. **답**: 전력 신호. 평균 전력 $P_x = 50$.

6.5 샘플링

연속시간 신호를 이산시간으로 변환하는 주된 이유는 그림 6.15와 같이 컴퓨터를 이용하여 다양하고 강력한 이산 신호처리를 수행하기 위해서이다. 연속시간 신호를 이산시간 신호로 변환할 때 샘플 간격이 너무 넓으면 신호로부터 포착해야 하는 중요 정보를 놓칠 수 있고, 샘플 간격이 너무 촘촘하면 처리해야 하는 데이터 양이 증가하는 단점이 있다. 자연스럽게 적정한 샘플 간격은 어떻게 결정되어야 하는지 궁금해진다. 뿐만 아니라, 연속시간 신호를 샘플링하여 이산화하면 신호의 특성에 어떤 변화가 발생하는지도 관심거리이다. 이 절에서는 연속시간의 이산화 과정을 살펴보고 고려해야 할 주요 사항을 알아보기로 한다.

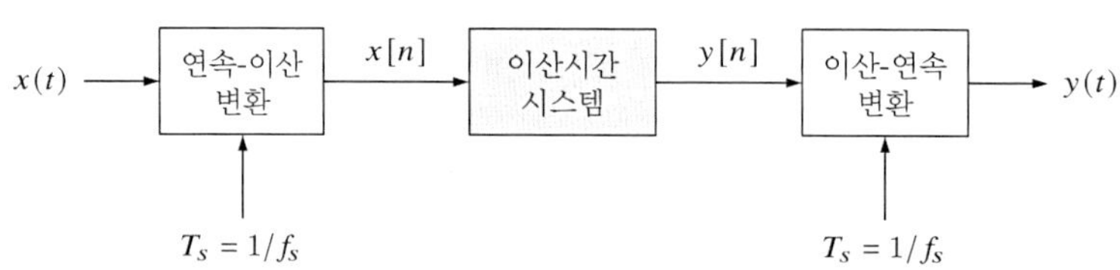

그림 6.15 연속시간 신호의 이산 신호처리를 위한 샘플링과 복원.

6.5.1 연속시간 신호의 샘플링

연속시간 신호 $x(t)$의 **샘플링**sampling은 일정 시간 간격으로 신호의 값을 추출하는 과정이다. 이 간격 T_s를 **샘플링 주기**sampling period라 하고, 역수 $f_s = 1/T_s$은 **샘플링 율**sampling rate 혹은

샘플링 주파수sampling frequency 라 한다. 연속시간 정현 신호

$$x(t) = A\cos(\omega_0 t + \phi) = A\cos(2\pi f_0 t + \phi) \tag{6.34}$$

를 T_s 마다 샘플링하면 다음과 같이 표현된다.

$$\begin{aligned} x[n] \overset{\text{def}}{=} x(t)\Big|_{t=nT_s} &= A\cos(\omega_0 nT_s + \phi) \\ &= A\cos(\hat{\omega}_0 n + \phi), \quad \hat{\omega}_0 = \omega_0 T_s = \frac{\omega_0}{f_s} \\ &= A\cos\left(2\pi\left(\frac{f_0}{f_s}\right)n + \phi\right) = A\cos(2\pi\hat{f}_0 n + \phi) \end{aligned} \tag{6.35}$$

여기서 이산화된 신호의 주파수 $\hat{\omega}_0$는

$$\hat{\omega}_0 \overset{\text{def}}{=} \omega_0 T_s = \frac{\omega_0}{f_s} = 2\pi\left(\frac{f_0}{f_s}\right) = 2\pi\hat{f}_0 \tag{6.36}$$

과 같이 정의되며, **이산 주파수**discrete frequency, 디지털 주파수, 혹은 정규화된 주파수라고 부른다. 이산 주파수 $\hat{\omega}_0$의 단위는 라디안이고 이산 사이클 주파수 $\hat{f}_0$는 단위가 없다.

> **개념점검 6.3** 기본 주파수 $f_0 = 440\,\text{Hz}$의 신호를 $f_s = 8000\,\text{Hz}$의 주파수로 이산화했다. 이산시간 신호는 주기적인가? 주기적이라면 주기는 얼마인가? 연속시간 신호의 주기와 비교해 보라.

6.5.2 에일리어스와 에일리어싱

연속시간 신호를 샘플링하면 신호의 고유성이 사라진다. 그 이유는 정현 신호가 2π 주기성을 가지면서 동시에 시간 인덱스 n이 정수이기 때문이다.

$$\cos(\hat{\omega}_0 n + 2\pi n) = \cos(\hat{\omega}_0 n)$$

이 점은 연속시간의 경우와 구별된다.

$$\cos(\omega_0 t + 2\pi t) \neq \cos(\omega_0 t)$$

연속시간 정현 신호

$$x_1(t) = \cos(2\pi(400)t + \pi/4) \tag{6.37}$$

의 샘플링을 고려하자. 이 신호를 $f_s = 1\,\text{kHz}$로 샘플링하면

$$x_1[n] = x_1(t)\Big|_{t=n/f_s} = \cos(2\pi(400)n/1000 + \pi/4) = \cos(0.8\pi n + \pi/4) \tag{6.38}$$

를 얻는다. 그런데 코사인 함수의 2π 주기성으로 인해

$$x_1[n] = \cos(0.8\pi n + \pi/4) = \cos(0.8\pi n + \pi/4 + 2\pi n)$$
$$= \cos(2.8\pi n + \pi/4) = x_2[n]$$

이 성립한다. 다시 말하면, 연속시간 정현 신호

$$x_2(t) = \cos(2\pi(1400)t + \pi/4) \tag{6.39}$$

를 $f_s = 1\,\text{kHz}$의 주파수로 샘플링하면 $x_2[n]$을 얻을 수 있지만, $x_2[n]$의 샘플과 $x_1[n]$의 샘플들은 서로 구분되지 않는다(그림 6.16). 서로 다른 연속시간 정현 신호가 동일한 이산시간 정현 신호로 변환되기 때문이다. 실제로 무한히 많은 서로 다른 연속시간 신호가 동일한 이산시간의 샘플에 대응된다. 이처럼 연속시간 신호들이 이산화 이후 자신의 고유성을 잃어버리고 다른 신호처럼 나타나는 현상을 에일리어싱aliasing이라 부르며, 이때 동일한 이산화 신호로 보여지는 신호들을 에일리어스alias라 한다.

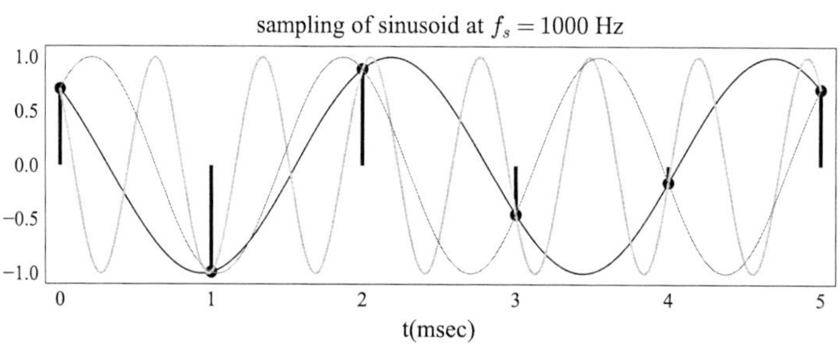

그림 6.16 연속시간 정현 신호 $x_1(t) = \cos(2\pi(400)t + \pi/4)$, $x_2(t) = \cos(2\pi(1400)t + \pi/4)$, $x_3(t) = \cos(2\pi(600)t - \pi/4)$의 샘플링($f_s = 1000\,\text{Hz}$).

그림 6.17은 주파수 $\omega_{in} = 2\pi f_{in}$인 연속시간 정현 신호가 샘플링 주파수 f_s로 이산화되는 과정이다. 과정을 정리하면 다음과 같다.

1. 연속시간 신호를 샘플링하면 아날로그 주파수 f_{in}은 f_s에 의하여 정규화된다.

$$\hat{f}_{in} = \frac{f_{in}}{f_s} \tag{6.40}$$

2. 샘플링 결과 이산시간 정현 신호의 2π의 주기성으로 인해 에일리어싱이 발생한다.

$$\hat{f}_{alias} = \hat{f}_{in} + k, \quad k = 0,\ \pm1,\ \pm2,\ \cdots \tag{6.41}$$

3. 연속시간 신호로 복원될 때는 주요값 범위의 주파수 성분(기본 에일리어스)이 선택된다.

$$\hat{f}_{recons} : -\frac{1}{2} \le \hat{f}_{alias} < \frac{1}{2} \tag{6.42}$$

4. 선택된 신호의 주파수 $\hat{f}_{recons}$는 시간 변수 변환 $n = tf_s$에 의하여 연속시간 아날로그

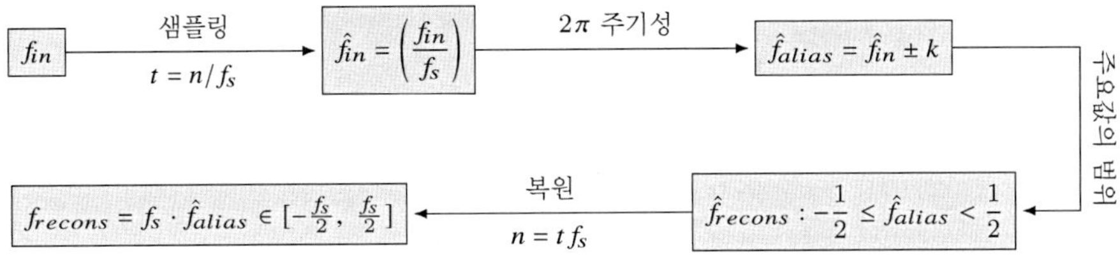

그림 6.17 샘플링-복원 과정의 주파수 변환 과정.

주파수 f_{recons}로 변환된다.

$$-\frac{f_s}{2} \le f_{recons} = f_s \cdot \hat{f}_{alias} < \frac{f_s}{2} \tag{6.43}$$

5 복원된 연속시간 신호의 주파수가 음수라면 위상의 부호가 반전된다. 예를 들어 $f_{recons} = -40\,\text{Hz}$이면

$$\cos(2\pi(-40)t + \phi) = \cos(2\pi(40)t - \phi)$$

예제 6.8

연속시간 정현 신호 $x(t) = \cos(2\pi f_0 t + \phi)$를 주파수 $f_s = 80\,\text{Hz}$로 샘플링하여

$$x[n] = \cos(0.2\pi n + \pi/6)$$

를 얻었다. 연속시간 정현 신호 중 주파수가 $0 < f_0 < 80\,\text{Hz}$인 신호를 모두 구하라.

풀이 디지털 주파수 $\hat{\omega}_{in} = 0.2\pi$로부터

$$\hat{f}_{in} = \frac{0.2\pi}{2\pi} = 0.1$$

이므로 에일리어스의 주파수는 다음과 같이 주어진다.

$$\hat{f}_{alias} = \hat{f}_{in} + k = 0.1 + k, \quad k = 0, \pm 1, \pm 2, \cdots$$

이 주파수에 $f_s = 80$를 곱하면 연속시간 아날로그 주파수를 얻는다.

$$f_{alias} = \hat{f}_{alias} \cdot f_s = (0.1 + k)80, \quad k = 0, \pm 1, \pm 2, \cdots$$

여기서 조건 $0 < f_0 = f_{alias} < 80$을 만족하는 신호는 다음과 같다.

$$k = 0\text{일 때}: \quad x(t) = \cos(2\pi(8)t + \pi/6)$$

$$k = -1\text{일 때}: \quad x(t) = \cos(2\pi(-72)t + \pi/6) = \cos(2\pi(72)t - \pi/6)$$

개념점검 6.4 샘플링의 결과 수많은 에일리어스 신호가 발생하는 가장 직접적인 이유는 무엇인가?

연습 6.8 주기 $f_0 = 60\,\text{Hz}$의 연속시간 정현 신호 $x(t)$를 $f_s = 200\,\text{Hz}$의 주파수로 샘플링하여 $x[n]$을 얻었다. 이산시간 신호 $x[n]$은 주기적인가? 이 신호의 주파수와 기본 주기는 얼마인가? 답: 주기적, $\hat{\omega}_0 = 0.6\pi$, $N = 10$

6.5.3 샘플링 정리

연속시간 신호의 샘플링은 에일리어싱을 초래하며, 경우에 따라 주요값 범위 안에 있는 기본 에일리어싱의 주파수가 원 신호의 주파수와 달라지기도 한다. 샘플링의 결과 기본 에일리어싱의 주파수가 원 신호의 주파수와 달라지면, 신호는 원래의 특성을 잃고 왜곡된 것이므로 이후 이산시간 영역에서의 신호처리는 어려워진다. 뿐만 아니라 이산화된 신호로부터 원래의 연속시간 신호를 복원할 수도 없다.

에일리어싱이 발생하지 않고 원래의 주파수로 복원하기 위해서는, 식 (6.43)에서 알 수 있듯, 정현 신호의 주파수 f_{in}보다 2배 이상 큰 주파수로 샘플링해야 한다. 이 결과는 **섀넌-나이퀴스트**Shannon-Nyquist의 **샘플링 정리**sampling theorem로 요약된다.

샘플링 정리
연속시간 신호 $x(t)$가 주파수 f_{max}로 대역제한된다고 가정하자. 연속시간 신호 $x(t)$를 샘플링하여 얻어진 이산시간 샘플 $x[n]$으로부터 다시 연속시간 신호 $x(t)$를 정확하게 복원하려면, 샘플링 주파수 f_s는

$$f_s > 2f_{max} \tag{6.44}$$

를 만족해야 한다. 여기서 $f_s = 2f_{max}$를 **나이퀴스트 율**Nyquist rate이라 부른다.

자연계에 존재하는 대부분의 신호들은 주파수 대역이 제한없이 무한하다고 가정된다. 따라서 샘플링 전에 신호의 대역을 적절하게 제한해야 한다. 이때 신호의 최대 주파수가 $f_s/2$보다 작도록 **에일리어싱 방지 필터**anti-aliasing filter를 이용하여 대역제한된다. 예를 들어, 전화기에서 사용하는 음성은 $f_s = 8\,\text{kHz}$의 주파수로 샘플링되며, 사전에 $3.5\,\text{kHz}$ 정도의 대역으로 제한된다.

예제 6.9

연속시간 정현 신호

$$x(t) = 2\cos(2\pi(200)t) + \cos(2\pi(400)t + \pi/4)$$

를 $f_s = 500\,\text{Hz}$로 샘플링하여 $x[n]$을 얻었다. 이산시간 샘플 $x[n]$으로부터 다시 복원되는

연속시간 신호 $x_{recons}(t)$를 구하라.

풀이 샘플링된 이산시간 신호는 $t = nf_s$를 대입하여

$$x[n] = 2\cos(0.8\pi n) + \cos(1.6\pi n + \pi/4) = 2\cos(0.8\pi n) + \cos(0.4\pi n - \pi/4)$$

로 표현된다. 샘플로부터 복원된 연속시간 신호는 $n = tf_s$를 대입하여

$$x_{recons}(t) = x[n]\Big|_{n=tf_s} = 2\cos(2\pi(200)t) + \cos(2\pi(100)t - \pi/4)$$

으로 얻어진다. 신호 중 400 Hz 성분에서는 샘플링 조건 (6.44)이 만족되지 못하므로 에일리어싱이 발생하였다. 이로 인해 복원된 신호 $x_{recons}(t)$는 샘플링 전 연속시간 신호 $x(t)$와 다르다. 에일리어싱이 발생하지 않도록 하려면 샘플링 주파수를 $f_s \geq 2f_{max} = 2(400) = 800$ Hz로 선택해야 한다.

IPYWIDGET 데모 6.2

위젯 파일: `sampling_aliasing_demo.ipynb`, `aliasing_cello_demo.ipynb`

이 데모에서는 연속시간 신호의 샘플링 과정과 결과를 관찰할 수 있다. 첫 번째 위젯은 샘플링 정리가 어떻게 작동하는지 보여준다. 슬라이더로 정현 신호의 주파수를 변경하면서 원 신호와 이산시간 샘플로부터 복원된 신호의 스펙트럼을 관찰해 보라. 여기에서 샘플링 주파수는 $f_s = 1000$ Hz로 고정되어 있다. 신호의 주파수 f_0가 $f_s/2$보다 커지면 복원된 신호는 원 신호가 아닌 에일리어스이다. 이때 원 신호의 위상변이와 복원된 신호의 위상변이가 같은 부호를 갖는지 서로 다른 부호를 갖는지 시간 파형으로부터 확인할 수 있다. 어느 주파수 구간에서 위상변이의 부호가 동일하고 어느 주파수 구간에서 다른지 확인해 보라. 또한 원 신호와 복원된 신호를 소리를 들어봄으로써 에일리어싱의 효과를 소리로 경험할 수 있다. 두 번째 위젯에서는 실제 연주된 첼로 소리에서 에일리어싱이 어떻게 들리는지 들어볼 수 있다. 스펙트로그램에서 보는 바와 같이 첼로 소리는 많은 하모닉 성분으로 구성되어 있다. 샘플링 주파수를 감소시키면, 주파수가 $f_s/2$ 보다 큰 하모닉 성분들은 복원된 신호에 에일리어싱으로 반영된다. 음정이 높아짐에 따라 높은 주파수의 하모닉 성분의 크기가 커지고 에일리어싱에 따른 소리 왜곡이 점차 크게 들린다.

파이썬 예제

파이썬 예제 6.1: 이산시간 신호의 변형

앞서 6.2절에서 다룬 이산시간 신호의 변형을 파이썬으로 구현해 보자. 다음 순서로 파이썬 코드를 구현하자.

(a) 예제 6.1의 신호

$$x[n] = \{3,\ 3,\ 5,\ 5,\ 4,\ 3,\ 2,\ 1\}$$

를 $-5 \le n \le 15$의 범위에서 정의하고 신호 파형을 그린다.

(b) 변형된 신호 $x[n-2]$, $x[-n]$, $x[n/2]$, $x[2n]$를 $-10 \le n \le 20$의 범위에서 구현하고 결과를 그린다.

신호 변형을 위해서, 연속시간의 경우와 마찬가지로, lambda 연산자로 신호를 정의하자. 생성되는 신호 x가 실수값을 갖도록 astype(float)를 추가한다.

```
x = lambda n: 3*((n==0)|(n==1)).astype(float) +
↪  5*((n==2)|(n==3)).astype(float)
+ 4*(n==4).astype(float) + 3*(n==5).astype(float) +
↪  2*(n==6).astype(float)
+ 1*(n==7).astype(float)
```

이산시간 신호의 시간 인덱스는 정수이므로 arange를 이용하면 편리하다. 이산시간 신호의 스템 플롯은 파이썬에서 stem 함수를 이용한다(부록 E.3.3 참고).

```
nmin, nmax = -20, 20
n = np.arange(nmin, nmax+1)
fig, ax = plt.subplots(figsize=(3,2.5))
ax.stem(n, x(n), basefmt=' ')
```

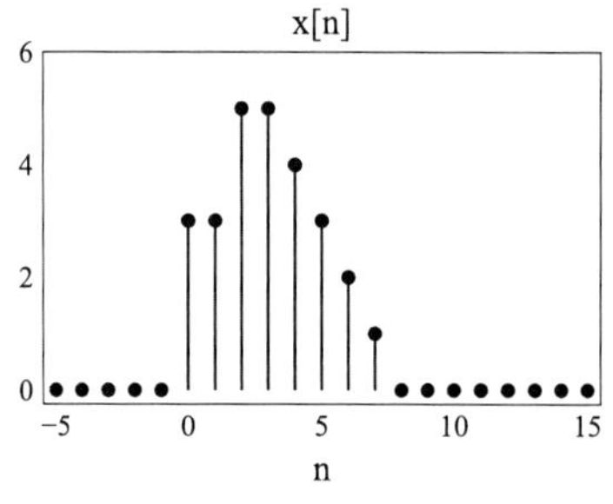

그림 6.18 변형 실험에 사용될 이산시간 신호(파이썬 예제 6.1).

일단 lambda를 이용하여 신호를 정의하면 신호의 변형은 아주 간단해진다. 시간 이동된 신호 $x[n-2]$는 x(n-2)와 같이 호출하면 된다. 다음은 변형된 신호 $x[n-2]$, $x[-n]$, $x[n/2]$, $x[2n]$을 생성하고 그리는 코드이며, 그림 6.19는 코드 실행의 결과이다.

```
# 이산시간 신호의 시간 의존적 변형
nmin, nmax = -20, 20
n = np.arange(nmin, nmax+1)
# 스템 플롯
fig, axes = plt.subplots(2,2, figsize=(6,4.5))
```

```
# x[n-2]: 2 샘플 지연
axes[0,0].stem(n, x(n-2), basefmt=' ')
# x[-n]: 시간 반전
axes[0,1].stem(n, x(-n), basefmt=' ')
# x[n/2]: 시간 2배 확장
axes[1,0].stem(n, x(n/2), basefmt=' ')
# x[2n]: 시간 2배 압축
axes[1,1].stem(n, x(2*n), basefmt=' ')
```

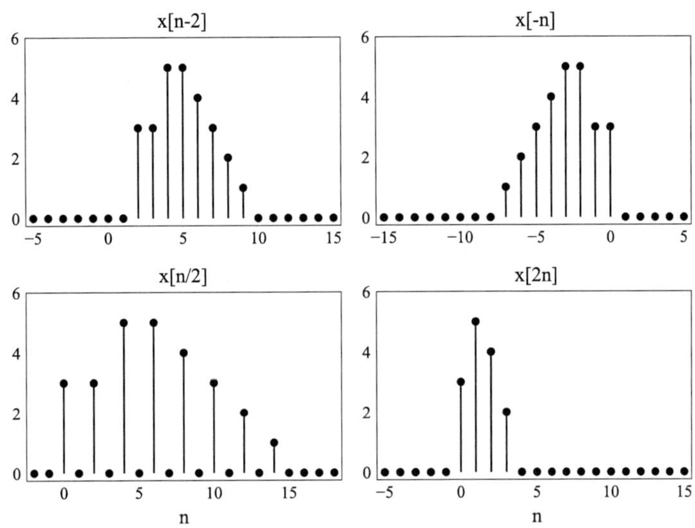

그림 6.19 이산시간 신호의 변형(파이썬 예제 6.1).

파이썬 예제 6.2: 기본 이산시간 신호를 생성하고 그리기

임펄스 $\delta[n]$, 계단 $u[n]$, 지수 신호 $x_1[n] = (0.7)^n u[n]$, 정현 신호 $x_2[n] = \cos(2\pi n/12)$를 $-5 \le n \le 15$의 범위에서 생성하고 파형을 그리는 코드를 작성해 보자.

계단 신호와 임펄스 신호는 앞의 예제와 같이 `lambda` 함수와 부울논리를 적용하여 생성한다. 이산시간 신호를 `lambda`나 `def`를 이용하여 정의하려면 시간 변형을 적절히 수용하도록 조치해야 한다. 예를 들어, 시간을 $n/2$로 변형할 때 $n/2$은 정수값이 아닐 수도 있으므로 정수인지를 검사하는 과정이 필요하다. 여기서는 인덱스가 정수인가를 판별하는 방법의 하나로

```
n==np.round(n)
```

조건을 이용한다. 결과적으로 임펄스 신호와 계단 신호는 다음과 같이 표현될 수 있다.

```
imp = lambda n: (n==0)*(n==np.round(n)).astype(float)# 임펄스
u = lambda n: (n>=0)*(n==np.round(n)).astype(float)# 계단
```

다음은 기본 신호를 생성하고 파형을 그리는 코드이며, 그림 6.20은 코드의 결과이다. 지수 신호와 정현 신호는 시간 변형이 고려되지 않은 형태로 표현되었다.

```
# 이산시간 신호의 생성과 플롯
n = np.arange(-5, 15+1)
# 신호 생성
imp = lambda n: (n==0)*(n==np.round(n)).astype(float)# 임펄스
u = lambda n: (n>=0)*(n==np.round(n)).astype(float)# 계단
x1 = (0.7)**n * (n>=0)# 지수 신호
x2 = np.cos(2*np.pi*n/12)# 정현 신호
# 플롯
fig, axes = plt.subplots(2,2, figsize=(6,4.5))
axes[0,0].stem(n, u(n), basefmt=' ')
axes[0,1].stem(n, imp(n), basefmt=' ')
axes[1,0].stem(n, x1, basefmt=' ')
axes[1,1].stem(n, x2, basefmt=' ')
```

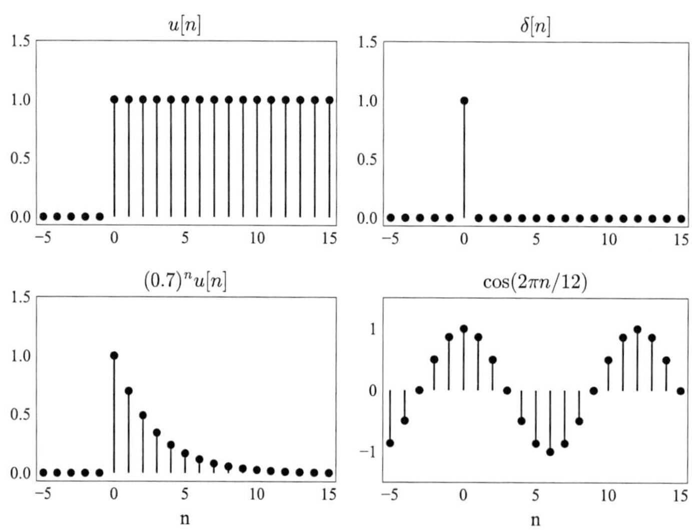

그림 6.20 이산시간 신호(파이썬 예제 6.2).

파이썬 예제 6.3: 계단 신호의 우대칭/기대칭 성분 추출

신호의 우대칭/기대칭은 신호 반전을 활용한 변형이다. 계단 신호의 우대칭/기대칭 성분 추출 예제 6.5는 다음과 같이 구현될 수 있다.

```
# 계단 신호를 우대칭-기대칭 성분으로 분해
u = lambda n: (n>=0)*(n==np.round(n)).astype(float)
n = np.arange(-10, 10+1)
```

```
ueven = 0.5*(u(n) + u(-n))
uodd = 0.5*(u(n) - u(-n))
# 플롯
fig, axes = plt.subplots(2,2, figsize=(6,4.5))
fig.delaxes(axes[0,1])
axes[0,0].stem(n, u(n), basefmt=' ')
axes[1,0].stem(n, ueven, basefmt=' ')
axes[1,1].stem(n, uodd, basefmt=' ')
```

파이썬 예제 6.4: 이산시간 신호의 평균 전력과 에너지 계산

예제 6.6에서 다루었던 지수 신호의 에너지를 계산하자($a = 0.8$ 가정). 연속시간의 경우와 마찬가지로 sympy와 numpy를 모두 적용할 수 있다. 먼저 sympy를 적용해 보자. sympy에서 수열의 합 계산은 sympy.summation을 활용할 수 있다. 함수 sympy.summation에서 변수 n은 정수로 가정되며, sympy에서 무한대 ∞는 알파벳 소문자 o를 이용하여 oo으로 표기된다.

```
# sympy를 이용한 지수 신호의 평균전력 계산
from sympy import *
n = symbols('n', integer=True, positive=True)
x = (0.8)**n
Ex = summation(x**2, [n,0,oo])
print(Ex)
```

```
25/9
```

동일한 방식으로 예제 6.7에서 계산한 정현 신호 $x[n] = A\cos(2\pi n/5)$의 평균 전력은 다음과 같이 계산된다.

```
# sympy를 이용한 정현 신호의 평균전력 계산
N = 5
n = symbols('n', integer=True)
A = symbols('A', real=True, positive=True)
x = A*cos(2*pi*n/N)
Pavg = summation(x**2, [n,0,N-1])/N
print(Pavg)
```

```
2*A**2*(-1/4 + sqrt(5)/4)**2/5 + A**2/5 + 2*A**2*(-sqrt(5)/4 -
↪  1/4)**2/5
```

산만한 결과는 메소드^{method} simplify를 이용하여 깔끔하게 정리할 수 있다.

```
print(Pavg.simplify())
```

```
A**2/2
```

심볼 연산에 비해 numpy를 이용한 계산은 아주 간단하다.

```
# numpy를 이용한 정현 신호의 평균전력 계산
N = 5; n = np.arange(N)
x = 10 * np.cos(2*np.pi*n/N)
Px = np.sum(x**2)/N
print(Px)
```

```
50.0
```

파이썬 예제 6.5: 샘플링과 에일리어싱

이 파이썬 예제에서는 정현 신호를 대상으로 샘플링과 에일리어싱에 관한 실험을 수행한다. 이산화된 이산시간 샘플로부터 원래의 연속시간 신호를 다시 복원하려면, 샘플링 정리에 의하여, 샘플링 주파수 f_s는 신호에 포함된 최대 주파수 f_{max}의 2배 이상이어야 한다. 이 조건을 만족하지 않으면 이산화 샘플로부터 복원된 신호의 주파수는 원 신호의 주파수와 달라지는 에일리어싱이 발생한다.

주파수 f_0의 연속시간 정현 신호를 고려하자.

$$x(t) = \sin(2\pi f_0 t) \tag{6.45}$$

컴퓨터에서는 모든 신호가 이산화 샘플로 처리되므로 연속시간 신호를 표현하고 파형을 그리기 위한 샘플 주기 tp와 신호를 이산화하기 위한 샘플링 주기 Ts를 구분해야 한다. 연속시간 신호를 표현하기 위한 샘플링 주파수 1/tp는 통상 f_s의 10배 정도 큰 값으로 선택하면 좋다. 여기에서는 tp=1/16000으로 정하고, 신호의 샘플링 주기는 Ts=1/fs=1000으로 가정한다. 다음 코드는 기본 파라미터와 신호를 정의한다.

```
fs = 1000  # 샘플링 주파수
T = 0.01   # 신호의 플롯 구간 (0, T)
tp = 1/16000 # 플롯용 이산화 주기
t = np.arange(0, T, tp)  # 연속시간 변수
n = np.arange(0, T, 1/fs)  # 이산시간 변수
# 시험용 신호
x = lambda t, f0: np.sin(2*np.pi*f0*t)
```

주파수 f_0의 정현 신호를 f_s로 이산화하고, 이산화 샘플로부터 원 신호를 복원하면, 복원된

신호의 주파수는 그림 6.17에 의하여

$$f_{recons} = \min(f_0,\ f_0 - f_s)$$

으로 표현된다. 이 사실을 확인하기 위해 원 신호, 이산화 샘플, 복원된 신호를 그려보자. $f_0 = 800\,\text{Hz}$ 신호이면, 복원된 신호의 주파수는 $f_0 - f_s = 800 - 1000 = -200\,\text{Hz}$이다. 원 신호가 기함수이므로 주파수의 마이너스 부호는 신호의 부호에 전가된다. 또한 샘플링 조건을 만족시키지 못하므로 에일리어싱이 발생한다.

```
# 원 신호와 복원된 신호를 플롯하고 소리로 들어보기
f0 = 800
frecons = min(f0, f0-fs)
fig, ax = plt.subplots(figsize=(6,2.5))
ax.plot(t*1000, x(t,f0), color='C0')
ax.plot(n*1000, x(n,f0), 'C1o', ms=5)
ax.plot(t*1000, x(t,frecons), color='C1', lw=1)
```

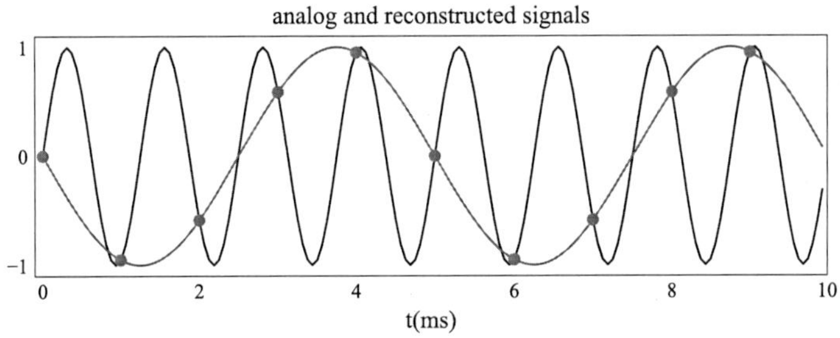

그림 6.21 원 신호, 이산화 샘플, 복원된 신호(파이썬 예제 6.5).

파이썬에서 신호를 들어보려면 파이썬 함수 Audio를 이용하면 된다. 샘플링 조건이 충족되지 않아 에일리어싱이 발생하면 원 신호의 주파수와 다른 주파수의 신호를 듣게 된다.

```
from IPython.display import Audio, display
tplay = np.arange(0, 3, tp)
display(Audio(data=x(tplay,f0), rate=1/tp))
display(Audio(data=x(tplay,frecons), rate=1/tp))
```

이산화 전후 신호의 푸리에 스펙트럼을 확인하려면, 파이썬 예제 4.2에서 설명한대로, 연속시간 신호의 푸리에변환을 계산하는 함수 ctft를 활용하면 된다. 다만 의미있는 결과를 얻기 위해 고려해 주어야 할 사항들이 있다.

- 스펙트럼 해상도를 충분히 높이기 위해 시간 영역 신호의 길이를 충분히 크게 설정한다.
- 같은 이유로 주파수 영역 샘플을 충분히 많이 설정한다.
- 시작점은 항상 $t_1 = 0$이므로 생략된다.

이 사항을 수용하기 위해 파이썬 예제 4.2에서 작성된 함수 ctft를 다음과 같이 약간 수정한다.

```
from numpy.fft import fft, fftshift
def ctft(x, tp):
    """compute Fourier transform of sampled signal using FFT.
    Length of x is set to much longer and FFT size is set eight
    ↪  times higher than signal length for finer spectral
    ↪  resolution.
    x = sampled signal
    tp = sampling period
    """
    N = 8*len(x)
    X = fftshift(fft(x,N)) * tp
    f = np.linspace(-0.5/tp, 0.5/tp, len(X), endpoint=False)
    return X, f
```

원 신호와 복원된 신호의 스펙트럼을 계산하고 그리기 위한 코드이다. 그림 6.22는 $f_0 = 800\,\text{Hz}$일 때 결과이다. 복원된 신호의 주파수는 $f_0 - f_s = 800 - 1000 = -200\,\text{Hz}$이다. 샘플링 조건 $f_s > 2f_0$을 만족하지 못하므로 에일리어싱이 발생하여 원 신호와 복원된 신호의 푸리에 스펙트럼이 서로 다르다.

```
# 신호의 스펙트럼 플롯
f0 = 800
fig, ax = plt.subplots(2,1, figsize=(6,2.5))
tspectrum = np.arange(0, 20*T, tp)
xorg = x(tspectrum,f0)
Xorg, f = ctft(xorg, tp)
ax.plot(f, np.abs(Xorg))
xrecons = x(tspectrum,min(f0,f0-fs))
Xrecons, f = ctft(xrecons, tp)
ax.plot(f, np.abs(Xrecons))
```

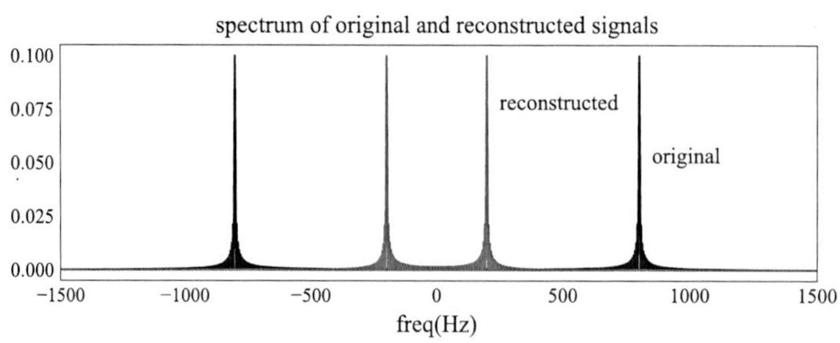

그림 6.22 원신호와 복원된 신호의 스펙트럼(파이썬 예제 6.5).

파이썬 예제 6.6: 파일로부터 데이터 읽기

이 예제에서는 파이썬에서 데이터 파일을 읽어 그래프로 그려본다. 예로 그림 6.1의 기온 데이터를 활용하기로 하자. 이 데이터는 `weather.data` 파일에 다음과 같이 시간과 기온이 두 열로 저장되어 있다.

```
0   23.0
1   22.4
2   21.9
```

다음 코드는 파일의 모든 라인을 한꺼번에 읽어서 `lines`에 저장하고 한 줄씩 처리하여 시간과 기온 데이터를 각각 `idx`와 `wdata`의 배열에 저장한다. 이때 `data = line.split()`처럼 분리표기용 문자를 생략하면 데이터는 빈칸(space)로 구분되어 있다고 가정된다.

```
# 기온 데이터 파일 읽기
with open('../data/weather.data') as f:
    lines = f.readlines()# 파일의 모든 라인을 읽어들임
idx = []; wdata = []
for line in lines:
    data = line.split()#각 라인을 리스트로 변환
    # 리스트 원소들을 int/float로 변환하고 배열에 추가
    idx.append(int(data[0]))
    wdata.append(float(data[1]))
# 플롯
fig, ax = plt.subplots(figsize=(6,2.5))
ax.plot(idx, wdata, 'grey', ls='--')
ax.stem(idx, wdata, basefmt=' ')
```

파이썬 예제 6.7: 영상신호 읽기

파이썬에서 영상 신호를 읽는 방법은 다양하지만, 여기서는 간단히 `matplotlib.pyplpt`의 `imread` 함수를 사용한다. 다음 코드는 `data` 폴더에 저장된 `audio.jpg` 파일을 읽어서 화면에 출력한다. 이 파일은 RGB 컬러영상 신호이며 각각의 색은 [0, 255] 범위의 8비트 정수로 표현된다.

```
# 'audio.jpg' 영상 파일 읽기
fig, ax = plt.subplots(dpi=100)
img = plt.imread('../data/audio.jpg')
ax.imshow(img)
ax.grid('off');
```

```
fig.tight_layout();
```

RGB 컬러영상 신호를 그림 1.3의 회색조 영상으로 변환하려면 다음의 변환식을 이용할 수 있다.

$$gray = 0.299 \times R + 0.587 \times G + 0.114 \times B$$

이 변환식은 함수 rgb2gray에 정의하였다. img.shape와 gray.shape으로 확인한 컬러영상 신호 img와 회색조 영상 gray의 크기는 각각 $4032 \times 3024 \times 3$과 4032×3024이다.

```
# 컬러 영상을 회색조 영상으로 변환
def rgb2gray(rgb):
    return np.dot(rgb[...,:3], [0.299, 0.587, 0.114])
gray = rgb2gray(img)
print(img.shape, gray.shape)
```

```
(4032, 3024, 3) (4032, 3024)
```

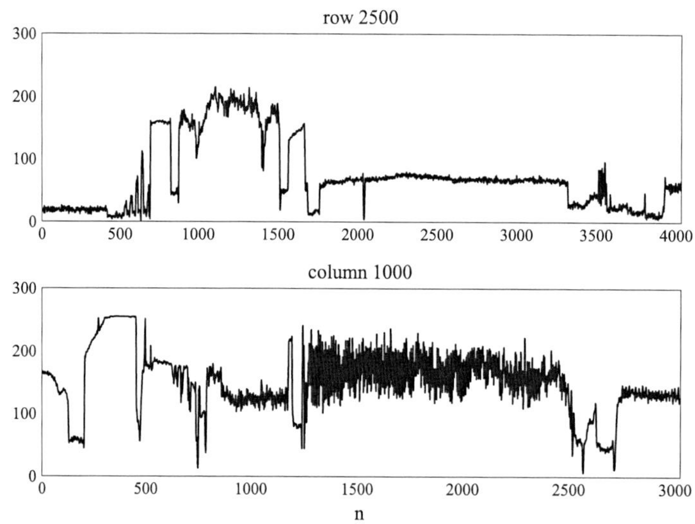

그림 6.23 회색조 영상 신호의 2500번째 행과 1000번째 열(파이썬 예제 6.7).

영상 신호의 행과 열을 하나씩 추출하여 일차원 신호로 그려보자. 회색조 영상 신호 gray는 이차원 배열이므로 행 2500은 gray[2500,:]으로 표현된다. 여기서 콜론 :은 해당 차원의 전체 데이터 인덱싱을 의미한다. 마찬가지로 열 1000은 gray[:,1000]으로 표현된다. 이차원 영상 신호의 행과 열은 각각 일차원 신호와 같이 처리될 수 있다. 다음은 회색조 영상의 2500번째 행과 1000번째 열을 그리는 코드이며, 그림 6.23은 코드의 실행 결과이다.

```
# 영상 파일의 크기를 읽고 한 행과 한 열을 플롯
fig, (ax1, ax2) = plt.subplots(2,1, figsize=(6,4.5))
ax1.plot(gray[2500,:])# 행 2500
```

```
ax2.plot(gray[:,1000])# 열 1000
```

연습문제

P6.1 그림 **P6.1**의 신호에 대하여 다음 변형을 스케치하라.

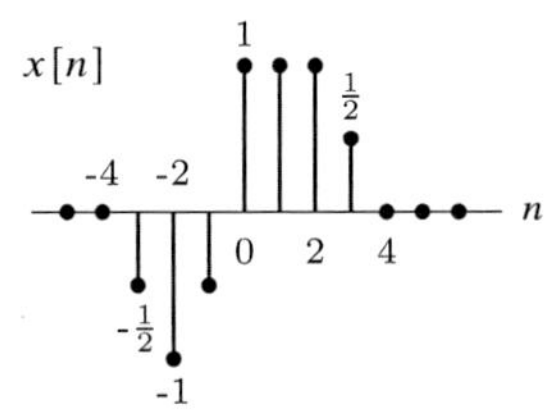

그림 P6.1

(a) $x[n-2]$　　(b) $x[2-n]$　　(c) $x[2n]$

(d) $x[n/2]$　　(e) $x[n]\delta[n-3]$　　(f) $x[n]u[n]$

P6.2 다음 질문에 답하라.

(a) 다음 신호를 임펄스 $\delta[n]$을 이용하여 표현하라.

$$x[n] = \{2,\ 3,\ \underset{\uparrow}{-1},\ 2,\ 0,\ 0,\ 4\}$$

(b) $x[n] = u[n] - u[n-5]$를 $\delta[n]$을 이용하여 표현하고 신호를 플롯하라.

P6.3 다음 신호를 스케치하라.

$$x[n] = \sum_{k=-\infty}^{\infty} (0.9)^{|k|}\delta[n-2k]$$

P6.4 다음 신호 $x[n]$과 $y[n]$을 스케치하라.

$$x[n] = u[n] - u[n-3], \qquad y[n] = \sum_{k=-\infty}^{n} x[k]$$

P6.5 다음 신호 $y[n]$을 구하고 스케치하라.

$$x[n] = (0.5)^n u[n], \qquad y[n] = \sum_{k=-\infty}^{n} x[k]$$

P6.6 다음 신호 $x[n]$을 계단신호로 표현하라.

$$x[n] = \sum_{k=-\infty}^{n} (\delta[k] + \delta[k-2])$$

P6.7 다음 신호 $x[n]$을 계단신호로 표현하라.

$$x[n] = \delta[n] + (0.7)^n u[n]$$

P6.8 다음 신호가 주기 신호인지 아닌지 판별하고 주기 신호이면 기본 주기를 구하라.

(a) $x[n] = \cos(10n)$

(b) $x[n] = \cos(3\pi n/5)$

(c) $x[n] = \cos(\pi n/3)\cos(\pi n/8)$

(d) $x[n] = \sin(\pi n/4) + \sin(3\pi n/8)$

(e) $x[n] = \dfrac{\sin(\pi n/4)}{\sin(\pi n/10)}$

P6.9 페이저 합을 이용하여 두 정현 신호의 합을 계산하라.

$$x[n] = 10\cos(2\pi n/7 + 3\pi/4) - 5\sin(2\pi n/7 - \pi/7)$$

P6.10 그림 **P6.10** 신호의 우대칭 성분 $x_e[n]$과 기대칭 성분 $x_o[n]$을 구하고 스케치하라.

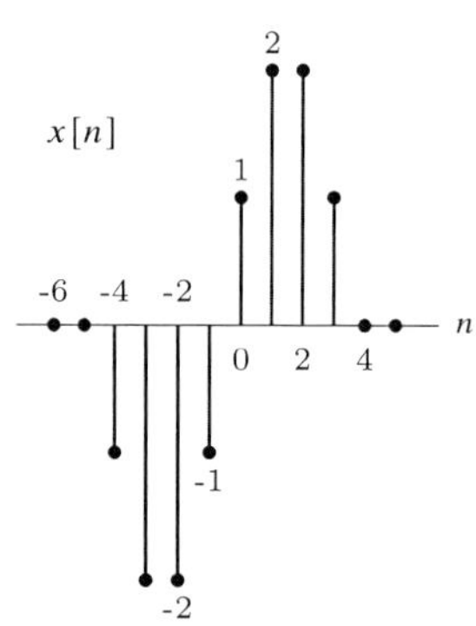

그림 P6.10

P6.11 임의의 신호는 우대칭 성분 $x_e[n]$과 기대칭 성분 $x_o[n]$의 합으로 표현될 수 있다.

$$x[n] = x_e[n] + x_o[n]$$

다음 사실을 증명하라.

(a) $\displaystyle\sum_{n=-\infty}^{\infty} x_e[n] = x_e[0] + 2\sum_{n=1}^{\infty} x_e[n]$

(b) $\sum_{n=-\infty}^{\infty} x_o[n] = 0$

(c) $\sum_{n=-\infty}^{\infty} x^2[n] = \sum_{n=-\infty}^{\infty} x_e^2[n] + \sum_{n=-\infty}^{\infty} x_o^2[n]$

P6.12 다음 신호가 전력 신호인지 에너지 신호인지 혹은 아무것도 아닌지 분류하고, 전력 신호이면 평균 전력을, 에너지 신호이면 에너지를 계산하라.

(a) $x[n] = 2\cos(3\pi n/4) + 3\sin(2\pi n/5)$

(b) $x[n] = \cos(2\pi n/6)\sin(2\pi n/7)$

(c) $x[n] = \cos(2n/6) + \cos(3n/5)$

(d) $x[n] = 10(0.5)^n u[n]$

(e) $x[n] = (0.5)^n \cos(3\pi n/4)u[n]$

P6.13 연습문제 **P6.3**에 주어진 신호의 에너지를 계산하라.

P6.14 다음 각 신호의 평균 전력을 계산하라. 가능하다면 신호의 주기성과 대칭성을 이용하라.

$$x_1[n] = \cos(\pi n/5) + \sin(\pi n/5)$$

$$x_2[n] = \cos(\pi n/5) + \sin(\pi n/5 + \pi/3)$$

$$x_3[n] = \cos(\pi n/5) + \sin(2\pi n/5)$$

(a) $x_1[n]$의 평균 전력을 계산하라.

(b) $x_2[n]$의 평균 전력을 계산하라.

(c) $x_3[n]$의 평균 전력을 계산하라.

P6.15 연속시간 신호 $x(t) = \cos(2\pi f_0 t + \phi)$를 $f_s = 100\,\text{Hz}$로 샘플링하여 $x[n] = \cos(0.4\pi n + \pi/3)$를 얻었다. 조건 $0 < f_0 < f_s$를 만족하는 f_0와 ϕ를 모두 구하라. 각각의 경우에 대하여 에일리어싱이 발생했는지 여부를 판단하라.

P6.16 연속시간 신호 $x(t) = \cos(180\pi t + \pi/3)$를 $f_s = 100\,\text{Hz}$로 샘플링하여 $x[n] = \cos(\hat{\omega}_0 n + \phi)$를 얻었다.

(a) $0 < \hat{\omega}_0 < 4\pi$ 범위의 $(\hat{\omega}_0, \phi)$를 모두 구하라.

(b) $[-4\pi, 4\pi]$ 범위에서 $x[n]$의 스펙트럼을 스케치하라.

(c) 샘플로부터 복원된 연속시간 신호 $x(t)$를 구하라. 복원된 연속신호에 해당하는 $(\hat{\omega}_0, \phi)$쌍은 무엇인가? 에일리어싱이 발생하였는가?

P6.17 연습문제 **P6.16**을 $f_s = 200\,\text{Hz}$에 대하여 다시 풀어라.

P6.18 연속시간 신호 $x(t) = \sin(16\pi t)$를 $f_s = 10\,\text{Hz}$로 샘플링하여 $x[n]$을 얻었다. 이 신호와 동일한 샘플값을 갖는 연속시간 신호 중 주파수가 가장 작은 신호 $x_1(t)$를 구하라.

P6.19 연속시간 신호 $x(t) = \cos(20\pi t) + 2\cos(40\pi t)$를 $f_s = 30\,\text{Hz}$로 샘플링하였다.

(a) 이산시간 신호 $x[n]$을 구하라.

(b) 주기적인가? 주기적이라면 주기는 얼마인가?

(c) 샘플링의 결과 에일리어싱이 발생하였는가?

P6.20 기본 주파수 $f_0 = 3\,\text{Hz}$의 주기 사각펄스 $x(t)$를 주파수 $f_s = 200\,\text{Hz}$로 샘플링하여 이산시간 신호 $x[n]$을 얻었다.

(a) 이산시간 신호 $x[n]$은 주기적인가? 주기적이라면 주기는 얼마인가?

(b) 샘플링의 결과 에일리어싱이 발생하는가?

(c) 샘플로부터 복원한 연속시간 신호 $\hat{x}(t)$의 기본 주파수는 얼마인가?

파이썬 문제

P6.21 다음 신호를 생성하고 파형을 스템 플롯으로 그리는 파이썬 코드를 작성하라.

$$x_1[n] = \delta[n] - 2\delta[n-2]$$

$$x_2[n] = u[n] - u[n-5]$$

$$x_3[n] = (0.8)^n (u[n] - u[n-10])$$

P6.22 한 주기가 다음과 같이 정의되는 사각펄스 신호를 생성하고 $-10 \le n \le 20$ 구간에서 스템 플롯으로 그려라.

$$x[n] = \begin{cases} 1, & 0 \le n < 5 \\ 0, & 5 \le n < 10 \end{cases}$$

P6.23 신호 $x[n] = \sin(\pi n/4)\sin(3\pi n/8)$에 대하여 다음에 답하라.

(a) 신호가 주기 신호인가? 주기 신호라면 주기는 얼마인가?

(b) 신호를 $0 \le n \le 30$의 범위에서 만들고 그래프로 그리는 코드를 작성하고, 그래프로부터 눈으로 주기를 확인하라.

P6.24 그림 **P6.1**의 신호에 대하여 다음에 답하라.

(a) 신호의 기대칭 성분 $x_o[n]$과 우대칭 성분 $x_e[n]$을 구하고 파형을 그리는 코드를 작성하라.

(b) 신호의 대칭성이 연습문제 **P6.11**의 특성을 만족하는지 확인하는 코드를 작성하라.

P6.25 연습문제 **P6.12**의 평균 전력과 에너지를 파이썬 numpy를 이용하여 계산하라.

P6.26 DTMF[dual-tone multiple frequency]는 두 개의 서로 다른 주파수를 가진 정현 신호의 합으로, 전화 번호를 누를 때 발생된다. 전화번호 판에는 그림 **P6.26**과 같이 열과 행에 따라 주파수가 배정되어 있다.

f_r \ f_c	1209	1336	1477
697	1	2	3
770	4	5	6
852	7	8	9
941	*	0	#

그림 P6.26

예를 들어, 번호 '7'을 누르면 번호를 누르는 동안 $f_r = 852\,\text{Hz}$와 $f_c = 1209\,\text{Hz}$의 주파수를 가진 두 정현 신호가 발생된다.

$$s(t) = \sin(2\pi f_r t) + \sin(2\pi f_c t)$$

실제 전화기에서는 샘플링 주파수 $f_s = 8000\,\text{Hz}$를 사용하여 이산화된 신호 $s[n]$이 발생된다.

(a) 숫자 하나에 대하여 DTMF 신호를 발생하는 함수 dtmf_signal_gen을 다음과 같이 구현하라.

```
def dtmf_signal_gen(digit, Td=200, Tp=50):
    """ generate DTMF tone for a single digit while a
    ↪ digit is pressed
    Parameters:
        digit: digit of phone number pressed
        Td: duration while digit is pressed
        Tp: pause duration between consecutive digits
```

```
        tone: tone signal generated
    """
```

(b) 작성된 함수 dtmf_signal_gen을 이용하여 '0123456789*#'에 대한 DTMF 신호 dtmf_tone을 생성하고, 생성된 신호음을 파이썬 함수 Audio를 이용하여 들어보라.

```
from IPython.display import Audio, display
display(Audio(data=dtmf_tone, rate=fs))
```

CHAPTER 7

이산시간 LTI 시스템

시스템은 입력된 신호를 변형하는 물리적 과정이다. 이런 의미에서 6장에서 소개된 신호의 변형은 시스템이다. 시스템은 단순히 척도변형이나 시간 지연 등의 단순한 변형부터 특정 부분을 강조하고 일부 성분은 약화하거나 제거하는 복잡한 과정까지 모두 포함한다. 시스템은 필터^{filter}와 혼용되어 사용된다. 시스템은 특성에 따라 여러 유형으로 분류될 수 있지만, 특별히 우리는 선형성과 시불변성을 만족하는 선형시불변(LTI) 시스템에 관심을 가진다. 이산시간 LTI 시스템은 수학적 도구를 이용하여 해석하고 설계하기에 용이하며 컴퓨터를 이용하여 처리할 수 있다는 점에서 매우 유용하다. 이 장에서는 이산시간 LTI 시스템의 시간 영역 측면을 다룬다.

LTI 시스템의 시간 영역 측면은 임펄스 응답$^{\text{impulse response}}$으로 규정된다. 임펄스 응답은 시스템에 단위 임펄스를 입력하였을 때 얻어지는 출력이다. 선형성과 시불변성을 이용하면 임펄스 응답으로부터 임의의 입력 신호에 대한 출력을 계산할 수 있다. 이 계산은 콘볼루션 합$^{\text{convolution sum}}$ 연산을 통해 이루어진다. 콘볼루션 연산의 특성을 활용하면 하나의 시스템을 여러 개의 작은 시스템으로 구분하거나 역으로 여러 개의 시스템을 하나의 시스템으로 통합하여 이해하고 분석 설계할 수 있다.

차분방정식$^{\text{difference equation}}$은 이산시간 LTI 시스템을 표현하는 또 다른 방법이다. 차분방정식은 임펄스 응답의 길이가 유한하면 FIR$^{\text{finite impulse response}}$ 시스템, 길이가 무한하면 IIR$^{\text{infinite impulse response}}$ 시스템으로 분류된다. 이 장에서는 차분방정식의 해를 구하는 두 가지 방법인 순환적 방법과 분석적 방법을 소개하고 활용 예를 소개한다.

7.1 이산시간 시스템

이산시간 시스템은 이산시간 신호를 변형하는 과정을 의미한다. 앞서 6.2절에서 기술한 변형을 포함한 모든 변형이 시스템의 일환으로 정의될 수 있다. 그림 7.1에서 이산시간 시스템은 입력 신호 $x[n]$을 변형하여 출력 신호 $y[n] = S\{x[n]\}$을 만들어낸다. 시스템을 통해 입력 $x[n]$이

출력 $y[n]$으로 변형되는 과정을 간단히

$$x[n] \quad \longmapsto \quad y[n] \tag{7.1}$$

으로 표기하기로 한다.

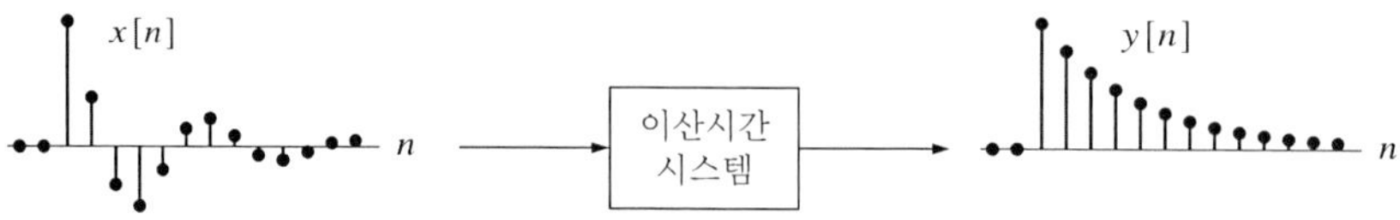

그림 7.1 이산시간 시스템.

시스템을 수식으로 표현하면 분석과 설계가 용이해진다. 다음은 실제 시스템에서 자주 활용되는 수학 모델의 일부이다.

- 제곱시스템: $y[n] = (x[n])^2$
- 로그 압축 시스템: $y[n] = \log(|x[n]| + 1)$
- 지연 시스템: $y[n] = x[n - n_0]$
- 누적 시스템: $y[n] = \sum_{k=0}^{n} x[n-k]$
- 차분 시스템: $y[n] = x[n] - x[n-1]$
- IIR 시스템: $y[n] = ay[n-1] + bx[n]$

이산시간 시스템은 일상생활에서도 많이 적용된다. 다음 두 가지 예를 알아보자.

예제 7.1

한국거래소의 유가증권 시장에 상장된 주식의 가격 변화 추세를 판단하기 위해 사용되는 지표는 코스피kospi이다. 코스피는 여러 요인에 의해 결정된다. 코스피의 작은 변화를 무시하고 큰 추세를 판단하기 위해 **이동평균**moving average을 계산하여 참고한다. 예를 들어, L일 이동평균은 L 거래일 간 코스피의 평균값이다.

$$y[n] = \frac{1}{L}(x[n] + x[n-1] + \cdots + x[n-L+1]) \tag{7.2}$$

그림 7.2는 2009년 1월부터 2014년 12월까지 5년간 코스피와 코스피의 20일과 60일 이동평균이다. 평균을 내는 일수가 증가할수록 코스피의 작은 변동성이 무시되고 큰 추세가 드러난다.

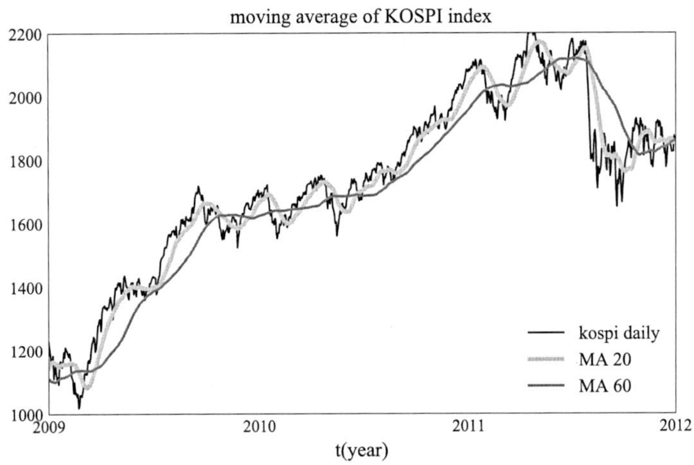

그림 7.2 KOSPI 일간 주가 변화와 이동평균선(예제 7.1).

예제 7.2

자동차 구입에 필요한 재정 마련을 위해 은행에서 연 r%의 대출금리로 2000만 원을 빌렸다. 매달 일정 금액 C만큼씩 갚아서 36개월에 대출금을 완전히 갚으려고 한다. n번째 달에 남아있는 대출금을 $y[n]$, 매달 원금 상환액을 $x[n]$이라 하면 $y[n]$과 $x[n]$의 관계식을 구하라.

풀이 이자율을 달로 환산하면 매월 $c = r/1200$이므로 매달 이자와 원금을 합쳐 일정액

$$C = x[n] + cy[n-1]$$

을 갚게 된다. 따라서 n번째 달에 남아있는 대출금은 (만원 단위로) 다음과 같이 표현된다.

$$y[n] = (1+c)y[n-1] - C, \quad y[0] = 2000$$

여기서 $a = 1+c$로 정하면 대출금 상환은 다음의 순환식으로 표현된다.

$$y[n] = ay[n-1] - C, \quad y[0] = 2000 \tag{7.3}$$

7.2 선형성과 시불변성

연속시간의 경우와 마찬가지로 시스템의 특성은 선형성, 시불변성, 인과성, 안정성, 기억성, 가역성 등으로 구분된다. 이중 선형성과 시불변성은 시스템의 수학 모델을 간명하게 하며, 체계적인 시스템 해석과 설계를 가능하게 한다. 먼저 선형성과 시불변성에 대하여 설명하고 나머지 특성들은 나중에 다루기로 한다.

7.2.1 선형성

입력 $x_1[n]$과 $x_2[n]$에 대하여

$$x_1[n] \longmapsto y_1[n] \quad \text{이고} \quad x_2[n] \longmapsto y_2[n]$$

일 때 임의의 상수 α와 β에 대하여

$$\alpha x_1[n] + \beta x_2[n] \longmapsto \alpha y_1[n] + \beta y_2[n] \tag{7.4}$$

인 시스템은 선형이다.

예제 7.3

제곱 시스템 $y[n] = (x[n])^2$은 비선형이다.

풀이 $x[n] = \alpha x_1[n] + \beta x_2[n]$를 대입하면

$$\begin{aligned} y[n] &= (\alpha x_1[n] + \beta x_2[n])^2 \\ &= \alpha^2 x_1^2[n] + \beta^2 x_2^2[n] + 2\alpha\beta x_1[n]x_2[n] \\ &\neq \alpha x_1^2[n] + \beta x_2^2[n] = \alpha y_1[n] + \beta y_2[n] \end{aligned}$$

이므로 비선형이다.

7.2.2 시불변성

시불변 시스템에서는 입력이 n_0 만큼 시간 이동되면 출력도 n_0 만큼 시간 이동된다. 즉, 시불변 시스템은 임의의 정수 n_0에 대하여

$$x[n-n_0] \longmapsto y[n-n_0] \tag{7.5}$$

이다. 그러므로 시불변 시스템은

$$\begin{aligned} &x[n] \overset{\text{D}}{\longmapsto} x[n-n_0] \overset{\text{S}}{\longmapsto} w[n] \\ &x[n] \overset{\text{S}}{\longmapsto} y[n] \overset{\text{D}}{\longmapsto} y[n-n_0] \end{aligned}$$

일 때 $w[n] = y[n-n_0]$이다.

예제 7.4

시스템 $y[n] = x[2n]$의 시불변성을 조사하라.

풀이 시스템의 시불변성을 조사하려면, 시간 이동된 입력에 대한 출력이 출력을 시간 이동한 결과와 동일한가 비교하면 된다. 먼저 n_0 만큼 시간 이동된 신호 $x[n-n_0]$에 대한 시스템의 출력은

$$x[n] \quad \overset{\text{D}}{\longmapsto} \quad x[n-n_0] \quad \overset{\text{S}}{\longmapsto} \quad w[n] = x[2n-n_0]$$

이다. 한편 입력 $x[n]$에 대한 시스템의 출력 $y[n]$을 n_0 만큼 시간 이동하면

$$x[n] \quad \overset{\text{S}}{\longmapsto} \quad y[n] = x[2n] \quad \overset{\text{D}}{\longmapsto} \quad y[n-n_0] = x[2(n-n_0)]$$

을 얻는다. $w[n] \neq y[n-n_0]$이므로 이 시스템은 시불변이 아니다.

연습 7.1 다음 시스템의 선형성과 시불변성을 점검하라.

(a) $y[n] = \sum_{k=0}^{4} x[n-k]$ (b) $y[n] = 0.5y[n-1] + x[n]$

(c) $y[n] = x[n] - x[n-1]$ 답: 모두 선형 시불변.

7.3 임펄스 응답과 콘볼루션 합

7.3.1 콘볼루션 합

그림 7.3의 이산 LTI 시스템을 고려하자. 이산시간 LTI 시스템에서 **임펄스 응답**impulse response $h[n]$은 단위 임펄스 $\delta[n]$ 입력에 대한 시스템의 출력으로 정의된다. 즉,

$$\delta[n] \quad \longmapsto \quad h[n] \tag{7.6}$$

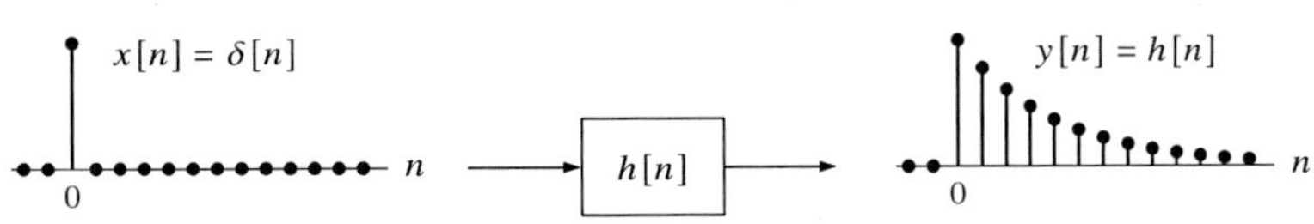

그림 7.3 이산시간 LTI 시스템의 임펄스 응답.

임펄스 응답은 LTI 시스템의 특성을 완벽하게 규정한다. 앞서 6.3.6절에서 소개한 바와 같이 임의의 신호 $x[n]$은 임펄스 응답의 가중합으로 표현될 수 있으므로, 입력 $x[n]$에 대한 시스템의 출력 $y[n]$은 임펄스 응답 $h[n]$을 이용하여 다음과 같이 표현된다.

$$y[n] = \sum_{k=-\infty}^{\infty} x[k]h[n-k] \tag{7.7}$$

이 관계식을 이산시간 시스템의 **콘볼루션 합**convolution sum 혹은 간단히 콘볼루션이라 부른다. 콘볼루션은 입력 $x[n]$이 LTI 시스템을 통과하면서 임펄스 응답 $h[n]$과 곱해진 중첩 합으로

해석된다.

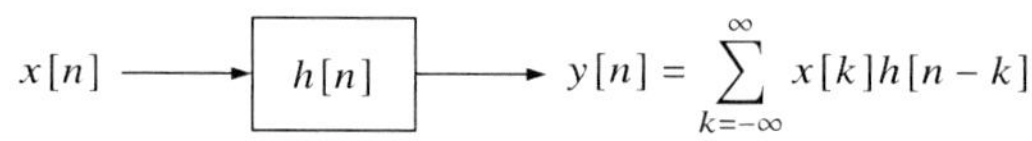

그림 7.4 이산시간 LTI 시스템의 콘볼루션 합.

콘볼루션 식 (7.7)은 LTI 시스템의 선형성과 시불변성의 직접적인 결과이다. 이 사실은 다음과 같이 증명된다.

임펄스 응답의 정의에 LTI 시스템의 시불변성을 적용하면

$$\delta[n-k] \quad \longmapsto \quad h[n-k] \tag{7.8}$$

이며, 비례성을 적용하면

$$x[k]\delta[n-k] \quad \longmapsto \quad x[k]h[n-k] \tag{7.9}$$

이다. 신호 $x[n]$는 식 (6.15)와 같이 지연된 임펄스의 가중합으로 표현되므로, 이 신호에 대한 시스템의 출력은 다음과 같이 표현된다.

$$x[n] = \sum_{k=-\infty}^{\infty} x[k]\delta[n-k] \quad \longmapsto \quad \sum_{k=-\infty}^{\infty} x[k]h[n-k] = y[n] \tag{7.10}$$

식 (7.10)의 우변에서 LTI 시스템의 출력은 콘볼루션 합으로 표현된다.

콘볼루션 식 (7.7)에서 x와 h의 순서를 바꾸어도 무관하다.

$$y[n] = \sum_{k=-\infty}^{\infty} x[k]h[n-k] = \sum_{k=-\infty}^{\infty} h[k]x[n-k] \tag{7.11}$$

이 사실은 변수 치환을 통해 쉽게 증명된다.

$$y[n] = \sum_{k=-\infty}^{\infty} x[k]h[n-k] = \sum_{m=\infty}^{-\infty} x[n-m]h[m], \quad m = n-k \tag{7.12a}$$

$$= \sum_{m=-\infty}^{\infty} h[m]x[n-m] = \sum_{k=-\infty}^{\infty} h[k]x[n-k], \quad k = m \tag{7.12b}$$

식 (7.11)에 $x[n] = \delta[n]$을 대입하면 다음과 같이 임펄스 응답의 정의를 재확인할 수 있다.

$$y[n] = \left. \sum_{k=-\infty}^{\infty} h[k]x[n-k] \right|_{x[n]=\delta[n]} = \sum_{k=-\infty}^{\infty} h[k]\delta[n-k] = h[n] \tag{7.13}$$

예제 7.5

다음 LTI 시스템의 임펄스 응답 $h[n]$을 구하라.

(a) $y[n] = \frac{1}{3}(x[n+1] + x[n] + x[n-1])$

(b) $y[n] = 4x[n] + 2x[n-1] + x[n-2]$

(c) $y[n] = x[n] + (0.8)x[n-1] + (0.8)^2x[n-2] + (0.8)^3x[n-3] + \cdots$

풀이 $x[n] = \delta[n]$일 때 $y[n] = h[n]$임을 이용한다.

(a) $h[n] = \frac{1}{3}\delta[n+1] + \frac{1}{3}\delta[n] + \frac{1}{3}\delta[n-1] = \{1/3, \underset{\uparrow}{1/3}, 1/3\}$

(b) $h[n] = 4\delta[n] + 2\delta[n-1] + \delta[n-2] = \{4, 2, 1\}$

(c) $h[n] = \delta[n] + (0.8)\delta[n-1] + (0.8)^2\delta[n-2] + (0.8)^3\delta[n-3] + \cdots = (0.8)^n u[n]$

7.3.2 콘볼루션 합의 계산

콘볼루션 합 (7.11)의 두 표현은 등가이므로 계산에 편리한 표현을 선택하면 된다. 계산 방법은 해석에 따라 두 가지로 구분된다.

- **다항식의 곱셈 방식**: 이 방식은 콘볼루션 (7.11)을 이동된 신호열 $x[n-k]$의 가중합으로 해석한다. 가중치는 $h[k]$이다.

$$\begin{aligned} y[n] &= \sum_{k=-\infty}^{\infty} h[k]x[n-k] \\ &= \cdots + h[-2]x[n+2] + h[-1]x[n+1] + h[0]x[n] \\ &\quad + h[1]x[n-1] + h[2]x[n-1] + \cdots \end{aligned} \tag{7.14}$$

- **반전-이동**flip-and-slide**방식**: 콘볼루션에서 시점을 $n = n_0$으로 고정하면

$$y[n_0] = \sum_{k=-\infty}^{\infty} h[k]x[n_0 - k] \tag{7.15}$$

이다. 이 식에서 $h[k]$와 $x[n_0 - k]$는 변수 k의 함수이므로 다음과 같이 얻는다.

$$h[n] \xrightarrow{n \to k} h[k] \tag{7.16a}$$

$$x[n] \xrightarrow{n \to k} x[k] \xrightarrow{\text{반전}} x[-k] \xrightarrow{n_0 \text{ 이동}} x[n_0 - k] \tag{7.16b}$$

콘볼루션은 식 (7.15)에서 $h[k]$와 $x[n_0 - k]$가 중첩되는 부분을 확인하고 곱을 합산하여 계산된다.

예제 7.6

임펄스 응답이 $h[n] = \{1, 2, 4\}$인 LTI 시스템에 신호 $x[n] = \{1, 1, 1, 1, 1\}$이 입력될 때 출력을 다항식의 곱셈 방식으로 계산하라.

풀이 식 (7.14)에서 $x[n-k]$는 지연된 신호열로 간주되므로

$$\begin{aligned} y[n] &= h[0]x[n] + h[1]x[n-1] + h[2]x[n-2] \\ &= 1 \cdot \{1, 1, 1, 1, 1\} + 2 \cdot \{0, 1, 1, 1, 1, 1\} + 4 \cdot \{0, 0, 1, 1, 1, 1, 1\} \\ &= \{1, 3, 7, 7, 7, 6, 4\} \end{aligned} \tag{7.17}$$

과 같이 계산된다. 이 과정은 다항식의 곱셈과 매우 유사하다.

$$\begin{aligned} (1+2x+4x^2) \cdot (1+x+x^2+x^3+x^4) &= 1 \cdot x^0(1+x+x^2+x^3+x^4) \\ &\quad + 2 \cdot x^1(1+x+x^2+x^3+x^4) \\ &\quad + 4 \cdot x^2(1+x+x^2+x^3+x^4) \\ &= 1+3x+7x^2+7x^3+7x^4+6x^5+4x^6 \end{aligned} \tag{7.18}$$

다항식의 곱셈에서 볼 수 있듯 $x[n]$, $h[n]$, $y[n]$의 길이가 각각 L_x, L_h, L_y라면 L_y는

$$L_y = L_x + L_h - 1 \tag{7.19}$$

으로 결정된다. 즉, 출력의 길이는 입력의 길이에 비해 $L_h - 1$ 만큼 늘어난다.

예제 7.7

예제 7.6의 콘볼루션을 반전-이동 방식으로 계산하라.

풀이 이 방식은 식 (7.15)에서 볼 수 있듯, 신호의 시간 인덱스를 n에서 k로 변경하여 $h[k]$와 $x[k]$를 만들고, 두 신호 가운데 한 신호(여기서는 $x[k]$를 선택)의 시간을 반전하고 $(x[-k])$, n_0 만큼 이동하면서$(x[n_0-k])$ 중첩되는 부분$(h[k]x[n_0-k])$을 모두 합산한다. 그림 7.5는 이 과정을 잘 보여 준다. 중첩이 발생하는 n에 대하여 출력을 계산하면 다음과 같다.

$$y[0] = h[0] \cdot x[0] + h[1] \cdot 0 + h[2] \cdot 0 = 1 \cdot 1 + 2 \cdot 0 + 4 \cdot 0 = 1$$

$$y[1] = h[0] \cdot x[1] + h[1] \cdot x[0] + h[2] \cdot 0 = 1 \cdot 1 + 2 \cdot 1 + 4 \cdot 0 = 3$$

$$y[2] = h[0] \cdot x[2] + h[1] \cdot x[1] + h[2] \cdot x[0] = 1 \cdot 1 + 2 \cdot 1 + 4 \cdot 1 = 7$$

$$y[3] = h[0] \cdot x[3] + h[1] \cdot x[2] + h[2] \cdot x[1] = 1 \cdot 1 + 2 \cdot 1 + 4 \cdot 1 = 7$$

$$y[4] = h[0] \cdot x[4] + h[1] \cdot x[3] + h[2] \cdot x[2] = 1 \cdot 1 + 2 \cdot 1 + 4 \cdot 1 = 7$$

$$y[5] = h[0] \cdot 0 + h[1] \cdot x[4] + h[2] \cdot x[3] = 1 \cdot 0 + 2 \cdot 1 + 4 \cdot 1 = 6$$

$$y[6] = h[0] \cdot 0 + h[1] \cdot 0 + h[2] \cdot x[4] = 1 \cdot 0 + 2 \cdot 0 + 4 \cdot 1 = 4$$

위 과정에서 모든 $h[k]$에 입력 $x[n-k]$가 곱해지는 시간 구간은 $2 \le n \le 4$이며, $n = 0, 1$과 $n = 5, 6$에서는 임펄스 응답 $h[k]$의 일부만 입력과 중첩된다. 신호 $x[n-k]$가 임펄스 응답 $h[k]$를 완전히 빠져 나가려면 $L_h - 1$ 샘플 시간이 더 소요된다. 따라서 출력 $y[n]$의 길이는 입력 $x[n]$의 길이에 비해 $L_h - 1$ 만큼 길다.

예제 7.8

무한길이 신호 $x[n] = u[n]$과 임펄스 응답 $h[n] = (0.8)^n u[n]$의 콘볼루션을 반전-이동 방식을 적용하여 계산하라.

풀이 이 경우에는 두 신호 $x[n]$과 $h[n]$이 수열이 아닌 수식으로 주어졌기 때문에, 중첩된 부분을 수식으로 간명하게 표현할 수 있다. 이때 중첩되는 부분이 구간 별로 달라지므로, 구간에 따른 중첩의 유형을 잘 살펴야 한다. 그림 7.6에서는 $h[n]$을 반전-이동하기로 한다. 먼저 신호 $x[n]$과 $h[n]$의 시간 인덱스를 n에서 k로 변경한다. 시간 반전하기로 선택된 $h[k]$를 반전하여 $h[-k]$를 만들고 n 만큼 이동하면서 $h[n-k]$와 $x[k]$의 중첩 부분의 곱을 합산한다. 이 예제에서는 중첩이 발생하는 양상이 두 가지이므로 각각 구분하여 다음과 같이 계산할 수 있다.

- $n < 0$이면 $h[k]$와 $h[n-k]$ 가 서로 중첩되지 않으므로 $y[n] = 0$이다.
- $n \ge 0$이면 $h[k]$와 $h[n-k]$는 0에서 n 까지만 중첩되므로 다음과 같이 계산된다.

$$\begin{aligned} y[n] &= \sum_{k=-\infty}^{\infty} x[k]h[n-k] = \sum_{k=-\infty}^{\infty} u[k](0.8)^{n-k}u[n-k] \\ &= \sum_{k=0}^{n}(0.8)^{n-k} = (0.8)^n \sum_{k=0}^{n}(0.8)^{-k} \\ &= (0.8)^n \frac{1-(0.8)^{-(n+1)}}{1-(0.8)^{-1}} = 5 - 4(0.8)^n \end{aligned}$$

두 결과를 합치면

$$y[n] = [5 - 4(0.8)^n]\, u[n]$$

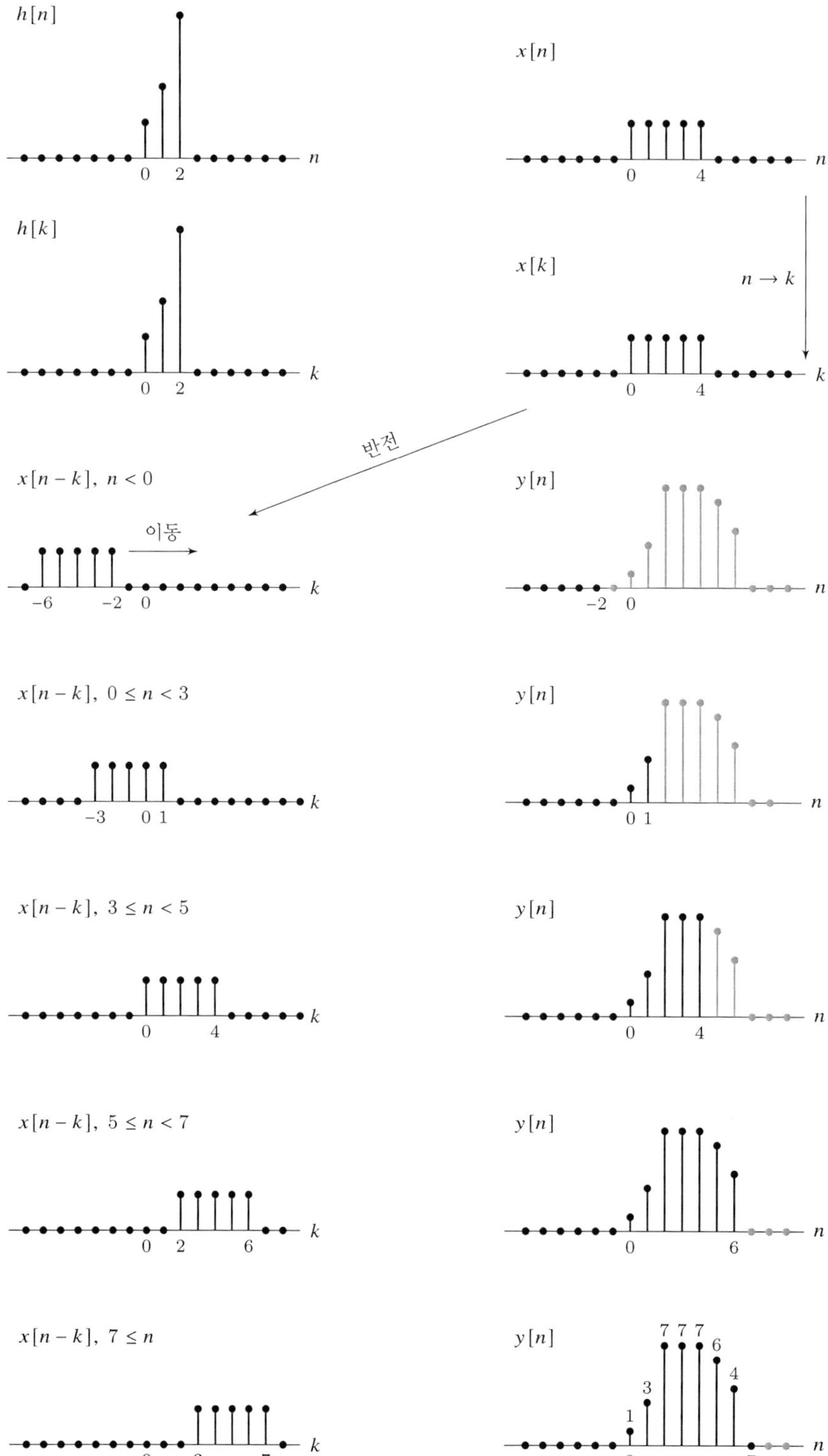

그림 7.5 반전-이동 방식을 이용한 콘볼루션의 계산 과정(예제 7.7).

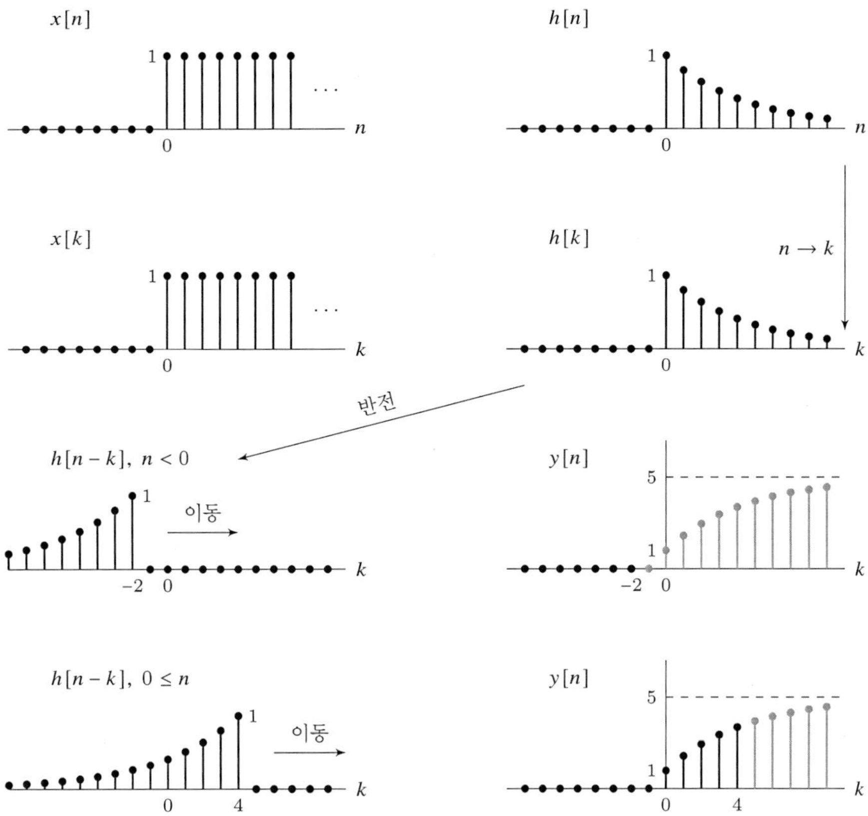

그림 7.6 무한길이 신호의 반전-이동 과정(예제 7.8).

IPYWIDGET 데모 7.1

위젯 파일: dt_convolution_demo.ipynb

이 데모에서는 콘볼루션 합의 계산 과정을 관찰할 수 있다. 위젯은 콘볼루션 합의 반전-이동 계산 과정을 단계별로 보여주고, 시간에 따라 콘볼루션 합이 계산되는 과정도 보여준다. 시간 인덱스 n0에 따라 중첩 구간의 양상이 달라지는 점에 유의하여 관찰해 보라. 콘볼루션 합의 결과가 완전히 0이 되는 시점은 언제인지, 이 시점이 신호 $h[n]$과 어떤 관련이 있는지 확인해 보라.

7.4 콘볼루션의 특성

7.4.1 LTI 시스템의 인과성

인과 시스템은 출력이 현재와 과거 입력에만 의존하고 미래 입력을 사용하지 않는 시스템이다. 이산시간 LTI 시스템에서 인과성이 임펄스 응답에 어떤 영향을 주는지 콘볼루션을 통해 알아보자.

$$y[n] = \sum_{k=-\infty}^{\infty} h[k]x[n-k] \tag{7.20}$$

현재 시점 $n = 0$에서 식 (7.20)은

$$y[0] = \sum_{k=-\infty}^{\infty} h[k]x[-k]$$

이다. 출력 $y[0]$이 미래 입력 $\{x[1],\ x[2],\ \cdots\}$을 사용하지 않으려면, 인과 LTI 시스템의 임펄스 응답은 다음 조건을 만족해야 한다.

$$h[n] = 0, \quad n < 0 \tag{7.21a}$$

$$= h[n]u[n] \tag{7.21b}$$

이 조건을 식 (7.20)에 대입하면

$$y[n] = \sum_{k=-\infty}^{\infty} h[k]u[k]x[n-k] = \sum_{k=0}^{\infty} x[k]h[n-k] \tag{7.22}$$

과 같이 표현된다. 이제 신호 $x[n]$이 $n = 0$ 시점에 인가되었다고 가정하면$(x[n] = x[n]u[n])$ 콘볼루션은

$$\begin{aligned} y[n] &= \sum_{k=0}^{\infty} h[k]x[n-k]u[n-k] \\ &= u[n]\sum_{k=0}^{n} x[k]h[n-k] = u[n]\sum_{k=0}^{n} h[k]x[n-k] \end{aligned} \tag{7.23}$$

으로 표현된다.

예제 7.9

다음 두 신호의 콘볼루션을 계산하라.

- 임펄스 응답 : $h[n] = \{0.5,\ \underset{\uparrow}{1.0},\ 0.5\}$
- 신호 : $x[n] = \{1,\ 0,\ 2,\ 0,\ 1,\ 0,\ -1,\ 0,\ -2,\ 0,\ -1.2,\ 0,\ 1.2,\ 0,\ 2.4,\ 0,\ 1.5\}$

풀이 임펄스 응답이 $h[-1] = 0.5 \neq 0$이므로 비인과적이다. 비인과성을 그대로 유지한 채 콘볼루션을 계산해 보자. 신호 $x[n]$의 샘플 수가 많아 일견 계산이 복잡한듯 보이지만 홀수 n에서 $x[n] = 0$이라는 특수성 때문에 실제 계산은 매우 간단하다. 콘볼루션의 계산은 다음과 같이 쉽게 표현될 수 있다.

$$y[n] = \begin{cases} x[n], & \text{홀수 } n \\ \frac{1}{2}(x[n-1] + x[n+1]), & \text{짝수 } n \end{cases} \tag{7.24}$$

이와 같이 홀수 n의 샘플은 그대로 유지되고 짝수 n의 샘플은 좌우 샘플의 중간값으로 변경된다. 그림 7.7은 임펄스 응답 $h[n]$, 신호 $x[n]$, 출력 $y[n]$이다. 이렇게 신호 샘플 사이의 값을 메우는 과정을 선형 보간linear interpolation이라 한다. 비인과 시스템은 실시간 구현이 불가능하므로 인과 시스템으로 변형해야 한다. 한 샘플 지연시키는 시스템 $h_d[n] = \delta[n-1]$을 직렬로 연결하면

$$h_1[n] = h[n-1] = h[n] * \delta[n-1]$$

인과 시스템을 얻는다. 변형된 시스템 $h_1[n]$의 출력은

$$\begin{aligned} y_1[n] &= x[n] * h_1[n] = x[n] * (h[n] * \delta[n-1]) \\ &= (x[n] * h[n]) * \delta[n-1] = y[n] * \delta[n-1] = y[n-1] \end{aligned}$$

인과 시스템의 출력은 비인과 시스템의 출력에 비해 한 샘플 지연된다.

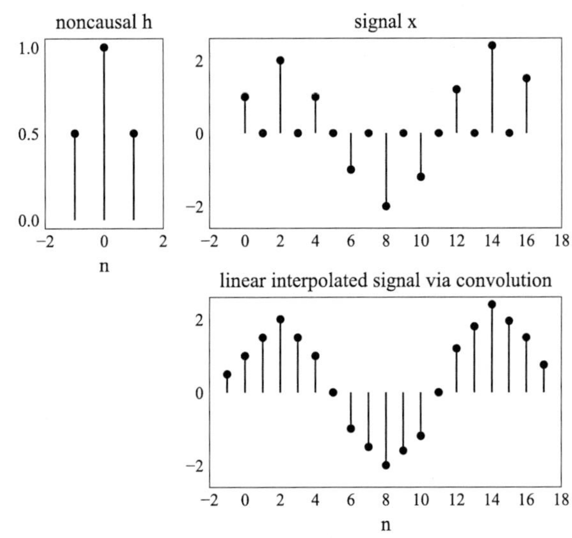

그림 7.7 비인과 콘볼루션을 이용한 선형 보간(예제 7.9).

개념점검 7.1 계단 신호 $u[n]$을 이용하여 신호 $x[n]$의 인과 조건을 표현해 보라.

7.4.2 LTI 시스템의 안정성

안정한 시스템은 발산하지 않는 시스템이다. 시스템의 안정성은 다양한 방법으로 정의되지만 가장 간단하고 보편적인 기준은 **BIBO**bounded-input bounded output 안정성이다. BIBO 안정성은 입력 크기가 제한되면 출력 크기도 제한됨을 의미한다.

$$|x[n]| < B_x < \infty \quad \Longrightarrow \quad |y[n]| < B_y < \infty$$

이산시간 LTI 시스템에서 BIBO 안정성이 임펄스 응답에 어떤 조건으로 표현되는지 알아보자.

입력 $x[n]$이 모든 n에서 다음과 같이 제한되어 있다고 가정하자.

$$|x[n]| < B_x \tag{7.25}$$

BIBO 안정한 LTI 시스템은 모든 n에서 출력 크기가 제한되므로 다음과 같이 정리될 수 있다.

$$\begin{aligned} |y[n]| &= \left| \sum_{k=-\infty}^{\infty} h[k]x[n-k] \right| \\ &\le \sum_{k=-\infty}^{\infty} |h[k]||x[n-k]| \qquad \text{(삼각부등식)} \\ &< B_x \sum_{k=-\infty}^{\infty} |h[k]| < B_y \end{aligned}$$

이로부터 BIBO 안정한 시스템의 조건은 다음과 같이 표현된다.

$$\sum_{n=-\infty}^{\infty} |h[n]| < B_h \tag{7.26}$$

즉, BIBO 안정한 LTI 시스템의 임펄스 응답은 절대합 가능[absolutely summable]하다.

예제 7.10

임펄스 응답이 $h[n] = (-\frac{1}{2})^n u[n]$인 LTI 시스템은 BIBO 안정한가?

풀이 임펄스 응답의 절대합을 계산하면

$$\sum_{k=-\infty}^{\infty} |h[k]| = \sum_{n=-\infty}^{\infty} \left| \left(-\frac{1}{2}\right)^n u[n] \right| = \sum_{n=0}^{\infty} \left(\frac{1}{2}\right)^n = \frac{1}{1-\frac{1}{2}} = 2 \tag{7.27}$$

이므로 이 시스템은 BIBO 안정하다.

예제 7.11

임펄스 응답이

$$h[n] = \left(\frac{1}{n+1}\right) u[n]$$

인 LTI 시스템은 BIBO 안정한가?

풀이 임펄스 응답의 절대합을 계산하면

$$\sum_{n=-\infty}^{\infty} |h[n]| = \sum_{n=0}^{\infty} \frac{1}{n+1}$$

$$= 1 + \frac{1}{2} + \frac{1}{3} + \frac{1}{4} + \frac{1}{5} + \frac{1}{6} + \frac{1}{7} + \frac{1}{8} + \frac{1}{9} + \frac{1}{10} + \cdots$$
$$> 1 + \frac{1}{2} + \left(\frac{1}{4} + \frac{1}{4}\right) + \left(\frac{1}{8} + \frac{1}{8} + \frac{1}{8} + \frac{1}{8}\right) + \cdots$$
$$= 1 + \frac{1}{2} + \frac{1}{2} + \frac{1}{2} + \cdots = \infty$$

이므로 이 시스템은 BIBO 불안정하다.

연습 7.2 시스템 $y[n] = \cos(x[n]) + \sin(x[n])$의 인과성과 안정성을 점검하라.
답: 인과 안정

7.4.3 콘볼루션 연산 법칙

콘볼루션은 사칙연산과 같이 두 신호 간 연산으로 간주될 수 있으며 연산자 $*$로 표기된다. 연산자를 이용하여 콘볼루션을 표기하면 다음과 같다.

$$\begin{aligned} y[n] &= \sum_{k=-\infty}^{\infty} h[k]x[n-k] = h[n] * x[n] \\ &= \sum_{k=-\infty}^{\infty} x[k]h[n-k] = x[n] * h[n] \end{aligned} \tag{7.28}$$

콘볼루션 연산은 다음의 특성을 갖는다.

- 교환 법칙: $h_1[n] * h_2[n] = h_2[n] * h_1[n]$
- 결합 법칙: $h_1[n] * (h_2[n] * h_3[n]) = (h_1[n] * h_2[n]) * h_3[n]$
- 분배 법칙: $(h_1[n] + h_2[n]) * h_3[n] = h_1[n] * h_3[n] + h_2[n] * h_3[n]$

콘볼루션의 연산자 표기와 특성은 시스템의 다양한 조합을 가능하게함으로써 시스템의 해석과 설계를 용이하게 만든다. 그림 7.8을 통해 콘볼루션 연산의 적용 예를 살펴보자. 그림 7.8(a)에 콘볼루션 연산 특성을 적용하면 다음과 같이 그림 7.8(b)와 (c)를 얻을 수 있다.

$$w_1[n] = x[n] * h_1[n]$$

$$\begin{aligned} y[n] &= w_1[n] * h_2[n] = (x[n] * h_1[n]) * h_2[n] \\ &= x[n] * \underbrace{(h_1[n] * h_2[n])}_{h[n]} && \text{(결합 법칙)} \\ &= x[n] * h[n] && \text{(그림 7.8(b))} \\ &= x[n] * (h_2[n] * h_1[n]) && \text{(교환 법칙)} \end{aligned}$$

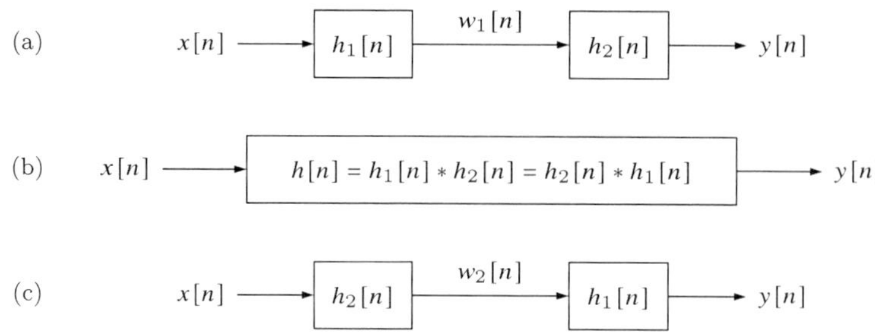

그림 7.8 콘볼루션 연산의 적용 예.

$$= \underbrace{(x[n] * h_2[n])}_{w_2[n]} * h_1[n], \qquad \text{(결합 법칙)}$$

$$= w_2[n] * h_1[n] \qquad \text{(그림 7.8(c))} \qquad (7.29)$$

7.4.4 임펄스의 콘볼루션

임펄스의 콘볼루션 연산 특성은 여러모로 유용하다. 여기서는 앞에서 소개된 임펄스의 샘플링 특성도 비교를 위해 다시 언급한다.

- 곱셈 특성(샘플링): $x[n] \cdot \delta[n-n_0] = x[n_0] \cdot \delta[n-n_0]$
  시간 이동된 단위 임펄스 $\delta[n-n_0]$를 이용하면 신호 $x[n]$을 n_0 시점에서 샘플할 수 있다.
- 콘볼루션 특성(지연): $x[n] * \delta[n-n_0] = x[n-n_0]$
  이 관계는 콘볼루션의 정의로부터 다음과 같이 증명될 수 있다.

$$x[n] * \delta[n-n_0] = \sum_{k=-\infty}^{\infty} x[k]\delta[n-k-n_0] = \sum_{k=-\infty}^{\infty} x[n-n_0]\delta[n-k-n_0]$$

$$= x[n-n_0] \underbrace{\sum_{k=-\infty}^{\infty} \delta[n-k-n_0]}_{1} = x[n-n_0] \qquad (7.30)$$

이 관계식을 $x[n] = \delta[n-a]$에 적용하면 다음을 얻는다.

$$\delta[n-a] * \delta[n-b] = \delta[n-a-b] \qquad (7.31)$$

예제 7.12

신호 $x[n] = \{1,\ 2,\ 3,\ 4,\ 5\}$일 때 (a) $x[n] * \delta[n-2]$와 (b) $x[n]\delta[n-2]$를 계산하라.

풀이 (a) $x[n] * \delta[n-2] = x[n-2] = \{0,\ 0,\ 1,\ 2,\ 3,\ 4,\ 5\}$.

표 7.1 콘볼루션 합 특성.

특성	설명
교환 법칙	$x[n] * h[n] = h[n] * x[n]$
분배 법칙	$x[n] * (h_1[n] + h_2[n]) = x[n] * h_1[n] + x[n] * h_2[n]$
결합 법칙	$x[n] * (h_1[n] * h_2[n]) = (x[n] * h_1[n]) * h_2[n]$
인과 신호/시스템	$y[n] = u[n] \sum_{k=0}^{n} h[k]x[n-k]$
시간 이동	$x[n-n_1] * h[n-n_2] = y[n-n_1-n_2]$
임펄스와의 콘볼루션	$x[n] * \delta[n-n_0] = x[n-n_0]$
계단 신호와의 콘볼루션	$x[n] * u[n] = \sum_{k=-\infty}^{n} x[k]$
길이	$y[n]$의 길이 = $x[n]$의 길이 + $h[n]$의 길이 − 1
면적	$\left(\sum_{n=-\infty}^{\infty} y[n]\right) = \left(\sum_{n=-\infty}^{\infty} x[n]\right)\left(\sum_{n=-\infty}^{\infty} h[n]\right)$

(b) $x[n]\delta[n-2] = x[2]\delta[n-2] = 3\delta[n-2] = \{\cdots, \underset{\uparrow}{0}, 0, 3, 0, 0, \cdots\}$.

7.4.5 계단 신호의 콘볼루션

임의의 신호 $x[n]$를 계단 신호 $u[n]$와 콘볼루션하면

$$y[n] = x[n] * u[n] = \sum_{k=-\infty}^{\infty} x[k]u[n-k]$$

$$= \sum_{k=-\infty}^{n} x[k] \tag{7.32}$$

를 얻는다. 두 번째 합은 $k > n$ 구간에서 $u[k-n] = 0$임을 적용한 결과이다.

콘볼루션 합의 주요 특성은 표 7.1에 정리되어 있다.

7.5 상수 계수를 갖는 차분방정식

앞의 예제 7.1과 7.2는 **차분방정식**difference equation의 형태로 문제를 표현한다. 이처럼 차분방정식은 이산시간 시스템을 표현하는 방법 가운데 하나이다. 이 절에서는 상수 계수를 갖는 차분방정식의 유형과 구조에 대하여 알아보고, 차분방정식으로 표현되는 시스템의 출력을

계산하는 과정을 알아보기로 한다.

7.5.1 일반적인 차분방정식

이산시간 LTI 시스템을 표현하는 차분방정식의 일반식은 다음과 같다.

$$y[n] = \sum_{k=1}^{N} a_k y[n-k] + \sum_{k=0}^{M} b_k x[n-k] \tag{7.33}$$

여기서 계수 $\{a_k, b_k\}$는 고정된 상수값으로 가정된다. 차분방정식 (7.33)은 현재와 과거의 입력만을 사용하며 미래의 입력은 사용하지 않으므로 인과적이다.

계수 a_k의 존재 유무는 차분방정식에서 매우 중요하다. 계수 a_k는 지연된 출력이 다시 입력으로 작용하는 피드백의 통로이다. 피드백feedback(되먹임)은 무한길이의 출력을 만들어내므로 이런 시스템은 임펄스 응답의 길이가 무한한 **무한길이 임펄스 응답**infinite impulse response(IIR) 시스템으로 분류된다. IIR 시스템의 임펄스 응답이 무한하지만 미래 입력을 사용하지 않는 인과 시스템은

$$y[n] = \sum_{k=0}^{\infty} h[k]x[n-k] \tag{7.34}$$

와 같이 표현할 수 있다. 여기서 임펄스 응답 $h[k]$는 계수 $\{a_k, b_k\}$의 함수이다. 차분방정식으로부터 시스템의 임펄스 응답을 계산하는 방법은 7.7.2절에서 설명된다.

피드백 계수가 없다면($a_k = 0$) 피드백이 없으므로 임펄스 응답의 길이가 유한하다. 이런 시스템은 **유한길이 임펄스 응답**finite impulse response(FIR) 시스템으로 분류된다. FIR 시스템은

$$y[n] = \sum_{k=0}^{M} b_k x[n-k] \tag{7.35}$$

와 같이 표현된다. FIR 시스템의 임펄스 응답은 $x[n] = \delta[n]$을 적용하면

$$h[n] = b_n, \quad n = 0, 1, \ldots, M$$

으로 구해진다. 따라서 FIR 시스템의 차분방정식도 콘볼루션 합의 형태인

$$y[n] = \sum_{k=0}^{M} h[k]x[n-k] \tag{7.36}$$

로 표현된다.

개념점검 7.2 필터의 FIR/IIR 구분은 연속시간 필터에는 적용되지 않고 이산시간 필터에만 정의된다. 그 이유는 무엇일까?

7.5.2 차분방정식의 블록도

블록도는 차분방정식의 구조를 쉽게 그림으로 이해할 수 있게 해줄 뿐 아니라, 빠르고 효율적으로 계산이 가능하도록 하드웨어를 구현하는 데도 도움이 된다. 이산시간 블록도를 구성하는 기본 블록은 그림 7.9의 덧셈기, 곱셈기, 단위 지연기이다.

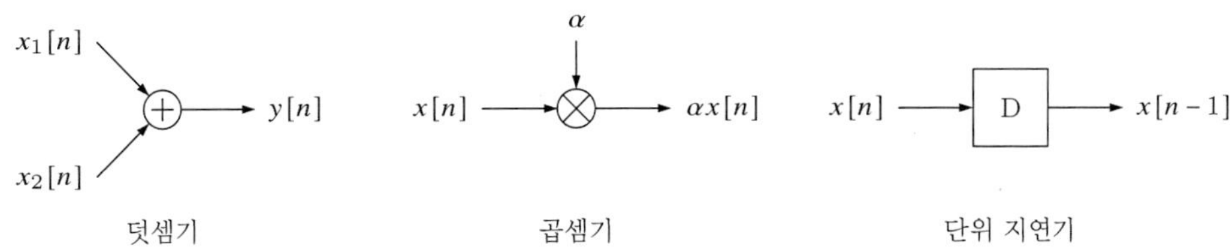

그림 7.9 블록 다이어그램을 구성하는 기본 블록.

그림 7.10과 그림 7.11은 각각 FIR 시스템과 IIR 시스템의 블록도이다. 단위 지연기는 시스템 내부에 지연된 신호를 저장하는 메모리가 있음을 암시한다. 또한 메모리의 존재는 초기에 메모리 안에 어떤 값이 저장되어 있는지에 관하여 자연스럽게 관심을 가지게 한다. 그림 7.10과 같이 FIR 필터에서 입력은 시간이 지남에 따라 지연기를 통해 한 단계씩 지연된다. 지연된 신호 $x[n-k]$는 차분방정식의 내부 상태에 해당한다. 물론 인과 시스템에서 내부 상태의 초기값은 0으로 가정된다.

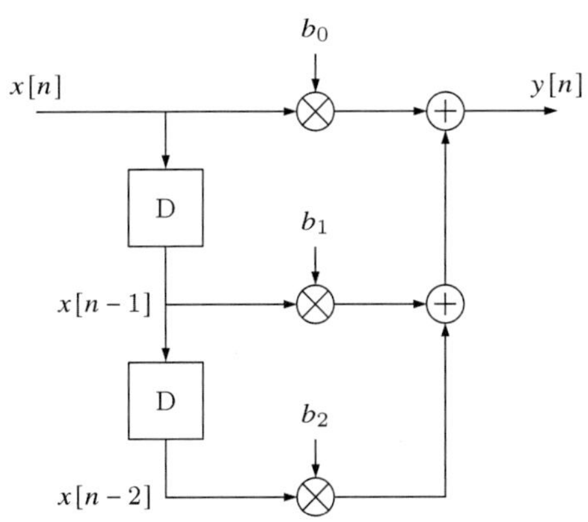

그림 7.10 FIR 시스템의 블록 다이어그램.

IIR 필터는 그림 7.11과 같이 순방향과 역방향 두 부분으로 구성되어 있다. 순방향 부분은 계수 b_k에 의하여 통제되며 모든 신호는 오른쪽 순방향으로 진행한다. 반면에 역방향 부분은 계수 a_k에 의하여 통제되며 출력 $y[n]$이 다시 입력으로 피드백되는 경로를 통해 역방향으로 진행된다. 이 피드백 통로로 인해 IIR 시스템은 항상 무한길이의 출력을 만들어낸다. 여기서 소개된 블록도는 직접 구현의 한 예이다. 메모리를 줄이고 계산 속도와 정확도를 높이려면 연속시간에서 소개한 바와 같이 블록도를 적절히 변형해야 한다(5.6.2절 참고). 이 교재에서는 이 과정을 다루지는 않는다.

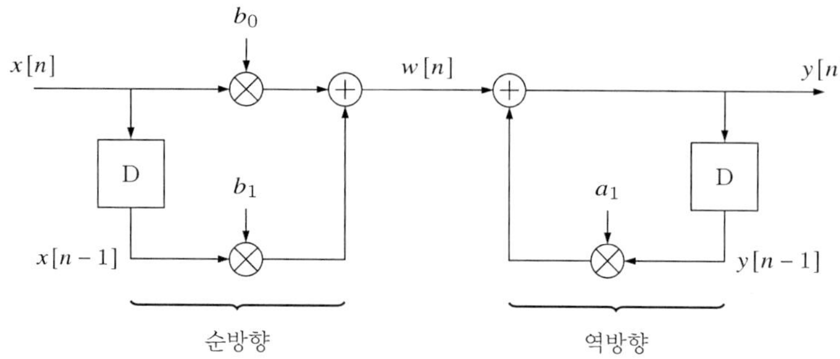

그림 7.11 IIR 시스템의 블록 다이어그램.

연습 7.3 그림 7.10의 블록 다이어그램을 차분방정식으로 표현하라.
답 : $y[n] = b_0x[n] + b_1x[n-1] + b_2x[n-2]$

연습 7.4 그림 7.11의 블록 다이어그램을 차분방정식으로 표현하라.
답 : $y[n] = a_1y[n-1] + b_0x[n] + b_1x[n-1]$

7.6 FIR 필터

7.6.1 FIR 필터의 안정성

인과성을 유보하면 FIR 필터 식 (7.35)를 다음과 같이 표현할 수 있다.

$$y[n] = \sum_{k=-M_1}^{M_2} b_k x[n-k], \quad 0 \le M_1,\ 0 \le M_2 \tag{7.37}$$

FIR 필터는 매우 광범위하게 사용되는데 한 가지 이유는 안정성이다. FIR 필터의 안정성은 유한길이에서 비롯된다. BIBO 안정 조건

$$|x[n]| < B_x \quad \Longrightarrow \quad |y[n]| < B_y \tag{7.38}$$

를 식 (7.37)에 적용하면

$$\begin{aligned} |x[n]| < B_x \quad \Longrightarrow \quad |y[n]| &= \left| \sum_{k=-M_1}^{M_2} b_k x[n-k] \right| < \sum_{k=-M_1}^{M_2} |b_k||x[n-k]| \\ &< B_x \sum_{k=-M_1}^{M_2} |b_k| < B_y \end{aligned}$$

를 얻는다. 따라서 FIR 필터는 항상 BIBO 안정하다.

7.6.2 이동평균기

이동평균기(MA 필터)는 신호의 샘플들을 평균내는 FIR 필터이다. 3점 이동평균기

$$y[n] = \frac{1}{3}(x[n-1] + x[n] + x[n+1]) \tag{7.39}$$

를 고려하자. 이 평균기는 미래 입력을 사용하므로 비인과적이며, 현재 시점에서 과거와 미래입력을 대칭적으로 사용하여 입력을 평균낸다. 입력 신호

$$x[n] = \{1,\ 2,\ 3,\ 4\} \tag{7.40}$$

에 대한 출력을 계산해 보자. 시점 $n = -2$부터 계산하면

$$\begin{aligned}
y[-2] &= \frac{1}{3}(x[-3] + x[-2] + x[-1]) = \frac{1}{3}(0+0+0) = 0 \\
y[-1] &= \frac{1}{3}(x[-2] + x[-1] + x[0]) = \frac{1}{3}(0+0+1) = \frac{1}{3} \\
y[0] &= \frac{1}{3}(x[-1] + x[0] + x[1]) = \frac{1}{3}(0+1+2) = 1 \\
y[1] &= \frac{1}{3}(x[0] + x[1] + x[2]) = \frac{1}{3}(1+2+3) = 2 \\
&\vdots \\
y[4] &= \frac{1}{3}(x[3] + x[4] + x[5]) = \frac{1}{3}(4+0+0) = \frac{4}{3}
\end{aligned}$$

와 같다. 표 7.2는 계산 결과이다.

표 7.2 3점 이동평균기의 계산 예.

n	-2	-1	0	1	2	3	4	5	6
$x[n]$	0	0	1	2	3	4	0	0	0
$y[n]$	0	1/3	1	2	3	7/3	4/3	0	0

7.6.3 랜덤 잡음에 오염된 정현 신호의 FIR 필터링

예제 7.1에서는 코스피에 이동평균을 적용하면 주가 변동성을 줄이고 큰 추세를 파악할 수 있음을 소개했다. 이 절에서는 이동평균기의 동작을 상세히 살펴보기로 한다.

랜덤 잡음으로 오염된 정현 신호에 이동평균기로 적용하여 잡음을 제거하는 과제를 생각해 보자(파이썬 예제 7.10). 잡음에 오염된 정현 신호는 다음과 같이 표현된다.

$$x[n] = s[n] + v[n], \quad n = 0, 1, \ldots, 50 \tag{7.41}$$

여기서 $s[n]$은 정현 신호

$$s[n] = 10\cos(2\pi n/24) + 10, \quad n = 0, 1, \ldots, 50 \tag{7.42}$$

이며 $v[n]$은 (−4, 4) 범위에서 균일하게 분포된 랜덤 잡음이다.

5점 이동평균기를 적용한다고 가정하자.

$$y[n] = \frac{1}{5}\left(x[n-2] + x[n-1] + x[n] + x[n+1] + x[n+2]\right) \tag{7.43}$$

그림 7.12는 이동평균기를 적용하여 평균내는 과정을 보여 준다. 그림 7.12(a)의 스템 플롯은 오염된 신호 $x[n]$이며, 가는 회색선은 오염되지 않은 정현 신호 $s[n]$이다. 신호 $x[n]$은 랜덤 잡음 $v[n]$에 의하여 신호 $s[n]$으로부터 이탈되어 있다. 신호 $x[n]$에 식 (7.43)의 5점 이동평균기를 적용하여 얻은 신호 $y[n]$은 그림 7.12(b)에 정현 신호 $s[n]$과 비교하여 표시되었다. 이동평균 결과 입력 신호에 포함된 랜덤 잡음의 크기가 상당히 축소되어 출력 $y[n]$은 오염되지 않은 원 신호 $s[n]$에 근접한다.

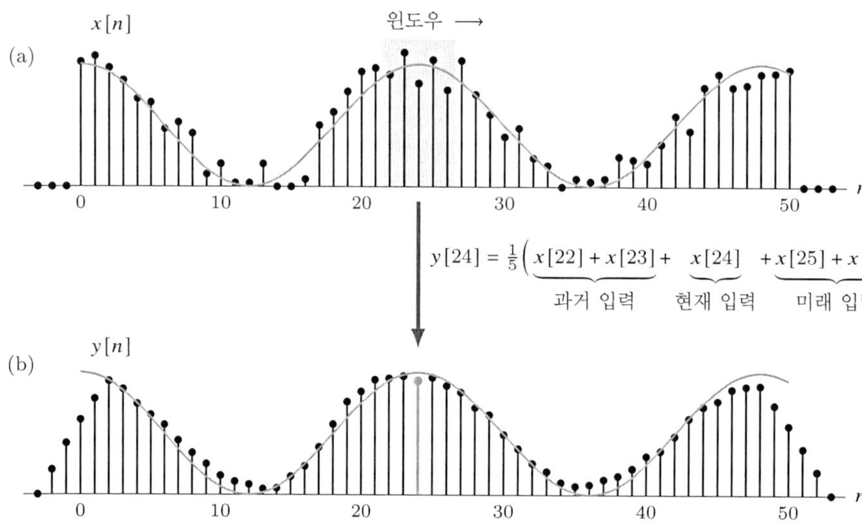

그림 7.12 비인과적 5점 이동평균기를 이용한 시스템의 출력.

이동평균기의 작동에 대하여 알아보자. 그림 7.12에서 회색으로 음영처리된 부분은 이동평균을 계산하는 입력 샘플의 범위로서 **윈도우**window라고 부른다. 이동평균기에서 '이동'이라는 수식어는 이 윈도우가 시간 n에 따라 이동하기 때문에 붙여졌다. 예를 들어, 시점 $n = 23$에서의 이동평균은

$$y[23] = \frac{1}{5}\left(x[21] + x[22] + x[23] + x[24] + x[25]\right)$$

과 같이 계산되고, 시점 $n = 24$에서의 이동평균을 계산하려면 윈도우를 한 샘플 오른쪽을

이동하여

$$y[24] = \frac{1}{5}(x[22] + x[23] + x[24] + x[25] + x[26])$$

과 같이 계산한다. 식 (7.43)의 이동평균기는 현재 시점을 기준으로 좌우 대칭이므로 동수의 과거와 미래 입력 샘플을 대칭적 가중치로 포함한다. 따라서 이러한 이동평균기는 윈도우에 속한 과거와 현재 미래 샘플값의 값의 평균값을 정확하게 산출한다. 그런데 이 시스템은 미래 입력을 사용함으로써 인과성을 위반한다. 인과성의 위반은 입력 신호 $x[n]$이 인가되기 이전인 $n < 0$인 시점에 $y[n] \neq 0$이라는 사실에서도 드러난다. 비인과 이동평균기는 실시간 신호처리가 불가능하다. 실시간 신호처리는 현실 세계에서 매우 중요하다. 센서 신호를 실시간으로 처리하는 응용에서 미래 입력은 가용하지 않다.

식 (7.43)의 5점 이동평균기에서 인과성을 보장하려면 다음과 같이 2 샘플 지연하여 오직 현재와 과거 샘플만을 사용하도록 수정되어야 한다.

$$y[n] = \frac{1}{5}(x[n] + x[n-1] + x[n-2] + x[n-3] + x[n-4]) \tag{7.44}$$

그림 7.13은 인과 이동평균기의 동작을 보여 준다. 입력이 인가되기 이전 시점 $n < 0$에서 출력은 $y[n] = 0$이다. 인과 5점 이동평균기의 출력은 원래 평균이 주어져야 하는 시점보다 $(5-1)/2 = 2$ 샘플 지연된다. 출력은 2 샘플만큼 지연되었을 뿐 모든 사항은 비인과 이동평균기의 출력과 동일하다. 그림 7.13(b)는 출력 $y[n]$와 지연된 원 신호 $s[n]$를 비교하여 보여 준다.

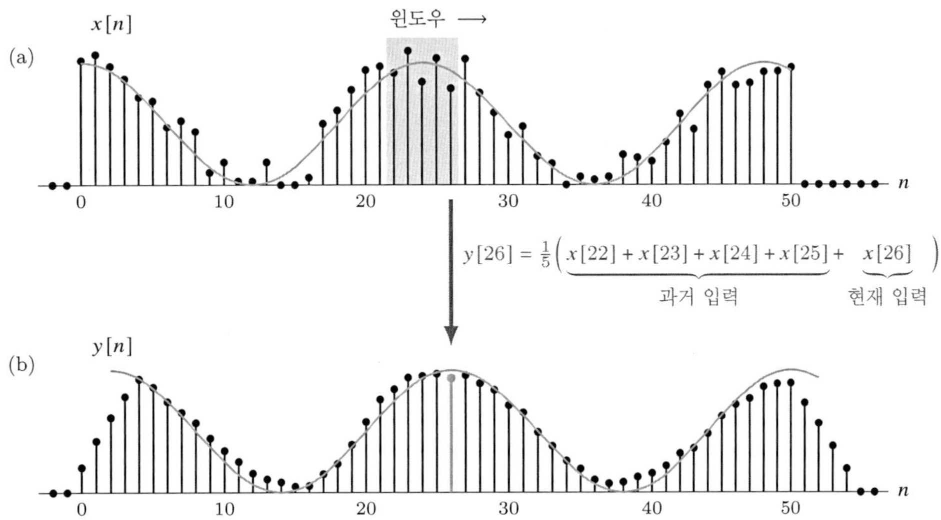

그림 7.13 인과적인 5점 이동평균기를 이용한 시스템의 출력.

그림 7.13에서 볼 수 있듯, 출력의 시작과 끝 부분은 원 신호 $s[n]$과 상당히 차이난다. 이유를

확인하기 위해 $0 \le n \le 4$의 범위에서 출력을 계산해 보자.

$$y[0] = \frac{1}{5}(x[-4] + x[-3] + x[-2] + x[-1] + x[0]) = \frac{1}{5}(0 + 0 + 0 + 0 + x[0])$$
$$y[1] = \frac{1}{5}(x[-3] + x[-2] + x[-1] + x[0] + x[1]) = \frac{1}{5}(0 + 0 + 0 + x[0] + x[1])$$
$$y[2] = \frac{1}{5}(x[-2] + x[-1] + x[0] + x[1] + x[2]) = \frac{1}{5}(0 + 0 + x[0] + x[1] + x[2])$$
$$y[3] = \frac{1}{5}(x[-1] + x[0] + x[1] + x[2] + x[3]) = \frac{1}{5}(0 + x[0] + x[1] + x[2] + x[3])$$
$$y[4] = \frac{1}{5}(x[0] + x[1] + x[2] + x[3] + x[4]) = \frac{1}{5}(x[0] + x[1] + x[2] + x[3] + x[4])$$

이 계산 과정을 보면 $0 \le n \le 3$까지 길이 5의 윈도우가 신호에 완전히 들어오지 않았으므로 5개보다 적은 수의 샘플을 이용하여 평균이 계산된다. FIR 필터 블록도(그림 7.10)의 관점에서 보면, 지연 소자를 통해 내부에 입력이 완전히 채워지기 전에는 초기값 0이 계산에 사용되므로 정상적인 평균값과 차이날 수밖에 없다. 이런 현상은 윈도우가 입력 신호열을 빠져나가는 부분인 $51 \le n < 54$에서도 동일하게 나타난다. 이처럼 윈도우가 신호 안에 완전히 들어와 있지 않은 상태에서 계산된 출력을 과도 응답^transient response^이라 한다. 만약 L점 이동평균기를 사용하였다면 과도 응답은 처음과 끝부분에서 각각 $L-1$ 샘플씩 나타난다.

마지막으로 언급할 사항은 이동평균기의 출력의 길이가 입력의 길이보다 길다는 점이다. 이동평균기는 입력이 시작되는 $n = 0$ 시점부터 출력을 발생하며, 윈도우가 신호 $x[n]$을 완전히 빠져나가려면 $L-1$ 샘플 시간이 더 필요하다. 따라서 L_x와 L_y를 각각 입력 $x[n]$과 출력 $y[n]$의 길이로 가정하면

$$L_y = L_x + L - 1 \tag{7.45}$$

의 관계가 성립한다. 이 관계는 식 (7.19)에서도 확인된 바 있는 콘볼루션의 특성이다(표 7.1). 그림 7.13에서 입력 $x[n]$의 길이는 $L_x = 51$이고, 슬라이딩 윈도우의 길이는 $L = 5$이므로 출력 $y[n]$의 길이는 $L_y = 51 + 5 - 1 = 55$이다.

앞에서 언급한 3점 이동평균기나 5점 이동평균기의 경우 모든 계수는 동일하게 $b_k = 1/L$이다. 다음 절에서는 필터 계수값이 동일하지 않은 필터를 적용하여 신호의 변동성을 줄이는 예를 살펴보기로 한다.

개념점검 7.3 그림 7.2에서 60일 이동평균선이 코스피와 시간차를 보이는 이유는 무엇인가?

IPYWIDGET 데모 7.2

위젯 파일: `MA_filtering_demo.ipynb`

이 데모에서는 잡음에 오염된 정현 신호의 MA 필터링을 통해 MA 필터의 여러 특성을 관찰할 수 있다. 필터의 인과성과 길이를 변경하면서 필터 출력의 지연이 어떻게 달라지는지, 과도 응답 부분의 길이가 어떻게 달라지는지, 잡음이 얼마나 잘 제거되는지 관찰해 보라. 필터 길이가 길수록 잡음이 잘 제거되고 출력이 원 신호와 근접해지는가? 그렇지 않다면 이유는 무엇인가?

7.6.4 가속도 센서 데이터의 FIR 필터링

가속도 센서를 이용하면 사람의 보행이나 움직임을 모니터링 할 수 있다. 삼차원 가속도 센서는 x, y, z-축 세 방향의 가속도를 수집한다. 사람이 앞으로 걸어가면 전방향 x와 수직 방향 z의 가속도가 가장 크게 변한다. 가속도 센서를 이용하여 사람의 걸음수를 추정할 때 센서가 부착되는 모양에 따라 x, y, z-축이 서로 뒤바뀔 수 있다. 단지 걸음수만 추정한다면 가속도의 방향성은 중요하지 않으므로 세 방향의 가속도를 합한 가속도만으로도 충분하다.

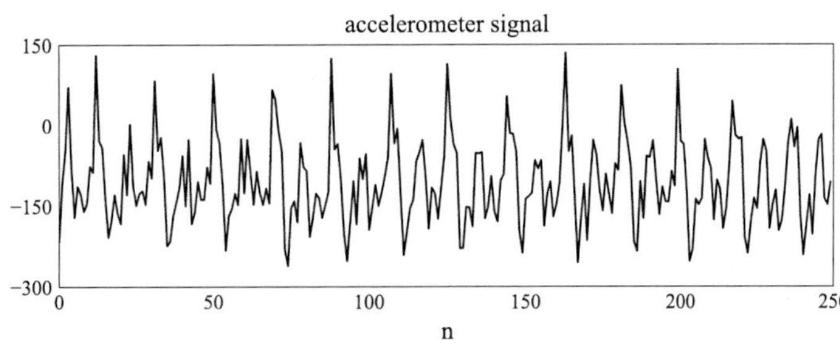

그림 7.14 가속도 센서 신호 크기.

그림 7.14는 삼차원 가속도 센서로부터 초당 50 샘플씩 수집된 가속도 센서 신호로 세 방향의 가속도 신호를 합한 신호이다. 가속도는 사람의 걸음에 따라 주기적으로 변하며 사람의 보행을 짐작할 수 있는 패턴을 보여 준다. 이 패턴으로부터 걸음수를 추정하면, 사람의 보폭을 가정하여 걸음 속도와 소모된 칼로리를 계산할 수 있다. 그런데 걸음의 모습이나 움직임은 정확하게 주기적이지도 않고 랜덤 잡음도 포함하므로 센서 데이터로부터 직접 걸음수를 추정하기는 어렵다. 7.6.3절에서 소개한 이동평균기는 이런 유형의 변동과 잡음 제거에 매우 유용하다. 앞의 예제에서는 계수가 동일한 이동평균기를 적용하였지만, 이런 경우 계수가 동일한 이동평균기는 기대만큼의 효과를 내지 못한다. 그 이유에 대하여는 9.11절에서 조금 더 깊이 다루어진다. 여기서는 벨 모양을 가진 **해밍 윈도우**hammimg window를 적용하기로 한다.

그림 7.15는 길이 16의 해밍 윈도우이다. 해밍 윈도우는 중앙에서 멀어질수록 낮은 가중치를 갖는 특징이 있다. 중앙에서 멀어질수록 중앙 샘플과의 연관성이 적어지는 사실을 감안하면 양끝 부분의 낮은 가중치는 매우 자연스럽다.

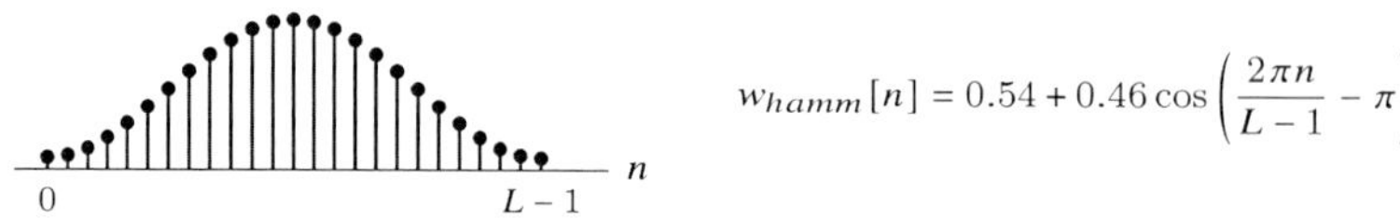

그림 7.15 해밍 윈도우(L = 16).

그림 7.16은 각각 길이 8과 16의 해밍 윈도우를 적용하여 이동평균된 가속도 신호이다. 길이 8의 윈도우를 사용한 경우 출력 신호가 많이 부드러워졌지만 여전히 한 주기 안에 두 개의 큰 피크들이 보인다. 이런 두 개의 피크는 두 개의 서로 다른 주기를 갖는 신호를 의미한다. 여기서 사람의 보행과 관련된 피크는 큰 주기의 피크이며 대략 19 샘플의 주기성을 갖는다. 윈도우 길이를 16으로 늘리면 짧은 주기의 신호는 이동평균기 안에서 배제되고, 이동평균기 출력은 긴 주기의 신호만을 포함하게 된다. 길이 16의 윈도우로 이동평균된 출력은 한 주기 안에 하나의 피크를 가지므로 걸음수 추정이 용이하다. 이처럼 이동평균기의 설계에는 필터 길이뿐 아니라 모양도 중요하다. FIR 필터에서 b_k는 필요에 따라 얼마든지 자유롭게 값을 정할 수 있다. 이 기법은 디지털 필터 설계의 영역에 속하므로 이 교재에서는 다루지 않는다.

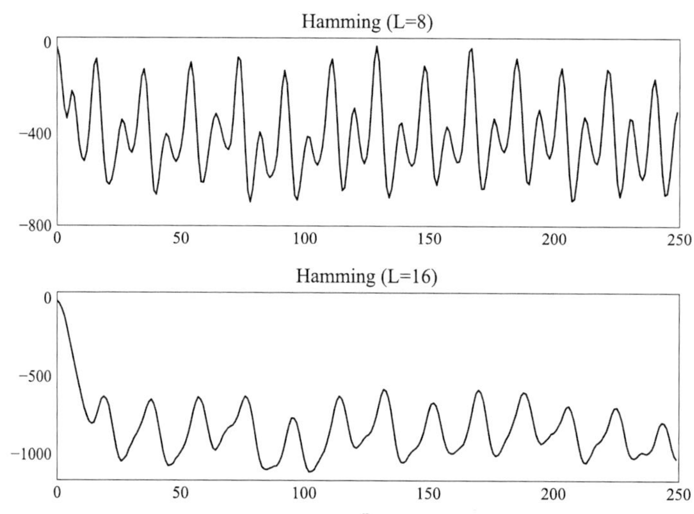

그림 7.16 길이 8과 16의 해밍 윈도우로 이동평균된 가속도 센서 신호.

7.6.5 차분기

FIR 이동평균기는 연속시간의 적분과 같이 신호를 평균내어 신호의 변동성을 줄인다. 반면에 **차분기**differencing filter는 연속시간의 미분기와 같이 신호 샘플 간 차이를 강조한다. 가장 간단한 FIR 차분기는 다음과 같다.

$$y[n] = x[n] - x[n-1] \tag{7.46}$$

차분기는 영상 신호에서 인접한 화소간의 차이를 계산하므로 **윤곽선 검출**edge detection에 널리 사용된다. 영상 신호에서 사물 간의 경계나 윤곽은 사물의 모양을 판단하는 기본 요소이다. 사물의 경계나 윤곽은 신호의 급격한 변화에 기인하므로 차분기의 출력에서 이 차이가 부각된다. 크기 $[M_x, N_x]$의 이차원 영상 신호에서 차분기는 수직 방향과 수평 방향으로 각각 적용된다.

$$y_v[m,n] = x[m,n] - x[m-1,n], \quad 0 \le m \le M_x, \quad 0 \le n \le N_x \tag{7.47a}$$

$$y_h[m,n] = x[m,n] - x[m,n-1], \quad 0 \le m \le M_x, \quad 0 \le n \le N_x \tag{7.47b}$$

최종 결과는 수직-수평 출력으로부터 다음과 같이 계산된다.

$$y[m,n] = \sqrt{y_v^2[m,n] + y_h^2[m,n]} \tag{7.48}$$

그림 7.17은 영상 신호에 차분기를 적용한 결과이다. 회색조 영상에서 크기가 큰 신호는 밝게 표시되지만, 윤곽선 추출된 영상에서는 편의를 위해 크기가 큰 부분을 검은색으로 표시하였다. 차분기를 적용한 결과 사물의 윤곽이 선명하게 드러난다. 영상 신호의 윤곽선 검출은 자주 사용되는 기본적인 영상 처리 기법의 하나이며, 실제로는 이보다 훨씬 더 정교한 윤곽선 검출 기법들이 활용되고 있다

7.7 IIR 필터

IIR 필터는 출력이 입력으로 다시 되돌려지는 특성을 가지므로 ARauto-regressive 필터라고 부르기도 한다.[1] 현실 세계의 많은 시스템이 피드백 구조로 이루어져 있다. 예제 7.2에서 확인한 바와 같이 은행에서 대출한 대출금을 매달 동일한 금액으로 갚아나가는 상환 방식은 IIR 시스템으로 표현된다. 또한 자동 온도조절 장치는 기준 온도와 현재 온도를 비교하여 온도를 일정하게 유지하는 피드백 구조를 가지고 있다. 피드백 원리는 제어 시스템의 기본 요소이다. IIR 필터는 임펄스 응답의 길이가 무한하므로 BIBO 안정성이 보장되지 않는다. IIR 필터의 안정성은 IIR 필터 설계와 구현에서 중요한 과제의 하나이다. 이 절에서는 예를 통해 IIR 필터의 동작과 활용을 살펴본다.

7.7.1 일차 IIR 필터의 출력 계산과 초기 정지 조건

일차 차분방정식으로 표현되는 IIR 필터를 고려하자.

$$y[n] = 0.75y[n-1] + 2x[n] \tag{7.49}$$

[1] 특별히 차분방정식이 지연된 입력 $x[n-k]$ 항을 포함하면 IIR 부분(AR)과 FIR 부분(MA)이 모두 포함되므로 ARMA 필터라고 부른다.

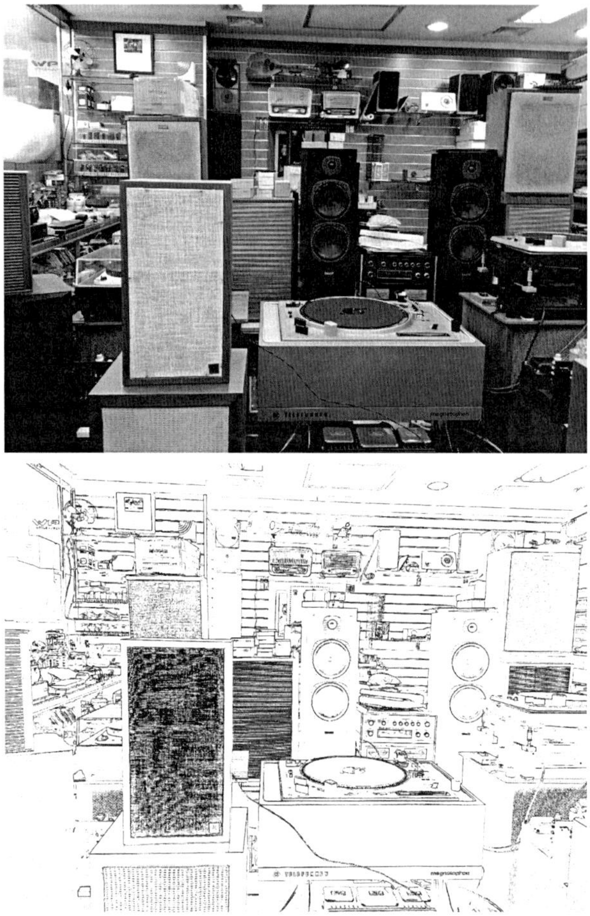

그림 7.17 FIR 차분기를 이용한 영상 신호의 윤곽선 추출 : (위) 원 영상 (아래) 윤곽선 추출된 영상.

임의로 주어진 입력에 대한 필터의 출력은 입력을 차례대로 대입하여 순차적으로 계산할 수 있다. 입력 $x[n] = \{1, 3, 2\}$를 가정하고 필터의 출력 $y[n]$을 계산해 보자. 시점 $n = 0$에서 출력 $y[0]$는

$$y[0] = 0.75y[-1] + 2x[0] = 0.75y[-1] + 2(1)$$

이다. 이 계산을 완료하려면 $y[-1]$이 필요하며 이 값은 입력 신호가 인가되기 이전 시점의 출력이다. IIR 필터의 블록 다이어그램(그림 7.11)에서 $y[n-1]$은 필터의 내부 상태에 해당한다. 입력이 인가되기 전 필터의 초기 내부 상태는 초기 조건이다. 인과 시스템은 입력이 인가되기 전에는 시스템이 정지되었다고 가정하며, 이 조건을 **초기정지 조건**initial rest condition이라 부른다. 초기정지 조건은 다음 두 가지 조건으로 구성된다.

초기정지 조건

입력이 인가되기 전 출력이 0이면 시스템이 초기에 정지 상태에 있다고 말한다. 이는 다음 두 조건을 의미한다.

1. 입력 신호 $x[n]$은 시작 시점 n_0 이전에는 $x[n] = 0$으로 가정된다. 즉, 입력 신호는 n_0에서 갑자기 인가된다고 가정된다.
2. 시스템의 출력 신호도 시작 시점 n_0 이전에는 $y[n] = 0$으로 가정된다.

이제 초기정지 조건 $y[-1] = 0$을 가정하고 출력을 계산해 보자.

$$
\begin{aligned}
y[0] &= 0.75y[-1] + 2x[0] = 0.75(0) + 2(1) = 2 \\
y[1] &= 0.75y[0] + 2x[1] = 0.75(2) + 2(3) = 7.5 \\
y[2] &= 0.75y[1] + 2x[2] = 0.75(7.5) + 2(2) = 9.625 \\
y[3] &= 0.75y[2] + 2x[3] = 0.75(9.625) = 9.625(0.75) \\
y[4] &= 0.75y[3] + 2x[4] = 0.75(0.75(7.5)) = 9.625(0.75)^2
\end{aligned} \tag{7.50}
$$

더 이상 입력이 들어오지 않는 시점이 되면, 시스템은 다음과 같이 입력이 없는 차분방정식으로 표현되며 출력은 계수 $a_1 = 0.75$에 의해서만 결정된다.

$$y[n] = 0.75y[n-1], \quad n \ge 2 \tag{7.51a}$$

$$= y[2](0.75)^{n-2}, \quad n \ge 2 \tag{7.51b}$$

따라서 출력은 다음과 같이 정리된다.

$$
y[n] = \begin{cases} 0, & n < 0 \\ 2, & n = 0 \\ 7.5, & n = 1 \\ 9.625(0.75)^{n-2}, & n \ge 2 \end{cases} \tag{7.52}
$$

그림 7.18은 주어진 입력 $x[n]$과 그에 따른 출력 $y[n]$이다.

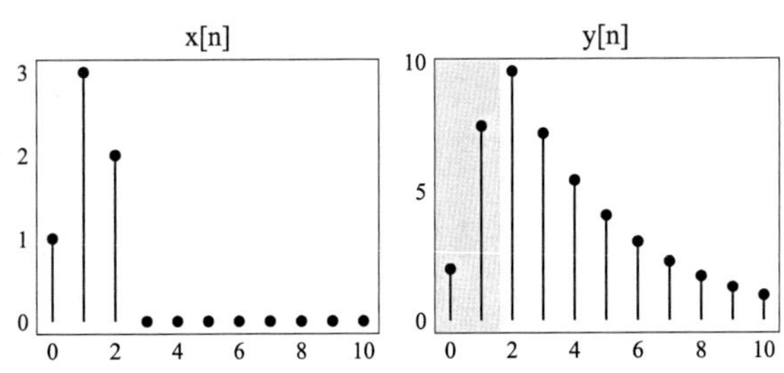

그림 7.18 일차 IIR 필터의 입력과 출력($b_0 = 2,\ a_1 = 0.75$).

개념점검 7.4 이산시간 LTI 시스템 식 (7.49)에 신호 $x[n]$이 $n = 2$ 시점부터 입력된다고 가정하자. 초기정지 조건을 만족하기 위한 출력 $y[n]$의 조건은 무엇인가?

7.7.2 일차 IIR 필터의 임펄스 응답

앞서 7.5.1절에서 언급한 바와 같이 FIR 필터의 경우 임펄스 응답은 필터 계수 $h[n] = b_n$ 자체이지만, IIR 필터는 계수 $\{a_k, b_k\}$의 함수로 표현된다. 일차 IIR 필터의 임펄스 응답을 구해 보자. 차분방정식으로 표현되는 LTI 시스템의 임펄스 응답은 $x[n] = \delta[n]$을 대입하고 순차적으로 계산하여 얻을 수 있다. 일차 차분방정식

$$y[n] = a_1 y[n-1] + b_0 x[n] \tag{7.53}$$

에 $x[n] = \delta[n]$을 대입하고 임펄스 응답 $h[n] = y[n]$을 계산하면

$$h[0] = a_1 h[-1] + b_0 x[0] \tag{7.54}$$

이다. 인과성을 가정하면 입력이 인가되기 전인 $n < 0$에서 $h[n] = 0$이다. 이 가정을 이용하여 계산하면

$$\begin{aligned}
h[0] &= a_1 h[-1] + b_0 x[0] = a_1 \cdot 0 + b_0 \cdot 1 = b_0 \\
h[1] &= a_1 h[0] + b_0 x[1] = a_1 \cdot (b_0) + b_0 \cdot 0 = b_0 a_1 \\
h[2] &= a_1 h[1] + b_0 x[2] = a_1 \cdot (b_0 a_1) + b_0 \cdot 0 = b_0 a_1^2 \\
&\vdots \\
h[n] &= a_1 h[n-1] + b_0 x[n] = a_1 \cdot (b_0 a_1^{n-1}) + b_0 \cdot 1 = b_0 a_1^n
\end{aligned} \tag{7.55}$$

을 얻는다. 따라서 임펄스 응답은 다음과 같이 표현된다.

$$h[n] = b_0 a_1^n u[n] \tag{7.56}$$

그림 7.19는 $a_1 = 0.75$이고 $b_0 = 2$인 경우 일차 IIR 필터의 임펄스 응답이다.

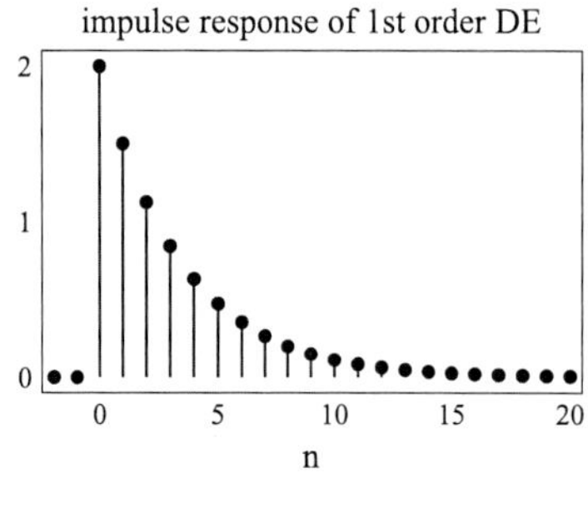

그림 7.19 일차 IIR 필터의 임펄스 응답($a_1 = 0.75$, $b_0 = 2$).

개념점검 7.5 연속시간 지수 신호는 $e^{-at}u(t)$꼴로 표현되지만 이산시간 지수 신호는 $e^{-an}u[n]$이 아닌 $a^n u[n]$꼴로 표현된다. 그 이유는 무엇인가?

연습 7.5 IIR 필터 $y[n] = 0.5y[n-1] + x[n] + 0.5x[n-1]$의 임펄스 응답을 구하라.
답: $h[n] = \delta[n] + (0.5)^{n-1}u[n-1]$

연습 7.6 임펄스 응답이 $h[n] = \left(\frac{3}{5}\right)^n u[n-1]$인 IIR 필터의 차분방정식을 구하라.
답: $y[n] = \frac{3}{5}y[n-1] + \frac{3}{5}x[n-1]$

7.7.3 일차 IIR 필터의 계단 응답

계단 입력 $u[n]$에 대한 출력 $y_{step}[n]$을 **계단 응답**step response이라 한다. 계단 응답은 초기정지 조건을 가정하여 앞 절과 같이 순환적으로 계산할 수 있다. 또는 이미 구한 임펄스 응답식 (7.56)을 활용할 수도 있다. 여기서는 이미 얻은 임펄스 응답을 이용하여 계단 응답을 구하기로 한다.

임펄스 응답에 차분방정식의 시불변성을 적용하면

$$\begin{aligned}
\delta[n] \quad &\longmapsto \quad h[n] = b_0 a_1^n u[n] \\
\delta[n-1] \quad &\longmapsto \quad h[n-1] = b_0 a_1^{n-1} u[n-1] \\
\delta[n-2] \quad &\longmapsto \quad h[n-2] = b_0 a_1^{n-2} u[n-2] \\
\delta[n-k] \quad &\longmapsto \quad h[n-k] = b_0 a_1^{n-k} u[n-k]
\end{aligned} \tag{7.57}$$

이다. 여기에 선형성을 적용하면 다음을 얻는다.

$$\begin{aligned}
u[n] = \sum_{k=0}^{\infty} \delta[n-k] \quad \longmapsto \quad y_{step}[n] &= \sum_{k=0}^{\infty} h[n-k] \\
&= b_0 \sum_{k=0}^{\infty} a_1^{n-k} u[n-k] = b_0 \sum_{k=0}^{n} a_1^{n-k} \\
&= b_0(a_1^n + a_1^{n-1} + \cdots + a_1 + 1)
\end{aligned} \tag{7.58}$$

식 (7.58)의 결과가 $n \to \infty$일때 $y_{step}[n]$이 수렴하는가는 전적으로 a_1의 값에 따른다. 가능한 경우를 따져보자.

- $a_1 = 1$인 경우,

$$\lim_{n\to\infty} y_{step}[n] = \lim_{n\to\infty} b_0(n+1) = \infty \tag{7.59}$$

와 같이 선형으로 발산하므로 불안정하다(그림 7.20).

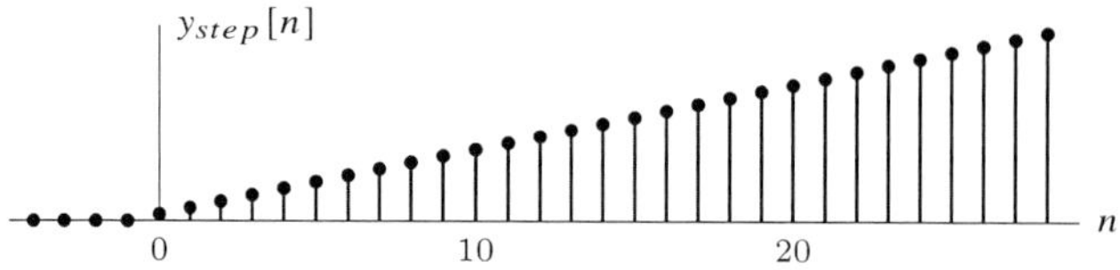

그림 7.20 일차 IIR 필터의 계단 응답($a_1 = 1,\ b_0 = 2$).

- $a_1 = -1$인 경우,

$$y_{step}[n] = \begin{cases} b_0, & n \text{ 짝수} \\ 0, & n \text{ 홀수} \end{cases} \tag{7.60}$$

이므로 진동한다(그림 7.21).

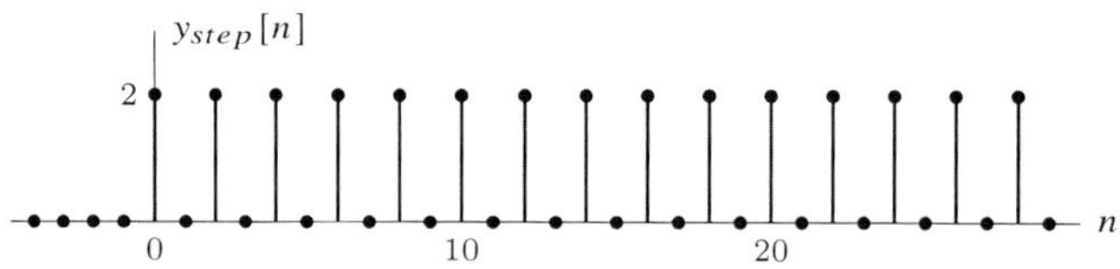

그림 7.21 일차 IIR 필터의 계단 응답($a_1 = -1,\ b_0 = 2$).

- $|a_1| > 1$인 경우,

$$\lim_{n\to\infty} y_{step}[n] = \lim_{n\to\infty} b_0 \frac{1 - a_1^{n+1}}{1 - a_1} = \infty \tag{7.61}$$

와 같이 $y_{step}[n]$은 지수적으로 발산하므로 시스템은 불안정하다(그림 7.22).

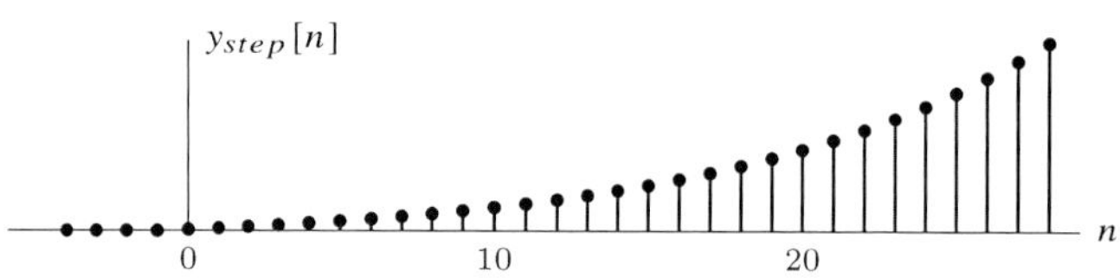

그림 7.22 일차 IIR 필터의 계단 응답($a_1 = 1.1,\ b_0 = 2$).

- $|a_1| < 1$인 경우,

$$\lim_{n\to\infty} y_{step}[n] = \lim_{n\to\infty} b_0 \frac{1 - a_1^{n+1}}{1 - a_1} = \frac{b_0}{1 - a_1} \tag{7.62}$$

와 같이 $y_{step}[n]$은 유한한 값으로 수렴하므로 시스템은 안정하다.

$$y_{step}[n] = b_0 \left(\frac{1 - a_1^{n+1}}{1 - a_1} \right) u[n] \tag{7.63}$$

그림 7.23은 계수 $a_1 = 0.75,\ b_0 = 2$일때 일차 IIR 필터의 계단 응답이다. 출력은

$n \to \infty$ 일때 지수적으로

$$\lim_{n\to\infty} y_{step}[n] = \frac{b_0}{1-a_1} = \frac{2}{1-0.8} = 10 \tag{7.64}$$

에 접근한다.

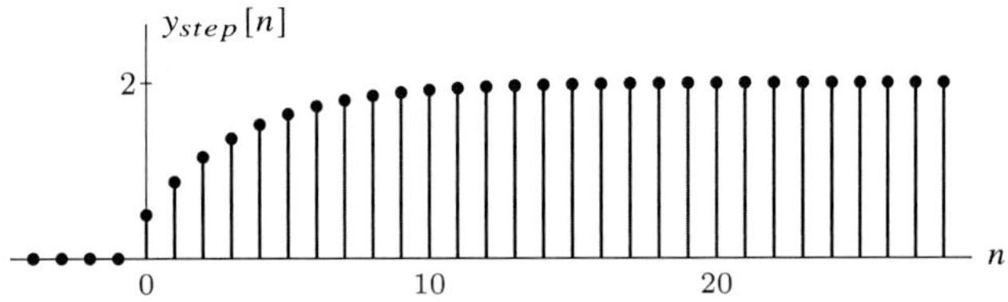

그림 7.23 일차 IIR 필터의 계단 응답 ($a_1 = 0.8,\ b_0 = 2$).

종합하면 $|a_1| < 1$일 때 계단 응답이 안정적으로 수렴하고, $a_1 = -1$이면 진동하며, 그 외에는 발산한다. 따라서 일차 IIR 필터가 안정한 조건은 $|a_1| < 1$이다.

연습 7.7 예제 7.2의 은행대출금 상환 문제의 차분방정식은 안정한가 불안정한가?
답: 불안정.

7.7.4 오염된 정현 신호의 IIR 필터링

랜덤 잡음으로 오염된 정현 신호의 문제(7.6.3절)를 다시 고려하자. 이번에는 두 가지 일차 IIR 필터를 적용해보기로 한다.

$$\text{필터 (a):} \qquad y_a[n] = 0.6y_a[n-1] + 0.4x[n] \tag{7.65a}$$

$$\text{필터 (b):} \qquad y_b[n] = -0.9y_b[n-1] + 0.1x[n] \tag{7.65b}$$

이 두 필터는 모두 $|a_1| < 1$이므로 안정하다. 두 필터의 중요한 차이는 계수 a_1의 부호이다. 초기정지 조건을 가정하면 차분방정식으로부터 계산된 필터의 출력과 콘볼루션을 이용하여 계산된 출력은 동일하다. 먼저 콘볼루션을 이용하여 신호의 출력이 어떻게 계산되는지 가늠해 보자. 앞서 7.7.2절에서 도출한 일차 IIR 필터의 임펄스 응답 $h[n] = b_0(a_1)^n u[n]$을 적용하면 두 IIR 필터의 임펄스 응답은 각각

$$\text{필터 (a):} \qquad h_a[n] = 0.4(0.6)^n u[n] \tag{7.66a}$$

$$\text{필터 (b):} \qquad h_b[n] = 0.1(-0.9)^n u[n] \tag{7.66b}$$

으로 구해진다. 그림 7.24는 두 시스템의 임펄스 응답이다. 두 경우 모두 시간에 따라 임펄스 응답의 크기 감소 속도는 계수의 절댓값 $|a_1|$이 작을수록 빨라진다.

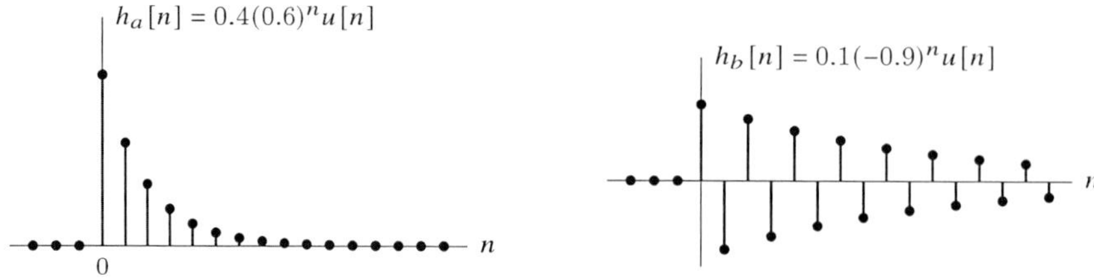

그림 7.24 오염된 정현 신호에 적용되는 일차 IIR 필터의 임펄스 응답.

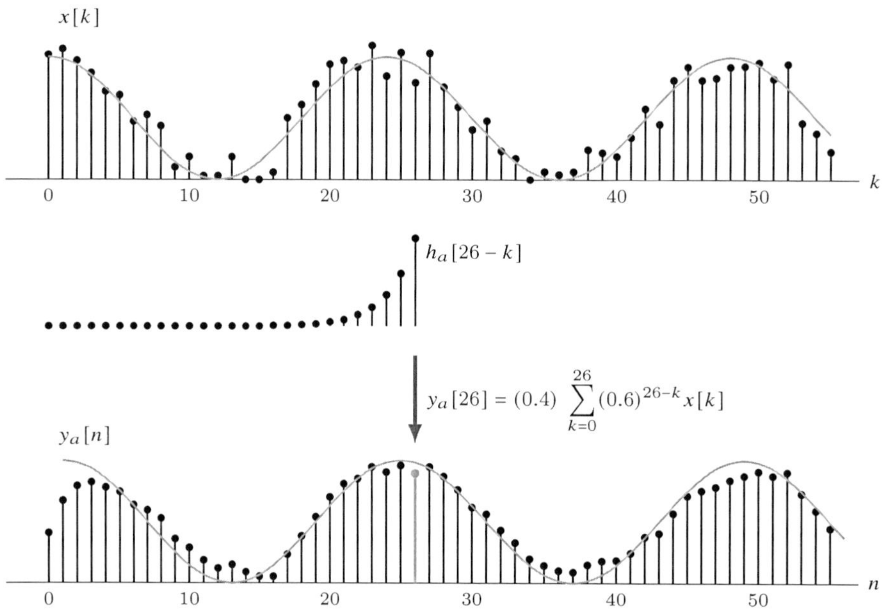

그림 7.25 IIR 필터 $y_a[n] = 0.6y_a[n-1] + 0.4x[n]$을 이용한 신호의 필터링.

그림 7.25는 필터(a)를 반전-이동 방식의 콘볼루션이 입력 신호에 적용되는 과정을 보여 준다.

$$y_a[n] = \sum_{k=0}^{\infty} x[k]h_a[n-k] = (0.4)\sum_{k=0}^{n}(0.6)^{n-k}x[k]$$

필터는 현재 시점 $n = 26$으로부터 과거 모든 신호 샘플값을 서로 다른 가중치로 평균낸다. 필터(a)는 가중치가 지수적으로 감소하는 무한길이의 이동평균기로 해석될 수 있다. 가중치는 현재의 입력에서 최대이며 과거로 갈수록(k가 증가할수록) 지수적으로 감소하며 감소 지수는 $(0.6)^k$에 따른다. 일반적으로 현재로부터 멀리 떨어진 시점일수록 현재 신호값과 상관관계가 적으므로 가중치가 지수적으로 감소하는 이동평균기는 자연스럽다. 필터 계수는 k에 따라 지수적으로 빠르게 감소하므로 현재 시점에서 조금만 멀어져도 출력에 미치는 영향은 미미하게 작아진다. 또한 피드백 계수 a_1이 작을수록 임펄스 응답 a_1^n은 급격히 작아지므로 시간에 따른 가중치 역시 급격히 감소한다. 그림 7.25에서 보는 바와 같이 잡음의 상당 부분이 제거되었고 결과는 FIR 필터(7.6.3절)의 경우와 유사하다.

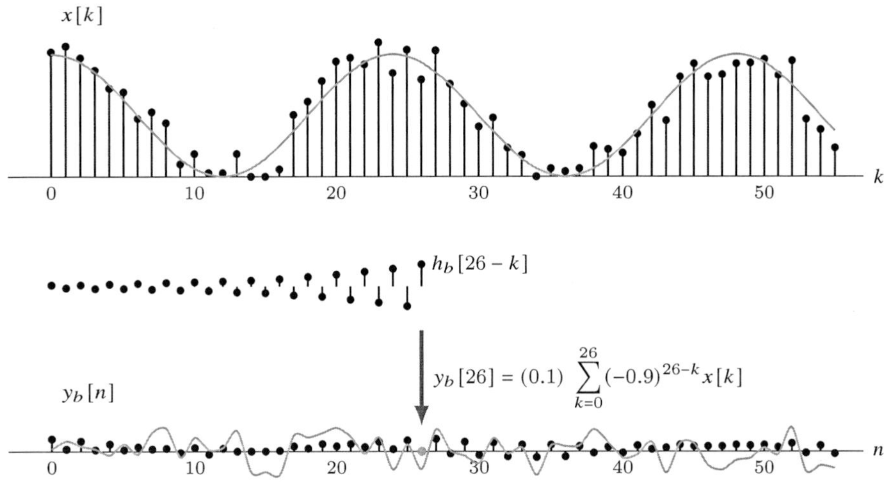

그림 7.26 IIR 필터 $y_b[n] = -0.9y_b[n-1] + 0.1x[n]$을 이용한 신호의 필터링.

그림 7.26은 오염된 정현 신호에 IIR 필터(b)를 적용하는 과정이다. 필터(b)는 계수 $a_1 = -0.9$이므로 인접한 신호 샘플값을 서로 상쇄하는 특징을 갖는다. 필터(b)는 인접 샘플 간 공통점을 제거하고 차이만 부각시킨다. 이런 점에서 필터(b)는 영상 신호의 윤곽선을 추출하는 차분기(7.6.5절)와 유사하게 작동한다.

IPYWIDGET 데모 7.3

위젯 파일: `IIR_filtering_demo.ipynb`

이 데모에서는 그림 7.25에서 사용된 IIR 필터를 직접 실험할 수 있다. IIR 스므딩smoothing 필터의 역방향 계수는 $0 < a_1 < 1$로 제한된다. 필터 계수가 출력에 어떻게 영향을 미치는지 관찰해 보라. 계수 a_1는 잡음 제거에도 영향을 미치지만 출력 신호의 지연에도 영향을 미친다. 또한 필터 계수 a_1과 b_0는 $b_0 = 1 - a_1$의 특수한 관계를 갖도록 제한될 수 있다. 즉

$$y[n] = \gamma y[n-1] + (1-\gamma)x[n], \quad \gamma = a_1$$

제한되는 경우와 그렇지 않은 경우를 비교해 보라. 망각인자forgetting factor인 계수 γ가 작을수록 가중치는 빨리 감소한다.

7.8 차분방정식의 해를 구하는 분석적 방법

지금까지 일차 IIR 필터의 예를 통해 출력을 계산하고, 임펄스 응답과 계단 응답을 구하며, 필터의 안정성을 보장하는 조건을 살펴보았다. 이 방법은 실시간 수집되는 데이터를 샘플 단위로 실시간 처리하기에 적합하다. 그런데 이 방법은 차분방정식 해의 분석적 수학 표현을 체계적으로 제공하지 못하므로 필터를 해석하기엔 부적절하다. 이 절에서는 차분방정식의 분석적 해를 구하는 방법을 소개한다. 해를 구하는 절차는 앞서 2.7절에서 소개한 미분방정식의

표 7.3 입력 신호의 유형에 따른 차분방정식의 특정해.

입력 신호	특정해
A	A_1
Ae^{an}	A_1e^{an}
$A\cos(\hat{\omega}_0 n)$	$A_1\cos(\hat{\omega}_0 n) + A_2\sin(\hat{\omega}_0 n)$
$A\sin(\hat{\omega}_0 n)$	$A_1\cos(\hat{\omega}_0 n) + A_2\sin(\hat{\omega}_0 n)$
An^m	$A_0 + A_1 n + \cdots + A_{m-1}n^{m-1} + A_m n^m$

경우와 유사하다.

7.8.1 차분방정식의 동차해와 특정해

차분방정식

$$y[n] = \sum_{k=1}^{N} a_k y[n-k] + \sum_{k=0}^{M} b_k x[n-k] \tag{7.67}$$

의 해는 두 가지 성분으로 구성된다.

$$y[n] = y_h[n] + y_p[n] \tag{7.68}$$

- **동차해**homogeneous solution $y_h[n]$: 입력이 없는 경우 시스템의 응답은 동차homogeneous 차분방정식

$$y[n] - \sum_{k=1}^{N} a_k y[n-k] = 0 \tag{7.69}$$

  의 해이다. 동차 차분방정식을 구성하는 지연된 출력

$$y[n-1],\ y[n-2],\ \cdots,\ y[n-N]$$

  은 시스템 내부 상태를 의미한다(그림 7.11 참고). 이 값은 7.7.1절에서 언급한 시스템의 초기 조건이다. 동차해는 시스템의 내부 상태와 계수 a_k로 규정되는 시스템 구조에 의해 결정된다.
- **특정해**particular solution $y_p[n]$: 시스템의 상태가 0일때 입력 $x[n]$에 의한 출력이다. 출력의 형태는 표 7.3과 같이 입력의 형태에 의해 결정되며 계수는 시스템 계수 $\{a_k, b_k\}$에 의하여 결정된다.

일차 차분방정식의 예를 들어보자.

$$y[n] = a_1 y[n-1] + b_0 x[n] \tag{7.70}$$

계단 신호 입력 $x[n] = u[n]$과 초기 조건 $y[-1] = y_{-1}$을 가정하면 동차해와 특정해를 다음과 같이 구해진다.

- 동차해 $y_h[n]$: 입력없는 동차방정식

$$y_h[n] - a_1 y[n-1] = 0 \tag{7.71}$$

  의 일반꼴은 $y_h[n] = c_1 z^n$으로 가정된다. 여기서 z는 일반적으로 복소값이다. 이 꼴을 동차방정식 (7.71)에 대입하면

$$c_1 z^n - a_1 c_1 z^{n-1} = c_1 z^{n-1}(z - a_1) = 0 \quad \Longrightarrow \quad z = a_1$$

  이므로 동차해는 다음 꼴로 구해진다.

$$y_h[n] = c_1 a_1^n, \quad n \geq 0$$

- 특정해 $y_p[n]$: 특정해는 입력 $x[n]$에 따라 결정된다. 계단 입력에 대한 특정해는, 표 7.3으로부터, $y[n] = A_1 u[n]$의 꼴이므로 이를 차분방정식 (7.70)에 대입하고

$$A_1 u[n] = a_1 A_1 u[n-1] + b_0 u[n]$$

  $n = 1$일때 이 식을 풀면

$$A_1 = a_1 A_1 + b_0 \quad \Longrightarrow \quad A_1 = \frac{b_0}{1 - a_1}$$

  을 얻는다.

차분방정식의 해는 동차해와 특정해를 합하여

$$y[n] = y_h[n] + y_p[n] = c_1 a_1^n + \frac{b_0}{1 - a_1}, \quad n \geq 0 \tag{7.72}$$

으로 표현된다. 여기에 남아있는 미지수 c_1을 결정하려면 초기 조건이 필요하다. $n = 0$일 때 식 (7.70)과 (7.72)로부터

$$\begin{aligned} y[0] &= a_1 y[-1] + b_0 x[n] = a_1 y_{-1} + b_0 \\ &= c_1 + \frac{b_0}{1 - a_1} \end{aligned}$$

이므로

$$c_1 = a_1 y_{-1} - \frac{b_0 a_1}{1 - a_1}$$

따라서 차분방정식의 해는 다음과 같이 표현된다.

$$y[n] = y_{-1} a_1^{n+1} + b_0 \left(\frac{1 - a_1^{n+1}}{1 - a_1} \right) \tag{7.73}$$

초기값은 시스템의 특성에 영향을 미친다. 식 (7.73)의 둘째 항

$$b_0 \left(\frac{1 - a_1^{n+1}}{1 - a_1} \right) u[n]$$

은 입력에 따라 비례적으로 변하지만 첫째 항

$$y_{-1} a^{n+1}$$

은 입력과 무관하고 y_{-1}에 의존하므로, $y_{-1} \neq 0$이면 시스템의 선형성이 위배된다. 또한 $y_{-1} \neq 0$이면 시스템의 시불변성도 위배된다. 이처럼 y_{-1}은 시스템의 선형성 시불변성과 밀접하게 연관되어 있다. 그런데 $x[n] = u[n]$이므로 $y_{-1} = 0$은 시스템의 초기정지 조건에 해당한다. 초기정지 조건 $y_{-1} = 0$을 가정하면 식 (7.73)은 다음과 같이 정리된다.

$$y[n] = b_0 \left(\frac{1 - a_1^{n+1}}{1 - a_1} \right) u[n] \tag{7.74}$$

7.8.2 차분방정식의 특성식과 동차해

일차 차분방정식의 예를 통해 동차해는 특성식의 근과 초기 조건에 의해 결정됨을 확인하였다. 이 절에서는 차분방정식 (7.67)의 특성식 근의 유형을 살펴보기로 한다. 동차 차분방정식 (7.69)에 $y_h[n] = cz^n$을 대입하면

$$y[n] - \sum_{k=1}^{N} a_k y[n-k] \Bigg|_{y[n]=cz^n} = 0 \quad \Longrightarrow \quad cz^{n-N} \left(z^N - \sum_{k=1}^{N} a_k z^{N-k} \right) = 0$$

이다. 사소한 해 $z = 0$을 무시하면, 특성식은 z의 N차 다항식으로 표현된다.

$$z^N - \sum_{k=1}^{N} a_k z^{N-k} = 0 \tag{7.75}$$

여기서 계수 a_k는 실수이며 z는 복소수이다. 실수 계수를 갖는 N차 다항식의 근 z_k는 실근이거나 켤레 복소근이다. 동차해는 근의 유형에 따라 다음 세 가지로 구분된다.

- **단순 실근**: 모든 z_k가 실수이고 서로 다른 값이면 동차해는 다음의 꼴로 표현된다.

$$y_h[n] = \sum_{k=1}^{N} c_k z_k^n \tag{7.76}$$

- **켤레 복소근**: 특성식의 일부 근이 복소근이라면 반드시 켤레의 형태로 타나난다. 즉, $z_1 = r_1 e^{j\hat{\omega}_1 n}$이 복소근이면 반드시 $z_2 = z_1^* = r_1 e^{-j\hat{\omega}_1 n}$도 존재한다. 켤레 복소근에 해당되는 동차해는 다음의 꼴로 표현된다.

$$\begin{aligned} y_h[n] &= c_1 r_1^n e^{j\hat{\omega}_1 n} + c_1^* r_1^n e^{-j\hat{\omega}_1 n}, \quad c_1 = |c_1| e^{j\theta_1} \\ &= 2|c_1| r_1^n \cos(\hat{\omega}_1 n + \theta_1) \end{aligned} \tag{7.77}$$

- **중복근**: 특성식의 일부 근이 중복되면 중복근에 따른 동차해는

$$y_h[n] = c_{11} z_1^n + c_{12} n z_1^n \tag{7.78}$$

과 같이 표현된다. 만약 근이 r번 중복된다면 동차해는 다음과 같다.

$$y_h[n] = c_{11} z_1^n + c_{12} n z_1^n + \cdots + c_{1r} n^{r-1} z_1^n \tag{7.79}$$

동차해를 구성하는 특성식의 근은 시스템 구조를 나타내기 때문에 시스템의 **모드**mode 라고 부른다. 시스템 모드는 시스템의 BIBO 안정성을 결정짓는다. 안정적인 BIBO 시스템의 안정 조건은

$$|z_k| < 1, \quad \text{모든 } k\text{에 대하여} \tag{7.80}$$

이다. 여기서 z_k는 특성식의 근이므로 시스템의 BIBO 안정성은 특성근이 단위원 안에 있을 때 보장된다. 일차 차분방정식의 경우 특성식의 근은 바로 $z_1 = a_1$이므로 계수로부터 안정 조건 $|a_1| < 1$을 쉽게 점검할 수 있다. 그러나 차수가 높아지면 특성식의 근을 구하는 별도의 과정이 필요하다.

예제 7.13

이차 차분방정식

$$y[n] = 1.3y[n-1] - 0.4y[n-2] + x[n] \tag{7.81}$$

의 계단 응답을 구하라. 초기정지 조건을 적용한다.

풀이 차분방정식의 특성식은

$$z^2 - 1.3z + 0.4 = (z - 0.5)(z - 0.8) = 0$$

이므로 동차해는 $y_h[n] = c_1(0.5)^n + c_2(0.8)^n$이다. 계단 신호에 대한 특정해 $y_p[n] = A$를 (7.81)에 대입하면

$$A = 1.3A - 0.4A + 1 \quad \Longrightarrow \quad A = 10$$

을 얻는다. 따라서 전체 해는 다음과 같이 표현된다.

$$y[n] = y_h[n] + y_p[n] = c_1(0.5)^n + c_2(0.8)^n + 10, \qquad n \geq 0 \tag{7.82}$$

이제 초기정지 조건 $y[-1] = y[-2] = 0$을 이용하여 미지수 c_1과 c_2를 구하자. 식(7.81)과 (7.82)로부터

$$y[0] = c_1 + c_2 + 10 = 1.3\underbrace{y[-1]}_{0} - 0.4\underbrace{y[-2]}_{0} + \underbrace{x[0]}_{1} = 1$$

$$y[1] = c_1(0.5) + c_2(0.8) + 10 = 1.3\underbrace{y[0]}_{1} - 0.4\underbrace{y[-1]}_{0} + \underbrace{x[1]}_{1} = 2.3$$

이 연립방정식을 풀면 $c_1 \approx 1.667$와 $c_2 \approx -10.667$을 얻는다. 따라서 이차 차분방정식의 해는 다음과 같이 구해진다(그림 7.27).

$$y[n] = 1.667(0.5)^n - 10.667(0.8)^n + 10, \qquad n \geq 0 \tag{7.83}$$

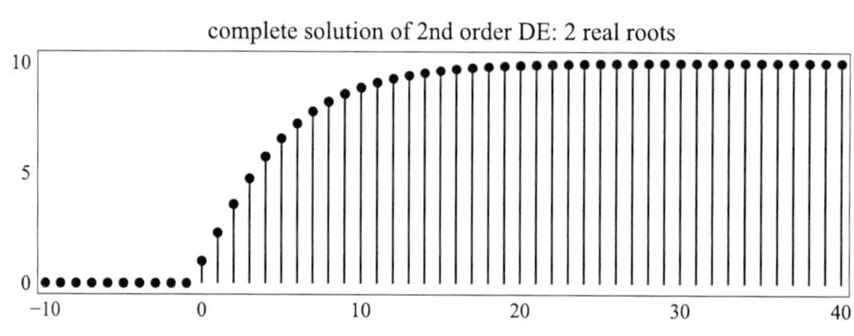

그림 7.27 계단 입력에 대한 이차 차분방정식의 해(두 실근의 경우, 예제 7.13).

예제 7.14

이차 차분방정식

$$y[n] = 0.9y[n-1] - 0.81y[n-2] + x[n] \tag{7.84}$$

의 계단 응답을 구하라. 초기정지 조건을 적용한다.

풀이 특성식으로부터 복소근을 구할 수 있다.

$$z^2 - 0.9z + 0.81 = 0 \implies z_{1,2} = 0.9e^{\pm j\pi/3}$$

이로부터 동차해는 다음과 같이 표현된다.

$$y_h[n] = c_1(0.9)^n e^{j\pi n/3} + c_2(0.9)^n e^{-j\pi n/3}$$

계단 신호에 대한 특정해 $y_p[n] = A$를 식 (7.84)에 대입하면

$$A = 0.9A - 0.81A + 1 \implies A = 1.099$$

를 얻는다. 전체해는 동차해와 특정해를 합치면

$$\begin{aligned} y[n] &= y_h[n] + y_p[n] \\ &= c_1(0.9)^n e^{j\pi n/3} + c_2(0.9)^n e^{-j\pi n/3} + 1.099, \qquad n \geq 0 \end{aligned} \tag{7.85}$$

여기에 초기정지 조건 $y[-1] = y[-2] = 0$을 이용하면

$$y[0] = c_1 + c_2 + 1.099 = 0.9\underbrace{y[-1]}_{0} - 0.81\underbrace{y[-2]}_{0} + \underbrace{x[0]}_{1} = 1$$

$$y[1] = c_1(0.9)e^{j\pi/3} + c_2(0.9)e^{-j\pi/3} + 1.099 = 0.9\underbrace{y[0]}_{1} - 0.81\underbrace{y[-1]}_{0} + \underbrace{x[1]}_{1} = 1.9$$

이고, 연립방정식을 풀면 $c_1 = c_2^* \approx 0.545e^{-j1.662}$을 얻는다. 따라서 이차 차분방정식의 해는 다음과 같다(그림 7.28).

$$\begin{aligned} y[n] &= 0.545e^{-j1.662}(0.9)^n e^{j\pi n/3} + 0.545e^{j1.662}(0.9)^n e^{-j\pi n/3} + 1.099 \\ &= 1.09(0.9)^n \cos(\pi n/3 - 1.662) + 1.099, \qquad n \geq 0 \end{aligned} \tag{7.86}$$

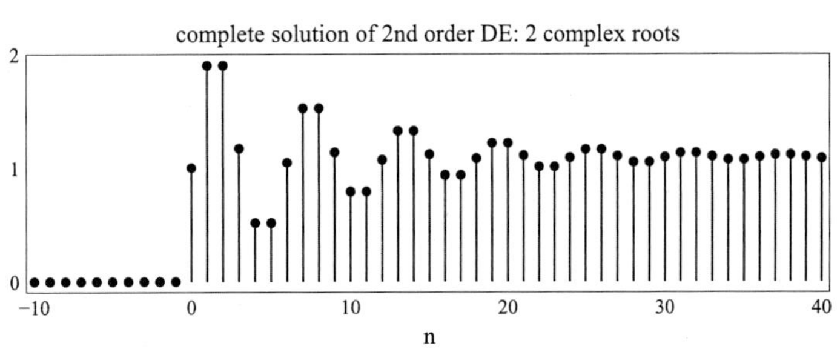

그림 7.28 계단 입력에 대한 이차 차분방정식의 해(복소근의 경우, 예제 7.14).

예제 7.15

이차 차분방정식

$$y[n] = 1.6y[n-1] - 0.64y[n-2] + x[n] \tag{7.87}$$

의 계단 응답을 구하라. 초기 정지조건을 적용한다.

풀이 차분방정식의 특성식

$$z^2 - 1.6z + 0.64 = (z-0.8)^2 = 0$$

은 중근 $z_{1,2} = 0.8$을 가지므로 동차해는

$$y_h[n] = c_1(0.8)^n + c_2 n(0.8)^n$$

의 꼴로 표현된다. 계단 신호에 대한 특정해 $y_p[n] = A$를 식 (7.87)에 대입하면

$$A = 1.6A - 0.64A + 1 \quad \Longrightarrow \quad A = 25$$

이다. 이로부터 전체 해는

$$y[n] = y_h[n] + y_p[n] = c_1(0.8)^n + c_2 n(0.8)^n + 25, \qquad n \geq 0 \tag{7.88}$$

의 꼴로 표현된다. 앞의 예제와 동일한 방법으로 초기정지 조건 $y[-1] = y[-2] = 0$을 적용하면 $c_1 = -24$와 $c_2 = -4$를 얻는다. 따라서 이차 차분방정식의 해는

$$y[n] = -24(0.8)^n - 4n(0.8)^n + 25, \quad n \geq 0 \tag{7.89}$$

이다(그림 7.29).

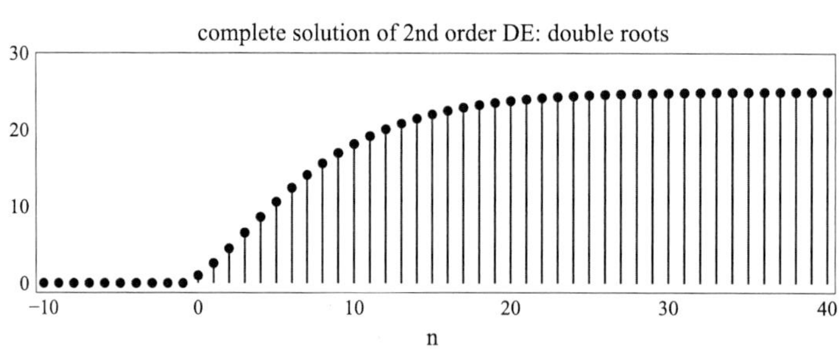

그림 7.29 계단 입력에 대한 이차 차분방정식의 해(중근의 경우, 예제 7.15).

7.8.3 차분방정식의 모드 : 피보나치 수열의 예

피보나치 수열 Fibonacci sequence은 수학과 공학에서 자주 등장하는 흥미로운 수열이다. 이 수열은 바로 앞의 두 값을 더하여 다음 값을 정한다.

$$\{0, 1, 1, 2, 3, 5, 8, 13, 21, 34, 55, 89, 144, \cdots\}$$

피보나치 수열이 사람들의 관심을 끄는 이유는 인접한 수 사이에 존재하는 특별한 비율 때문이다.

$$\begin{array}{llll} \frac{1}{1} = 1, & \frac{2}{1} = 2, & \frac{3}{2} = 1.5, & \frac{5}{3} = 1.667, \\ \frac{8}{5} = 1.600, & \frac{13}{8} = 1.625, & \frac{21}{13} = 1.615, & \frac{34}{21} = 1.619, \\ \frac{55}{34} = 1.618, & \frac{89}{55} = 1.618, & \frac{144}{89} = 1.618, & \cdots \end{array}$$

그림 7.30의 나선spiral은 피보나치 수열을 시각적으로 보여 준다. 이 그림에서 나선을 둘러싸고 있는 사각형의 가로-세로 비율은 인접한 수 사이의 비율에 해당하며 1.618에 수렴한다. 황금비율golden ratio로도 알려진 이 비율은 구조의 완전성과 심미적 아름다움을 제공한다. 앵무조개의 껍질이나, 허리케인의 소용돌이 패턴, 해바라기 씨가 채워지는 패턴은 모두 황금비율의 나선구조를 닮았다.

피보나치 수열을 수식으로 표현하면 다음과 같다.

$$f[n+2] = f[n+1] + f[n], \quad f[0] = 0,\ f[1] = 1 \tag{7.90}$$

피보나치는 다음의 토끼 번식 문제에 대한 해답으로 이 수열을 제안하였다.

- 처음에는 암수 한쌍의 토끼가 있다.
- 토끼는 생후 두달이 되어야 번식하며, 매달 암수 한쌍의 토끼를 낳는다.
- 토끼가 죽지 않는다면 일년 후에는 몇 쌍의 토끼로 불어나겠는가?

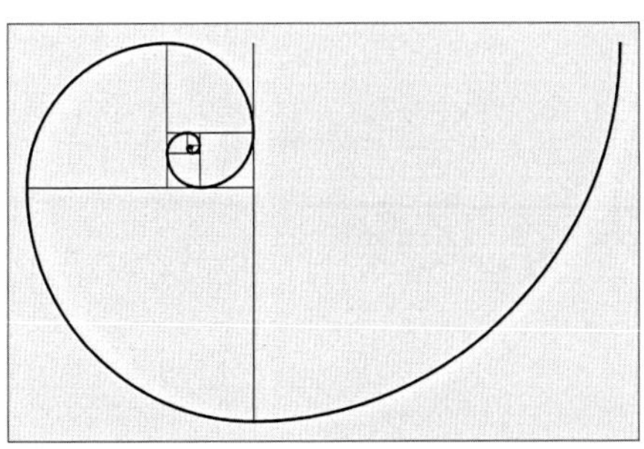

그림 7.30 피보나치 수열과 나선.

피보나치 수열에 의한 답은 233쌍이다.

예제 7.16

순환식으로 표현된 피보나치 수열은 입력없이 초기값으로만 구동되는 이차 차분방정식에 해당한다. 차분방정식의 동차해를 구하는 방법으로 $f[n]$에 대한 닫힌 표현을 구하라.

풀이 동차해의 꼴을 얻기 위해 $f[n] = z^n$을 식 (7.90)에 대입하면 다음의 특성식을 얻는다.

$$f[n+2] - f[n+1] - f[n] = 0 \quad \Longrightarrow \quad z^2 - z - 1 = 0 \tag{7.91}$$

이 특성식의 근을 계산하면

$$p_{1,2} = \frac{1 \pm \sqrt{5}}{2}$$

따라서 동차해는 다음 꼴로 표현된다.

$$f[n] = c_1(p_1)^n u[n] + c_1(p_2)^n u[n]$$

미지수 c_1과 c_2는 초기값 $f[0] = 0$, $f[1] = 1$으로부터 연립방정식

$$f[0] = c_1 + c_2 = 0 \tag{7.92a}$$

$$f[1] = c_1 p_1 + c_2 p_2 = 1 \tag{7.92b}$$

을 풀어서 구한다.

$$c_1 = \frac{1}{p_1 - p_2} = -c_2$$

따라서

$$f[n] = \frac{1}{\sqrt{5}}\left\{\left(\frac{1+\sqrt{5}}{2}\right)^n - \left(\frac{1-\sqrt{5}}{2}\right)^n\right\}, \quad n \geq 0 \tag{7.93}$$

피보나치 수열의 황금비율은 차분방정식의 동차해 (7.93)을 구성하는 시스템 모드를 따른다. 피보나치 수열의 모드는

$$p_1 = \frac{1+\sqrt{5}}{2} = 1.618033988\cdots$$

$$p_2 = \frac{1+\sqrt{5}}{2} = -0.618033988\cdots$$

인데, n이 증가하면 $p_2 = -0.618$의 영향력은 사라지고 $p_1 = 1.618$의 영향력만 남는다. 즉,

$$f[n] = \frac{1}{p_1 - p_2}(p_1^n - p_2^n)$$

$$= \frac{1}{\sqrt{5}}\left[(1.618034)^n - (-0.618034)^n\right] \xrightarrow{n\to\infty} \frac{1}{\sqrt{5}}(1.618034)^n \tag{7.94}$$

그림 7.30에 묘사된 황금비율 $\varphi = p_1$의 반복성은 특성식에 기인한다.

$$\varphi^2 - \varphi - 1 = 0 \quad \Longrightarrow \quad \varphi = 1 + \frac{1}{\varphi} \tag{7.95}$$

이 표현식을 반복하면 황금비율 φ는 다음과 같은 무한히 반복되는 분수로 표현된다.

$$\varphi = 1 + \cfrac{1}{1 + \cfrac{1}{1 + \cfrac{1}{\varphi \cdots}}}$$

개념점검 7.6 피보나치 수열을 어떤 임의의 값에서 시작해도 황금비율의 숫자들이 생성된다. 예를 들어, $f[0] = 100$에서 시작한다면 피보나치 수열은 다음과 같이 주어진다.

$$100, 100, 200, 300, 500, 800, 1300, 2100, 3400, 5500, 8900, \cdots$$

이 수열에서도 인접한 수의 비율은 황금비율에 접근한다. 그 이유는 무엇인가?

연습 7.8 토끼 번식 문제로부터 피보나치 수열 식 (7.90)을 도출해 보라.

7.8.4 차분방정식의 영상태 응답과 영입력 응답

앞서 일차 차분방정식의 해를 초기조건에 무관하게 동차해와 특정해로 구분하여 구하였지만, 초기조건을 분리하여 **영상태 응답**zero-state response과 **영입력 응답**zero-input response으로 분리하여 구할 수 있다.

- **영상태 응답** $y_{zsr}[n]$: 영상태 응답은 초기정지 조건을 가정한다. 물론 영상태 응답을 구하는 과정은 동차해와 특정해를 구하는 과정을 포함한다.
- **영입력 응답** $y_{zir}[n]$: 영입력 응답은 입력이 제거된 동차방정식의 해이며 초기조건이 활용된다. 영입력 응답은 시스템의 초기상태와 구조에 따라 결정되므로, 만약 초기조건이 0이라면 영입력 응답은 없다.

먼저 간단한 예를 통해 영상태 응답과 영입력 응답의 개념을 확인해 보자.

예제 7.17

다음 일차 차분방정식에 신호 $x[n] = \{1, 2, 1, 1\}$가 입력되었다고 가정하자.

$$y[n] = 0.5y[n-1] + x[n], \qquad y[-1] = -2 \tag{7.96}$$

영상태 응답과 영입력 응답을 순차적인 방식으로 $0 \le n \le 3$에 대하여 계산하고, 전체 응답을 한번에 계산한 결과와 비교하라.

풀이 먼저 영상태 응답 $y_{zsr}[n]$을 구하자. 영상태 $y_{zsr}[-1] = 0$을 가정하고 출력을 계산하면

$$y_{zsr}[0] = 0.5y_{zsr}[-1] + x[0] = 0.5(0) + 1 = 1$$

$$y_{zsr}[1] = 0.5y_{zsr}[0] + x[1] = 0.5(1) + 2 = 2.5$$

$$y_{zsr}[2] = 0.5y_{zsr}[1] + x[2] = 0.5(2.5) + 1 = 2.25$$

$$y_{zsr}[3] = 0.5y_{zsr}[2] + x[3] = 0.5(2.25) + 1 = 2.125$$

영입력 응답 $y_{zir}[n]$은 입력없이 초기 상태 $y_{zir}[-1] = -2$로부터 다음과 같이 계산된다.

$$y_{zir}[0] = 0.5y_{zir}[-1] = 0.5(-2) = -1$$

$$y_{zir}[1] = 0.5y_{zir}[0] = -2(0.5)^2 = -0.5$$

$$y_{zir}[2] = 0.5y_{zir}[1] = -2(0.5)^3 = -0.25$$

$$y_{zir}[3] = 0.5y_{zir}[2] = -2(0.5)^4 = -0.125$$

이로부터 전체 응답은

$$y[n] = y_{zsr}[n] + y_{zir}[n] = \{0, 2, 2, 2\} \tag{7.97}$$

이번에는 전체 응답을 한번에 계산해 보자. 식 (7.96)의 차분방정식과 초기조건을 사용하여 순차적으로 계산하면 다음과 같이 식 (7.97)과 동일한 결과를 얻는다.

$$y[0] = 0.5y[-1] + x[0] = 0.5(-2) + 1 = 0$$

$$y[1] = 0.5y[0] + x[1] = 0.5(0) + 2 = 2$$

$$y[2] = 0.5y[1] + x[2] = 0.5(2) + 1 = 2$$

$$y[3] = 0.5y[2] + x[3] = 0.5(2) + 1 = 2$$

다음 예에서는 분석적인 방법으로 영상태 응답과 영입력 응답으로 구분하여 구한다.

예제 7.18

다음 이차 차분방정식의 해를 구하라.

$$y[n] = 1.3y[n-1] - 0.4y[n-2] + x[n] + 0.5x[n-1] \tag{7.98}$$

입력은 $x[n] = \sin(0.25\pi n)u[n]$이고 $y[-1] = 2$와 $y[-2] = 3$을 가정한다.

풀이 일차 차분방정식에서는 동차해와 특정해로 구분하여 해를 구하였지만, 이번에는 $y_{zsr}[n]$과 $y_{zir}[n]$로 구분하여 구하자.

- $y_{zsr}[n]$ 계산: 동차해는 특성식

$$z^2 - 1.3z + 0.4 = (z-0.5)(z-0.8) = 0 \quad \Longrightarrow \quad z = 0.5,\ 0.8$$

으로부터

$$y_h[n] = c_1(0.5)^n + c_2(0.8)^n \tag{7.99}$$

의 꼴이며, 정현 입력에 따른 특정해는, 표 7.3으로부터,

$$y_p[n] = A_1\cos(0.25\pi n) + A_2\sin(0.25\pi n) \tag{7.100}$$

의 꼴이다. $y_p[n]$를 차분방정식 (7.98)에 대입하고, $\cos(0.25\pi n)$항과 $\sin(0.25\pi n)$항의 계수를 정리하여 풀면 $A_1 = -2.649$과 $A_2 = -0.269$를 얻는다. 따라서 동차해와 특정해를 합하면

$$\begin{aligned} y_{zsr}[n] &= c_1(0.5)^n + c_2(0.8)^n \\ &\quad - 2.649\cos(0.25\pi n) - 0.269\sin(0.25\pi n), \quad n \ge 0 \end{aligned} \tag{7.101}$$

이다. 이제 초기정지 조건을 이용하여 c_1과 c_2를 구하자. 영상태 응답을 구하므로 $y[-1] = y[-2] = 0$을 적용하면, 차분방정식 (7.98)과 식 (7.101)로부터

$$\begin{aligned} y[0] &= 1.3\underbrace{y[-1]}_{0} - 0.4\underbrace{y[-2]}_{0} + \underbrace{x[0]}_{0} + 0.5\underbrace{x[-1]}_{0} = 0 \\ &= c_1 + c_2 - 2.649 \\ y[1] &= 1.3\underbrace{y[0]}_{0} - 0.4\underbrace{y[-1]}_{0} + \underbrace{x[1]}_{1/\sqrt{2}} + 0.5\underbrace{x[0]}_{0} = \frac{1}{\sqrt{2}} \\ &= 0.5c_1 + 0.8c_2 - 2.649\frac{1}{\sqrt{2}} - 0.269\frac{1}{\sqrt{2}} \end{aligned} \tag{7.102}$$

의 관계를 얻는다. 이 연립방정식을 풀면 $c_1 = -2.171$과 $c_2 = 4.819$을 얻는다. 이로

부터 영상태 응답은

$$y_{zsr}[n] = 4.819(0.8)^n - 2.171(0.5)^n - 2.649\cos(0.25\pi n) - 0.269\sin(0.25\pi n), \quad n \geq 0 \tag{7.103}$$

- $y_{zir}[n]$ 계산: 입력이 없으므로 $y_{zir}[n]$은 동차해와 동일한 꼴로 표현된다. 즉,

$$y_{zir}[n] = c_3(0.5)^n + c_4(0.8)^n, \qquad \text{모든 } n\text{에 대하여} \tag{7.104}$$

식 (7.104)에 초기 조건 $y[-1] = 2$와 $y[-2] = 3$을 적용하면

$$y_{zir}[-1] = \frac{c_3}{0.5} + \frac{c_4}{0.8} = 2$$
$$y_{zir}[-2] = \frac{c_3}{(0.5)^2} + \frac{c_4}{(0.8)^2} = 3$$

이고, 이를 풀면 $c_3 = 1/3$과 $c_4 = 1.07$을 얻는다. 따라서

$$y_{zir}[n] = \frac{1}{3}(0.5)^n + 1.07(0.8)^n \tag{7.105}$$

이상의 결과를 종합하여 차분방정식의 해는 다음과 같이 표현된다(그림 7.31).

$$y[n] = \underbrace{4.819(0.8)^n - 2.171(0.5)^n - 2.649\cos(0.25\pi n) - 0.269\sin(0.25\pi n)}_{ZSR} + \underbrace{\frac{1}{3}(0.5)^n + 1.07(0.8)^n,}_{ZIR} \qquad n \geq 0 \tag{7.106}$$

앞에 예제 7.18에서 영상태 응답은 입력에 의한 정현 성분과 시스템 모드 $(0.5)^n$과 $(0.8)^n$에 따른다. 반면 영입력 응답은 입력없이 시스템의 초기상태에 의해서만 만들어지는 출력이므로 시스템 모드만으로 구성된다. 시스템이 안정하면 시스템 모드에 따른 응답은 시간이 지남에 따라 소멸하기 마련이다. 시간이 지남에 따라 소멸하는 성분들은 **과도 응답**transient response이라 하며, 시간 $n \to \infty$에 따라 남아있는 응답은 **정상상태 응답**steady-state response이라 한다. 식 (7.106)의 시스템 출력을 과도 응답 $y_{tr}[n]$과 정상상태 응답 $y_{ss}[n]$으로 구분하여 표현하면 다음과 같다.

$$y[n] = \underbrace{5.889(0.8)^n - 1.838(0.5)^n}_{\text{과도 응답 } y_{tr}[n]} \underbrace{-2.649\cos(0.25\pi n) - 0.269\sin(0.25\pi n),}_{\text{정상상태 응답 } y_{ss}[n]} \qquad n \geq 0 \tag{7.107}$$

그림 7.32는 시스템의 과도 응답과 정상상태 응답이다.

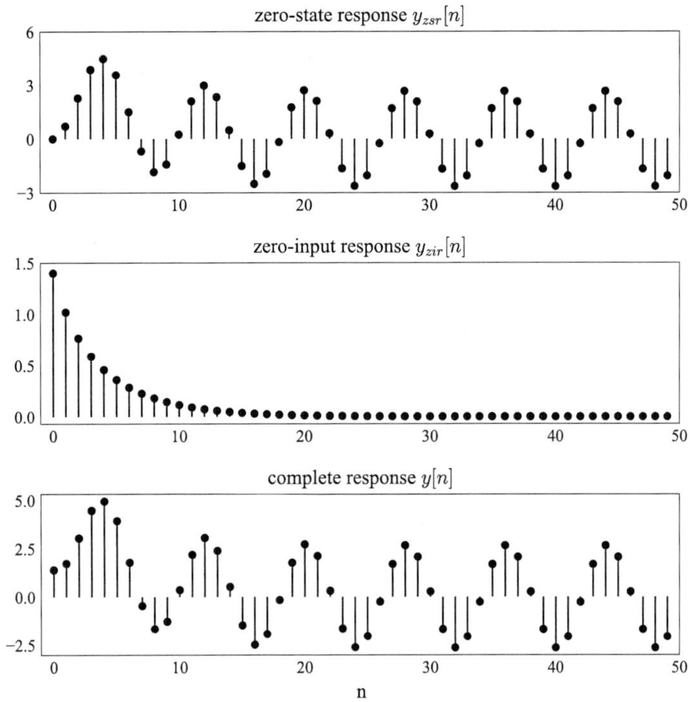

그림 7.31 정현 입력에 대한 이차 차분방정식의 해: 영상태 응답, 영입력 응답, 전체 응답(예제 7.18).

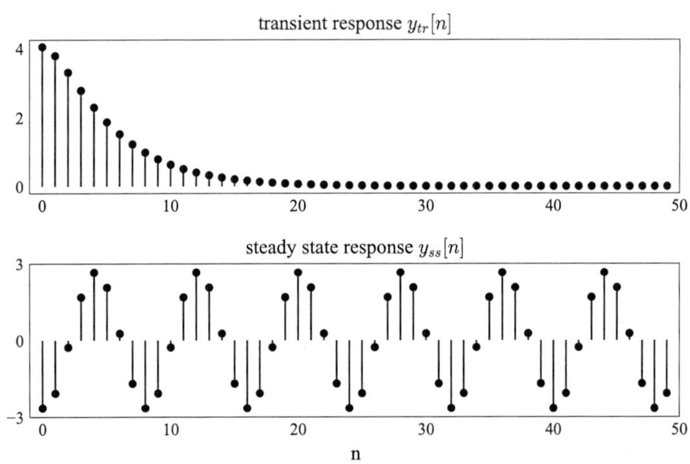

그림 7.32 정현 입력에 대한 이차 차분방정식의 해: 과도 응답, 정상상태 응답(예제 7.18).

7.9 차분방정식으로부터 임펄스 응답 계산

지금까지 이산시간 LTI 시스템의 임펄스 응답을 구하는 두 가지 방법을 소개했다.

- 입력 $x[n] = \delta[n]$에 대한 차분방정식의 해를 순환식으로 구하는 방법(7.7.2절)
- 차분방정식의 분석적 계단 응답으로부터 $\delta[n] = u[n] - u[n-1]$을 이용하여 구하는 방법

이 절에서는 차분방정식의 분석적 해를 통해 시스템의 임펄스 응답을 직접 구하는 세 번째 방법을 소개한다.

일차 차분방정식의 예를 알아보자.

$$[(7.70)] \qquad y[n] = a_1 y[n-1] + b_0 x[n]$$

임펄스 신호 $x[n] = \delta[n]$은 $n = 0$일 때만 1이므로 초기정지 조건 $y[-1] = 0$이 적용된다.

$$y[0] = a_1 y[-1] + b_0 \delta[0] = a_1 \cdot 0 + b_0 \cdot 1 = b_0$$

그러므로 초기정지 조건을 갖는 식 (7.70)의 임펄스 응답은 차분방정식

$$y[n] = a_1 y[n-1], \quad n \geq 1 \tag{7.108}$$

에 변경된 초기 조건 $y[0] = b_0$를 적용하여 얻은 동차해 $y_h[n]$에 해당된다. 특성식으로부터 동차해는

$$y_h[n] = c a_1^n, \quad n \geq 0 \tag{7.109}$$

이며 초기 조건을 적용하면 $c = b_0$이므로, 임펄스 응답은

$$h[n] = y_h[n] = b_0 (a_1)^n u[n]. \tag{7.110}$$

으로 결정된다. 이 결과는 7.7.2절에서 순환식으로 얻은 것과 동일하다.

예제 7.19

이차 차분방정식

$$y[n] = 1.6y[n-1] - 0.64y[n-2] + x[n]$$

의 임펄스 응답을 분석적 방법으로 구하라.

풀이 먼저 임펄스 입력을 갖는 차분방정식

$$y[n] = 1.6y[n-1] - 0.64y[n-2] + \delta[n], \quad y[-1] = y[-2] = 0 \tag{7.111}$$

에서 입력 $\delta[n]$을 초기 조건으로 변환하자. 먼저 식 (7.111)에 $n = 0$을 대입하면

$$\begin{aligned} y[0] &= 1.6y[-1] - 0.64y[-2] + x[1], \quad y[-1] = y[-2] = 0 \\ &= 1.6(0) - 0.64(0) + 1 \end{aligned}$$

이다. 따라서 임펄스 응답은 $n \geq 1$에서 초기 조건이 변경된 차분방정식

$$y[n] = 1.6y[n-1] - 0.64y[n-2], \quad y[0] = 1, \; y[-1] = 0$$

의 동차해와 동일하다. 이 차분방정식의 특성식은 중근을 가지므로 동차해는 다음의 꼴을 갖는다.

$$y_h[n] = c_1(0.8)^n + c_2 n(0.8)^n \tag{7.112}$$

초기 조건을 적용하면 $c_1 = c_2 = 1$을 얻는다. 따라서 임펄스 응답은

$$h[n] = y_h[n] = (1+n)(0.8)^n u[n] \tag{7.113}$$

으로 구해진다(그림 7.33).

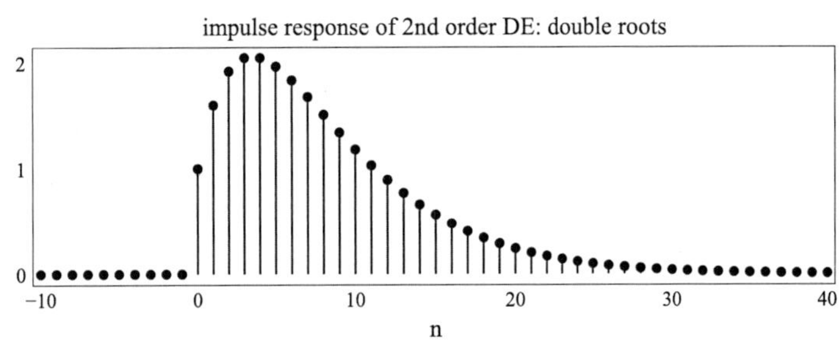

그림 7.33 중근을 갖는 이차 차분방정식의 임펄스 응답(예제 7.19).

파이썬 예제

파이썬 예제 7.1: 이산시간 시스템의 선형성 점검

이 파이썬 예제에서는 시스템의 선형성을 점검하는 코드를 어떻게 작성할 수 있는지 설명한다. 연속시간 시스템(파이썬 예제 2.2)의 경우와 마찬가지로, 점검 대상 시스템은 `lambda`와 `def`를 이용하여 정의된다. 예를 들어, 제곱 시스템은 다음과 같이 정의된다.

```
def Sys(x):
    return lambda n: x(n)**2
```

예제 7.3와 같이 손으로 점검하는 경우에는 신호를 구체적으로 명시하지 않아도 되었지만, 파이썬 `numpy`에서는 구체적인 신호가 명시되어야 한다. 두 신호 $x_1[n] = \cos(2\pi n/12)$와 $x_2[n] = \cos(2\pi n/24)$를 사용하고, 시간은 $-5 \leq n \leq 15$로 설정하자. 선형성은 시간 독립적

변형이므로 선형성 점검은 lambda를 이용하여 표현된다. 다음은 전체 코드이다. 그림 7.34로부터 제곱 시스템이 비선형임을 확인할 수 있다.

```
# 선형성 점검: y[n] = (x[n])^2
def Sys(x):
    return lambda n: x(n)**2
# 점검에 사용될 신호 x1과 x2
n = np.arange(-5, 15+1)
x1 = lambda n: np.cos(2*np.pi*n/12)*(n==np.round(n))
x2 = lambda n: np.cos(2*np.pi*n/24)*(n==np.round(n))
# x1 + x2 --> system --> w
x12 = lambda n: x1(n) + x2(n)
w = Sys(x12)(n)
# x1 --> system --> y1, x2 --> system --> y2
# y = y1 + y2
y = Sys(x1)(n) + Sys(x2)(n)
# 플롯하여 결과 비교
fig, (ax1,ax2) = plt.subplots(1,2, figsize=(6,2.5))
ax1.stem(n, w, basefmt=' ')
ax2.stem(n, y, basefmt=' ')
```

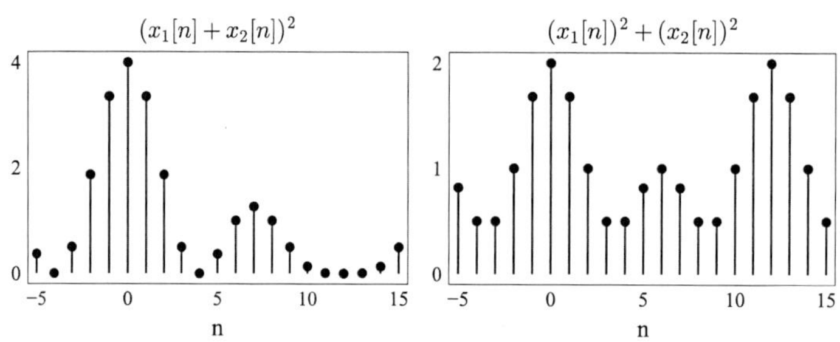

그림 7.34 제곱 시스템의 선형성 점검(파이썬 예제 7.1).

파이썬 예제 7.2: 이산시간 시스템의 시불변성 점검

이 파이썬 예제에서는 시스템의 시불변성을 점검하는 코드를 작성한다. 예제 7.4에서 다루었던 시스템 $y[n]=x[2n]$을 예로 사용하자. 신호는 $x[n]=\cos(2\pi n/12)u[n]$을 이용하고 시간 범위는 $0 \le n \le 25$를 가정하자.

시스템과 신호는 앞의 선형성 점검과 동일하게 정의하면 되지만, 시불변성 점검에는 추가로 지연 시스템이 필요하다. 시간 지연은 n 대신 $n-n_0$가 대입되므로, 지연된 입력 $x[n-n_0]$에 대한 시스템의 출력 $w[n]$과 시스템 출력이 지연된 $y[n-n_0]$는 각각 다음 코드로 표현될 수 있다.

```
# x[n] --> Delay --> x[n-n0] --> System --> w[n]
w = Sys(lambda n: x(n-n0))(n)
# x[n] --> System --> y[n] --> Delay --> y[n-n0]
y = Sys(x)(n-n0)
```

다음은 전체 파이썬 코드이다. 여기서 지연 시간은 $n_0 = 5$로 가정되었다. 점검 결과 그림 7.35로부터 $w[n] \neq y[n-n_0]$를 확인할 수 있으므로 이 시스템은 시불변이 아니다.

```
# 시불변성 점검: y[n] = x[2n]
def Sys(x):
    return lambda n: x(2*n)
# 점검에 사용될 신호
x = lambda n: np.cos(2*np.pi*n/12)*(n>=0)*(n==np.round(n))
n = np.arange(0, 25+1)
n0 = 5
# x[n] --> Delay --> x[n-n0] --> System --> w[n]
w = Sys(lambda n: x(n-n0))(n)
# x[n] --> System --> y[n] --> Delay --> y[n-n0]
y = Sys(x)(n-n0)
# 결과를 플롯하고 비교
fig, (ax1,ax2) = plt.subplots(1,2, figsize=(6,2.5))
ax1.stem(n, w, basefmt=' ')
ax2.stem(n, y, basefmt=' ')
```

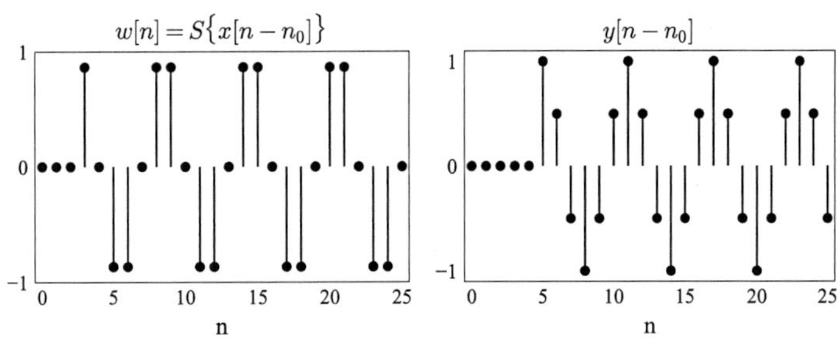

그림 7.35 $y[n] = x[2n-1]$의 시불변성 점검(파이썬 예제 7.2).

파이썬 예제 7.3: 다항식의 곱셈을 이용한 콘볼루션 계산

앞서 7.3.2절에서 콘볼루션 합을 계산하는 두 가지 방식을 소개하였다. 이번 파이썬 예제에서는 다항식의 곱셈 방식이 어떻게 코드로 구현되는지 설명하고, 다음 예제에서는 반전-이동 방식을 설명하기로 한다.

두 다항식의 곱으로 콘볼루션을 계산하는 파이썬 함수는 np.convolve이다. 파이썬에서 다항식은 내림차순 계수로 정의된다. 즉, x^2+2x+4는 [1, 2, 4]로 표현된다. 다음 코드는 예제 7.6의 콘볼루션 계산이다.

```
# 두 유한길이 신호의 콘볼루션 계산: 다항식의 곱셈 방식(numpy.convolve)
h = np.array([1, 2, 4])
x = np.array([1, 1, 1, 1, 1])
y = np.convolve(h, x)
print(y)
```

```
[1 3 7 7 7 6 4]
```

파이썬 예제 7.4: 반전-이동 방식을 이용한 콘볼루션 합의 계산

이번에는 반전-이동 방식으로 콘볼루션을 계산해 보자.

$$y[n]=\sum_{k=-\infty}^{\infty} h[k]x[n-k]=\sum_{k=-\infty}^{\infty} x[k]h[n-k] \tag{7.114}$$

앞의 파이썬 예제 7.3과 동일한 신호 $x[n]$과 $h[n]$을 사용하자. 그런데 이 경우시간 반전과 이동이 요구되므로 신호는 lambda로 표현된다.

```
x = lambda n: 1.0*(n==0) + 2.0*(n==1) + 4.0*(n==2)
h = lambda n: 1.0*((n>=0)&(n<5))
```

식 (7.114)의 첫째 표현을 사용하면 콘볼루션 합은 다음과 같이 코드로 표현될 수 있다.

```
for m, n0 in enumerate(n):
    prod = lambda k: h(k) * x(n0-k)
    y[m] = np.sum(prod(k))
```

전체 파이썬 코드는 다음과 같다. 출력 신호의 길이는 별도로 고려해 주어야 한다. 여기서는 콘볼루션 합 계산을 전체적으로 보여주기 위해 시간 인덱스를 $-2 \le n \le 7$로 정하였다.

```
# 두 유한길이 신호의 콘볼루션 계산: 시간 반전-이동 방식
x = lambda n: 1.0*(n==0) + 2.0*(n==1) + 4.0*(n==2)
h = lambda n: 1.0*((n>=0)&(n<5))
Lx, Lh = 3, 5
Ly = Lh + Lx - 1
# 콘볼루션 합 계산
n = np.arange(-2, Ly+1)
k = np.arange(-2, Ly+1)
y = np.zeros(len(n))
for m, n0 in enumerate(n):
```

```
    prod = lambda k: h(k) * x(n0-k)
    y[m] = np.sum(prod(k))
    print('y[{:1d}] = {:1.0f}'.format(n0, y[m]), end='\n')
```

```
y[-2] = 0
y[-1] = 0
y[0] = 1
y[1] = 3
y[2] = 7
y[3] = 7
y[4] = 7
y[5] = 6
y[6] = 4
y[7] = 0
```

파이썬 예제 7.5: 비인과 시스템의 콘볼루션 계산

비인과 시스템의 경우와 같이 시간 인덱스가 0이 아닌 시점에서 시작하는 경우 콘볼루션의 계산은 어떻게 달라지는가? 계산 결과는 동일하며 다만 시간 인덱스만 달라진다. 이는 콘볼루션의 시불변성 때문이다. 파이썬 함수 numpy.convolve는 시간 인덱스의 시작을 항상 0으로 가정하므로 시작 시점이 0이 아닌 신호의 콘볼루션을 수행하려면 시간 인덱스를 다르게 설정해야 한다. 신호 h와 x의 시작과 끝 시간 인덱스를 각각 $n_{h,start}$, $n_{h,stop}$과 $n_{x,start}$, $n_{x,stop}$이라 하자. 콘볼루션 $y = h * x$를 다항식의 곱셈으로 고려하면 y의 시작과 끝의 시간 인덱스는 다음과 같이 결정된다.

$$n_{y,start} = n_{h,start} + n_{x,start}$$

$$n_{y,stop} = n_{h,stop} + n_{x,stop}$$

새로 정의된 시점을 반영하여, 예제 7.9의 비인과 콘볼루션은 파이썬으로 다음과 같이 구현될 수 있다.

```
# 비인과 신호의 콘볼루션
# 이 경우 시작시점이 0보다 앞선다
# 시작 시점이 0이 아닌 경우를 수용하도록 numpy.convolve 함수를 변형
h = np.array([0.5, 1.0, 0.5])
x = np.array([1, 0, 2, 0, 1, 0, -1, 0, -2, 0, -1.2, 0, 1.2, 0, 2.4,
↪  0, 1.5])
y = np.convolve(h, x)
nh = np.arange(-1, 2)
```

```
nx = np.arange(len(x))
ny = np.arange(np.min(nh)+np.min(nx), np.max(nh)+np.max(nx)+1)
```

동일한 방식으로 7.6.2절의 비인과 3점 이동평균기는 다음과 같이 구현될 수 있다.

```
# 비인과적 3점 이동평균기
h = np.array([1/3, 1/3, 1/3])
x = np.array([1, 2, 3, 4])
y = np.convolve(h, x)
nh = np.arange(-1, 2)
nx = np.arange(len(x))
ny = np.arange(np.min(nh)+np.min(nx), np.max(nh)+np.max(nx)+1)
```

파이썬 예제 7.6: 랜덤 잡음에 오염된 정현 신호의 FIR 필터링

이 파이썬 예제에서는 7.6.3절에서 다루었던 잡음에 오염된 정현 신호의 FIR 필터링 문제를 파이썬으로 구현해본다. 정현 신호 $s[n] = 10\cos(2\pi n/24) + 10$과 랜덤 잡음 $v[n]$을 발생하는 코드는 다음과 같다.

```
Lx = 51
n = np.arange(Lx)
s = 10 * np.cos(2*np.pi*n/24) + 10 # 정현 신호
np.random.seed(0)
v = 8 * (np.random.rand(Lx)-0.5) # 랜덤 잡음
```

여기서 `numpy.random.seed`는 컴퓨터에서 랜덤 잡음 발생에 필요한 랜덤숫자 발생기를 초기화하기 위한 함수이다. 만약 `seed`를 호출하지 않으면 초기값은 매번 랜덤하게 선택되며 코드가 수행될 때마다 다른 값의 랜덤 잡음이 발생된다. 매번 동일한 실험 결과를 얻으려면 `seed`로 이 값을 고정시키면 된다. 이 값은 어떤 값이든지 무방하다. 여기서는 0을 사용하였다. 함수 `np.random.rand`가 만들어내는 숫자는 (0, 1) 범위의 균일 확률 분포를 갖는 실수값이다. 여기서는 적절한 변형을 통해 잡음을 원하는 (−4, 4) 범위로 변환하였다.

이 예에서 FIR 필터링은 함수 `np.convolve`을 사용하여 계산된다. 두 가지 사항을 고려해야 한다.

- 출력의 길이는 입력의 길이보다 길므로($L_y = L_x + L_h - 1$) 출력 배열에 대한 시간 변수는 별도로 정의해주어야 한다.
- 파이썬 예제 7.5에서 지적한 바와 같이 파이썬 함수 `np.convolve`를 이용하여 비인과 5점 이동평균기의 출력을 계산하려면 시점 조정이 필요하다. 이런 이유로 출력 $y[n]$의 시점은 $n_{delay} = (L_h - 1)/2$만큼 선행된다.

이 두 사항을 반영하여 비인과 5점 이동평균기는 다음과 같이 구현된다.

```
Lh = 5
h = np.ones(Lh)/Lh
y = np.convolve(x, h)
ndelay = int((Lh-1)/2)
ny = np.arange(-ndelay, Lx+ndelay)
```

다음은 전체 코드이다. 코드의 결과는 그림 7.12와 유사하므로 여기에는 별도로 제시하지 않는다.

```
# 랜덤 잡음에 오염된 정현 신호 생성
Lx = 51
n = np.arange(Lx)
s = 10*(np.cos(2*np.pi*n/24) + 1) #정현 신호
np.random.seed(0)
v = 8*(np.random.rand(Lx)-0.5) #랜덤 잡음
# 잡음에 오염된 신호
x = np.maximum(s+v, 0)
# L-점 비인과적 이동평균 계산
Lh = 5
h = np.ones(Lh)/Lh
y = np.convolve(x, h)
ndelay = int((Lh-1)/2)
ny = np.arange(-ndelay, Lx+ndelay)
# 결과 플롯
fig, (ax1, ax2) = plt.subplots(2,1, figsize=(6,4.5))
ax1.plot(n, s, 'gray')
ax1.stem(n, x, basefmt=' ')
ax2.stem(ny, y, basefmt=' ')
ax2.plot(n, s, 'gray')
```

인과 5점 이동평균기를 이용한 FIR 필터링에는 시점 조정이 필요없다. 다만 원 신호와 출력을 비교하려면 원 신호를 ndelay 만큼 지연해 주어야 한다. 다음은 인과 5점 이동평균기로 오염된 정현 신호를 FIR 필터링하는 파이썬 코드이며, 결과는 그림 7.13과 유사하므로 생략한다.

```
# 인과적 이동평균기를 이용한 랜덤 잡음에 오염된 정현 신호의 이동평균 필터링
Lh = 5
h = np.ones(Lh)/Lh
y = np.convolve(x, h)
ndelay = int((Lh-1)/2)
Ly = Lx + Lh - 1
```

```
ny = np.arange(Ly)
# 결과 플롯
fig, (ax1, ax2) = plt.subplots(2,1, figsize=(6,4.5))
ax1.plot(n, s, 'gray')
ax1.stem(n, x, basefmt=' ')
ax2.stem(ny, y, basefmt=' ')
ax2.plot(n+ndelay, s, 'gray')# 입력 지연
```

파이썬 예제 7.7: FIR 필터 구현

앞의 파이썬 예제에서 소개한 함수 convolve는 콘볼루션 연산에 필요한 두 신호 $x[n]$과 $h[n]$의 모든 값들이 확보되었다고 가정한다. 그런데 현실적으로 시스템에서 처리되는 신호 데이터는 센서로부터 실시간 수집된다. 이 경우 FIR 필터의 출력 계산은 한 번에 한 샘플씩 계산되어야 한다.[2] 이번 파이썬 예제에서는 FIR 필터의 출력을 샘플별 계산에 필요한 FIR 필터를 구현해보기로 한다. 샘플별 계산을 다루어보면 FIR 필터 작동 이해에 도움이 된다.

그림 7.10의 블록 다이어그램에 따라 샘플별로 계산하는 과정을 파이썬으로 구현해보자. FIR 필터의 내부에는 지연된 입력 $x[n-k]$가 채워져 있으며, 이 지연된 샘플은 필터 계수 b_k와 곱해지고, 출력은 이 곱들의 합이다. FIR 필터 내부 상태를 $w[k]=x[n-k]$로 정의하면 FIR 필터는 다음과 같이 표현된다.

$$y[n]=\sum_{k=0}^{M} b_k x[n-k]=\sum_{k=0}^{M} b_k w[k], \quad w[k]=x[n-k]$$

필터에 새로운 샘플이 입력되면, 기존 내부 샘플은 한 샘플씩 더 지연되며, 가장 오래된 샘플은 필터에서 빠져 나간다. 필터 계수가 세 개인 필터의 경우라면 내부 샘플의 지연은 다음과 같다.

```
w[2] = w[1]
w[1] = w[0]
w[0] = x[n]
```

이처럼 필터 내부 갱신은 역순으로 진행된다. 이를 코드로 표현하면 다음과 같다(배열 b는 필터 계수).

```
for k in range(len(b)-1, 0, -1):
    w[k] = w[k-1]
```

[2]물론 짧은 시간 동안 입력 샘플들을 수집한 다음 이 샘플들을 일괄적으로 처리하는 블록 처리 방식이 있지만, 이런 방식은 이 교재의 범주를 벗어나므로 고려하지 않는다.

```
w[0] = x[n]
```

다음은 이렇게 작성된 FIR 필터 출력 계산을 위한 파이썬 코드이다.

```
# FIR 필터 함수
def FIRfilter(x, b):
    """ compute FIR outputs on a sample-by-sample basis
    Parameters
        x = input
        b = FIR filter coefficients
        y = filtered output
    """
    y = np.zeros_like(x)
    w = np.zeros(len(b))
    for n in range(len(x)):
        out = 0
        for k in range(len(b)-1,0,-1):
            w[k] = w[k-1]
            out += b[k]*w[k]
        w[0] = x[n]
        out += b[0]*w[0]
        y[n] = out
    return y
```

파이썬 예제 7.8: 가속도 센서 신호 처리

앞에서 구현한 FIR 필터 함수를 7.6.4절에서 다룬 가속도 센서 신호처리 문제에 적용해보자. FIR 필터 처리는 다음의 순서로 진행된다.

1. 파일로부터 가속도 센서 데이터를 읽는다(여기서는 세 방향의 가속도를 합산한 데이터를 읽는다).

```
# 센서 데이터 읽기
x = np.loadtxt('accel.dat', unpack=True)
Lx = 250; n = np.arange(Lx)
x = x[:Lx]
fig, ax = plt.subplots(figsize=(6,2.5))
ax.plot(n, x)
```

2. 길이 L_h의 해밍 윈도우는 `scipy.signal.hamming(Lh)` 함수를 이용하여 생성할 수

있다. 파이썬 예제 7.7에서 정의한 FIRfilter 함수에 해밍 윈도우를 필터 계수로 사용하여 가속도 데이터를 이동평균한다. 파이썬 코드의 결과는 그림 7.16과 같다.

```
# FIRfilter 함수를 이용한 FIR 필터링
from scipy import signal
# 서로 다른 길이의 MA 필터 적용
Lh = 8; b1 = signal.hamming(Lh)
y1 = FIRfilter(x, b1)
Lh = 16; b2 = signal.hamming(Lh)
y2 = FIRfilter(x, b2)
# 결과 플롯
fig, (ax1,ax2) = plt.subplots(2,1, figsize=(6,4.5))
ax1.plot(n, y1)
ax2.plot(n, y2)
```

파이썬 예제 7.9: IIR 필터 구현

이번 예제에서는 샘플별로 출력을 계산하는 IIR 필터 함수를 작성한다. 방식은 FIR 필터 함수(파이썬 예제 7.7)와 유사하다.

그림 7.11의 블록 다이어그램을 이용하여 샘플별 IIR 필터를 작성하자. IIR 필터의 순방향 부분과 역방향 부분의 내부 상태를 각각 $w[k]$과 $v[k]$로 정의하면, IIR 필터는 다음과 같이 표현된다.

$$
\begin{aligned}
y[n] &= \sum_{k=1}^{N} a_k y[n-k] + \sum_{k=0}^{M} b_k x[n-k] \\
&= \sum_{k=1}^{N} a_k v[k] + \sum_{k=0}^{M} b_k w[k], \qquad w[k] = x[n-k],\ v[k] = y[n-k]
\end{aligned}
$$

순방향 부분의 내부 상태 지연은 앞에서 다루었던 FIR 필터와 동일하다. 역방향 부분은 순방향 부분의 출력을 입력으로 사용하며, 역방향 부분의 내부 상태는 지연된 출력 $v[k] = y[n-k]$로 채워져 있다. 순방향 부분의 내부 상태처럼 역방향 부분의 내부 상태도 시간에 따라 $v[k] \leftarrow v[k-1]$와 같이 지연되며 이동된다. IIR 필터 함수는 다음과 같이 파이썬 코드로 구현될 수 있다. 한 가지, 계수 a_k는 파이썬에서 통용되는 시스템 표기법을 따라 계수 a_k의 부호가 반전된 점을 유의하라(파이썬 예제 7.11 참고).

```
def IIRfilter(x, b, a):
    """ compute IIR outputs on a sample-by-sample basis
    Parameters
```

```
        x = input
        b = feedforward coefficients
        a = feedback coefficients
        y = filtered output
    """
    y = np.zeros_like(x)
    w = np.zeros(len(b))
    v = np.zeros(len(a))
    for n in range(len(x)):
        out = 0
        # 순방향 부분
        for k in range(len(b)-1,0,-1):
            w[k] = w[k-1]
            out += b[k]*w[k]
        w[0] = x[n]
        out += b[0]*w[0]
        # 역방향 부분
        for k in range(len(a)-1,0,-1):
            v[k] = v[k-1]
            out -= a[k]*v[k]
        v[0] = out
        y[n] = v[0]
    return y
```

파이썬 예제 7.10: 일차 IIR 필터를 이용한 잡음 신호의 필터링

이 파이썬 예제에서는 7.7.4절에서 소개한 IIR 필터의 두 가지 적용 예

$$\text{필터 (a):} \qquad y_a[n] = 0.6y_a[n-1] + 0.4x[n]$$

$$\text{필터 (b):} \qquad y_b[n] = -0.9y_b[n-1] + 0.1x[n]$$

를 코드로 구현한다. 파이썬 예제 7.9에서 구현한 함수 `IIRfilter`를 사용하기 위해선 필터 계수 $\{a, b\}$를 정의하고 `IIRfilter(x,b,a)`와 같이 호출하면 된다. 파이썬 코드는 다음과 같다.

```
# 오염된 정현 신호에 일차 IIR 필터 적용
# 랜덤 잡음에 오염된 정현 신호의 생성
Lx = 101
n = np.arange(Lx)
```

```
s = 10*(np.cos(2*np.pi*n/24) + 1)# 정현 신호
np.random.seed(0)
v = 8*(np.random.rand(Lx)-0.5)# 랜덤 잡음
# 오염된 신호 생성
x = np.maximum(s+v, 0)
# 일차 IIR 필터의 두가지 유형
# (a) 평균(smoothing)
b1, a1 = np.array([0.4]), np.array([1,-0.6])
ya = IIRfilter(x, b1, a1)
# (b) 차분(differencing)
b2, a2 = np.array([0.1]), np.array([1,0.9])
yb = IIRfilter(x, b2, a2)
ndelay = 1
Ly = len(y1); ny = np.arange(Ly)
# 결과 플롯
fig, (ax1,ax2,ax3) = plt.subplots(3,1, figsize=(6,5.5))
markerline, stemlines, baseline = ax1.stem(n, x, basefmt=' ')
plt.setp(markerline, markersize=2.5)
ax1.plot(n, s, 'gray')
ax2.stem(ny, ya, basefmt=' ')
ax3.stem(ny, yb, basefmt=' ')
ax3.plot(n+ndelay, v, 'gray')
```

파이썬 예제 7.11: scipy.signal.lfilter 함수

지금까지 우리는 FIR/IIR 필터를 직접 파이썬으로 구현하였지만, 사실 파이썬 `scipy`는 강력한 FIR/IIR 필터 함수를 제공한다. 그 중의 하나는 파이썬 함수 `scipy.signal.lfilter`이다. 이 함수는 FIR/IIR 필터에 공통적으로 활용할 수 있다. `lfilter`의 간단한 용법은 다음과 같다.

```
signal.lfilter(b, a, x)
```

여기서 필터 계수 `{a, b}` 배열은 다음과 같이 정의된다.

```
a = np.array([1, -a1, -a2, ..., -aN])
b = np.array([b0, b1, b2, ..., bM])
```

예제 7.6을 `lfilter`로 계산하고 `numpy.convolve`의 계산 결과와 비교해보자.

```
# scipy.signal.lfilter 함수를 이용한 시스템 출력 계산
x = np.array([1, 1, 1, 1, 1]).astype(float)
b1 = np.array([1, 2, 4]); a1 = np.array(1)
ya1 = signal.lfilter(b1, a1, x)
ya2 = np.convolve(b1, x)
print('lfilter = ', ya1)
print('convolve = ', ya2)
```

```
lfilter =  [ 1.  3.  7.  7.  7.]
convolve =  [ 1.  3.  7.  7.  7.  6.  4.]
```

convolve에서 콘볼루션 결과는 입력보다 길지만 lfilter는 입력 x와 동일한 길이의 출력을 제공한다.

파이썬 예제 7.12: scipy.signal.lfilter를 이용한 FIR/IIR 시스템의 출력 계산

파이썬 함수 signal.lfilter를 이용하여 IIR 시스템(예제 7.18)

$$[(7.98)] \qquad y[n] = 1.3y[n-1] - 0.4y[n-2] + x[n] + 0.5x[n-1]$$

의 출력을 계산하자. 입력은 $x[n] = \sin(0.25\pi n)u[n]$이고 초기 조건은 $y[-1] = 2$와 $y[-2] = 3$이다. 필터 계수는 다음과 같이 정의된다.

```
b = np.array([1, 0.5])
a = np.array([1, -1.3, 0.4])
```

파이썬에서 차분방정식의 초기값은 파이썬 함수 signal.lfiltic를 이용하여 설정된다. lfiltic는 signal.lfilter의 초기 내부 상태를 계산하여 zi로 반환한다.

```
zi = signal.lfiltic(b, a, [2,3])
y, zf = signal.lfilter(b, a, x, zi=zi)
```

다음은 전체 파이썬 코드이며 결과는 그림 7.36이다.

```
# 초기조건이 0이 아닌 차분방정식의 해 계산
from scipy import signal
b = np.array([1, 0.5])
a = np.array([1, -1.3, 0.4])
L = 101; n = np.arange(L)
x = np.sin(0.25*np.pi*n)
# 초기조건 적용 준비
zi = signal.lfiltic(b, a, [2,3])
```

```
# 초기조건을 적용하여 차분방정식의 해 계산
y, zf = signal.lfilter(b, a, x, zi=zi)
# 플롯
fig, ax = plt.subplots(figsize=(6,2.5))
ax.stem(n, y, basefmt=' ')
```

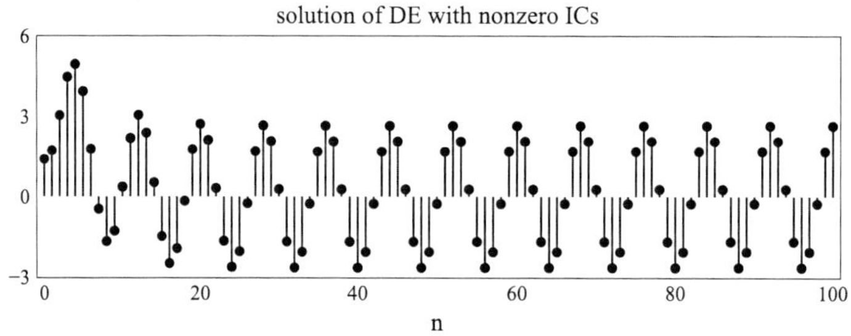

그림 7.36 초기정지 상태가 아닌 차분방정식의 일반해 계산(파이썬 예제 7.12).

연습문제

P7.1 다음 시스템의 선형성과 시불변성을 점검하라.

(a) $y[n] = \cos(0.7\pi n)x[n]$ (b) $y[n] = nx[n]$

(c) $y[n] = 2x[n] + u[n]$ (d) $y[n] = 2x[-n]$

(e) $y[n] = \sum_{k=-\infty}^{n} x[k]$ (f) $y[n] = \sum_{k=0}^{n} x[k]$

P7.2 어떤 LTI 시스템이 $x[n] = \delta[n]$에 대하여 $y[n] = \{1, 2, 1\}$을 출력한다. 이 시스템에 다음 신호가 입력될 때 출력을 구하라.

(a) $x[n] = \delta[n-1] + 2\delta[n-2]$ (b) $x[n] = u[n] - u[n-3]$

P7.3 어떤 LTI 시스템이 입력 $x[n] = u[n]$에 대하여 $y[n] = \{1, 2, 3, 3, \cdots\}$을 출력한다. 이 시스템의 임펄스 응답을 구하라.

P7.4 어떤 LTI 시스템이 입력 $x[n] = \{2, 1, -1\}$에 대하여 $y[n] = \{2, 5, 3, -1, -1\}$을 출력한다. 이 시스템의 임펄스 응답을 구하라.

P7.5 어떤 LTI 시스템이 입력 $x[n] = \{1, 1\}$에 대하여 $y[n] = \{4, 5, 1\}$을 출력한다. 입력 $x_1[n] = \{0.5, 1, 0.5\}$에 대한 이 시스템의 출력을 구하라.

P7.6 임펄스 응답이 $h[n] = 0.5\left(-\frac{1}{2}\right)^n u[n]$ 인 LTI 시스템의 계단응답 $y_{step}[n]$을 구하라.

P7.7 임펄스 응답이 $h[n] = (-1)^n u[n]$ 인 LTI 시스템의 계단 응답 $y_{step}[n]$을 구하고, 시스템의 BIBO 안정성을 판단하라.

P7.8 다음 콘볼루션을 계산하라.

(a) $\{2, 1, 3\} * \{-1, \underset{\uparrow}{2}, -3\}$

(b) $u[n] * \{-1, \underset{\uparrow}{2}, -3\}$

(c) $(u[n] - u[n-3]) * \{-1, \underset{\uparrow}{2}, -3\}$

(d) $3\delta[n-1] * \{-1, \underset{\uparrow}{2}, -3\}$

P7.9 다음 시스템의 안정성과 인과성을 점검하라.

(a) $h[n] = (\frac{2}{3})^n u[n]$

(b) $h[n] = (-1.5)^n u[n+2]$

(c) $h[n] = (-\frac{1}{2})^n u[-n]$

(d) $h[n] = (-\frac{2}{3})^n u[n] + (1.1)^n u[n-1]$

(e) $h[n] = (\frac{2}{3})^n u[1-n]$

(f) $h[n] = n(\frac{2}{3})^n u[2-n]$

P7.10 콘볼루션 $y[n] = x[n] * h[n]$을 계산하라.

(a)
$$x[n] = \delta[n] + 2\delta[n-2]$$
$$h[n] = \left(\frac{2}{3}\right)^n u[n]$$

(b)
$$x[n] = \delta[n] + 2\delta[n-2] + \delta[n-4]$$
$$h[n] = \delta[n+1] + \delta[n] + \delta[n-1]$$

P7.11 어느 LTI 시스템의 임펄스 응답이 다음과 같다.

$$h[n] = \delta[n] + \delta[n-2]$$

다음 입력에 대한 시스템의 출력을 각각 계산하라.

$$x_1[n] = \sum_{k=-\infty}^{\infty} (-1)^k \delta[n-k]$$

$$x_2[n] = \sum_{k=-\infty}^{\infty} (-1)^k \delta[n-2k]$$

P7.12 다음 신호의 콘볼루션 $y[n] = x[n] * h[n]$을 계산하라.

$$x[n] = 3^n u[-n-1] + (0.8)^n u[n]$$

$$h[n] = (0.5)^n u[n]$$

P7.13 다음 인과 LTI 시스템의 임펄스 응답을 구하고 스케치하라.

(a) $y[n] = x[n] + 0.5x[n-1] + 0.25x[n-4]$

(b) $y[n] = 0.7y[n-1] + x[n] + x[n-1]$

P7.14 다음 차분방정식의 임펄스 응답을 구하라.

$$y[n] = a_2 y[n-2] + b_0 x[n]$$

P7.15 어느 인과 LTI 시스템의 입력-출력 관계식이 다음과 같이 표현된다.

$$y[n] = \sum_{k=0}^{\infty} \left(\frac{3}{5}\right)^k x[n-2k]$$

(a) 이 시스템의 임펄스 응답 $h[n]$을 구하라.

(b) 이 시스템을

$$y[n] = \sum_{k=1}^{N} a_k y[n-k] + \sum_{k=0}^{M} b_k x[n-k]$$

의 꼴로 표현하라. 힌트: 연습문제 **P7.14** 결과를 활용하라.

P7.16 예제 7.2에서 다룬 은행 대출 문제를 고려하자. 2000만원을 대출받아 연간 이자율 6%로 36개월에 대출을 모두 상환하며, 매달 동일 금액 C원을 갚는다고 가정한다.

(a) 매달 상환하는 금액 C는 이자와 원금 상환액을 합한 금액이며 동일 액수로 가정된다. n번째 달에 남아있는 대출 잔액을 $y[n]$이라고 할 때 n번째 달에 남아있는 대출 잔액을 차분방정식으로 표현하라. 이 차분방정식의 안정성을 판단하라.

(b) C는 얼마인가? 원 단위로 계산하라.

(c) 처음 3개월간 매달 원금 상환액 $x[n]$과 남은 대출금 $y[n]$을 계산하라. 계산이 딱 떨어지지 않으므로 마지막 달의 상환액은 다를 수 있다.

(d) 매달 동일한 대출 원금을 상환하는 방법을 선택한다면 차분방정식은 어떻게 되는가?

P7.17 그림 **P7.17**에서 두 직렬 연결 시스템이 각각

$$h_1[n] = \left(\frac{1}{2}\right)^n (u[n] - u[n-5])$$

$$y[n] = w[n] - \frac{1}{2}w[n-1]$$

로 표현된다.

(a) 시스템 S_2의 임펄스 응답 $h_2[n]$을 구하라.

(b) 전체 시스템의 임펄스 응답 $h[n]$을 구하라.

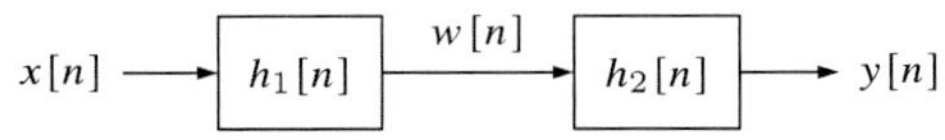

그림 P7.17

P7.18 그림 **P7.18**은 시스템 $h[n]$에 의하여 왜곡된 신호 $y[n]$으로부터 원 신호 $x[n]$을 복원하기 위한 역 콘볼루션 과정이다.

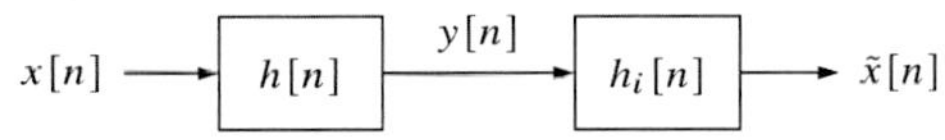

그림 P7.18

(a) $y[n] = x[n] - x[n-1]$일 때 $x[n]$을 복원하기 위한 역 시스템 $h_i[n]$을 구하라.

(b) $y[n] = 0.5y[n-1] + x[n]$일 때 $x[n]$을 복원하기 위한 역 시스템 $h_i[n]$을 구하라.

P7.19 다음 인과 LTI 시스템에 대하여 질문에 답하라.

$$h_1[n] = \delta[n] + \delta[n-1], \qquad h_2[n] = \frac{3}{5}\delta[n-1]$$

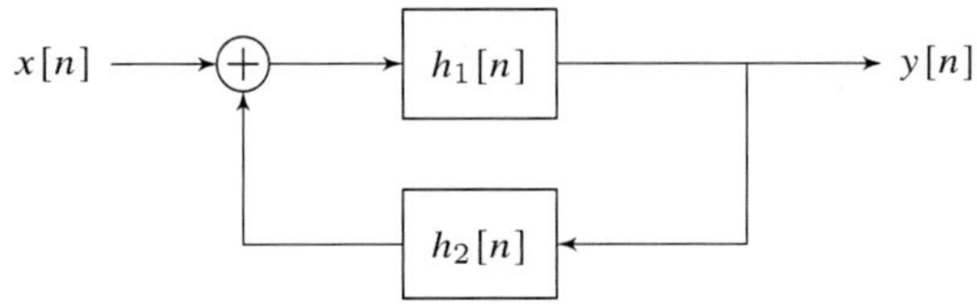

그림 P7.19

(a) 시스템 $h_1[n]$과 $h_2[n]$의 임펄스 응답을 스케치하라.

(b) 전체 시스템의 임펄스 응답 $h[n]$을 구하라.

(c) 전체 시스템의 차분방정식을 구하라.

P7.20 다음 차분방정식의 해를 구하라.

(a) $y[n] = 1.6y[n-1] - 0.63y[n-2] + x[n], \quad x[n] = (-\frac{3}{5})^n u[n], \quad y[-1] = y[-2] = 0$

(b) $y[n] = 0.5y[n-1] + x[n], \quad x[n] = \cos(0.2\pi n)u[n], \quad y[-1] = 0$

(c) $y[n] = 0.8y[n-1] + x[n], \quad x[n] = nu[n], \quad y[-1] = 0$

(d) $y[n] = -0.9y[n-1] - 0.81y[n-2] + x[n], \quad x[n] = u[n], \quad y[-1] = 0, \ y[-2] = 1$

P7.21 연습문제 **P7.20**(d)의 해를 영상태 응답 $y_{zsr}[n]$과 영입력 응답 $y_{zir}[n]$으로 구분하여 구하라.

P7.22 인과 LTI 시스템의 임펄스 응답이

$$h[n] = c_1 p_1^n u[n] + c_2 p_2^n u[n]$$

인 시스템의 차분방정식이

$$y[n] = (p_1 + p_2)y[n-1] - p_1 p_2 y[n-2] + (c_1 + c_2)x[n] - (c_1 p_2 + c_2 p_1)x[n-1]$$

임을 시간 영역에서 증명하여라. 힌트: 영상태 응답과 영입력 응답을 활용하라.

P7.23 이차 차분방정식의 근을 단위원 위에 위치하도록 설계하면 차분방정식으로부터 순차적으로 정현 신호를 만들어낼 수 있다. 차분방정식

$$y[n] = a_1 y[n-1] + a_2 y[n-2] + b_0 x[n]$$

의 임펄스 응답이 다음과 같도록 계수 $\{b_0, a_1, a_2\}$를 결정하라.

$$h[n] = A\sin[\hat{\omega}_0(n+1)]u[n]$$

힌트: 임펄스 입력 $x[n] = \delta[n]$을 초기조건에 포함시키고 임펄스 응답 $h[n]$이

$$y[n] = a_1 y[n-1] + a_2 y[n-2]$$

의 해가 되도록 초기조건 $y[-1]$과 $y[-2]$을 변경하라.

P7.24 미분방정식

$$\frac{dy(t)}{dt} = ay(t) + bx(t)$$

을 T_s 마다 주기적으로 샘플링하면 차분방정식 꼴로 근사화할 수 있다. 근사식

$$\frac{dy(t)}{dt} \approx \frac{y(nT_s) - y(nT_s - T_s)}{T_s}$$

를 적용하고

$$y[n] \stackrel{\text{def}}{=} y(nT_s), \quad x[n] \stackrel{\text{def}}{=} x(nT_s)$$

를 적용하여 미분방정식을 차분방정식

$$y[n] = a_1 y[n-1] + b_0 x[n]$$

으로 근사화하라.

파이썬 문제

P7.25 연습문제 **P7.1**(a,b) 시스템의 선형성과 시불변성을 점검하는 코드를 작성하라.

P7.26 LTI 시스템 $h[n] = (0.8)^n u[n]$에 $x[n] = \{1, 3, -1, 2\}$가 인가될 때 출력을 계산하는 코드를 작성하라. 시간 인덱스 $0 \le n \le 20$의 범위에서 $x[n], h[n], y[n]$을 정의하고, 파이썬 함수 `numpy.convolve`를 이용하여 콘볼루션을 계산하라.

P7.27 연습문제 **P7.12**는 양방향 신호의 콘볼루션을 다루고 있다.

$$x[n] = \underbrace{3^n u[-n-1]}_{x_1[n]} + \underbrace{(0.8)^n u[n]}_{x_2[n]}$$

$$h[n] = (0.5)^n u[n]$$

양방향 콘볼루션을 다음 두가지 방식으로 계산해보자.

(a) 신호 $x[n] = x_1[n] + x_2[n]$으로 구분하여 콘볼루션을 계산하는 코드를 작성하라.

$$y_1[n] = x_1[n] * h[n], \qquad y_2[n] = x_2[n] * h[n], \qquad y[n] = y_1[n] + y_2[n]$$

(b) 신호 $x[n]$을 나누지 않고 $y[n] = x[n] * h[n]$을 한번에 계산하는 코드를 작성하라.

두 결과가 모두 문제 **P7.12**의 결과와 동일한가 확인하라.

P7.28 연습문제 **P7.16**의 은행대출 상환문제를 고려하자.

(a) 달별로 상환액, 이자, 남은액을 출력하는 코드를 작성하라.

(b) 총 지불하는 이자는 얼마인가?

P7.29 연습문제 **P7.20**(a,d)에 대하여 다음 방식으로 해를 계산하라.

(a) 순환 방식으로 $0 \le n \le 30$의 범위에서 계산하는 코드를 작성하고, 손으로 계산한 이론적 결과와 비교하라.

(b) `signal.lfilter` 함수를 이용하여 출력을 계산하라.

P7.30 연습문제 **P7.23**의 결과를 이용하여 정현 신호 $x[n] = \sin(0.1925\pi(n+1))$를 순환적으로 $0 \le n \le 30$의 범위에서 생성하라.

CHAPTER 8

z-변환

z-변환은 이산시간 신호를 이차원 복소평면인 z-영역으로 변환한다. 9장에서 배우게 될 주파수 영역 해석은 z-영역의 특수한 경우이다. 이산시간에서 z-변환은 연속시간에서 라플라스 변환과 유사한 역할을 한다. 라플라스 변환이 연속시간 신호와 LTI 시스템의 해석과 설계에 유용하게 활용된 것처럼, z-변환은 이산시간 신호와 LTI 시스템의 해석과 설계에 유용하다. z-영역에서 시스템 계산은 다항식 연산처럼 간단히 이루어질 수 있다.

이 장에서는 인과 LTI 시스템에 적용되는 단방향 z-변환을 소개하고, z-변환이 존재하는 조건, z^{-1} 다항식의 영점과 극점에 대한 정의와 의미를 알아본다. 뿐만 아니라 인과 LTI 시스템의 틀 안에서 z-변환을 활용하여 시스템을 해석하고 그 해를 구하는 방법을 소개한다. 마지막으로 비인과 시스템을 포함하는 양방향 z-변환을 간략하게 소개하고 그 용도를 알아본다.

8.1 z-변환

8.1.1 z-변환의 정의

z-변환은 이산시간 신호와 시스템을 시간 영역에서 z-영역으로 변환한다. 그림 8.1은 z-변환이 정의되는 z-평면z-plane 혹은 복소평면이며 z-평면의 가로축은 실수부 세로축은 허수부이다. 통상 z-변환에서 복소수는 원점으로부터의 반경 r과 위상 $\hat{\omega}$을 갖는 극좌표의 형태로 표현된다.

$$z = re^{j\hat{\omega}} \tag{8.1}$$

이산시간 신호 $x[n]$의 z-변환쌍은 다음과 같이 정의된다.

$$X(z) = \sum_{n=0}^{\infty} x[n] z^{-n} \tag{8.2a}$$

$$x[n] = \frac{1}{j2\pi} \oint_C X(z) z^{n-1} dz \tag{8.2b}$$

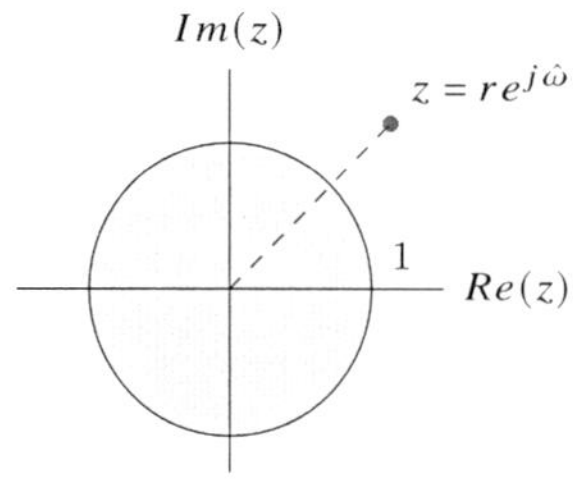

그림 8.1 복소평면.

식 (8.2a)는 시간 영역 신호 $x[n]$을 z-영역 $X(z)$로 변환하며, 식 (8.2b)는 주파수 영역을 시간 영역으로 되돌리는 역 z-변환이다. 여기서 시간 인덱스 $n \geq 0$으로 간주된다. 즉, z-변환에서는 $n < 0$일 때 $x[n] = 0$인 인과 신호를 가정하며, 이러한 z-변환은 단방향unilateral z-변환으로 분류된다. 양방향 z-변환는 8.5절에서 다루어진다. 특별히 명시하지 않는 한 우리는 단방향 z-변환을 가정한다. 식 (8.2b)에서 역 z-변환은 경로적분으로 표현되지만, 우리는 경로적분 대신 돌아가는 방법을 사용하여 역변환을 구할 예정이다.

z-변환과 역 z-변환은 각각

$$X(z) = \mathcal{Z}\{x[n]\} \tag{8.3a}$$

$$x[n] = \mathcal{Z}^{-1}\{X(z)\} \tag{8.3b}$$

으로 표기되며, z-변환은 서로 일대일 대응하므로 z-변환쌍을 다음과 같이 표기한다.

$$x[n] \overset{Z}{\longleftrightarrow} X(z) \tag{8.4}$$

8.1.2 z-변환의 예와 수렴영역

이 절에서는 z-변환의 예를 살펴보고, z-변환의 기본 속성에 대하여 알아본다. 또한 z-변환이 존재하는 영역에 대하여 살펴보자.

예제 8.1

이산시간 신호 $x[n] = \{1, -2, 0, 4\}$의 z-변환을 구하라.

풀이 z-변환의 정의를 이용하여 변환하면 다음과 같다.

$$X(z) = \sum_{n=0}^{\infty} x[n]z^{-n} = (1)z^0 + (-2)z^{-1} + (0)z^{-2} + (4)z^{-3}$$

$$= 1 - 2z^{-1} + 4z^{-3} = \frac{z^3 - 2z^2 + 4}{z^3}$$

유한길이 신호의 z-변환은 z^{-1}의 다항식이나 유리함수 꼴로 표현된다. 이산시간 신호 $x[n]$은

임펄스를 이용하여

$$x[n] = \sum_{k=0}^{\infty} x[k]\delta[n-k] \tag{8.5}$$

과 같이 표현되므로 유한길이 신호의 시간 표현과 z-변환사이에 다음의 관계가 있다.

$$x[n] = \delta[n] - 2\delta[n-1] + 4\delta[n-3] \quad \stackrel{Z}{\longleftrightarrow} \quad X(z) = 1 - 2z^{-1} + 4z^{-3} \tag{8.6}$$

유한길이 신호에서는 원점($z = 0$)을 제외한 모든 영역에서 z-변환이 존재한다. z-변환이 가능한 영역을 **수렴영역**region of convergence(ROC)이라 한다. 그림 8.2는 원점을 중심으로 반경이 1인 단위원과 회색으로 표시된 수렴영역을 보여 준다. 단위원은 z-변환에서 중요한 역할을 하므로 통상적으로 z-평면에서 항상 표시된다.

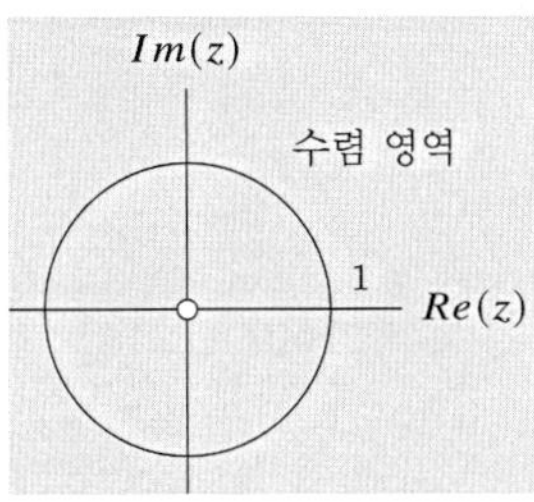

그림 8.2 예제 8.1의 z-변환이 가능한 수렴영역.

예제 8.2

무한길이 신호 $x[n] = (0.8)^n u[n]$의 z-변환을 구하라.

풀이 z-변환의 정의를 이용하면

$$X(z) = \sum_{n=0}^{\infty} x[n]z^{-n} = \sum_{n=0}^{\infty} (0.8)^n z^{-n} \tag{8.7}$$

이 무한등비 수열이 수렴하기 위해서는

$$|0.8z^{-1}| < 1 \quad \Longrightarrow \quad |z| > 0.8 \tag{8.8}$$

이 필요하다. 이 조건이 만족되면 z-변환은 다음과 같이 표현된다.

$$X(z) = \frac{1}{1 - 0.8z^{-1}}, \quad |z| > 0.8 \tag{8.9}$$

이 무한길이 신호의 수렴영역은 그림 8.3과 같다. 수렴영역은 반경이 0.8인 원의 외부이다.

예제 8.3

신호 $x[n] = (-0.8)^n u[n] + (0.5)^n u[n]$의 z-변환을 구하고 수렴영역을 확인하여라.

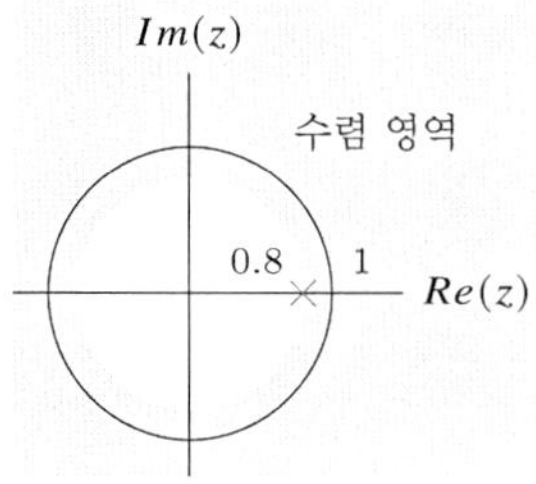

그림 8.3 무한길이 지수신호 $x[n] = (0.8)^n u[n]$의 ROC(예제 8.2).

풀이 신호 $x[n]$의 각 항을 z-변환하면

$$(-0.8)^n u[n] \quad \overset{Z}{\longleftrightarrow} \quad \frac{1}{1+0.8z^{-1}}, \quad |z| > 0.8 \tag{8.10a}$$

$$(0.5)^n u[n] \quad \overset{Z}{\longleftrightarrow} \quad \frac{1}{1-0.5z^{-1}}, \quad |z| > 0.5 \tag{8.10b}$$

따라서 신호 $x[n]$의 z-변환은

$$X(z) = \frac{1}{1+0.8z^{-1}} + \frac{1}{1-0.5z^{-1}} = \frac{2+0.3z^{-1}}{1+0.3z^{-1}-0.4z^{-2}} \tag{8.11}$$

으로 표현된다. 수렴영역은 두 영역의 공통부분인 $|z| > 0.8$이다.

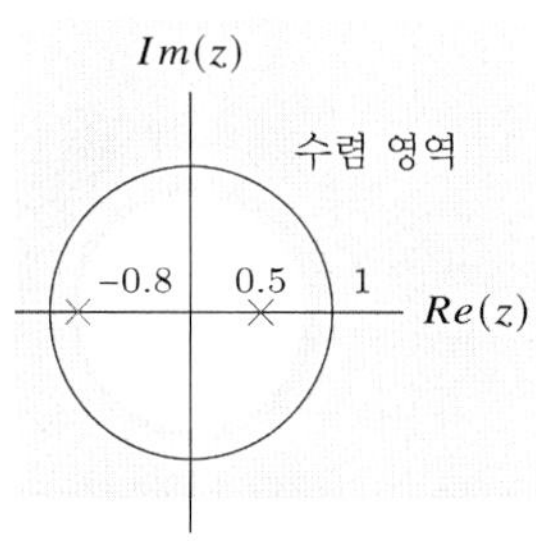

그림 8.4 두 무한길이 지수신호의 합 $x[n] = (-0.8)^n u[n] + (0.5)^n u[n]$의 수렴영역(예제 8.3).

예제 8.4

정현 신호 $x[n] = A\sin(\hat{\omega}_0 n + \phi)u[n]$의 z-변환을 구하라.

풀이 먼저 오일러 관계식을 이용하여 정현 신호를 복소지수 신호로 표현하자.

$$x[n] = A\sin(\hat{\omega}_0 n + \phi)u[n] = \frac{A}{2j}e^{j\phi}e^{j\hat{\omega}_0 n}u[n] - \frac{A}{2j}e^{-j\phi}e^{-j\hat{\omega}_0 n}u[n] \tag{8.12}$$

첫째 항에 대한 z-변환을 구하면

$$\begin{aligned}\mathcal{Z}\left\{\frac{A}{2j}e^{j\phi}e^{j\hat{\omega}_0 n}\right\} &= \sum_{n=0}^{\infty}\frac{A}{2j}e^{j\phi}e^{j\hat{\omega}_0 n}z^{-n} = \frac{A}{2j}e^{j\phi}\sum_{n=0}^{\infty}\left(e^{j\hat{\omega}_0}z^{-1}\right)^n \\ &= \frac{A}{2j}\frac{e^{j\phi}}{1-e^{j\hat{\omega}_0}z^{-1}}, \quad |z| > 1\end{aligned} \tag{8.13}$$

표 8.1 주요 z-변환쌍.

시간 영역 $x[n]$	z-영역 $X(z)$
$\delta[n]$	1
$\delta[n-n_0]$	$z^{-n_0}, \quad n_0 > 0$
$a^n u[n]$	$\dfrac{1}{1-az^{-1}}$
$(n+1)a^n u[n]$	$\dfrac{1}{(1-az^{-1})^2}$
$r^n \cos(\hat{\omega}_0 n)u[n]$	$\dfrac{1-(r\cos\hat{\omega}_0)z^{-1}}{1-(2r\cos\hat{\omega}_0)z^{-1}+r^2z^{-2}}$
$r^n \sin(\hat{\omega}_0 n)u[n]$	$\dfrac{(r\sin\hat{\omega}_0)z^{-1}}{1-(2r\cos\hat{\omega}_0)z^{-1}+r^2z^{-2}}$

이다. 같은 방법으로 둘째 항은

$$\mathcal{Z}\left\{\frac{A}{2j}e^{-j\phi}e^{-j\hat{\omega}_0 n}\right\} = \frac{A}{2j}\frac{e^{-j\phi}}{1-e^{-j\hat{\omega}_0}z^{-1}}, \quad |z| > 1 \tag{8.14}$$

으로 z-변환된다. 따라서 $x[n]$의 z-변환은

$$\begin{aligned} X(z) &= \frac{A}{2j}\frac{e^{j\phi}}{1-e^{j\hat{\omega}_0}z^{-1}} - \frac{A}{2j}\frac{e^{-j\phi}}{1-e^{-j\hat{\omega}_0}z^{-1}} \\ &= \frac{A}{2j}\frac{e^{j\phi}-e^{-j\phi}+[e^{j(\hat{\omega}_0-\phi)}-e^{-j(\hat{\omega}_0-\phi)}]z^{-1}}{1-[e^{j\hat{\omega}_0}+e^{-j\hat{\omega}_0}]z^{-1}+z^{-2}} \end{aligned} \tag{8.15}$$

이다. 오일러 관계식을 이용하여 정리하면

$$X(z) = A\frac{\sin\phi+\sin(\hat{\omega}_0-\phi)z^{-1}}{1-(2\cos\hat{\omega}_0)z^{-1}+z^{-2}} \tag{8.16}$$

만약 $\phi = 0$이면

$$X(z) = \frac{A(\sin\hat{\omega}_0)z^{-1}}{1-(2\cos\hat{\omega}_0)z^{-1}+z^{-2}}, \quad |z| > 1 \tag{8.17}$$

이다. 수렴영역은 단위원을 포함하지 않는다. 정현 신호는 계속 진동하므로 안정한 신호는 아니다.

이상의 예에서 보는 바와 같이 안정한 신호의 수렴영역은 모두 단위원을 포함한다. 이는 안정한 신호와 시스템에서 중요한 조건이다. z-변환의 수렴영역과 안정성의 관계는 8.4.3절에서 상세히 설명된다.

개념점검 8.1 유한길이 신호 $x[n] = \{1, \underset{\uparrow}{1}, -2, 1\}$의 단방향 z-변환이 가능한가? 가능하거나 가능하지 않다면 그 이유는 무엇인가?

연습 8.1 $x[n] = \{1, -2, 1\}$의 z-변환을 구하라.

답 : $X(z) = 1 - 2z^{-1} + z^{-2}$

연습 8.2 $x[n] = \cos(\hat{\omega}_0 n)u[n]$의 z-변환을 구하라.

답 : $X(z) = \dfrac{1 - (\cos\hat{\omega}_0)z^{-1}}{1 - 2(\cos\hat{\omega}_0)z^{-1} + z^{-2}}$

8.1.3 극점과 영점

z-변환에서 극점과 영점은 각각 다음과 같이 정의된다.

- $X(z) = \infty$인 z는 **극점**pole 이다.
- $X(z) = 0$인 z는 **영점**zero 이다.

일반적으로 $X(z)$는 z^{-1}의 다항식이지만, $X(z)$를 z의 다항식으로 바꾸어놓고 극점과 영점을 계산하면 편리하다.

$$
\begin{aligned}
X(z) &= \frac{b_0 + b_1 z^{-1} + \cdots + b_{M-1}z^{-(M-1)} + b_M z^{-M}}{a_0 + a_1 z^{-1} + \cdots + a_{N-1}z^{-(N-1)} + a_N z^{-N}} \\
&= z^{(N-M)} \cdot \frac{b_0 z^M + b_1 z^{M-1} + \cdots + b_{M-1}z^1 + b_M}{a_0 z^N + a_1 z^{N-1} + \cdots + a_{N-1}z^1 + a_N} = \frac{N(z)}{D(z)} \\
&= z^{(N-M)} \cdot \frac{b_0 \displaystyle\prod_{k=1}^{M}(z - z_k)}{a_0 \displaystyle\prod_{l=1}^{N}(z - p_l)}
\end{aligned} \tag{8.18}
$$

식 (8.18)의 $X(z)$에는 M개의 유한한 영점과 N개의 유한한 극점이 있다. 단방향 z-변환에서는 $N \geq M$이므로 $z = 0$에 $N - M$ 개의 영점이 추가된다. 여기에 $z = 0$과 $z = \infty$의 영점과 극점을 포함하면 영점과 극점의 수는 항상 동일하다. z-평면에서 극점과 영점을 표시하여 보면 신호와 시스템의 특성을 쉽게 파악할 수 있는데, 이렇게 복소평면에서 극점과 영점의 패턴을 보여주는 그림을 **극점-영점 플롯**pole-zero plot 이라 한다. 이때 단위원과 함께 극점은 ×로 영점은 ○으로 표시된다.

예제 8.5

다음 각 경우에 대하여 영점과 극점을 구하고 z-평면 상에 단위원과 함께 표시하라.

(a) $X_1(z) = \dfrac{2+2z^{-1}}{1-0.7z^{-1}+0.49z^{-2}}$ (b) $X_2(z) = 1+\sqrt{2}z^{-1}+z^{-2}$

(c) $X_3(z) = \sum_{n=0}^{4} z^{-n}$ (d) $X_4(z) = \dfrac{z^{-1}}{1-0.9z^{-1}}$

풀이 z^{-1}의 다항식을 z의 다항식으로 바꾸고, 분모와 분자의 근을 구하자.

$$\text{(a)} \quad X_1(z) = \frac{2+2z^{-1}}{1-0.7z^{-1}+0.49z^{-2}} = \frac{2z^2+2z}{z^2-0.7z+0.49} = \frac{z(z+1)}{(z-0.7e^{j\pi/3})(z-0.7e^{-j\pi/3})}$$

영점은 0과 -1이고 극점은 $0.7e^{j\pi/3}$과 $0.7e^{-j\pi/3}$이다.

$$\text{(b)} \quad X_2(z) = 1+\sqrt{2}z^{-1}+z^{-2} = \frac{z^2+\sqrt{2}z+1}{z^2} = \frac{(z-e^{j3\pi/4})(z-e^{-j3\pi/4})}{z^2}$$

영점은 $e^{j3\pi/4}$과 $e^{-j3\pi/4}$이고 극점 0(중근)이다.

$$\text{(c)} \quad X_3(z) = \sum_{n=0}^{4} z^{-n} = \frac{1-z^{-5}}{1-z^{-1}} = \frac{z^5-1}{z^4(z-1)}$$

극점은 0(4중근)과 1이고 영점은 $z^5-1=0$의 근으로 다음과 같은 방법으로 구한다.

$$z^5-1=0 \quad \Longrightarrow \quad z^5 = 1 = e^{j2\pi k}, \quad k=0,1,\ldots,4$$

따라서 영점은 $z=e^{j2\pi k/5}, \quad k=0,1,\ldots,4$

이 영점들을 이용하여 $X(z)$를 표현하면 다음과 같다.

$$X_3(z) = \frac{\cancel{(z-1)}(z-e^{j2\pi/5})(z-e^{j4\pi/5})(z-e^{j6\pi/5})(z-e^{j8\pi/5})}{z^4\cancel{(z-1)}}$$

여기서 $z=1$의 영점과 극점이 서로 상쇄되어 영점은

$$e^{j2\pi/5},\ e^{j4\pi/5},\ e^{j6\pi/5}=e^{-j4\pi/5},\ e^{j8\pi/5}=e^{-j2\pi/5}$$

이고 극점은 0(4중근)이다.

$$\text{(d)} \quad X_4(z) = \frac{z^{-1}}{1-0.9z^{-1}} = \frac{1}{z-0.9}$$

영점은 ∞이고 극점은 0.9이다.

그림 8.5는 (a)-(d)의 영점-극점 플롯이다. 그림에서 유한한 영점과 극점은 표시되지만 $X_4(z)$의 경우 무한대의 영점은 표시되지 않는다. 무한한 영점과 극점을 포함하면 영점과 극점의 개수는 항상 동일하다.

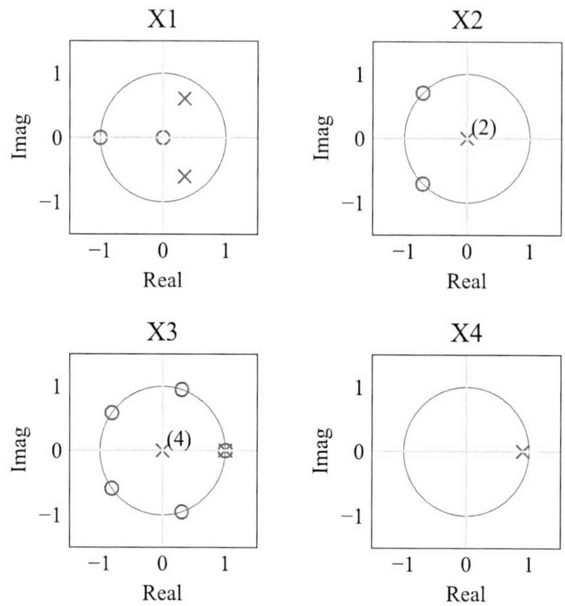

그림 8.5 극점-영점 플롯(예제 8.5).

8.2 z-변환의 특성

z-변환의 주요 특성은 표 8.2에 정리되어 있다. 이 특성은 z-변환을 사용하는데 매우 유용하다. 표 8.2의 특성 몇 가지를 살펴보자.

8.2.1 선형성

z-변환의 선형성은 직관적이다.

$$\mathcal{Z}\{\alpha x_1[n] + \beta x_2[n]\} = \alpha \mathcal{Z}\{x_1[n]\} + \beta \mathcal{Z}\{z_2[n]\} \tag{8.19}$$

8.2.2 시간 이동 특성

z-변환은 인과 신호에 대하여 적용되므로 시간 인덱스 0부터 시작한다. 시간 이동에 대한 z-변환은 신호 유형에 따라 다를 수 있다. 그림 8.6에서 $x_a[n]$은 인과 신호이므로 $x_1[n] = x_1[n]u[n]$이다. 이 신호를 3 샘플만큼 지연하면 결과는 $x_1[n-3] = x_1[n-3]u[n-3]$이다. 반면에 $x_2[n]$

표 8.2 z-변환의 주요 특성.

특성	시간 영역	z-영역
	$x[n]$, $x_1[n]$, $x_2[n]$	$X(z)$, $X_1(z)$, $X_2(z)$
선형성	$\alpha x_1[n] + \beta x_2[n]$	$\alpha X_1(z) + \beta X_2(z)$
시간 이동	$x[n-n_0]u[n]$	$z^{-n_0}X(z) + z^{-n_0}\sum_{m=1}^{n_0} x[-m]z^m$
z-영역 척도변경	$z_0^n x[n]$	$X(\frac{z}{z_0})$
z-영역 미분	$nx[n]$	$-z\frac{dX(z)}{dz}$
일차 차분	$x[n]-x[n-1]$	$(1-z^{-1})X(z)$
누산	$\sum_{k=0}^{n} x[k]$	$\frac{1}{1-z^{-1}}X(z)$
켤레	$x^*[n]$	$X^*(z^*)$
시간 콘볼루션	$x_1[n] * x_2[n]$	$X_1(z)X_2(z)$

는 비인과 신호이므로 $x_2[n] \neq x_2[n]u[n]$ 이다. 비인과 신호 $x_2[n]$을 3 샘플만큼 지연하여 z-변환하면 $x_2[n-3]u[n]$에 대한 z-변환과 동일하다. 각각의 경우에 대하여 z-변환을 고려하자.

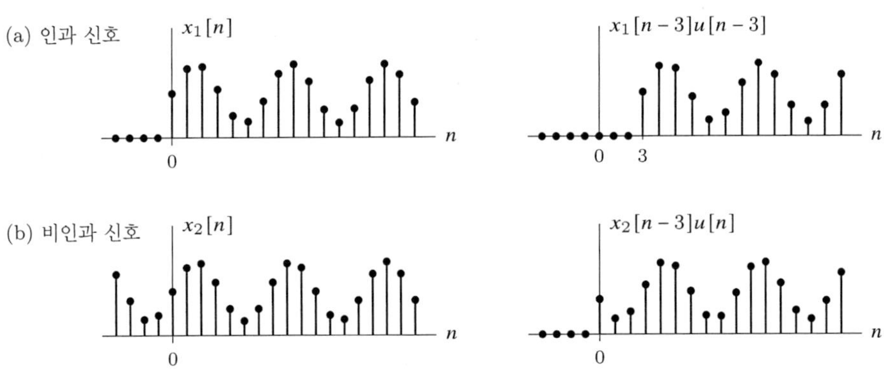

그림 8.6 신호의 시간 지연과 z-변환: (a) 인과 신호와 (b) 비인과 신호.

- 인과 신호의 경우($n_0 > 0$): 그림 8.6(a)에서 보는 바와 같이

$$\begin{aligned}\mathcal{Z}\{x[n-n_0]u[n-n_0]\} &= \sum_{n=0}^{\infty} x[n-n_0]u[n-n_0]z^{-n} \\ &= \sum_{m=-n_0}^{\infty} x[m]u[m]z^{-(m+n_0)}, \quad m = n-n_0\end{aligned}$$

$$= z^{-n_0} \sum_{m=0}^{\infty} x[m] z^{-m} = z^{-n_0} X(z) \tag{8.20}$$

- 비인과 신호의 경우($n_0 > 0$): 그림 8.6(b)에서 보는 바와 같이

$$\mathcal{Z}\{x[n-n_0]u[n]\} = \sum_{n=0}^{\infty} x[n-n_0]u[n]z^{-n}$$

$$= \sum_{m=-n_0}^{\infty} x[m]u[m+n_0]z^{-(m+n_0)}, \quad m = n - n_0$$

$$= z^{-n_0} \left\{ \sum_{m=-n_0}^{-1} x[m]z^{-m} + \sum_{m=0}^{\infty} x[m]z^{-m} \right\}$$

$$= z^{-n_0} \sum_{m=1}^{n_0} x[-m]z^{m} + z^{-n_0} X(z) \tag{8.21}$$

예제 8.6

신호 $x_1[n] = \{2, -1, 3\}$과 $x_2[n] = \{1, \underset{\uparrow}{2}, -1, 3\}$에 대하여 $x_1[n-1]$과 $x_2[n-1]$의 z-변환을 구하라.

풀이 $x_1[n]$은 인과 신호이므로 $x_1[n-1]$의 z-변환은

$$\mathcal{Z}\{x_1[n-1]\} = \sum_{n=0}^{\infty} x_1[n-1]u[n-1]z^{-n} = z^{-1}(2 - z^{-1} + 3z^{-2})$$

$$= 2z^{-1} - z^{-2} + 3z^{-3} \tag{8.22}$$

반면 $x_2[n]$는 비인과 신호이므로 $x_2[n-1]$의 z-변환은

$$\mathcal{Z}\{x_2[n-1]\} = z^{-1} \sum_{n=0}^{\infty} x_2[n-1]u[n-1]z^{-n} + x_2[-1]$$

$$= z^{-1}(2 - z^{-1} + 3z^{-2}) + 1 = 1 + 2z^{-1} - z^{-2} + 3z^{-2} \tag{8.23}$$

z-변환의 시간 이동 특성에서

$$\mathcal{Z}\{x[n-1]\} = z^{-1}X(z) \tag{8.24}$$

이므로 z^{-1}은 종종 단위 지연을 의미하는 연산자로서도 활용된다. 이 연산자를 사용하면 그림 7.9의 단위 지연을 D 대신 z^{-1}로 표기하기도 한다.

8.2.3 z-영역의 척도변경

z-영역에서 $z_0 = r_0 e^{j\hat{\omega}_0}$ 만큼 척도변경된 신호

$$x_{z_0}[n] = \mathcal{Z}^{-1}\left\{X\left(\frac{z}{z_0}\right)\right\} \tag{8.25}$$

을 고려하자. z-변환의 정의로부터

$$X\left(\frac{z}{z_0}\right) = \sum_{n=0}^{\infty} x[n]z^{-n}\Big|_{z\to z/z_0} = \sum_{n=0}^{\infty} x[n]\left(\frac{z}{z_0}\right)^{-n}$$
$$= \sum_{n=0}^{\infty}(x[n]z_0^n)z^{-n} = \mathcal{Z}\{z_0^n x[n]\} \tag{8.26}$$

따라서 z-영역의 척도변경은 다음과 같다.

$$z_0^n x[n] \quad \stackrel{Z}{\longleftrightarrow} \quad X\left(\frac{z}{z_0}\right) \tag{8.27}$$

그런데 $r_0 = 1$이면, $z_0 = e^{j\hat{\omega}_0}$이며 z-영역의 척도변경은 z-영역에서 회전으로 해석된다.

$$\frac{z}{z_0} = \frac{re^{j\hat{\omega}}}{e^{j\hat{\omega}_0}} = re^{j(\hat{\omega}-\hat{\omega}_0)} \tag{8.28}$$

8.2.4 콘볼루션 특성

두 인과 신호 $x_1[n]u[n]$과 $x_2[n]u[n]$의 콘볼루션은

$$y[n] = \sum_{k=0}^{\infty} x_1[k]u[k]x_2[n-k]u[n-k] \tag{8.29}$$

이다. 콘볼루션 결과 $y[n]$의 z-변환은 다음과 같이 계산된다.

$$Y(z) = \sum_{n=0}^{\infty}\left(\sum_{k=0}^{\infty} x_1[k]u[k]x_2[n-k]u[n-k]\right)z^{-n}$$
$$= \sum_{n=0}^{\infty}\left(\sum_{k=0}^{\infty} x_1[k]u[k]z^{-k}\cdot x_2[n-k]u[n-k]z^{-(n-k)}\right)$$
$$= \left(\sum_{k=0}^{\infty} x_1[k]u[k]z^{-k}\right)\cdot\left(\sum_{n=0}^{\infty} x_2[n-k]u[n-k]z^{-(n-k)}\right) \tag{8.30}$$

여기서 $m = n - k$을 대입하면 $m < 0$일때 $u[m] = 0$이므로

$$\sum_{n=0}^{\infty} x_2[n-k]u[n-k]z^{-(n-k)} = \sum_{m=0}^{\infty} x_2[m]u[m]z^{-m} \tag{8.31}$$

이다. 따라서

$$Y(z) = \left(\sum_{k=0}^{\infty} x_1[k]u[k]z^{-k}\right)\cdot\left(\sum_{m=0}^{\infty} x_2[m]u[m]z^{-m}\right)$$
$$= X_1(z)X_2(z) \tag{8.32}$$

를 얻는다.

8.3 역 z-변환

$X(z)$를 시간 영역 $x[n]$으로 변환하는 역 z-변환은 식 (8.2b)의 경로적분을 이용하여 직접 계산할 수 있지만, 경로적분은 이 교재의 범위를 벗어나므로 다루지 않는다. 경로적분없이 역 z-변환을 수행하는 방법은 (i) $x[n]$과 $X(z)$가 서로 일대일 대응하며 (ii) $X(z)$가 z^{-1}의 다항식이나 유리함수로 표현된다는 점에 착안한다. 다음 두 가지 방법 가운데 하나를 적용할 수 있다.

- $X(z)$를 z^{-1}의 다항식으로 표현하고 계수들을 정리한다.

$$\begin{aligned} x[n] &= x[0]\delta[n] + x[1]\delta[n-1] + x[2]\delta[n-2] + \cdots \\ &\overset{Z}{\longleftrightarrow} \quad X(z) = x[0] + x[1]z^{-1} + x[2]z^{-2} + \cdots \end{aligned} \tag{8.33}$$

- 유리함수로 표현된 $X(z)$를 부분분수전개(부록 D)하여 기본꼴

$$(p_k)^n u[n] \quad \overset{Z}{\longleftrightarrow} \quad \frac{1}{1 - p_k z^{-1}} \tag{8.34}$$

  의 합으로 표현한다.

8.3.1 z^{-1}의 다항식을 이용한 역 z-변환

z^{-1}의 다항식을 이용하면 간단히 역변환을 구할 수 있다. 다음 예를 보자.

예제 8.7

다항식 $X(z) = 1 + z^{-1} - 2z^{-3}$의 역변환 $x[n]$을 구하라.

풀이 z-변환의 정의로부터

$$X(z) = \sum_{k=0}^{\infty} x[k]z^{-k} = 1 + z^{-1} - 2z^{-3}$$

여기서 z^{-1} 다항식의 계수를 정리하면 $x[n] = \{1,\ 1,\ 0,\ -2\}$이다.

이 예에서는 $X(z)$가 이미 z^{-1}의 다항식으로 표현되어 있으므로 단순히 계수들을 정리하여 역변환이 가능하지만, 어떤 경우에는 $X(z)$를 z^{-1}의 다항식으로 표현하는 단계가 추가로 필요하다. 다음의 예를 보자.

예제 8.8

다음 유리함수의 역변환을 구하라.

$$X(z) = \frac{1}{1 - 0.5z^{-1}}$$

풀이 이 유리함수를 z^{-1}의 다항식으로 표현하기 위해 분자를 분모로 나눈다.

$$X(z) = \frac{1}{1-0.5z^{-1}} = 1 + 0.5z^{-1} + (0.5)^2 z^{-2} + (0.5)^3 z^{-3} + \cdots$$

여기서 z^{-k}항의 계수는 $(0.5)^k$이므로 $x[n] = (0.5)^n u[n]$이다.

8.3.2 부분분수전개를 이용한 역 z-변환

일반적인 유리함수를 고려하자.

$$X(z) = \frac{b_0 + b_1 z^{-1} + \cdots + b_{M-1} z^{-(M-1)} + b_M z^{-M}}{1 + a_1 z^{-1} + \cdots + a_{N-1} z^{-(N-1)} + a_N z^{-N}} \tag{8.35}$$

부분분수전개는 분자의 차수가 분모의 차수보다 낮을 때 적용된다. 분자의 차수가 분모의 차수보다 크거나 같으면, 분자를 분모 다항식으로 나누어 진분수의 형태로 변환한다. 이때 몫이 발생하는데, 우리는 단방향 z-변환을 가정하였으므로, 이 몫은 상수 c_0가 된다. 즉, $M \leq N$을 가정하면 부분분수 꼴은 다음과 같다.

$$X(z) = \frac{A_1}{1-p_1 z^{-1}} + \frac{A_2}{1-p_2 z^{-1}} + \cdots + \frac{A_N}{1-p_N z^{-1}} + c_0 \tag{8.36}$$

식 (8.36)에

$$A_k (p_k)^n u[n] \overset{Z}{\longleftrightarrow} \frac{A_k}{1-p_k z^{-1}}$$

$$\delta[n-k] \overset{Z}{\longleftrightarrow} z^{-k}$$

의 z-변환쌍을 적용하면

$$x[n] = \sum_{k=1}^{N} A_k (p_k)^n u[n] + c_0 \delta[n] \tag{8.37}$$

으로 변환된다.

예제 8.9

다음 함수의 역변환을 구하라.

$$X(z) = \frac{3-1.1z^{-1}}{1-0.3z^{-1}-0.4z^{-2}} \tag{8.38}$$

풀이

$$X(z) = \frac{3-1.1z^{-1}}{(1-0.8z^{-1})(1+0.5z^{-1})}, \quad \text{분모를 인수분해}$$

$$= \frac{A_1}{1-0.8z^{-1}} + \frac{A_2}{1+0.5z^{-1}}, \quad \text{부분분수전개}$$

상수 계수를 구하면

$$A_1 = X(z)\cdot(1-0.8z^{-1})\Big|_{z=0.8} = \frac{3-1.1z^{-1}}{1+0.5z^{-1}}\Bigg|_{z=0.8} = \frac{3-1.1/0.8}{1+0.5/0.8} = 1$$

$$A_2 = X(z)\cdot(1+0.5z^{-1})\Big|_{z=-0.5} = \frac{3-1.1z^{-1}}{1-0.8z^{-1}}\Bigg|_{z=-0.5} = \frac{3-1.1/(-0.5)}{1-0.8/(-0.5)} = 2$$

이다. 따라서

$$X(z) = \frac{1}{1-0.8z^{-1}} + \frac{2}{1+0.5z^{-1}} \quad \overset{Z}{\longleftrightarrow} \quad (0.8)^n u[n] + 2(-0.5)^n u[n] = x[n]$$

예제 8.10

다음 함수의 역변환을 구하라.

$$X(z) = \frac{5-1.7z^{-1}-0.8z^{-2}}{1-0.3z^{-1}-0.4z^{-2}} \tag{8.39}$$

풀이

$$X(z) = \frac{3-1.1z^{-1}}{1-0.3z^{-1}-0.4z^{-2}} + 2, \quad \text{분자를 분모로 나누어 몫과 나머지로 구분}$$

$$= \frac{3-1.1z^{-1}}{(1-0.8z^{-1})(1+0.5z^{-1})} + 2, \quad \text{분모를 인수분해}$$

$$= \frac{A_1}{1-0.8z^{-1}} + \frac{A_2}{1+0.5z^{-1}} + 2, \quad \text{부분분수전개}$$

예제 8.9에서 이미 구한 상수 계수를 적용하면

$$X(z) = \frac{1}{1-0.8z^{-1}} + \frac{2}{1+0.5z^{-1}} + 2$$

를 얻는다. 이를 역 z-변환하면

$$x[n] = (0.8)^n u[n] + 2(-0.5)^n u[n] + 2\delta[n]$$

예제 8.11

다음 함수를 역변환하라.

$$X(z) = \frac{\cos(\pi/4) - 0.9\cos(3\pi/8)z^{-1}}{1-1.8\cos(\pi/8)z^{-1}+0.81z^{-2}} \tag{8.40}$$

풀이 분모를 인수분해하면

$$1 - 1.8\cos(\pi/8)z^{-1} + 0.81z^{-2} = 1 - 0.9\left\{e^{j\pi/8} + e^{-j\pi/8}\right\}z^{-1} + 0.81z^{-2}$$
$$= (1 - 0.9e^{j\pi/8}z^{-1})(1 - 0.9e^{-j\pi/8}z^{-1})$$

이다. 극점이 켤레복소수이므로 부분분수전개는

$$X(z) = \frac{A_1}{1 - 0.9e^{j\pi/8}z^{-1}} + \frac{A_1^*}{1 - 0.9e^{-j\pi/8}z^{-1}} \tag{8.41}$$

과 같이 표현된다. 계수 A_1은

$$A_1 = \left.\frac{\cos(\pi/4) - 0.9\cos(3\pi/8)z^{-1}}{1 - 0.9e^{-j\pi/8}z^{-1}}\right|_{z=0.9e^{j\pi/8}} = \frac{\cos(\pi/4) - \cos(3\pi/8)e^{-j\pi/8}}{1 - e^{-j\pi/4}}$$

이며, 오일러 관계식을 이용하여 정리하면

$$A_1 = \frac{1}{2}e^{-j\pi/4}$$

을 얻는다. z-변환쌍

$$\tfrac{1}{2}e^{-j\pi/4}(0.9)^n e^{j\pi n/8}u[n] \quad \overset{Z}{\longleftrightarrow} \quad \frac{\frac{1}{2}e^{-j\pi/4}}{1 - 0.9e^{j\pi/8}z^{-1}}$$

을 이용하여 식 (8.41)은 다음과 같이 정리된다.

$$x[n] = \frac{1}{2}e^{-j\pi/4}(0.9)^n e^{j\pi n/8}u[n] + \frac{1}{2}e^{j\pi/4}(0.9)^n e^{j\pi n/8}u[n]$$
$$= \frac{1}{2}(0.9)^n e^{j(\pi n/8 - \pi/4)}u[n] + \frac{1}{2}(0.9)^n e^{-j(\pi n/8 - \pi/4)}u[n]$$
$$= (0.9)^n \cos\left(\frac{\pi n}{8} - \frac{\pi}{4}\right)u[n] = (0.9)^n \cos\left(\frac{\pi}{8}(n-2)\right)u[n]$$

연습 8.3 다음을 역변환하라.

$$X(z) = \frac{4z+3}{2z+1} \qquad \text{답}: x[n] = 3\delta[n] - \left(-\frac{1}{2}\right)^n u[n]$$

8.4 z-변환과 이산시간 LTI 시스템

8.4.1 시스템 함수

이산시간 LTI 시스템이 z-영역에서 어떻게 반응하는지 알아보기 위해 그림 8.7과 같이 시스템에 z^n을 입력하고 출력을 조사하자. 여기서 입력 신호 z^n은 $-\infty < n < \infty$에서 정의되므로 8.5절에서 기술되는 양방향 z-변환이 적용되어야 하지만, 인과 시스템에서 양방향 z-변환은

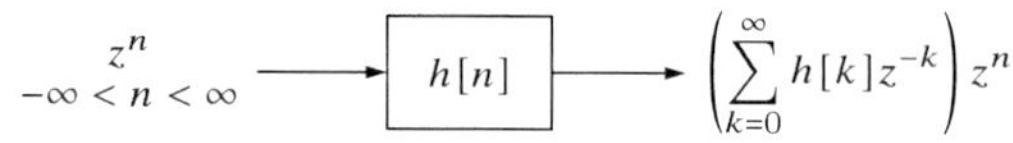

그림 8.7 z^n 입력에 대한 이산 LTI 시스템의 출력.

단방향 z-변환과 동일하다. 이산시간 LTI 시스템의 출력은 입력과 임펄스 응답의 콘볼루션 합에 의해 결정되므로 $x[n] = z^n$ 신호에 대한 출력은 다음과 같다.

$$\begin{aligned} y[n] &= \sum_{k=0}^{\infty} h[k]x[n-k] = \sum_{k=0}^{\infty} h[k]z^{n-k} \\ &= \left(\sum_{k=0}^{\infty} h[k]z^{-k}\right)z^n = H(z)z^n, \quad -\infty < n < \infty \end{aligned} \tag{8.42}$$

여기서

$$H(z) = \sum_{k=0}^{\infty} h[k]z^{-k} \tag{8.43}$$

는 임펄스 응답 $h[n]$의 z-변환이며 **시스템 함수**system function 라고 한다. 이산시간 LTI 시스템은 z^n 입력에 대하여 동일한 z^n 신호 꼴을 출력한다. 이처럼 입력과 출력이 동일한 꼴을 갖는 신호를 **고유함수**eigenfuction 라 한다. 시스템 함수 $H(z)$는 고유함수 z^n에 대응하는 **고유값**eigenvalue 이다. 예를 들어 입력 신호

$$z_0^n = (r_0 e^{j\hat{\omega}_0})^n = r_0^n e^{j\hat{\omega}_0 n}$$

에 대한 시스템 함수는 $H(z_0)$이다. 참고로, 식 (8.42)를 수렴 가능한 모든 z-영역의 z_0에 확장하고

$$X(z_0) = \sum_{k=0}^{\infty} x[k]z_0^{-n}$$

의 비례성과 중첩성을 적용하면 콘볼루션 특성식

$$Y(z) = H(z)X(z) \tag{8.44}$$

을 얻는다.

예제 8.12

임펄스 응답이 $h[n] = (0.8)^n u[n]$인 시스템에 신호 $x[n] = \cos(0.5\pi n)$이 입력될 때 출력 $y[n]$을 구하라.

풀이 임펄스 응답의 z-변환쌍은

$$h[n] = (0.8)^n u[n] \quad \overset{Z}{\longleftrightarrow} \quad \frac{1}{1-0.8z^{-1}} = H(z)$$

이다. 한편 입력 신호 $x[n]$은

$$x[n] = \cos(0.5\pi n) = \underbrace{\frac{1}{2}e^{j0.5\pi n}}_{x_1[n]} + \underbrace{\frac{1}{2}e^{-j0.5\pi n}}_{x_2[n]}$$

이므로 식 (8.42)와 선형성에 따라 다음과 같이 정리된다.

$$\begin{aligned} y[n] = y_1[n] + y_2[n] &= \frac{1}{2}H(e^{j0.5\pi})e^{j0.5\pi n} + \frac{1}{2}H(e^{-j0.5\pi})e^{-j0.5\pi n} \\ &= \frac{1}{2}\left(\frac{1}{1-0.8z^{-1}}\right)\Bigg|_{z=e^{j0.5\pi}} e^{j0.5\pi n} + \frac{1}{2}\left(\frac{1}{1-0.8z^{-1}}\right)\Bigg|_{z=e^{-j0.5\pi}} e^{-j0.5\pi n} \\ &= 0.781\cos(0.5\pi n - 0.675), \quad -\infty < n < \infty \end{aligned} \tag{8.45}$$

예제 8.13

임펄스 응답이 $h[n] = (0.8)^n u[n]$인 시스템에 신호 $x[n] = (-0.5)^n u[n]$이 입력될 때 출력 $y[n]$을 구하라.

풀이 입력 신호 $x[n]$의 z-변환은

$$X(z) = \frac{1}{1+0.5z^{-1}}$$

이므로

$$Y(z) = H(z)X(z) = \frac{1}{1-0.8z^{-1}} \cdot \frac{1}{1+0.5z^{-1}}$$

부분분수전개를 활용하면

$$Y(z) = \frac{A}{1-0.8z^{-1}} + \frac{B}{1+0.5z^{-1}}$$

$$A = \frac{1}{1+0.5z^{-1}}\Bigg|_{z=0.8} = \frac{1}{1+0.5/0.8} = \frac{8}{13}$$

$$B = \frac{1}{1-0.8z^{-1}}\Bigg|_{z=-0.5} = \frac{1}{1+0.8/0.5} = \frac{5}{13}$$

이다. 따라서

$$Y(z) = \frac{8/13}{1-0.8z^{-1}} + \frac{5/13}{1+0.5z^{-1}}$$

이를 역 z-변환하면

$$y[n] = \underbrace{\frac{8}{13}(0.8)^n u[n]}_{\text{시스템에 의한 응답}} + \underbrace{\frac{5}{13}(-0.5)^n u[n]}_{\text{입력에 의한 응답}} \tag{8.46}$$

이 결과에서 $(0.8)^n$을 포함하는 첫째 항은 시스템에 의한 응답이며, $(-0.5)^n$을 포함하는 둘째 항은 입력에 의한 응답이다. 예제 8.12에서는 나타나지 않았던 시스템에 의한 응답이 나타난 이유는 입력 $x[n]$이 $n = 0$ 시점에 갑자기 인가되었기 때문이다. 시스템에 의한 응답은 시스템이 안정하다면 시간이 흐르면서 소멸된다.

8.4.2 z-변환과 시스템의 전달함수

차분방정식의 일반식을 고려하자.

$$y[n] = \sum_{k=1}^{N} a_k y[n-k] + \sum_{k=0}^{M} b_k x[n-k] \tag{8.47}$$

시스템이 초기정지 상태에 있다고 가정하고 차분방정식을 z-변환하면

$$Y(z) = \sum_{k=1}^{N} a_k z^{-k} Y(z) + \sum_{k=0}^{M} b_k z^{-k} X(z) \tag{8.48}$$

이다. 이로부터 시스템 함수 $H(z)$는

$$H(z) = \frac{Y(z)}{X(z)} = \frac{\sum_{k=0}^{M} b_k z^{-k}}{1 - \sum_{k=1}^{N} a_k z^{-k}} \tag{8.49}$$

으로 표현된다. 여기서 시스템 함수 $H(z)$는 분모와 분자의 다항식

$$A(z) = 1 - \sum_{k=1}^{N} a_k z^{-k} \tag{8.50a}$$

$$B(z) = \sum_{k=0}^{M} b_k z^{-k} \tag{8.50b}$$

의 비로 표현되는 유리함수이다. 시스템 함수 $H(z)$는 입력과 출력의 비로 표현되므로 **전달함수**transfer function라 부르기도 한다.

예제 8.14

다음 차분방정식의 전달함수 $H(z)$를 구하라.

$$y[n] = 1.4y[n-1] - 0.48y[n-2] + x[n] + 0.5x[n-1] \tag{8.51}$$

풀이 초기정지 상태를 가정하여 차분방정식을 z-변환하면

$$Y(z) = 1.4z^{-1}Y(z) - 0.48z^{-2}Y(z) + X(z) + 0.5z^{-1}X(z)$$

이다. 이로부터 전달함수 함수는 다음으로 정리된다.

$$H(z) = \frac{Y(z)}{X(z)} = \frac{1 + 0.5z^{-1}}{1 - 1.4z^{-1} + 0.48z^{-2}} \tag{8.52}$$

예제 8.15

$(M+1)$ 점 이동평균기

$$y[n] = \frac{1}{M+1}\sum_{n=0}^{M} x[n-k] \tag{8.53}$$

의 시스템 함수를 구하고 시스템 함수의 극점과 영점을 구하라.

풀이 차분방정식의 양변을 z-변환하면 시스템 함수

$$H(z) = \frac{1}{M+1}\sum_{n=0}^{M} z^{-n} = \frac{1}{M+1} \cdot \frac{1 - z^{-(M+1)}}{1 - z^{-1}} \tag{8.54}$$

를 얻는다. 극점과 영점을 구하기 위해 z의 다항식으로 표현하면

$$H(z) = \frac{1}{M+1} \cdot \frac{1 - z^{-(M+1)}}{1 - z^{-1}} = \frac{1}{M+1} \cdot \frac{z^{M+1} - 1}{z^M(z-1)} \tag{8.55}$$

이다. 식 (8.55)의 분모로부터 극점을 구하면

$$z^M(z-1) = 0 \implies z = 0(M\text{-중근}),\ 1 \tag{8.56}$$

영점은 식 (8.55)의 분자 다항식

$$z^{M+1} - 1 = 0 \tag{8.57}$$

의 근이므로

$$z^{M+1} = 1 = e^{j2\pi k}, \quad k = 0, 1, \ldots, M \tag{8.58}$$

이다. 따라서 영점은

$$z = e^{j2\pi k/(M+1)}, \quad k = 0, 1, \ldots, M \tag{8.59}$$

으로 주어진다. 즉, 영점은 단위원을 $M+1$로 균등하게 나눈 지점에 위치한다. 극점과 영점을 이용하여 시스템 함수 $H(z)$를 표현하면

$$H(z) = \frac{1}{M+1}\frac{\cancel{(z-1)}(z-e^{j2\pi/(M+1)})\cdots(z-e^{j2\pi M/(M+1)})}{z^M\cancel{(z-1)}} \tag{8.60}$$

이다. 여기서 $z=1$의 극점과 영점이 서로 상쇄되는데, 이를 **극점-영점 상쇄**pole-zero cancellation 라 한다. 그림 8.8은 $M=7$인 경우 이동평균기의 극점-영점 플롯이다.

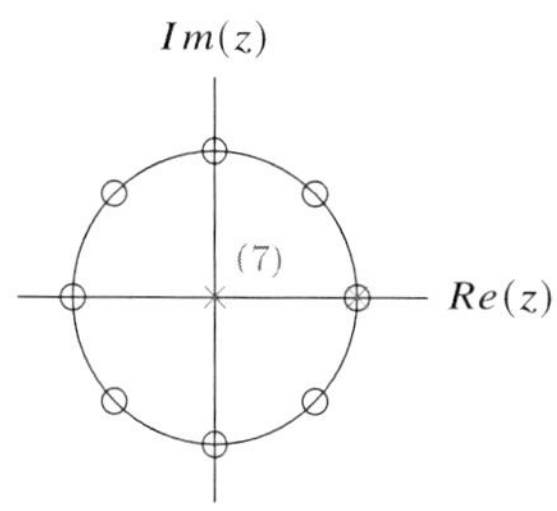

그림 8.8 8점 이동 평균기의 극점-영점 플롯(예제 8.15, $M=7$).

연습 8.4 다음 차분방정식의 전달함수 $H(z)$를 구하라.

$$y[n] = y[n-1] - \frac{3}{16}y[n-2] + x[n] + \frac{1}{2}x[n-1] \qquad \text{답}: H(z) = \frac{1+\frac{1}{2}z^{-1}}{1-z^{-1}+\frac{3}{16}z^{-2}}$$

연습 8.5 어떤 LTI 시스템이 입력 $x[n]=\{2,\ 1,\ -1\}$에 대하여 $y[n]=\{2,\ 5,\ 3,\ -1,\ -1\}$을 출력한다. z-변환을 이용하여 이 시스템의 임펄스 응답 $h[n]$을 구하라.
답: $h[n]=\{1,\ 2,\ 1\}$

8.4.3 z-변환과 시스템의 안정성

시스템 함수를 부분분수전개하여 다음의 일반꼴로 표현할 수 있다.

$$\begin{aligned} H(z) &= \frac{b_0+b_1z^{-1}+\cdots+b_{M-1}z^{-(M-1)}+b_Mz^{-M}}{(1-p_1z^{-1})\cdot(1-p_2z^{-1})\cdots(1-p_Nz^{-1})} \\ &= \frac{A_1}{1-p_1z^{-1}}+\frac{A_2}{1-p_2z^{-1}}+\cdots\frac{A_N}{1-p_Nz^{-1}}, \quad N>M \end{aligned} \tag{8.61}$$

임펄스 응답은 z-변환쌍

$$A_k(p_k)^n u[n] \overset{Z}{\longleftrightarrow} \frac{A_k}{1-p_kz^{-1}}, \quad |p_k|<1 \tag{8.62}$$

를 활용하여 계산된다. 식 (8.62)에서 알 수 있듯 임펄스 응답의 안정성은 영점과는 무관하며 전적으로 극점 p_k에 달려있다. 즉, BIBO 안정한 이산시간 LTI 시스템은 모든 극점이 단위원

안에 있다.

$$|p_k| < 1 \tag{8.63}$$

극점은 다음 유형으로 구분되며, 각 유형에 따라 임펄스 응답의 모양이 결정된다.

- 실수인가? 켤레 복소수인가?
- 단위원 안에 있는가? 단위원 위에 있는가? 혹은 단위원 밖에 있는가?
- 극점 실수부의 부호가 양인가 음인가?

극점의 유형과 위치에 따른 임펄스 응답은 그림 8.9에 예시되어 있다.

(a) **실수 극점**인 경우: 시스템 함수와 임펄스 응답은

$$p^n u[n] \quad \overset{z}{\longleftrightarrow} \quad \frac{1}{1 - pz^{-1}} \tag{8.64}$$

의 관계를 갖는다. 만약 $|p| < 1$이면, 극점이 단위원 안에 있으며 임펄스 응답은 그림 8.9의 $h_1[n]$과 $h_2[n]$과 같이 시간이 지남에 따라 소멸한다. 이 경우 임펄스 응답의 절대합 가능하므로 시스템은 BIBO 안정하다. 극점 p의 부호가 음수이면 샘플마다 부호를 바뀌는 진동이 나타난다. 극점이 $p = \pm 1$이면 $h_3[n]$과 $h_4[n]$처럼 크기가 일정하다. 만약 $p > 1$이거나 $p < -1$이면 극점은 단위원 밖에 있으며 $h_5[n]$과 $h_6[n]$처럼 임펄스 응답은 발산한다. 극점이 단위원 위에 있거나 밖에 있으면, 즉 $|p| \geq 1$이면, 임펄스 응답의 절대합 가능하지 않으므로 시스템은 BIBO 안정하지 않다.

(b) **복소수 극점**인 경우: 시스템 함수는

$$H(z) = \frac{1/2}{1 - pz^{-1}} + \frac{1/2}{1 - p^* z^{-1}} = \frac{1 - \frac{1}{2}(p + p^*)z^{-1}}{1 - (p + p^*)z^{-1} + |p|^2 z^{-2}} \tag{8.65}$$

의 꼴을 갖는다. 여기에 $p = r_0 e^{j\hat{\omega}_0}$을 대입하면

$$H(z) = \frac{1 - (r_0 \cos\hat{\omega}_0)z^{-1}}{1 - (2r_0 \cos\hat{\omega}_0)z^{-1} + r_0^2 z^{-2}} \tag{8.66}$$

으로 정리된다. 켤레 복소근일 때 영점은 극점의 실수부 위치 $\mathrm{Re}\{p\} = r_0 \cos\hat{\omega}_0$에 생성된다. 임펄스 응답은 식 (8.65)를 역 z-변환하여

$$\begin{aligned} h[n] &= \frac{1}{2}(r_0 e^{j\hat{\omega}_0})^n u[n] + \frac{1}{2}(r_0 e^{-j\hat{\omega}_0})^n u[n] \\ &= \frac{1}{2} r_0^n [e^{j\hat{\omega}_0 n} + e^{-j\hat{\omega}_0 n}] u[n] \\ &= r_0^n \cos(\hat{\omega}_0 n) u[n] \end{aligned} \tag{8.67}$$

이다. 복소근이 단위원 안에 있으면($r_0 < 1$) 임펄스 응답은 진폭이 감소하며 진동하므로 시스템은 BIBO 안정하다. 그림 8.9에서 임펄스 응답 $h_7[n]$과 $h_8[n]$이 여기에 해당한다.

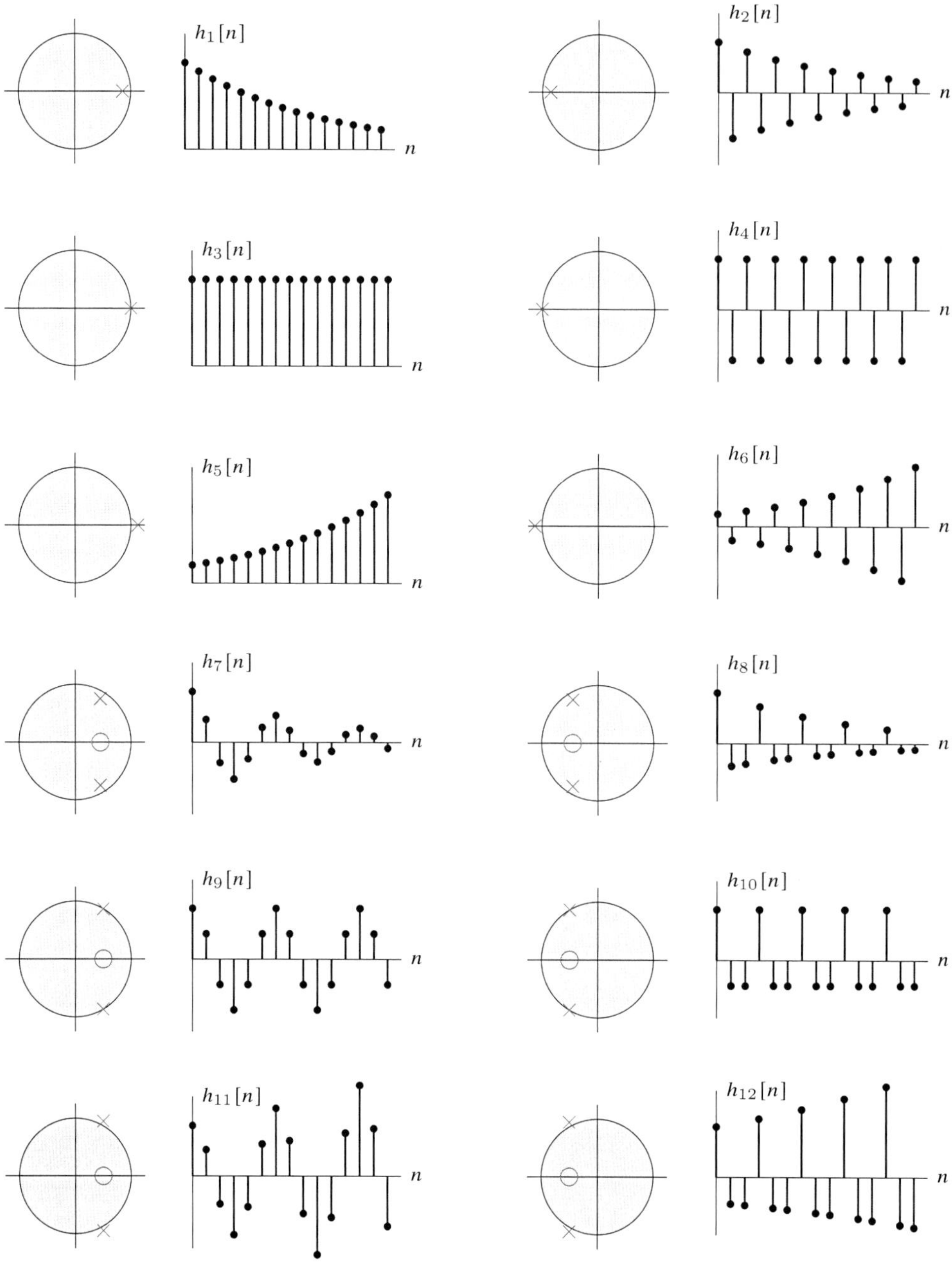

그림 8.9 극점의 위치와 임펄스 응답.

반면 복소극점이 단위원 위에 있으면($r_0 = 1$) $h_9[n]$과 $h_{10}[n]$처럼 진동하며, 복소근이 단위원 밖에 있으면($r_0 > 1$) $h_{11}[n]$과 $h_{12}[n]$처럼 진동하며 발산한다.

예제 8.16

시스템 함수의 극점과 영점이 다음과 같다.

- 극점 : $p_1 = 0.95e^{j\pi/3} = p_2^*$
- 영점 : $z_1 = z_2 = 0$

이 시스템의 차분방정식과 임펄스 응답을 구하라

풀이 주어진 극점과 영점을 이용하여 시스템 함수는 다음과 같이 표현된다.

$$\begin{aligned} H(z) = \frac{Y(z)}{X(z)} &= \frac{z^2}{(z-0.95e^{j\pi/3})(z-0.95e^{-j\pi/3})} \\ &= \frac{1}{(1-0.95e^{j\pi/3}z^{-1})(1-0.95e^{-j\pi/3}z^{-1})} \\ &= \frac{1}{1-1.9\cos(\pi/3)z^{-1}+(0.95)^2z^{-2}} \end{aligned} \tag{8.68}$$

이를 역 z-변환하여 다음의 차분방정식을 얻는다.

$$y[n] = 0.95y[n-1] - 0.9025y[n-2] + x[n] \tag{8.69}$$

임펄스 응답은 식 (8.68)의 시스템 함수를 부분분수전개하여 얻어진다.

$$H(z) = \frac{A_1}{1-0.95e^{j\pi/3}z^{-1}} + \frac{A_2}{1-0.95e^{-j\pi/3}z^{-1}}$$

$$A_1 = \left.\frac{1}{1-0.95e^{-j\pi/3}z^{-1}}\right|_{z=0.95e^{j\pi/3}} = \frac{1}{1-e^{-j2\pi/3}} = \frac{1}{\sqrt{3}}e^{-j\pi/6}$$

극점이 켤레 복소수이면 $A_2 = A_1^*$ 이다. 따라서

$$H(z) = \frac{1}{\sqrt{3}}e^{-j\pi/6}\frac{1}{1-0.95e^{j\pi/3}z^{-1}} + \frac{1}{\sqrt{3}}e^{j\pi/6}\frac{1}{1-0.95e^{-j\pi/3}z^{-1}}$$

이를 역 z-변환하여 정리하면 임펄스 응답을 얻는다(그림 8.10).

$$\begin{aligned} h[n] &= \frac{1}{\sqrt{3}}e^{-j\pi/6}(0.95e^{j\pi/3})^n u[n] + \frac{1}{\sqrt{3}}e^{j\pi/6}(0.95e^{-j\pi/3})^n u[n] \\ &= \frac{2}{\sqrt{3}}(0.95)^n \cos\left(\frac{\pi n}{3} - \frac{\pi}{6}\right) u[n] \end{aligned} \tag{8.70}$$

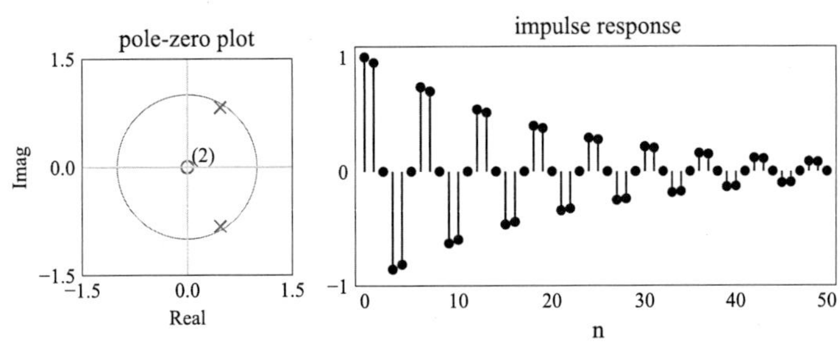

그림 8.10 극점-영점으로부터 계산된 임펄스 응답(예제 8.16).

IPYWIDGET 데모 8.1

위젯 파일: `dt_polezero_demo.ipynb`, `dt_combfilter_demo.ipynb`

극점-영점에 따른 주파수 응답과 임펄스 응답에 관한 데모는 두 개의 위젯으로 구성된다. 첫 번째 위젯은 두 개의 극점과 하나의 영점을 가지는 시스템에 관한 데모이고, 두 번째 위젯은 콤브 필터comb filter와 역 콤브 필터inverse comb filter에 관한 데모이다. 다음 사항을 중심으로 실험해보라.

- 극점의 위치에 따른 주파수 응답의 선택도와 임펄스 응답의 안정성은 어떻게 달라지는가?
- 영점이 시스템에 미치는 영향은 무엇인가?
- 영점과 극점이 동일한 주파수를 갖도록 제한하고 영점과 극점의 상대적인 위치를 변경하면서 주파수 응답과 임펄스 응답의 변화를 관찰해 보라.
- 콤브 필터나 역 콤브 필터에서 극점이나 영점이 단위원에 접근함에 따라 주파수 응답과 임펄스 응답이 어떻게 변하는지 관찰해 보라.

8.4.4 z-변환을 이용한 차분방정식의 해 계산

z-변환은 차분방정식의 해를 구하는 데 유용한 도구이다. 7.8절에서는 시간 영역에서 차분방정식의 해를 구하였지만, z-변환을 이용하면 동일한 해를 기계적으로 구할 수 있다. z-변환을 이용한 방식에서 입력 신호와 차분방정식은 초기상태와 함께 z-영역으로 변환되고, z-영역에서 출력이 계산되며, 계산된 결과는 다시 시간 영역으로 변환된다. 먼저 z-영역에서 초기조건이 어떻게 다루어지는지 알아보자.

차분방정식의 일반식을 고려하자.

$$[(8.47)] \qquad y[n] = \sum_{k=1}^{N} a_k y[n-k] + \sum_{k=0}^{M} b_k x[n-k]$$

시스템의 초기상태는, 입력과 출력의 z-변환은 8.2.2절에서 설명한 바와 같이, 신호의 인과성을 고려하여 표현되어야 한다.

- 입력 $x[n]$은 인과 신호로 간주되므로

$$x[n] = x[n]u[n] \tag{8.71}$$

이며 z-변환은 식 (8.20)에 의해 다음과 같이 변환된다.

$$x[n-k] \quad \overset{Z}{\longleftrightarrow} \quad z^{-k}X(z) \tag{8.72}$$

- 출력 $y[n]$은 초기 상태를 고려해야 하므로 일반적으로 비인과 신호로 간주된다. 따라서

식 (8.21)에 따라 다음과 같이 변환된다.

$$y[n-k] \quad \overset{Z}{\longleftrightarrow} \quad z^{-k}\sum_{m=1}^{k} y[-m]z^{m} + z^{-k}Y(z) \tag{8.73}$$

식 (8.72)와 (8.73)을 적용하여 차분방정식 (8.47)의 양변을 z-변환하면

$$Y(z) = \sum_{k=1}^{N} a_k \left\{ z^{-k}\sum_{m=1}^{k} y[-m]z^{m} + z^{-k}Y(z) \right\} + \sum_{k=0}^{M} b_k z^{-k}X(z) \tag{8.74}$$

이고, 이를 정리하면 다음 식을 얻는다.

$$Y(z) \ = \ \underbrace{\frac{\sum_{k=1}^{N} a_k z^{-k}\sum_{m=1}^{k} y[-m]z^{m}}{1-\sum_{k=1}^{N} a_k z^{-k}}}_{\text{영입력 응답 } Y_{zir}} + \underbrace{\left(\frac{\sum_{k=0}^{M} b_k z^{-k}}{1-\sum_{k=1}^{N} a_k z^{-k}}\right) X(z)}_{\text{영상태 응답 } Y_{zsr}} \tag{8.75}$$

시스템의 출력 $y[n]$은 식 (8.75)의 $Y(z)$ 각 항을 역변환하여 구해진다. 여기서 첫째 항은 시스템의 초기 상태에 의한 응답(영입력 응답 Y_{zir})이며, 둘째 항은 입력에 의한 응답(영상태 응답 Y_{zsr})이다. 이제 시간 영역에서 차분방정식의 해를 계산한 예제 7.18을 z-변환의 관점으로 풀어보자.

예제 8.17

다음 차분방정식의 해를 구하라.

$$y[n] = 1.3y[n-1] - 0.4y[n-2] + x[n] + 0.5x[n-1] \tag{8.76}$$

입력은 $x[n] = \sin(0.25\pi n)u[n]$이고 초기 조건은 $y[-1] = 2$와 $y[-2] = 3$을 가정한다. 앞서 예제 7.18에서는 시간 영역에서 해를 구하였지만, 여기서는 z-변환을 이용하여 해를 구하라.

풀이 입력 $x[n]$은 인과 신호이므로 식 (8.20)에 의해

$$x[n] \quad \overset{Z}{\longleftrightarrow} \quad X(z) \tag{8.77a}$$

$$x[n-1] \quad \overset{Z}{\longleftrightarrow} \quad z^{-1}X(z) \tag{8.77b}$$

신호 $y[n]$은 초기값을 갖는 비인과 신호로 간주되므로, 식 (8.21)의 시간 이동 특성을 이용하면 다음과 같이 z-변환된다.

$$y[n] \quad \overset{Z}{\longleftrightarrow} \quad Y(z) \tag{8.78a}$$

$$y[n-1] \quad \overset{Z}{\longleftrightarrow} \quad z^{-1}Y(z) + y[-1] = z^{-1}Y(z) + 2 \tag{8.78b}$$

$$y[n-2] \overset{Z}{\longleftrightarrow} z^{-2}Y(z) + z^{-1}y[-1] + y[-2] = z^{-2}Y(z) + 2z^{-1} + 3 \tag{8.78c}$$

식 (8.77)과 (8.78)을 이용하면 식 (8.76)은

$$\begin{aligned} Y(z) &= 1.3(z^{-1}Y(z) + 2) - 0.4(z^{-2}Y(z) + 2z^{-1} + 3) \\ &\quad + X(z) + 0.5z^{-1}X(z) \end{aligned} \tag{8.79}$$

으로 z-변환된다. 입력 신호 $x[n]$의 z-변환은 표 8.1로부터

$$x[n] = \sin(0.25\pi n)u[n] \overset{Z}{\longleftrightarrow} \frac{\sin(0.25\pi n)z^{-1}}{1 - 2\cos(0.25\pi)z^{-1} + z^{-2}} = X(z) \tag{8.80}$$

이다. 이를 식 (8.79)에 대입하고 영입력 응답(ZIR)과 영상태 응답(ZSR)로 구분하여 정리하면 다음을 얻는다.

$$\begin{aligned} Y(z) &= \underbrace{\frac{1.4 - 0.8z^{-1}}{(1-0.5z^{-1})(1-0.8z^{-1})}}_{ZIR} \\ &\quad + \underbrace{\frac{1 + 0.5z^{-1}}{(1-0.5z^{-1})(1-0.8z^{-1})} \cdot \frac{\sin(0.25\pi)z^{-1}}{1 - 2\cos(0.25\pi)z^{-1} + z^{-2}}}_{ZSR} \end{aligned} \tag{8.81}$$

부분분수전개하면

$$\begin{aligned} Y(z) &= \underbrace{\frac{1/3}{1-0.5z^{-1}} + \frac{1.07}{1-0.8z^{-1}}}_{ZIR} \\ &\quad + \underbrace{\frac{-2.171}{1-0.5z^{-1}} + \frac{4.819}{1-0.8z^{-1}} + \frac{1.331e^{j3.040}}{1-e^{j0.25\pi}z^{-1}} + \frac{1.331e^{-j3.040}}{1-e^{-j0.25\pi}z^{-1}}}_{ZSR} \end{aligned} \tag{8.82}$$

이고, 역변환하면 차분방정식의 해는 다음과 같이 표현된다.

$$\begin{aligned} y[n] &= \underbrace{\frac{1}{3}(0.5)^n + 1.07(0.8)^n}_{ZIR} \\ &\quad \underbrace{-2.171(0.5)^n + 4.819(0.8)^n + 2.662\cos(0.25\pi n + 3.040)}_{ZSR} \end{aligned} \tag{8.83}$$

연습 8.6 다음 차분방정식의 영입력 응답 $y_{zir}[n]$을 구하라.

$$y[n] = \frac{1}{2}y[n-1] + 2x[n], \quad y[-1] = -1$$

답: $y_{zir}[n] = -\left(\frac{1}{2}\right)^{n+1} u[n]$

8.5 양방향 z-변환

8.5.1 양방향 z-변환과 수렴영역

양방향 z-변환은 $-\infty < n < \infty$의 범위에서 정의된다.

$$X(z) = \sum_{n=-\infty}^{\infty} x[n]z^{-n} \tag{8.84}$$

양방향 z-변환은 (i) $n \geq 0$인 인과 부분 (ii) $n < 0$인 반인과 부분 (iii) 인과 부분과 반인과 부분을 동시에 가지고 있는 양방향 신호를 모두 수용할 수 있다. 예로 그림 8.11은 양방향 신호

$$x[n] = (0.95)^n u[n] + (1.2)^n u[-n-1] \tag{8.85}$$

이다. 여기서 $u[n]$은 인과 부분을 표현하며 $u[-n-1]$은 반인과 부분을 표현한다. 인과 부분과 반인과 부분은 각각 오른편 신호right-sided signal와 왼편 신호left-sided signal로 부르기도 한다.

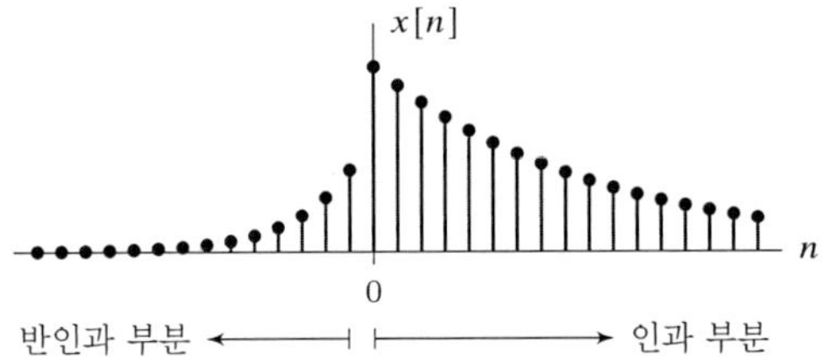

그림 8.11 양방향 신호의 예.

양방향 z-변환이 존재하려면 z-변환이 유한해야 하며, z-변환이 유한한 수렴영역이 지정된다. 다음 예를 보자.

예제 8.18

반인과 신호 $x[n] = -b^n u[-n-1]$을 고려하자. 안정 신호의 조건과 신호에 대한 z-변환을 구하라. 이 신호는 왼쪽으로 진행하는 단방향 신호이다.

풀이 $x[n]$이 안정한 신호가 되기 위한 조건은

$$|x[n]| = |b^n| < B_x < \infty, \quad n < 0 \quad \Longrightarrow \quad |b| > 1 \tag{8.86}$$

이다. z-변환의 정의를 이용하면

$$X(z) = \sum_{n=-\infty}^{\infty} x[n]z^{-n} = -\sum_{n=-\infty}^{\infty} b^n u[-n-1]z^{-n} = -\sum_{n=-\infty}^{-1} b^n z^{-n}, \quad m = -n$$

$$= 1 - \sum_{m=0}^{\infty} b^{-m} z^m = 1 - \sum_{m=0}^{\infty} (b^{-1}z)^m = 1 - \frac{1}{1-b^{-1}z}, \quad |b^{-1}z| < 1$$

$$= \frac{1}{1 - bz^{-1}}, \quad |z| < |b| \tag{8.87}$$

그러므로 이 신호의 z-변환와 수렴영역은 다음과 같다.

$$-b^n u[-n-1] \overset{Z}{\longleftrightarrow} \frac{1}{1 - bz^{-1}}, \quad |z| < |b|, \ |b| > 1 \tag{8.88}$$

그림 8.12에서 b는 실수값을 가정하였으며 ×로 표시하였다. 여기서 수렴영역은 반경이 $|b|$인 원의 내부(회색으로 표시된 부분)에 해당한다.

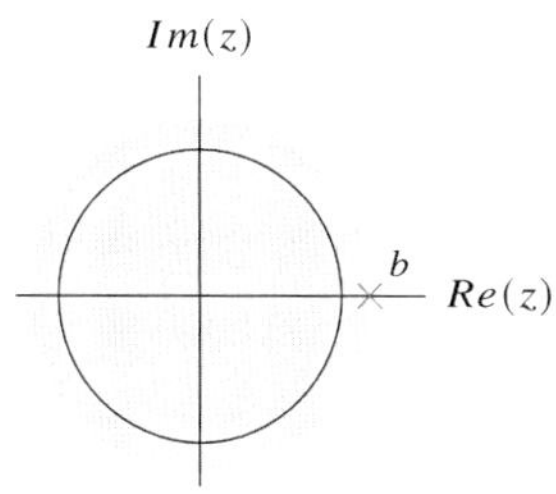

그림 8.12 반인과 신호 $x[n] = -b^n u[-n-1]$의 수렴영역(예제 8.18).

예제 8.19

양방향 신호 $x[n] = a^n u[n] - b^n u[-n-1]$의 z-변환을 구하라.

풀이 양방향 신호 $x[n]$은 두 성분으로 구성되어 있으며, 이 성분의 z-변환은 예제 8.2와 8.18에서 다루었다. 이 성분의 z-변환과 ROC를 정리하면 다음과 같다.

$$a^n u[n] \overset{Z}{\longleftrightarrow} \frac{1}{1 - az-1}, \quad \text{ROC}_1 : |a| < |z|, \quad |a| < 1 \tag{8.89a}$$

$$-b^n u[-n-1] \overset{Z}{\longleftrightarrow} \frac{1}{1 - bz^{-1}}, \quad \text{ROC}_2 : |b| > |z|, \quad |b| > 1 \tag{8.89b}$$

따라서 신호 $x[n]$의 z-변환은

$$X(x) = \frac{1}{1 - az^{-1}} + \frac{1}{1 - bz^{-1}} \tag{8.90}$$

이며, 수렴영역은 두 수렴영역의 공통부분 $\text{ROC} = \text{ROC}_1 \cap \text{ROC}_2$이다.

$$|a| < |z| < |b|, \quad |a| < 1, \ |b| > 1 \tag{8.91}$$

여기서 a, b를 실수값으로 가정하면 수렴영역은 그림 8.13과 같다.

예제 8.20

유한길이 신호 $x[n] = \{-1, 2, \underset{\uparrow}{1}, 3, 2\}$의 z-변환을 구하고 수렴영역을 밝혀라.

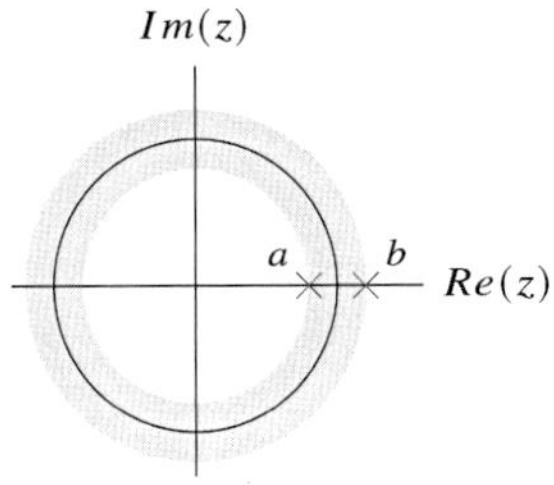

그림 8.13 양방향 신호 $x[n] = a^n u[n] - b^n u[-n-1]$ 의 수렴영역(예제 8.19).

풀이 단방향 신호에서

$$\delta[n-k] \overset{Z}{\longleftrightarrow} z^{-k}$$

는 $k \geq 0$만 적용되지만, 양방향 z-변환에서는 모든 k에서 적용된다. 따라서 신호 $x[n]$의 z-변환은

$$X(z) = -z^2 + 2z + 1 + 3z^{-1} + 2z^{-2}$$

이다. 명백하게 $X(z)$는 $z = 0$과 $z = \infty$에서 발산하므로, 수렴영역은 $0 < |z| < \infty$이다.

안정적 단방향 신호처럼 안정적 양방향 신호의 수렴영역은 단위원을 포함한다. 9장에서 배우게 되지만, 단위원은 신호의 푸리에변환이 정의되는 영역이다.

8.5.2 양방향 z-변환의 역변환

예제 8.19에서 본 바와 같이 인과 신호와 비인과 신호의 z-변환은 동일한 꼴을 갖는다. 예를 들어, 다음 두 경우가 모두 가능하다.

$$\frac{1}{1-2z^{-1}} \overset{Z}{\longleftrightarrow} -(2)^n u[-n-1], \quad |z| < 2 \tag{8.92a}$$

$$\frac{1}{1-2z^{-1}} \overset{Z}{\longleftrightarrow} (2)^n u[n], \quad |z| > 2 \tag{8.92b}$$

양방향 z-변환은 시간 영역의 신호와 일대일 대응하지 않는다. 그러나 시간 영역 신호 $x[n]$이 안정하다는 제약조건을 추가한다면 역변환은 식 (8.92a)로 고유하게 결정된다. 신호의 안정성은 곧바로 z-변환의 수렴영역과 연결되어 있다. 식 (8.92a)의 z-변환쌍에서 수렴영역은 단위원을 포함하는 $|z| < 2$이다. 그러므로 수렴영역이 단위원을 포함하여 안정된 시간 영역 신호를 구하려면 단위원 안의 극점은 인과 신호로 역변환하고, 단위원 밖의 극점은 반인과 신호로 역변환하면 된다.

예제 8.21

다음을 안정된 신호 $x[n]$으로 역변환하라.

$$X(z) = \frac{5 + 0.9z^{-1}}{1 + 0.7z^{-1} - 0.6z^{-2}} \tag{8.93}$$

풀이 $X(z)$를 부분분수전개하면

$$X(z) = \frac{2}{1 - 0.5z^{-1}} + \frac{3}{1 + 1.2z^{-1}}$$

이다. 극점이 단위원 안에 있는 경우는 인과 신호로 극점이 단위원 밖에 있는 경우는 반인과 신호로 역변환하면

$$\frac{1}{1 - 0.5z^{-1}} \overset{Z}{\longleftrightarrow} (0.5)^n u[n], \quad |z| > 0.5 \tag{8.94a}$$

$$\frac{1}{1 + 1.2z^{-1}} \overset{Z}{\longleftrightarrow} -(-1.2)^n u[-n-1], \quad |z| < 2 \tag{8.94b}$$

이므로

$$x[n] = 2(0.5)^n u[n] - 3(-1.2)^n u[-n-1] \tag{8.95}$$

이다. 이때 $X(z)$의 수렴영역은 식 (8.94)의 두 수렴영역의 공통부분인 $0.5 < |z| < 2$이다.

8.6 디콘볼루션

신호는 매체를 통과하면서 변형된다. 소리가 물체에 부딪혀 반사되면서 만들어지는 반향이나 통신 채널에서 발생하는 신호의 변형은 때론 원치않은 왜곡이다. 수집된 신호에서 콘볼루션 과정을 되돌려 왜곡을 제거하고 원 신호를 복원하는 과정을 **디콘볼루션**deconvolution이라 한다. 디콘볼루션은 콘볼루션 과정의 역이다. 그림 8.14와 같이 완벽한 디콘볼루션은 원 신호를 정확하게 복원시킨다.

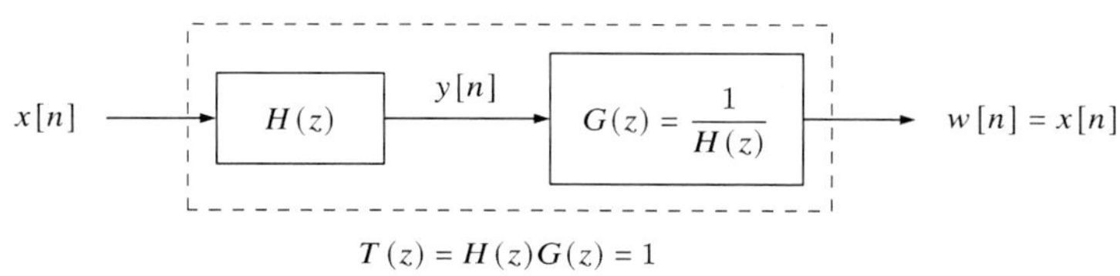

그림 8.14 변형된 신호에서 원 신호를 복원하기 위한 디콘볼루션.

그림 8.14에서 완벽한 디콘볼루션은 전체 시스템 $T(z)$이

$$T(z) = H(z)G(z) = 1 \tag{8.96}$$

을 만족한다. 즉, 완벽한 복원 시스템 $G(z)$는 변형 시스템 $H(z)$의 역이다.

$$G(z) = \frac{1}{H(z)} \tag{8.97}$$

여기서 변형 시스템을

$$H(z) = \frac{B(z)}{A(z)} \tag{8.98}$$

로 표현하면 역 시스템은

$$G(z) = \frac{1}{H(z)} = \frac{A(z)}{B(z)} \tag{8.99}$$

으로 표현된다. 시스템 $H(z)$가 인과적이고 안정적이라면 $H(z)$의 모든 극점은 단위원 안에 존재한다. 그러나 $H(z)$의 영점에 대한 제한은 전혀 없다. 영점의 위치에 따라 $H(z)$는 다음 두 가지로 구분된다.

- $H(z)$의 영점이 단위원 안에 있는 경우: $H(z)$는 **최소위상 시스템**minimum phase 시스템으로 분류된다. 최소위상 시스템은 항상 안정된 인과 역 시스템을 가진다.
- $H(z)$의 영점이 단위원 안에 있는 경우: $H(z)$는 **비최소위상**nonminimum phase 시스템으로 분류된다. 비최소위상 시스템의 경우 안정한 인과 역 시스템은 존재하지 않는다. 대신 안정한 비인과 역 시스템이 가능하다. 즉, 역 시스템은 양방향 시스템이다.

예제 8.22

다음 시스템을 고려하자.

$$y[n] = x[n] + 0.8x[n-10] \tag{8.100}$$

이 시스템의 출력 $y[n]$은 원 신호 $x[n]$과 반향된 성분 $0.8x[n-10]$을 포함한다. 반향을 제거하는 시스템을 설계하고 $x[n] = (0.5)^n u[n]$에 대하여 결과를 확인하라.

풀이 반향 시스템의 시스템 함수는

$$H(z) = \frac{Y(z)}{X(z)} = 1 + 0.8z^{-10} \tag{8.101}$$

이다. $H(z)$은 극점과 영점이 모두 단위원 안에 있는 최소위상 시스템이다. 따라서 반향을 완전히 제거하기 위한 안정한 시스템 $G(z)$는 다음과 같이 구해진다.

$$G(z) = \frac{1}{H(z)} = \frac{1}{1+0.8z^{-10}} = \frac{W(z)}{Y(z)} \tag{8.102}$$

식 (8.102)를 역변환하면

$$w[n] = -0.8w[n-10] + y[n] \tag{8.103}$$

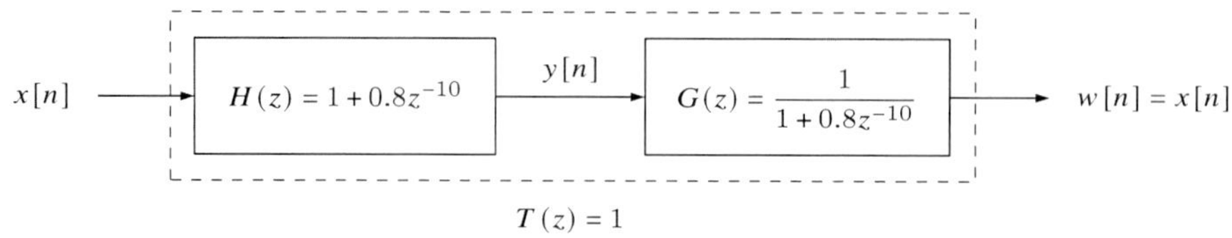

그림 8.15 반향 왜곡 제거(예제 8.22).

이며 $x[n] = w[n]$이다.

예제 8.23

차분방정식

$$y[n] = x[n] - \frac{7}{6}x[n-1] - \frac{1}{2}x[n-2] \tag{8.104}$$

로 표현되는 시스템의 출력으로부터 원 신호를 복원하기 위한 역 시스템을 구하라.

풀이 이 시스템의 시스템 함수를 구하면

$$H(z) = 1 - \frac{7}{6}z^{-1} - \frac{1}{2}z^{2} = \left(1 - \frac{3}{2}z^{-1}\right)\left(1 + \frac{1}{3}z^{-1}\right) \tag{8.105}$$

이다. 두 개의 영점 중 3/2이 단위원 밖에 있으므로 비최소위상 시스템이다. 따라서 이 시스템으로부터 원 신호를 복원하기 위한 안정한 인과 시스템은 존재하지 않는다. 역 시스템은

$$G(z) = \frac{1}{H(z)} = \frac{1}{(1 - \frac{3}{2}z^{-1})(1 + \frac{1}{3}z^{-1})} \tag{8.106}$$

이며, 부분분수전개하면

$$G(z) = \frac{\frac{9}{11}}{1 - \frac{3}{2}z^{-1}} + \frac{\frac{2}{11}}{1 + \frac{1}{3}z^{-1}} \tag{8.107}$$

이다. 각각은 다음과 같이 안정한 신호로 역변환된다.

$$-\frac{9}{11}\left(\frac{3}{2}\right)^{n} u[-n-1] \quad \overset{Z}{\longleftrightarrow} \quad \frac{\frac{9}{11}}{1 - \frac{3}{2}z^{-1}}, \quad |z| < \frac{3}{2}$$

$$\frac{2}{11}\left(-\frac{1}{3}\right)^{n} u[n] \quad \overset{Z}{\longleftrightarrow} \quad \frac{\frac{2}{11}}{1 + \frac{1}{3}z^{-1}}, \quad |z| > \frac{1}{3}$$

따라서 역 시스템의 임펄스 응답은

$$g[n] = -\frac{9}{11}\left(\frac{3}{2}\right)^{n} u[-n-1] + \frac{2}{11}\left(-\frac{1}{3}\right)^{n} u[n] \tag{8.108}$$

이다. 그림 8.16(a)는 역 시스템의 임펄스 응답 $g[n]$이다. 반인과 부분은 물리적으로 구현할 수 없다. 다행히도 반인과 부분이 시간에 따라 감소하므로, 반인과 부분의 길이를 제한하고 적절히 지연하여 인과 시스템으로 만들 수 있다. 만약 15 샘플의 지연을 고려하면

$$g_{delayed}[n] = \begin{cases} g[n-15], & n \geq 0 \\ 0, & \text{그외} \end{cases} \tag{8.109}$$

을 얻는다. 그림 8.16(b)는 제한되고 지연된 임펄스 응답 $g_{delayed}[n]$이다. 시간 지연이 크지 않다면 현실에서도 크게 문제를 일으키지는 않으므로 수용 가능하다.

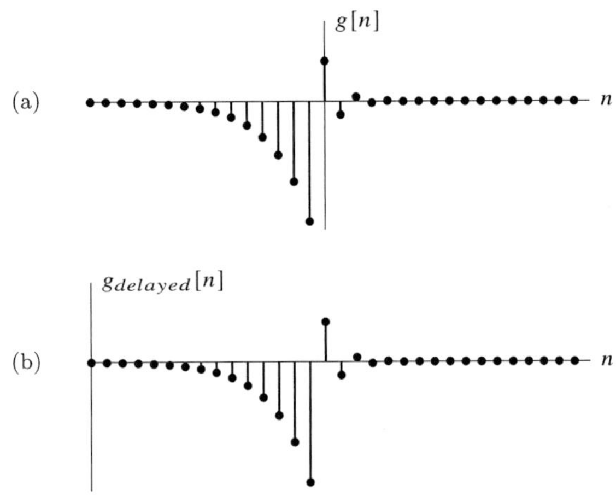

그림 8.16 비최소위상 시스템의 (a) 양방향 비인과 역 시스템 (b) 지연하여 근사화된 인과 역 시스템 (예제 8.23).

파이썬 예제

파이썬 예제 8.1: scipy.signal.tf2zpk를 이용한 극점과 영점 계산

극점과 영점 계산은 다항식의 차수가 2차 이하이거나 특수한 경우에만 손으로 계산 가능하다. 파이썬에서 다항식의 근은 numpy.roots 함수를 이용하여 계산된다. 예를 들어 $z^2-2z-3=0$의 근은 다음과 같이 계산된다.

```
np.roots([1, -2, -3])
```

```
array([ 3., -1.])
```

전달함수의 극점과 영점을 계산하려면 전달함수의 분모와 분자 다항식의 근을 각각 계산하면 된다. 그런데 파이썬에서는 극점과 영점을 간편하게 계산할 수 있다. 파이썬 함수

scipy.signal.tf2zpk는 시스템 계수 $\{a_k, b_k\}$로 정의된 전달함수의 영점과 극점을 함께 계산해낸다.

```
b = np.array([b0, b1, ..., bM])
a = np.array([a0, a1, ..., aN])
z, p, k = signal.tf2zpk(b, a)
```

파이썬 함수 tf2zpk는 유리함수를 z의 다항식으로 간주한다(파이썬 예제 5.2 참고). 다음 두 예를 보자.

- 예를 들어 예제 8.5(a)는

$$X_1(z) = \frac{2+2z^{-1}}{1-0.7z^{-1}+0.49z^{-2}} = \frac{2z^2+2z}{z^2-0.7z+0.49}$$

  이므로 함수 tf2zpk는 다음과 같이 적용된다.

```
b = np.array([2, 2, 0])
a = np.array([1, -0.7, 0.49])
z, p, k = signal.tf2zpk(b, a)
print(z, p, k)
```

```
[-1.  0.] [ 0.35+0.60621778j  0.35-0.60621778j] 2.0
```

- 예제 8.5(d)는

$$X_4(z) = \frac{z^{-1}}{1-0.9z^{-1}} = \frac{1}{z-0.9}$$

  과 같이 z의 다항식으로 표현되므로, 극점과 영점은 다음과 같이 계산된다.

```
b = np.array([1])
a = np.array([1, -0.9])
z, p, k = signal.tf2zpk(b, a)
print(z, p, k)
```

```
[] [ 0.9] 1.0
```

  여기서 영점은 ∞에 존재하며 유한한 영점이 없으므로 z는 비어있는 배열 []로 표시되었다.

파이썬 예제 8.2: 파이썬을 이용한 극점-영점 플롯

극점-영점 플롯은 계산된 극점과 영점을 z-평면에서 눈으로 확인이 가능하게 한다. 극점과 영점은 직접 z-평면에 표시할 수 있지만, 매번 유사한 작업을 반복하는 대신 함수로 작성되면 편리하게 사용할 수 있다. 이 파이썬 예제에서는 극점과 영점을 z-평면에 표시하는 함수 zplane을 소개한다. 이 함수는 주어진 시스템 계수 $\{a_k, b_k\}$로부터 전달함수의 영점과 극점을 계산하고, 영점이나 극점이 중복근인지 아닌지를 점검한다. 근의 중복성은 파이썬 함수 signal.unique_roots를 통해 확인한다. 계산 결과 (영점, 극점, 이득)이 반환되고, 극점과 영점이 z-평면에 단위원과 함께 표시된다. 작성된 zplane 함수는 파이썬 예제 파일에 포함되어 있다. 정의된 zplane 함수를 이용하여 전달함수

$$X(z) = \frac{2 + 2z^{-1}}{1 - 0.7z^{-1} + 0.49z^{-2}}$$

의 극점과 영점을 계산하고 z-평면에 표시하는 코드는 다음과 같다.

```
b = np.array([2, 2, 0])
a = np.array([1, -0.7, 0.49])
fig, ax = plt.subplots(figsize=(2.5,2.5))
z, p, k = zplane(b, a, ax)
print(z, p, k)
```

```
[-1.  0.] [0.35+0.60621778j 0.35-0.60621778j] 2.0
```

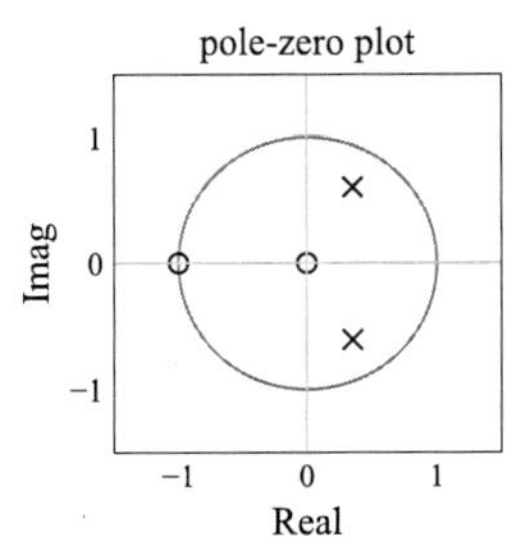

그림 8.17 zplane을 이용한 극점-영점 플롯(파이썬 예제 8.2).

파이썬 예제 8.3: 부분분수전개와 역 z-변환

z-변환에서 자주 활용되는 부분분수전개는 파이썬 함수 signal.residuez를 통해 수행된다. z-영역에서 시스템 함수가 다음과 같이 표현된다고 가정하자.

$$\begin{aligned} H(z) &= \frac{B(z)}{A(z)} = \frac{b_0 + b_1 z^{-1} + \cdots + b_M z^{-M}}{a_0 + a_1 z^{-1} + \cdots + a_N z^{-N}} \\ &= z^{(N-M)} \cdot \frac{b_0 \prod_{k=0}^{M} (z - z_k)}{a_0 \prod_{k=0}^{N} (z - p_k)} \\ &= \frac{r_0}{1 - p_0 z^{-1}} + \cdots + \frac{r_{N-1}}{1 - p_{N-1} z^{-1}} + k_0 + k_1 z^{-1} + \cdots \end{aligned}$$

여기서 시스템 계수 $\{a_k, b_k\}$를 파이썬 예제 8.2에서 설명한 바와 같이 z^{-1} 다항식의 내림차순으로 정의되며, 함수 signal.residuez는 부분분수전개의 결과 (r, p, k) 튜플을 반환한다.

```
r, p, k = signal.residuez(b, a)
```

예제 8.10의 전달함수

$$[(8.39)] \qquad X(z) = \frac{3 + 0.9z^{-1} - 0.6z^{-2} - 0.8z^{-3}}{1 - 0.3z^{-1} - 0.4z^{-2}}$$

에 residue를 적용하여 부분분수전개하면 다음과 같다.

```
b = np.array([3, 0.9, -0.6, -0.8])
a = np.array([1, -0.3, -0.4])
r, p, k = signal.residuez(b, a)
print(r, p, k)
```

```
[2. 1.] [-0.5  0.8] [-0.  2.]
```

이 결과는

$$\begin{aligned} X(z) &= \frac{r[0]}{1 - p[0]z^{-1}} + \frac{r[1]}{1 - p[1]z^{-1}} + k[0] + k[1]z^{-1} \\ &= \frac{2}{1 + 0.5z^{-1}} + \frac{1}{1 - 0.8z^{-1}} + 2z^{-1} \end{aligned}$$

를 의미한다. $X(z)$를 역변환하면 다음과 같이 $x[n]$을 얻을 수 있다.

```
n = np.arange(31)
x = np.real(r[0]*(p[0]**n) + r[1]*(p[1]**n)) + k[0]*(n==0) +
↪  k[1]*(n==1)
```

그림 8.18은 극점-영점 플롯과 역변환된 신호 $x[n]$이다.

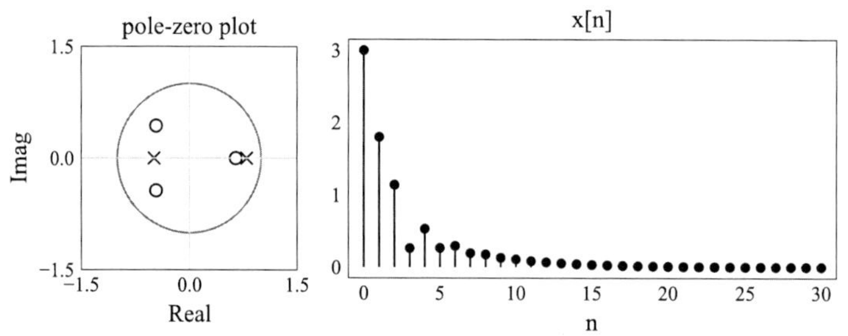

그림 8.18 signal.residuez를 이용한 역 z-변환(파이썬 예제 8.3).

파이썬 예제 8.4: 초기값이 0이 아닌 차분방정식의 해 계산

z-변환은 차분방정식의 해를 계산하는데 편리하며, 0이 아닌 초기값도 수용한다. 이 파이썬 예제에서는 0이 아닌 초기값을 갖는 차분방정식의 해를 구하는 과정을 알아본다.

예제 8.17에서 다루었던 차분방정식을 고려하자.

$$[(8.76)] \qquad y[n] = 1.3y[n-1] - 0.4y[n-2] + x[n] + 0.5x[n-1]$$

입력은 $x[n] = \sin(0.25\pi n)u[n]$이고 초기 조건은 $y[-1] = 2$와 $y[-2] = 3$를 가정한다. 이 차분방정식의 해는 파이썬 예제 7.12에서 `signal.lfilter` 함수로 구한 바 있다. 여기서는 z-변환을 이용하여

- 영입력 응답 $y_{zir}[n]$
- 영상태 응답 $y_{zsr}[n]$
- 전체 출력 $y[n] = y_{zir}[n] + y_{zsr}[n]$

을 각각 계산한다.

초기 조건을 적용하여 차분방정식을 z-영역에서 표현하면 식 (8.81)으로 표현된다.

$$[(8.81)] \qquad Y(z) = \underbrace{\frac{1.4 - 0.8z^{-1}}{(1-0.5z^{-1})(1-0.8z^{-1})}}_{ZIR} + \underbrace{\frac{1+0.5z^{-1}}{(1-0.5z^{-1})(1-0.8z^{-1})} \cdot \frac{\sin(0.25\pi)z^{-1}}{1-2\cos(0.25\pi)z^{-1}+z^{-2}}}_{ZSR}$$

시스템 계수와 입력은 다음과 같다.

```
b = np.array([1, 0.5])
a = np.array([1, -1.3, 0.4])
L = 51; n = np.arange(L)
x = np.sin(0.25*np.pi*n)
```

(a) 영입력 응답 $y_{zir}[n]$ 계산: 식 (8.81)의 ZIR 항의 계수로부터 부분분수표현을 구하고 역변환하여 $y_{zir}[n]$을 구한다.

```
b1 = np.array([1.4, -0.8])# ZIR의 분자 계수
r, p, k = signal.residuez(b1, a)
print(r, p, k)
yzir = np.zeros(len(n))
for i in range(len(r)):
    yzir += np.real(r[i]*(p[i]**n))
fig, ax = plt.subplots(figsize=(6,2.5))
ax.stem(n, yzir, basefmt=' ')
```

```
(r, p, k) =  [0.33333333 1.06666667] [0.5 0.8] [0.]
```

이렇게 계산된 (r,p,k) 결과를 수식으로 표현하면 다음과 같다.

$$y_{zir}[n] = 0.333(0.5)^n + 1.067(0.8)^n, \quad n \geq 0 \tag{8.110}$$

그림 8.19은 영입력 응답이다.

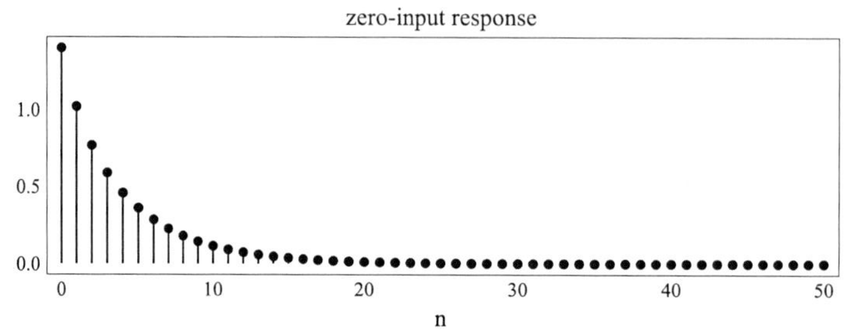

그림 8.19 영입력 응답 $y_{zir}[n]$(파이썬 예제 8.4).

(b) 영상태 응답 $y_{zsr}[n]$: 식 (8.81)의 ZSR 항의 분자/분자 계수는 손으로 계산할 필요없이 numpy.convolve를 이용하여 계산할 수 있다. 이렇게 계산한 계수 (a2,b2)를 이용하여 ZSR 항을 부분분수전개하면 $y_{zsr}[n]$을 얻게 된다. 코드는 다음과 같다.

```
# ZSR의 분자/분모 계수 계산
b2 = np.convolve([1, 0.5], [0, np.sin(0.25*np.pi)])
a2 = np.convolve(a, [1, -2*np.cos(0.25*np.pi), 1])
r, p, k = signal.residuez(b2, a2)
print(r, p, k)
yzsr = np.zeros(len(n))
for i in range(len(r)):
    yzsr += np.real(r[i]*(p[i]**n))
fig, ax = plt.subplots(figsize=(6,2.5))
ax.stem(n, yzsr, basefmt=' ')
```

```
(r, p, k) =  [-2.17079761+0.j          4.81943182+0.j
↪  -1.3243171 +0.13447238j
 -1.3243171 -0.13447238j] [0.5        +0.j          0.8
 ↪  +0.j          0.70710678+0.70710678j
 0.70710678-0.70710678j] [0.]
```

이렇게 계산된 (r,p,k) 결과를 수식으로 표현하면 다음과 같다.

$$\begin{aligned} y_{zsr}[n] &= -2.17079761(0.5)^n + 4.81943182(0.8)^n \\ &\quad + (-1.3243171 + 0.13447238j)(0.70710678 + 0.70710678j)^n \end{aligned}$$

$$- (1.3243171 + 0.13447238j)(0.70710678 - 0.70710678j)^n, \quad n \geq 0$$

$$= -2.171(0.5)^n + 4.819(0.8)^n$$

$$2.662\cos(0.25\pi n - 3.04), \quad n \geq 0 \tag{8.111}$$

그림 8.20은 영상태 응답이다.

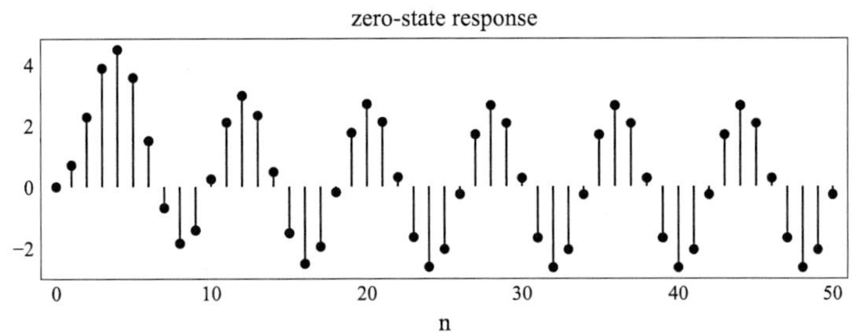

그림 8.20 파이썬으로 계산한 영상태 응답 $y_{zsr}[n]$(파이썬 예제 8.4).

(c) 차분방정식 (8.76)의 해는 $y[n] = y_{zir}[n] + y_{zsr}[n]$이며, 그림 8.21과 같다.

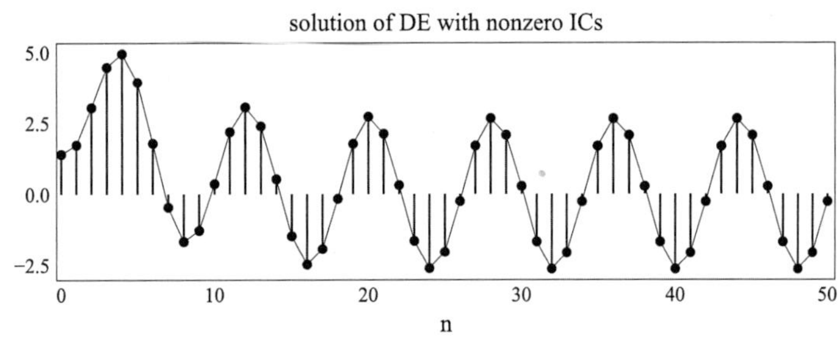

그림 8.21 차분방정식의 전체 응답 $y[n] = y_{zir}[n] + y_{zsr}[n]$(파이썬 예제 8.4).

연습문제

P8.1 다음 각 신호에 대하여 단방향 z-변환을 구하고, 극점과 영점을 구하여 z-평면에 스케치하고, 수렴영역을 명시하라.

(a) $x[n] = \{1,\ 0,\ 0,\ \frac{1}{8}\}$

(b) $x[n] = \left(\frac{5}{7}\right)^n u[n] + (-0.3)^n u[n]$

(c) $x[n] = (0.8)^n \cos(0.3\pi n)u[n]$

(d) $x[n] = u[n] - u[n-10]$

P8.2 표 8.1의 z-변환쌍을 증명하라.

$$(n+1)a^n u[n] \quad \overset{Z}{\longleftrightarrow} \quad \frac{1}{(1-az^{-1})^2}$$

P8.3 다음 z-변환쌍을 증명하라.

$$\sum_{k=0}^{n} x[k] \quad \overset{Z}{\longleftrightarrow} \quad \frac{1}{1-z^{-1}}X(z)$$

P8.4 다음 각 신호를 역변환하여 $x[n]$을 구하라.

(a) $X(z) = \dfrac{z(z-1.2)}{(z-0.6)(z+0.8)}$　　(b) $X(z) = \dfrac{1-2z^{-1}}{(1+0.9z^{-1})(1+0.5z^{-1})}$

(c) $X(z) = \dfrac{2z^2}{6z^2-5z+1}$　　(d) $X(z) = \dfrac{z^2-1}{(z^2-z+0.5)(z-0.5)}$

P8.5 다음 차분방정식으로 표현되는 시스템의 시스템 함수 $H(z)$를 구하고, 부분분수전개를 이용하여 임펄스 응답을 구하라.

(a) $y[n] = 0.8y[n-1] + x[n] + 0.5x[n-1]$

(b) $y[n] = 0.9\sqrt{3}y[n-1] - 0.81y[n-2] + 2x[n]$

P8.6 다음 두 신호

$$x[n] = a^n u[n], \quad h[n] = b^n u[n], \quad a \neq b$$

의 콘볼루션 $y[n] = x[n] * h[n]$을 (a) 시간 영역과 (b) z-영역에서 각각 구하라.

P8.7 어느 인과 LTI 시스템의 입력-출력 관계식이 다음과 같이 표현된다.

$$y[n] = \sum_{k=0}^{\infty} \left(\frac{3}{5}\right)^k x[n-2k]$$

(a) 이 시스템의 임펄스 응답을 구하라.

(b) 이 시스템을

$$y[n] = \sum_{k=1}^{N} a_k y[n-k] + \sum_{k=0}^{M} b_k x[n-k]$$

의 꼴로 표현하라.

P8.8 다음 시스템 함수에 대하여 질문에 답하라.

$$H(z) = \frac{(1-2z^{-1})(1-3z^{-1})}{(1-z^{-1})(1+0.5z^{-1})}$$

(a) 극점과 영점을 구하고 시스템이 BIBO 안정한가 판정하라.

(b) 시스템의 차분방정식을 구하라.

(c) 임펄스 응답을 구하라.

(d) 입력 $x[n] = \{1, -0.5, -0.5\}$에 대한 출력을 구하라.

P8.9 다음 차분방정식

$$y[n] = 0.5y[n-1] + 2x[n]$$

으로 표현되는 시스템에 대하여

(a) 시스템 함수 $H(z)$를 구하라.

(b) 극점과 영점을 구하고 z-평면에 스케치하라.

(c) 입력 $x[n] = u[n] - u[n-4]$에 대한 출력 $y[n]$을 구하라. 초기정지 조건을 가정한다.

P8.10 다음 차분방정식

$$y[n] = 0.6y[n-1] + x[n]$$

으로 표현되는 시스템에 대하여

(a) 계단 응답을 구하라. 초기정지 조건을 가정한다.

(b) 초기정지 조건을 가정하고 입력 $x[n] = \cos(\pi n/6)u[n]$에 대한 출력 $y[n]$을 구하라.

(c) (b)의 결과를 과도 응답과 정상상태 응답으로 구분하라.

P8.11 다음 차분방정식

$$y[n] = 0.8y[n-1] - 0.25y[n-2] + x[n]$$

으로 표현되는 시스템에 대하여

(a) $x[n] = \sin(\pi n/6)u[n]$에 대한 출력 $y[n]$을 구하라. 초기 조건은 $y[-1] = 1$과 $y[-2] = -1$를 가정한다.

(b) (a)의 결과를 영입력 응답(ZIR)과 영상태 응답(ZSR)으로 구분하라.

P8.12 계단 응답이 $y_{step}[n] = 2u[n] + (-0.8)^n u[n]$인 시스템에 대하여 다음에 답하라.

(a) 시스템 함수 $H(z)$를 구하라.

(b) 극점과 영점을 구하라.

(c) 차분방정식을 구하라.

(d) 임펄스 응답을 구하라.

P8.13 그림 **P8.13**의 극점-영점 플롯과 임펄스 응답의 짝을 찾아라.

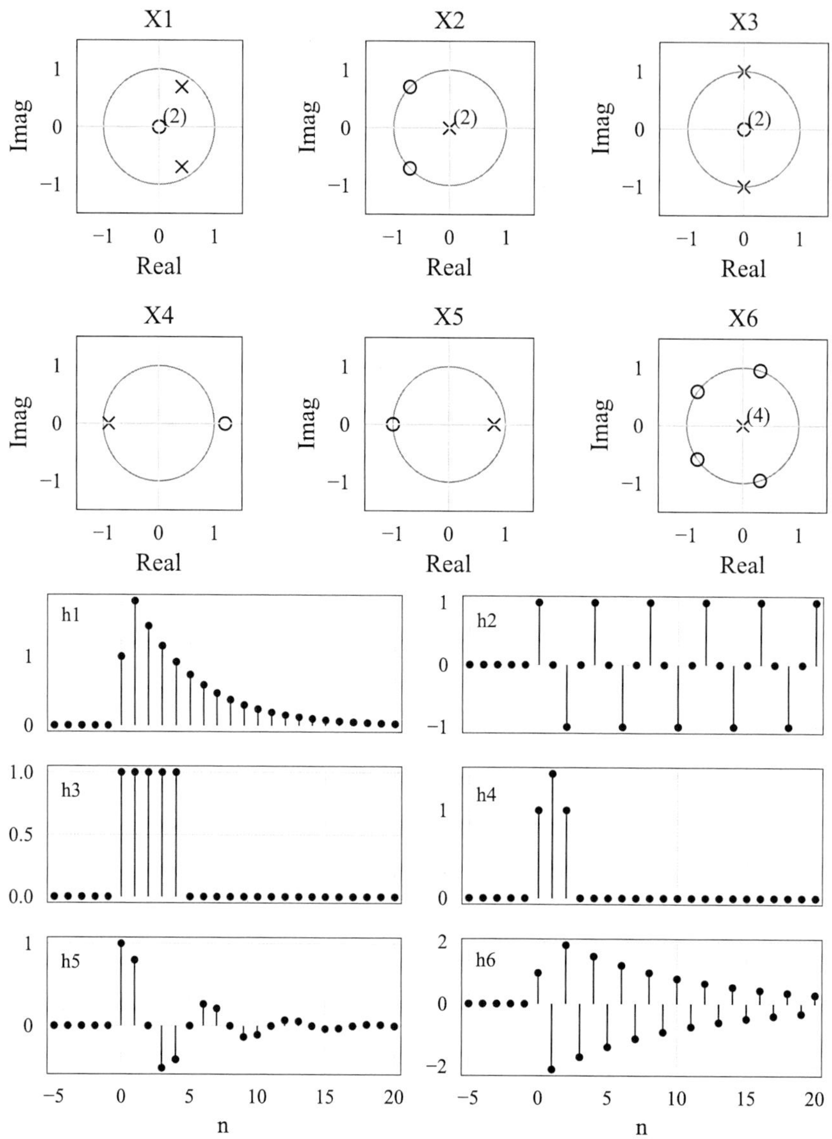

그림 P8.13

P8.14 임펄스 응답이

$$h[n] = \left(\frac{2}{5}\right)^n \cos(0.8\pi n)u[n]$$

인 LTI 시스템의 차분방정식을 구하라.

P8.15 단위원 위에 극점을 갖는 이차 IIR 필터를 이용하여 정현 신호를 만들 수 있다. 단위원

에서 원하는 주파수의 위치에 IIR 필터의 극점을 켤레로 배치하면 IIR 필터의 임펄스 응답은 정현 신호가 된다. 우리가 전화번호를 누를 때 발생되는 DTMF 신호는 이차 차분방정식의 임펄스 응답을 이용하여 만들어진다. 이차 차분방정식

$$y[n] = a_1 y[n-1] + a_2 y[n-2] + b_0 x[n]$$

의 임펄스 응답이 $h[n] = A\sin(\hat{\omega}_0(n+1))u[n]$이 되도록 (a_1, a_2, b_0)를 결정하라. z-변환을 이용하여 문제를 해결하라.

P8.16 7.8.3절에서는 피보나치 수열을 시간 영역에서 다루었다. 이번에는 z-변환을 이용하여 식 (7.90)의 피보나치 수열

$$[(7.90)] \quad f[n+1] = f[n+1] + f[n], \quad f[0] = 0,\ f[1] = 1$$

의 해를 구하여라. 힌트: 초기값을 수식에 직접 반영하여 수식이 초기값 0을 갖도록 만들어라.

P8.17 다음 시스템 함수로 표현되는 LTI 시스템에 대하여 질문에 답하라.

$$H(z) = (1 - z^{-1})(1 - e^{j\pi/2}z^{-1})(1 - e^{-j\pi/2}z^{-1})(1 - 0.8e^{j\pi/4}z^{-1})(1 - 0.8e^{-j\pi/4}z^{-1})$$

(a) 시스템 함수의 극점과 영점을 구하고 z-평면에 플롯하라.

(b) 이 시스템을 차분방정식으로 표현하라.

(c) 이 시스템의 임펄스 응답을 구하라.

(d) 입력 $x[n] = \cos(\hat{\omega}_0 n)$에 대하여 출력이 $y[n] = 0$이 되는 주파수 $\hat{\omega}_0$은 얼마인가?

P8.18 어떤 이산시간 인과 LTI 시스템이 다음 조건을 만족한다.

- 시스템이 두 극점 $p_{1,2} = \pm j0.8$을 가진다.
- 시스템이 $\cos(0.75\pi n)$ 성분을 제거한다.
- 시스템의 DC 이득은 $H(e^{j0}) = 1$이다.

다음 질문에 답하라

(a) 이 시스템의 차분방정식을 구하라.

(b) 주파수 응답의 크기 스펙트럼 $|H(e^{j\hat{\omega}})|$을 구하고 스케치하라.

(c) 입력 $x[n] = \cos(0.25\pi n)$에 대한 출력 $y[n]$을 구하라.

P8.19 다음 각각의 양방향 z-변환을 역변환하여 안정한 $x[n]$을 구하고 수렴 영역을 명시하라.

(a) $X(z) = \dfrac{z(z-1)}{(z-1.2)(z+0.8)}$ (b) $X(z) = \dfrac{1-2z^{-1}}{(1+0.9z^{-1})(1+1.5z^{-1})}$

(c) $X(z) = \dfrac{z^2-1}{z^2-5z+6}$ (d) $X(z) = \dfrac{z^2+z-1}{(z^2-z+2)(z-0.5)}$

P8.20 다음 인과 시스템의 (a) 안정적인 역 시스템 $g[n]$을 구하고 (b) 시스템 $g[n]$의 인과성과 안정성을 판단하라(필요하면 양방향 z-변환을 적용하라).

$$y[n] = \cos\left(\frac{\pi}{3}\right)y[n-1] - \frac{1}{4}y[n-2] + 2x[n-1]$$

P8.21 다음 인과 시스템의 안정적인 역 시스템 $h_i[n]$을 구하라.

$$y[n] = \frac{1}{3}y[n-1] + x[n] - 2x[n-1]$$

P8.22 임펄스 응답이 $h[n] = -\delta[n] + 2(\frac{1}{2})^n u[n]$인 시스템의 안정적인 역 시스템 $h_i[n]$을 구하고 스케치하라.

P8.23 신호가 다음과 같이 반향에 의하여 왜곡된다.

$$y[n] = x[n] + \frac{3}{5}x[n-10]$$

반향을 제거하는 시스템 $g[n]$에 대한 다음 질문에 답하라.

(a) 설계된 시스템 $g[n]$의 z-변환 $G(z)$를 구하라.

(b) 반향을 제거하기 위한 시스템의 임펄스 응답 $g[n]$을 구하라.

(c) 시스템 $g[n]$의 입력 $y[n]$와 출력 $w[n]$에 대한 차분방정식으로 표현하라.

(d) 시스템의 극점과 영점을 구하고 z-평면에서 단위원과 함께 그려라.

(e) 시스템이 인과적이고 안정적인가?

파이썬 문제

P8.24 연습문제 **P8.4**의 시스템 함수를 역변환하라. 파이썬 함수 `signal.residuez`를 이용하여 부분분수전개하라.

P8.25 연습문제 **P8.5**의 차분방정식에 대하여 다음에 답하라.

(a) 극점과 영점을 구하고 z-평면에 표시하라.

(b) 파이썬 함수 `signal.residuez`를 이용하여 부분분수로 표현하라.

(c) 부분분수전개 결과를 이용하여 임펄스 응답의 표현을 구하라.

(d) 임펄스 응답을 $0 \leq n \leq 20$의 범위에서 그려라.

P8.26 연습문제 **P8.11**을 파이썬으로 계산하라. 여기서 초기조건은 동일하고 입력이 $x[n] = (0.4)^n u[n]$으로 변경되었다고 가정하자.

1. 영입력 응답 $y_{zir}[n]$과 영상태 응답 $y_{zsr}[n]$을 각각 계산하라.
2. 이 계산을 통해 각 응답을 수식으로 표현해보아라.
3. 각 응답을 $0 \leq n \leq 30$의 범위에서 `stem` 그려라.

P8.27 연습문제 **P8.22**에서 $h_i[n]$이 $h[n]$의 안정한 역 시스템임을 파이썬 코드로 확인하라.

CHAPTER 9

이산시간 푸리에분석

푸리에분석은 신호와 시스템의 주파수 영역 해석을 제공한다. 푸리에분석 도구는 신호가 연속인가 이산인가 혹은 주기 신호인가 비주기 신호인가에 따라 크게 4가지 유형으로 구분된다.

- 연속시간 주기 신호: 연속시간 푸리에급수(CTFS, 3장)
- 연속시간 신호: 연속시간 푸리에변환(CTFT, 4장)
- 이산시간 주기 신호: 이산시간 푸리에급수discrete-time Fourier series(DTFS, 9장)
- 이산시간 신호: 이산시간 푸리에변환discrete-time Fourier transform(DTFT, 9장)

이외에도 DTFT를 계산하기 위한 이산 푸리에변환discrete Fourier transform(DFT)와 이를 고속으로 계산하기 위한 고속 푸리에변환fast Fourier transform(FFT) 알고리즘이 있다.

이산시간 푸리에 급수와 변환은 각각의 연속시간 도구와 유사하지만, 이산시간 신호가 가지는 특성으로 인해 두 유형 사이에는 극적인 차이가 있다. 이 장에서는 먼저 주기 신호의 DTFS를 설명하고 이를 비주기 신호의 DTFT로 확장한다. 이산시간 푸리에분석의 주요 특징인 주기성을 중심으로 주요 특성들이 설명된다. 또한 LTI 시스템에서 푸리에변환이 어떻게 적용되고 활용되는지 설명한다. DFT는 데이터의 컴퓨터 처리에 필수불가결한 요소이다. DFT의 주요 특성과 활용 예를 설명하고, 실제 계산 알고리즘인 FFT를 간단히 소개한다.

9.1 이산시간 푸리에급수

9.1.1 이산시간 주기 신호와 푸리에급수

이산시간 주기 신호의 이산성과 주기성은 푸리에급수에 중요한 요소이다. 이산시간 신호의 이산성과 주기성에 관하여는 이미 6.4.1절에서 다루었으므로, 이 절에서는 이산시간 주기 신호의 하모닉harmonic 특성을 중심으로 설명한다.

복소지수 신호 $e^{j(2\pi/N)n}$는 하나의 선 스펙트럼으로 구성된 주기 신호이고 주파수 영역에서 가장 기본이 된다. 이 신호의 기본 주기는 N이며 기본 주파수는 $\hat{\omega}_0 = 2\pi/N$이다. 기본 주파수의 정수배 주파수 $k\hat{\omega}_0$를 가진 하모닉 성분은

$$\tilde{\phi}_k[n] = e^{jk\hat{\omega}_0 n} = e^{jk(2\pi/N)n} \tag{9.1}$$

이다. 그런데 주기 N인 이산시간 신호의 하모닉 성분은

$$\begin{aligned}\tilde{\phi}_{k+N}[n] &= e^{j(k+N)(2\pi/N)n} = e^{jk(2\pi/N)n}e^{j2\pi n}\\ &= e^{jk(2\pi/N)n} = \tilde{\phi}_k[n], \quad \text{모든 정수 } k,\ n\text{에 대하여}\end{aligned} \tag{9.2}$$

을 만족하므로 오직 N개의 고유한 하모닉 성분 $\tilde{\phi}_k$만 존재한다.

주기 $N = 7$인 주기 신호의 하모닉 성분

$$\tilde{\phi}_k[n] = e^{jk\hat{\omega}_0 n} = e^{jk(2\pi/7)n}, \quad k = 0, 1, \ldots, 6 \tag{9.3}$$

을 예로 들어보자. 이 하모닉 성분들은 그림 9.1에 보인 바와 같이 단위원을 7등분하며 고유하게 정의된다. 단위원에서 실선 부분은 양의 주파수 부분 $[0, \pi)$이며 점선 부분은 음의 주파수 부분 $(0, -\pi]$이므로 복소지수 신호 $\tilde{\phi}_1$, $\tilde{\phi}_2$, $\tilde{\phi}_3$은 양의 주파수를 가지며, 복소지수 신호 $\tilde{\phi}_4$, $\tilde{\phi}_5$, $\tilde{\phi}_6$은 음의 주파수를 가진다. 하모닉 성분 $\tilde{\phi}_0$은 주파수가 0인 DC 성분으로 실수값 1이고, 양의 주파수 성분과 음의 주파수 성분은 서로 켤레 대칭이다. 서로 켤레 대칭인 기본 함수의 주파수는 크기는 같고 부호는 서로 반대이다.

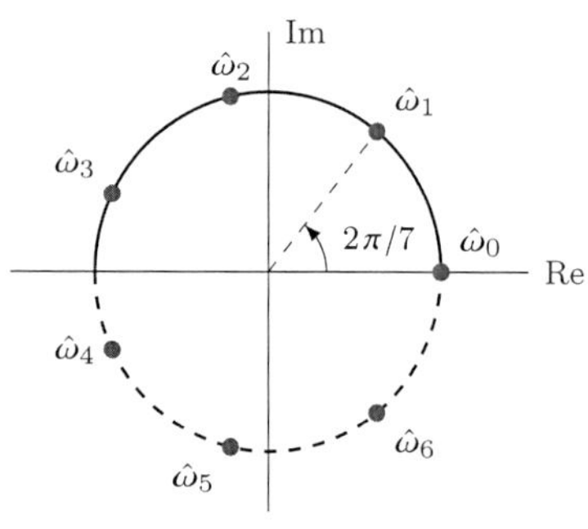

그림 9.1 단위원에서 표현된 주기 7인 복소지수 신호의 하모닉 성분.

그림 9.2는 하모닉 성분 (9.3)의 허수부

$$\text{Im}\{\tilde{\phi}_k[n]\} = \sin\left(\frac{2\pi kn}{N}\right), \quad k = 0, 1, \ldots, 6$$

이다. 회색 실선은 연속시간 신호 $\phi_k(t) = e^{jk(2\pi/7)t}$이다. 모든 하모닉 성분의 기본 주기(회색으로 음영처리 된 부분)는 7이지만, 인덱스 k에 따라 변동성은 서로 다르다. 그림 9.2에서 연속시간 신호 $\phi_k(t)$의 주파수는 k가 증가함에 따라 증가하며, 이산 하모닉 성분 $\tilde{\phi}_k(t)$은 이 신호를 등간격으로 샘플링한다. 인덱스 k가 증가하면 주파수 $k\hat{\omega}_0$이 증가하므로 하모닉 성분

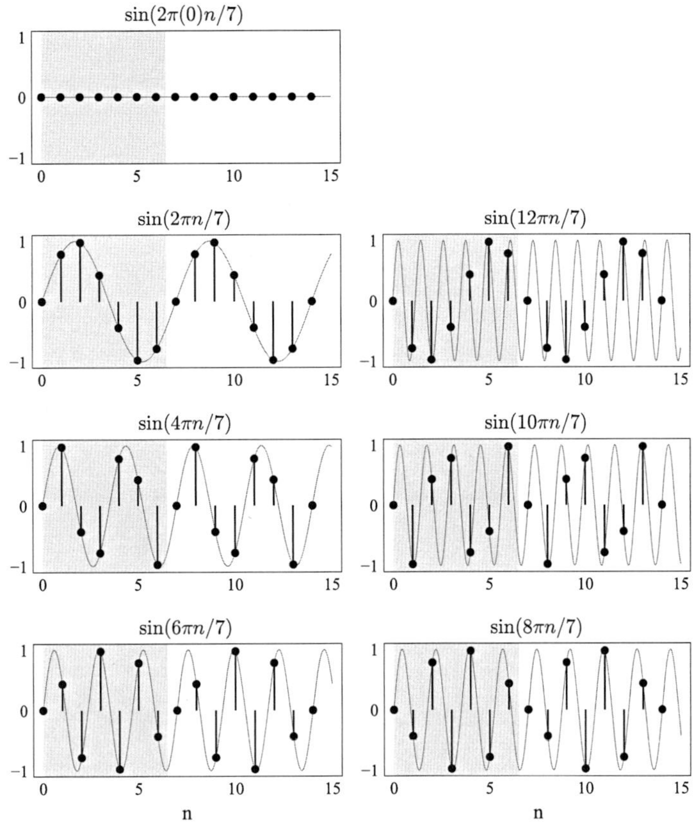

그림 9.2 하모닉 성분의 허수부($N = 7$).

$\tilde{\phi}_k[n]$의 변동성은 커진다. 이 변동성은 $k\hat{\omega}_0$이 이산 주파수의 최대값인 π에 근접할수록 커지고, π를 지나면 다시 감소하기 시작하여 0에서 최소화된다. 반면에 연속시간 신호 $\phi_k(t)$의 주파수는 k가 증가함에 따라 계속 증가한다. 이산시간 하모닉은 π를 기준으로 서로 켤레 대칭이고 동일한 변동성을 갖는다.

주기 $N = 7$인 신호 $\tilde{x}[n]$은 항상 그림 9.2의 하모닉 성분만으로 구성되므로 다음과 같이 하모닉 성분의 선형결합으로 표현될 수 있다.

$$\tilde{x}[n] = \sum_{k=0}^{6} \tilde{a}_k e^{jk(2\pi/7)n} \tag{9.4}$$

여기서 하모닉 성분 $\tilde{\phi}_k[n]$은 주기 N인 주기 신호를 구성하는 **기본 함수**basis function이다. $\tilde{\phi}_k[n]$이 주기적이므로 오직 일곱 개의 고유한 값을 가질 뿐이지만 $0 \le k < 7$ 이외의 범위에서도 여전히 표현되며 존재한다. 즉, 식 (9.4)를 다음과 같이 표현할 수 있다.

$$\tilde{x}[n] = \sum_{k=2}^{8} \tilde{a}_k e^{jk(2\pi/7)n}$$

이로부터 주기 N인 신호의 **이산시간 푸리에급수**discrete-time Fourier series(DTFS)를 다음과 같이 정의할 수 있다.

$$\tilde{x}[n] = \sum_{k=0}^{N-1} \tilde{a}_k e^{jk(2\pi/N)n} \tag{9.5a}$$

$$\tilde{a}_k = \frac{1}{N}\sum_{n=0}^{N-1} \tilde{x}[n] e^{-jk(2\pi/N)n} \tag{9.5b}$$

여기서 $\tilde{a}_k$는 이산시간 푸리에급수의 계수로서 주기 신호에 포함된 k번째 하모닉 성분 $\tilde{\phi}_k[n]$에 대한 가중치이다. DTFS는 시간 영역과 주파수 영역에서 모두 이산이며 N 주기적이므로 신호 $\tilde{x}[n]$과 계수 $\tilde{a}_k$ 각각 N개의 고유한 값만을 갖는다. 이런 점에서 무한히 많은 수의 하모닉으로 표현되는 CTFS와 다르다. 식 (9.5a)는 N개의 기본 함수로부터 N 주기 신호를 합성하는 합성식이며, 식 (9.5b)는 N 주기 신호에 포함된 하모닉 성분의 가중치를 계산하는 분석식이다. DTFS 변환쌍은 일대일 대응하며 다음과 같이 간단히 표기된다.

$$\tilde{x}[n] \xleftrightarrow{DTFS} \tilde{a}_k \tag{9.6}$$

일대일 대응 관계는 9.1.2절에서 증명된다. 이 증명을 보이기 전에 먼저 DTFS의 예를 보자.

예제 9.1

정현 신호 $\tilde{x}[n] = \sin(0.75\pi n)$의 DTFS 계수를 구하라.

풀이 신호의 기본 주기를 먼저 확인하자.

$$\hat{\omega}_k = 0.75\pi = \frac{2\pi(3)}{8} = \frac{2\pi k}{N} \quad \Longrightarrow \quad k = 3,\ N = 8$$

기본 주기는 $N = 8$이고 기본 주파수는 $\hat{\omega}_0 = 2\pi/8$이다. 이 신호의 DTFS는 다음과 같이 표현된다 .

$$\tilde{x}[n] = \sum_{k=0}^{7} \tilde{a}_k e^{k(2\pi/8)n} \tag{9.7}$$

주기 신호가 정현 신호의 조합으로 표현되므로 식 (9.5b)를 적용하지 않고 오일러 관계식만으로도 곧바로 계수를 구할 수 있다.

$$\begin{aligned}\tilde{x}[n] &= \frac{1}{j2}\left(e^{j0.75\pi n} - e^{-j0.75\pi n}\right) \\ &= -\frac{j}{2}e^{j0.75\pi n} + \frac{j}{2}e^{-j(0.75\pi n - 2\pi n)}, \qquad e^{j\theta} = e^{j(\theta+2\pi n)} \\ &= -\frac{j}{2}e^{j3(2\pi/8)n} + \frac{j}{2}e^{j5(2\pi/8)n}\end{aligned} \tag{9.8}$$

그러므로 식 (9.7)과 (9.8)을 비교하면 DTFS 계수는 다음과 같이 구해진다(그림 9.3).

$$\tilde{a}_3 = \tilde{a}_5^* = -\frac{j}{2}$$

$$\tilde{a}_k = 0, \quad 0 \le k < 8, \quad k \ne 3,\ 5$$

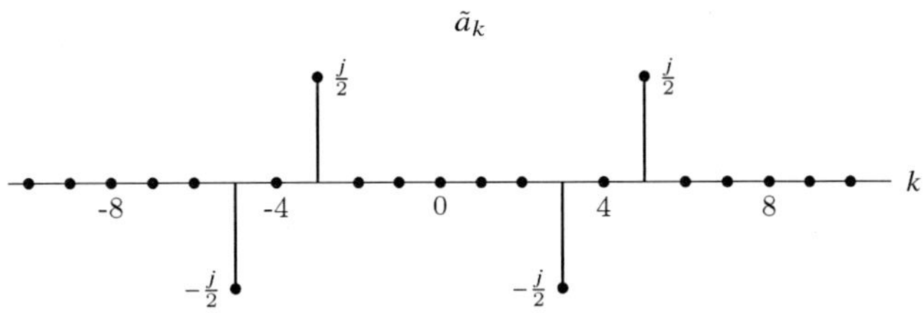

그림 9.3 정현 신호 $\tilde{x}[n] = \sin(0.75\pi n)$의 DTFS 계수(예제 9.1).

개념점검 9.1 연속시간 주기 신호의 기본 주기는 신호 주파수의 역수이다. 반면 이산시간 주기 신호의 기본 주기는 주파수에 역비례하지 않는다(그림 9.2 참고). 이유는 무엇인가?

9.1.2 DTFS 계수의 계산

이제 DTFS 변환쌍 (9.5)이 서로 일대일 대응한다는 사실을 확인할 차례이다. 주기 신호 $\tilde{x}[n]$로부터 IDTFT 분석식 (9.5a)를 이용하여 계산한 푸리에급수 계수를 $\tilde{b}_k$라고 가정하자.

$$\tilde{b}_k = \frac{1}{N}\sum_{n=0}^{N-1} \tilde{x}[n] e^{-jk(2\pi/N)n} \tag{9.9}$$

여기에 $\tilde{x}[n]$의 푸리에급수 합성식 (9.5b)

$$[(9.5b)] \qquad \tilde{x}[n] = \sum_{k=0}^{N-1} \tilde{a}_k e^{jk(2\pi/N)n}$$

을 대입하여 $\tilde{b}_k = \tilde{a}_k$임이 확인되면 일대일 대응이 증명된다.

식 (9.9)에 식 (9.5b)를 대입하면

$$\begin{aligned}\tilde{b}_k &= \frac{1}{N}\sum_{n=0}^{N-1}\left(\sum_{l=0}^{N-1} \tilde{a}_l e^{jl(2\pi/N)n}\right) e^{-jk(2\pi/N)n} \\ &= \frac{1}{N}\sum_{l=0}^{N-1} \tilde{a}_l \sum_{n=0}^{N-1} e^{j(l-k)(2\pi/N)n}\end{aligned} \tag{9.10}$$

이다. 여기서 식 (9.10)에서 $\tilde{x}[n]$를 대입할 때 이미 사용된 하모닉 인덱스 k와의 중복을 피하기 위해 l을 사용하였다. 식 (9.10)의 마지막 항은 다음과 같이 정리될 수 있다.

$$\begin{aligned}\sum_{n=0}^{N-1} \tilde{\phi}_l[n]\tilde{\phi}_k^*[n] &= \sum_{n=0}^{N-1} e^{jl(2\pi/N)n} e^{-jk(2\pi/N)n} \\ &= \sum_{k=0}^{N-1} e^{j(l-k)(2\pi/N)n} = N\delta[l-k]\end{aligned} \tag{9.11}$$

식 (9.11)은 기본 함수 $\tilde{\phi}_k[n] = e^{jk(2\pi/N)n}$의 **직교성**orthogonality을 의미한다.[1] 식 (9.11)은 다음과 같이 증명된다.

- $l - k = r \neq 0$이면, 식 (9.11)의 마지막 항은

$$\sum_{n=0}^{N-1} e^{j(k-l)(2\pi/N)n} = \sum_{n=0}^{N-1} e^{jr(2\pi/N)n} = \frac{1 - e^{jr(2\pi/N)N}}{1 - e^{jr(2\pi/N)}} = 0 \tag{9.12}$$

- $l - k = 0$이면

$$\sum_{n=0}^{N-1} e^{j(l-k)(2\pi/N)n} = \sum_{n=0}^{N-1} e^{j0(2\pi/N)\cdot n} = \sum_{n=0}^{N-1} 1 = N \tag{9.13}$$

이 두 결과를 합치면 식 (9.11)을 얻는다. 마지막으로 식 (9.11)을 식 (9.10)에 대입하면

$$\tilde{b}_k = \frac{1}{N}\sum_{l=0}^{N-1} \tilde{a}_l N\delta[l-k] = \tilde{a}_k \tag{9.14}$$

이므로 일대일 관계가 증명된다. 이제 분석식을 이용하여 DTFS 계수를 구하는 예를 살펴보자.

예제 9.2

다음과 같이 정의되는 주기 사각펄스 신호 $\tilde{x}[n] = \tilde{x}[n+N]$의 DTFS를 구하라(그림 9.4).

$$\tilde{x}[n] = \begin{cases} 1, & 0 \le n < M \\ 0, & M \le n < N \end{cases} \tag{9.15}$$

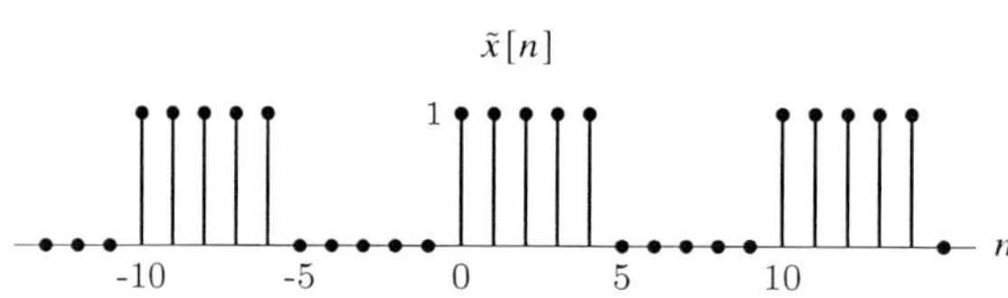

그림 9.4 주기 사각펄스 신호(예제 9.2, $N = 2M = 10$).

풀이 먼저 $k = 0$이면 식 (9.5b)로부터

$$\tilde{a}_0 = \frac{1}{N}\sum_{n=0}^{M-1} 1 \cdot e^{-1j(0)(2\pi/N)n} = \frac{M}{N} \tag{9.16}$$

으로 계산되고, $k \neq 0$이면 $\tilde{a}_k$는 다음과 같이 계산된다.

$$\tilde{a}_k = \frac{1}{N}\sum_{n=0}^{M-1} 1 \cdot e^{-jk(2\pi/N)n} = \frac{1}{N}\frac{1 - e^{-j(2\pi/N)kM}}{1 - e^{-j(2\pi/N)k}}$$

[1] 신호의 직교성과 직교 기본함수에 관하여는 부록 C에 상세히 설명되어 있다.

$$= \frac{1}{N}\frac{e^{-j(k\pi/N)M}\left[e^{j(k\pi/N)M} - e^{-j(k\pi/N)M}\right]}{e^{-jk\pi/N}\left[e^{j(k\pi/N)} - e^{-j(k\pi/N)}\right]}$$

$$= \frac{1}{N}e^{-j(k\pi/N)(M-1)}\frac{\sin(Mk\pi/N)}{\sin(k\pi/N)}, \quad k = 1, 2, ..., N-1 \tag{9.17}$$

그림 9.5는 DTFS 계수의 크기와 위상이다($N = 2M = 10$).

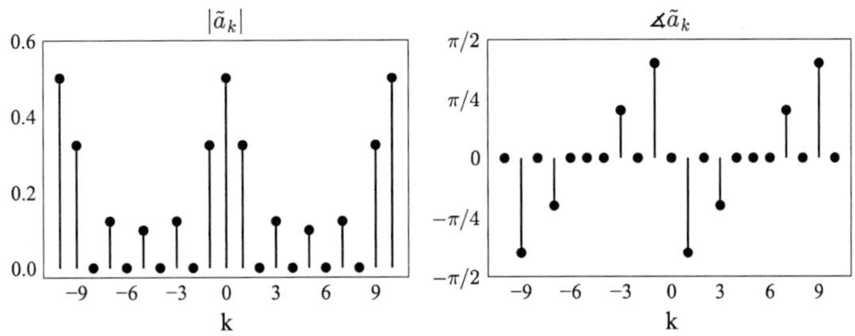

그림 9.5 주기 사각펄스 신호의 DTFS 계수의 크기와 위상(예제 9.2, $N = 2M = 10$).

연습 9.1 예제 9.2에서 $N = 4M = 20$이면 DTFS 스펙트럼이 처음으로 0이 되는 k는 얼마인가? 답: 4

9.1.3 DTFS 계수를 이용한 주기 신호의 합성

DTFS 합성식 (9.5a)를 이용한 실수 주기 신호의 합성을 생각해보자.

$$[(9.5a)] \qquad \tilde{x}[n] = \sum_{k=0}^{N-1} \tilde{a}_k e^{jk(2\pi/N)n}, \quad n = 0, 1, \ldots, N-1$$

$M = 2K+1$개의 DTFS 계수만을 이용한 실수 주기 신호의 푸리에 합성은 주기 N이 홀수인지 짝수인지에 따라 다음과 같이 표현된다.

- 주기 N이 홀수인 경우(실수 신호 푸리에급수의 켤레 대칭성 $\tilde{a}_k = \tilde{a}^*_{-k}$ 활용)

$$\tilde{x}_M[n] = \sum_{k=-K}^{K} \tilde{a}_k e^{jk(2\pi/N)n}$$

$$= \tilde{a}_0 + \sum_{k=1}^{K}\left[\tilde{a}_k e^{jk(2\pi/N)n} + \tilde{a}_{-k}e^{-jk(2\pi/N)n}\right]$$

$$= \tilde{a}_0 + 2\sum_{k=1}^{K}|\tilde{a}_k|\cos(k(2\pi/N)n + \measuredangle\tilde{a}_k) \tag{9.18}$$

- 주기 N이 짝수일 때 식 (9.18)를 적용하여 합성하려면 나이퀴스트 성분 $\tilde{a}_{N/2}e^{jk\pi n}$을 별도로 추가해 주어야 한다.

연속시간 주기 신호의 경우 CTFS는 무한개의 하모닉 성분의 합으로 표현되므로 유한개의 하모닉 성분의 합으로 주기 신호를 합성하면 깁스 현상이 발생한다(3.5.2절 참고). 반면에 이산시간 주기 신호의 경우 DTFS는 하모닉 성분의 개수가 유한하므로 깁스 현상이 발생하지 않는다(파이썬 문제 **P9.26** 참고).

9.2 이산시간 푸리에변환

9.2.1 이산시간 푸리에변환과 수렴 조건

이산시간 신호 $x[n]$의 이산시간 푸리에변환(DTFT)은 다음과 같이 정의된다.

$$X(e^{j\hat{\omega}}) = \sum_{n=-\infty}^{\infty} x[n]e^{-j\hat{\omega}n} \tag{9.19}$$

푸리에변환 $X(e^{j\hat{\omega}})$는 $x[n]$의 **스펙트럼**spectrum이다. 스펙트럼 $X(e^{j\hat{\omega}})$는 $\hat{\omega}$의 연속 함수이며 2π 주기성을 갖는다. 푸리에 스펙트럼은 주파수 영역 복소평면의 단위원 $e^{j\hat{\omega}}$에서 계산되므로 주기성을 강조하기 위해 $\hat{\omega}$ 대신 $e^{j\hat{\omega}}$의 함수로 표기하기로 한다. 식 (9.19)는 시간 신호 $x[n]$으로부터 주파수 스펙트럼 $X(e^{j\hat{\omega}})$를 계산하므로 **분석식**analysis equation이라 부른다.

우리는 앞서 4.1.2절에서 연속시간 주기 신호 $\tilde{x}(t)$의 주기 T_0가 무한히 증가하면 비주기 신호 $x(t)$에 수렴하며, 이때 주기 신호 $\tilde{x}(t)$의 CTFS 계수는 비주기 신호 $x(t)$의 CTFT로 (척도 수준에서) 수렴한다는 사실을 확인했다. 이런 관계는 이산시간에서도 동일하게 적용된다. 즉, 이산시간 주기 신호 $\tilde{x}[n]$은 주기 N이 무한히 증가함에 따라 비주기 신호 $x[n]$에 수렴하며, 주기 신호 $\tilde{x}[n]$의 DTFS 계수

$$[(9.5b)] \qquad \tilde{a}_k = \frac{1}{N}\sum_{n=0}^{N-1} \tilde{x}[n]e^{-jk(2\pi/N)n}$$

은 비주기 신호 $x[n]$의 DTFT $X(e^{j\hat{\omega}})$에 (척도 수준에서) 수렴한다. DTFS 계수 $\tilde{a}_k$와 DTFT 스펙트럼 $X(e^{j\hat{\omega}})$의 관계는 식 (9.19)와 식 (9.5b)를 비교함으로써 다음과 같이 표현된다.

$$\tilde{a}_k = \frac{1}{N}X(e^{j\hat{\omega}})\bigg|_{\hat{\omega}=2\pi k/N}, \quad k = 0, 1, \ldots, N-1 \tag{9.20}$$

그러므로 $\tilde{a}_k$는 $X(e^{j\hat{\omega}})$를 주파수 영역에서 샘플링한 결과로 해석될 수 있다. 주파수 영역에서 샘플링한 결과 시간 영역 신호에는 주기성이 초래된다.

푸리에 스펙트럼 $X(e^{j\hat{\omega}})$으로부터 시간 영역 신호 $x[n]$을 합성하려면 역 푸리에변환(IDTFT)

$$x[n] = \frac{1}{2\pi}\int_{-\pi}^{\pi} X(e^{j\hat{\omega}})e^{j\hat{\omega}n}d\hat{\omega} \tag{9.21}$$

과정을 거쳐야 한다. 식 (9.21)은 시간 신호 $x[n]$을 스펙트럼 $X(e^{j\hat{\omega}})$의 중첩 합으로 표현하

므로 합성식이라 한다. 역 변환식의 적분이 2π 범위로 제한된 이유는 $X(e^{j\hat{\omega}})$의 2π 주기성 때문이다. 푸리에 스펙트럼 $X(e^{j\hat{\omega}})$의 2π 주기성은 다음과 같이 증명된다.

$$X(e^{j(\hat{\omega}+2\pi)}) = \sum_{n=-\infty}^{\infty} x[n]e^{-j(\hat{\omega}+2\pi)n} = \sum_{n=-\infty}^{\infty} x[n]e^{-j\hat{\omega}n}e^{-j2\pi n}$$
$$= \sum_{n=-\infty}^{\infty} x[n]e^{-j\hat{\omega}n} = X(e^{j\hat{\omega}}) \tag{9.22}$$

DTFT 변환쌍은 일대일 대응하므로 간단하게 다음과 같이 표기할 수 있다.

$$x[n] \xleftrightarrow{DTFT} X(e^{j\hat{\omega}}) \tag{9.23}$$

모든 이산시간 신호에 대하여 DTFT이 가능하지는 않다. 신호 $x[n]$의 DTFT가 가능하려면 DTFT 크기 스펙트럼 $|X(e^{j\hat{\omega}})|$이 유한해야 하므로

$$|X(e^{j\hat{\omega}})| = \left|\sum_{n=-\infty}^{\infty} x[n]e^{-j\hat{\omega}n}\right| \le \sum_{n=-\infty}^{\infty} |x[n]||e^{-j\hat{\omega}n}| = \sum_{n=-\infty}^{\infty} |x[n]| < \infty \tag{9.24}$$

을 만족해야 한다. 즉, $x[n]$이 절대합 가능하면 항상 DTFT가 존재한다. 모든 유한길이 신호는 조건 (9.24)를 만족하므로 DTFT가 존재한다. 반면에 무한길이 신호의 경우에는 조건 (9.24)의 충족 여부를 확인해야 한다.

예제 9.3

$x[n] = \{1, \underset{\uparrow}{2}, -2, -1\}$의 DTFT를 구하라.

풀이 유한길이 신호이므로 조건 (9.24)가 만족된다. DTFT는 정의에 의하여

$$X(e^{j\hat{\omega}}) = \sum_{n=-\infty}^{\infty} x[n]e^{-j\hat{\omega}n} = 1 \cdot e^{j\hat{\omega}} + 2 - 2 \cdot e^{-j\hat{\omega}} - 1 \cdot e^{-j2\hat{\omega}} \tag{9.25}$$

같이 표현할 수 있다. 여기서 $X(e^{j\hat{\omega}})$는 $e^{-j\hat{\omega}}$의 다항식이며 $x[k]$는 k차 항 $e^{-jk\hat{\omega}}$의 계수로 해석된다.

예제 9.4

인과 지수 신호 $x[n] = a^n u[n]$의 DTFT가 가능한지 확인하고, 가능하다면 DTFT를 구하라.

풀이 무한길이 신호 $x[n]$이 절대합 가능하려면

$$\sum_{n=-\infty}^{\infty} |x[n]| = \sum_{n=0}^{\infty} |a^n| < \infty \tag{9.26}$$

이 요구된다. 이 조건은 $|a| < 1$일 때 만족되며 DTFT는 다음과 같이 계산된다.

$$X(e^{j\hat{\omega}}) = \sum_{n=-\infty}^{\infty} x[n]e^{-j\hat{\omega}n} = \sum_{n=-\infty}^{\infty} a^n u[n]e^{-j\hat{\omega}n} = \sum_{n=0}^{\infty} a^n e^{-j\hat{\omega}n}$$
$$= \sum_{n=0}^{\infty}(ae^{-j\hat{\omega}})^n = \frac{1}{1-ae^{-j\hat{\omega}}}, \qquad |a| < 1 \tag{9.27}$$

따라서 다음의 DTFT 변환쌍을 얻는다.

$$x[n] = a^n u[n] \quad \xleftrightarrow{DTFT} \quad \frac{1}{1-ae^{-j\hat{\omega}}} \tag{9.28}$$

9.2.2 DTFT 스펙트럼

DTFT 스펙트럼은 복소 함수이므로 직교좌표 혹은 극좌표 표현이 모두 가능하다.

$$X(e^{j\hat{\omega}}) = X_r(e^{j\hat{\omega}}) + jX_i(e^{j\hat{\omega}}) = |X(e^{j\hat{\omega}})|e^{j\measuredangle X(e^{j\hat{\omega}})} \tag{9.29}$$

여기서 $X_r(e^{j\hat{\omega}})$과 $X_i(e^{j\hat{\omega}})$는 각각 스펙트럼의 실수부와 허수부이며, $|X(e^{j\hat{\omega}})|$와 $\measuredangle X(e^{j\hat{\omega}})$는 각각 크기와 위상이다.

예제 9.4에서 구한 지수 신호 $x[n] = a^n u[n]$의 DTFT를 직교좌표로 표현하면

$$X(e^{j\hat{\omega}}) = \frac{1}{1-ae^{-j\hat{\omega}}} = \frac{1}{1-ae^{-j\hat{\omega}}} \cdot \frac{1-ae^{j\hat{\omega}}}{1-ae^{j\hat{\omega}}}$$
$$= \frac{1-a\cos\hat{\omega}}{1-2a\cos\hat{\omega}+a^2} - j\frac{a\sin\hat{\omega}}{1-2a\cos\hat{\omega}+a^2} \tag{9.30}$$

이고, 극좌표로 표현하면

$$X(e^{j\hat{\omega}}) = \frac{1}{1-ae^{-j\hat{\omega}}} = \frac{1}{1-a\cos\hat{\omega}+ja\sin\hat{\omega}}$$
$$= \frac{1}{\sqrt{1-2a\cos\hat{\omega}+a^2}} \measuredangle -\tan^{-1}\left(\frac{a\sin\hat{\omega}}{1-a\cos\hat{\omega}}\right) \tag{9.31}$$

이다. 그림 9.6은 $a = 0.8$일 때 DTFT의 실수/허수 성분과 크기/위상이다.

9.3 이산시간 푸리에변환의 예

9.3.1 인과 사각펄스 신호의 DTFT

인과 사각펄스 신호

$$x[n] = \begin{cases} 1, & 0 \le n < M \\ 0, & \text{그외} \end{cases} \tag{9.32}$$

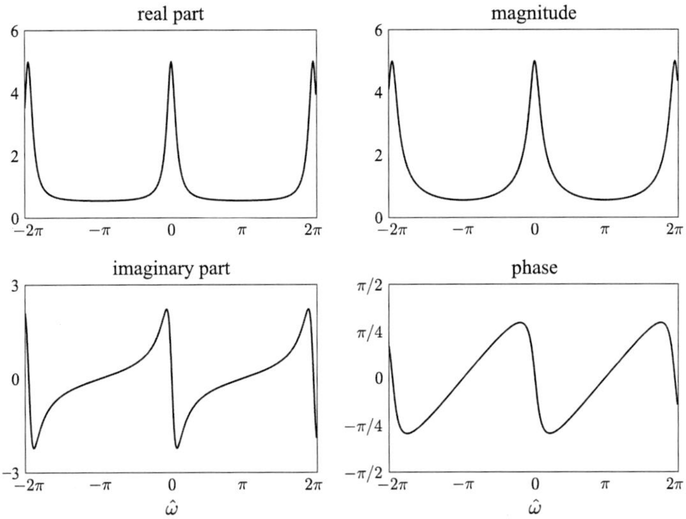

그림 9.6 DTFT 스펙트럼의 실수/허수 성분과 크기/위상 성분($a = 0.8$).

의 DTFT를 구해 보자. DTFT 분석식 (9.19)를 적용하면

$$
\begin{aligned}
X(e^{j\hat{\omega}}) &= \sum_{n=-\infty}^{\infty} x[n]e^{-j\hat{\omega}n} = \sum_{n=0}^{M-1} e^{-j\hat{\omega}n} = \frac{1-e^{-j\hat{\omega}M}}{1-e^{-j\hat{\omega}}} \\
&= \frac{e^{-j\hat{\omega}M/2}\left(e^{j\hat{\omega}M/2}-e^{-j\hat{\omega}M/2}\right)}{e^{-j\hat{\omega}/2}\left(e^{j\hat{\omega}/2}-e^{-j\hat{\omega}/2}\right)} \\
&= e^{-j\hat{\omega}(M-1)/2}\frac{\sin(\hat{\omega}M/2)}{\sin(\hat{\omega}/2)}
\end{aligned} \tag{9.33}
$$

이로부터 다음의 DTFT 변환쌍을 얻는다.

$$
x[n] = \begin{cases} 1, & 0 \le n < M \\ 0, & \text{그외} \end{cases} \quad \xleftrightarrow{DTFT} \quad e^{-j\hat{\omega}(M-1)/2}\frac{\sin(\hat{\omega}M/2)}{\sin(\hat{\omega}/2)} = X(e^{j\hat{\omega}}) \tag{9.34}
$$

식 (9.34)에 나타난 sin/sin 함수는 **asinc**aliased sinc 혹은 **디리클레 꼴**Dirichlet form이라 부르며 다음과 같이 정의된다.

$$
\text{asinc}_M(\hat{\omega}) = \frac{\sin(\hat{\omega}M/2)}{M\sin(\hat{\omega}/2)} = \frac{\text{sinc}(\hat{\omega}M/2\pi)}{\text{sinc}(\hat{\omega}/2\pi)} \tag{9.35}
$$

그림 9.7에서 보는 바와 같이 asinc는 sinc와 다르다. CTFT에서 사각펄스의 푸리에변환은 양방향으로 무한한 비주기 sinc 함수이지만 DTFT에서 사각펄스의 푸리에변환은 2π 주기성을 갖는다. asinc 함수는 2π 한 주기를 M 등분한 주파수

$$
\hat{\omega} = \frac{2\pi k}{M}, \quad 1 \le k < M \tag{9.36}
$$

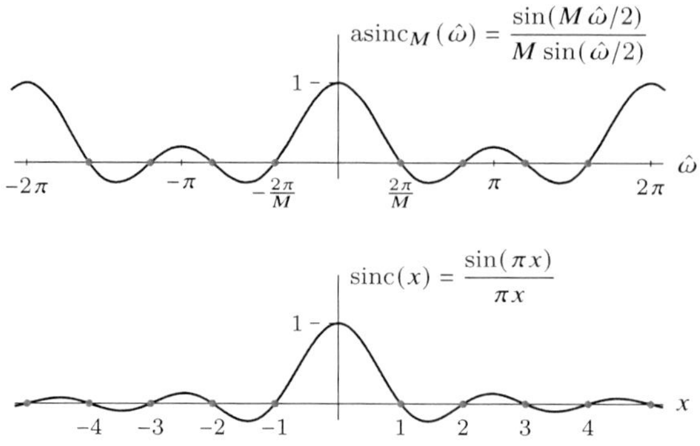

그림 9.7 aliased sinc 함수(M = 5인 경우)와 sinc 함수.

에서 0이다($k = 0$는 제외).

그림 9.8은 $M = 5$일때 사각펄스의 DTFT 크기와 위상 스펙트럼이다. 크기 스펙트럼은 다음과 같다.

$$|X(e^{j\hat{\omega}})| = |5\text{asinc}_5(\hat{\omega})| = \left|\frac{\sin(5\hat{\omega}/2)}{\sin(\hat{\omega}/2)}\right| \tag{9.37}$$

식 (9.33)에서 $e^{-j2\hat{\omega}}$에 의한 위상은 원점을 지나며 기울기는 $-(M-1)/2 = -2$이다. 여기서

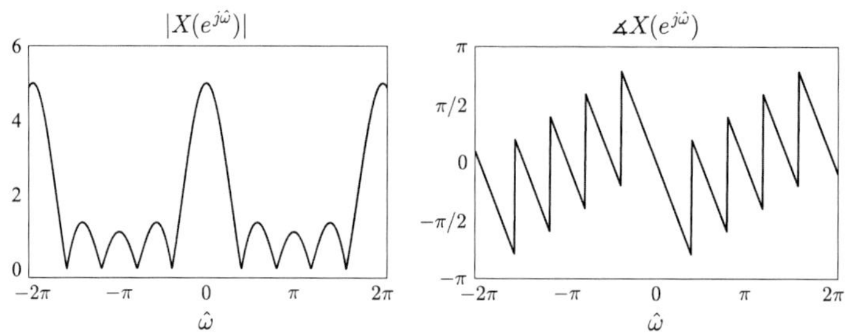

그림 9.8 사각펄스의 DTFT 크기와 위상 스펙트럼.

$(M-1)/2$는 중앙에 위치한 비인과 사각펄스와 인과 사각펄스의 시간 지연에 해당한다. 또한 식 (9.33)에는 잘 드러나지 않는 위상이 포함되어 있다. 바로 aliased sinc의 부호가 반전되는 주파수에서 추가되는 $\pm\pi$의 위상 변화이다. 이로부터 위상은 한 주기 범위 안에서 다음과 같이 표현할 수 있다.

$$\measuredangle X(e^{j\hat{\omega}}) = \begin{cases} -2\hat{\omega}, & 0 \le \hat{\omega} < 2\pi/5 \\ -2\hat{\omega} + \pi, & 2\pi/5 \le \hat{\omega} < 4\pi/5 \\ -2\hat{\omega} + 2\pi, & 4\pi/5 \le \hat{\omega} < 6\pi/5 \\ -2\hat{\omega} + 3\pi, & 6\pi/5 \le \hat{\omega} < 8\pi/5 \\ -2\hat{\omega} + 4\pi, & 8\pi/5 \le \hat{\omega} < 2\pi \end{cases} \tag{9.38}$$

9.3.2 임펄스 신호의 DTFT

다음 DTFT 쌍을 증명하자

$$x[n] = \delta[n] \quad \xleftrightarrow{DTFT} \quad 1 = X(e^{j\hat{\omega}}) \tag{9.39}$$

양방향으로 증명이 가능하다. 먼저 $X(e^{j\hat{\omega}})$을 구하면

$$\begin{aligned} X(e^{j\hat{\omega}}) &= \sum_{n=-\infty}^{\infty} x[n]e^{-j\hat{\omega}n} = \sum_{n=-\infty}^{\infty} \delta[n]e^{-j\hat{\omega}n} \\ &= \sum_{n=-\infty}^{\infty} \delta[n] \cdot e^{-j\hat{\omega}\cdot 0} = 1 \end{aligned} \tag{9.40}$$

역으로 $x[n]$은 다음과 같이 입증된다.

$$\begin{aligned} x[n] &= \frac{1}{2\pi}\int_{-\pi}^{\pi} 1 \cdot e^{j\hat{\omega}n}d\hat{\omega} = \frac{1}{2\pi}\int_{-\pi}^{\pi} [\cos(\hat{\omega}n) + j\sin(\hat{\omega}n)]d\hat{\omega} \\ &= \begin{cases} 1, & n = 0 \\ 0, & n \neq 0 \end{cases} \end{aligned} \tag{9.41}$$

식 (9.41)의 마지막 적분 단계에서 $n = 0$이면 1의 평균값이므로 1이고, n이 0이 아닌 정수이면 2π 주기 함수인 $\cos(\hat{\omega}n)$과 $\sin(\hat{\omega}n)$을 한 주기 적분한 결과이므로 0이다.

9.4 DTFT가 가능한 특이한 경우들

앞서 9.2.1절에서 확인한 바와 같이 $x[n]$이 절대합 가능하면 DTFT가 가능하지만, 이 조건은 충분조건이며 필요조건은 아니다. 이 조건을 만족하지 않더라도 여전히 DTFT가 가능한 경우들이 있다. 주파수 대역이 제한되는 대역제한 신호와 주기 신호가 대표적인 예이다.

9.4.1 대역제한 신호의 DTFT

그림 9.9와 같이 대역제한된 신호의 DTFT 쌍을 고려하자.

$$X(e^{j\hat{\omega}}) = \begin{cases} 1, & |\hat{\omega}| \leq \hat{\omega}_b, \\ 0, & \hat{\omega}_b < |\hat{\omega}| \leq \pi \end{cases} \tag{9.42}$$

이 신호의 IDTFT $x[n]$은 식 (9.21)을 적용하여 구할 수 있다.

$$\begin{aligned} x[n] &= \frac{1}{2\pi}\int_{-\pi}^{\pi} X(e^{j\hat{\omega}})e^{j\hat{\omega}n}d\hat{\omega} = \frac{1}{2\pi}\int_{-\hat{\omega}_b}^{\hat{\omega}_b} 1 \cdot e^{j\hat{\omega}n}d\hat{\omega} \\ &= \frac{1}{2\pi}\frac{1}{jn}e^{j\hat{\omega}n}\bigg|_{-\hat{\omega}_b}^{\hat{\omega}_b} = \frac{1}{2\pi}\frac{1}{jn}\left(e^{j\hat{\omega}_b n} - e^{-j\hat{\omega}_b n}\right) \end{aligned}$$

$$= \frac{\sin(\hat{\omega}_b n)}{\pi n} \tag{9.43}$$

이로부터 다음의 DTFT 쌍을 얻는다(그림 9.9).

$$x[n] = \frac{\sin(\hat{\omega}_b n)}{\pi n} \quad \overset{DTFT}{\longleftrightarrow} \quad X(e^{j\hat{\omega}}) = \begin{cases} 1, & |\hat{\omega}| \le \hat{\omega}_b \\ 0, & \hat{\omega}_b < |\hat{\omega}| \le \pi \end{cases} \tag{9.44}$$

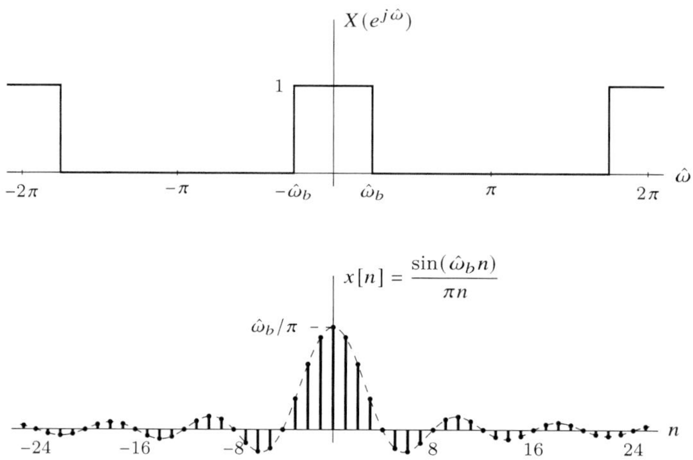

그림 9.9 대역제한된 신호의 DTFT 변환쌍.

시간 영역 신호 $x[n]$은 sinc 함수 꼴로 표현할 수 있다.

$$\frac{\sin(\hat{\omega}_b n)}{\pi n} = \frac{\hat{\omega}_b}{\pi}\frac{\sin(\hat{\omega}_b n)}{\hat{\omega}_b n} = \frac{\hat{\omega}_b}{\pi}\mathrm{sinc}\left(\frac{\hat{\omega}_b n}{\pi}\right) \tag{9.45}$$

이 신호는 양방향으로 무한길이이며 시간 n에 따라 $1/n$로 감소하므로 **절대합 가능**absolutely summable 하지 않다.[2] 그런데 $|x[n]|^2$은 $1/n^2$로 감소하므로 절대제곱합은 수렴한다. 이처럼 절대합 가능하지 않더라도 절대제곱합

$$\sum_{n=-\infty}^{\infty} |x[n]|^2 < \infty \tag{9.46}$$

이 유한하면 DTFT가 존재한다.

---

[2]참고로 $1/n$의 비율로 감소하는 무한 수열의 발산은 다음과 같이 설명된다.

$$\sum_{n=1}^{\infty}\frac{1}{n} = 1 + \frac{1}{2} + \left\{\frac{1}{3} + \frac{1}{4}\right\} + \left\{\frac{1}{5} + \frac{1}{6} + \frac{1}{7}\right\} + \cdots$$
$$> 1 + \frac{1}{2} + \frac{1}{2} + \frac{1}{2} + \cdots = \infty$$

9.4.2 주기 신호의 DTFT

절대합이나 절대제곱합이 유한하지는 않더라도 여전히 DTFT가 가능한 경우도 있다. 주기 신호가 이런 예에 속한다. 복소지수 함수 $e^{j\hat{\omega}_0 n}$은 단일 주파수 성분을 가지고 있으므로 자연스럽게 주파수 영역에서 디랙 델타 함수 $\delta(\hat{\omega}-\hat{\omega}_0)$로 표현된다고 예상할 수 있다.

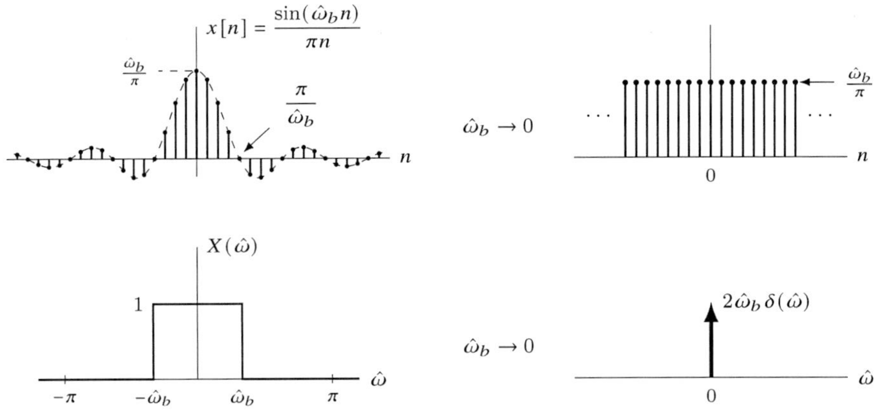

그림 9.10 대역제한 신호의 근사화($\hat{\omega}_b \to 0$).

그림 9.10의 대역제한된 신호의 DTFT 쌍을 고려하자. 전체 에너지를 그대로 유지한 채 $\hat{\omega}_b$를 0으로 무한히 접근시키면 $X(e^{j\hat{\omega}}) \to 2\hat{\omega}_b\delta(\hat{\omega})$가 되며, 이때 시간 영역 함수는 $x[n] \to \hat{\omega}_b/\pi$로 접근한다. 이 사실은 쉽게 확인된다.

$$\begin{aligned} x[n] &= \frac{1}{2\pi}\int_{-\pi}^{\pi} X(e^{j\hat{\omega}})e^{-j\hat{\omega}n}d\hat{\omega} = \frac{1}{2\pi}\int_{-\pi}^{\pi} 2\hat{\omega}_b\delta(\hat{\omega})e^{-j\hat{\omega}n}d\hat{\omega} \\ &= \frac{1}{2\pi}\int_{-\pi}^{\pi} 2\hat{\omega}_b\delta(\hat{\omega})d\hat{\omega} = \frac{\hat{\omega}_b}{\pi} \end{aligned} \tag{9.47}$$

이 결과를 DTFT 쌍으로 표현하면 다음과 같다.

$$1 \xleftrightarrow{DTFT} \sum_{l=-\infty}^{\infty} 2\pi\delta(\hat{\omega}-2\pi l) \tag{9.48}$$

여기서 $X(e^{j\hat{\omega}})$의 2π 주기성은 정수 인덱스 l로 표현되었다. 여기에 DTFT의 주파수 이동 특성(9.5.5절 참고)을 적용하면, 식 (9.48)은 주파수가 0이 아닌 일반적인 복소지수 신호의 DTFT 쌍으로 일반화된다.

$$e^{j\hat{\omega}_0 n} \xleftrightarrow{DTFT} \sum_{l=-\infty}^{\infty} 2\pi\delta(\hat{\omega}-\hat{\omega}_0-2\pi l) \tag{9.49}$$

지금까지 얻은 결과를 주기 신호의 DTFS에 적용하자. 주기 N인 신호는 복소지수 신호의 선형결합(DTFS)

$$x[n] = \sum_{k=0}^{N-1} \tilde{a}_k e^{jk(2\pi/N)n}, \quad n = 0, 1, \ldots, N-1 \tag{9.50}$$

표 9.1 주요 DTFT 변환쌍.

시간 영역 $x[n]$	주파수 영역 $X(e^{j\hat{\omega}})$
$\delta[n]$	1
$\delta[n-n_0]$	$e^{-j\hat{\omega}n_0}$
1	$2\pi\sum_{l=-\infty}^{\infty}\delta(\hat{\omega}-2\pi l)$
$e^{j\hat{\omega}_0 n}$	$2\pi\sum_{l=-\infty}^{\infty}\delta(\hat{\omega}-\hat{\omega}_0-2\pi l)$
$a^n u[n],\ \lvert a\rvert<1$	$\dfrac{1}{1-ae^{-j\hat{\omega}}}$
$(n+1)a^n u[n],\ \lvert a\rvert<1$	$\dfrac{1}{(1-ae^{-j\hat{\omega}})^2}$
$u[n]-u[n-M]$	$e^{-\hat{\omega}(M-1)/2}\dfrac{\sin(\hat{\omega}M/2)}{\sin(\hat{\omega}/2)}$
$\dfrac{\sin(\hat{\omega}_b n)}{\pi n}$	$\begin{cases}1, & \lvert\hat{\omega}\rvert\le\hat{\omega}_b\\ 0, & \hat{\omega}_b<\lvert\hat{\omega}\rvert\le\pi\end{cases}$
$\cos(\hat{\omega}_0 n)$	$\pi\sum_{l=-\infty}^{\infty}[\delta(\hat{\omega}-\hat{\omega}_0-2\pi l)+\delta(\hat{\omega}+\hat{\omega}_0-2\pi l)]$
$\sin(\hat{\omega}_0 n)$	$\dfrac{\pi}{j}\sum_{l=-\infty}^{\infty}[\delta(\hat{\omega}-\hat{\omega}_0-2\pi l)-\delta(\hat{\omega}+\hat{\omega}_0-2\pi l)]$
$\sum_{k=-\infty}^{\infty}\tilde{a}_k e^{jk2\pi/N}$	$2\pi\sum_{l=-\infty}^{\infty}\sum_{k=-\infty}^{\infty}\tilde{a}_k\delta(\hat{\omega}-k(2\pi/N)-2\pi l)$

이다. 주파수 $\hat{\omega}_k = k(2\pi/N)$을 이용하여 식 (9.47)을 다시 표현하면

$$e^{jk(2\pi/N)n} \overset{DTFT}{\longleftrightarrow} \sum_{l=-\infty}^{\infty} 2\pi\delta(\hat{\omega}-k(2\pi/N)-2\pi l) \tag{9.51}$$

이므로, DTFT의 선형성을 적용하면 주기 신호의 DTFT는 다음과 같이 표현될 수 있다.

$$\sum_{k=0}^{N-1}\tilde{a}_k e^{jk(2\pi/N)n} \overset{DTFT}{\longleftrightarrow} \sum_{l=-\infty}^{\infty}\sum_{k=0}^{N-1} 2\pi\tilde{a}_k\delta\left(\hat{\omega}-\frac{2\pi k}{N}-2\pi l\right) \tag{9.52}$$

주기성으로 인해 식 (9.52)의 우변이 이중 합의 형태로 복잡한듯 보이지만, 한 주기만 따져보면 표현이 그렇게 복잡하지만은 않다. 표 9.1에는 주요 DTFT 변환쌍이 열거되어 있다.

9.5 DTFT의 주요 특성

DTFT의 주요 특성은 표 9.2에 정리되어 있다.

표 9.2 DTFT의 주요 특성.

특성	시간 영역	주파수 영역
	$x[n],\ x_1[n],\ x_2[n]$	$X(e^{j\hat{\omega}}),\ X_1(e^{j\hat{\omega}}),\ X_2(e^{j\hat{\omega}})$
선형성	$\alpha x_1[n]+\beta x_2[n]$	$\alpha X_1(e^{j\hat{\omega}})+\beta X_2(e^{j\hat{\omega}})$
시간 이동	$x[n-n_0]$	$e^{-j\hat{\omega}n_0}X(e^{j\hat{\omega}})$
주파수 이동	$e^{j\hat{\omega}_0 n}x[n]$	$X(e^{j(\hat{\omega}-\hat{\omega}_0)})$
복소 켤레	$x^*[n]$	$X^*(e^{-j\hat{\omega}})$
시간 반전	$x[-n]$	$X(e^{-j\hat{\omega}})$
시간 콘볼루션	$x_1[n]*x_2[n]$	$X_1(e^{j\hat{\omega}})X_2(e^{j\hat{\omega}})$
시간 곱셈	$x_1[n]x_2[n]$	$\frac{1}{2\pi}\int_{2\pi}X_1(e^{j\lambda})X_2(e^{j(\hat{\omega}-\lambda)})d\lambda$
차분	$x[n]-x[n-1]$	$(1-e^{-j\hat{\omega}})X(e^{j\hat{\omega}})$
누적	$\sum_{k=-\infty}^{n}x[k]$	$\frac{X(e^{j\hat{\omega}})}{1-e^{j\hat{\omega}}}+\pi X(e^{j0})\sum_{l=-\infty}^{\infty}\delta(\hat{\omega}-2\pi l)$
시간 확장	$x[n/L]$	$X(e^{jL\hat{\omega}})$
시간 축소	$x[Mn]$	$\frac{1}{M}\sum_{k=0}^{M-1}X(e^{j(\hat{\omega}-2\pi k)/M})$
켤레 대칭성	$x[n]$ 실수	$X(e^{-j\hat{\omega}})=X^*(e^{j\hat{\omega}})$
파시벌 정리	$\sum_{n=-\infty}^{\infty}\lvert x[n]\rvert^2=\frac{1}{2\pi}\int_{2\pi}\lvert X(e^{j\hat{\omega}})\rvert^2 d\hat{\omega}$	

9.5.1 선형성

푸리에변환은 선형 특성을 갖는다. 스펙트럼 $X_1(e^{j\hat{\omega}})$과 $X_2(e^{j\hat{\omega}})$이 각각 $x_1[n]$과 $x_2[n]$의 DTFT이라면 임의의 상수 α와 β에 대하여 다음을 만족한다.

$$DTFT\{\alpha x_1[n]+\beta x_2[n]\}=\alpha X_1(e^{j\hat{\omega}})+\beta X_2(e^{j\hat{\omega}}) \tag{9.53}$$

9.5.2 시간 이동 특성

스펙트럼 $X(e^{j\hat{\omega}})$이 $x[n]$의 DTFT이라면 시간 이동된 신호 $x[n-n_0]$의 DTFT는 다음과 같이 표현된다.

$$DTFT\{x[n-n_0]\} = \sum_{n=-\infty}^{\infty} x[n-n_0]e^{-j\hat{\omega}n} = \sum_{m=-\infty}^{\infty} x[m]e^{-j\hat{\omega}(m+n_0)}, \quad m = n - n_0$$

$$= e^{-j\hat{\omega}n_0} \sum_{m=-\infty}^{\infty} x[m]e^{-j\hat{\omega}m} = e^{-j\hat{\omega}n_0}X(e^{j\hat{\omega}}) \tag{9.54}$$

식 (9.54)에서 볼 수 있듯 시간 이동 n_0는 주파수 영역에서 기울기 $-n_0$의 선형 위상으로 나타난다.

예제 9.5

중앙에 위치한 사각펄스 신호의 DTFT를 구하라.

$$x_c[n] = \begin{cases} 1, & |n| \le (M-1)/2 \\ 0, & \text{그외} \end{cases} \tag{9.55}$$

이 신호는 식 (9.32)의 인과 사각펄스에 비하여 $(M-1)/2$ 만큼 왼쪽으로 이동(선행)되었다.

풀이 $x_c[n] = x[n+(M-1)/2]$이므로 9.3.1절의 결과에 DTFT의 시간 이동 특성을 적용하면

$$X_c(e^{j\hat{\omega}}) = X(e^{j\hat{\omega}}) \cdot e^{j\hat{\omega}(M-1)/2}$$

$$= \frac{\sin(\hat{\omega}M/2)}{\sin(\hat{\omega}/2)} = M\text{asinc}_M(e^{j\hat{\omega}}) \tag{9.56}$$

그러므로

$$x_c[n] = \begin{cases} 1, & |n| \le (M-1)/2 \\ 0, & \text{그외} \end{cases} \quad \overset{DTFT}{\longleftrightarrow} \quad \frac{\sin(\hat{\omega}M/2)}{\sin(\hat{\omega}/2)} = X_c(e^{j\hat{\omega}}). \tag{9.57}$$

그림 9.11은 $M = 5$인 경우 DTFT 변환쌍이다.

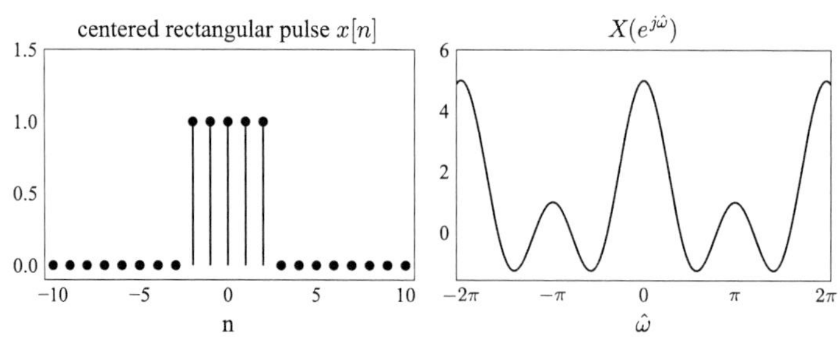

그림 9.11 중앙에 위치한 사각펄스와 푸리에변환(예제 9.5, $M = 5$).

9.5.3 켤레 대칭성

스펙트럼 $X(e^{j\hat{\omega}})$을 $x[n]$의 DTFT라고 가정하면 $x^*[n]$의 DTFT는 다음과 같이 구해진다.

$$\begin{aligned} DTFT\{x^*[n]\} &= \sum_{n=-\infty}^{\infty} x^*[n]e^{-j\hat{\omega}n} \\ &= \sum_{n=-\infty}^{\infty} \left(x[n]e^{-j(-\hat{\omega})n}\right)^* \\ &= X^*(e^{-j\hat{\omega}}) \end{aligned} \tag{9.58}$$

만약 $x[n]$이 실수 신호이면

$$x^*[n] = x[n] \quad \xleftrightarrow{DTFT} \quad X^*(e^{-j\hat{\omega}}) = X(e^{j\hat{\omega}}) \tag{9.59}$$

이므로 이산시간 실수 신호의 DTFT는 켤레 대칭이다. 켤레 대칭은 실수 우함수와 허수 기함수로 혹은 크기 우함수와 위상 기함수로 구성된다.

9.5.4 시간 반전

시간 반전된 신호 $x[-n]$의 DTFT를 구하면 다음과 같다.

$$\begin{aligned} DTFT\{x[-n]\} &= \sum_{n=-\infty}^{\infty} x[-n]e^{-j\hat{\omega}n} \\ &= \sum_{m=-\infty}^{\infty} x[m]e^{-j(-\hat{\omega})m}, \quad m=-n \\ &= X(e^{-j\hat{\omega}}) \end{aligned} \tag{9.60}$$

시간 반전을 DTFT의 대칭성과 결합하면 흥미로운 결과를 얻게 된다.

- 신호 $x[n]$이 실수 우함수이면

  $$x[-n] = x[n] = x^*[n] \quad \xleftrightarrow{DTFT} \quad X(e^{-j\hat{\omega}}) = X(e^{j\hat{\omega}}) = X^*(e^{-j\hat{\omega}})$$

  따라서 $X(e^{j\hat{\omega}})$는 실수 우함수이다.

- 신호 $x[n]$이 실수 기함수이면

  $$x[-n] = -x[n] = -x^*[n] \quad \xleftrightarrow{DTFT} \quad X(e^{-j\hat{\omega}}) = -X(e^{j\hat{\omega}}) = -X^*(e^{-j\hat{\omega}})$$

  따라서 $X(e^{j\hat{\omega}})$는 허수 기함수이다.

예제 9.6

양방향 지수 신호 $x[n] = a^{|n|}$의 DTFT를 구하라($|a| < 1$).

풀이 양방향 실수 지수 신호이므로 DTFT는 실수 우함수이다. DTFT를 적용하기 위해 신호를 다음과 같이 분해하자.

$$x[n] = \underbrace{a^n u[n]}_{\text{인과부분}} + \underbrace{a^{-n}u[-n] - \delta[n]}_{\text{반인과부분}} \tag{9.61}$$

DTFT의 선형성에 의하여 세 성분에 개별적으로 DTFT를 적용할 수 있다. 인과 지수 신호의 DTFT는 예제 9.4로부터

$$a^n u[n] \xleftrightarrow{DTFT} \frac{1}{1 - ae^{-j\hat{\omega}}} \tag{9.62}$$

이다. 이 결과에 DTFT의 시간 반전 특성을 적용하면

$$a^{-n}u[-n] \xleftrightarrow{DTFT} \frac{1}{1 - ae^{j\hat{\omega}}} \tag{9.63}$$

이다. 마지막으로 9.3.2절로부터

$$\delta[n] \xleftrightarrow{DTFT} 1 \tag{9.64}$$

이다. 이 세 부분을 결합하면 다음 결과를 얻는다

$$\begin{aligned} X(e^{j\hat{\omega}}) &= \frac{1}{1 - ae^{-j\hat{\omega}}} + \frac{1}{1 - ae^{j\hat{\omega}}} - 1 \\ &= \frac{2 - a(e^{j\hat{\omega}} + e^{-j\hat{\omega}})}{(1 - ae^{-j\hat{\omega}})(1 - ae^{j\hat{\omega}})} - 1 \\ &= \frac{1 - a^2}{1 - a(e^{j\hat{\omega}} + e^{-j\hat{\omega}}) + a^2} = \frac{1 - a^2}{1 - 2a\cos\hat{\omega} + a^2} \end{aligned} \tag{9.65}$$

DTFT 스펙트럼 식 (9.65)는 예상대로 실수 우함수이다.

9.5.5 주파수 이동 특성과 변조 특성

스펙트럼 $X(e^{j\hat{\omega}})$를 $x[n]$의 DTFT라고 가정하면 $-\pi < \hat{\omega}_0 < \pi$만큼 주파수 이동된 스펙트럼 $X(e^{j(\hat{\omega}-\hat{\omega}_0)})$의 IDTFT는 다음과 같이 구할 수 있다.

$$\begin{aligned} IDTFT\{X(e^{j(\hat{\omega}-\hat{\omega}_0)})\} &= \frac{1}{2\pi}\int_{2\pi} X(e^{j(\hat{\omega}-\hat{\omega}_0)})e^{j\hat{\omega}n}d\hat{\omega} \\ &= \frac{1}{2\pi}\int_{2\pi} X(e^{j\theta})e^{j(\theta+\hat{\omega}_0)n}d\theta, \quad \theta = \hat{\omega} - \hat{\omega}_0 \\ &= e^{j\hat{\omega}_0 n}\frac{1}{2\pi}\int_{2\pi} X(e^{j\theta})e^{j\theta n}d\theta = e^{j\hat{\omega}_0 n}x[n] \end{aligned} \tag{9.66}$$

이로써 주파수 이동 특성은 다음의 DTFT 쌍으로 표현된다.

$$e^{j\hat{\omega}_0 n}x[n] \quad \overset{DTFT}{\longleftrightarrow} \quad X(e^{j(\hat{\omega}-\hat{\omega}_0)}) \tag{9.67}$$

변조 특성은 신호에 $e^{j\hat{\omega}_0 n}$ 대신 $\cos(\hat{\omega}_0 n)$을 곱한 결과이다. 변조된 신호 $x[n]\cos(\hat{\omega}_0 n)$은

$$x[n]\cos(\hat{\omega}_0 n) = \frac{1}{2}x[n]e^{j\hat{\omega}_0 n} + \frac{1}{2}x[n]e^{-j\hat{\omega}_0 n} \tag{9.68}$$

이므로 각 항에 주파수 이동 특성을 적용하면 다음 DTFT 변환쌍을 얻는다.

$$x[n]\cos(\hat{\omega}_0 n) \quad \overset{DTFT}{\longleftrightarrow} \quad \frac{1}{2}X(e^{j(\hat{\omega}-\hat{\omega}_0)}) + \frac{1}{2}X(e^{j(\hat{\omega}+\hat{\omega}_0)}) \tag{9.69}$$

예제 9.7

길이제한된 정현 신호

$$x_M[n] = \cos(\hat{\omega}_0 n), \quad n = 0, 1, \ldots, M-1 \tag{9.70}$$

의 DTFT를 구하고 스펙트럼을 스케치하라.

풀이 길이제한된 정현 신호 $x_M[n]$은 사각펄스 신호 $p[n]$를 이용하여

$$x_M[n] = p[n]\cos(\hat{\omega}_0 n) \tag{9.71}$$

과 같이 표현될 수 있다. 식 (9.71)에 오일러 관계식을 적용하면

$$x_M[n] = \frac{1}{2}p[n]e^{j\hat{\omega}_0 n} + \frac{1}{2}p[n]e^{-j\hat{\omega}_0 n} \tag{9.72}$$

이다. 여기에 식 (9.69)와 같이 주파수 이동 특성을 적용하면 $x_M[n]$의 DTFT는 다음과 같이 표현된다.

$$\begin{aligned} X_M(e^{j\hat{\omega}}) &= \frac{1}{2}P(\hat{\omega}-\hat{\omega}_0) + \frac{1}{2}P(\hat{\omega}+\hat{\omega}_0) \\ &= \frac{1}{2}\frac{\sin((\hat{\omega}-\hat{\omega}_0)M/2)}{\sin((\hat{\omega}-\hat{\omega}_0)/2)} + \frac{1}{2}\frac{\sin((\hat{\omega}+\hat{\omega}_0)M/2)}{\sin((\hat{\omega}+\hat{\omega}_0)/2)} \end{aligned} \tag{9.73}$$

그림 9.12는 정현 신호가 길이제한되면 스펙트럼이 어떻게 달라지는지를 보여 준다. 무한길이 정현 신호 $x[n] = \cos(\hat{\omega}_0 n)$가 사각펄스 $p[n]$에 의하여 길이제한되면, 사각펄스의 스펙트럼 $P(e^{j\hat{\omega}})$이 정현 신호 $x[n] = \cos(\hat{\omega}_0 n)$에 의하여 $\pm\hat{\omega}_0$ 만큼 주파수 이동되고, 크기는 반으로 줄어든다. 이 결과를 정현 신호의 스펙트럼 관점에서 해석할 수도 있다. 길이제한되지 않은 정현 신호의 스펙트럼은 임펄스이지만, 길이제한되면 스펙트럼은 더 이상 임펄스가 아니며 사각펄스 스펙트럼 $P(e^{j\hat{\omega}})$의 모습을 갖는다. 사각펄스의 길이가 좁으면 좁을수록 $P(e^{j\hat{\omega}})$는 평편해지고 사각펄스의 길이가 넓으면 $P(e^{j\hat{\omega}})$는 뾰족해진다(9.11.1절

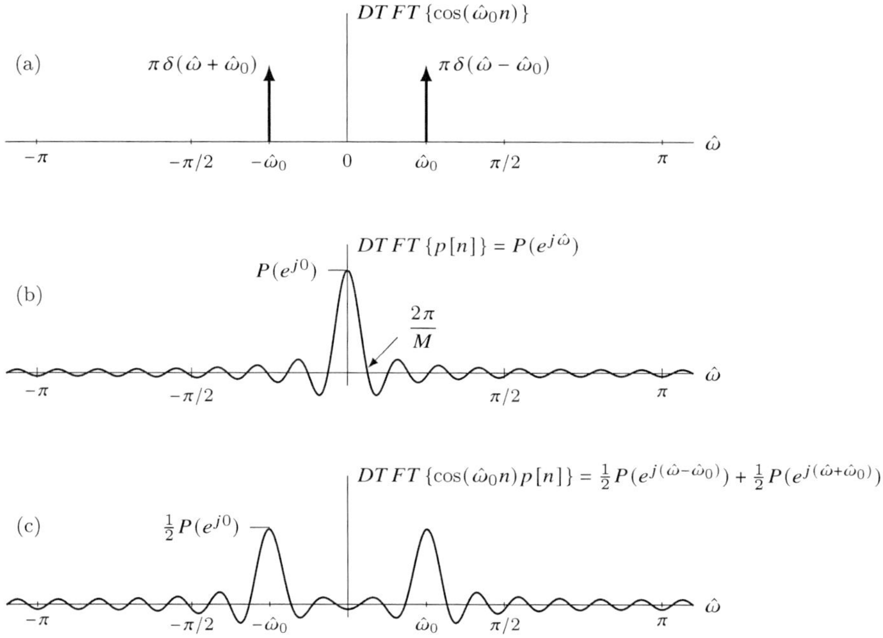

그림 9.12 길이제한된 코사인 신호의 DTFT 스펙트럼: (a) 무한길이 복소지수 신호 $\cos(\hat{\omega}_0 n)$의 스펙트럼 (b) 사각펄스 $p[n]$의 스펙트럼 (c) 길이제한된 $\cos(\hat{\omega}_0 n)p[n]$의 스펙트럼(예제 9.7).

참고). 여러 응용에서 수집된 유한길이의 신호로부터 정현 신호의 존재유무뿐 아니라 정현 신호의 세 파라미터인 진폭, 주파수, 위상 등을 추정한다. 이때 $P(e^{j\hat{\omega}})$가 넓으면 넓을수록 추정값은 부정확해진다.

연습 9.2 사인파로 변조된 신호 $x[n]\sin(\hat{\omega}_0 n)$의 DTFT를 구하라.
답: $\frac{1}{2}e^{-j\pi/2}X(e^{j(\hat{\omega}-\hat{\omega}_0)}) + \frac{1}{2}e^{j\pi/2}X(e^{j(\hat{\omega}+\hat{\omega}_0)})$

9.5.6 콘볼루션 특성

DTFT의 콘볼루션 특성은 다음과 같이 표현된다.

$$x_1[n] * x_2[n] \quad \overset{DTFT}{\longleftrightarrow} \quad X_1(e^{j\hat{\omega}})X_2(e^{j\hat{\omega}}) \tag{9.74}$$

콘볼루션은 시스템의 입력과 출력의 관계를 정의하는 연산이다. 예를 들어, $h[n] = \{1,\ 3,\ 1\}$인 시스템의 출력은

$$y[n] = \sum_{k=0}^{M} h[k]x[n-k] = h[0]\cdot x[n] + h[1]\cdot x[n-1] + h[2]\cdot x[n-2] \tag{9.75}$$

이다. 식 (9.75)의 양변을 DTFT 취하고 시간 이동 특성을 활용하여 정리하면 다음과 같다.

$$\begin{aligned} Y(e^{j\hat{\omega}}) &= h[0]\cdot X(e^{j\hat{\omega}}) + h[1]\cdot e^{-j\hat{\omega}}X(e^{j\hat{\omega}}) + h[2]\cdot e^{-j2\hat{\omega}}X(e^{j\hat{\omega}}) \\ &= \left(h[0] + h[1]e^{-j\hat{\omega}} + h[2]e^{-j2\hat{\omega}}\right)X(e^{j\hat{\omega}}) \\ &= H(e^{j\hat{\omega}})X(e^{j\hat{\omega}}) \end{aligned} \tag{9.76}$$

9.6 파시벌 정리와 에너지

9.6.1 파시벌 정리

파시벌 정리는 신호의 에너지를 시간 영역과 주파수 영역에서 표현할 수 있도록 한다.

$$\sum_{n=-\infty}^{\infty}|x[n]|^2 = \frac{1}{2\pi}\int_{2\pi}|X(e^{j\hat{\omega}})|^2 d\hat{\omega} \tag{9.77}$$

파시벌 정리는 시간 영역의 에너지와 주파수 영역에서 에너지를 연결하며, 주파수 영역에서 에너지가 어디에 얼마나 분포되어 있는가를 보여 준다는 점에서 유용하다. 이런 점에서

$$\frac{1}{2\pi}|X(e^{j\hat{\omega}})|^2$$

는 **스펙트럼 밀도**spectral density의 의미를 갖는다. 여기서 $|X(e^{j\hat{\omega}})|^2$는 **에너지 스펙트럼**으로 정의된다. 스펙트럼 밀도 개념을 이용하면 일부 주파수 영역에서의 에너지를 계산할 수 있다.

다음 DTFT 쌍을 고려하자.

$$[(9.44)] \qquad x[n] = \frac{\sin(\hat{\omega}_b n)}{\pi n} \xleftrightarrow{DTFT} X(e^{j\hat{\omega}}) = \begin{cases} 1, & |\hat{\omega}| \le \hat{\omega}_b \\ 0, & \hat{\omega}_b < |\hat{\omega}| \le \pi \end{cases}$$

이 신호의 에너지를 시간 영역에서 구하려면

$$E_x = \sum_{n=-\infty}^{\infty}|x[n]|^2 = \sum_{n=-\infty}^{\infty}\left|\frac{\sin(\hat{\omega}_b n)}{\pi n}\right|^2 \tag{9.78}$$

의 계산이 필요하지만 계산할 수 없다. 대신 파시벌 정리를 이용하여 주파수 영역에서 계산하면 간단하다.

$$E_x = \frac{1}{2\pi}\int_{-\pi}^{\pi}|X(e^{j\hat{\omega}})|^2 d\hat{\omega} = \frac{1}{2\pi}\int_{-\hat{\omega}_b}^{\hat{\omega}_b} 1\cdot d\hat{\omega} = \frac{\hat{\omega}_b}{\pi} \tag{9.79}$$

파시벌 정리를 이용하면 일부 주파수 구간의 에너지를 계산할 수 있다. 길이 M 사각펄스의

DTFT 변환쌍을 고려하자.

$$[(9.34)] \quad x[n] = \begin{cases} 1, & 0 \le n < M \\ 0, & \text{그외} \end{cases} \quad \overset{DTFT}{\longleftrightarrow} \quad e^{-j\hat{\omega}(M-1)/2} \frac{\sin(\hat{\omega}M/2)}{\sin(\hat{\omega}/2)}$$

$M = 5$인 경우 신호의 에너지 스펙트럼 $|X(e^{j\hat{\omega}})|^2$은 그림 9.13과 같다. 이 신호의 에너지는 다음과 같이 주어진다.

$$E_x = \sum_{n=0}^{M-1} |x[n]|^2 = \sum_{n=0}^{4} 1 = 5 \tag{9.80}$$

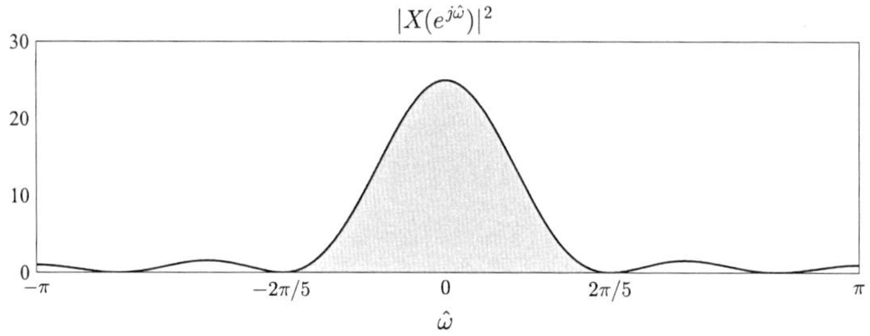

그림 9.13 길이 5인 사각펄스 신호의 에너지 스펙트럼.

그림에서 음영처리된 부분 $|\hat{\omega}| < 2\pi/5$의 범위에 포함된 에너지는

$$E_{x-partial} = \frac{1}{2\pi}\int_{-2\pi/5}^{2\pi/5} |X(e^{j\hat{\omega}})|^2 d\hat{\omega} = \frac{1}{2\pi}\int_{-2\pi/5}^{2\pi/5} \left|\frac{\sin(\hat{\omega}M/2)}{\sin(\hat{\omega}/2)}\right|^2 d\hat{\omega} \tag{9.81}$$

이다. 이 적분은 손으로 계산할 수 없지만, 컴퓨터 수치계산을 활용하면

$$E_{x-partial} = \frac{1}{2\pi}\int_{-2\pi/5}^{2\pi/5} \left|\frac{\sin(\hat{\omega}M/2)}{\sin(\hat{\omega}/2)}\right|^2 d\hat{\omega} \approx 4.582 \tag{9.82}$$

으로 확인된다. 이로부터 전체 에너지 $E_x = 5$ 중에서 $|\hat{\omega}| < 2\pi/5$ 부분에는 91.646%의 에너지가 분포되어 있음을 확인할 수 있다.

9.6.2 에너지와 자기상관

두 신호 $x_1[n]$과 $x_2[n]$의 **상호상관**cross-correlation 혹은 상관은 신호 간 유사성을 측정하는 지표로 다음과 같이 정의된다.

$$r_{x_1x_2}[n] = \sum_{k=-\infty}^{\infty} x_1[k]x_2[k-n] \tag{9.83}$$

여기서 n은 두 신호 간 시간차이다. 만약 두 신호가 동일하다면$(x_1[n] = x_2[n] = x[n])$, 식 (9.83)은

$$r_{xx}[n] = \sum_{k=-\infty}^{\infty} x[k]x[k-n] \tag{9.84}$$

과 같이 표현되며, 이를 **자기상관**autocorrelation 이라 한다.

자기상관은 다음과 같이 콘볼루션으로 표현될 수 있다.

$$r_{xx}[n] = \sum_{k=-\infty}^{\infty} x[k]x[-(n-k)] = x[n] * x[-n] \tag{9.85}$$

이 관계식은 상호상관을 푸리에 영역에서 표현하고 계산할 수 있는 길을 열어준다. $x[n]$이 실수 신호라고 가정하고 자기상관(식 (9.85))을 DTFT 취하여 정리하면 다음과 같다.

$$\begin{aligned} R_{xx} &= DTFT\{x[n] * x[-n]\} \\ &= X(e^{j\hat{\omega}})X(e^{-j\hat{\omega}}) \qquad \text{(콘볼루션과 시간 반전 특성)} \\ &= X(e^{j\hat{\omega}})X^*(e^{j\hat{\omega}}) \qquad \text{(실수 신호의 켤레 대칭성)} \\ &= |X(e^{j\hat{\omega}})|^2 \end{aligned} \tag{9.86}$$

이처럼 신호의 자기상관과 에너지 스펙트럼은 DTFT 쌍이다.

$$r_{xx}[n] = \sum_{k=-\infty}^{\infty} x[k]x[k-n] = \frac{1}{2\pi}\int_{-\pi}^{\pi} |X(e^{j\hat{\omega}})|^2 e^{j\hat{\omega}n} d\hat{\omega} \tag{9.87}$$

이 식에 $n=0$을 대입하면 다음과 같이 파시벌 정리를 얻게 된다.

$$r_{xx}[0] = \sum_{k=-\infty}^{\infty} |x[k]|^2 = \frac{1}{2\pi}\int_{-\pi}^{\pi} |X(e^{j\hat{\omega}})|^2 d\hat{\omega} \tag{9.88}$$

$n=0$일 때 두 신호가 시간적으로 완전히 겹치므로 자기상관은

$$r_{xx}[n] \le r_{xx}[0], \quad \text{모든 } n\text{에 대하여}$$

를 만족한다.

9.7 DTFT와 LTI 시스템

지금까지 우리는 이산시간 신호가 푸리에 영역에서 어떻게 표현되며 어떤 특성을 가지는지 살펴보았다. 이 절에서는 이산시간 LTI 시스템이 푸리에 영역에서 어떻게 표현되는지 알아본다.

9.7.1 주파수 응답과 정현 응답

이산시간 LTI 시스템에 단일 주파수 성분의 복소지수 신호

$$x[n] = e^{j\hat{\omega}_0 n}, \quad -\infty < n < \infty \tag{9.89}$$

가 입력되었다고 가정하자. 복소지수 신호에 대한 출력 $y[n]$은 콘볼루션 합으로부터 다음과 같이 구해진다.

$$y[n] = \sum_{k=-\infty}^{\infty} h[k]x[n-k] = \sum_{k=-\infty}^{\infty} h[k]e^{j\hat{\omega}_0(n-k)}$$
$$= \underbrace{\left(\sum_{k=-\infty}^{\infty} h[k]e^{-j\hat{\omega}_0 k}\right)}_{H(e^{j\hat{\omega}_0})} e^{j\hat{\omega}_0 n} = H(e^{j\hat{\omega}_0})e^{j\hat{\omega}_0 n} \tag{9.90}$$

이를 간단히 표기하면

$$e^{j\hat{\omega}_0 n} \quad \longmapsto \quad H(e^{j\hat{\omega}_0})e^{j\hat{\omega}_0 n} \tag{9.91}$$

이다(그림 9.14).

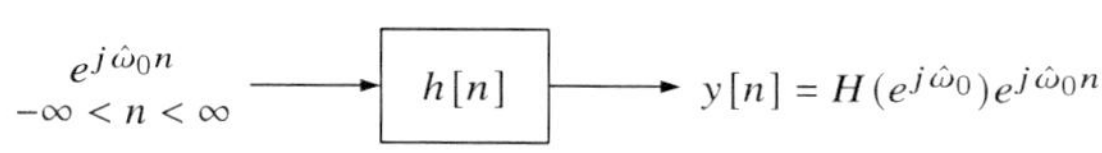

그림 9.14 이산 LTI 시스템의 주파수 응답.

여기서 $H(e^{j\hat{\omega}})$는 임펄스 응답 $h[n]$의 DTFT

$$H(e^{j\hat{\omega}}) = \sum_{k=-\infty}^{\infty} h[k]e^{-j\hat{\omega}k} \tag{9.92}$$

이며 시스템의 **주파수 응답**frequency response이다. 입력과 출력이 동일하게 복소지수 신호 꼴로 표현되므로, 연속시간의 경우(4.5.1절)와 마찬가지로, 복소지수 신호 $e^{j\hat{\omega}_0 n}$은 LTI 시스템의 **고유함수**이며 $H(e^{j\hat{\omega}_0})$는 **고유값**이다.

이 결과를 실수 신호인 정현 입력

$$x[n] = A\cos(\hat{\omega}_o n + \phi) = \frac{A}{2}\left(e^{j(\hat{\omega}_0+\phi)n} + e^{-j(\hat{\omega}_0+\phi)n}\right) \tag{9.93}$$

에 확장해 보자. 주파수 응답을 극좌표 형식으로 표현하면

$$H(e^{j\hat{\omega}}) = |H(e^{j\hat{\omega}})|e^{j\measuredangle H(e^{j\hat{\omega}})} \tag{9.94}$$

이므로 출력은 다음과 같이 표현된다.

$$y[n] = \frac{A}{2}|H(e^{j\hat{\omega}_0})|e^{j\measuredangle H(e^{j\hat{\omega}_0})}e^{j(\hat{\omega}_0 n+\phi)} + \frac{A}{2}|H(e^{-j\hat{\omega}_0})|e^{j\measuredangle H(e^{-j\hat{\omega}_0})}e^{-j(\hat{\omega}_0 n+\phi)} \tag{9.95}$$

임펄스 응답 $h[n]$이 실수 함수라고 가정하면, $H(e^{j\hat{\omega}})$는 켤레 대칭이므로 식 (9.95)를 다음과 같이 표현할 수 있다.

$$y[n] = \frac{A}{2}|H(e^{j\hat{\omega}_0})|e^{j(\hat{\omega}_0 n+\phi+\measuredangle H(e^{j\hat{\omega}_0}))} + \frac{A}{2}|H(e^{j\hat{\omega}_0})|e^{-j(\hat{\omega}_0 n+\phi+\measuredangle H(e^{j\hat{\omega}_0}))}$$

$$= A|H(e^{j\hat{\omega}_0})|\cos(\hat{\omega}_0 n + \phi + \angle H(e^{j\hat{\omega}_0})) \tag{9.96}$$

식 (9.96)을 시스템의 **정현 응답**sinusoidal response이라 한다. 시스템에 주파수 $\hat{\omega}_0$의 정현 신호가 입력되면, 크기는 $|H(e^{j\hat{\omega}_0})|$ 만큼 곱해지고 위상은 $\angle H(e^{j\hat{\omega}_0})$ 만큼 더해져서 출력된다. 일반적으로 입력 신호 $x[n]$은 무수히 많은 정현 신호의 합으로 구성된다고 가정되므로 식 (9.96)을 모든 주파수에 대하여 확장할 수 있다. 이 결과가 DTFT의 콘볼루션 특성이다.

$$Y(e^{j\hat{\omega}}) = H(e^{j\hat{\omega}})X(e^{j\hat{\omega}}) \tag{9.97}$$

예제 9.8

FIR 시스템 $y[n] = x[n] - x[n-1]$의 임펄스 응답은 $h[n] = \delta[n] - \delta[n-1] = \{1, -1\}$이다. 이 시스템은 현재의 입력에서 과거의 입력을 제거하므로 인접 샘플의 유사성을 제거하고 인접 샘플 간 차이를 강조한다. (a) 이 시스템의 주파수 응답을 계산하고 (b) 입력 $x[n] = 2 + 3\cos(0.5\pi n + \pi/3)$에 대한 출력 $y[n]$을 계산하라.

풀이 (a) 이 시스템의 주파수 응답을 구하면

$$\begin{aligned} H(e^{j\hat{\omega}}) &= \sum_{n=-\infty}^{\infty} h[n]e^{-j\hat{\omega}n} = \sum_{n=-\infty}^{\infty} (\delta[n] - \delta[n-1])\, e^{-j\hat{\omega}n} = 1 - e^{-j\hat{\omega}} \\ &= e^{-j\hat{\omega}/2}\left(e^{j\hat{\omega}/2} - e^{-j\hat{\omega}/2}\right) = e^{-j\hat{\omega}/2}\,[2j\sin(\hat{\omega}/2)] \\ &= 2e^{-j(\hat{\omega}/2-\pi/2)}\sin(\hat{\omega}/2) \end{aligned} \tag{9.98}$$

이다. 크기 스펙트럼은

$$|H(e^{j\hat{\omega}})| = |2e^{-j(\hat{\omega}/2-\pi/2)}\sin(\hat{\omega}/2)| = 2|\sin(\hat{\omega}/2)| \tag{9.99}$$

이다. 위상 스펙트럼은 $\sin(\hat{\omega}/2)$의 부호 반전에 따라 추가되는 $-\pi$를 포함하여 다음과 같이 표현된다.

$$\angle H(e^{j\hat{\omega}}) = \begin{cases} -\hat{\omega}/2 + \pi/2, & 0 \le \hat{\omega} < \pi \\ -\hat{\omega}/2 - \pi/2, & -\pi \le \hat{\omega} < 0 \end{cases} \tag{9.100}$$

주파수 응답의 크기와 위상 스펙트럼은 그림 9.15와 같다. 이 시스템은 낮은 주파수 성분을 억제하고 높은 주파수 성분을 잘 통과시키는 고대역통과 필터에 속한다.
(b) 입력 $x[n]$은 주파수 $\hat{\omega}_1 = 0$과 $\hat{\omega}_2 = 0.5\pi$ 성분으로 구성되어 있다. 그림 9.15에 표시된 점은 입력에 포함된 각 정현 성분 주파수에서 $H(e^{j\hat{\omega}})$의 크기와 위상에 해당한다. 각각의 주파수에서 주파수 응답의 크기와 위상을 계산하면

$$\hat{\omega}_1 = 0: \quad H(e^{j\hat{\omega}_1}) = 0$$

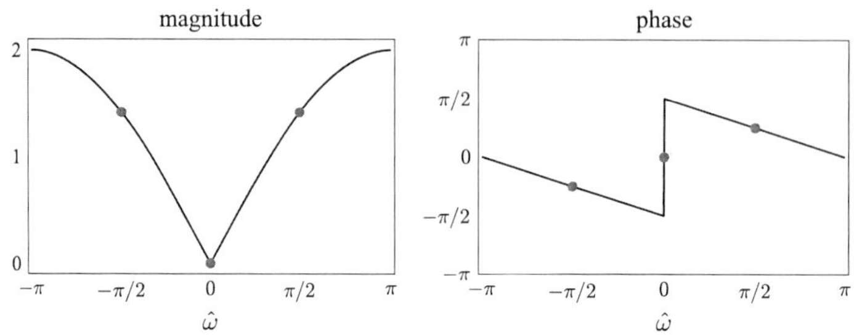

그림 9.15 일차 차분 시스템의 주파수 응답(예제 9.8).

$$\hat{\omega}_2 = 0.5\pi : \quad H(e^{j\hat{\omega}_2}) = 2e^{-j(0.5\pi/2-\pi/2)}\sin(0.5\pi/2)$$

$$= 1 + j = \sqrt{2}e^{j\pi/4} \tag{9.101}$$

이 결과를 식 (9.96)에 대입하고 정리하면 출력은 다음과 같이 표현된다.

$$\begin{aligned} y[n] &= |H(e^{j\hat{\omega}_1})| \cdot 2 + |H(e^{j\hat{\omega}_2})| \cdot 3\cos(0.5\pi n + \pi/3 + \angle H(e^{j\hat{\omega}_2})) \\ &= 0 \cdot 2 + \sqrt{2} \cdot 3\cos(0.5\pi n + \pi/3 + \pi/4) \\ &= 3\sqrt{2}\cos(0.5\pi n + 7\pi/12) \end{aligned} \tag{9.102}$$

그림 9.16은 입력과 출력 신호의 시간 파형이고, 그림 9.17은 입력과 출력 신호의 DTFT 스펙트럼이다. 이 그림들은 입력에 포함되었던 DC 성분이 제거되고 $\hat{\omega}_2 = 0.5\pi$의 정현 성분만 남아있음을 보여 준다.

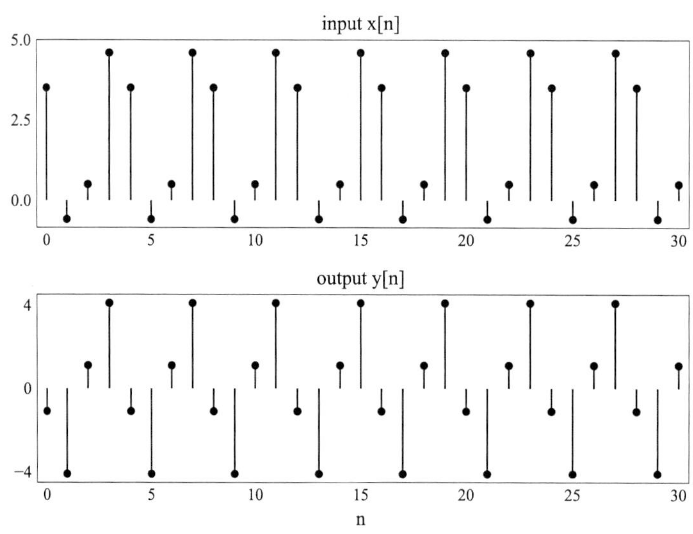

그림 9.16 일차 차분 시스템의 입력과 출력 신호 파형(예제 9.8).

지금까지는 시스템이 임펄스 응답으로 표현되었다고 가정하였다. 이번에는 LTI 시스템이

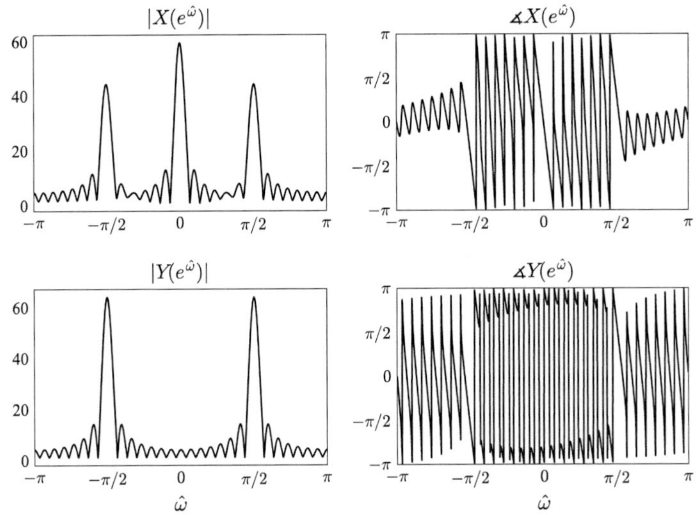

그림 9.17 일차 차분 시스템의 입력과 출력 DTFT 스펙트럼(예제 9.8).

차분방정식

$$y[n] = \sum_{k=1}^{N} a_k y[n-k] + \sum_{k=0}^{M} b_k x[n-k] \tag{9.103}$$

으로 표현되었다고 가정하자. $X(e^{j\hat\omega})$와 $Y(e^{j\hat\omega})$를 각각 $x[n]$과 $y[n]$의 DTFT라고 가정하고, 식 (9.103)의 양변을 DTFT 변환하면, DTFT의 선형성과 시간 이동 특성을 이용하여,

$$\left(1 - \sum_{k=1}^{N} a_k e^{-j\hat\omega k}\right) Y(e^{j\hat\omega}) = \left(\sum_{k=0}^{M} b_k e^{-j\hat\omega k}\right) X(e^{j\hat\omega}) \tag{9.104}$$

와 같이 된다. 이를 정리하면 시스템의 주파수 응답은 다음과 같이 표현된다.

$$H(e^{j\hat\omega}) = \frac{Y(e^{j\hat\omega})}{X(e^{j\hat\omega})} = \frac{\displaystyle\sum_{k=0}^{M} b_k e^{-j\hat\omega k}}{1 - \displaystyle\sum_{k=1}^{N} a_k e^{-j\hat\omega k}} \tag{9.105}$$

식 (9.105)의 분모와 분자는 각각 a_k와 b_k를 계수로 하는 $e^{-j\hat\omega}$의 다항식이며, 각각의 주파수 $\hat\omega$에서 입력 $X(e^{j\hat\omega})$과 출력 $Y(e^{j\hat\omega})$의 비로 표현되므로 **전달함수**transfer function라 부른다. 주파수 응답과 전달함수는 동일한 것을 관점에 따라 다르게 부르는데 지나지 않으므로 통상적으로 혼용된다.

예제 9.9

FIR 필터

$$y[n] = x[n] + 2x[n-1] + x[n-2] \tag{9.106}$$

의 주파수 응답을 구하고 크기와 위상 스펙트럼을 플롯하라.

풀이 FIR 필터의 주파수 응답은 여러 방법으로 구할 수 있다.

- 식 (9.106)에 $x[n] = e^{j\hat{\omega}n}$을 대입하는 방법 :

$$y[n] = e^{j\hat{\omega}n} + 2e^{j\hat{\omega}(n-1)} + e^{j\hat{\omega}(n-2)} = \underbrace{\left(1 + 2e^{-j\hat{\omega}} + e^{-j\hat{\omega}2}\right)}_{H(e^{j\hat{\omega}})} e^{j\hat{\omega}n}$$

- 임펄스 응답을 DTFT 변환하는 방법 : 식 (9.106)에 $x[n] = \delta[n]$을 대입하면

$$h[n] = \delta[n] + 2\delta[n-1] + \delta[n-2] \quad \xleftrightarrow{DTFT} \quad 1 + 2e^{-j\hat{\omega}} + e^{-j\hat{\omega}2} = H(e^{j\hat{\omega}})$$

- 양변을 DTFT 취하는 방법 :

$$\begin{aligned} Y(e^{j\hat{\omega}}) &= X(e^{j\hat{\omega}}) + 2e^{-j\hat{\omega}}X(e^{j\hat{\omega}}) + e^{-j\hat{\omega}2}X(e^{j\hat{\omega}}) \\ &= \underbrace{\left(1 + 2e^{-j\hat{\omega}} + e^{-j\hat{\omega}2}\right)}_{H(e^{j\hat{\omega}})} X(e^{j\hat{\omega}}) \end{aligned}$$

주파수 응답의 크기와 위상 스펙트럼을 얻기 위해 $H(e^{j\hat{\omega}})$를 간단히 표현하면

$$H(e^{j\hat{\omega}}) = e^{-j\hat{\omega}}(e^{j\hat{\omega}} + 2 + e^{-j\hat{\omega}}) = 2e^{-j\hat{\omega}}(1 + \cos\hat{\omega})$$

이다. 이로부터 크기와 위상 스펙트럼은 각각 다음과 같이 구해진다.

$$|H(e^{j\hat{\omega}})| = 2(1 + \cos\hat{\omega})$$

$$\measuredangle H(e^{j\hat{\omega}}) = -\hat{\omega}$$

그림 9.18은 주파수 응답의 크기와 위상 스펙트럼이다. 크기 스펙트럼은 주파수 $\hat{\omega} = 0$에서 최대이고 $|\hat{\omega}|$가 증가함에 따라 감소한다. 따라서 이 FIR 필터는 저주파 성분을 잘 통과시키고 고주파 성분을 억제하는 저대역통과 필터에 속한다. 위상 스펙트럼은 선형이며 기울기는 -1이다. 선형 위상의 기울기는 시스템의 시간 지연과 관련된다. 즉, 이 시스템은 중앙에 위치한 이동평균기 $h[n] = \{1, \underset{\uparrow}{2}, 1\}$에 비하여 한 샘플 지연된 인과 이동평균기이며, 출력은 입력에 비하여 한 샘플 지연된다.

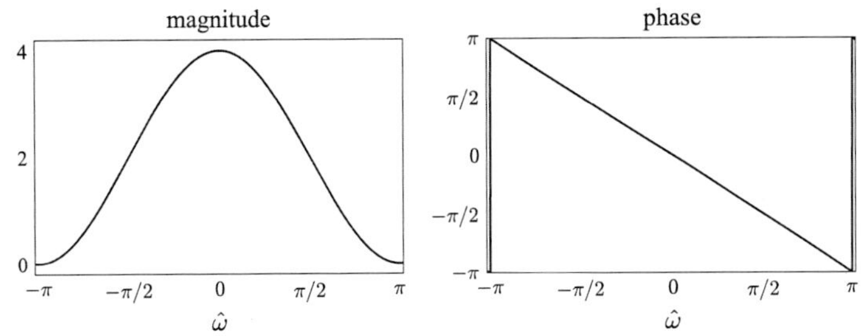

그림 9.18 FIR 시스템의 주파수 응답 계산(예제 9.9).

예제 9.10

다음 IIR 필터의 주파수 응답과 임펄스 응답을 구하라.

$$y[n] = 0.8y[n] + x[n] \tag{9.107}$$

풀이 식 (9.105)와 같이 입출력 관계식의 계수 $\{a_k, b_k\}$로부터 주파수 응답을 구할 수 있다.

$$H(e^{j\hat{\omega}}) = \frac{1}{1 - 0.8e^{-j\hat{\omega}}} \tag{9.108}$$

주파수 응답을 IDTFT 변환하면 임펄스 응답을 얻는다. 이 시스템의 DTFT 스펙트럼은 예제 9.4에서 다루었다(그림 9.6 참고). IIR 필터의 위상은 FIR 필터의 위상과는 달리 비선형이다. 주파수 응답을 IDTFT 변환하면 임펄스 응답을 얻는다. DTFT 변환쌍 표 9.1을 이용하면

$$h[n] = (0.8)^n u[n] \quad \xleftrightarrow{DTFT} \quad H(e^{j\hat{\omega}}) = \frac{1}{1 - 0.8e^{-j\hat{\omega}}} \tag{9.109}$$

9.8 푸리에변환의 관계

9.8.1 푸리에변환 유형을 결정짓는 요소: 이산성과 주기성

지금까지 우리는 여러 유형의 푸리에변환을 배웠다. 이 변환들은 그림 9.19처럼 신호의 유형에 따라 분류된다. 유형 분류를 결정짓는 중요한 요소는 이산성과 주기성이다. 시간 영역에서 이산이면 주파수 영역에서는 주기적이고, 역으로 주파수 영역에서 이산이면 시간 영역에서 주기적이다. 즉, 한 영역에서의 이산성과 주기성은 다른 영역에서 각각 주기성과 이산성으로 나타난다. 이산성과 주기성의 상호관계는 신호 샘플링의 결과이다(6.5.2절 참고). DTFS와 DTFT는 시간 영역에서 이산이므로 주파수 영역에서 주기적이다.

연속시간 주기 신호 $\tilde{x}(t)$와 이산시간 주기 신호 $\tilde{x}[n]$은 샘플링 주파수 $f_s = 1/T_s$에 의하여 연결된다. 앞서 6.5절에서 살펴본 바와 같이 $t = nT_s$를 적용하여 $\tilde{x}(t)$를 샘플링하고 적분을 합으로 근사화하면 CTFS로부터 DTFS를 얻을 수 있다.

CTFS

$$\tilde{x}(t) = \sum_{k=-\infty}^{\infty} a_k e^{jk\omega_0 t}$$

$$a_k = \frac{1}{T_0}\int_{T_0} \tilde{x}(t)e^{-jk\omega_0 t}dt$$

연속 주기 ↕ 비주기 이산

CTFT

$$x(t) = \frac{1}{2\pi}\int_{-\infty}^{\infty} X(\omega)e^{j\omega t}d\omega$$

$$X(\omega) = \int_{-\infty}^{\infty} x(t)e^{-j\omega t}dt$$

연속 비주기 ↕ 비주기 연속

DTFS

$$\tilde{x}[n] = \sum_{k=0}^{N-1} \tilde{a}_k e^{jk(2\pi/N)n}$$

$$\tilde{a}_k = \frac{1}{N}\sum_{n=0}^{N-1} \tilde{x}[n]e^{-jk(2\pi/N)n}$$

이산 주기 ↕ 주기 이산

DTFT

$$x[n] = \frac{1}{2\pi}\int_{-\pi}^{\pi} X(e^{j\hat{\omega}})e^{j\hat{\omega}n}d\hat{\omega}$$

$$X(e^{j\hat{\omega}}) = \sum_{n=-\infty}^{\infty} x[n]e^{-j\hat{\omega}n}$$

이산 비주기 ↕ 주기 연속

그림 9.19 푸리에변환의 유형.

9.8.2 DTFT와 z-변환의 관계

DTFT는 8장에서 다루어진 z-변환의 특수한 경우이다. z-변환은 이산시간 신호 $x[n]$을 복소평면인 z-평면으로 매핑mapping하는데 반해, DTFT는 복소평면의 단위원 $e^{j\hat{\omega}}$으로 매핑한다. 그림 9.20에서 회색으로 보인 부분은 안정한 신호에 대한 z-변환의 수렴영역이다. 안정한 신호의 경우 수렴영역은 항상 단위원을 포함한다(8.5절 참고). DTFT와 양방향 z-변환을 비교해 보자.

$$X(z) = \sum_{n=-\infty}^{\infty} x[n]z^{-n} \quad \xleftrightarrow{z=e^{j\hat{\omega}}} \quad X(e^{j\hat{\omega}}) = \sum_{n=-\infty}^{\infty} x[n]e^{-j\hat{\omega}n} \tag{9.110}$$

이는 단방향 인과 신호의 경우도 마찬가지이다.

$$X(z) = \sum_{n=0}^{\infty} x[n]z^{-n} \quad \xleftrightarrow{z=e^{j\hat{\omega}}} \quad X(e^{j\hat{\omega}}) = \sum_{n=0}^{\infty} x[n]e^{-j\hat{\omega}n} \tag{9.111}$$

따라서 우리는 z-변환으로부터 다음과 같이 DTFT를 계산할 수 있다.

$$X(e^{j\hat{\omega}}) = X(z)\Big|_{z=e^{j\hat{\omega}}} \tag{9.112}$$

그림 9.21과 9.22는 z-영역과 $\hat{\omega}$-영역의 관계를 3차원 공간에서 보여 준다. 그림 9.21은 시스템 함수

$$H_1(z) = \frac{1}{1-0.7z^{-1}} \tag{9.113}$$

의 예이다. 이 함수는 극점 $p_1 = 0.7$과 영점 $z_1 = 0$을 갖는다. z-평면에서 시스템 함수의 크기는 극점과 영점에 의하여 결정된다. 극점에서 시스템 함수의 크기는 무한대로 치솟고

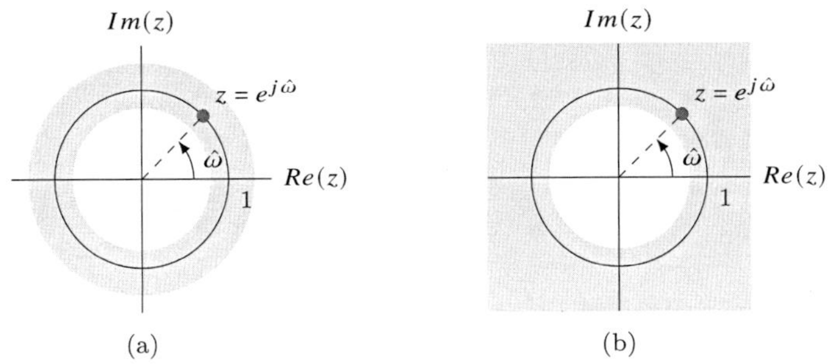

그림 9.20 DTFT와 z-변환의 관계: (a) 양방향 신호 (b) 단방향 인과 신호의 경우.

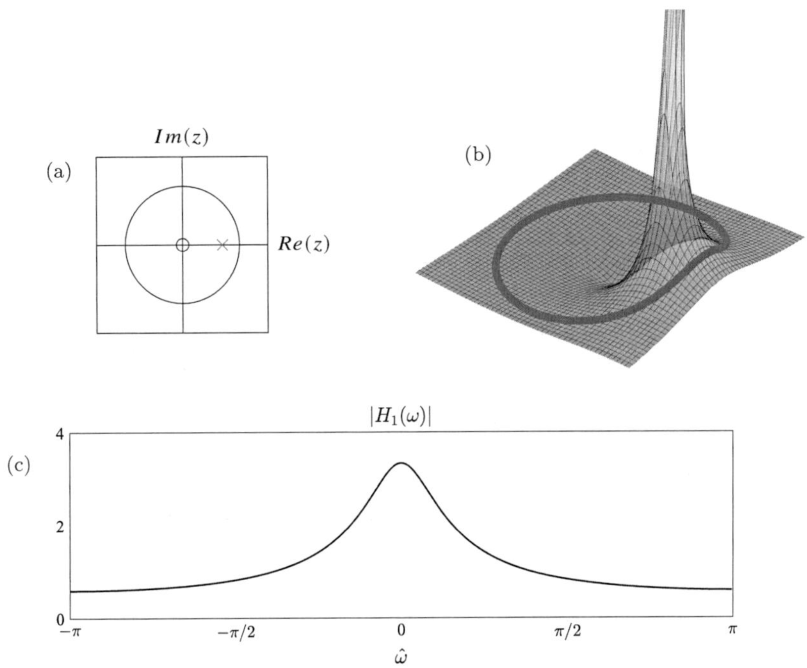

그림 9.21 z-영역과 DTFT 주파수 영역의 비교: $H_1(z) = \dfrac{1}{1 - 0.7z^{-1}}$.

영점에서는 0으로 고정된다. 그림 9.21(b)의 굵은선은 z-평면에서 DTFT가 계산되는 단위원 $e^{j\hat{\omega}}$이다. 단위원을 따라 DTFT의 크기 스펙트럼은

$$|H_1(z)| = \frac{|z - z_1|}{|z - p_1|}, \quad z_1 = 0,\ p_1 = 0.7 \tag{9.114}$$

과 같이 z로부터 극점 p_1과 영점 z_1과의 상대적 거리의 비로 주어진다. $|H_1(z)|$은 극점 $z = p_1$에 가장 가까운 $z = e^{j0}$에서가장 크며, 극점으로부터 거리가 멀고 상대적으로 영점으로부터 거리가 가까운 $z = e^{j\pi}$에서 가장 작다. 극점과 영점이 각각 하나씩 있으므로 시스템 함수의 크기는 최대값으로부터 최소값까지 단조 감소한다. 단위원에서 시스템 함수의 크기를 $-\pi \le \hat{\omega} < \pi$에 걸쳐 펼쳐 놓으면 그림 9.21(c)와 같다.

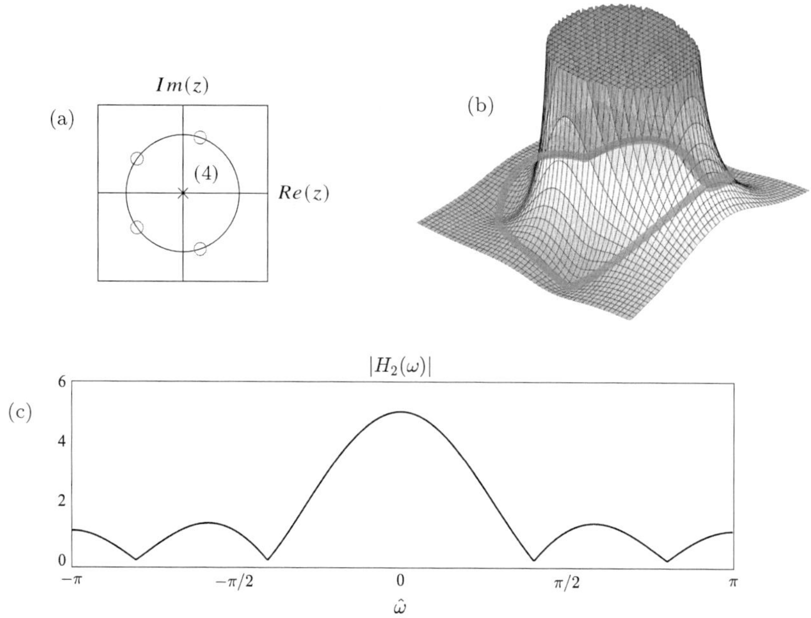

그림 9.22 z-영역과 DTFT 주파수 영역의 비교: $H_2(z) = \dfrac{1 - z^{-5}}{1 - z^{-1}}$.

예를 하나 더 보자. 그림 9.22는 4점 이동평균기의 시스템 함수

$$H_2(z) = \frac{1 - z^{-5}}{1 - z^{-1}} = \frac{(z - e^{j2\pi/5})(z - e^{j4\pi/5})(z - e^{j6\pi/5})(z - e^{j8\pi/5})}{z^4} \tag{9.115}$$

의 경우이다. 4점 이동평균기의 영점은 단위원을 정확하게 5등분한 지점

$$z_k = e^{jk(2\pi/5)}, \quad 0 \le k < 5$$

에 위치한다. 이때 e^{j0}의 영점은 극점-영점 상쇄로 인해 제거되었다(예제 8.15). 이 시스템 함수는 원점에 4중 극점을 가지고 있다. 그림 9.22(b)에서 시스템 함수는 중앙이 무한대로 치솟고 단위원 위의 영점 위치에서는 크기가 0이다. 그림 9.22(b)는 마치 큰 천을 깔아놓고 단위원 주위를 4개의 핀으로 박아 고정시킨 다음 밑에서 바람을 불어넣어 천이 부풀어 오르게 한 듯한 모습이다. 핀으로 고정된 곳은 항상 크기가 0이지만 핀이 없는 곳은 부풀어올라 0이 아닌 양의 값을 갖는다. 이때 극점-영점이 서로 상쇄된 $\hat{\omega} = 0$ 구간에서는 핀 사이의 간격이 다른 곳에 비해 2배 넓기 때문에 천이 더 크게 부풀어 오른다. 결과적으로 주파수 응답의 크기 스펙트럼은 그림 9.22(c)처럼 영점에서는 0으로 고정되고 영점과 영점 사이에는 크기 스펙트럼이 부풀어 오른 모습을 띤다.

두 예에서 살펴본 바와 같이 z-변환의 극점과 영점은 주파수 응답을 결정하는 핵심 요소이다. 주파수 응답을 직접 계산하지 않고도 z-변환의 극점-영점 플롯으로부터 대략의 모양을 예상할

수 있다. z-변환은 신호와 시스템의 동적 특성을 이해하고 분석하는 데 자주 사용되지만, 신호와 시스템을 z^{-1}의 다항식으로 간명히 표현하기 때문에 사용에 편리하다. 이런 점에서 DTFT와 z-변환은 서로 호환되며 혼용되기도 한다. (극점-영점의 위치에 따른 임펄스 응답과 주파수 응답의 변화는 ??-??쪽의 IPYWIDGET 데모 ??를 통해 실험 관찰할 수 있다.)

9.9 이산 푸리에변환

지금까지 살펴 본 DTFT는 이산시간 신호의 푸리에분석을 위한 강력한 이론적 도구이다. 푸리에분석을 실제 다양한 시스템 설계와 신호분석에 사용하려면 컴퓨터의 활용은 필연적이다. 푸리에분석에 컴퓨터를 활용하려면 다음의 사항이 필요하다.

- 시간 영역에서 신호 $x[n]$의 길이가 유한해야 한다.
- 주파수 영역에서 스펙트럼 $X(e^{j\hat{\omega}})$이 이산이어야 한다.

이산 푸리에변환(DFT)은 DTFT에 이 두 사항을 적용하여 DTFT를 계산하도록 고안되었다. DFT에서는 길이가 무한하거나 아주 긴 신호를 여러 개의 작은 부분으로 나누어 변환한다 (9.11.1절). DFT와 DTFT의 결정적 차이는 주파수 영역 스펙트럼의 샘플링이다. 우리는 이미 시간 영역의 샘플링이 주파수 영역에서 주기성을 초래한다는 사실을 알고 있다. 마찬가지로 주파수 영역에서 스펙트럼을 샘플링하는 과정은 시간 영역에서 주기성을 초래한다. 따라서 DFT는 시간 영역과 주파수 영역 모두에서 이산이며 주기적이다. 이런 점에서 DFT는 9.1절에서 살펴 본 DTFS와 닮았다. 다만 DTFS는 명시적으로 시간 영역에서 주기 신호에 적용되지만, DFT는 암시적으로 주기성을 갖는 유한길이 신호에 적용된다.

9.9.1 이산 푸리에변환의 정의

DFT는 앞에서 언급한 두 가지 사항을 적용하여 DTFT로부터 유도된다. 길이 L인 신호 $x[n]$의 DTFT

$$[(9.19)] \qquad X(e^{j\hat{\omega}}) = \sum_{n=0}^{L-1} x[n]e^{-j\hat{\omega}n}$$

에서 시작하자. 이 DTFT를 등간격으로 $N \geq L$개의 주파수

$$\hat{\omega}_k = \frac{2\pi k}{N}, \quad k = 0, 1, \ldots, N-1 \tag{9.116}$$

에서 샘플링하면

$$X[k] \stackrel{\text{def}}{=} X(e^{j\hat{\omega}_k}) = \sum_{n=0}^{L-1} x[n]e^{-jk(2\pi/N)n}, \quad k = 0, 1, \ldots, N-1 \tag{9.117}$$

을 얻는다. 여기서 사용된 기본 함수 $e^{jk(2\pi/N)n}$은 시간 n과 주파수 $\hat{\omega}_k$에서 모두 주기 N이다. 따라서 처음에는 시간 영역 신호 $x[n]$의 길이를 L로 가정하였지만 결국 얻어진 신호 $x[n]$의 길이는 N으로 간주된다. 다시 말해서 $L < N$이라면 $x[n]$은 $N - L$개의 0이 더해진 신호로 간주된다. 그러므로 식 (9.117)에서 L을 N으로 바꾸는 것이 자연스럽다.

$$X[k] = \sum_{n=0}^{N-1} x[n]e^{-jk(2\pi/N)n}, \quad k = 0, 1, \ldots, N-1 \tag{9.118}$$

식 (9.118)을 **이산 푸리에변환**(DFT)이라 부른다. 식 (9.118)은 N개의 시간 영역 신호 $x[n]$을 N개의 주파수 영역 신호 $X[k]$로 변환하므로 N점 **DFT**라고 부른다.

예제 9.11

신호 $x[n] = \{1,\ 0,\ 1,\ 0\}$의 DFT를 구하라.

풀이 DFT의 정의를 이용하여 4점 DFT를 계산하자.

$$\begin{aligned} X[k] &= 1 \cdot e^{-jk(2\pi/4)(0)} + 1 \cdot e^{-jk(2\pi/4)(2)} = 1 + e^{-jk\pi} \\ &= \begin{cases} 2, & k = 0, 2 \\ 0, & k = 1, 3 \end{cases} \\ &= \{2,\ 0,\ 2,\ 0\} \end{aligned} \tag{9.119}$$

DFT $X[k]$는 두 주파수 $\hat{\omega}_0 = 0$과 $\hat{\omega}_2 = \pi$ 성분으로 구성되어 있다.

예제 9.12

사각펄스 신호

$$x[n] = \begin{cases} 1, & 0 \le n < L \\ 0, & L \le n < N \end{cases} \tag{9.120}$$

의 N점 DFT를 구하고, 결과를 9.3.1절에서 구한 사각펄스의 DTFT 결과

$$[(9.33)] \qquad X(e^{j\hat{\omega}}) = e^{-j\hat{\omega}(L-1)/2} \frac{\sin(\hat{\omega}L/2)}{\sin(\hat{\omega}/2)}$$

와 비교하라.

풀이 사각펄스의 N점 DFT는 다음과 같이 계산된다.

$$\begin{aligned} X[k] &= \sum_{n=0}^{N-1} x[n]e^{-jk(2\pi/N)n} = \sum_{n=0}^{L-1} e^{-jk(2\pi/N)n} \\ &= \frac{1 - e^{-jk(2\pi/N)L}}{1 - e^{-jk(2\pi/N)}} = \frac{e^{-jk(\pi/N)L}\left[e^{jk(\pi/N)L} - e^{-jk(\pi/N)L}\right]}{e^{-jk(\pi/N)}\left[e^{jk(\pi/N)} - e^{-jk(\pi/N)}\right]} \end{aligned}$$

$$= e^{-jk(\pi/N)(L-1)} \frac{\sin(k\pi L/N)}{\sin(k\pi/N)} \tag{9.121}$$

이 결과를 사각펄스의 DTFT인 식 (9.33)와 비교하면

$$X[k] = X(e^{j\hat{\omega}})\Big|_{\hat{\omega}=k(2\pi/N)} = e^{-jk\pi(L-1)/N} \frac{\sin(k\pi L/N)}{\sin(k\pi/N)} \tag{9.122}$$

임을 알 수 있다. 만약 $L = N$이면

$$X[k] = N\delta[k] \tag{9.123}$$

이다. 그림 9.23은 $N = 16$일 때 $L = 4$과 $L = 16$의 DTFT/DFT 크기 스펙트럼을 비교한 것이다. 그림에서 DTFT/DFT 스펙트럼은 각각 정수 인덱스 k와 주파수 $\hat{\omega}$의 함수로 표시되었다. 사각펄스의 DTFT 스펙트럼 $X(e^{j\hat{\omega}})$는 $2\pi/L$의 0이 아닌 정수배마다 0이다. 이 예제에서는 N/L이 정수이므로 DFT $X[k]$는 N/L의 0이 아닌 정수배마다 0이다.

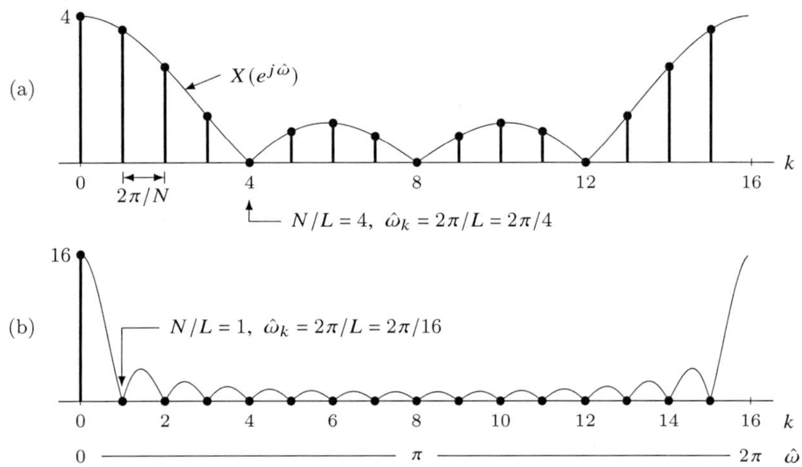

그림 9.23 사각펄스 신호 DTFT 크기 스펙트럼 $X(e^{j\hat{\omega}})$과 16점 DFT 크기 스펙트럼 $X[k]$: (a) $L = 4$ (b) $L = 16$(예제 9.12).

DTFT와 마찬가지로 DFT에서도 일대일의 대응을 갖는 역변환이 존재한다. 이 역변환은 **IDFT**inverse DFT 이며 다음과 같이 정의된다.

$$x[n] = \frac{1}{N}\sum_{k=0}^{N-1} X[k]e^{jk(2\pi/N)n}, \quad n = 0, 1, \ldots, N-1 \tag{9.124}$$

식 (9.124)와 식 (9.118)은 각각 **합성식**synthesis equation 과 **분석식**analysis equation 이라고 부르기도 한다. 식 (9.124)와 식 (9.118)이 일대일 대응되는 DFT 쌍이라는 사실은 9.1.2절에서 설명한 DTFS와 동일한 방식으로 입증될 수 있으므로 생략한다. DFT 쌍을 정리하면

$$X[k] = \sum_{n=0}^{N-1} x[n]e^{-jk(2\pi/N)n}, \quad k = 0, 1, \ldots, N-1 \tag{9.125a}$$

$$x[n] = \frac{1}{N}\sum_{k=0}^{N-1} X[k]e^{jk(2\pi/N)n}, \quad n = 0, 1, \ldots, N-1 \tag{9.125b}$$

이며 일대일 대응관계는 다음과 같이 간단히 표기된다.

$$x[n] \overset{DFT}{\longleftrightarrow} X[k], \quad 0 \le n \le N-1,\ 0 \le k \le N-1 \tag{9.126}$$

예제 9.13

예제 9.11의 결과를 IDFT 변환하여 결과가 $x[n] = \{1,\ 0,\ 1,\ 0\}$임을 확인해 보라.

풀이 IDFT 식 (9.124)로부터

$$\begin{aligned} x[n] &= \frac{1}{4}\left(2 \cdot e^{-j0(2\pi/4)n} + 2e^{-j2(2\pi/4)n}\right) = \frac{1}{4}\left(2 + 2e^{j\pi n}\right) \\ &= \begin{cases} 1, & n = 0, 2 \\ 0, & n = 1, 3 \end{cases} \\ &= \{1,\ 0,\ 1,\ 0\} \end{aligned} \tag{9.127}$$

9.9.2 DFT와 DTFS의 관계

DFT는 앞서 9.1절에서 소개한 DTFS와 유사하다.

DTFS	DFT
$\tilde{x}[n] = \sum_{k=0}^{N-1} \tilde{a}_k e^{jk(2\pi/N)n}$	$x[n] = \frac{1}{N}\sum_{k=0}^{N-1} X[k]e^{jk(2\pi/N)n}, \quad n = 0, 1, \ldots, N-1$
$\tilde{a}_k = \frac{1}{N}\sum_{n=0}^{N-1} \tilde{x}[n]e^{-jk(2\pi/N)n}$	$X[k] = \sum_{n=0}^{N-1} x[n]e^{-jk(2\pi/N)n}, \quad k = 0, 1, \ldots, N-1$

이 식에서 DFT $X[k]$와 DTFS 계수 $\tilde{a}_k$는 외형적으로

$$X[k] = N \cdot \tilde{a}_k \tag{9.128}$$

의 관계가 있으며, 내면적으로는 주기성을 공유한다. DTFS와 DFT 모두 시간 영역과 주파수 영역에서 각각 N개의 값으로만 정의된다. DFT 스펙트럼 $X[k]$는 DTFT $X(e^{j\hat{\omega}})$를 등간격으로 N개 샘플한 결과이며, DTFS 계수 $\tilde{a}_k$는 N 주기 신호를 구성하는 N개의 하모닉 성분의 크기이다. 결국 DFT에서 $x[n]$은 오직 $0 \le n \le N-1$에서만 정의되지만 실제로는 주기 신호 $\tilde{x}[n]$의 한 주기처럼 작동하는 셈이다. 따라서 $x[n]$과 $\tilde{x}[n]$의 관계는

$$x[n] = \begin{cases} \tilde{x}[n], & 0 \le n \le N-1 \\ 0, & \text{그외} \end{cases} \tag{9.129}$$

또는

$$\tilde{x}[n] = \sum_{r=-\infty}^{\infty} x[n + rN] \tag{9.130}$$

으로 표현된다. 이 관계는 DFT의 중요한 특성과 관련되므로 보충 설명이 필요하다.

길이 $L < N$의 신호 $x[n]$을 N점 DFT 변환하여 $X[k]$를 얻었다고 가정하자. 그런데 $X[k]$를 IDFT하여 우리가 얻는 신호는 유한길이 신호 $x[n]$이 아니라 주기성을 갖는 신호 $\tilde{x}[n]$의 한 주기이다. 그리고 이 주기는 N이다.

$$x[n] \xrightarrow{\text{DFT}} X[k] \xrightarrow{\text{IDFT}} \tilde{x}[n], \quad 0 \le n \le N-1 \tag{9.131}$$

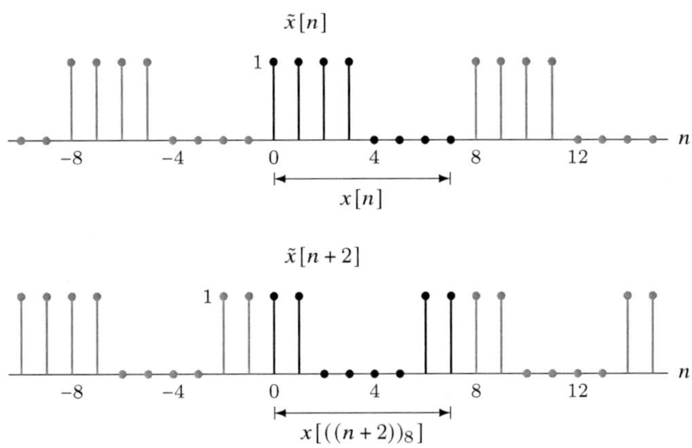

그림 9.24 DFT에서 이산시간 신호 $x[n]$의 순환성.

이처럼 IDFT의 결과로 얻어진 $x[n]$은 '암시적' 주기성을 갖는다. 여기서 '암시적' 주기성은 그림 9.24에서 보는 바와 같이 순환성^{circularity}을 의미한다. 순환성은 인덱스의 **모듈로**^{modulo} **연산**으로 표현될 수 있다. 이제 n을 N으로 나눈 나머지를 모듈로 연산 $((n))_N$으로 표기하자. 모듈로 연산은 연산 결과(나머지)가 $[0, N-1]$의 범위 안에 있도록 정수 r을 찾아 계산된다. 예를 들면,

$$((10))_8 = 10 \bmod 8 = 10 + r(8) \xrightarrow{r=-1} 2$$

$$((-2))_8 = -2 \bmod 8 = -2 + r(8) \xrightarrow{r=1} 6$$

으로 계산된다.

9.9.3 주파수 배치 : 순환성과 대칭성

앞 절에서는 DFT와 DFS를 비교하면서 DFT의 순환 특성에 대하여 알아보았다. 이 절에서는 DFT의 순환 특성과 연관된 주파수 배치와 대칭성에 대하여 알아보자.

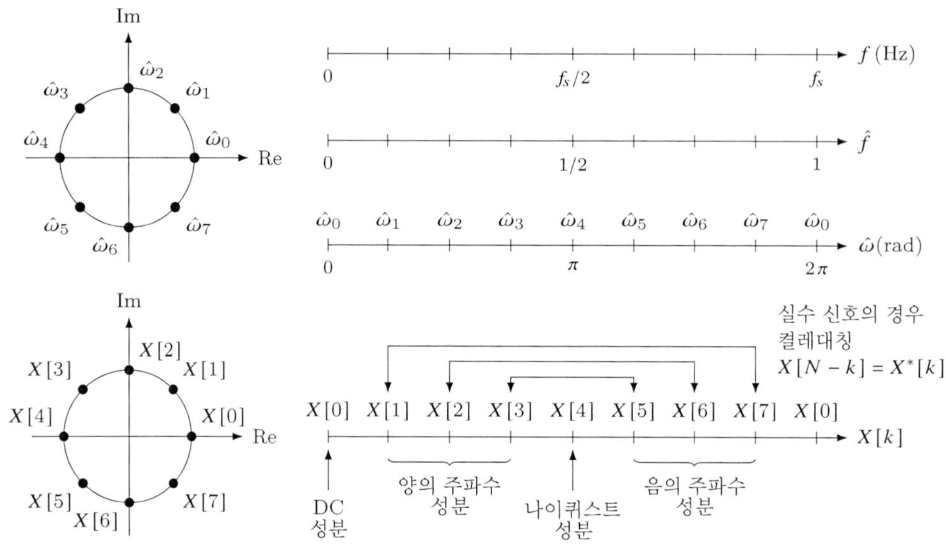

그림 9.25 DFT의 주파수 배열: 순환성과 대칭성($N = 8$).

그림 9.25는 $N = 8$인 경우 연속시간 신호의 주파수 f, DTFT 영역의 주파수 $\hat{f}$, DFT 영역의 샘플링된 주파수 인덱스 k의 관계를 보여 준다. 연속시간 신호 $x(t)$를 샘플링하여 이산시간 신호 $x[n]$로 변환하면, 연속시간 주파수 f는 샘플링 정리에 의하여 $-f_s/2 < f < f_s/2$로 제한되고 f_s 의해 정규화된다.

$$\hat{f} = \frac{f}{f_s} \tag{9.132}$$

그러므로 $x[n]$의 DTFT $X(e^{j\hat{\omega}})$의 디지털 주파수 $\hat{\omega}$와 $\hat{f}$의 범위는

$$-\pi \le \hat{\omega} = 2\pi\hat{f} < \pi \quad \Longleftrightarrow \quad -1/2 \le \hat{f} < 1/2 \tag{9.133}$$

으로 제한된다. 디지털 주파수 $\hat{f}$는 복소평면에서 단위원 $e^{j2\pi\hat{f}}$에 놓여져 있고, DFT 주파수 $\hat{\omega}_k = 2\pi\hat{f}_k$는 단위원을 다음과 같이 N 등분한다.

$$[(9.116)] \qquad \hat{\omega}_k = 2\pi\hat{f}_k = \frac{2\pi k}{N} \quad \Longleftrightarrow \quad \hat{f}_k = \frac{k}{N}, \quad 0 \le k \le N-1$$

그림 9.25는 단위원을 따라 주파수 영역 인덱스 k와 그에 따른 스펙트럼 $X[k]$의 순환성을 묘사한 것이다. DFT에서 $X[0]$은 주파수 0인 DC 성분에 해당하며 $X[N/2]$은 연속시간 신호의 최대 주파수 $f_{\max}$에 해당되는 **나이퀴스트**Nyquist 주파수 성분이다.[3] $X[1]$부터 $X[N/2-1]$까지는 양의 주파수 성분이며 $X[N/2+1]$부터 $X[N-1]$까지는 음의 주파수 성분에 해당한다. DFT $X[k]$의 순환성으로 인해 $X[7]$ 다음 순서는 $X[8]$이 아니라 $X[0]$이다. 또한 $X[0]$의

[3]만약 N이 홀수이면 $N/2$가 정수가 아니므로 주파수 $\hat{\omega} = \pi$ 성분은 존재하지 않는다.

이전 순서는 $X[-1]$이 아니라 $X[7]$이다. DFT에서는 실제로 시간과 주파수 인덱스가 모두 $[0,\ N-1]$ 범위에 국한되므로 계산처리 과정에서 이 범위를 벗어나지 않도록 모듈로 연산이 적용된다. 예를 들어 $X[k]$를 인덱스 k_0 만큼 지연하면 $X[k-k_0]$가 아니라 $X[((k-k_0))_N]$이다.

이산시간 신호 $x[n]$이 실수라면 DFT $X[k]$는 켤레 대칭

$$X[N-k] = X^*[k], \quad 0 \le k \le N-1 \tag{9.134}$$

의 관계를 갖는다. 이때 켤레 대칭의 기준은 나이퀴스트 주파수 성분 $X[N/2]$이다. 또한 $X[0]$와 $X[N/2]$은 짝을 이루는 스펙트럼이 없으므로 실수값이어야 한다. 켤레 대칭성으로 인해 음의 주파수 성분은 양의 주파수 성분으로부터 정확하게 만들어낼 수 있으므로, 신호의 정보는 $X[0] \sim X[N/2]$에 모두 포함되어 있다.

종종 DFT를 주요값의 범위와 순서대로 표기하기 위해, $X[k]$는 $k=0$을 중심으로 재정렬된다. 8점 DFT의 경우 재정렬 전과 후의 스펙트럼 배치는 9.26과 같다. 그림 9.27은 길이 $L=8$인 사각펄스 신호의 32점 DFT 스펙트럼 $X[k]$를 식 (9.135b)와 같이 재정렬한 결과이다.[4] DFT 스펙트럼 $X[k]$에서 고유한 값은 $X[0], \cdots, X[3]$이 아니라 나이퀴스트 성분을 포함한 $X[0], \cdots, X[4]$이다(파이썬 예제 9.8).

$$\text{재정렬 전:}\quad \underbrace{X[0]}_{\hat{\omega}=0},\ \underbrace{X[1],\ X[2],\ X[3]}_{\text{양의주파수성분}},\ \underbrace{X[4]}_{\hat{\omega}=\pi},\ \underbrace{X[5],\ X[6],\ X[7]}_{\text{음의주파수성분}} \tag{9.135a}$$

$$\text{재정렬 후:}\quad \underbrace{X[4]}_{\hat{\omega}=-\pi},\ \underbrace{X[5],\ X[6],\ X[7]}_{\text{음의주파수성분}},\ \underbrace{X[0]}_{\hat{\omega}=0},\ \underbrace{X[1],\ X[2],\ X[3]}_{\text{양의주파수성분}} \tag{9.135b}$$

그림 9.26 DFT의 주파수 재정렬.

9.9.4 DFT의 행렬식 표현

DFT는 행렬식으로 표기할 수 있으며, 행렬 표기는 DFT를 연산자처럼 사용하는 잇점을 제공한다. DFT의 기본 함수를

$$W_N = e^{-j2\pi/N} \tag{9.136}$$

[4]파이썬 `numpy.fft.fftshift`는 그림 9.135b와 같은 방식으로 재정렬한다.

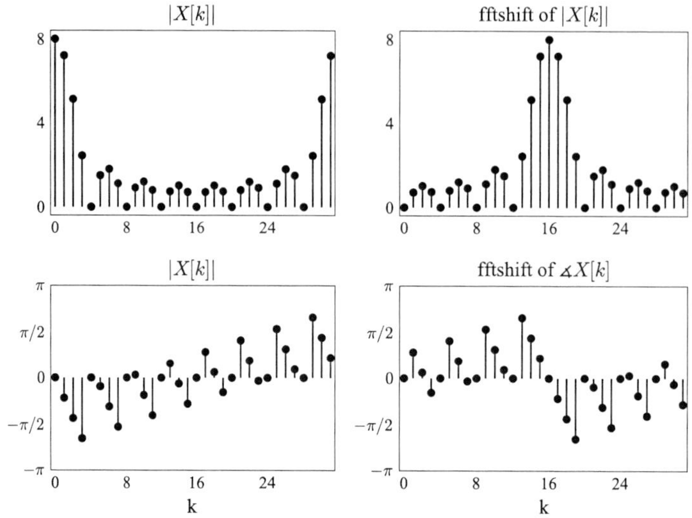

그림 9.27 사각펄스 신호의 DFT 스펙트럼을 $k = 0$을 중심으로 정렬한 결과.

으로 표기하자. 여기서 W_N은 회전인자twiddle factor라고 한다. 주파수 인덱스 k에 따라 W_N^{kn}은 단위원을 시계 방향으로 돌며 총합은 0이다(그림 9.28).

$$W_6^0 + W_6^1 + W_6^2 + W_6^3 + W_6^4 + W_6^5 = 0 \tag{9.137}$$

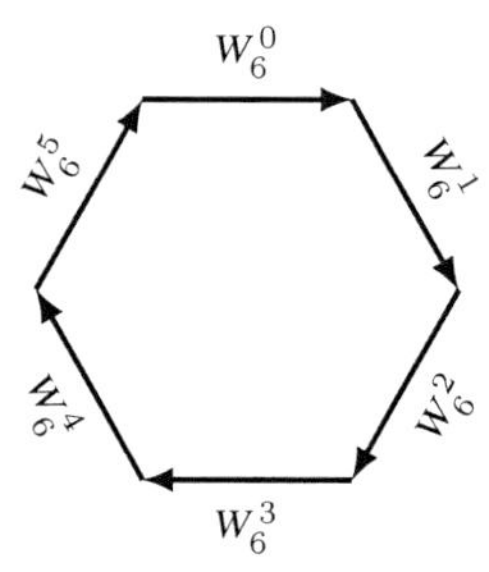

그림 9.28 회전인자 W_N의 벡터 표현($N = 6$).

회전인자를 이용하여 DFT 쌍을 표현하면 다음과 같다.

$$x[n] = \frac{1}{N}\sum_{k=0}^{N-1} X[k]W_N^{-nk}, \quad n = 0, 1, \ldots, N-1 \tag{9.138a}$$

$$X[k] = \sum_{n=0}^{N-1} x[n]W_N^{nk}, \quad k = 0, 1, \ldots, N-1 \tag{9.138b}$$

식 (9.138)에서 $W = W_N$으로 간단히 표기하고, DFT 식 (9.138b)를 행렬식으로 표현하면

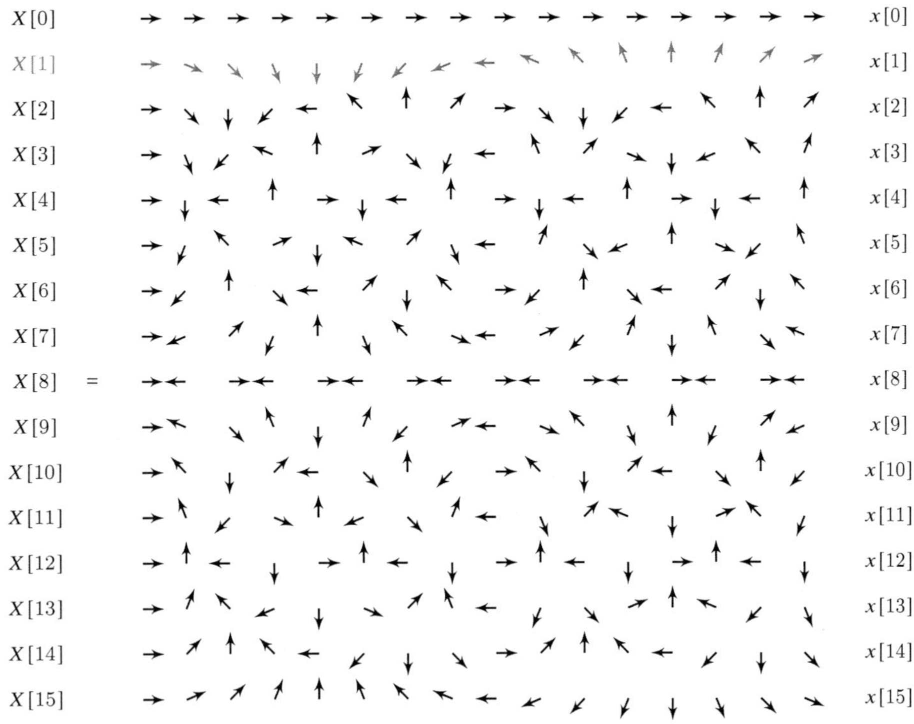

그림 9.29 16점 DFT 행렬식의 벡터 그래프 표현.

다음과 같다.

$$\underbrace{\begin{pmatrix} X[0] \\ X[1] \\ X[2] \\ \vdots \\ X[N-1] \end{pmatrix}}_{\boldsymbol{X}} = \underbrace{\begin{pmatrix} 1 & 1 & 1 & \cdots & 1 \\ 1 & W^1 & W^2 & \cdots & W^{N-1} \\ 1 & W^2 & W^4 & \cdots & W^{2(N-1)} \\ \vdots & \vdots & \vdots & \ddots & \vdots \\ 1 & W^{N-1} & W^{2(N-1)} & \cdots & W^{(N-1)^2} \end{pmatrix}}_{\boldsymbol{W}_N} \underbrace{\begin{pmatrix} x[0] \\ x[1] \\ x[2] \\ \vdots \\ x[N-1] \end{pmatrix}}_{\boldsymbol{x}} \tag{9.139}$$

여기서 $\boldsymbol{W}_N$은 N점 **DFT 행렬**이다.

그림 9.29는 16점 DFT 행렬을 벡터 그래프로 표현한 DFT 분석식이다. 행과 열은 각각 주파수와 시간 인덱스 k와 n에 해당하며 각 행에서 회전인자는 시간 n에 따라 시계 방향으로 회전한다. 회전 속도는 해당 주파수 인덱스 k에서의 주파수에 비례한다. 예를 들면, $k = 1$번째 행은 주파수 $2\pi/N$의 성분이며 DFT 행렬은 이 주파수 성분의 한 주기를 포함하고 있다. 주파수 인덱스 k가 증가함에 따라 주파수가 증가하며 주기는 짧아진다. 주파수는 $k = N/2 = 8$일때 최대가 되며, 이후 다시 기대칭적으로 감소한다. 그러나 k번째 행은 k 주기를 포함하고 있으며 행 벡터의 모든 합은 항상 0이다.

DFT 식 (9.139)의 역은

$$\boldsymbol{x} = \boldsymbol{W}_N^{-1}\boldsymbol{X} \tag{9.140}$$

이다. 그런데 IDFT 식 (9.138a)에서 IDFT 행렬은 $\frac{1}{N}\boldsymbol{W}_N^*$ 이므로

$$\boldsymbol{W}_N^{-1} = \frac{1}{N}\boldsymbol{W}_N^* \tag{9.141}$$

의 관계가 성립한다. 식 (9.141)의 특별한 관계로 인해 DFT와 IDFT는 동일한 알고리즘으로 계산될 수 있다.

DFT 계산은 계산량이 많이 소요되기 때문에 계산효율이 높은 알고리즘이 필요하며, 이를 위해 고속연산 알고리즘이 개발되었다. 고속연산 알고리즘인 FFT는 9.12절에서 기술된다.

개념점검 9.2 주기 신호 $\tilde{x}[n] = \sin(2\pi n/5),\ 0 \le n < 5$와 신호 $x[n] = \sin(2\pi n/5),\ 0 \le n < 5$를 이용하여 DTFS와 DFT의 유사점과 차이점을 간단히 설명하라.

개념점검 9.3 DTFT와 DFT의 관계를 간단히 설명하라.

개념점검 9.4 그림 9.28에서 회전인자의 벡터 합이 0임을 확인하라.

9.10 DFT의 특성

DFT는 z-변환이나 DTFT와 여러 특성들을 공유하지만 DFT의 순환성으로 인해 고유한 특성을 갖는다. DFT의 주요 특성은 표 9.3에 정리되어 있다. N점 DFT를 가정하므로 $x[n]$과 $X[k]$ 모두 길이 N이다.

9.10.1 선형성

DFT의 선형성

$$\alpha x_1[n] + \beta x_2[n] \overset{DFT}{\longleftrightarrow} \alpha X_1[k] + \beta X_2[k] \tag{9.142}$$

은 DTFT와 동일하게 적용된다. 두 신호 $x_1[n]$과 $x_2[n]$의 길이가 서로 다르면 길이가 짧은 신호의 뒤에 0을 채워서 길이를 동일하게 만든 후 DFT 변환한다.

9.10.2 시간 이동 특성

DTFT의 시간 이동 특성

$$x[n - n_0] \overset{DTFT}{\longleftrightarrow} e^{-j\hat{\omega}n_0}X(e^{j\hat{\omega}}) \tag{9.143}$$

표 9.3 DFT의 주요 특성.

특성	시간 영역	주파수 영역
	$x[n],\ x_1[n],\ x_2[n]$	$X[k],\ X_1[k],\ X_2[k]$
선형성	$\alpha x_1[n]+\beta x_2[n]$	$\alpha X_1(e^{j\hat{\omega}})+\beta X_2(e^{j\hat{\omega}})$
시간 이동	$x[((n-n_0))_N]$	$W_N^{kn_0}X[k]$
주파수 이동	$W_N^{-nk_0}x[n]$	$X[((k-k_0))_N]$
복소 켤레	$x^*[n]$	$X^*[((-k))_N]$
시간 반전	$x[((-n))_N]$	$X^*[k]$
순환 콘볼루션	$x_1[n] \circledN x_2[n]$	$X_1[k]X_2[k]$
시간 곱셈	$x_1[n]x_2[n]$	$\frac{1}{N}X_1[k] \circledN X_2[k]$
켤레 대칭성	$x[n]$ 실수	$X[k]=X^*[N-k]$
파시벌 정리	$\sum_{n=0}^{N-1}\lvert x[n]\rvert^2=\frac{1}{N}\sum_{k=0}^{N-1}\lvert X[k]\rvert^2$	

을 이용하여 DFT의 시간 이동 특성을 유도할 수 있다. DFT의 경우 $x[n]$의 시간 이동은 순환 특성으로 인해 $x[((n-n_0))_N]$으로 표시되며, 주파수 샘플링 $e^{-j\hat{\omega}}=e^{-j2\pi k/N}=W_N^k$을 적용하면

$$x[((n-n_0))_N] \xleftrightarrow{DFT} W_N^{kn_0}X[k] \tag{9.144}$$

와 같이 표현된다.

9.10.3 주파수 이동 특성

DTFT의 주파수 이동 특성

$$e^{j\hat{\omega}_{k_0}n}x[n] \xleftrightarrow{DTFT} X(e^{j(\hat{\omega}-\hat{\omega}_{k_0})}) \tag{9.145}$$

을 이용하여 DFT의 주파수 이동 특성을 유도할 수 있다. 여기서 $\hat{\omega}=k(2\pi/N)$을 대입하고 $\hat{\omega}_{k_0}=k_0(2\pi/N)$을 가정하면, N 모듈로 연산을 이용하여

$$W_N^{-nk_0}x[n] \xleftrightarrow{DTFT} X[((k-k_0))_N] \tag{9.146}$$

과 같이 표현된다.

예제 9.14

주파수 이동 특성을 이용하여 유한길이 복소지수 신호

$$x[n] = \begin{cases} e^{j\hat{\omega}_{k_0}n}, & 0 \le n \le L-1 \\ 0, & L \le n \le N-1 \end{cases} \tag{9.147}$$

의 DFT를 구하라. 여기서 $0 \le \hat{\omega}_{k_0} = \frac{2\pi k_0}{N} < 2\pi$를 가정한다.

풀이 예제 9.12로부터

$$x[n] = \begin{cases} 1, & 0 \le n \le L-1 \\ 0, & L \le n < N \end{cases} \quad \xleftrightarrow{DTFT} \quad X(e^{j\hat{\omega}}) = e^{-j\hat{\omega}(L-1)/2}\frac{\sin(\hat{\omega}L/2)}{\sin(\hat{\omega}/2)}$$

이다. 주파수 이동 특성을 적용하고 $\hat{\omega} = k(2\pi/N)$와 $\hat{\omega}_{k_0} = k_0(2\pi/N)$을 대입하면

$$\begin{aligned} e^{j\hat{\omega}_{k_0}n}x[n] = W_N^{-nk_0}x[n] \quad \xleftrightarrow{DFT} \quad X(e^{j(\hat{\omega}-\hat{\omega}_{k_0})}) &= X[((k-k_0))_N] \\ &= e^{-j(k-k_0)\pi(L-1)/N}\frac{\sin((k-k_0)\pi L/N)}{\sin((k-k_0)\pi/N)} \end{aligned}$$

9.10.4 순환 콘볼루션

DFT 영역에서의 콘볼루션은 DTFT 영역과는 달리 주기 신호의 순환 콘볼루션으로 표현된다. 길이가 각각 L_1과 L_2인 유한길이 신호 $x_1[n]$과 $x_2[n]$의 콘볼루션

$$y[n] = x_1[n] * x_2[n] = \sum_{m=-\infty}^{\infty} x_1[m]x_2[n-m] \tag{9.148}$$

을 고려하자. 시간 영역의 콘볼루션은 DTFT 영역에서 스펙트럼의 $X_1(e^{j\hat{\omega}})$과 $X_2(e^{j\hat{\omega}})$의 곱으로 표현된다.

$$Y(e^{j\hat{\omega}}) = X_1(e^{j\hat{\omega}})X_2(e^{j\hat{\omega}}) \tag{9.149}$$

그런데 DTFT 영역의 계산을 실제 컴퓨터로 수행하려면 DFT 스펙트럼의 곱을 계산해야 하므로 다음과 같이 N점 DFT를 이용하여 계산된다.

$$\begin{aligned} Y[k] = Y(e^{j\hat{\omega}})\Big|_{\hat{\omega}=(2\pi k/N)} &= X_1(e^{j(2\pi k/N)})X_2(e^{j(2\pi k/N)}) \\ &= X_1[k]X_2[k] \end{aligned} \tag{9.150}$$

여기서 스펙트럼 $X_1[k]$와 $X_2[k]$는 각각 $x_1[n]$과 $x_2[n]$의 N점 DFT이다. 일반적으로 $N = \max(L_1, L_2)$로 결정되며 길이가 N 보다 짧으면 DFT 전에 영채움을 통해 길이를 N으로

맞춘다. 만약 $L_2 < N = L_1$ 이라면

$$x_2[0],\ x_2[1],\ \cdots,\ x_2[L_2-1],\ \underbrace{0,\ \cdots,\ 0}_{N-L_2} \tag{9.151}$$

과 같이 $x_2[n]$ 뒤에 $N - L_2$ 개의 0을 추가한다. DFT 영역의 곱을 다시 IDFT하여 $y[n]$을 계산할 때 IDFT된 신호의 주기성을 고려하여 다음과 같이 계산된다.

$$IDFT\{Y[k]\} = \frac{1}{N}\sum_{k=0}^{N-1} X_1[k]X_2[k]e^{jk(2\pi/N)n} \tag{9.152a}$$

$$= \frac{1}{N}\sum_{k=0}^{N-1}\left(\sum_{m=0}^{N-1} x_1[m]e^{-jk(2\pi/N)m}\right)X_2[k]e^{jk(2\pi/N)n}, \quad X_1[k] \text{의 IDFT 적용}$$

$$= \frac{1}{N}\sum_{m=0}^{N-1} x_1[m]\underbrace{\left(\sum_{k=0}^{N-1} X_2[k]e^{jk(2\pi/N)(n-m)}\right)}_{x_2[((n-m))_N]}, \quad \text{합의 순서 변경}$$

$$= \sum_{m=0}^{N-1} x_1[m]x_2[((n-m))_N], \quad \text{DFT의 시간 이동 특성 적용} \tag{9.152b}$$

$$= \sum_{m=0}^{N-1} x_1[m]\tilde{x}_2[n-m], \quad 0 \le n \le N-1 \tag{9.152c}$$

$$= \sum_{r=-\infty}^{\infty} y[n+rN], \quad 0 \le n \le N-1 \tag{9.152d}$$

$$= y_{cir}[n], \quad 0 \le n \le N-1 \tag{9.152e}$$

그런데 이 결과는 우리가 원하는 식 (9.148)과 다르다. 식 (9.152b)에서 콘볼루션에 사용된 신호 $x_1[n]$과 $x_2[n]$가 암시적 주기성을 가지기 때문이다. 암시적 주기성을 갖는 두 신호의 콘볼루션은 **순환 콘볼루션**circular convolution 으로 정의되며 기호 Ⓝ 으로 표기된다.

$$y_{cir}[n] = \sum_{m=0}^{N-1} x_1[m]x_2[((n-m))_N] = x_1[n] \circledN x_2[n], \quad 0 \le n \le N-1 \tag{9.153}$$

순환 콘볼루션과 구별하기 위해 식 (9.148)을 **선형 콘볼루션**linear convolution 으로 부르기로 한다.

식 (9.152)의 각 단계를 조금 더 설명하면 다음과 같다. 식 (9.152b)에서 $x_2[n]$은 선형 콘볼루션의 시간 반전-이동하는 과정에서 DFT의 순환적 시간 이동 특성을 적용하여 $x_2[((n-m))_N]$으로 표현된다. 식 (9.152c)에서 암시적 주기성을 갖는 신호 $x_2[((n-m))_N]$는 명시적 주기성을 갖는 신호 $\tilde{x}_2[n-m]$로 간주된다. 마지막으로 식 (9.152d)에서 순환 콘볼루션은 선형 콘볼루션 (9.148)이 N 샘플마다 주기적으로 반복되어 에일리어싱된 결과로 표현된다.

순환 콘볼루션의 작동을 이해하기 위해 신호 $x_1[n] = \{1,\ 1,\ 0,\ 1\}$과 $x_2[n] = \{1,\ 0,\ 1,\ 1\}$의

순환 콘볼루션

$$y_{cir}[n] = x_1[n] \circledast x_2[n] \tag{9.154}$$

을 몇 가지 다른 방식으로 구해 보자.

- DFT 영역에서 곱셈을 활용해 보자.

$$y_{cir}[n] = IDFT\{X_1[k]X_2[k]\} \tag{9.155}$$

$X_1[k]$를 4점 DFT 행렬식 (9.139)를 이용하여 계산하면 다음과 같다.

$$\begin{pmatrix} X_1[0] \\ X_1[1] \\ X_1[2] \\ X_1[3] \end{pmatrix} = \begin{pmatrix} 1 & 1 & 1 & 1 \\ 1 & -j & -1 & j \\ 1 & -1 & 1 & -1 \\ 1 & j & -1 & -j \end{pmatrix} \begin{pmatrix} 1 \\ 1 \\ 0 \\ 1 \end{pmatrix} = \begin{pmatrix} 3 \\ 1 \\ -1 \\ 1 \end{pmatrix}$$

같은 방식으로 계산하면 $X_2[k] = \{3,\ j,\ 1,\ -j\}$이다. 이제 $X_1[k]$와 $X_2[k]$를 원소별로 곱하면

$$Y[k] = X_1[k]X_2[k] = \{3,\ 1,\ -1,\ 1\} \cdot \{3,\ j,\ 1,\ -j\} = \{9,\ j,\ -1,\ -j\}$$

이고, 이를 IDFT하면 $y_{cir}[n]$을 얻는다.

$$\begin{pmatrix} y_{cir}[0] \\ y_{cir}[1] \\ y_{cir}[2] \\ y_{cir}[3] \end{pmatrix} = \frac{1}{4} \begin{pmatrix} 1 & 1 & 1 & 1 \\ 1 & j & -1 & j \\ 1 & -1 & 1 & -1 \\ 1 & -j & -1 & j \end{pmatrix} \begin{pmatrix} 9 \\ j \\ -1 \\ -j \end{pmatrix} = \begin{pmatrix} \frac{1}{4}(9 + j - 1 - j) = 2 \\ \frac{1}{4}(9 - 1 + 1 - 1) = 2 \\ \frac{1}{4}(9 - j - 1 + j) = 2 \\ \frac{1}{4}(9 + 1 + 1 + 1) = 3 \end{pmatrix}$$

- 이번에는 식 (9.152b)처럼 시간 영역에서 $x_2[n]$의 순환성을 이용하여 계산해 보자. 이 과정은 그림 9.30에 묘사되어 있다. 먼저 $x_2[((-m))_4] = \{1,\ 1,\ 1,\ 0\}$이므로 $n = 0$이면

$$\begin{aligned} y_{cir}[0] &= \sum_{m=0}^{3} x_1[m]x_2[((-m))_4] \\ &= x_1[0]x_2[\mathbf{0}] + x_1[1]x_2[\mathbf{3}] + x_1[2]x_2[\mathbf{2}] + x_1[3]x_2[\mathbf{1}] \\ &= 1 \cdot 1 + 1 \cdot 1 + 0 \cdot 1 + 1 \cdot 0 = 2 \end{aligned} \tag{9.156}$$

이다. 진하게 표시된 숫자는 순환 이동된 샘플 인덱스이다. 그림 9.30에서 $x_2[((n-m))_4]$는 주기 신호 $\tilde{x}_2[n-m]$의 한 주기로 해석된다. 따라서 $n = 1$이 증가하면 $x_2[((n-m))_4]$은 오른쪽으로 한 샘플씩 순환 이동되어

$$x_2[((1-m))_4] = \{0,\ 1,\ 1,\ 1\}$$

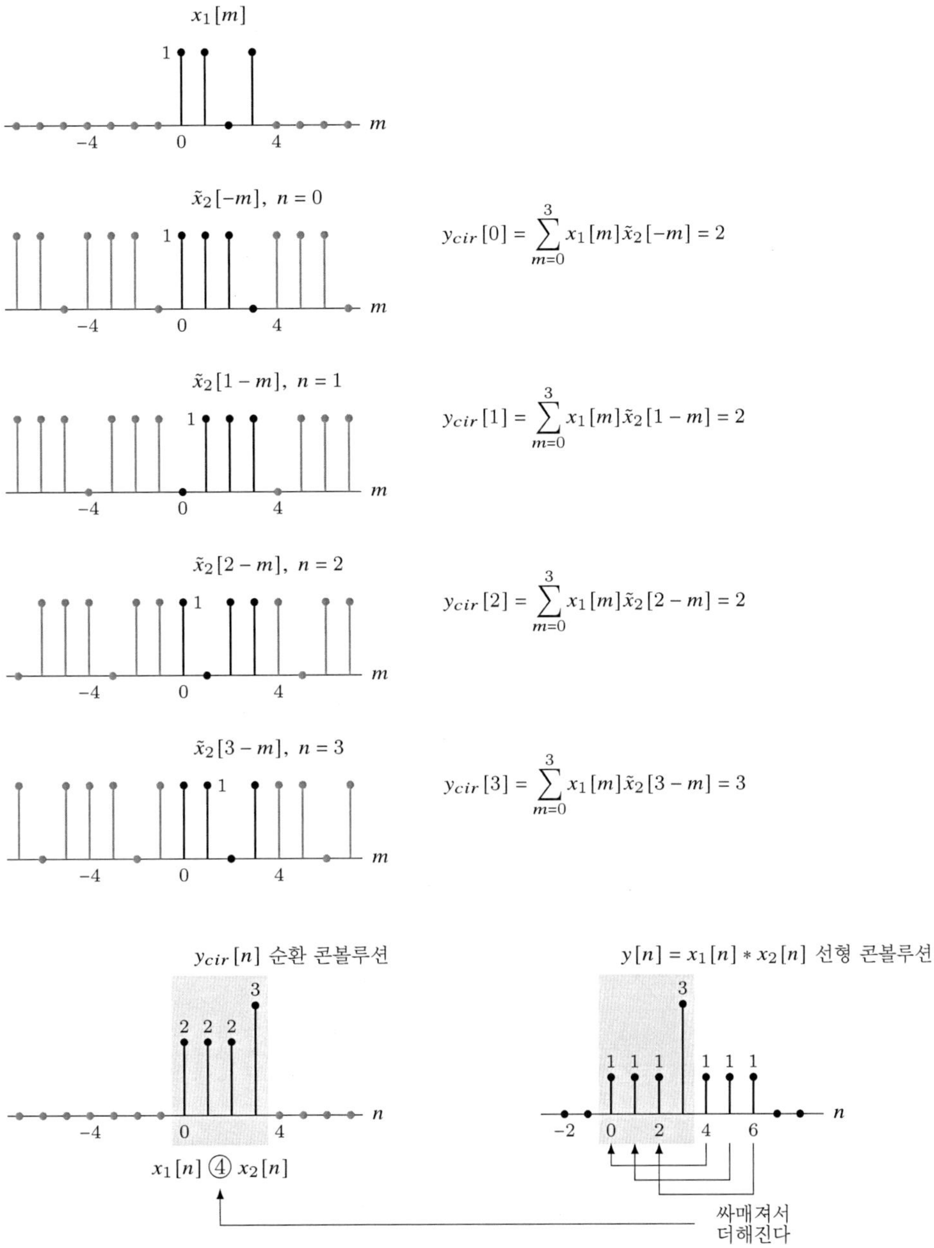

그림 9.30 순환 콘볼루션 계산($N = 4$).

이 된다. 이런 방식으로 $n = 1,\ 2,\ 3$에서 순환 콘볼루션은 다음과 같이 계산된다.

$$y_{cir}[1] = x_1[0]x_2[\mathbf{1}] + x_1[1]x_2[\mathbf{0}] + x_1[2]x_2[\mathbf{3}] + x_1[3]x_2[\mathbf{2}]$$

$$= 1 \cdot 0 + 1 \cdot 1 + 0 \cdot 1 + 1 \cdot 1 = 2$$

$$y_{cir}[2] = x_1[0]x_2[\mathbf{2}] + x_1[1]x_2[\mathbf{1}] + x_1[2]x_2[\mathbf{0}] + x_1[3]x_2[\mathbf{3}]$$

$$= 1 \cdot 1 + 1 \cdot 0 + 0 \cdot 1 + 1 \cdot 1 = 2$$

$$y_{cir}[3] = x_1[0]x_2[\mathbf{3}] + x_1[1]x_2[\mathbf{2}] + x_1[2]x_2[\mathbf{1}] + x_1[3]x_2[\mathbf{0}]$$

$$= 1 \cdot 1 + 1 \cdot 1 + 0 \cdot 0 + 1 \cdot 1 = 3$$

- 마지막 방식은 시간 영역의 방식이다. 식 (9.152d)와 같이 시간 영역에서 선형 콘볼루션하고, 결과를 $N = 4$ 샘플마다 반복하면 에일리어싱된 순환 콘볼루션을 얻게 된다. 두 신호의 선형 콘볼루션은

$$y[n] = x_1[n] * x_2[n] = \{1,\ 1,\ 0,\ 1\} * \{1, 0, 1, 1\} = \{1,\ 1,\ 1,\ 3,\ 1,\ 1,\ 1\}$$

이다. 따라서 순환 콘볼루션은 식 (9.152d)로부터 다음과 같이 계산된다.

$$y_{cir}[0] = y[0] + y[4] = 1 + 1 = 2$$

$$y_{cir}[1] = y[1] + y[5] = 1 + 1 = 2$$

$$y_{cir}[2] = y[2] + y[6] = 1 + 1 = 2$$

$$y_{cir}[3] = y[3] = 3$$

여기서 $y_{cir}[n]$의 처음 3 샘플은 선형 콘볼루션의 마지막 3 샘플과 겹쳐진다. 이러한 에일리어싱은 선형 콘볼루션의 결과가 길이 7이지만, DFT는 4점을 사용하여 4 샘플마다 선형 콘볼루션 결과가 반복되기 때문이다. 그림 9.30에서 보듯이 선형 콘볼루션 결과의 마지막 $7 - 4 = 3$ 샘플은 싸매져서[wrap around] 앞의 3 샘플과 겹친다. 일반적으로 N점 DFT를 이용하여 순환 콘볼루션을 계산하고 선형 콘볼루션의 길이 L_y가 N보다 작으면 순환 콘볼루션의 처음 $N - L_y$ 샘플에서 에일리어싱이 발생한다.

9.10.5 DFT를 이용한 선형 콘볼루션 계산

순환 콘볼루션에서 에일리어싱을 방지하려면 DFT 길이가 선형 콘볼루션의 길이와 같거나 길어야 한다. 따라서 각 신호의 뒷부분에 0을 채워주어 선형 콘볼루션에서 요구되는 만큼의 길이로 만들어준다. 이를 **영채움**[zero-padding]이라 한다. 만약 신호 $x_1[n]$과 $x_2[n]$의 길이가 각각 L_1과 L_2이라면, 선형 콘볼루션 $y[n] = x_1[n] * x_2[n]$의 길이 L_y는

$$L_y = L_1 + L_2 - 1$$

이다. 따라서 DFT의 길이 N을

$$N \geq L_y = L_1 + L_2 - 1$$

과 같이 선택하면 에일리어싱이 발생하지 않는다. 신호 $x_1[n]$과 $x_2[n]$는 각각 부족한 샘플 수만큼 영으로 채우고 N점 DFT한다. 그림 9.31은 DFT를 이용한 선형 콘볼루션의 계산 과정이다.

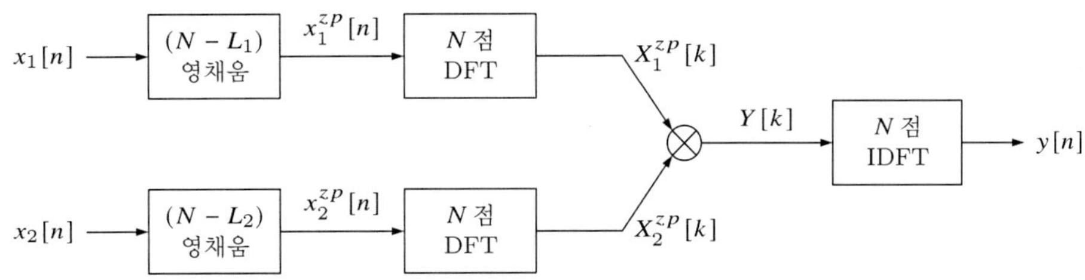

그림 9.31 DFT를 이용한 선형 콘볼루션 계산 과정.

DFT를 이용한 선형 콘볼루션의 예로 9.10.4절에서 다룬 식 (9.154)를 다시 고려하자. 이 콘볼루션에서 $x_1[n]$과 $x_2[n]$은 각각 길이 4이므로 선형 콘볼루션 $y[n]$의 길이는

$$L_y = L_1 + L_2 - 1 = 4 + 4 - 1 = 7$$

이다. 따라서 DFT 길이를 $N = L_y = 7$로 정하면

$$N - L_1 = N - L_2 = 7 - 4 = 3$$

만큼의 영채움이 필요하다.

$$x_1[n] = \{1,\ 1,\ 0,\ 1\} \implies x_1^{zp}[n] = \{1,\ 1,\ 0,\ 1,\ \underbrace{0, 0, 0}_{\text{영채움}}\}$$

$$x_2[n] = \{1,\ 0,\ 1,\ 1\} \implies x_2^{zp}[n] = \{1,\ 0,\ 1,\ 1,\ \underbrace{0, 0, 0}_{\text{영채움}}\}$$

표 9.4는 신호 $x_1[n]$과 $x_2[n]$의 콘볼루션 계산 과정이고, 최종적으로 얻은 선형 콘볼루션 결과는

$$y[n] = \{1,\ 1,\ 1,\ 3,\ 1,\ 1,\ 1\} \tag{9.157}$$

이다.

연습 9.3 두 신호 $x[n]$과 $h[n]$의 선형 콘볼루션이 $y[n] = \{1,\ 2,\ 3,\ 4,\ 5\}$일 때, 이 두 신호의 순환 콘볼루션 $y_{cir}[n] = x[n] ④ h[n]$를 구하라. 답: $y_{cir}[n] = \{6,\ 2,\ 3,\ 4\}$

표 9.4 7점 DFT를 이용한 선형 콘볼루션 계산 과정.

n,k	$x_1^{zp}[n]$	$x_2^{zp}[n]$	$X_1^{zp}[k]$	$X_2^{zp}[k]$	$Y[k]$	$y[n]$
0	1	1	3.000	3.000	9.000	1
1	1	0	$0.723-j1.216$	$-0.123-j1.409$	$-1.802-j0.868$	1
2	0	1	$1.401-j0.193$	$0.723+j1.216$	$1.247+j1.564$	1
3	1	1	$-0.123-j1.409$	$1.401-j0.193$	$-0.445-j1.950$	3
4	0	0	$-0.123+j1.409$	$1.401+j0.193$	$-0.445+j1.950$	1
5	0	0	$1.401+j0.193$	$0.723-j1.216$	$1.247-j1.564$	1
6	0	0	$0.723+j1.216$	$-0.123+j1.409$	$-1.802+j0.868$	1

9.11 윈도우

9.11.1 윈도우와 해상도

길이가 아주 긴 신호를 DFT로 변환하여 푸리에 영역에서 처리하려면 필연적으로 신호의 일부만을 선택해야 한다. 우리가 컴퓨터로 즐겨듣는 음악은 길이가 매우 길지만, 짧은 구간으로 분할하여 DFT 처리된다. 이때 신호의 선택은 **윈도우**window를 통해 이루어진다.

신호 $x[n]$으로부터 L 샘플을 택하여 N점 DFT 취한다고 가정하자. 신호의 길이가 N보다 짧으므로($L \le N$), 선택된 신호의 뒤에 영채움을 하고 N점 DFT를 취한다. 그림 9.32는 이 과정을 묘사한다. 샘플의 선택은 **사각 윈도우**rectangular window $w_{rect}[n]$를 통해 이루어질 수 있다.

$$w_{rect}[n] = \begin{cases} 1, & 0 \le n \le L-1 \\ 0, & L \le n \le N-1 \end{cases} \tag{9.158}$$

사각 윈도우를 취한 신호 $x_w[n]$은 다음과 같이 표현된다.

$$x_w[n] = \begin{cases} w_{rect}[n]x[n], & 0 \le n \le L-1 \\ 0, & L \le n \le N-1 \end{cases} \tag{9.159}$$

여기서 사각 윈도우는 값이 1이므로

$$x_w[n] = w_{rect}[n]x[n] = x[n], \quad n = 0, 1, \cdots, L-1 \tag{9.160}$$

과 같이 신호의 길이를 선택하는 효과를 가지며, 선택된 신호의 DFT는 다음과 같이 표현된다.

$$X[k] = \sum_{n=0}^{L-1} x[n]e^{-jk(2\pi/N)n} = \sum_{n=0}^{N-1} x_w[n]e^{-jk(2\pi/N)n} \tag{9.161}$$

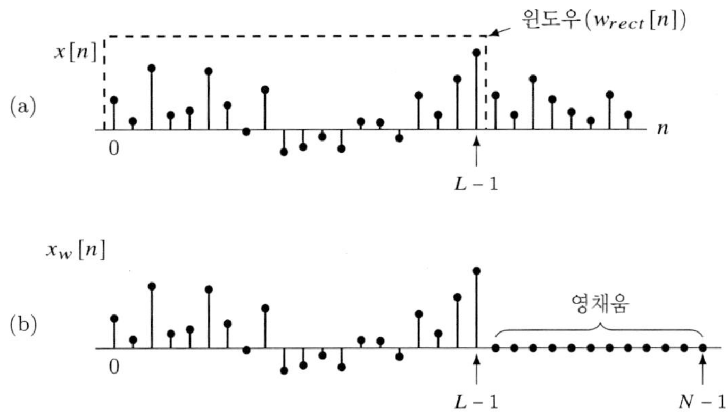

그림 9.32 DFT 과정의 (a) 윈도우와 (b) 영채움.

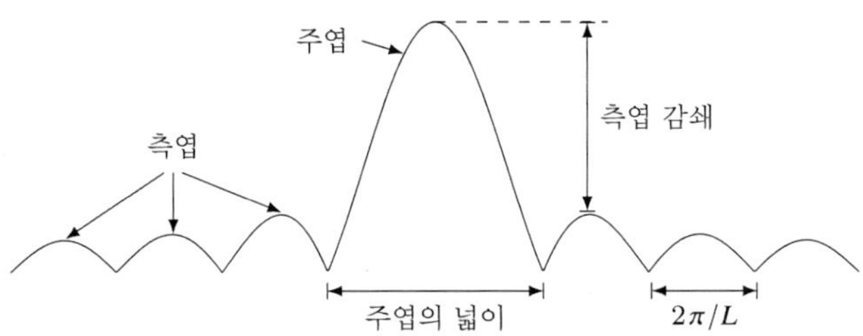

그림 9.33 사각 윈도우 스펙트럼.

그런데 윈도우는 주파수 영역에서 스펙트럼의 모양에도 영향을 끼치지 마련이다. 윈도우가 주파수 영역에서 신호에게 어떤 영향을 주는지 살펴보자. 정현 신호의 DTFT에 관하여는 예제 9.7에서 설명한 바 있다. 그림 9.12에서 보는 바와 같이 무한길이 정현 신호의 스펙트럼은 선 스펙트럼이지만, 길이제한된 정현 신호의 스펙트럼은 제한된 길이 만큼의 폭을 갖는 사각펄스 스펙트럼을 갖는다.

사각 윈도우 식 (9.158)의 DTFT는

$$W_{rect}(e^{j\hat{\omega}}) = e^{-j\hat{\omega}(L-1)/2}\frac{\sin(\hat{\omega}L/2)}{\sin(\hat{\omega}/2)}, \quad -\pi \le \hat{\omega} < \pi \tag{9.162}$$

이고 그림 9.33은 사각 윈도우의 대략적인 크기 스펙트럼을 보여 준다. 윈도우의 스펙트럼은 **주엽**mainlobe과 **측엽**sidelobe으로 구성된다. 주엽은 중앙에 위치한 가장 큰 스펙트럼 봉우리이며, 측엽은 주엽 주위의 작은 봉우리이다. 주엽의 중앙을 제외하면 $2\pi/L$ 간격으로 스펙트럼이 0이다. 주엽의 넓이는 **영점간 거리**로 측정되며 $4\pi/L$이다. 윈도우의 길이가 길수록 주엽의 넓이는 좁아진다. 측엽이 주엽에서 멀어질수록 측엽의 피크값이 점차 줄어든다. 주엽의 최대값과 첫째 측엽의 최대값의 차이를 **최소 측엽 감쇄**minimum sidelobe rejection로 정의한다.

그림 9.34는 길이 L의 사각 윈도우로 길이제한된 정현 신호 $x_w[n] = \cos(0.5\pi n)w[n]$의 DTFT 크기 스펙트럼이다. 주엽의 피크는 $\hat{\omega}_0 = \pm 0.5\pi$에 위치한다. 여기서 주엽의 넓이는 $\hat{\omega}_0 = \pm 0.5\pi$

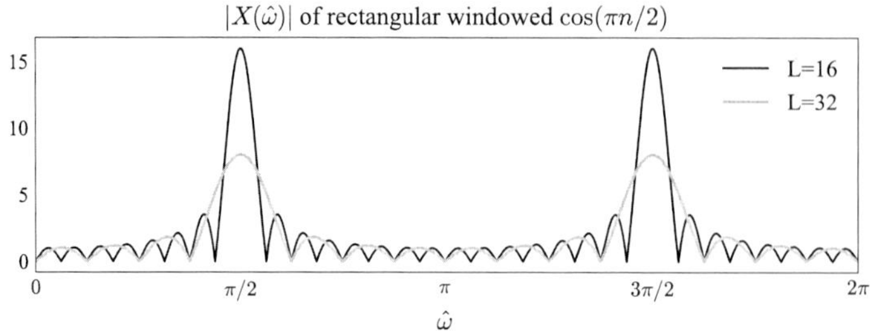

그림 9.34 사각 윈도우된 정현 신호 $\cos(0.5\pi n)$의 DTFT 크기 스펙트럼(L = 16, 32).

좌우의 영점 간 거리이며 영점간 대역폭이라 부른다.[5] 길이 L인 사각 윈도우로 선택된 정현 신호의 영점간 대역폭은 $4\pi/L$이므로 L이 커질수록 주엽의 폭은 좁아진다.

샘플별로 가중치가 다른 윈도우를 적용하면 더 효과적일 수 있다. 그림 9.35는 이러한 특징을 갖는 해밍hamming 윈도우와 핸hann 윈도우를 소개한다.[6] 이중 해밍 윈도우는 7.6.4절에서 사용된 바 있다. 핸 윈도우는 해밍 윈도우와 유사하지만, 해밍과는 달리 양끝 샘플값이 0이다. 윈도우는 모두 코사인(혹은 사인) 함수이며, 중앙을 중심으로 좌우대칭적이고, 사각 윈도우를 제외하면 윈도우의 중앙에서 멀어질수록 값이 작아지는 특징이 있다.

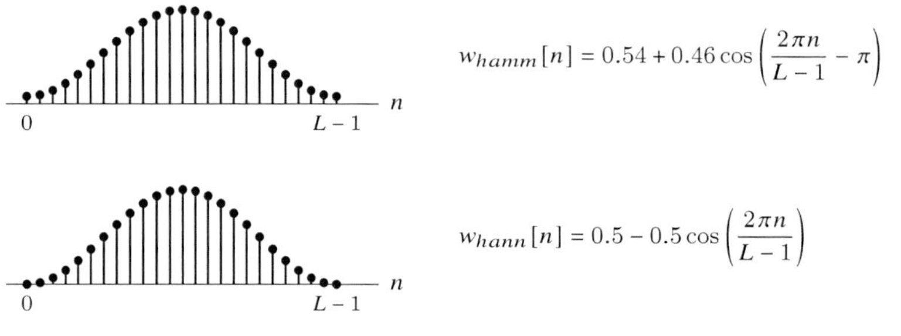

그림 9.35 자주 사용되는 해밍 윈도우(위)와 핸 윈도우(아래).

그림 9.36은 세 가지 윈도우의 에너지 스펙트럼 $|W(e^{j\hat{\omega}})|^2$을 비교해 보여 준다. 사각 윈도우의 경우 측엽 감쇄는 $\hat{\omega} = 3\pi/L$일때 최소가 되며, 최소값은 약 13 dB이다. 해밍 윈도우와 핸 윈도우는 측엽 감쇄가 각각 43 dB와 32 dB로 사각 윈도우의 측엽 감쇄보다 훨씬 크다. 이런 이유로 해밍 윈도우와 핸 윈도우가 널리 사용된다. 측엽 감쇄는 주엽의 넓이를 댓가로 지불하고 얻어진다. 해밍 윈도우와 핸 윈도우의 주엽의 넓이는 사각 윈도우보다 2배 넓은 $8\pi/L$에 달한다.

---

[5]대역폭에 대한 여러 정의들이 있지만, 3 dB 대역폭과 영점간 대역폭이 널리 채택된다. 3 dB 대역폭은 통과대역의 최대값으로부터 에너지가 반으로 줄어드는 주파수까지의 범위를 의미한다.

[6]해밍 윈도우와 핸 윈도우는 각각 고안자 Richard W. Hamming와 Julius von Hann의 이름에서 비롯되었다.

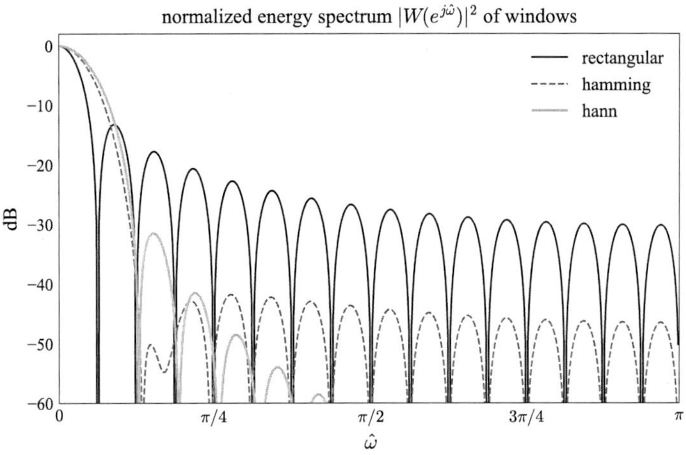

그림 9.36 윈도우 스펙트럼 비교($L = 32$).

주엽의 넓이는 신호의 주파수 해상도와 밀접하게 연관된다. 다음 신호의 예를 통해 이 관계를 알아보자.

$$x_1[n] = \cos(0.195\pi n) + \cos(0.586\pi n) \tag{9.163a}$$

$$x_2[n] = \cos(0.245\pi/n) + \cos(0.686\pi/n) \tag{9.163b}$$

여기서 신호 $x_2[n]$에 포함된 정현 성분은 $x_1[n]$에 포함된 두 정현 성분의 주파수와 각각 $(0.245 - 0.195)\pi = 0.05\pi$와 $(0.685 - 0.586)\pi = 0.1\pi$ 만큼 차이난다. 길이 $L = 81$의 핸 윈도우를 이용하자. 주엽의 넓이는 약 $8\pi/L \approx 0.1\pi$이다. 그림 9.37은 신호 $x_1[n]$과 $x_2[n]$를 1024점 DFT 스펙트럼이다. DFT 스펙트럼이지만, 스템 플롯 대신 선으로 그렸다. 그림의 윗 패널에서 신호 $x_1[n]$과 $x_2[n]$의 스펙트럼은 개별적으로 계산되어 중첩되었으며, 아래 패널은 $x_1[n] + x_2[n]$의 스펙트럼이다. 정현 성분 $\cos(0.195\pi n)$과 $\cos(0.245\pi n)$의 주파수 차이는 0.05π로 주엽의 폭보다 좁기 때문에 두 주엽이 서로 겹친다. 이로 인해 아래 패널에서 두 정현 신호의 스펙트럼을 구분해내기는 어렵다. 반면 정현 성분 $\cos(0.586\pi n)$과 $\cos(0.686\pi n)$의 주파수 차이는 0.1π이므로 두 주엽은 겹치지 않으며, 아래 패널에서 두 정현 성분의 구분이 가능하다. 그러므로 신호의 윈도우 길이는 신호 안에 포함된 정현 신호의 특성을 고려하여 결정되어야 한다.

연습 9.4 신호 $x[n] = \cos(0.125\pi n)$의 N점 DFT가 정확하게 신호의 선 스펙트럼과 일치되는 N은 얼마인가? 답: $N = 16r,\ r = 1, 2, \cdots$.

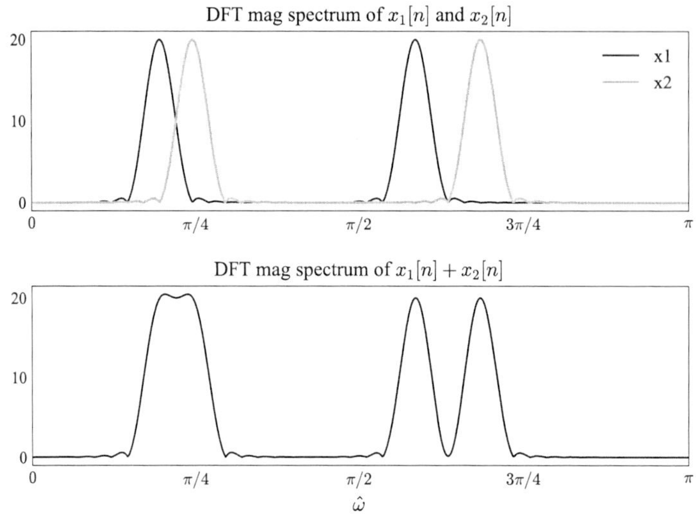

그림 9.37 핸 윈도우된 두 정현 신호의 DTFT 크기 스펙트럼.

IPYWIDGET 데모 9.1

위젯 파일: `dtft_dft_demo.ipynb`

이 데모에서는 DFT의 시간-주파수 해상도가 어떻게 결정되는지 살펴본다. 정현 신호의 푸리에분석 목적 중 하나는 신호의 파라미터 추정이다. DTFT에서 정현 신호는 스펙트럼의 피크에 해당된다. 위젯에서는 신호의 실선으로 표시된 DTFT 스펙트럼과 스템 플롯으로 표시된 DFT 스펙트럼이 함께 표시된다. DFT 스펙트럼이 연속 DTFT 스펙트럼의 피크를 정확히 샘플링하면 DFT 스펙트럼으로부터 정현 신호의 주파수를 정확하게 추정할 수 있다. 신호의 주기(`N`), 주파수(`k0`), 윈도우 길이, DFT 길이를 조절하면서 다음 사항을 중심으로 관찰해 보라.

- 윈도우 길이의 증감이 DTFT/DFT 스펙트럼에 어떤 영향을 미치는가?
- DFT 스텍트럼이 언제 DTFT 스펙트럼의 피크(즉 정현 신호)를 정확하게 샘플링하는가? 이를 결정하는 주요한 파라미터는 윈도우 길이인가 아니면 DFT 길이인가?
- DFT 길이가 DTFT/DFT 스펙트럼에 어떤 변화를 초래하는가?

9.11.2 스펙트로그램

그림 9.38은 오보에로 연주된 C-장조 소리 중 한 시점에서 1024 샘플을 택하여 DFT 변환한 다음 크기 스펙트럼을 로그 척도로 표시한 것이다. 스펙트럼은 오보에 소리의 하모닉 구조를 잘 보여 준다. 그런데 그림 9.38은 오보에 신호의 1024 샘플 한 구간의 하모닉 구조만 보여줄 뿐이다. 오보에 연주에서 하모닉 구조가 시간에 따라 어떻게 변화하는지 파악하려면, 신호를 일정 간격으로 이동하면서 스펙트럼을 관찰해야 한다.

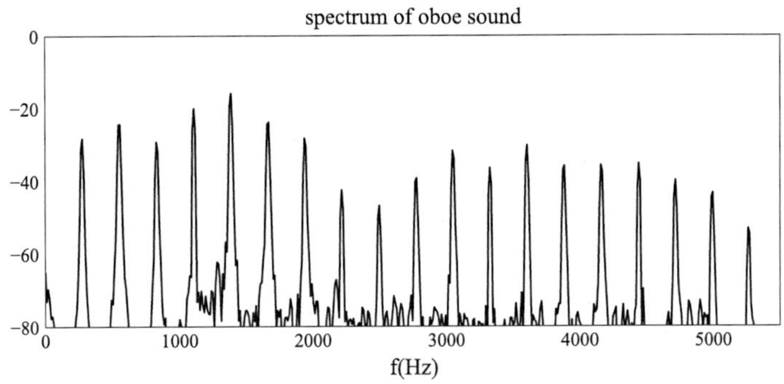

그림 9.38　오보에 소리의 STFT 스펙트럼(1024 샘플).

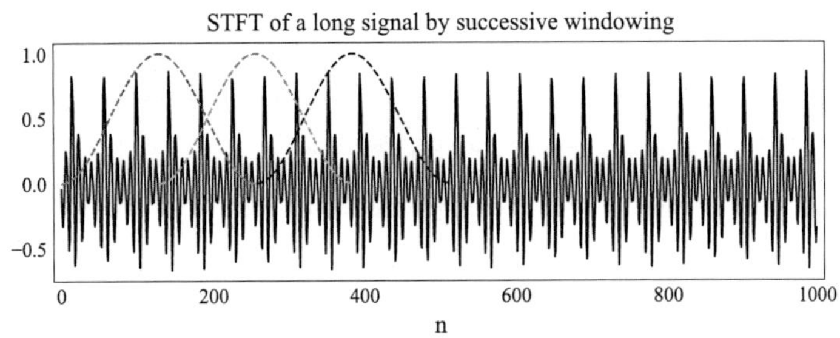

그림 9.39　신호의 STFT 분석.

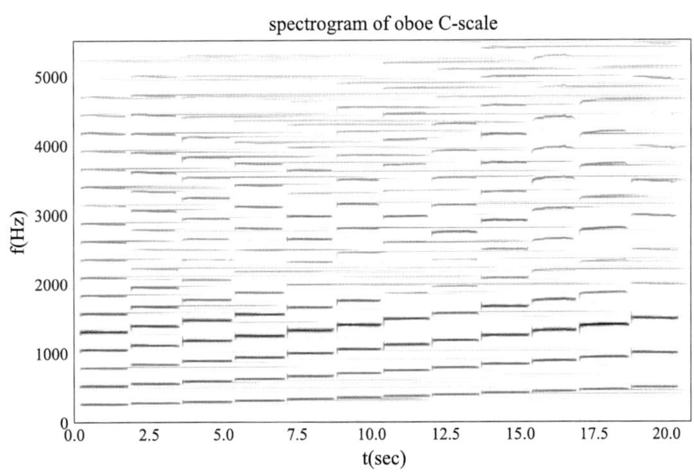

그림 9.40　오보에 소리의 스펙트로그램.

예를 들어, n_s 샘플 시점부터 길이 L 샘플의 윈도우를 취한다고 가정하면

$$x_w[m, n_s] = w[m]x[m + n_s], \quad 0 \le m \le L - 1 \tag{9.164}$$

과 같이 표현된다. 그림 9.39와 같이 일정 간격으로 윈도우를 이동하면서 구간별로 DFT를

취한다. 이러한 푸리에분석 방식을 **STFT**short-time Fourier transform 이라 한다.[7] 이때 윈도우로 선택되는 한 구간을 **프레임**frame 이라 하며, 인접한 프레임 간의 간격을 **블록**block 이라 한다. 샘플 인덱스 n_s 에서 $x_x[m, n_s]$ 의 STFT를 $X_w[k, n_s]$ 으로 표기하면, 시간 n_s 에 따라 $X_w[k, n_s]$ 를 시간적으로 연결하여 이차원 그래프로 표시할 수 있는데, 이 그래프를 **스펙트로그램**spectrogram 이라 부른다. 스펙트로그램에서 수평축은 시간을 수직축은 주파수를 나타낸다. 그림 9.40은 오보에로 연주된 C-장조 음계의 스펙트로그램이다. 프레임과 블록 크기는 각각 1024와 256 샘플을 적용하였다. 이 스펙트로그램에서는 회색조가 짙을수록 스펙트럼의 크기가 크다. 스펙트로그램은 신호에 포함된 주파수 성분을 보여줄 뿐 아니라, 이 주파수 성분들이 시간에 따라 어떻게 변화하는지 보여 준다.

푸리에분석은 선택된 프레임 안에서 신호의 주파수 특성이 변하지 않는다고 가정한다. 그러나 음악이나 음성은 시간에 따라 주파수 성분이 변하기 마련이다. 따라서 프레임은 신호가 시간에 따라 얼마나 빨리 변하는지를 고려하여 결정되어야 한다. 그림 9.41은 음성 신호 'one step forward'의 스펙트로그램이다. 프레임과 블록 크기를 각각 512와 128 샘플이다. 스펙트로그램 안에 대략적으로 표기된 음소와 스펙트로그램을 비교해보면, 음소에 따라 주파수 성분이 달라질 뿐만 아니라 한 음소 안에서도 기본 주파수가 상당히 많이 변한다. 이런 시간 변동성을 갖는 신호의 푸리에 분석을 위해 구간별로 주파수 특성이 일정하다고 가정하고 STFT를 적용한다.

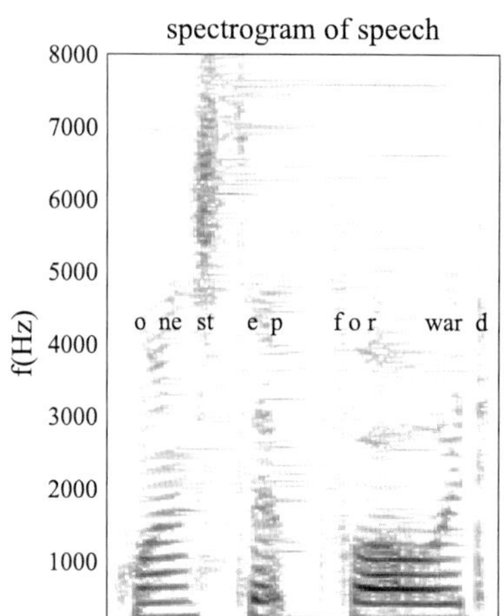

그림 9.41 음성 신호의 스펙트로그램.

IPYWIDGET 데모 9.2

위젯 파일: `spectrogram_demo.ipynb`

이 데모는 스펙트로그램에서 윈도우의 영향과 주파수 해상도의 관계를 보여준다. 위젯은 전체 소리의 하모닉 구조를 보여주는 스펙트로그램, 선택된 시점의 프레임 시간 파형, 이

[7] 큰 틀에서 FT(Fourier transform)와 DFT는 동일하므로 STDFT 대신 STFT라고 부른다.

프레임의 DFT 크기 스펙트럼을 보여준다. 이 데모에서 사용하는 소리는 10개의 첼로 음정으로 구성되며 샘플링 주파수는 16 kHz이다. 음정의 기본 주파수는 114 Hz에서 시작하여 884 Hz의 높이까지 올라간다. 위젯에서는 윈도우 길이, DFT 길이, 프레임 간의 간격을 조절할 수 있고, `t0` 슬라이드를 이용하여 DFT 스펙트럼을 보기 위한 프레임을 선택할 수 있다. DFT 스펙트럼을 구성하는 피크는 소리의 하모닉 구조를 구성하는 정현 신호에 해당한다. IPYWIDGET 데모 ??에서 관찰한 바와 같이 윈도우의 길이는 시간 해상도와 주파수 해상도에 직접 영향을 미친다. 윈도우 길이가 길수록 시간 해상도는 저하되지만 주파수 해상도는 높아진다. 윈도우의 주파수 해상도는 윈도우 스펙트럼의 영점간 대역폭으로 규정되는데, 사각(boxcar) 해밍/핸 블랙맨 윈도우의 순서로 대역폭이 넓어지고 측엽 감쇄도 증가한다. 윈도우 길이 N인 해밍 윈도우의 주파수 해상도는 약 $6\pi/N$이다. 이 값을 이용하여 충분한 주파수 해상도는 얻기 위한 N이 얼마인지 가늠해 보고, 슬라이드를 이용하여 윈도우 길이와 `t0`를 변경하면서 이를 확인해 보라. DFT 길이는 항상 윈도우 길이와 같거나 높게 선택되어야 한다. DFT 길이가 주파수 해상도에는 무관하지만 DTFT 스펙트럼 모양의 부드러움에 영향을 미친다. 윈도우 길이를 256으로 설정하고 DFT 길이를 조정하면서 스펙트럼 모양을 관찰해 보라. 또한 음이 변하는 경계에서는 주파수를 정확하게 분석하기 어렵다. 이런 경계 구간에서는 주파수 해상도보다 시간 해상도가 더 중요하다.

9.12 고속 푸리에변환

FFT는 푸리에변환이 아니라 DFT를 효율적으로 계산하기 위한 수치계산 알고리즘이다. N점 DFT

$$[(9.118)] \qquad X[k] = \sum_{n=0}^{N-1} x[n]e^{-jk(2\pi/N)n}, \quad k = 0, 1, \ldots, N-1$$

는 N개의 시간 영역 신호 $x[n]$을 N개의 주파수 영역의 값 $X[k]$로 변환한다. 하나의 $X[k]$를 계산하려면 N개의 복소수 곱셈과 $N-1$개의 복소수 덧셈이 필요하다. 따라서 전체 N개의 $X[k]$를 계산하려면 N^2의 복소수 곱셈과 $N(N-1)$개의 복소수 덧셈이 필요하다. N이 증가함에 따라 계산량은 지수적으로 증가한다. FFT는 N에 따라 지수적으로 폭증하는 계산량을 줄이기 위한 알고리즘으로 $(N/2)\log_2 N$개의 복소수 곱셈과 $N\log_2 N$개의 복소수 덧셈만으로 DFT를 계산한다. N에 따른 DFT와 FFT 계산량은 표 9.5에 비교되어 있다. N이 증가함에 따라 DFT의 계산량은 지수적으로 증가하지만, FFT의 계산량이 거의 선형으로 증가한다.

9.12.1 시분할 FFT 알고리즘

FFT의 계산 효율은 컴퓨터공학에서 자주 활용되는 **분할정복**divide-and-conquer 전략에서 온다. 분할정복 전략은 길이가 긴 데이터를 통째로 다루지 않고 여러 조각으로 나누어 처리하고

표 9.5 DFT와 FFT의 복소수 계산량 비교.

	DFT		FFT	
	곱셈	덧셈	곱셈	덧셈
N	N^2	$N(N-1)$	$\frac{N}{2}\log_2 N$	$N\log_2 N$
2	4	2	1	2
4	16	12	4	8
8	64	56	12	24
16	256	240	32	64
32	1,024	992	80	160
64	4,096	4,032	192	384
128	16,384	16,256	448	896
256	65,536	65,280	1,024	2048
512	262,144	261,632	2,304	4608
1024	1,048,576	4,192,256	5,120	10,240

결과를 합친다. 이렇게 함으로써 길이에 따라 지수적으로 증가되는 계산량을 피해간다.

분할정복 전략을 효과적으로 적용하기 위해 N은 2의 거듭제곱수 $N = 2^m$로 가정된다. 길이 N인 신호 $x[n]$을 짝수와 홀수로 나누면 DFT 분석식 (9.118)은 다음과 같이 표현된다.

$$\begin{aligned}
X[k] &= \sum_{m=0}^{N/2-1} x[2m]e^{-jk(2\pi/N)(2m)} + \sum_{m=0}^{N/2-1} x[2m+1]e^{-jk(2\pi/N)(2m+1)} \\
&= \underbrace{\sum_{m=0}^{N/2-1} x[2m]e^{-jk(2\pi/(N/2))m}}_{N/2\text{점 DFT } X^0_{N/2}[k]} + e^{-jk(2\pi/N)} \underbrace{\sum_{m=0}^{N/2-1} x[2m+1]e^{-jk(2\pi/(N/2))m}}_{N/2\text{점 DFT } X^1_{N/2}[k]} \\
&= \mathrm{DFT}_{N/2}\{x[2m]\} + e^{-jk(2\pi/N)}\mathrm{DFT}_{N/2}\{x[2m+1]\}, \quad k = 0, 1, \ldots, N-1 \qquad (9.165)
\end{aligned}$$

이처럼 N점 DFT는 짝수 인덱스 신호의 $N/2$점 DFT $X^0_{N/2}[k]$와 홀수 인덱스 신호의 $N/2$점 DFT $X^1_{N/2}[k]$로 구성된다. $X^0_{N/2}[k]$와 $X^1_{N/2}[k]$는 $N/2$점 DFT이므로 $k = 0, 1, \ldots, N/2-1$까지 $N/2$개의 고유한 값으로 표현되지만, $X[k]$는 N개의 고유한 값을 가진다.

이렇게 반으로 분할하는 과정은 최종적으로 길이 2의 신호를 얻을 때까지 계속 반복된다. 길이 2의 신호를 $x_2[l]$이라 정하면, 최종 단계의 2점 DFT는 다음과 같이 표현된다.

$$X_2[k] = x_2[0] + e^{-jk(2\pi/2)}x_2[1], \quad k = 0,\ 1$$

이 식을 풀어쓰면 두 샘플의 합과 차에 지나지 않는다.

$$X_2[0] = x_2[0] + x_2[1] \tag{9.166a}$$

$$X_2[1] = x_2[0] - x_2[1] \tag{9.166b}$$

계산을 좀더 효율적으로 수행하기 위해 식 (9.165)에 내포된 대칭성을 활용할 수 있다. 식 (9.165)를 다음과 같이 두 부분으로 나누면, $k = 0, 1, \ldots, N/2 - 1$에 대하여,

$$X[k] = \mathrm{DFT}_{N/2}\{x[2m]\} + e^{-jk(2\pi/N)}\mathrm{DFT}_{N/2}\{x[2m+1]\}$$

$$X[k + N/2] = \mathrm{DFT}_{N/2}\{x[2m]\} + e^{-j(k+N/2)(2\pi/N)}\mathrm{DFT}_{N/2}\{x[2m+1]\}$$

이다. 여기에 $e^{-j(k+N/2)(2\pi/N)} = -e^{-jk(2\pi/N)}$를 활용하면

$$X[k] = \mathrm{DFT}_{N/2}\{x[2m]\} + e^{-jk(2\pi/N)}\mathrm{DFT}_{N/2}\{x[2m+1]\} \tag{9.167a}$$

$$X[k + N/2] = \mathrm{DFT}_{N/2}\{x[2m]\} - e^{-jk(2\pi/N)}\mathrm{DFT}_{N/2}\{x[2m+1]\} \tag{9.167b}$$

을 얻는다. 이상의 과정은 시간 영역 신호를 계속 반으로 분할하여 길이 2까지 진행하는 FFT 알고리즘이다(그림 9.42). 여기서 DFT를 계산하는 과정은 순환적으로 표현된다. 순환 알고리즘은 함수 호출에 따른 시간 비용이 많이 소요되므로, 비순환 알고리즘으로 수정하여 계산 효율성을 높인다.

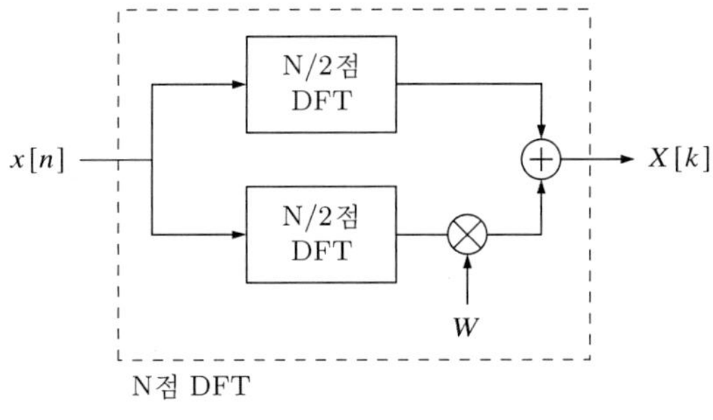

그림 9.42 분할정복 방식의 FFT 알고리즘.

비순환 알고리즘에서는 비순환적으로 계산하기 위해 FFT 계산 전에 미리 신호의 샘플 인덱스를 뒤섞는다. 그림 9.43은 길이 16의 신호를 짝수와 홀수 인덱스로 계속 나누어가면서 뒤섞는 과정이다. 1 단계에서는 인덱스를 짝수와 홀수로 나누고, 2 단계에서는 이미 나누어진 샘플 안에서 다시 짝수와 홀수로 나눈다. 이처럼 계속 나누어가면 각 단계에서 샘플 인덱스는 1 ,2, 4, 8의 간격으로 벌어진다. 마지막 3단계에서 길이 2의 샘플 인덱스를 2진수로 표현하면 0단계 샘플 인덱스의 **비트 순서를 뒤집은**bit-reversal 값에 해당한다. 예를 들면 0단계 $1_{10} = 0001_2$의 비트 순서를 뒤집으면 3단계 $1000_2 = 8_{10}$이며, 0단계 $11_{10} = 1011_2$의 순서를 뒤집으면 3단계 $1101_2 = 13_{10}$이다. 이와 같이 샘플의 순서를 바꾸는 과정을 **뒤섞음**이라고도 한다. 뒤섞음을 이용하면 순환적으로 분할하지 않고도 단번에 2점 DFT를 위한 최종 단계로

0단계:	0	1	2	3	4	5	6	7	8	9	10	11	12	13	14	15
1단계:	0	2	4	6	8	10	12	14	1	3	5	7	9	11	13	15
2단계:	0	4	8	12	2	6	10	14	1	5	9	13	3	7	11	15
3단계:	0	8	4	12	2	10	6	14	1	9	5	13	3	11	7	15

그림 9.43 길이 16인 신호에 인덱스 뒤섞음을 연속적으로 적용한 결과.

진입할 수 있다. 최종 단계에서 식 (9.167)을 이용하여 2점 DFT를 계산하고, 이를 통합하여 4점 DFT를 계산하는 식으로 거슬러 올라가면 원하는 N점 DFT를 얻게 된다. 그림 9.44는 길이 8인 신호 $x[n]$에 인덱스 뒤섞음을 적용한 다음 2점 FFT에서 시작하여 8점 FFT까지 거슬러 올라가며 계산하는 과정을 보여 준다.

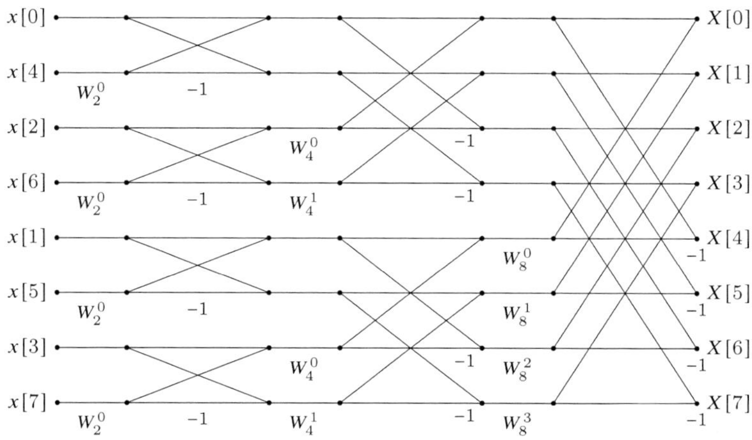

그림 9.44 FFT 알고리즘을 이용한 8점 DFT 계산 과정.

9.12.2 FFT 알고리즘을 이용한 DFT 계산 예

FFT 알고리즘 식 (9.167)을 이용하여 신호 $x[n] = \{4, -2, 1, 2, -3, 2, 3, 4\}$의 8점 DFT를 계산해 보자. 그림 9.44의 순서를 따라 계산한다.

1 순서 되섞음: 신호 인덱스의 비트 순서를 뒤집어 정렬한다.

$$\{x_2^0[n],\ x_2^1[n],\ x_2^2[n],\ x_2^3[n]\} = \{\{4, -3\},\ \{1, 3\},\ \{-2, 2\},\ \{2, 4\}\}$$

2 2점 DFT 계산: 순서가 뒤섞인 샘플을 둘씩 쌍으로 묶어서 2점 DFT 식 (9.166)을 계산한다. 이때 회전인자

$$W_2^0 = e^{-j(2\pi/2)\cdot 0} = 1, \quad W_2^1 = e^{-j(2\pi/2)\cdot 1} = -1$$

를 이용한다.

$X_2^0[0] = x_2^0[0] + 1 \cdot x_2^0[1] = 4 + (-3) = 1, \qquad X_2^0[1] = x_2^0[0] + (-1) \cdot x_2^0[1] = 4 - (-3) = 7$

$X_2^1[0] = x_2^1[0] + 1 \cdot x_2^1[1] = 1 + 3 = 4, \qquad X_2^1[1] = x_2^1[0] + (-1) \cdot x_2^1[1] = 1 - 3 = -2$

$X_2^2[0] = x_2^2[0] + 1 \cdot x_2^2[1] = -2 + 2 = 0, \qquad X_2^2[1] = x_2^2[0] + (-1) \cdot x_2^2[1] = -2 - 2 = -4$

$X_2^3[0] = x_2^3[0] + 1 \cdot x_2^3[1] = 2 + 4 = 6, \qquad X_2^3[1] = x_2^3[0] + (-1) \cdot x_2^3[1] = 2 - 4 = -2$

3 4점 DFT 계산: 2점 DFT를 묶어서 쌍으로 묶어 4점 DFT를 계산한다. 이때 회전인자의 대칭성이 적용된다.

$$W_4^0 = e^{-j(2\pi/4)\cdot 0} = 1, \qquad W_4^1 = e^{-j(2\pi/4)\cdot 1} = -j$$

$$W_4^2 = e^{-j(2\pi/4)\cdot 2} = -1 = -W_4^0, \qquad W_4^3 = e^{-j(2\pi/4)\cdot 3} = j = -W_4^1$$

이로부터 4점 DFT는 다음과 같이 계산된다.

$$X_4^0[0] = X_2^0[0] + W_4^0 X_2^1[0] = 1 + 4 = 5$$

$$X_4^0[1] = X_2^0[1] + W_4^1 X_2^1[1] = 7 + (-j)(-2) = 7 - j2$$

$$X_4^0[2] = X_2^0[0] - W_4^0 X_2^1[0] = 1 - 4 = -3$$

$$X_4^0[3] = X_2^0[1] - W_4^1 X_2^1[1] = 1 + j2 = 1 + j2$$

$$X_4^1[0] = X_2^2[0] + W_4^0 X_2^3[0] = 0 + 6 = 6$$

$$X_4^1[1] = X_2^2[1] + W_4^1 X_2^3[1] = -4 + (-j)(-2) = -4 + j2$$

$$X_4^1[2] = X_2^2[0] - W_4^0 X_2^3[0] = 0 - 6 = -6$$

$$X_4^1[3] = X_2^2[1] - W_4^1 X_2^3[1] = -4 - j2 = -4 - j2$$

4 8점 DFT 계산: 4점 DFT를 쌍으로 묶어서 8점 DFT를 계산한다. 이때 적용되는 회전인자는 $W_8^k = e^{-jk(2\pi/8)}$이며, 앞의 경우와 마찬가지로 대칭성을 활용하여 다음과 같이 계산된다.

$$X_8[0] = X_4^0[0] + W_8^0 X_4^1[0] = 11$$

$$X_8[1] = X_4^0[1] + W_8^1 X_4^1[1] = 5.586 + j6.243$$

$$X_8[2] = X_4^0[2] + W_8^2 X_4^1[2] = -3 + j6$$

$$X_8[3] = X_4^0[3] + W_8^3 X_4^1[3] = 8.414 + j2.243$$

$$X_8[4] = X_4^0[0] - W_8^0 X_4^1[0] = -1$$

$$X_8[5] = X_4^0[1] - W_8^1 X_4^1[1] = 8.414 - j2.243$$

$$X_8[6] = X_4^0[2] - W_8^2 X_4^1[2] = -3 - j6$$

$$X_8[7] = X_2^0[3] - W_8^3 X_4^1[3] = 5.586 - j6.243$$

파이썬 예제

이 장의 파이썬 예제에서 DTFS, DTFT, DFT는 모두 FFT 알고리즘을 활용하여 계산된다. 파이썬에서는 `numpy.fft`와 `scipy.fftpack` 모듈을 통해 `fft`와 관련 함수를 제공한다. 우리는 `numpy.fft` 모듈을 사용하기로 한다. 모듈에 제공되는 함수에 대한 정보를 알고 싶으면

```
help(np.fft)
```

를 실행하면 된다. 또는 https://docs.scipy.org/에서 `fft`를 검색하면 된다. `fft` 함수를 사용하기 위해 미리 관련 함수를 불러오면 좋다.

```
from numpy.fft import fft, ifft, fftshift
```

파이썬 예제 9.1: 파이썬 FFT 함수

길이 $L \le N$ 신호 x의 DFT는 `fft`를 이용하여 다음과 같이 계산될 수 있다.

```
fft(x) # 길이 L인 신호 x의 L점 DFT
fft(x, 1024) # 길이 L인 신호 x의 1024점 DFT
```

첫째 예에서는 DFT의 길이가 명시되지 않았으므로 신호의 길이대로 L점 DFT 변환되고, 둘째 예는 변환의 길이를 $N = 1024$로 명시하였으므로 $N - L$개의 0을 채우고 1024점 DFT 변환이 계산된다.

예를 들어, 예제 9.11에서 다룬 신호 $x[n] = \{1, 0, 1, 0\}$의 DFT는 다음과 같다.

```
x = np.asarray([1, 0, 1, 0], dtype=float)
Xfft = fft(x)
print(Xfft)
x2 = ifft(Xfft)
print(x2)
```

```
[2.+0.j 0.+0.j 2.+0.j 0.-0.j]
[1.+0.j 0.+0.j 1.+0.j 0.+0.j]
```

파이썬 예제 9.2: numpy.fft.fftshift를 이용한 주파수 성분의 재정렬

9.9.3절에서 언급한 바와 같이 DFT 스펙트럼을 재정렬하는 과정은 자주 사용된다. 다음 코드는 펄스 신호에 대한 DFT를 구하고 `fftshift`를 이용하여 스펙트럼의 순서를 재정렬한다. 그림 9.27은 코드 실행 결과이다.

```
# fftshift를 이용한 스펙트럼 재배열
N = 32; L = N//4
x = np.zeros(N).astype(float); x[:L] = 1
X = fft(x); Xshifted = fftshift(X)
k = np.arange(N)
# 플롯
fig, axes = plt.subplots(2,2, figsize=(6,4.5))
axes[0,0].stem(k, np.abs(X), basefmt=' ')
axes[0,1].stem(k, np.abs(Xshifted), basefmt=' ')
axes[1,0].stem(k, np.angle(X), basefmt=' ')
axes[1,1].stem(k, np.angle(Xshifted), basefmt=' ')
```

파이썬 예제 9.3: 이산시간 푸리에급수 함수

DTFS와 DFT는 식 (9.128)과 같이 연결되어 있다.

$$X[k] = N \cdot \tilde{a}_k \qquad [(9.128)]$$

이 관계를 이용하면 주기 신호 $\tilde{x}[n]$의 DTFS 분석식과 합성식을 DFT/IDFT의 `fft`/`ifft`로 계산할 수 있다.

```
ak = fft(x)/N
x = ifft(ak)*N
```

그런데 이 계산 방법은 개선의 여지가 있다. CTFT의 근사계산(파이썬 예제 4.2)과 유사하게 다음 두 사항을 적용하자.

- DFT는 항상 시점 $n_0 = 0$에서 시작된다고 가정하지만, DTFS의 시작 시점은 일반적으로 $n_0 \neq 0$이다. DTFS의 시간 이동 특성을 이용하여 시작 시점을 수용한다.

  ```
  N = len(x)
  k = np.arange(N)
  ak = np.exp(2j*np.pi*k*n0/N)*fft(x)/N
  ```

- 신호가 실수 대칭이면 계수 a_k는 실수부 혹은 허수부만을 가지지만 `ak` 결과에 포함된 반올림오차로 인해 0 대신 아주 작은 값을 갖는다. 이 오차는 대부분 무시할 수 있지만,

위상을 계산하는 경우에는 문제를 일으킬 소지가 있다. 이를 개선하기 위해 작은값을 무시하는 과정을 추가한다.

```
eps = 1e-12
ak.real[abs(ak.real)<eps] = 0.
ak.imag[abs(ak.imag)<eps] = 0.
```

이 두 개선책을 수용하여 함수 dtfs는 다음과 같이 정의된다.

```
eps = 1e-12
def dtfs(x, n0=0):
    """compute DTFS of periodic x[n]
    x = periodic signal(one period)
    n0 = start time index
    ak = DTFS coefficients
    """
    N = len(x)
    k = np.arange(N)
    ak = np.exp(2j*np.pi*k*n0/N)*fft(x)/N
    # 미미한 반올림오차는 무시
    ak.real[abs(ak.real)<eps] = 0.
    ak.imag[abs(ak.imag)<eps] = 0.
    return ak
```

IDTFS도 유사한 방법으로 다음과 같이 정의할 수 있다.

```
def idtfs(ak):
    """compute IDTFS of ak
    ak = DTFS coefficients
    x = periodic signal(one period)
    """
    x = ifft(ak)*len(ak)
    # 미미한 반올림오차는 무시
    x.real[abs(x.real)<eps] = 0.
    x.imag[abs(x.imag)<eps] = 0.
    return x
```

파이썬 예제 9.4: DTFS 계산

파이썬 예제 9.3에서 정의한 DTFS 함수를 이용하여 주기 신호의 DTFS와 IDTFS를 계산해 보자. 다음 코드는 예제 9.2에서 다룬 사각펄스의 DTFS를 계산한다(주기 $N = 16$ 펄스폭

$M = 5$를 가정). 그림 9.45는 다음 코드를 실행한 결과이다.

```
# 함수 dtfs를 이용하여 ak 계산
N, M = 16, 5
n = np.arange(N)
x = (n<M).astype(float)
k = np.arange(0, N)
ak = dtfs(x)
fig, (ax1,ax2) = plt.subplots(1,2, figsize=(6,2.5))
ax1.stem(k, np.abs(ak[k]), basefmt=' ')
ax2.stem(k, np.angle(ak[k]), basefmt=' ')
```

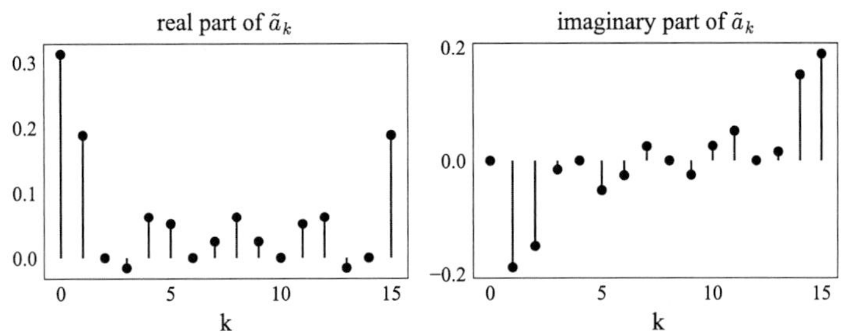

그림 9.45 사각펄스 신호의 DTFS 계수(파이썬 예제 9.4).

DTFS 계수 $\tilde{a}_k$ 로부터 IDTFS를 통해 사각펄스 신호를 얻는 코드는 다음과 같다. 그림 9.46은 사각펄스 신호의 실수부와 허수부이다. 아주 작은 값을 갖는 허수부는 무시되었다.

```
# 함수 idtfs를 이용하여 신호 실수 신호 x[n] 합성
n = np.arange(N)
xr = idtfs(ak)
fig, (ax1,ax2) = plt.subplots(1,2, figsize=(6,2.5))
ax1.stem(n, xr.real, basefmt=' ')
ax2.stem(n, xr.imag, basefmt=' ')
```

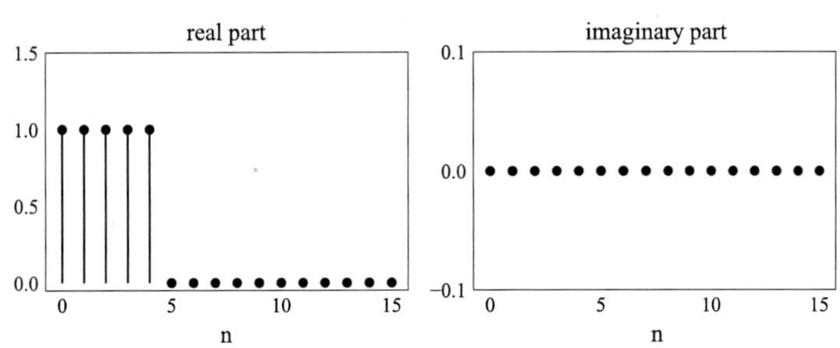

그림 9.46 계수 a_k 로부터 IDTFS 결과 계산된 사각펄스 신호(파이썬 예제 9.4).

지금까지는 펄스가 $n = 0$에서 시작한다고 가정하였다. 중앙에 위치한 사각펄스 신호의 DTFS 계수를 계산하려면 $n_0 = (M-1)/2$ 만큼 신호를 선행시켜야 한다.

```
ak = dtfs(x, (M-1)/2)
```

그림 9.47은 코드 실행 결과이다. 중앙에 위치한 좌우대칭 주기 신호의 DTFS의 허수부는 완전히 0이고 실수부만 값을 갖는다.

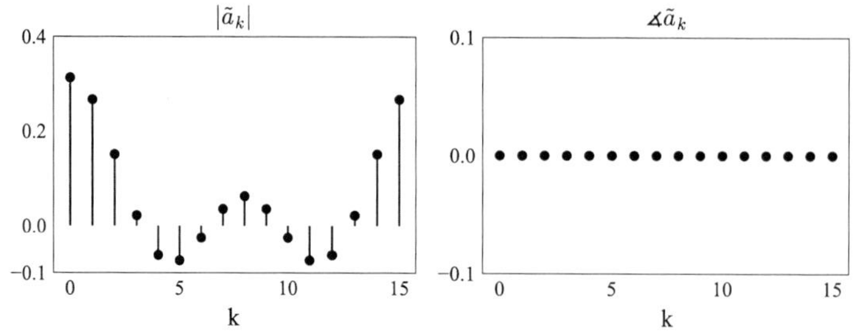

그림 9.47 중앙에 위치한 사각펄스 신호의 DTFS 계수(파이썬 예제 9.4).

파이썬 예제 9.5: DFT를 이용한 DTFT 계산

DTFT를 컴퓨터로 계산하려면 신호의 길이를 유한하게 제한하며 연속 주파수를 유한개의 주파수로 이산화해야 한다. 다음 함수 dtft는 fft를 이용하여 DTFT를 계산한다. 이 함수에서 주파수 샘플수 N은 충분히 큰 값으로 선택된다. 또한 스펙트럼은 fftshift을 이용하여 $\hat{\omega}=0$을 기준으로 대칭적으로 재정렬되고 10^{-12}보다 작은 값은 무시된다. 파이썬 함수 fft는 신호의 시작점을 항상 0으로 가정하므로 $n=0$을 기준으로 좌우대칭인 신호의 DTFT는 시간 이동 특성을 적용하여 계산된다. $y[n]=x[n+n_0]$의 DTFT를 계산하려면 dtft(x, N, n0)와 같이 호출한다.

```
# DFT를 이용하여 DTFT 계산하는 함수
def dtft(x, N, n0=0):
    """
    x = time-domain signal x[n]
    N = number of frequency samples
    n0 = time-shifting(n0<0 for delay)
    """
    w = 2*np.pi*np.arange(N)/N - np.pi
    X = fftshift(fft(x,N)) * np.exp(1j*w*n0)
    X.real[np.abs(X.real)<eps] = 0.
    X.imag[np.abs(X.imag)<eps] = 0.
    return X
```

정의된 함수 dtft를 이용하여 펄스폭 $M=10$인 인과적 사각펄스 $x[n]$의 DTFT를 계산하자. 다음 코드에서 DTFT 스펙트럼은 1024점 DFT로 계산된다. 그림 9.48은 코드 실행 결과이다.

```
# 함수 dtft를 이용하여 길이 M 사각펄스의 DTFT 계산
N = 1024; k = np.arange(N)
w = 2*np.pi*k/float(N) - np.pi
#  인과적 사각펄스 신호
M = 10; x = np.ones(M).astype(float)
X = dtft(x, N)
fig, (ax1,ax2) = plt.subplots(1,2, figsize=(6,2.5))
ax1.plot(w, X.real)
ax2.plot(w, X.imag)
```

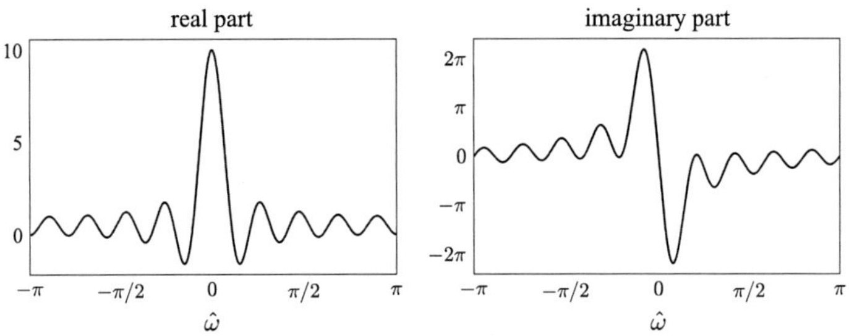

그림 9.48 사각펄스 신호의 DTFT 스펙트럼(파이썬 예제 9.5, $M = 10$).

중앙에 위치한 사각펄스 $y[n] = x[n+5]$의 DTFT를 계산하려면 n0=5를 적용하면 된다.

```
X = dtft(x, N, (M-1)/2)
```

그림 9.49는 DTFT 스펙트럼의 실수부와 허수부이다. 시간 영역 신호 $y[n]$이 좌우 대칭이므로 허수부는 0이다.

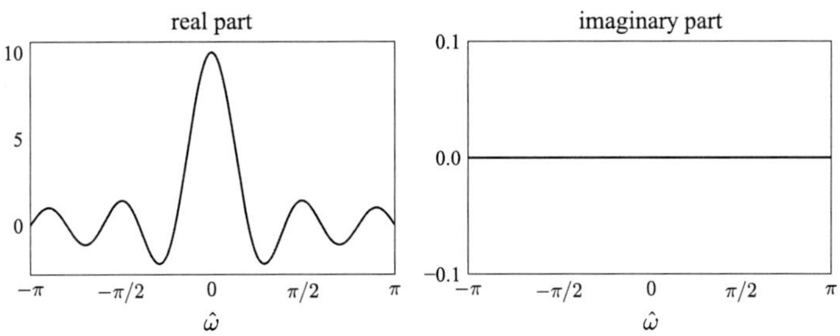

그림 9.49 중앙에 위치한 사각펄스 신호의 DTFT 스펙트럼(파이썬 예제 9.5, $M = 10$).

마지막으로 무한길이 신호의 DTFT를 고려하자. 무한길이를 유한하게 제한하는 과정에서 DFT를 이용한 DTFT는 근사계산일 수밖에 없지만 여전히 현실적으로 유용하다. 예로 $x[n] = (0.6)^n u[n]$의 DTFT를 고려하자. 그림 9.50은 코드 실행 결과 얻어진 크기와 위상 스펙트럼이다.

```
# 무한길이 지수 신호의 DTFT를 DFT로 근사 계산
# x[n] = (0.6)^n u[n]
L, N = 41, 2048
n = np.arange(L)
a = 0.6; x = np.power(a, n)
w = np.linspace(-np.pi, np.pi, N)
X = dtft(x, N)
# 크기와 위상 스펙트럼 플롯
fig, (ax1,ax2) = plt.subplots(1,2, figsize=(6,2.5))
ax1.plot(w, np.abs(X))
ax2.plot(w, np.angle(X))
```

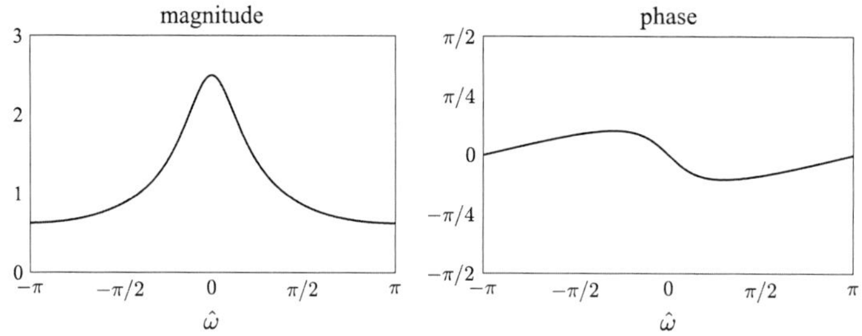

그림 9.50 지수 신호 $x[n] = (0.6)^n u[n]$의 DTFT 스펙트럼(파이썬 예제 9.5).

파이썬 예제 9.6: scipy.signal.freqz 함수를 이용한 주파수 응답 계산

이 파이썬 예제에서는 이산시간 LTI 시스템의 주파수 응답을 계산하는 방법을 설명한다. 이산시간 LTI 시스템의 주파수 응답

$$H(e^{j\hat{\omega}}) = \frac{\sum_{k=0}^{M} b_k e^{-j\hat{\omega}k}}{1 - \sum_{k=1}^{N} a_k e^{-j\hat{\omega}k}}$$

은 시스템의 임펄스 $h[n]$에 대한 DTFT이다. 파이썬 함수 `scipy.signal.freqz`는 시스템 계수로부터 주파수 응답을 계산한다.

```
w, H = freqz(b, a=1, worN=None, whole=False, plot=None)
```

다른 파이썬 함수와 마찬가지로 `freqz` 역시 시스템 계수 $\{a_k, b_k\}$는 내림차순으로 정의된다.

```
a = [1, -a1, -a2, ... , -aN]
b = [b0, b1, b2, ..., bM]
```

파이썬 함수 `freqz`는 a_k를 명시하지 않으면 기본값 `a=1`을 적용하여 FIR 필터로 가정한다.

또한 주파수 응답을 계산할 주파수 worN을 명시해주지 않으면 $0 \sim 2\pi$ 구간을 균등하게 나눈 512개의 주파수를 사용한다. 사용자가 주파수를 설정하면 파이썬 함수 정의 규정에 따라 a=1 이라 하더라도 명시해 주어야 한다.

몇 가지 예를 들어보자.

- 일차 차분 시스템 $y[n] = x[n] - x[n-1]$ (예제 9.8)

```
# FIR 시스템의 주파수 응답
a = [1]; b = [1, -1]
w = np.pi*np.arange(-np.pi, np.pi, 0.001)
w, H = signal.freqz(b, a, worN=w)
```

- FIR 시스템 $y[n] = x[n] + 2x[n-1] + x[n-2]$ (예제 9.9)

```
# FIR 시스템의 주파수 응답
a = [1]; b = [1, 2, 1]
w = np.pi*np.arange(-np.pi, np.pi, 0.001)
w, H = signal.freqz(b, a, worN=w)
```

- IIR 시스템 $h[n] = (0.6)^n u[n]$ (예제 9.10)

```
# IIR 시스템의 주파수 응답
a = [1, -0.6]; b = [1]
w = np.pi*np.arange(-np.pi, np.pi, 0.001)
w, H = signal.freqz(b, a, worN=w)
```

임펄스 응답과 주파수 응답은 DTFT 변환쌍

$$b_0(a_1)^n[n] \quad \overset{DTFT}{\longleftrightarrow} \quad \frac{b_0}{1 - a_1 e^{-j\hat{\omega}}}$$

을 이루므로 freqz가 계산한 결과는 지수 신호 $x[n] = (0.6)^n u[n]$의 정확한 DTFT이다. 이처럼 차분방정식으로 표현되는 시스템의 임펄스 응답 $h[n]$은 무한길이일지라도 파이썬 함수 freqz를 이용하여 DTFT를 정확하게 계산 할 수 있다. 반면 파이썬 예제 9.5에서 소개한 dtft 함수는 무한길이 신호의 DTFT를 근사적으로 계산한다. freqz의 결과를 그림 9.50과 비교하여 보라.

파이썬 예제 9.7: 정현 신호의 DFT

이 파이썬 예제에서는 정현 신호의 DFT를 다루어본다. 정현 신호의 DFT를 계산해보고 결과에 대하여 설명하기로 한다. 주기 $L = 16$인 정현 신호 $x[n] = \cos(3(2\pi/16)n + \pi/4)$의 N점 DFT를

- $N = 2L = 32$
- $N = 2L + 3 = 35$

일 때 각각 계산하고 크기 스펙트럼을 플롯해 보자. 다음은 DFT/DTFT를 계산하고 그래프로 그리는 코드이고, 그림 9.51은 실행 결과이다.

```
# 주기 L인 정현 신호의 DFT 스펙트럼
L = 16; f0 = 3/L
# 길이를 2L로 설정한 경우
N1 = 2*L; n1 = np.arange(N1); k1 = np.arange(N1)
x1 = np.cos(2*np.pi*f0*n1+np.pi/4)
X1 = fft(x1, N1)
X1dtft = fft(x1, 1024)
# 길이를 2L+3로 설정한 경우
N2 = 2*L+3; n2 = np.arange(N2); k2 = np.arange(N2)
x2 = np.cos(2*np.pi*f0*n2+np.pi/4)
X2 = fft(x2, N2)
X2dtft = fft(x2, 1024)
# 플롯
fig, (ax1,ax2) = plt.subplots(2,1, figsize=(6,4.5))
ax1.plot(np.arange(1024)*N1/1024, np.abs(X1dtft))
ax1.stem(k1, np.abs(X1), basefmt=' ')
ax1.set_xlim(-0.5, N1-0.5)
ax1.set_title('DFT length N=2L=32')
ax2.plot(np.arange(1024)*N2/1024, np.abs(X2dtft))
ax2.stem(k2, np.abs(X2), basefmt=' ')
ax2.set_xlim(-0.5, N2-0.5)
ax2.set_xlabel('k')
ax2.set_title('DFT length N=2L+3=35')
```

이 결과는 DFT의 중요한 샘플링 특성을 보여 준다. N점 DFT는 신호를 기본 함수 $e^{jk(2\pi/N)n}$의 중첩합으로 표현한다. DFT 길이 N이 신호 주기의 정수배이면 DFT는 정현 신호 DTFT 스펙트럼의 피크peak를 정확하게 포착한다. 뿐만 아니라 DFT의 샘플링 주파수는 DTFT의 크기 스펙트럼이 0이 되는 주파수와 정확하게 일치하므로 정현 신호의 주파수에서만 0이 아니고 다른 주파수에서는 모두 0이다. 반면 DFT 길이 N이 신호 주기의 정수배가 아니라면 DTFT의 피크를 놓친다. 또한 DFT 스펙트럼은 정현 신호의 기본 주파수와 무관한 주파수를 샘플함으로써 거의 모든 주파수에서 0이 아닌 DFT 스펙트럼을 초래한다. 현실에서는 사전에 정현 신호의 주기를 알 수 없으므로 정확하게 DTFT의 피크를 포착하기는 어렵다. 이런 문제는 충분히 큰 값의 N을 사용하면 해결될 수 있다. 다시 말해, DTFT 스펙트럼 포락선을 촘촘히 샘플하면 어떤 경우에도 피크에 아주 근접한 값을 포착할 가능성이 높아진다. 물론

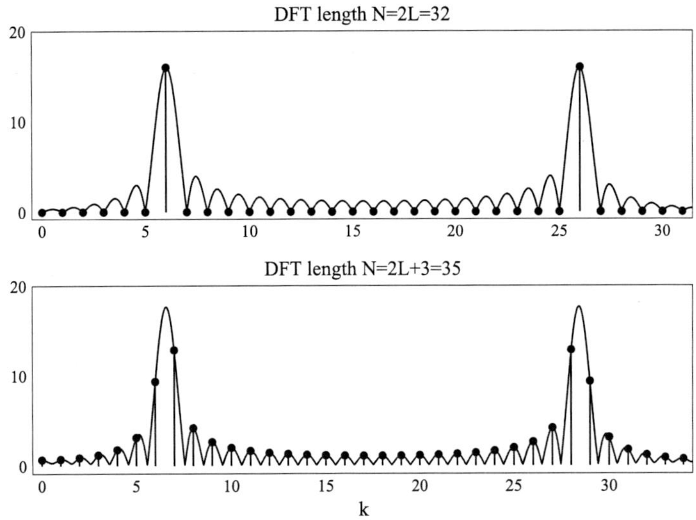

그림 9.51 정현 신호 $\cos(3(2\pi/16)n + \pi/4)$ 의 DFT: (왼쪽) 길이 $N = 32$ (오른쪽) 길이 $N = 35$(파이썬 예제 9.7).

계산량은 증가된다.

파이썬 예제 9.8: DFT의 대칭성

실수 신호의 DFT는 켤레 대칭성을 갖는다. 켤레 대칭성은 음의 주파수 부분과 양의 주파수 부분에 포함된 정보의 양이 동일함을 의미한다. 따라서 양의 주파수 부분만으로 신호를 처리하면 계산 효율을 높일 수 있다. 다음 파이썬 코드는 신호를 FFT 취한 다음 음의 부분을 무시하고 양의 부분으로부터 켤레 대칭성을 이용하여 다시 신호를 복원한다.

```
# 대칭성 활용
N = 16; M = N//4
n = np.arange(N)
x = np.zeros(N).astype(float); x[:5] = np.array([1,2,3,4,5])
X = fft(x); Xshifted = fftshift(X)
# 음의 주파수 부분을 버리고
# 양의 주파수 부분으로부터 대칭성을 이용하여 복원
Xsym = np.concatenate((X[:N//2+1], np.conj(X[N//2-1:0:-1])))
xsym = ifft(Xsym)
# 플롯
fig, (ax1,ax2) = plt.subplots(1,2, figsize=(6,2.5))
ax1.stem(n, x, basefmt=' ')
ax1.set_xlim(-0.5,N-1+0.5)
ax1.set_xticks(np.arange(0,N+1,4))
```

```
ax1.set_xlabel('n')
ax1.set_title('original')
ax2.stem(n, xsym, basefmt=' ')
ax2.set_xlim(-0.5,N-1+0.5)
ax2.set_xticks(np.arange(0,N+1,4))
ax2.set_xlabel('n')
ax2.set_title('reconstruction')
```

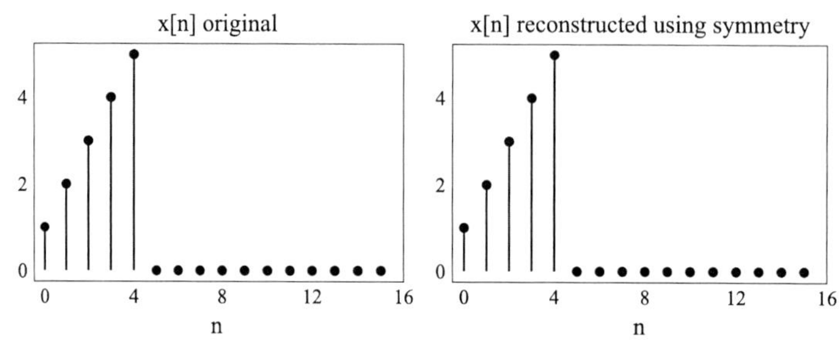

그림 9.52 원 신호와 실수 신호의 켤레 대칭성을 이용하여 복원된 신호(파이썬 예제 9.8).

파이썬 예제 9.9: 순환 콘볼루션

이 예에서는 선형 콘볼루션과 순환 콘볼루션을 비교한다. 파이썬 함수 numpy.convolve로 계산한 결과는 선형 콘볼루션이며, DFT 영역의 곱셈을 통해 계산된 결과는 주기 신호의 순환 콘볼루션이다. 다음 코드에서 순환 콘볼루션의은 DFT 길이 4가 선형 콘볼루션 결과의 길이 7보다 짧기 때문에 $7-4=3$ 만큼의 자리에서 에일리어싱이 발생하였다(그림 9.30 참고).

```
# 선형/순환 콘볼루션 비교
x1 = np.asarray([1,1,0,1], dtype=float)
x2 = np.asarray([1,0,1,1], dtype=float)
X3a = np.convolve(x1, x2)
print('선형 콘볼루션 = {:}'.format(X3a))
X1 = fft(x1)
X2 = fft(x2)
X3b = X1 * X2
x3b = np.fft.ifft(X3b)
print('순환 콘볼루션 = {:}'.format(x3b.real))
```

```
선형 콘볼루션 = [1. 1. 1. 3. 1. 1. 1.]
순환 콘볼루션 = [2. 2. 2. 3.]
```

파이썬 예제 9.10: 순환 콘볼루션을 이용한 선형 콘볼루션

순환 콘볼루션을 이용하여 선형 콘볼루션을 계산하려면, $N \geq L_1 + L_2 - 1$을 만족하도록 N을 결정하면 된다. 다음은 9.10.5절에서 설명한 예를 코드로 작성한 것이다.

```
# 순환 콘볼루션을 이용한 선형 콘볼루션
x1 = np.asarray([1, 1, 0, 1], dtype=float)
x2 = np.asarray([1, 0, 1, 1], dtype=float)
# 7점 DFT
N=7
X1 = fft(x1,N)
X2 = fft(x2,N)
X3 = X1 * X2
x3 = ifft(X3)
print(x3)
```

```
[ 1.+0.j  1.+0.j  1.+0.j  3.+0.j  1.+0.j  1.+0.j  1.+0.j]
```

파이썬 예제 9.11: 오보에 신호의 스펙트로그램

스펙트로그램은 길이가 긴 신호에서 시간에 따라 주파수 성분들이 어떻게 변하는지를 알아보기 위한 도구이다. 파이썬에서 스펙트로그램을 계산하는 함수는 `scipy.signal.spectrogram`이다. 스펙트로그램은 여러 인자들을 설정해주어야 하는데 이 인자들은 다음과 같다.

```
f, t, Sxx = signal.spectrogram(x, nfft=Nfft, fs=fs,
↪  window=signal.hann(L), nperseg=L, noverlap=L//2,
↪  scaling='spectrum')
```

여기서 `x`는 분석하려는 신호이며, `nfft`는 FFT 길이, `fs`는 신호 `x`의 샘플링 주파수, `window`는 적용하려는 윈도우값, `nperseg`는 신호 프레임 길이, `nooverlap`는 윈도우가 중첩되는 샘플 수, `scaling`은 출력되는 STFT 값이 `'spectrum'`($|X[k]|^2$)인지 `'magnitude'`($|X[k]|$)인지를 선택한다. 여기서는 핸 윈도우를 적용한다. 계산된 스펙트로그램은 `pcolormesh` 함수를 이용하여 플롯한다. 이때 로그 척도를 사용한다. 함수 $10\log_{10}(S_{xx})$를 계산할 때 아주 작은 S_{xx}로 인해 발생하는 계산상 문제를 피하기 위해 아주 작은 값의 `eps`를 더해준다. 파이썬에서 오디오 신호는 `scipy.io.wavfile` 함수를 이용하여 읽어들인다. 읽어들인 오디오 신호는 16 비트 2진수로 되어 있으므로 $-2^{15} \leq x[n] \leq 2^{15} - 1$ 범위의 값이다. 이 값은 큰 값이므로 계산 전에 $-1 \leq x[n] \leq 1$ 범위로 정규화한다. 다음은 오디오 스펙트로그램을 계산하고 그리는 코드이며, 결과는 그림 9.40이다.

```
from scipy import signal
import scipy.io.wavfile as wavfile
eps = np.finfo(float).eps
# 오보에 C-장조 음계의 스펙트로그램
# 오보에 신호 읽기
fs, x = wavfile.read("../data/oboe_scale.wav")
x = x/np.amax(np.abs(x)) # 신호 정규화
Nfft = 1024 # FFT 길이
L = Nfft//2 # 윈도우 길이
# 플롯
fig, ax = plt.subplots(figsize=(6,4))
f, t, Sxx = signal.spectrogram(x, nfft=Nfft, fs=fs,
↪  window=signal.hann(Nfft), nperseg=Nfft, overlap=L,
↪  scaling='spectrum')
ax.pcolormesh(t, f, 10*np.log10(Sxx+eps), vmin=-60, vmax=0,
↪  cmap='binary')
ax.set_title('spectrogram of oboe C-scale')
ax.set_xlim([0, len(x)/fs])
ax.set_xlabel('t(sec)')
ax.set_ylabel('f(Hz)')
```

연습문제

P9.1 한 주기가 $\tilde{x}[n] = \{1,\ 1,\ 0,\ 0,\ 1,\ 0\}$로 정의되는 신호의 (a) DTFS 기본 함수를 구하고 (b) 기본 함수의 허수부를 스케치하고, (c) 이 신호의 DTFS를 구하라.

P9.2 다음 주기 신호의 DTFS를 구하고 스펙트럼을 스케치하라.

(a) $\tilde{x}_a[n] = \cos(0.25\pi n)$

(b) $\tilde{x}_b[n] = 1 + 2\sin(0.32\pi n) + 3\cos(0.64\pi n)$

P9.3 한 주기가 다음과 정의되는 주기 신호의 DTFS를 구하고 스펙트럼을 스케치하라.

(a) $\tilde{x}_a[n] = \{4,\ 3,\ 2,\ 1,\ 0,\ 1,\ 2,\ 3\}$

(b) $\tilde{x}_b[n] = \{1,\ 1,\ 1,\ 1,\ 0,\ 0,\ 0,\ 0\}$

P9.4 신호

$$\tilde{x}[n] = 3 + 2\cos(0.2\pi n) + 5\sin(0.7\pi n)$$

를 고려하자.

(a) DTFS 계수를 구하고 스펙트럼을 스케치하라.

(b) 신호 $\tilde{x}_1[n] = \tilde{x}[n]e^{j0.2\pi n}$의 DTFS 계수를 구하고 스펙트럼을 스케치하라.

(c) 신호 $\tilde{x}_2[n] = \tilde{x}[n-2]$의 DTFS 계수를 구하라.

P9.5 다음 신호의 DTFT를 구하고 크기와 위상 스펙트럼을 스케치하라.

(a) $x_a[n] = \sum_{k=0}^{4} \delta[n-k]$

(b) $x_b[n] = \delta[n] + 2\delta[n-1] + \delta[n-2]$

(c) $x_c[n] = \delta[n] - \delta[n-2]$

(d) $x_d[n] = (0.8)^n u[n]$

P9.6 DTFT 쌍

$$x[n] = a^n u[n] \xleftrightarrow{DTFT} X(e^{j\hat{\omega}}) = \frac{1}{1 - ae^{-j\hat{\omega}}}$$

을 이용하여 다음 질문에 답하라.

(a) DTFT를 직접 계산하지 않고 DTFT 특성을 적용하여 $f[n] = a^{|n|}$의 DTFT를 $X(e^{j\hat{\omega}})$의 함수로 표현하라.

(b) (a)의 결과와 DTFT 특성을 이용하여 $g[n] = a^{|n-1|}$의 DTFT를 $X(e^{j\hat{\omega}})$의 함수로 표현하라.

(c) $a = 0.5$일 때 신호 $f[n]$의 크기와 위상 스펙트럼을 구하고 스켓치하라.

P9.7 다음 신호의 DTFT를 구하라.

(a) $x_a[n] = \frac{\sin(0.25\pi(n-2))}{\pi(n-2)} + \frac{\sin(0.4\pi(n-2))}{\pi(n-2)}$

(b) $x_b[n] = \begin{cases} (-1)^n, & 0 \le n < 8 \\ 0, & \text{그외} \end{cases}$

(c) $x_c[n] = (0.5)^n \cos(0.4\pi n)u[n]$

(d) $x_d[n] = n(0.8)^n u[n]$

(e) $x_e[n] = \cos(\pi n/4)(u[n-1] - u[n-5])$

P9.8 이산시간 인과 LTI 시스템 $y[n] = -0.7y[n-1] + x[n]$에 대하여 다음 질문에 답하라.

(a) 이 시스템의 주파수 응답 $H(e^{j\hat{\omega}})$을 구하라.

(b) 입력 $X(e^{j\hat{\omega}}) = \dfrac{1 + 0.25e^{-j\hat{\omega}}}{1 + 0.3e^{-j\hat{\omega}}}$에 대한 출력 $y[n]$을 구하라.

(c) 입력 $x[n] = (0.5)^n u[n]$에 대한 출력 $y[n]$을 구하라.

P9.9 어느 LTI 시스템의 입력 $x[n]$과 출력 $y[n]$이 다음과 같다.

$$x[n] = \left(\frac{3}{5}\right)^n u[n] - \left(\frac{3}{5}\right)^{n-1} u[n-1]$$

$$y[n] = 5\left(\frac{1}{2}\right)^n u[n] - 4\left(\frac{3}{5}\right)^n u[n]$$

(a) $x[n]$과 $y[n]$의 DTFT를 구하라.

(b) 시스템의 주파수 응답을 구하라.

(c) 시스템의 임펄스 응답을 구하라.

P9.10 이산시간 인과 LTI 시스템의 입력 $x[n]$과 출력 $y[n]$이 차분방정식

$$y[n] = 0.9y[n-1] + x[n] + 0.5x[n-1]$$

을 만족한다.

(a) 이 시스템의 극점-영점 플롯을 그려라.

(b) 이 시스템의 DC 이득은 얼마인가?

(c) 주파수 응답 $H(e^{j\pi})$은 얼마인가?

(d) 주파수 응답의 크기 스펙트럼 $|H(e^{j\hat{\omega}})|$를 스케치하라.

(e) 입력 $x[n] = (\frac{2}{3})^n u[n]$에 대한 출력 $y[n]$을 구하라.

P9.11 다음 시스템에 대하여 질문에 답하라.

$$y[n] = 1.8\cos\left(\frac{\pi}{3}\right) y[n-1] - 0.81y[n-2] + x[n] - \cos\left(\frac{\pi}{3}\right) x[n-1] + 0.25x[n-2]$$

(a) 시스템의 전달함수 $H(z)$를 구하라.

(b) 극점과 영점을 구하고 단위원과 함께 z-평면에 그려라.

(c) 시스템의 주파수 응답(크기 스펙트럼) $H(e^{j\hat{\omega}})$를 스켓치하라.

P9.12 다음 시스템에 대하여 질문에 답하라.

$$y[n] = 0.5y[n-1] - 0.25y[n-2] + x[n] + 0.5x[n-1]$$

(a) 시스템의 전달함수 $H(z)$를 구하라.

(b) 극점과 영점을 구하고 단위원과 함께 z-평면에 그려라.

(c) 시스템의 주파수 응답(크기 스펙트럼) $H(e^{j\hat{\omega}})$을 직접 계산하지 않고 극점-영점 플롯으로부터 유추하여 대략 스케치하라.

P9.13 다음 시스템은 크기 스펙트럼 $|H(e^{j\hat{\omega}})| = 1$인 전대역 통과 필터all-pass filter이다.

$$y[n] = ay[n-1] - ax[n] + x[n-1], \quad 0 < a < 1$$

(a) 시스템의 전달함수 $H(z)$를 구하라.

(b) 극점과 영점을 구하고 단위원과 함께 z-평면에 그려라.

(c) 시스템의 주파수 응답(크기 스펙트럼)가 모든 주파수에서 $|H(e^{j\hat{\omega}})| = 1$임을 증명하라.

(d) IIR 시스템의 위상 스펙트럼은 비선형이다. $a = 0.5$일 때 시스템의 위상 스펙트럼을 대략 스케치하라.

(e) 입력 $x[n] = \left(\frac{3}{4}\right)^n u[n]$에 대한 출력 $y[n]$을 구하라($a = 0.5$ 가정).

(f) (e)의 입력 $x[n]$과 출력 $y[n]$의 에너지를 구하라.

P9.14 주파수 응답이

$$H(e^{j\hat{\omega}}) = \begin{cases} 1, & |\hat{\omega}| \le 0.4\pi \\ 0, & 0.4\pi < |\hat{\omega}| \le \pi \end{cases}$$

인 이산시간 LTI 시스템을 고려하자.

(a) 주파수 응답을 스케치하라.

(b) 입력 $x[n] = 1 + 2\cos(0.3\pi n) + \cos(0.7\pi n) + (-1)^n$에 대한 출력 $y[n]$을 구하라.

(c) 이 시스템이 저대역통과 필터인지, 고대역통과 필터인지, 대역통과 필터인지, 대역차단 필터인지 혹은 아무것도 아닌지 구분하라.

P9.15 주파수 응답이 그림 **P9.15**와 같은 이산시간 LTI 시스템에 대하여 다음 질문에 답하라.

(a) 주파수 응답 $H(e^{j\hat{\omega}})$의 표현을 구하라.

(b) 입력 $x[n] = \cos(0.25\pi n) + 1$에 대한 출력 $y[n]$을 구하라.

(c) 이 시스템은 물리적으로 구현 가능한가?

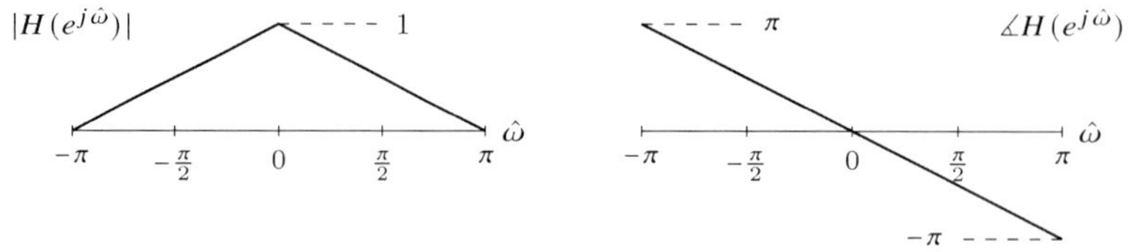

그림 P9.15

P9.16 다음 신호의 자기상관을 계산하라.

(a) $x_a[n] = \delta[n-2]$

(b) $x_b[n] = \dfrac{\sin(0.4\pi n)}{4\pi n}$

(c) $x_c[n] = u[n] - 2u[n-1] + u[n-2]$

P9.17 이산시간 신호 $x[n] = u[n] - u[n-4]$에 대하여 다음에 답하라.

(a) 이 신호의 자기상관 $r_{xx}[n]$을 구하라.

(b) 자기상관 $r_{xx}[n]$의 DTFT를 구하라.

(c) $y[n] = x[n-2]$과 $x[n]$의 상관 $r_{xy}[n]$을 구하라.

P9.18 다음 신호의 DFT 스펙트럼이 신호의 주파수와 정확하게 일치하는 주기 N의 최소값은 얼마인가?

$$x[n] = 3\cos(0.6\pi n), \quad n = 0, 1, \ldots, N-1$$

P9.19 주기 12인 신호의 DFT 스펙트럼을 계산하라.

(a) $x_a[n] = \begin{cases} 1, & n = \text{홀수} \\ 0, & n = \text{짝수} \end{cases}$

(b) $x_b[n] = \begin{cases} 1, & 0 \le n < 6 \\ 0, & 6 \le n < 12 \end{cases}$

P9.20 다음 DFT 스펙트럼의 IDFT를 계산하라.

(a) $X_a[k] = \cos(4\pi k/12), \quad 0 \le k < 12$

(b) $X_b[k] = \begin{cases} 1, & k = 2 \\ 0, & 0 \le k < 12, k \ne 2 \end{cases}$

(c) $X_c[k] = \begin{cases} 1, & k = 2, 10 \\ 0, & 0 \le k < 12, k \ne 2, 10 \end{cases}$

(d) $X_d[k] = 1, \quad 0 \le k < 12$

P9.21 유한길이 신호 $x[n] = \{1,\ 2,\ 5,\ 7,\ 9\}$의 순환 이동을 구하라.

(a) $x[((n+2))_5]$ (b) $x[((-n))_5]$

(c) $x[((n-1))_5]$ (d) $x[((-n+2))_5]$

P9.22 신호 $x[n]$의 4점 DFT가 $X[k] = \{1,\ -j,\ 0,\ j\}$이다.

(a) 신호 $x[n]$을 직접 계산하지 않고 $X[k]$와 DFT 특성을 이용하여 $y_1[n] = 2x[n]+1$을 계산하라.

(b) 신호 $x[n]$을 직접 계산하지 않고 $X[k]$와 DFT 특성을 이용하여 $y_2[n] = \cos(\pi n/2)x[n]$을 계산하라.

P9.23 신호 $x[n] = \{1,\ 2,\ 3,\ 4\}$에 대하여 다음에 답하라.

(a) $x[n]$의 4점 DFT $X[k]$를 계산하라.

(b) $Y[k] = e^{-j\pi k}X[k]$의 IDFT $y[n]$을 계산하라.

(c) DFT의 시간 이동 특성을 이용하여 (b)의 결과를 확인하라.

P9.24 다음 두 신호에 대하여

$$x[n] = \{1,\ 2,\ -1,\ 2\}, \qquad h[n] = \{1,\ -1,\ 1,\ -1\}$$

(a) 시간 영역에서 선형 콘볼루션 $y[n] = x[n] * h[n]$을 계산하라.

(b) 시간 영역에서 직접 4점 순환 콘볼루션 $y_{cir}[n] = x[n]$ ④ $h[n]$을 계산하라.

(c) 각 신호의 4점 DFT $X[k]$와 $H[k]$를 계산하라.

(d) $Y[k] = X[k]H[k]$를 IDFT하여 $y[n]$을 얻고 (a,b) 결과와 비교하라.

(e) 두 신호의 8점 DFT를 이용하여 선형 콘볼루션을 계산하라.

파이썬 문제

P9.25 주기 신호 $\tilde{x}[n] = \{1,\ 2,\ 3,\ 4,\ 5\}$의 DTFS를 파이썬 예제 9.3에서 작성한 파이썬 함수 `dtfs`를 이용하여 계산하라.

P9.26 DTFS 계수를 이용한 신호의 합성은 9.1.3절에서 소개한 바와 같이 N이 짝수인지 홀수인지에 따라 달라진다. 주기 $N = 11$이고 펄스폭 $M = 5$인 사각펄스 신호의 계수 a_k를 계산하고, 계산된 계수를 이용하여 합성하는 파이썬 코드를 작성해 보라. $K = 2, 3, 4, 5$의 경우에 대하여 각각 두 주기 신호를 계산하고 파형을 그려보라($0 \le n < 22$).

P9.27 예제 9.8에서 다루었던 차분 시스템 $h[n] = \delta[n] - \delta[n-1]$와 입력 신호 $x[n] = 2 + 3\cos(0.5\pi n + \pi/3)$을 고려하자. 차분 시스템의 주파수 응답, 출력, 입력-출력 신호의 DTFT 스펙트럼을 다음과 같이 파이썬으로 계산하라.

(a) 파이썬 예제 9.5에서 작성한 함수 `dtft`를 이용하여 시스템의 주파수 응답 $H(e^{j\hat{\omega}})$를 계산하라($N = 1024$).

(b) 계산된 주파수 응답 $H(e^{j\hat{\omega}})$으로부터 입력 신호 주파수에서 주파수 응답의 크기와 위상을 계산하라. 주어진 입력 신호의 주파수 `w0`와 가장 가까운 샘플된 주파수 `w`의 인덱스는 다음과 같이 구할 수 있다.

```
np.abs(w - w0).argmin()
```

주파수 응답의 크기와 위상을 플롯하고, 입력 신호 주파수에서의 크기와 위상을 점으로 표시하라(그림 9.15).

(c) 계산된 주파수 응답을 이용하여 출력 신호 $y[n]$을 $0 \le n \le 30$의 범위에서 계산하고 입력 $x[n]$과 비교해 보라(그림 9.16).

(d) 입력 신호 $x[n]$과 출력 신호 $y[n]$의 크기와 위상 스펙트럼을 `dtft`로 계산하고 비교하라(그림 9.17).

P9.28 이 파이썬 문제에서는 DFT 코드를 작성하고 FFT와 계산속도를 비교해보자.

(a) DFT의 행렬식 (9.139)를 이용하여 파이썬 함수 `dft`를 구현하라.

(b) `numpy.random.rand` 함수를 이용하여 $N = 1024$개의 랜덤 실수값을 만들고, (a)에서 구현한 DFT 함수와 `numpy.fft.fft` 함수로 DFT 계산하여 결과가 동일한지 비교해 보라. 비교는 `numpy.allclose`를 이용하면 된다.

```
np.allclose(dft(x), fft(x))
```

(c) DFT 함수와 FFT의 계산 속도를 비교해 보라. 계산 속도는 `%timeit`를 적용하면 된다.

```
%timeit dft(x)
%timeit fft(x)
```

P9.29 연습문제 **P9.21**의 순환 이동을 파이썬으로 구현하라. 다음 신호를 이용하라.

$$x[n] = \{0,\ 1,\ 2,\ 3,\ 4,\ 5,\ 6,\ 7,\ 8,\ 9\}$$

P9.30 실수 신호의 DFT는 켤레 대칭성을 갖는다. 이 특성을 이용하면 양의 주파수 부분으로부터 전체 신호를 복원할 수있다. 음성 신호에 켤레 대칭성을 적용하여 보자.

(a) 음성 신호 'one_step_forward.wav'를 읽어서 x[1000:3048]의 DFT 변환 X를 계산하라(파이썬 함수 fft 사용).

(b) 음의 주파수 성분을 버리고 DC 성분부터 나이퀴스트 주파수 성분까지만 남겨놓으라. 남아 있는 부분 Xpos에 켤레 대칭성을 적용하여 음의 주파수 부분 Xneg를 생성하라. Xpos와 Xneg를 시간 영역 신호 xrecons로 변환하라.

(c) 변환된 신호 xrecons가 원 신호 x와 일치하는지

```
print(np.allclose(x,xrecons,rtol=1e-10,atol=1e-10))
```

를 이용하여 검사하고 plot을 이용하여 신호 파형을 그려라.

APPENDIX A

복소수

A.1 복소수와 좌표계

수학과 공학에서 아주 중요한 역할을 하는 **복소수**complex number 는 근의 공식을 얻는 과정에서 비롯된다. 예를 들어

$$z^2 + 1 = 0 \tag{A.1}$$

을 만족하는 실근은 없으므로 허수부를 도입해야만 근을 설명할 수 있다. 허수부는 $j = \sqrt{-1}$ 을 붙여서 표시된다.[1] 허수부를 활용하면 식 (A.1)의 근은

$$z = \pm\sqrt{-1} = \pm j \tag{A.2}$$

로 표현된다. 일반적으로 복소수는

$$z = x + jy \tag{A.3}$$

로 표현되며 x와 y는 각각 복소수 z의 **실수부**real part 와 **허수부**imaginary part 이다. 실수부와 허수부는 다음과 같이 표기된다.

$$x = \mathrm{Re}\{z\} \tag{A.4a}$$

$$y = \mathrm{Im}\{z\} \tag{A.4b}$$

만약 어느 두 복소수가 동일하다면 이는 실수부는 실수부끼리 같으며 허수부는 허수부끼리 같은 동일함을 의미한다.

[1]수학에서는 허수부를 i로 표시하지만 전자공학에서 i는 전류를 대표하는 심볼이므로 대신 j를 사용한다.

복소수는 실수부와 허수부 두 요소로 구성되어 있으므로 이차원 공간에서 표시될 수 있다. 이차원 공간에서 복소수를 표시하면 여러모로 편리하다. 이때 이차원 공간은 가로축과 세로축이 각각 실수부와 허수부를 대표하는 **복소평면**complex plane 이다. 그림 A.1과 같이 복소평면의 한 점은 **직교좌표계**rectangular coordinate 에서 실수부와 허수부로 표현되거나 **극좌표계**polar coordinate 에서 벡터로 표현될 수 있다. 벡터를 구성하는 두 요소는 크기와 방향이다. 직교좌표계에서 벡터는 원점에서 출발하여 복소수의 위치까지 화살선으로 표현되고, 꼬리는 원점에 머리는 복소수의 위치에 놓여진다.

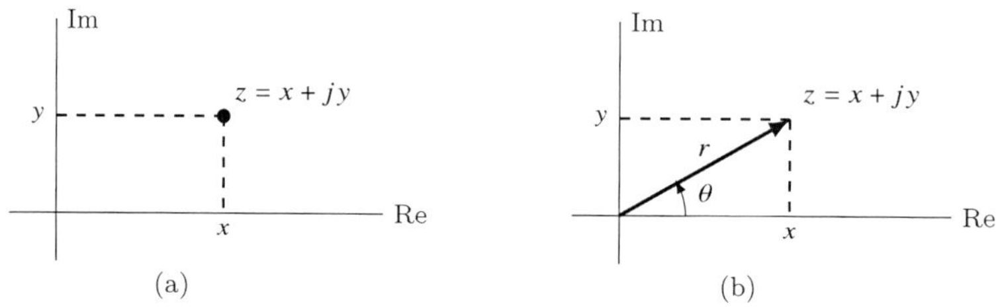

그림 A.1 복소평면에서의 복소수 표현: (a) 점으로 표현 (b) 벡터로 표현.

복소수의 극좌표 표현은 원점으로부터의 거리 r과 양의 실수축으로부터 반시계 방향으로의 각도 θ을 이용하여

$$z = r\measuredangle\theta = re^{j\theta} \tag{A.5}$$

와 같이 표현된다. 여기서 $r\measuredangle\theta$는 수학적 표현이 아니라 간단한 표기법이다. 극좌표 표현에서 방향은 **각도**degree 혹은 **라디안**radian 으로 표현된다. 각도 표현은 방향을 $0°$에서 $360°$로 표시하므로 사람이 방향을 인지하기 쉬워 표기하지만 실제 수학 계산에서는 라디안이 사용된다. 계산기에서 각도 표현을 사용하지만 이는 어디까지나 사용자의 편리를 위해서이다. 라디안은 0에서 2π까지 단위원의 길이를 이용하여 표현하므로 각도와 라디안은 다음의 관계를 갖는다.

$$\text{라디안} = \frac{\text{각도}}{180} \times \pi \tag{A.6}$$

예를 들면 $75° \rightarrow 1.31$이며 $90° \rightarrow \pi/2$이다. 방향은 $-\pi \sim +\pi(-180° \sim +180°)$의 범위로 정한다. 이를 **주요값**principal value 의 범위라고 한다. 이 값을 넘어가는 경우에는 2π의 정수배를 더하거나 뺌으로써 주요값의 범위로 표시할 수 있다. 예를 들면, 1.2π는 -0.8π로 표현된다. 그림 A.2는 복소수 표현과 복소평면에서의 표기 예이다.

A.2 직교좌표와 극좌표의 변환

직교좌표와 극좌표는 복소수의 연산에서 각각의 유불리가 있다. 신호와시스템의 관점에서 각 좌표계는 고유한 물리적 해석을 제공한다.

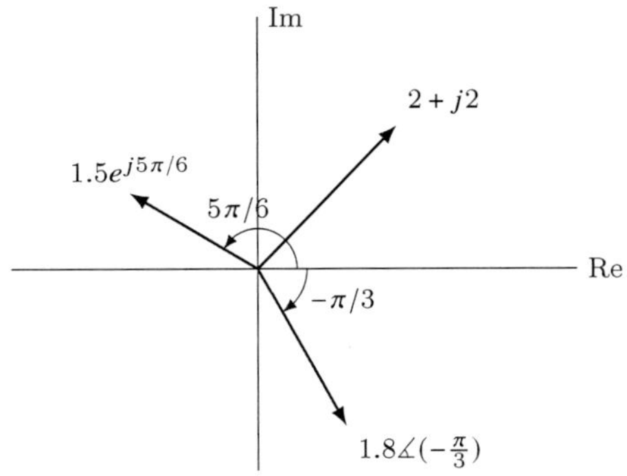

그림 A.2 복소수 표현의 예.

그림 A.3에서 극좌표 $r\measuredangle\theta$에서 직교좌표 (x, y)로 변환은

$$x = r\cos\theta \tag{A.7a}$$

$$y = r\sin\theta \tag{A.7b}$$

와 같다. 반면에 직교좌표 (x, y)로부터 극좌표 $r\measuredangle\theta$는

$$r = \sqrt{x^2 + y^2} \tag{A.8a}$$

$$\theta = \text{atan}\left(\frac{y}{x}\right) \tag{A.8b}$$

와 같이 표현된다.

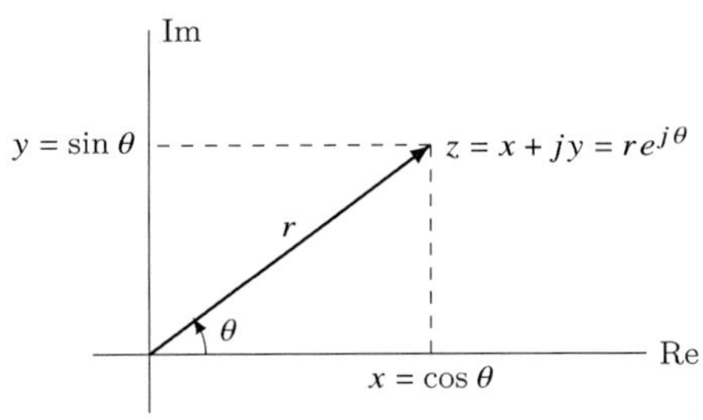

그림 A.3 직교좌표와 극좌표의 관계.

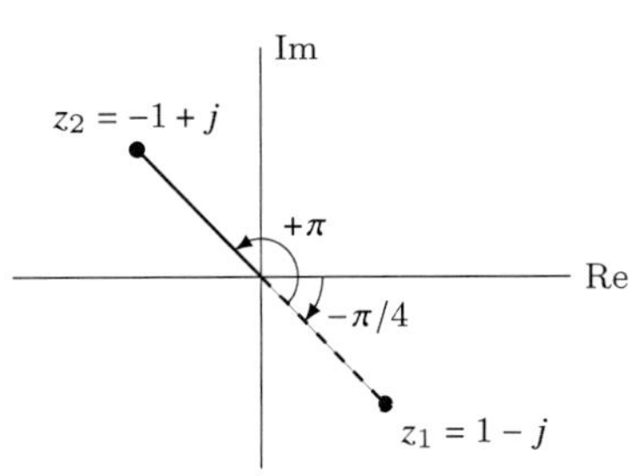

그림 A.4 직교좌표에서 극좌표로 변환할 때 $x < 0$인 경우 발생하는 각도의 모호성.

식 (A.8)에서 tan 함수는 x의 부호에 무관하게 $-\pi/2 \sim +\pi/2$ 사이의 범위 만을 제공한다. 예를 들면, 그림 A.4에서 $z_1 = 1 - j$와 $z_2 = -1 + j$에 대한 극좌표 표현은 다음과 같이 동일하다.

$$z_1 = \sqrt{2}\text{atan}\left(\frac{-1}{1}\right) = \sqrt{2}\tan^{-1}(-1) = \sqrt{2}\measuredangle{-45^\circ} \tag{A.9a}$$

$$z_2 = \sqrt{2}\mathrm{atan}\left(\frac{1}{-1}\right) = \sqrt{2}\tan^{-1}(-1) = \sqrt{2}\measuredangle -45^\circ \tag{A.9b}$$

$x < 0$인 경우 발생하는 모호성을 해결하기 위해 $\pm\pi(\pm 180^\circ)$를 추가한다. $+\pi$ 혹은 $-\pi$의 선택은 θ가 주요값의 범위 $-\pi \sim +\pi$의 결과를 얻도록 선택된다. 결과적으로 직교좌표에서 극좌표로 변환하는 올바른 식은

$$r = \sqrt{x^2 + y^2} \tag{A.10a}$$

$$\theta = \begin{cases} \mathrm{atan}(y/x), & x \geq 0 \\ \mathrm{atan}(y/x) \pm \pi, & x < 0 \end{cases} \tag{A.10b}$$

으로 수정되어야 한다.

특수한 경우를 제외하면 직교좌표/극좌표의 변환은 손으로 계산할 수 없다. 대부분의 휴대용 공학계산기에는 좌표변환을 위한 메뉴들이 내장되어 있다. 뿐만 아니라 파이썬을 활용하면 손쉽게 변환을 계산할 수 있다. 원리를 이해하기 위해서 손으로 변환을 계산할 수 있어야 하지만, 공학계산기나 파이썬을 잘 활용하도록 숙지해야 한다.

연습 A.1 다음 직교좌표 복소수를 극좌표로 변환하라.

(a) $z_1 = \sqrt{2} + j\sqrt{2}$ (b) $z_2 = -\sqrt{3} + j$

(c) $z_3 = 0.518 - j1.932$ (d) $z_4 = -2.4 + j1.5$

(e) $z_5 = -j$ (f) $z_6 = -1$

답: (a) $z_1 = 2e^{j\pi/4}$ (b) $z_2 = 2e^{j2.618}$ (c) $z_3 = 2e^{-j1.309}$

(d) $z_4 = 2.83e^{j2.583}$ (e) $z_5 = e^{-j\pi/2}$ (f) $z_6 = e^{-j\pi} = e^{j\pi}$

A.3 오일러 관계식

복소수의 극좌표와 직교좌표 표현

$$z = re^{j\theta} = x + jy = r\cos\theta + jr\sin\theta \tag{A.11}$$

로부터

$$e^{j\theta} = \cos\theta + \sin\theta \tag{A.12}$$

의 관계를 얻을 수 있다. 이를 **오일러 관계식**Euler relation이라 한다. 식 (A.12)에 θ 대신 $-\theta$를 대입하면

$$e^{-j\theta} = \cos(-\theta) + j\sin(-\theta) = \cos\theta - j\sin\theta \tag{A.13}$$

가 된다. 여기서 $\cos(-\theta) = \cos\theta$와 $\sin(-\theta) = -\sin\theta$가 활용되었다. 식 (A.12)와 (A.13)으로부터 다음의 역 오일러 관계식을 얻을 수 있다.

$$\cos\theta = \frac{e^{j\theta} + e^{-j\theta}}{2} \tag{A.14a}$$

$$\sin\theta = \frac{e^{j\theta} - e^{-j\theta}}{j2} \tag{A.14b}$$

오일러 관계식을 활용하면 복잡한 삼각함수의 연산을 쉽게 할 수 있다. 예를 들면

$$(\cos\theta + j\sin\theta)^n = (e^{j\theta})^n \tag{A.15a}$$

$$= e^{jn\theta} = \cos(n\theta) + j\sin(n\theta) \tag{A.15b}$$

이다. 오일러 관계식은 이 교재에서 자주 활용된다.

예제 A.1

다음은 오일러 관계식의 예이다.

(a) $e^{j2\pi/3} = \cos(2\pi/3) + j\sin(2\pi/3) = -\frac{1}{2} + j\frac{\sqrt{3}}{2}$

(b) $e^{j\pi/2} = \cos(\pi/2) + j\sin(\pi/2) = j$

(c) $\cos(3\pi/4) = \frac{1}{2}\left(e^{j3\pi/4} + e^{-j3\pi/4}\right)$

A.4 복소수 연산

복소수를 이용하면 복잡한 수식들이 간단히 표현되므로 신호를 수학적으로 쉽게 다룰 수 있다. 뿐만 아니라 복소수의 벡터로 표현하면 신호와 시스템의 연산 작용을 그림으로 이해할 수 있다.

복소수의 기본 연산은 덧셈, 뺄셈, 곱셈, 나눗셈과 켤레 복소수 연산을 포함한다. 두 복소수

$$z_1 = x_1 + jy_1 = r_1 e^{j\theta_1}$$

$$z_2 = x_2 + jy_2 = r_2 e^{j\theta_2}$$

에 대한 연산을 해보자. 먼저 덧셈과 뺄셈은 극좌표에서는 수행할 수 없으며 직교좌표계에서만 가능하다.

$$z_1 \pm z_2 = (x_1 + jy_1) \pm (x_2 + jy_2) = (x_1 \pm x_2) + j(y_1 \pm y2) \tag{A.16}$$

그림 A.5는 복소수 덧셈의 벡터 표현이다. 벡터는 길이와 방향으로 결정되므로 벡터 z_2의 평행 이동은 벡터 z_2의 변형을 초래하지 않는다.

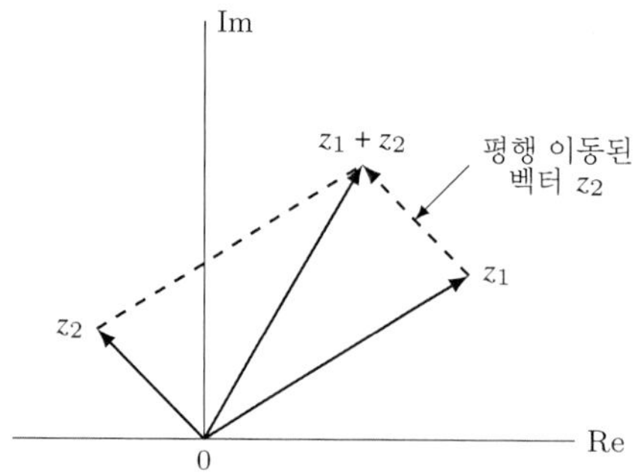

그림 A.5 복소수 벡터 덧셈.

곱셈과 나눗셈의 경우 직교좌표와 극좌표에서 모두 가능하다. 직교좌표계에서 곱셈은 다음과 같다.

$$\begin{aligned} z_1 \times z_2 &= (x_1 + jy_1) \times (x_2 + jy_2) \\ &= (x_1x_2 - y_1y_2) + j(x_1y_2 + x_2y_1) \end{aligned} \tag{A.17}$$

나눗셈의 경우는 분모를 실수로 변경해야 하므로 조금 복잡하다.

$$\begin{aligned} \frac{z_1}{z_2} &= \frac{x_1 + jy_1}{x_2 + jy_2} = \frac{x_1 + jy_1}{x_2 + jy_2} \cdot \frac{x_2 - jy_2}{x_2 - jy_2} \\ &= \frac{(x_1x_2 + y_1y_2) - j(x_1y_2 + x_2y_1)}{x_2^2 + y_2^2} \end{aligned} \tag{A.18}$$

극좌표를 이용하면 곱셈과 나눗셈을 보다 간결하게 수행할 수 있다.

$$z_1 \times z_2 = r_1e^{j\theta_1} \times r_2e^{j\theta_2} = (r_1r_2)e^{j(\theta_1+\theta_2)} \tag{A.19a}$$

$$\frac{z_1}{z_2} = \frac{r_1e^{j\theta_1}}{r_2e^{j\theta_2}} = \left(\frac{r_1}{r_2}\right)e^{j(\theta_1-\theta_2)} \tag{A.19b}$$

곱셈과 나눗셈에서 $r_2 = 1$이면 연산 결과는 $r_1e^{j(\theta_1\pm\theta_2)}$이므로 그림 A.6에서 보는 것처럼 곱셈과 나눗셈은 벡터의 회전에 해당된다.

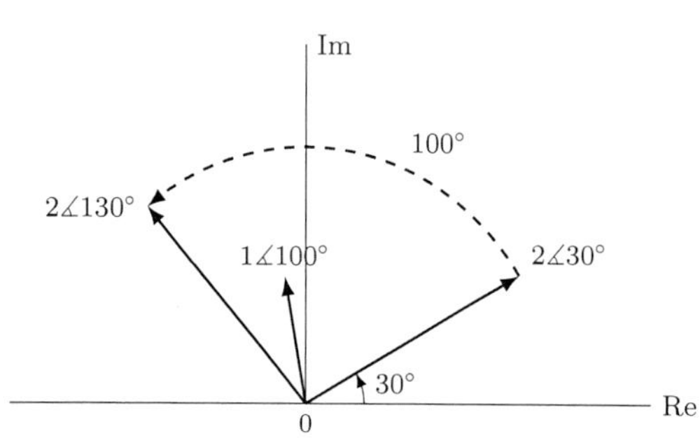

그림 A.6 복소수 곱셈에 의한 벡터의 회전: $2e^{j30°} \times e^{j100°} = 2e^{j130°}$.

예제 A.2

극좌표계의 두 복소수의 덧셈은 먼저 직교좌표로 변환한 다음 계산한다.

$$\begin{aligned} z &= e^{j1.5} + e^{-j2.6} \\ &= (0.071 + j0.997) + (-0.857 - j0.516) \\ &= 0.786 + j0.481 \\ &= 0.921e^{j2.592} \end{aligned}$$

APPENDIX **B**

기본 수학 공식

B.1 삼각함수 공식

$$\cos(a \pm b) = \cos(a)\cos(b) \mp \sin(a)\sin(b)$$

$$\sin(a \pm b) = \sin(a)\cos(b) \pm \cos(a)\sin(b)$$

$$\cos(a)\cos(b) = \tfrac{1}{2}\cos(a+b) + \tfrac{1}{2}\cos(a-b)$$

$$\sin(a)\sin(b) = \tfrac{1}{2}\cos(a-b) - \tfrac{1}{2}\cos(a+b)$$

$$\sin(a)\cos(b) = \tfrac{1}{2}\sin(a+b) + \tfrac{1}{2}\sin(a-b)$$

$$\cos(a) + \cos(b) = 2\cos\left(\frac{a+b}{2}\right)\cos\left(\frac{a-b}{2}\right)$$

$$\cos(a) - \cos(b) = -2\sin\left(\frac{a+b}{2}\right)\sin\left(\frac{a-b}{2}\right)$$

$$\sin(a) + \sin(b) = 2\sin\left(\frac{a+b}{2}\right)\cos\left(\frac{a-b}{2}\right)$$

$$\sin(a) - \sin(b) = 2\sin\left(\frac{a-b}{2}\right)\cos\left(\frac{a+b}{2}\right)$$

$$\cos(2a) = \cos^2(a) - \sin^2(a)$$

$$\sin(2a) = 2\sin(a)\cos(a)$$

$$\cos^2(a) = \tfrac{1}{2} + \tfrac{1}{2}\cos(2a)$$

$$\sin^2(a) = \tfrac{1}{2} - \tfrac{1}{2}\cos(2a)$$

$$e^{j\theta} = \cos(\theta) + j\sin(\theta) \quad \text{오일러 관계식}$$

$$\cos(\theta) = \tfrac{1}{2}[e^{j\theta} + e{-}j\theta]$$

$$\sin(\theta) = \tfrac{1}{j2}[e^{j\theta} - e{-}j\theta]$$

B.2 기하급수 공식

$$\sum_{k=0}^{n} r^k = 1 + r + r^2 + \cdots + r^{n-1} + r^n = \frac{1 - r^{n+1}}{1 - r},$$

$$\sum_{k=n_1}^{n_2} r^k = r^{n-1} + r^n + \cdots + r^{n_2-1} + r^{n_2} = \frac{r^{n_1} - r^{n_2+1}}{1 - r},$$

$$\sum_{k=0}^{\infty} r^k = 1 + r + r^2 + \cdots = \frac{1}{1 - r}, \quad |r| < 1$$

B.3 적분 공식

$$\int \sin(ax)dx = -\frac{1}{a}\cos(ax)$$

$$\int \cos(ax)dx = \frac{1}{a}\sin(ax)$$

$$\int \ln(x)dx = x\ln(x) - x$$

$$\int e^{ax}dx = -\frac{1}{a}e^{ax}$$

$$\int xe^{ax}dx = \frac{e^{ax}}{a^2}(ax - 1)$$

$$\int x^2e^{ax}dx = \frac{e^{ax}}{a^3}(a^2x^2 - 2ax + 2)$$

$$\int x\sin(ax)dx = \frac{1}{a^2}\sin(ax) - \frac{x}{a}\cos(ax)$$

$$\int x\cos(ax)dx = \frac{1}{a^2}\cos(ax) + \frac{x}{a}\sin(ax)$$

$$\int e^{ax}\sin(bx)dx = \frac{e^{ax}}{a^2 + b^2}[a\sin(bx) - b\cos(bx)]$$

$$\int e^{ax}\cos(bx)dx = \frac{e^{ax}}{a^2 + b^2}[a\cos(bx) + b\sin(bx)]$$

$$\int \frac{1}{x^2 + a^2}dx = \frac{1}{a}\tan^{-1}\left(\frac{x}{a}\right)$$

APPENDIX C

단위직교 기본 함수와 신호의 표현

연속시간 푸리에급수는 기본 신호 $e^{jk(2\pi/N)n}$을 이용하여 주기 신호를 표현한다.

$$x(t) = \sum_{k=0}^{\infty} a_k \phi_k(t) = \sum_{k=0}^{\infty} a_k e^{jk(2\pi/N)n} \tag{C.1}$$

여기서 사용되는 기본 신호

$$\phi_k(t) = e^{jk(2\pi/N)n} \tag{C.2}$$

는 평균 전력이 1이고 서로 다른 k에 대하여 **직교성**orthogonality을 갖는다. 이런 기본 신호를 **단위직교**orthonormal 기본 함수라고 한다. 신호를 단위직교 기본 함수의 중첩합으로 표현하면 여러 잇점이 있다. 이 부록에서는 임의의 신호를 기본 함수로 표현하는 방법과 그 잇점에 대하여 알아보고, 푸리에급수에서 기본 함수가 어떻게 적용되는지 알아본다.

C.1 코사인 법칙과 벡터의 내적

그림 C.1과 같은 임의의 삼각형에서 세변 a, b, c와 사잇각 θ는 다음의 코사인 법칙을 만족한다.

$$c^2 = a^2 + b^2 - 2ab\cos\theta \tag{C.3}$$

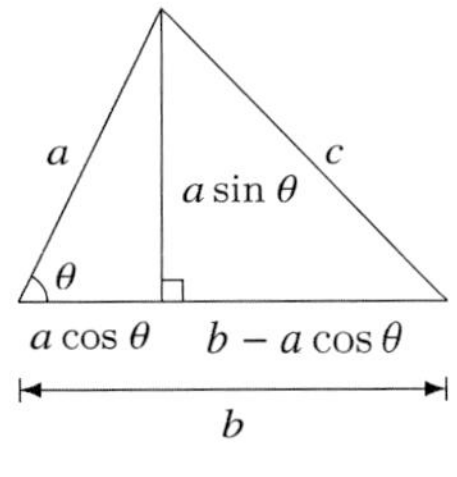

그림 C.1 코사인 법칙.

이 식은 그림 C.1에 피타고라스 법칙을 적용하여 확인할 수 있다.

$$\begin{aligned} c^2 &= (a\sin\theta)^2 + (b - a\cos\theta)^2 \\ &= a^2\sin^2\theta + b^2 - 2ab\cos\theta + a^2\cos^2\theta \\ &= a^2 + b^2 - 2ab\cos\theta \end{aligned}$$

코사인 법칙을 벡터에도 적용할 수 있다. 그림 C.2의 벡터에서 코사인 법칙은 다음과 같이 표현된다.

$$|u - v|^2 = |u|^2 + |v|^2 - 2|u||v|\cos\theta \tag{C.4}$$

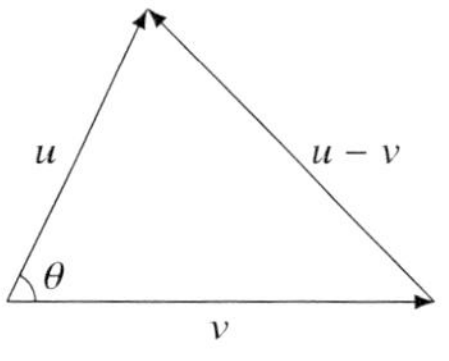

그림 C.2 벡터 코사인 법칙.

이제 벡터 $u = (u_x, u_y)$와 $v = (v_x, v_y)$를 이용하여 식 (C.4)를 표현하자.

$$\begin{aligned} |u - v|^2 &= |(u_x, u_y) - (v_x, v_y)|^2 = |(u_x - v_x, u_y - v_y)|^2 \\ &= (u_x - v_x)^2 + (u_y - v_y)^2 = u_x^2 + v_x^2 - 2u_xv_x + u_y^2 + v_y - 2u_yv_y \\ &= (u_x^2 + u_y^2) + (v_x^2 + v_y^2) - 2(u_xv_x + u_yv_y) \\ &= |u|^2 + |v|^2 - 2\langle u, v\rangle \end{aligned} \tag{C.5}$$

여기서 $\langle u, v\rangle$는 두 벡터의 내적inner product으로 다음과 같이 정의된다.

$$\langle u, v\rangle = [u_x, u_y]\begin{bmatrix} v_x \\ v_y \end{bmatrix} = u_xv_x + u_yv_y \tag{C.6}$$

식 (C.4)와 식 (C.5)를 비교하면

$$\langle u, v\rangle = |u||v|\cos\theta \tag{C.7}$$

혹은

$$\cos\theta = \frac{\langle u, v\rangle}{|u||v|} \tag{C.8}$$

를 얻는다. 두 벡터가 직교하면($\theta = \pi/2$, 그림 C.3)

$$\langle u, v\rangle = 0 \tag{C.9}$$

이다.

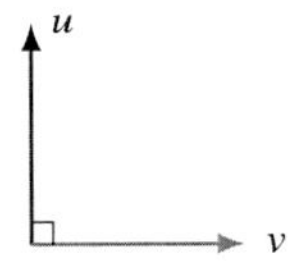

그림 C.3 서로 직교하는 벡터.

내적은 다음의 특성을 가진다(실수 벡터 u, v, w에 대하여).

- 분배 법칙: $\langle u+v, w\rangle = \langle u, w\rangle + \langle v, w\rangle$
- 교환 법칙: $\langle u, w\rangle = \langle w, u\rangle$
- 비례성: $\langle au, w\rangle = a\langle u, w\rangle$

C.2 단위직교 기본 벡터를 이용한 신호 벡터의 표현

이차원 공간에서 신호 벡터 v를 기본 벡터 e_1과 e_2을 이용하여

$$v = (v_x, v_y) = ae_1 + be_2 \tag{C.10}$$

와 같이 표현하자. 기본 벡터를 선택하는 방법에는 여러 가능성이 있을 수 있다. 여기서는 세 가지 유형의 기본 벡터를 고려하고, 각각의 경우에서 계수 a와 b가 어떻게 계산되는지 알아보자.

1 **임의의 기본 벡터를 사용하는 경우:** 예를 들어, 신호 벡터 $v = (2,4)$를 기본 벡터 $e_1 = (2,1)$과 $e_2 = (-1,1)$로 표현한다고 가정하면

$$v = ae_1 + be_2 \implies (2,4) = a(2,1) + b(-1,1) \tag{C.11}$$

이다. 벡터의 각 원소에 대한 두 등식

$$2a - b = 2 \tag{C.12a}$$
$$a + b = 4 \tag{C.12b}$$

를 풀면 $a = 2$와 $b = 2$를 얻는다. 그림 C.4는 식 (C.11)의 벡터 합을 그래프로 보여 준다.

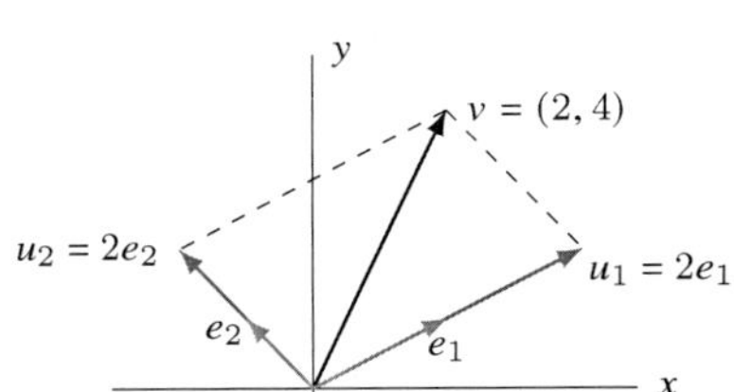

그림 C.4 이차원 공간에서 임의의 기본 벡터를 이용한 신호 벡터의 표현.

이상의 과정은 벡터가 원소별로 명백하게 구분된 경우에만 적용이 가능하므로 푸리에 급수와 같이 신호가 원소별로 구분되지 않는 신호 공간에는 적용할 수 없다. 일반적인 신호 공간에서 계수를 구하려면 앞에서 소개한 내적의 개념을 도입하면 된다. 이제 내적을 이용하여 식 (C.11)의 계수를 계산해 보자. 먼저 식 (C.11)과 기본 벡터 e_1의 내적을 구하면

$$\langle v, e_1\rangle = \langle ae_1 + be_2, e_1\rangle = a\langle e_1, e_1\rangle + b\langle e_2, e_1\rangle \tag{C.13}$$

이다. 같은 방법으로 $\langle v, e_2\rangle$를 구하면

$$\langle v, e_2\rangle = \langle ae_1 + be_2, e_2\rangle = a\langle e_1, e_2\rangle + b\langle e_2, e_2\rangle \tag{C.14}$$

이다. 식 (C.13)과 (C.14)로부터 연립방정식

$$5a - b = 8 \tag{C.15a}$$

$$-a + 2b = 2 \tag{C.15b}$$

를 얻는다. 이 연립방정식의 해는, 앞의 결과와 동일하게, $a = 2$과 $b = 2$이다. 식 (C.13)과 (C.14)에서 보는 바와 같이 일반적인 기본 함수를 사용하는 경우 내적 $\langle v, e_1\rangle$, $\langle v, e_2\rangle$, $\langle e_1, e_1\rangle$, $\langle e_2, e_1\rangle$, $\langle e_1, e_2\rangle$, $\langle e_2, e_1\rangle$의 계산이 필요하고, 이로부터 도출된 연립방정식 (C.15)를 풀어야 계수를 얻을 수 있다.

2 **서로 직교하는 기본 벡터를 사용하는 경우**: 기본 벡터를 $e_1 = (2, 0)$과 $e_2 = (0, 2)$라고 가정하면

$$v = ae_1 + be_2 \quad \Longrightarrow \quad (2, 4) = a(2, 0) + b(0, 2) \tag{C.16}$$

이다. 여기에 기본 벡터와의 내적을 적용하면

$$\langle v, e_1\rangle = \langle ae_1 + be_2, e_1\rangle = a\langle e_1, e_1\rangle + b\cancelto{0}{\langle e_2, e_1\rangle} \tag{C.17a}$$

$$\langle v, e_2\rangle = \langle ae_1 + be_2, e_2\rangle = a\cancelto{0}{\langle e_1, e_2\rangle} + b\langle e_2, e_2\rangle \tag{C.17b}$$

이다. 여기서는 e_1과 e_2가 서로 직교하므로 $\langle e_1, e_2\rangle = \langle e_2, e_1\rangle = 0$이다. 따라서 연립방정식을 풀지 않아도

$$a = \frac{\langle v, e_1\rangle}{\langle e_1, e_1\rangle} = \frac{2}{4} = \frac{1}{2} \tag{C.18a}$$

$$b = \frac{\langle v, e_2\rangle}{\langle e_2, e_2\rangle} = \frac{4}{4} = 1 \tag{C.18b}$$

를 쉽게 계산할 수 있다.

3 **서로 직교하고 단위 길이를 갖는 단위직교 벡터를 사용하는 경우**: 기본 벡터를 $e_1 = (1, 0)$

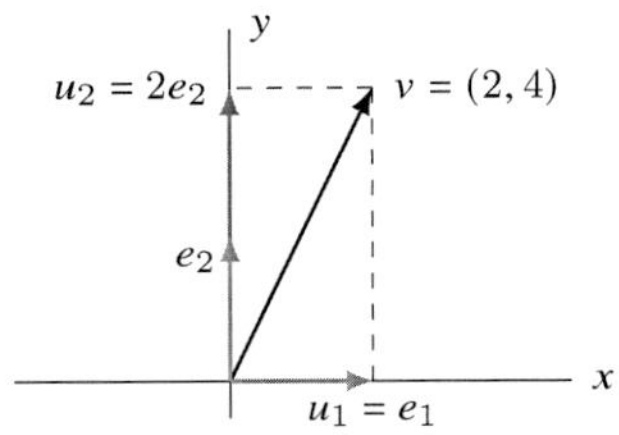

그림 C.5 이차원 공간에서 직교하는 기본 벡터를 이용한 신호 벡터의 표현.

과 $e_2 = (0, 1)$로 정하면

$$v = ae_1 + be_2 \quad \Longrightarrow \quad (2, 4) = a(1, 0) + b(0, 1) \tag{C.19}$$

이다. 여기에 기본 벡터와의 내적을 적용하면

$$\langle v, e_1\rangle = \langle ae_1 + be_2, e_1\rangle = a\overbrace{\langle e_1, e_1\rangle}^{1} + b\overbrace{\langle e_2, e_1\rangle}^{0} \tag{C.20a}$$

$$\langle v, e_2\rangle = \langle ae_1 + be_2, e_2\rangle = a\overbrace{\langle e_1, e_2\rangle}^{0} + b\overbrace{\langle e_2, e_2\rangle}^{1} \tag{C.20b}$$

이다. 여기서는 e_1과 e_2가 서로 직교하므로 $\langle e_1, e_2\rangle = \langle e_2, e_1\rangle = 0$이며 단위 길이를 갖으므로 $\langle e_1, e_1\rangle = \langle e_2, e_2\rangle = 1$이다. 따라서 계수 a와 b는 식 (C.20)에서 직접 구해진다.

$$a = \langle v, e_1\rangle = 2 \tag{C.21a}$$
$$b = \langle v, e_2\rangle = 4 \tag{C.21b}$$

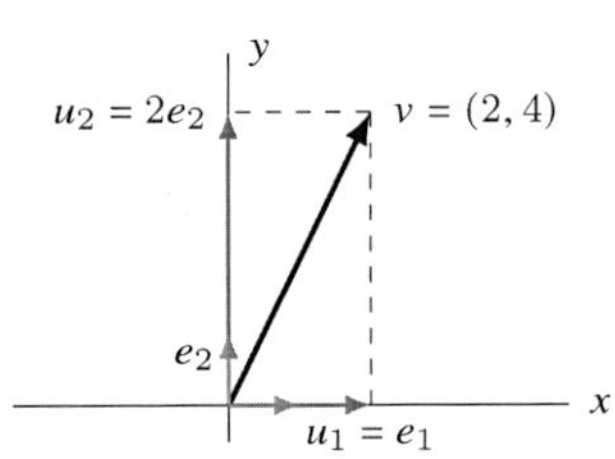

그림 C.6 이차원 공간에서 단위직교 기본 벡터를 이용한 신호 벡터의 표현.

이처럼 단위직교 기본 벡터를 이용하면 신호 벡터와 기본 벡터의 내적으로부터 직접 해당 계수를 구할 수 있다. 계산의 잇점 이외에도 단위직교 기본 벡터는 다른 잇점을 제공한다. 이러한 잇점을 더 설명하기 전에 단위기본 벡터와의 내적을 푸리에급수에 적용해보자.

C.3 푸리에급수에서 기본 신호의 활용

앞에서는 단위직교성을 이용한 계수 계산과 잇점을 설명하기 위해 이차원 평면에서 벡터를 이용하여 설명하였지만, 이 개념은 고차원 공간으로 확대될 수 있다. 뿐만 아니라 연속시간과 이산시간의 신호에 대하여도 동일하게 적용될 수 있다.

C.3.1 연속시간 푸리에급수의 기본 신호

주기가 T_0 인 연속시간 주기 신호 $x(t)$ 의 푸리에급수는 무수히 많은 기본 신호의 합으로 다음과 같이 표현된다.

$$x(t) = \sum_{k=-\infty}^{\infty} a_k \phi_k(t) = \sum_{k=-\infty}^{\infty} a_k e^{j2\pi k f_0 t} \tag{C.22}$$

여기서 기본 신호는 서로 하모닉 관계를 갖는 복소지수 신호

$$\phi_k(t) = e^{j2\pi k f_0 t}, \qquad k = 0, \pm 1, \pm 2, \ldots \tag{C.23}$$

이다. 또한 기본 신호는 모두 주기 T_0 이며 평균 전력이 1이고 서로 직교한다. 이 특성을 확인해 보자.

- 기본 신호 $\phi_k(t)$ 의 평균 전력은 1이다.

$$P_\phi = \frac{1}{T_0}\int_0^{T_0} |\phi_k(t)|^2 dt = \frac{1}{T_0}\int_0^{T_0} 1dt = 1 \tag{C.24}$$

- 직교성은 내적을 통해 확인된다. 연속시간 신호 $u(t)$ 와 $v(t)$ 의 내적은 두 신호 곱의 적분으로 표현되며, 신호가 복소함수이면 다음과 같이 복소 켤레를 사용하여 표현된다.

$$\langle u(t), v(t)\rangle = \int u(t)v^*(t)dt \tag{C.25}$$

이를 $\phi_k(t)$ 에 적용하면

$$\langle \phi_k(t), \phi_l(t)\rangle = \int_0^{T_0} e^{j2\pi k f_0 t} e^{-j2\pi l f_0 t} dt = \int_0^{T_0} e^{j2\pi(k-l) f_0 t} dt \tag{C.26}$$

이다. 식 (C.26)은 $k - l = 0$ 이면

$$\int_0^{T_0} e^{j2\pi(k-l) f_0 t} dt = \int_0^{T_0} 1dt = T_0 \tag{C.27}$$

이고 $k - l \neq 0$ 이면

$$\begin{aligned}\int_0^{T_0} e^{j2\pi(k-l) f_0 t} dt &= \left.\frac{e^{j2\pi(k-l) f_0 t}}{j2\pi(k-l) f_0}\right|_0^{T_0} = \left.\frac{e^{j2\pi(k-l) f_0 T_0} - 1}{j2\pi(k-l) f_0}\right|_0^{T_0} \\ &= \frac{1-1}{j2\pi(k-l) f_0}, \quad f_0 T_0 = 1\end{aligned} \tag{C.28}$$

이다. 식 (C.27)과 (C.28)을 종합하면

$$\langle \phi_k(t), \phi_l(t)\rangle = \int_0^{T_0} e^{j2\pi k f_0 t} e^{-j2\pi l f_0 t} dt = \begin{cases} T_0, & k = l \\ 0, & k \neq l \end{cases} \tag{C.29}$$

과 같이 기본 함수 $\phi_k(t)$ 는 서로 직교한다.

이로써 기본 신호의 **단위직교성**orthonormality이 확인되었다. 그러므로 주기 신호 $x(t)$의 계수 a_k를 계산하려면 단순히 주기 신호 $x(t)$와 기본 신호 $\phi_k(t)$의 내적을 계산하면 된다.

$$a_k = \frac{1}{T_0}\langle x(t), \phi_k(t)\rangle = \frac{1}{T_0}\int_0^{T_0} x(t)\phi_k^*(t)dt$$
$$= \frac{1}{T_0}\int_0^{T_0} x(t)e^{-j2\pi k f_0 t}dt \tag{C.30}$$

여기서 내적을 T_0로 나눈 이유는 식 (C.29)에서 $k = l$인 경우 내적을 1로 만들기 위함이다. 식 (C.1)과 (C.30)은 연속시간 푸리에급수의 변환쌍을 이룬다.

C.3.2 이산시간 푸리에급수의 기본 신호

연속시간 푸리에급수의 경우와 동일한 방식으로 이산시간 푸리에급수의 표현을 설명하자. 주기가 N인 이산시간 주기 신호 $x[n]$의 푸리에급수는 N개의 기본 신호의 합으로 다음과 같이 표현된다.

$$x[n] = \sum_{k=0}^{N-1} a_k\phi_k[n] = \sum_{k=0}^{N-1} a_k e^{jk(2\pi/N)n} \tag{C.31}$$

여기서 기본 신호는 서로 하모닉 관계를 갖는 복소지수 신호

$$\phi_k[n] = e^{jk(2\pi/N)n}, \qquad k = 0, 1, \ldots, N-1 \tag{C.32}$$

이다. 또한 기본 신호는 모두 주기가 N이며 평균 전력이 1이고 서로 직교한다. 이 특성을 확인해 보자.

- 기본 신호 $\phi_k[n]$의 평균 전력은 1이다.

$$P_\phi = \frac{1}{N}\sum_{k=0}^{N-1}|\phi_k[n]|^2 = \frac{1}{N}\sum_{k=0}^{N-1} 1 = 1 \tag{C.33}$$

- 이산시간 신호 $u[n]$와 $v[n]$의 내적은 두 신호 곱의 합으로 표현되며, 신호가 복소함수이면 다음과 같이 복소 켤레를 사용하여 표현된다.

$$\langle u[n], v[n]\rangle = \sum_{n=0}^{N-1} u[n]v^*[n] \tag{C.34}$$

이를 $\phi_k[n]$에 적용하면

$$\langle \phi_k[n], \phi_l[n]\rangle = \sum_{n=0}^{N-1} e^{jk(2\pi/N)n}e^{-jl(2\pi/N)n} = \sum_{n=0}^{N-1} e^{j(k-l)(2\pi/N)n} \tag{C.35}$$

이다. 식 (C.35)는 $k - l = 0$이면

$$\sum_{n=0}^{N-1} e^{j(k-l)(2\pi/N)n} = \sum_{n=0}^{N-1} 1 = N \tag{C.36}$$

이고 $k-l \neq 0$이면

$$\begin{aligned}\sum_{n=0}^{N-1} e^{j(k-l)(2\pi/N)n} &= \frac{1-e^{j(k-l)(2\pi/N)N}}{1-e^{j(k-l)(2\pi/N)}} \\ &= \frac{1-1}{j2\pi(k-l)f_0} = 0 \end{aligned} \tag{C.37}$$

이다. 식 (C.36)과 (C.37)을 종합하면

$$\langle \phi_k[n], \phi_l[n] \rangle = \sum_{n=0}^{N-1} e^{jk(2\pi/N)n} e^{-jl(2\pi/N)n} = \begin{cases} N, & k=l \\ 0, & k \neq l \end{cases} \tag{C.38}$$

과 같이 기본 함수 $\phi_k[n]$는 서로 직교한다.

이로써 기본 신호의 단위직교성이 확인되었다. 그러므로 주기 신호 $x[n]$의 계수 a_k는 단순히 주기 신호 $x[n]$와 기본 신호 $\phi_k[n]$의 내적으로 계산된다.

$$\begin{aligned} a_k &= \frac{1}{N}\langle x[n], \phi_k[n] \rangle = \frac{1}{N}\sum_{n=0}^{N-1} x[n]\phi_k^*[n] \\ &= \frac{1}{N}\sum_{n=0}^{N-1} x[n]e^{-jk(2\pi/N)n} \end{aligned} \tag{C.39}$$

여기서 내적을 N으로 나눈 이유는 식 (C.38)에서 $k=l$인 경우 내적이 N이므로 이를 상쇄하기 위해서이다. 식 (C.31)과 (C.39)는 이산시간 푸리에급수의 변환쌍을 이룬다.

APPENDIX D

부분분수전개

부분분수전개partial fraction expansion는 유리함수를 다루기 쉬운 부분분수꼴로 표현한다. 부분분수는 라플라스 변환, 푸리에변환, z-변환의 역변환이 용이한 꼴이다.

다음의 유리함수를 고려하자.

$$X(v) = \frac{N(v)}{D(v)} = \frac{b_M v^M + b_{M-1}v^{M-1} + \cdots + b_1 v + b_0}{v^N + a_{N-1}v^{N-1} + \cdots + a_1 v + a_0} \tag{D.1}$$

이 유리함수는 분자의 차수가 분모의 차수보다 낮으며, 분모 다항식의 최고 차수 계수 a_N은 1이다.

D.1 단순근의 경우

식 (D.1)의 분모 다항식 $D(v)$가 다음과 같이 단순근의 항으로 인수분해된다고 가정하자.

$$D(v) = (v - p_1)(v - p_2)\cdots(v - p_N) \tag{D.2}$$

식 (D.1)을 다음과 같이 부분분수로 표현할 수 있다.

$$\begin{aligned} X(v) = \frac{N(v)}{D(v)} &= \frac{b_M v^M + b_{M-1}v^{M-1} + \cdots + b_1 v + b_0}{(v - p_1)(v - p_2)\cdots(v - p_N)} \\ &= \frac{A_1}{v - p_1} + \frac{A_2}{v - p_2} + \cdots + \frac{A_N}{v - p_N} \end{aligned} \tag{D.3}$$

양변에 $(v - p_k)$을 곱하면

$$(v - p_k)X(v) = \frac{A_1(v - p_k)}{v - p_k} + \frac{A_2(v - p_k)}{v - p_2} + \cdots + A_k + \cdots + \frac{A_N(v - p_k)}{v - p_N} \tag{D.4}$$

이다. 이 식의 양변을 $v = p_k$에서 계산하면

$$(v - p_k)X(v)\Big|_{v=p_1} = \frac{A_1(v - p_k)}{v - p_1}\Big|_{v=p_k} + \frac{A_2(v - p_k)}{v - p_2}\Big|_{v=p_k} + \cdots + A_k$$

$$+ \cdots + \left.\frac{A_N(v-p_k)}{v-p_N}\right|_{v=p_k}$$

$$= A_k \tag{D.5}$$

여기서 계수 A_k를 **나머지**residue라 하며, 이런 방식으로 나머지 계수 A_k를 계산하는 방법을 **나머지 방식**method of residues이라고 한다. 식 (D.5)로부터 단순근 항의 계수는 해당 분모를 양변에 곱해주고 단순근에서 계산함으로써 구해진다.

$$A_k = X(v) \cdot (v-p_k)\Big|_{v=p_k} \tag{D.6}$$

푸리에변환이나 라플라스 변환에서 유리함수는 식 (D.1)의 형태로 주어진다. 따라서 푸리에변환과 라플라스 변환에서는 각각 $j\omega$와 s를 v로 대치하고 나머지 방식을 적용하면 부분분수를 얻을 수 있다.

예제 D.1

다음 유리함수를 부분분수전개하라.

$$X(s) = \frac{3s+7}{s^2+4s+3}$$

풀이 $v = s$를 적용하여 분모를 인수분해한 다음 부분분수로 표현하면

$$X(s) = \frac{3s+7}{s^2+4s+3} = \frac{A_1}{s+1} + \frac{A_2}{s+3}$$

여기서 상수 계수는

$$A_1 = \frac{3s+7}{(s+1)(s+3)} \cdot (s+1)\Big|_{s=-1} = \frac{3s+7}{s+3}\Big|_{s=-1} = \frac{3(-1)+7}{-1+3} = 2$$

$$A_2 = \frac{3s+7}{(s+1)(s+3)} \cdot (s+3)\Big|_{s=-3} = \frac{3s+7}{s+1}\Big|_{s=-3} = \frac{3(-3)+7}{-3+1} = 1$$

D.2 중복근의 경우

분모에 중복근 항 $(v-r)^L$이 있으면 유리함수 (D.1)은 다음과 같이 표현된다.

$$\begin{aligned} X(v) = \frac{N(v)}{D(v)} &= \frac{b_M v^M + b_{M-1}v^{M-1} + \cdots + b_1 v + b_0}{(v-r)^L(v-p_1)(v-p_2)\cdots(v-p_{N-L})} \\ &= \frac{A_1}{v-r} + \frac{A_2}{(v-r)^2} + \cdots + \frac{A_L}{(v-r)^L} \\ &\quad + \frac{B_1}{v-p_1} + \frac{B_2}{v-p_2} + \cdots + \frac{B_L}{v-p_{N-L}} \end{aligned} \tag{D.7}$$

단순근 항의 계수 B_k 와 중복근이 있는 항의 계수 A_L 은 앞의 단순근과 같은 방식으로 양변에 $(v-r)^L$ 을 곱하고 양변을 $v = r$ 에서 계산하면 된다. 그런데 A_1, A_2, $\cdots$, A_{L-1} 은 약간 다르다. 계수 A_{L-k} 를 고려하자. 식 (D.7)의 양변에 $(v-r)^L$ 을 곱해주고

$$(v-r)^L X(v) = \frac{A_1(v-r)^L}{v-r} + \frac{A_2(v-r)^L}{(v-r)^2} + \cdots + \frac{A_{L-1}(v-r)^L}{(v-r)^{L-1}} + \frac{A_L(v-r)^L}{(v-r)^L}$$
$$+ \frac{B_1(v-r)^L}{v-p_1} + \frac{B_2(v-r)^L}{v-p_2} + \cdots + \frac{B_L(v-r)^L}{v-p_{N-L}} \tag{D.8}$$

이 식의 우변을 $(v-r)$ 의 올림차순으로 정리하면 다음과 같다.

$$(v-r)^L X(v) = A_L + A_{L-1}(v-r) + A_{L-2}(v-r)^2$$
$$+ \cdots + A_{L-k}(v-r)^k + \cdots \tag{D.9}$$

이 식에서 A_{L-k} 는 v 에 대하여 k 번 미분하고 $v = r$ 을 대입하고 정리하여 구해진다.

$$A_{L-k} = \frac{1}{k!}\frac{d^k}{dv^k}(v-r)^L X(v)\bigg|_{v=r} \tag{D.10}$$

예제 D.2

다음 유리함수를 부분분수전개하라.

$$X(s) = \frac{3s+7}{s^3+5s^2+7s+3}$$

풀이 분모를 인수분해하고 부분분수로 표현하면

$$X(s) = \frac{3s+7}{s^3+5s^2+7s+3} = \frac{3s+7}{(s+1)^2(s+3)} = \frac{A_1}{s+1} + \frac{A_2}{(s+1)^2} + \frac{B_1}{s+3}$$

여기서 계수는 다음과 같이 계산된다.

$$B_1 = \frac{3s+7}{(s+1)^2}\bigg|_{s=-3} = -\frac{1}{2}$$

$$A_2 = \frac{3s+7}{(s+3)}\bigg|_{s=-1} = 2$$

$$A_1 = \frac{d}{ds}\left(\frac{3s+7}{(s+3)}\right)\bigg|_{s=-1} = \frac{3(s+3)-(3s+7)}{(s+3)^2}\bigg|_{s=-1} = \frac{1}{2}$$

이로부터

$$X(s) = \frac{\frac{1}{2}}{s+1} + \frac{2}{(s+1)^2} + \frac{-\frac{1}{2}}{s+3}$$

D.3 z^{-1}의 다항식으로 표현되는 유리함수의 부분분수전개

이산시간 푸리에변환이나 z-변환에서 다루어지는 전달함수는 각각 z^{-1}나 $e^{-j\hat{\omega}}$의 다항식으로 표현되는 유리함수이다. 이 유리함수의 특징은 $a_0 = 1$이며 다음과 같이 표현된다.

$$X(v) = \frac{N(v)}{D(v)} = \frac{b_M v^M + b_{M-1} v^{M-1} + \cdots + b_1 v + b_0}{a_N v^N + a_{N-1} v^{N-1} + \cdots + a_1 v + 1} \tag{D.11}$$

이 식의 부분분수전개도 식 (D.1)과 같은 원리로 이루어진다. 다만 분모의 인수분해 꼴이 약간 다르다. 식 (D.11)의 분모가 모두 단순근 항으로 인수분해된다면

$$X(v) = \frac{N(v)}{D(v)} = \frac{b_M v^M + b_{M-1} v^{M-1} + \cdots + b_1 v + b_0}{(1 - p_1 v)(1 - p_2 v) \cdots (1 - p_N v)}$$
$$= \frac{A_1}{1 - p_1 v} + \frac{A_2}{1 - p_2 v} + \cdots + \frac{A_N}{1 - p_N v} \tag{D.12}$$

과 같이 표현되며, 계수 A_k는 다음과 같이 계산된다.

$$A_k = X(v) \cdot (1 - p_k v)\Big|_{v=1/p_k} \tag{D.13}$$

예제 D.3

다음 유리함수를 부분분수전개하라.

$$X(z) = \frac{N(z)}{D(z)} = \frac{3 + 0.3z^{-1}}{1 - 0.2z^{-1} - 0.35z^{-2}}$$

풀이 z-변환의 경우 분자 분모를 다음과 같이 $v = z^{-1}$의 다항식으로 표현하면 부분분수로 표현하기에 편리하다.

$$X(v) = \frac{N(v)}{D(v)} = \frac{3 + 0.3v}{1 - 0.2v - 0.35v^2}$$

분모를 인수분해하고 부분분수로 표현하면

$$X(v) = \frac{3 + 0.3v}{(1 - 0.7v)(1 + 0.5v)} = \frac{A_1}{1 - 0.7v} + \frac{A_2}{1 + 0.5v}$$

여기서 상수 계수는

$$A_1 = \frac{3 + 0.3v}{1 + 0.5v}\Bigg|_{v=1/0.7} = \frac{3 + 0.3/0.7}{1 + 0.5/0.7} = \frac{2.4}{1.2} = 2$$

$$A_2 = \frac{3 + 0.3v}{1 - 0.7v}\Bigg|_{v=-1/0.5} = \frac{3 + 0.3/(-0.5)}{1 - 0.7/(-0.5)} = \frac{1.2}{1.2} = 1$$

따라서 $v = z^{-1}$을 다시 대입하면

$$X(z) = \frac{3 + 0.3z^{-1}}{(1 - 0.7z^{-1})(1 + 0.5z^{-1})} = \frac{2}{1 - 0.7z^{-1}} + \frac{1}{1 + 0.5z^{-1}}$$

분모에 중복근 항 $(v - r)^L$이 있으면 유리함수 식 (D.11)의 부분분수전개는 다음과 같이 표현된다.

$$\begin{aligned} X(v) = \frac{N(v)}{D(v)} &= \frac{b_M v^M + b_{M-1} v^{M-1} + \cdots + b_1 v + b_0}{(1 - rv)^L (1 - p_1 v)(1 - p_2 v) \cdots (1 - p_{N-L} v)} \\ &= \frac{A_1}{1 - rv} + \frac{A_2}{(1 - rv)^2} + \cdots + \frac{A_L}{(1 - rv)^L} \\ &\quad + \frac{B_1}{1 - p_1 v} + \frac{B_2}{1 - p_2 v} + \cdots + \frac{B_L}{1 - p_{N-L} v} \end{aligned} \tag{D.14}$$

중근의 계수 A_{L-k}를 고려하자. 식 (D.14)의 양변에 $(1 - rv)^L$을 곱해주면

$$\begin{aligned} (1 - rv)^L X(v) = &\frac{A_1 (1 - rv)^L}{1 - rv} + \frac{A_2 (1 - rv)^L}{(1 - rv)^2} + \cdots + \frac{A_{L-1} (1 - rv)^L}{(1 - rv)^{L-1}} + \frac{A_L (1 - rv)^L}{(1 - rv)^L} \\ &+ \frac{B_1 (1 - rv)^L}{1 - p_1 v} + \frac{B_2 (1 - rv)^L}{1 - p_2 v} + \cdots + \frac{B_L (1 - rv)^L}{1 - p_{N-L} v} \end{aligned} \tag{D.15}$$

이며, 이 식을 우변을 $(1 - rv)$의 올림차순으로 정리하면

$$\begin{aligned} (1 - rv)^L X(v) &= A_L + A_{L-1}(1 - rv) + A_{L-2}(1 - rv)^2 \\ &\quad + \cdots + A_{L-k}(1 - rv)^k + \cdots \end{aligned} \tag{D.16}$$

을 얻는다. 이 식에서 A_{L-k}는 v에 대하여 k번 미분하고 $v = 1/r$을 대입하고 정리하여 구해진다.

$$A_{L-k} = \frac{1}{k!} (-r)^k \frac{d^k}{dv^k} (1 - rv)^L X(v) \bigg|_{v=1/r} \tag{D.17}$$

예제 D.4

다음 전달함수를 부분분수전개하라.

$$X(z) = \frac{1 - z^{-1}}{1 - z^{-1} + 0.25z^{-2}} = \frac{1 - z^{-1}}{(1 - 0.5z^{-1})^2} \tag{D.18}$$

풀이 중근의 경우 부분분수전개는 일차와 이차를 포함하여 다음과 같이 표현된다.

$$X(z) = \frac{1 - z^{-1}}{(1 - 0.5z^{-1})^2} = \frac{A_1}{1 - 0.5z^{-1}} + \frac{A_2}{(1 - 0.5z^{-1})^2} \tag{D.19}$$

여기서 먼저 A_2를 단순근의 경우와 같은 방식으로 계산한다.

$$A_2 = X(z) \cdot (1 - 0.5z^{-1})^2 \Big|_{z=0.5} = 1 - z^{-1} \Big|_{z=0.5} = 1 - 2 = -1 \qquad \text{(D.20)}$$

계수 A_1은 $v = z^{-1}$을 대입하여 다음과 같이 계산된다.

$$A_1 = (-2)\frac{d}{dv}(1 - v)\Big|_{v=1/0.5} = 2 \qquad \text{(D.21)}$$

이로부터

$$X(z) = \frac{1 - z^{-1}}{(1 - 0.5z^{-1})^2} = \frac{2}{1 - 0.5z^{-1}} + \frac{-1}{(1 - 0.5z^{-1})^2} \qquad \text{(D.22)}$$

다행이 식 (D.21)의 미분 계산은 간단했지만, 일반적으로 유함수의 미분은 복잡하여 계산 실수를 범하기 쉽다. 미분 대신 이미 구한 계수를 이용하여 남아있는 미정 계수를 계산하면 조금 더 간단히 계산할 수 있다. 여기서는 이미 계산된 A_2를 식 (D.19)에 대입하고 분자의 계수를 맞추어 계산할 수 있다.

$$1 - z^{-1} = A_1(1 - 0.5z^{-1}) - 1 \quad \Longrightarrow \quad A_1 = 2$$

D.4 분자의 차수가 분모의 차수보다 크거나 같은 경우

부분분수전개는 식 (D.1)과 같이 분모의 차수가 분수의 차수보다 큰 경우에만 적용이 가능하다. 다음 유리함수처럼 분자가 분모의 차수보다 크거나 같은 경우

$$X(s) = \frac{b_M s^M + b_{M-1}s^{M-1} + \cdots + b_1 s + b_0}{a_N s^N + a_{N-1}s^{N-1} + \cdots + a_1 s + a_0}, \quad M \geq N \qquad \text{(D.23)}$$

식 (D.1)와 같이 분자를 분모로 나누어 몫을 구별한 다음 부분분수전개를 적용한다. 예를 통해 과정을 알아보자.

$$\begin{aligned} X(s) &= \frac{2s^2 + 7s + 10}{s^2 + 4s + 3} \\ &= \frac{3s + 7}{s^2 + 4s + 3} + 2, \quad \text{분자를 분모로 나누어 진분수와 몫으로 구분한다} \\ &= \frac{2}{s+1} + \frac{1}{s+3} + 2, \quad \text{진분수 부분을 부분분수전개한다} \end{aligned}$$

APPENDIX E

파이썬

파이썬은 범용 객체지향적 고급 프로그래밍 언어로서 동적 타이핑dynamic typing이 가능한 대화형 인터프리트interactive interprete 언어이다. 파이썬은 C^{++}나 자바처럼 범용 객체지향 언어이지만, `numpy/scipy`와 같이 공학계산이나 신호처리용 패키지뿐 아니라 `matplotlib` 패키지를 통해 결과를 그래프로 쉽게 확인할 수 있으며, 경계없이 이들 패키지를 활용할 수 있는 강점을 가진다.

파이썬은 현재 버전2와 3이 존재하는데, 우리는 버전3을 사용한다. 파이썬은 패키지들을 개별적으로 다운받아 설치할 수 있지만, 파이썬 패키지를 한 번에 다운받아 설치하면 관리와 사용에 편하다.[1]

이 부록에서는 `numpy/scipy/matplotlib`를 중심으로 간략하게 소개한다. 파이썬을 처음 대하는 독자라도 이 부록의 내용을 따라서 공부하면 파이썬 코드를 이해하고 자신의 프로그램 코드를 작성할 수 있다. 또한 각 장마다 학습 내용과 관련된 파이썬 예제가 상세히 설명되어 있으므로 파이썬 프로그래밍을 숙지하는 데 어려움이 없으리라 기대한다.

E.1 파이썬 언어 기초

E.1.1 파이썬 시작하기

파이썬 작업은 파이썬 쉘shell, 통합개발환경(IDE), 혹은 파이썬의 장점인 대화형 특성을 강조하는 ipython shell 가운데 어느 하나를 선택하면 된다. 이 교재에서 다루는 대부분 연습은 ipython shell로 충분하므로, 효율적이고 기능적인 웹브라우저 형식의 ipython shell 환경을 제공하는 Jupyter Lab을 사용한다.

Jupyter Lab을 사용하려면 명령창에서

[1] `https://anaconda.org`

```
jupyter lab
```

을 입력하여 실행시킨다. Jupyter Lab이 실행되면 웹브라우저가 열리는데, 적절한 폴더를 설정하여 파이썬 노트북을 생성하고 작업을 시작할 수 있다. 동작을 확인하기 위해 Jupyter Lab 입력 셀 In[]:에 'Hello, Python'을 입력해 보자. 정상적으로 작동하면 다음과 같이 출력 셀 결과가 나온다.

```
In [1]:   'Hello, Python!'

Out[1]:   'Hello, Python!'
```

Jupyter Lab에서는 모든 입력 셀과 출력 셀에 번호가 붙지만, 이 부록에서는 음영처리된 부분은 입력 셀 그렇지 않은 파이썬 셀은 출력 셀로 표기하기로 한다.

E.1.2 기본 데이터 유형

파이썬은 숫자 데이터 유형으로 정수형(int), 실수형(float), 복소수형(complex)이 있다.

- 정수형: $1, -24, 189762$과 같으며 수의 크기에 제한이 없다.
- 실수형: $2.1, -376.7, 1.78 \times 10^{-5}$ 같은 수로 소수점 15-16 자리수까지 표현된다.
- 복소수형: $1+2.7j$과 같이 허수부에 j를 붙여 표현하거나 complex(1,2.7)과 같이 만들 수 있다. 복소수의 경우 i 대신 j를 사용한다.
- 부울형: True/False, 시험되는 값이 1인가 아닌가에 따라 True/False가 결정된다.

이외에도 문자(str), 튜플(tuple), 리스트(list), 사전(dict) 유형이 있다.

파이썬에서 사용되는 기본적인 연산은 덧셈 +, 뺄셈 -, 곱셈 *, 나눗셈 /, 나머지(모듈로) %, 정수 나눗셈 //, 지수 **이다. 연산 결과의 데이터 유형은 피연산자에 달라진다. 데이터 유형 간의 변환도 가능하다. 파이썬의 대화형 기능을 충분히 활용하면서 기본 연산을 시험해 보자.

```
2+3, 2*3, 4/2, 2**3, 5//3, 5%3
```

```
(5, 6, 2.0, 8, 1, 2)
```

```
2+3.0, 2.0*3, 4/2, 2.0**3, 5//3, 5%3
```

```
(5.0, 6.0, 2.0, 8.0, 1, 2)
```

```
complex(2,3), 3+6j, 2+2.7j # use 2j instead of 2*j or 2*1j
```

```
((2+3j), (3+6j), (2+2.7j))
```

```
int(5.9), float(-3), bool(-3) # data type conversion
```

```
(5, -3.0, True)
```

```
z = 2 + 3j
abs(z), z.real, z.imag
```

```
(3.605551275463989, 2.0, 3.0)
```

파이썬에서 문자열 개체는 따옴표 ' ' 혹은 이중 따옴표 " " 표시되며 변경이 불가하다. 문자열은 + 연산으로 합쳐질 수 있다.

```
'signals' + '&' + 'systems'
```

```
'signals&systems'
```

숫자를 문자열로 변환하려면 다음과 같이 str을 이용한다.

```
str(72)
```

```
'72'
```

파이썬의 비교 연산자는 ==, !=, >, <, >=, <=, is, is not이며 논리 연산은 and, or, not 이다. 비교와 논리 연산의 결과는 True/False의 부울(bool)형이다. 파이썬은 자체적으로 수학 모듈 math를 가지고 있지만, 더 강력한 numpy/scipy가 있으므로 특별한 경우가 아니면 math 라이브러리는 사용하지 않는다.

E.1.3 변수

다른 범용 컴퓨터 언어와는 달리 파이썬에서 변수는 개체에 대한 이름에 지나지 않는다. 그러므로 개체가 배정되지 않은 변수는 아무런 의미가 없으며 존재할 수도 없다. 개체의 유형과 주소는 각각 type과 id을 이용하여 확인할 수 있다.

```
a = 5
type(a), id(a)
```

```
(int, 4326176944)
```

```
a = 1.23
type(a), id(a)
```

```
(float, 4456533832)
```

변수의 값이 달라질 때마다 변수 a가 가리키는 개체의 개체 유형과 메모리 주소가 달라진다.

```
x = 2.3
y = 2.3
id(x), id(y), x is y, x==y
```

```
(4456533760, 4456533808, False, True)
```

```
a = 2.3
b = a
id(a), id(b), a is b, a==b
```

```
(4456533904, 4456533904, True, True)
```

```
a = a + 1
id(a), id(b), a is b, a==b
```

```
(4456533856, 4456533904, False, False)
```

변수의 값이 변경되면 새로운 변수값은 새로운 메모리에 저장된다. 파이썬은 스마트한 메모리 관리 방식을 채택하고 있어서 변수에 지정되지 않는 정수의 메모리는 자동적으로 제거 처리된다. 파이썬에서 변수의 대소문자는 구분된다.

E.1.4 인덱싱과 슬라이싱

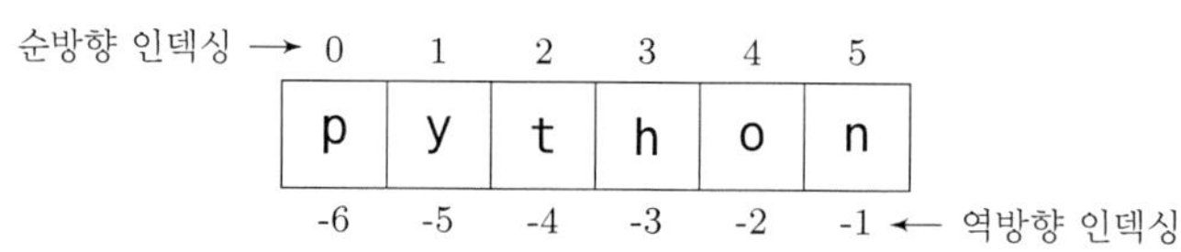

그림 E.1 일차원 배열의 인덱싱.

파이썬에서 문자열 내부의 문자는 다른 언어와 마찬가지로 인덱싱indexing을 통해 접근할 수 있지만, 순방향과 역방향 두 가지 방식의 인덱싱이 가능하다는 점이 다르다. 순방향 인덱싱은 앞에서 $0, 1, \cdots$ 와 같이 증가하는 순서로 진행되며, 역방향 인덱싱은 뒤로부터 $-1, -2, \cdots$ 와 같이 진행된다. 그림 E.1은 문자열 "python"의 인덱싱이다. 그림 E.1로부터 다음의 인덱싱이 자명하다.

```
s = 'python'
s[2], s[-1]
```

```
('t', 'n')
```

문자열 내부의 여러 문자들을 한번에 접근할 수도 있는데 이를 **슬라이싱**slicing이라 한다. 슬라이싱의 일반적인 규칙은 다음과 같다.

- 문자열 s의 슬라이싱 s[start:stop:step]은 start에서 시작하여 (stop을 포함하지 않으면서)stop까지 step 간격으로 문자를 추출한다.
- 인덱스 start,stop이 설정되지 않으면 각각 처음과 마지막으로 설정된다.
- 간격 step이 지정되지 않으면 자동으로 1이다.

```
s[2:], s[:2], s[::-1]
```

```
('thon', 'py', 'nohtyp')
```

여기서 s[::-1]은 문자열의 인덱싱을 거꾸로 -1씩 인덱싱한 결과이다. 이때 처음 인덱스는 자동으로 0이 아닌 -1로 선택된다.

E.1.5 리스트와 튜플

파이썬의 리스트[list], 튜플[tuple]은 개체의 모음이다. C나 자바같은 언어에서 배열은 동일 유형의 개체들을 나열하지만, 파이썬에서 리스트와 튜플은 서로 다른 유형의 개체를 함께 나열할 수 있다. 리스트는 변경이 가능하지만 튜플은 문자열처럼 변경이 불가하다.

리스트는 다음과 같이 대괄호 [ ] 안에 콤마(,)로 분리된 개체의 집합이다. 리스트는 다른 유형의 개체들을 집합으로 정의될 수 있다. 뿐만 아니라 리스트는 리스트를 멤버로 포함할 수 있다. 튜플과 리스트가 인덱싱되는 방식은 당연히 동일하므로 다음의 인덱싱은 튜플에도 동일하게 적용된다.

```
t = [3, 'signals', [2.97, 'python']]
t[0]
```

```
(3, (2.97, 'python'))
```

리스트 안에 있는 리스트는 다음과 같이 이중 인덱싱을 이용하여 접근할 수 있다.

```
t[2][1][2:]
```

```
'thon'
```

비어있는 리스트는 다음과 같이 생성한다.

```
day = []
```

튜플은 리스트와 동일한 방식으로 정의되지만, 정의할때 편리하게 ()를 생략할 수도 있다. 이런 식으로 등호의 오른편에 콤마로 원소들이 배치되면 튜플을 정의하는 튜플 **패킹**[packing]이고, 역으로 왼편에 튜플의 원소를 콤마로 나열하면 튜플을 해체하는 **언패킹**[unpacking]이다.

```
s = 1, 'tuple', 2     # tuple packing
a, b, c = s          # tuple unpacking
```

```
b

'tuple'
```

E.1.6 For 루프

for 루프의 기본 형태는 다음과 같다.

```
for var in sequence:
    code block
```

보충 설명이 필요하다.

- 키워드 for부터 콜론 : 까지는 for 루프의 헤더이다.
- 루프는 sequence의 멤버에 대하여 반복 수행되는데 여기서 sequence는 리스트나 튜플 등으로 정의된다.
- sequence의 멤버는 루프를 반복 수행하면서 연산자 in에 의하여 var 변수에 차례대로 배정된다.
- 콜론으로 헤더가 종료되면, 다음 줄 부터는 들여쓰기된 코드 블록이 온다. 중괄호로 코드 블록을 표현하는 다른 언어와 달리 파이썬에서는 들여쓰기로 블록을 구분한다. 코드 블록이 끝나면 들여쓰기를 해제한다.

다음 예를 보자.

```
for x in ['C', 'Java', 'MATLAB', 'Python']:
    print(x)
print(x)
```

```
C
Java
MATLAB
Python
Python
```

range는 for 루프의 인덱싱에 유용하다. range는

```
range(start=0, stop, step=1)
```

와 같이 시작(start), 끝(stop), 간격(step)으로 규정되는데 시작이 생략되면 0부터 시작되며 간격이 생략되면 간격은 1이다. 끝의 인덱스는 포함되지 않는다. range는 리스트나 튜플이 아니라 자체적으로 개체 유형이므로 실제 시퀀스가 메모리에 펼쳐지지 않으면서 순서적으로 수를 만들어낸다. 따라서 아무리 큰 수의 range를 사용하더라도 메모리를 차지하지 않는다.

```
x = range(3)
print(x, type(x))
for i in range(3):
    print(i)
```

```
range(0, 3) <class 'range'>
0
1
2
```

enumerate(iterable, start=0)는 for 루프에서 유용한 내장 함수로서 리스트와 같이 반복가능한 개체(iterable)에 대하여 튜플 (index, value)을 제공한다. 여기서 start를 제공하지 않으면 자동적으로 index는 0부터 시작된다.

```
for i, x in enumerate(['Python', 'C', 'Java'], 1):
    print(i, ':', x)
```

```
1 : Python
2 : C
3 : Java
```

E.1.7 제어 흐름

파이썬의 if ... elif ... else 조건문은 다음의 형태를 갖는다.

```
if Boolean expr 1:
   code block 1
elif Boolean expr 2:
   code block 2
else:
   code block 2
```

여기서 elif와 else 블록은 생략될 수 있다.

```
if not(x % 2 or x % 3):
   print x
```

while 반복문은 조건이 만족되는 한 계속 반복되는 루프이다.

```
while Boolean expr:
   code block
```

반복 루프 안에서 흐름의 방향을 결정하는 선언문으로는 break, pass, continue 등이 있다. 이 선언문의 용법은 다른 범용 언어와 유사하다.

- break은 반복문이나 흐름을 중단하고 밖으로 빠져 나오고
- continue는 반복문의 다음 순서로 이동하며
- pass는 아무 것도 하지 않는다. pass는 알고리즘을 설명하는 용도로 활용될 수 있다.

파이썬에는 switch 문이 없다.

E.1.8 Format 메소드를 이용한 프린트

파이썬3는 데이터를 출력하기 위해 print 함수를 제공한다. 이 함수는 문자열을 받아서 형식에 맞추어 출력한다. print 함수는 옵션들을 제공하고 있는데 end는 출력 마지막에 추가되는 문자열이고 sep은 문자열과 문자열 사이에 삽입되는 문자열이다. 파이썬3의 print의 출력 형식은 문자열의 format 메소드를 이용한다.

```
print('signals', 'systems', 'python', sep='+', end='!\n')
print('{} / {} = {}'.format(9, 3,'three'))
```

```
signals+systems+python!
9 / 3 = three
```

여기서 {}은 프린트할 내용이 들어갈 부분이다. 문자열이나 정수형 실수형 등의 형식을 지정할 수 있다. 형식 지정은 다른 범용 컴퓨터 언어의 경우와 유사하게 s,d,f,g 등을 사용한다.

```
for i in range(5):
    print('{:3d}{:5d}{:8.2f}'.format(i, i*i, float(i*i*i)))
```

```
0    0    0.00
1    1    1.00
2    4    8.00
3    9   27.00
```

E.1.9 함수, help, lambda

함수는 선언문을 모아놓은 블록으로 이름을 가지며 새로운 명령어처럼 사용될 수 있다. 함수는 다음과 같이 정의된다.

```
def functionName(par1, par2, ...):
    statement
    return exp1, exp2, ...
```

함수의 정의는 def 카워드로 시작된다. 함수의 헤더(header)가 콜론(:)으로 끝나면 들여쓰기를 통해 코드 블록이 시작된다. 함수의 반환값이 있다면 return을 통해 반환한다. 다음 예는 화씨 온도를 섭씨 온도로 변환하는 함수이다.

```
def f2c(f):
    """Convert Fahrenheit temperature to Celcius.
    Input:
        f = temperature in Fahrenheit
    Output:
        c = temprature in Celcius"""
    c = 5*(f-32)/9
    return c
```

3개의 이중따옴표(""")나 따옴표(''')는 여러 줄의 문자열을 넣을 때 사용된다. 함수 헤더 다음에 함수의 설명문docstring을 삽입하는데 많이 사용된다. 프로그램에 설명문을 적절하게 추가하면 나중에 본인이나 다른 사람이 프로그램을 대할 때 쉽게 내용을 파악할 수 있다. 파이썬에서 함수의 용법에 대하여 알고 싶으면 help를 사용하면 된다. help(f2c)는 방금 작성한 f2c 함수에 대하여 알려준다.

```
help(f2c)
```

```
Help on function f2c in module __main__:

f2c(f)
    Convert Fahrenheit temperature to Celcius.
    Input:
        f = temperature in Fahrenheit
    Output:
        c = temprature in Celcius
```

이렇게 작성한 함수 f2c를 이용하여 화씨 104도를 섭씨로 변환하려면 다음과 같이 호출하면 된다.

```
f2c(104)
```

```
40.0
```

앞에서 정의한 함수 f2c처럼 간단한 수식이 전부라면 lambda를 이용하기에 적절하다. 간단한 함수는 def를 이용한 함수 대신 lambda를 이용할 수 있다.

```
lambda arguments: expression
```

이렇게 정의된 함수는 이름이 없으므로 익명의 함수라고 부르기도 한다. lambda로 작성된 함수에 이름을 붙일 수도 있다.

```
f2c = lambda f: 5*(f-32)/9
```

과 같이 정의하면 다음같이 호출할 수 있다.

```
f2c(104)
```

```
40.0
```

E.2 numpy

파이썬 numpy는 파이썬을 이용한 공학계산에 거의 필수적인 표준 패키지로서 편리성과 빠른 계산속도를 제공한다. numpy 강점의 핵심은 다차원 배열 데이터 형인 ndarray에 있다. 여러 형의 데이터를 혼합하여 사용이 가능한 리스트나 튜플과는 달리 ndarray는 동일 유형의 데이터로만 구성된다. 이 특징으로 인해 numpy에서 반복루프 사용 대신 빠른 벡터계산이 가능하다.

파이썬에서 특정 함수나 모듈을 사용하려면, 먼저 그 함수나 모듈을 import를 통해 프로그램 안으로 호출해야 한다. 통상적으로 numpy 패키지는

```
import numpy as np
```

와 같이 np라는 약칭으로 import된다.

E.2.1 배열 생성

numpy에서 일정 간격으로 배열을 생성하는 방법은 다음과 같다.

- `arange([start,] stop[, step,], dtype=None)`
  [start, stop) 범위의 값을 step 간격으로 균일하게 생성한다. start가 생략되면 0으로 정해지며, step이 생략되면 step=1로 결정된다.

  ```
  np.arange(1, 10, 2)
  ```

  ```
  array([1, 3, 5, 7, 9])
  ```

- `linspace(start, stop, num=50, endpoint=True, retstep=False)`
  arange와 유사하지만, 간격 step 대신 원소의 개수 num으로 설정한다.

  ```
  np.linspace(0, 10, 4, endpoint=False)
  ```

  ```
  array([ 0. ,  2.5,  5. ,  7.5])
  ```

- `logspace(start, stop, num=50, endpoint=True, base=10.0)`
  linspace와 동일하지만, 간격은 10을 기수로 하는 로그 척도를 따른다.

  ```
  np.logspace(0, 3, 4)
  ```

  ```
  array([    1.,    10.,   100.,  1000.])
  ```

임의의 배열을 생성하거나, 특별히 0이나 1로 채워진 배열은 다음과 같이 생성한다.

```
np.array([[1, 2, 3], [4, 5, 6]])
```

```
array([[1, 2, 3],
       [4, 5, 6]])
```

```
np.ones(5)
```

```
array([1., 1., 1., 1., 1.])
```

```
np.ones((2, 3))
```

```
array([[1., 1., 1.],
       [1., 1., 1.]])
```

```
a = np.zeros(4)
np.ones_like(a)
```

```
array([1., 1., 1., 1.])
```

```
np.eye(3)
```

```
array([[1., 0., 0.],
       [0., 1., 0.],
       [0., 0., 1.]])
```

numpy 배열 ndarray는 속성 shape(모양), ndim(차원의 수), size(전체 원소 개수), dtype(원소 데이터 형), itemsize(원소 데이터의 바이트 크기)을 가진다.

```
A = np.array([[1, 2, 3], [4, 5, 6]])
A.shape, A.ndim, A.size, A.dtype, A.itemsize
```

```
((2, 3), 2, 6, dtype('int64'), 8)
```

Ndarray 배열은 주어진 데이터 형으로 변수가 강제된다. 앞에서 정의된 A는 정수로만 정의되어 있어서 dtype('int64')로 결정되었다. 그 결과 A[0,0]=10.5을 대입해도 결과는 정수로 강제 변환된다.

```
A[0,0] = 7.5
A
```

```
array([[7, 2, 3],
       [4, 5, 6]])
```

만약 배열을 처음부터 정수형으로 정의하고 싶다면 처음 선언할 때 명확하게 정해주면 된다.

```
B = np.array([[1, 2, 3], [4, 5, 6]], dtype=int)
B.dtype
B[0,1] = 25.7
B
```

```
array([[ 1, 25,  3],
       [ 4,  5,  6]])
```

E.2.2 배열의 간단한 조작

다음은 numpy 배열에 가할 수 있는 대표적인 연산 예이다.

- transpose, reshape, flatten
- mean, sum, prod, var, std
- amin, amax, argmin, argmax

어떤 연산에서는 배열의 axis를 인자로 사용하는 경우가 있는데, axis의 순서는 그림 E.2와 같다.

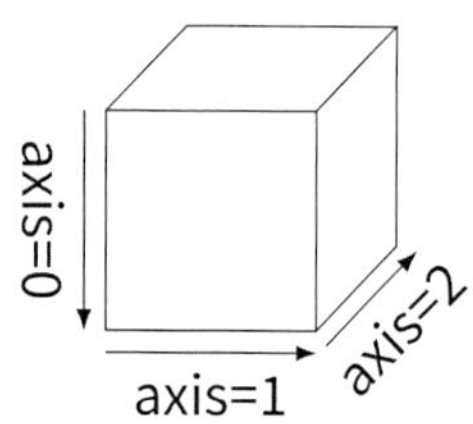

그림 E.2 numpy 다차원 배열의 인덱싱 순서.

다음 예를 보자.

```
A = np.array([[1,2], [3,4]])
A
```

```
array([[1, 2],
       [3, 4]])
```

```
A.transpose() # using a method
np.transpose(A) # using a function
```

```
array([[1, 3],
       [2, 4]])
```

transpose와 같이 파이썬 메소드와 numpy 함수 모두 적용 가능하다면 속도면에서 유리한 numpy 사용이 권장된다.

```
A.reshape(4,1), A.flatten()
```

```
(array([[1],
        [2],
        [3],
        [4]]), array([1, 2, 3, 4]))
```

```
A.sum(), A.sum(axis=0), A.prod(axis=1)
```

```
(10, array([4, 6]), array([ 2, 12]))
```

```
np.amax(A), np.amax(A,axis=0), np.argmax(A), np.argmax(A,axis=0)
```

```
(4, array([3, 4]), 3, array([1, 1]))
```

```
np.maximum([2, 1, 4], [1, 3, 2]) # gives maximum between two arrays
```

```
array([2, 3, 4])
```

E.2.3 배열의 인덱싱과 슬라이싱

배열의 인덱싱과 슬라이싱은 앞서 E.1.4절에서 다룬 리스트/튜플의 경우와 동일하지만 다른 점이 있다.

- 표기법이 약간 다르다. 파이썬 이차원 리스트/튜플에서 i, j번째 원소의 인덱싱은 [i][j]로 표기하지만 numpy에서는 [i][j]과 [i,j]이 모두 가능하다.
- 또한 numpy 배열에는 조건에 따른 인덱싱을 사용할 수 있다.

```
a = np.arange(9, dtype=float)
a[a>3], a[a%3==0]
```

```
(array([ 4.,  5.,  6.,  7.,  8.]), array([ 0.,  3.,  6.]))
```

E.2.4 수학 함수의 원소별 계산과 행렬-벡터 계산

numpy는 수학에서 사용되는 기본적인 수학 함수를 모두 포함하고 있으며, 배열의 계산은 원소별 계산을 원칙으로 한다. 예를 들어, cos, exp, log, sqrt 등은 모두 원소별로 적용된다.

```
x = np.array([1, 4, 9, 16])
np.sqrt(x)
```

```
array([ 1.,  2.,  3.,  4.])
```

벡터의 내적과 외적은 각각 함수 dot와 outer로 계산된다.

```
a = np.array([1, 2, 3, 4])
b = np.array([1, 2, 1, 2])
print(a * b) # 원소별 곱셈
print(np.dot(a, b)) # 내적 a.dot(b)과 동일 효과
print(np.outer(a, b)) # 외적
```

```
[1 4 3 8]
16
[[1 2 1 2]
 [2 4 2 4]
 [3 6 3 6]
 [4 8 4 8]]
```

행렬 A와 벡터 b의 계산을 고려하자.

```
A = np.array([[1, 2], [3, 4]])
b = np.array([1, 2])
A*b, np.dot(A,b)
```

```
(array([[1, 4],
        [3, 8]]), array([ 5, 11]))
```

수학의 행렬-벡터 곱셈 Ab는 np.dot(A,b)를 이용하여 계산된다. 반면 A*b의 계산은 사뭇 다르다. 이 계산은 numpy에서 broadcasting이라는 과정을 통해 이루어진다. 다음 절에서 broadcasting에 대하여 살펴보자.

E.2.5 Broadcasting

numpy 원소별 계산을 함으로써 반복 푸프를 없애고 벡터 계산을 통해 속도를 높인다. 이때 피연산자의 길이가 다르면 원소별 계산을 할 수 없다. 그런데 numpy에서는 피연산자의 길이가 일대일 대응하지 않아도 몇 가지 원칙을 통해 자동적으로 크기를 맞추어서 불필요한 메모리의 사용과 연산 과정을 생략한다. 이렇게 자동적으로 한 피연산자의 길이를 다른 피연산자의 길이에 자동적으로 맞추어주는 과정을 broadcasting이라 한다.

- 이차원 배열과 일차원 배열의 덧셈: broadcasting이 계산되는 방식을 알아보기 위해 행렬 A와 벡터 b를 고려하자.

  ```
  A = np.array([[0,0,0],[10,10,10],[20,20,20],[30,30,30]])
  b = np.array([0,1,2])
  print(A.shape, b.shape)
  ```

  ```
  (4, 3) (3,)
  ```

행렬 A의 두 번째 차원의 길이와 백터 b의 길이는 3으로 동일하므로 broadcasting이 가능하다. 그림 E.3과 같이 b를 A의 행만큼 반복 확장하면 원소별 A+b 연산을 할 수 있다.

```
A + b
```

```
array([[ 0,  1,  2],
       [10, 11, 12],
       [20, 21, 22],
       [30, 31, 32]])
```

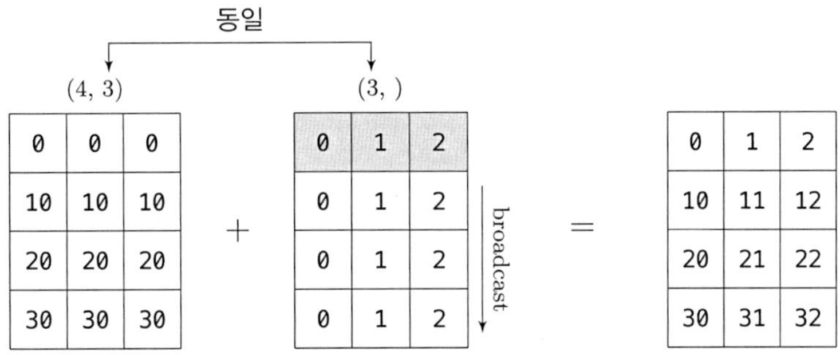

그림 E.3 이차원 배열과 일차원 배열의 broadcasting 연산.

- 두 일차원 배열의 덧셈: 그림 E.4와 같이 두 배열 a와 b의 원소별 덧셈도 가능하다.

```
a = np.array([0, 10, 20, 30])
b = np.array([0, 1, 2])
a[:,np.newaxis] + b
```

```
array([[ 0,  1,  2],
       [10, 11, 12],
       [20, 21, 22],
       [30, 31, 32]])
```

여기서 `a[:,np.newaxis]`은 배열 a에 차원을 더하여 `(4,1)` 배열로 만들며 `a.reshape(4,1)`과 동일하다.

E.2.6 파일 읽고 쓰기

공학 계산에서 파일 데이터의 읽고 쓰기는 자주 활용된다. 파이썬에서 파일을 읽거나 쓰려면 먼저 다음과 같이 파일을 열어야 한다.

```
f = open(filename, mode)
```

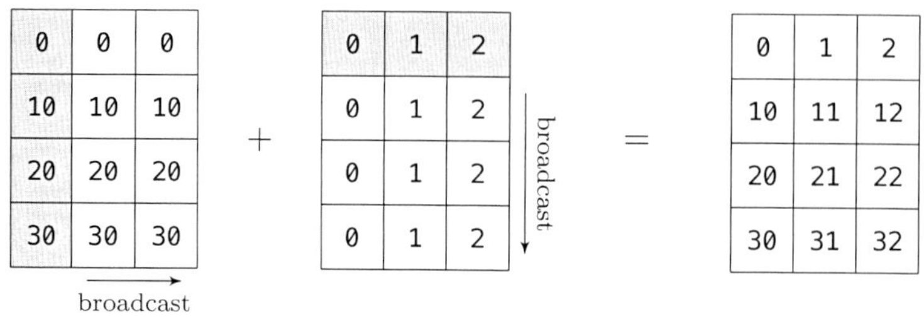

그림 E.4 두 일차원 배열의 broadcasting 연산.

여기서 `filename`은 파일의 이름, `mode`는 읽기 `'r'` 혹은 쓰기 `'w'` 모드, `f`는 반환되는 파일 핸들handle이다. 파일 읽기나 쓰기를 완료한 다음에는 파일을 닫아야 한다.

```
f.close()
```

다음 예는 텍스트 파일에 n, $\mathrm{sinc}(n/20)$을 한 줄씩 쓰는 코드이다.

```
f = open('sinc.txt', 'w')
for n in range(-10, 10+1):
    print(n, np.sinc(n/20), sep=',', file=f)
f.close()
```

이 코드는 수를 특정한 형식없이 문자열 사이를 콤마(,)로 분리하여 파일에 저장한다.

파이썬의 읽기는 n개의 바이트 읽기, 한 줄 읽기 `readline()`, 파일의 모든 줄 읽기 `readlines()`를 사용한다. 이 메소드를 사용하여 앞에서 저장한 파일을 읽는 코드는 다음과 같다.

```
f = open('sinc.txt', 'r')
idx, sinc = [], []
for line in f.readlines():
    fields = line.split(',')
    idx.append(int(fields[0]))
    sinc.append(float(fields[1]))
f.close()
print(idx[10], sinc[10])
```

만약 텍스트 파일이 일종의 형식을 가지고 있다면 파일 읽기는 더 복잡해질 수 있다. 다음 예는 `datafile.txt`에 파일의 내용을 설명하는 설명문과 함께 값을 테이블처럼 저장한다. 여기서는 `with` 선언문을 이용하여 파일 쓰기를 종료한 이후에 자동적으로 파일이 닫혀지도록 했다. 선언문 `with`를 사용하여 파일을 처리하면 어떤 문제로 인해 파일 처리 도중에 프로그램이 종료되더라도 파일을 닫고 프로그램이 종료된다.

```
with open('datafile.txt', 'w') as f:
    print('Save inverse of n and n*n\n', file=f)
    print('{:>4s}{:>10s}{:>10s}'.format('n', '1/n', '1/n^2'),
    ↪  file=f)
    for n in range(1, 10+1):
        print('{:4d}{:10.4f}{:10.4f}'.format(n, 1/n, 1/(n*n)),
        ↪  file=f)
```

저장된 파일의 형식은 다음과 같다.

```
Save inverse of n and n-square

   n       1/n     1/n^2
   1    1.0000    1.0000
   2    0.5000    0.2500
   3    0.3333    0.1111
```

우리가 읽어야 할 파일은 구조적으로 표처럼 잘 정리되어 있으며 3중의 헤더를 가지고 있다. numpy는 이렇게 형식을 가지는 텍스트 파일을 읽는 간단한 방법으로 np.loadtxt을 제공한다. 위의 데이터 파일을 읽는 방법은 다음과 같다.

```
data = np.loadtxt('datafile.txt', dtype=np.dtype('d', 'f', 'f'),
↪  skiprows=3, unpack=True)
print(data.shape)
print(data[:,3])
```

```
(3, 10)
[ 4.      0.25    0.0625]
```

loadtxt의 결과는 (3, 10)크기의 배열(ndarray) data에 저장된다.

E.3 Matplotlib

E.3.1 pyplot을 이용한 그래프 그리기

matplotlib는 데이터 플롯을 위한 파이썬 패키지이며 pyplot은 최상위 계층의 모듈이다. 통상적으로 pyplot 모듈은 plt라는 이름으로 import된다.[2] 그림판은 plt.show() 함수가 실행될때 창에 나타나지만, 그림판이 별도의 창에 나타나지 않고 jupyter notebook에 삽

[2]시중에서 사용되는 pylab은 pyplot과 numpy를 묶은 임시 모듈이므로 이젠 더 이상 사용을 권장하지 않는다.

입되도록 하려면 \%matplotlib inline을 추가한다. 따라서 Jupyter Lab은 항상 다음 세 줄로 시작하도록 한다.

```
import numpy as np
import matplotlib.pyplot as plt
%matplotlib inline
```

matplotlib의 pyplot을 이용하면 간단히 그래프를 그릴 수 있다. 그림 E.5는 이 코드의 결과이다.

```
# pyplot-pylab
t = np.linspace(0, 5, 300)
x = np.exp(-0.5*t) * np.cos(2*np.pi*t)
plt.figure()
plt.plot(t, x)
plt.xlim(0, 6)
plt.xlabel('t')
plt.title('figure using pyplot')
```

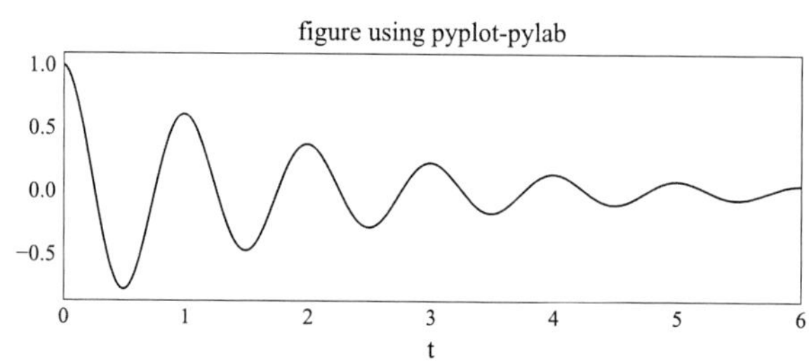

그림 E.5 pyplot-pylab을 이용한 플롯.

matplotlib는 먼저 그림판(Figure)을 생성하고 그 위에 플롯(Axes)를 올려놓는다. 앞의 파이썬 코드에서는 그림판이나 플롯을 모두 plt로 지칭하므로 하나의 플롯으로 구성된 그림판에서 사용하기 좋다. 그런데 그림판은 여러 개의 플롯으로 구성되어 있다면 각각의 플롯을 개별적으로 지칭하기 어렵고 혼란이 초래될 수 있다. 플롯을 명확하게 지칭하려면 처음부터 플롯(axes)의 이름을 붙여 생성하면 된다. 이런 이유로 이 교재에서는 plt 대신 다음과 같이 Axes를 사용하기로 한다.

```
# plot using axes
fig, ax = plt.subplots()
ax.plot(t, x)
ax.set_xlabel('t')
ax.set_title('figure using axes')
```

플롯에 장식들을 추가하고 싶으면 ax.set_xlabel와 같이 ax.set 방식을 사용하면 된다. 앞의 plt를 이용한 방식에서 사용된 plt.xlabel 함수는 사실 내부적으로 ax.set_xlabel

로 실행된다.

플롯은 선(line), 격자(grid), 설명문(legend) 등 여러 개체들을 포함하고 있으며, 이들의 색, 굵기, 모양 같은 속성을 임의로 정할 수 있다. 예를 들어

```
ax.plot(x, y, linewidth=1.5, color='r', linestyle=':')}
```

은 선의 굵기는 1.5pt로, 색은 빨강('red','r')으로, 선 모양은 '-',':','--','-.' 중에서 선택한다. ax.plot의 속성과 사용법에 관한 상세한 내용은

```
help(ax.plot)
```

를 참고하면 된다.

E.3.2 Subplots

행렬 구조는 그림판 안에 여러 개의 플롯(subplot, Axes)을 구성하는 가장 간단한 방법이다. 예를 들어, 2×2 행렬 구조의 subplot을 구성하려면

```
fig, axes = plt.subplots(nrows=2, ncols=2)
```

를 실행한다. 그림 E.6은 이 코드의 결과로 생성된 subplots과 axes[m,n] 핸들이다. 이 명령어는 4개의 subplots을 한번에 동시에 생성하며 반환되는 axes는 2×2 배열의 핸들이다.

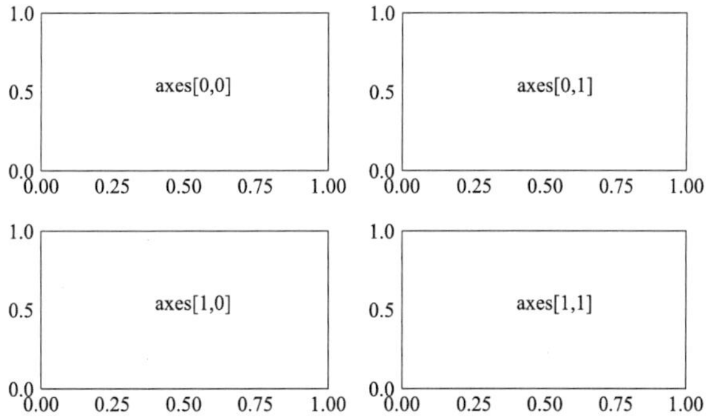

그림 E.6 plt.subplots(nrows=2,ncols=2)의 결과.

다음 코드는 2×2 배열의 subplots을 생성하고 그래프를 플롯한다. 여러 개의 subplots을 사용하는 경우에는 라벨들이 서로 겹치는 경우가 발생하므로, 플롯 간의 간격을 자동으로 조절하기 위해 fig.tight_layout()을 이용하면 좋다.

```
# fig.subplots(2,2) example
def func(t, a, b):
    x = np.exp(-a*t) * np.cos(0.7*(b-1)*np.pi*t)
    return x
```

```
# parameters
b = np.array([1, 2, 3, 4])
t = np.linspace(0, 12, 501, endpoint=True)
# create axes/subplots
fig, axes = plt.subplots(nrows=2,ncols=2, figsize=(6,4))
for n in range(4):
    ax = axes[int(n/2), int(n%2)]
    ax.plot(t, func(t, 0.3, b[n]))
    ax.set_xlim(0, 12)
    ax.set_xticks(np.linspace(0, 12, 7))
    ax.set_title('omega: '+ str(b[n]))
    if (n>1):
        ax.set_xlabel('t')
fig.tight_layout()
```

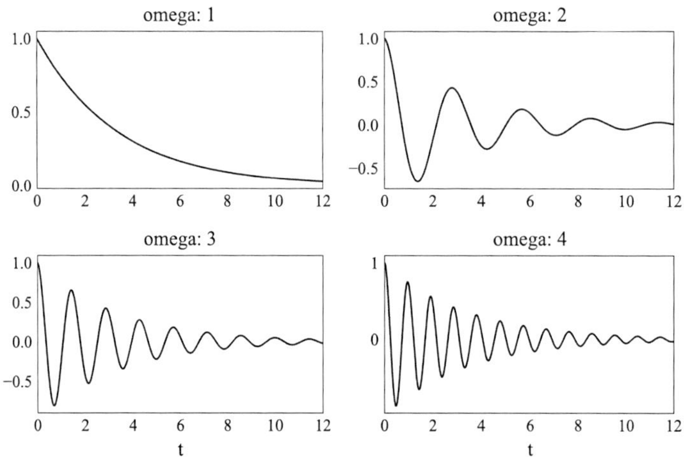

그림 E.7 `plt.subplots`의 사용 예.

만약 `subplot`을 한 번에 하나씩 생성할 필요가 있다면

```
ax = fig.add_.subplot(m,n,l)
```

을 이용하여 $m \times n$ 행렬 중 l번째 `subplot`을 생성하여 추가하면 된다. 이때 `subplot`의 번호는 1부터 시작된다. 예를 들어

```
# create subplot one-by-one
fig = plt.figure()
a1 = fig.add_subplot(221)#upper-left
a4 = fig.add_subplot(224)#lower-right
```

은 그림 E.8과 같이 왼쪽 상단과 오른쪽 하단에 `subplot`을 생성한다.

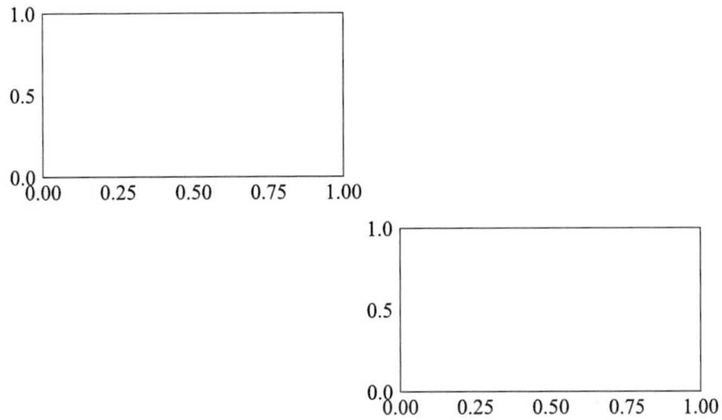

그림 E.8 add_subplot의 사용 예.

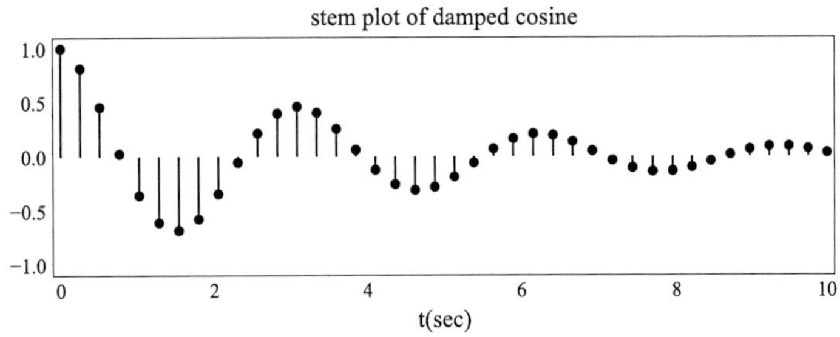

그림 E.9 stem 플롯의 예.

E.3.3 이산 신호를 위한 stem 플롯

이산시간 신호는 stem 플롯을 이용하여 그려진다. stem은 markerline, stemlines, baseline의 세 요소로 구성된다. markerline은 데이터의 값을 나타내는 마커 심볼의 속성을 포함한다. stemlines는 마커 심볼과 기준선을 연결하는 수직선의 색과 모양(굵기, 선 유형)을 속성으로 가진다. 마지막으로 baseline은 기준선의 속성(색, 굵기, 선 유형)을 설정하는 데 사용될 수 있다. 이들 속성들은 setp를 통해 설정될 수 있다. 다음 코드를 보자. 그림 E.9는 이 코드의 결과이다.

```
# stem-plot
t = np.linspace(0, 10, 40)
x = np.exp(-0.25*t) * np.cos(2*t)
# plot
fig, ax = plt.subplots(figsize=(6,2.5))
markerline, stemlines, baseline = ax.stem(t, x)
plt.setp(markerline, markersize=4, markeredgewidth=1)
plt.setp(stemlines, linewidth=1)
plt.setp(baseline, linewidth=0)
ax.set_xlim(-0.1, 10.1)
ax.set_ylim(-1.1, 1.1)
```

```
ax.set_xlabel('t(sec)')
ax.set_title('stem plot of damped cosine')
fig.tight_layout()
```

그래프를 파일로 저장하려면 다음을 추가하면 된다.

```
fig.savefig('damped_cosine.pdf')
```

이 교재의 본문에서 제시된 많은 플롯들은 지금까지 살펴본 matplotlib의 기능을 이용하여 만들어졌다. 세부 내용이 더 필요하다면 matplotlib 문서를 참조하여 어렵지 않게 지식을 확장해 갈 수 있다. 예를 들어 stem 함수의 용법을 확인하고 싶으면 다음과 같이 help를 활용하면 된다.

```
help(plt.stem)
```

찾아보기

• ㅈ